空天前沿技术丛书

非线性轨道偏差演化理论及应用

杨 震 罗亚中 舒 鹏 著

科 学 出 版 社

北 京

内 容 简 介

本书主要介绍作者团队在太空目标轨道偏差演化领域的理论研究成果及应用。全书共 14 章，第 1～8 章主要介绍非线性轨道偏差演化方法，包括研究现状、基本理论、多项式混沌展开方法、状态转移张量法、微分代数方法、高斯混合模型、相对轨道偏差演化方法、轨道边值问题偏差映射方法。第 9～14 章介绍轨道偏差演化在太空态势感知系列任务中的应用问题求解方法，包括光学观测短弧关联与聚类方法、轨道机动检测方法、碰撞预警与规避方法、碎片云演化与撞击风险分析方法、小行星撞击预警方法、鲁棒交会轨道规划方法。

本书可供从事航天动力学、不确定性量化、航天器测控、空间目标监视、太空态势感知和空间碎片研究的工程技术人员参考，也可供高等院校相关专业研究生学习。

图书在版编目（CIP）数据

非线性轨道偏差演化理论及应用 / 杨震，罗亚中，舒鹏著. —北京：科学出版社，2024.5

（空天前沿技术丛书）

ISBN 978-7-03-076991-6

Ⅰ. ①非… Ⅱ. ①杨… ②罗… ③舒… Ⅲ. ①非线性-航天器轨道-偏差（数学） Ⅳ. ①V412.4

中国国家版本馆CIP数据核字（2023）第219973号

责任编辑：张艳芬 魏英杰 / 责任校对：崔向琳
责任印制：师艳茹 / 封面设计：陈 敬

科学出版社 出版
北京东黄城根北街 16 号
邮政编码：100717
http://www.sciencep.com
北京中石油彩色印刷有限责任公司印刷
科学出版社发行 各地新华书店经销
*
2024 年 5 月第 一 版 开本：720 × 1000 1/16
2024 年 5 月第一次印刷 印张：25 1/4
字数：509 000

定价：198.00 元

（如有印装质量问题，我社负责调换）

“空天前沿技术丛书”序一

探索浩瀚宇宙，发展航天事业，建设航天强国，是我们不懈追求的航天梦。现代空天技术已经发展和应用了一百多年，一直是科学技术的前沿领域，大大增强了人类理解、进入和利用空间的能力，引领着科学技术的发展和工业技术的进步。今天，无论是国家安全、经济发展，还是我们的日常生活，无不处处有空天技术的作用和影响。空天技术目前仍然是一门不断发展进步和创造奇迹的学科。新概念、新方法、新技术、新疆界等不断激励着空天技术领域的科学家和工程师去挑战极限、开辟新战场，赋能各行各业。

“空天前沿技术丛书”是在国防科技大学建校 70 周年之际，空天科学学院与科学出版社精细论证后组织出版的系列图书。国防科技大学空天科学学院源自“哈军工”（中国人民解放军军事工程学院）的导弹工程系，是由钱学森先生倡导创建的。该院六十多年来一直致力于航天学科的建设和发展，拥有先进的教学理念、雄厚的师资力量、优良的传统和学风，为我国航天领域培养和造就了大批高水平人才，取得了众多蜚声海内外的成果。

这套丛书旨在集中传播空天技术领域的前沿技术，展示空天飞行器、新型推进技术、微纳集群卫星、航天动力学、计算力学、复合材料等领域的基础理论创新成果，介绍国防科技大学在高超声速、载人航天、深空探测、在轨服务等国家重大工程中的科研攻关探索实践。丛书编写人员大多是奋战在祖国科研一线的青年才俊，他们在各自的专业领域埋头耕耘，理论功底扎实，实践经验丰富。

相信这套丛书的出版，将为发展我国空天领域的前沿科技、促进研究和探索相关重大理论和实践问题带来一些启迪和帮助。一代代科研人员在空天前沿科技领域的深入耕耘和刻苦攻关，必将推动新时代空天科技创新发展，为科技强军和航天强国做出新的更大贡献。

周建平

中国工程院院士

中国载人航天工程总设计师

“空天前沿技术丛书”序二

当今，世界正经历百年未有之大变局，新一轮科技革命和产业变革蓬勃兴起。空天技术是发展最迅速、最活跃、最有影响力的领域之一，其发展水平体现了一个国家的科技、经济和军事等综合实力。

空天技术实现了人类憧憬数千年走出地球的梦想，改变了人类文明进程、带动了国家经济发展、提升了人民生活水平。从第一架飞机起飞、第一颗人造卫星进入太空，到构建全球卫星导航系统，再到今天的快速发射、可重复使用、临近空间高超声速飞行等尖端科技领域的快速发展，空天领域的竞争与合作深刻影响着国家间的力量格局。

空天技术是跨学科、跨领域、跨行业的综合性科技。近年来，国防科技大学空天科学学院紧贴制衡强敌、制胜空天的战略需求，以国家重大工程为牵引，大力推动核心科技自主可控、技术与军事深度融合、空天与智能跨域交叉，产出了一大批高水平成果。

我的父亲毕业于“哈军工”，也就是国防科技大学的前身，他身上的“哈军工”精神一直感染着我。作为国防科技大学空天科学学院的一员，我既是学院一系列空天科技创新的参与者，又是学院奋进一流的见证者，倍感荣幸和自豪。

“空天前沿技术丛书”是国防科技大学空天科学学院与科学出版社深入细致论证后组织出版的系列图书。丛书集中展示了力学、航空宇航科学与技术和材料科学与技术领域的众多科研历程，凝结了数十年攻关的累累硕果。丛书内容全面、紧贴前沿、引领性强。相信对于围绕国家战略需求推动科技前沿探索，尤其是航空航天领域的创新研究和重大科技攻关，将产生重要推动作用。

中国科学院院士

航天科技集团科技委主任

序

爱因斯坦曾说："数学法则只要与现实有关，都是不确定的；若是确定的，都与现实无关。"不确定性，或称误差、偏差，是现实世界中难以避免的常态。因此，分析偏差演化机理、量化评估偏差影响尤为重要。在航天领域，对太空目标的跟踪观测总是存在误差、描述太空目标运动的动力系统也难以精确建模，太空目标在轨飞行的真实状态未知，只能通过轨道确定估计。因此，轨道偏差分析是遂行太空目标监视、识别、预测、威胁评估等太空态势感知任务无法回避的内容。

解决偏差演化问题最直接的方法是蒙特卡罗打靶仿真，该方法把演化过程当成黑箱，适用于任意分布的偏差和任意动力系统，但需要大量随机采样才能获得可信的结果，计算量大且难以揭示偏差演化机理；简化的线性方法虽然能提高计算效率，但计算精度和适用范围有限；无迹变换方法可以基于少量采样点对均值和协方差矩阵进行二阶逼近，但无法计算高阶矩，从而不能反映非高斯分布的完整统计信息。因此，发展高效高精度、非线性非高斯的偏差演化方法极为关键。

太空目标偏差影响因素多、动力系统非线性强，考虑轨道机动及其偏差影响，会使得轨道偏差维度高，紧贴实际应用需求、有效表征非高斯分布特性的偏差演化方法极具挑战。《非线性轨道偏差演化理论及应用》一书是国内外第一本系统论述非线性轨道偏差演化理论的专著，创新性地推导了轨道机动影响下半解析/解析的高阶状态转移张量，结合微分代数理论、高斯混合模型提出了高维轨道偏差的非线性非高斯演化方法；前瞻性地研究了相对轨道、轨道边值、碎片云演化等问题中的非线性偏差演化理论，对现有研究进行了有益拓展与改进；进一步探讨了理论方法在太空态势感知任务中的应用。

相信该书的出版，会对航天动力学与控制、航天任务分析与设计、航天器测控、太空态势感知等领域的工程技术人员、科研院所师生大有裨益。

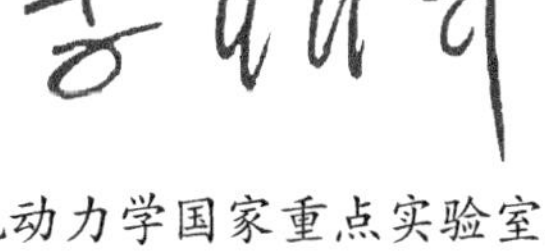

宇航动力学国家重点实验室主任

2023 年 10 月

前　言

测量值与真实值之间的差异称为误差(error)。个别测量值与测量平均值之差称为偏差(deviation)。由于测量误差的存在，被测量值不能肯定的程度称为不确定性(uncertainty)。通常，误差用来衡量测量结果的准确度，偏差用来衡量测量结果的精密度。然而，一般情况下真值是不知道的，所以处理实际问题时常常在尽量减少系统误差的前提下，把多次测量的平均值当作真值，把偏差当作误差。

太空目标轨道状态偏差(本书简称轨道偏差)是指轨道确定方法估计的状态与太空目标真实状态之间的差异。轨道偏差的不确定性可用均值、协方差矩阵、各阶统计矩、概率密度函数等统计参数表征和量化。轨道偏差演化主要研究表征轨道偏差不确定性的统计参数在非线性轨道动力系统中的传播情况，包括将这些参数从当前时刻正向预报到未来时刻或逆向反推到过去时刻。

对轨道偏差进行演化分析是太空态势感知系列任务的基础，包括观测传感器调度、观测弧段关联、定轨与编目维持、碰撞预警、机动检测等任务。随着人类航天事业不断发展和在太空中的活动日趋频繁，在轨空间目标(resident space object, RSO)数量不断增多。当前，由于需要跟踪的太空目标数量远多于观测设备数量，观测与追踪太空目标面临数据稀缺问题。经常需要在没有观测数据更新的情况下，对空间目标的轨道状态及其偏差进行长时间预报。即使太空目标轨道状态在初始时刻(如定轨结束时刻)服从高斯分布(三维时呈椭球形状)，但在本质非线性的轨道动力系统中传播一段时间后，将会产生非高斯分布特性。由于航天器轨道状态维数相对较高(位置速度矢量等至少 6 维)，轨道偏差因素种类多、来源复杂，多摄动影响下的轨道动力学模型还在持续改进，高精度、高效率的轨道偏差演化是一个挑战性难题，在航天动力学领域受到人们持续关注和研究。

本书的相关研究工作得到国家自然科学基金、载人航天工程科技创新团队等相关科研项目的支持。本书系统阐述太空目标轨道偏差演化的问题建模、非线性传播，及其在太空态势感知系列任务中的应用，包括短弧数据关联、轨道机动检测、碰撞预警等，通过系统总结该领域的最新理论研究成果，同时面向实际工程应用，尽可能给出各类实际问题的求解策略。

全书分为理论篇与应用篇两部分，共 14 章。理论篇包括第 1～8 章，第 1 章概述太空态势感知任务概况、轨道偏差演化基本问题与研究现状；第 2 章介绍轨道动力学基础与轨道偏差演化基本理论；第 3 章阐述多项式混沌展开方法；第 4

章阐述状态转移张量法；第 5 章讲解微分代数方法；第 6 章讲解高斯混合模型；第 7 章讲解非线性相对轨道偏差演化方法；第 8 章讲解轨道边值问题偏差映射方法。应用篇包括第 9～14 章，第 9 章讲解太空目标编目短弧数据关联方法；第 10 章讲解太空目标轨道机动检测方法；第 11 章讲解太空目标碰撞预警与规避；第 12 章讲解解体碎片云演化与撞击风险分析方法；第 13 章讲解小行星轨道偏差演化与撞击预警方法；第 14 章讲解考虑偏差影响的鲁棒交会轨道规划方法。

本书由杨震、罗亚中撰写主要章节并统稿，舒鹏执笔第 5、8、12 章，李嘉胜为第 9、11 章的撰写做出了贡献，段宇为第 3 章的撰写做出了贡献，孙振江、李泽越、龙文骁分别为第 5、10、13 章的撰写付出了辛勤的工作。此外，李恒年、宝音贺西、王秀江、梁彦刚等众多专家给予了诸多关心和指导，并提出宝贵的修改意见。在此一并向他们表示感谢。

限于作者水平，书中难免有不妥之处，恳请读者批评指正。

作　者

2023 年 9 月于长沙

目　　录

第1章 绪　　论

太空目标(或称空间目标)泛指在地球外层空间运行的所有人造物体，包括人造地球卫星、空间站、宇宙飞船、航天飞机，以及由它们或它们的废弃物产生的空间碎片[1]。空间碎片，又称轨道碎片，是指位于地球轨道或再入稠密大气层的、所有失效的，并且无法继续保有或恢复其原定功能的人造物体及其零部件[1]。随着人类航天事业的不断发展和在太空中的活动日趋频繁，在轨空间目标的数量不断增多。截至 2023 年 6 月，可被美国太空监视网络(space surveillance network, SSN)追踪的直径大于 10cm 的在轨目标有 25000 多颗，其中 74%的目标是空间碎片。随着空间轨道环境日益拥挤，太空目标间发生碰撞的风险明显增加，对太空资产的正常运行、近地空间环境的可持续利用构成严重威胁，因此围绕太空目标的监视跟踪、碰撞预警、轨道异常检测等太空态势感知(space situational awareness, SSA)任务尤为重要。

太空态势感知是指以保护太空资产为目的而对近地空间在轨目标进行监视、识别、预测和威胁评估的能力。太空态势感知通过多源观测数据来跟踪、识别在轨目标，以便对近地空间环境形成综合的信息掌控。美国国防部(Department of Defense, DoD)发布的文件将太空态势感知自 2011 年以后的主要职能分为四个部分[2]。

(1)侦查、跟踪、识别，即发现和编目空间目标。

(2)特征描述，即判别特定空间目标的意图。

(3)威胁评估与预警，即对空间目标的威胁程度进行评估，并对潜在的敌对接近与碰撞进行预警。

(4)信息融合与挖掘，即综合多种可用数据资源，并从中挖掘新信息。

太空态势感知的基础功能任务包括接近分析与碰撞预警、传感器管理与调度、观测弧段数据关联与编目保持、轨道异常事件检测等[3]。由于观测数据总是存在偏差，描述太空目标轨道运动的动力学方程也未达到绝对精确，太空目标在轨飞行的真实状态永远未知，只能通过观测数据估计确定轨道。由于各种误差因素的影响，定轨结果也不可避免地存在偏差，因此实施上述空间态势感知基础功能任务的一个共同需求是在太空目标跟踪编目和预测分析中准确有效地表征轨道偏差。

与观测跟踪地面车辆、航空飞机、导弹等目标相比，由于需要跟踪的太空目标数量远远多于观测资源数量，观测与追踪在轨空间目标面临数据稀缺等问题。因此，经常需要在没有观测数据更新的情况下，采用还在持续发展完善的轨道动力学模型对空间目标的轨道状态及其偏差进行多圈，甚至多天的长时间预报。尽管航天器的状态在某一时刻(如定轨结束时刻)服从椭球形状的高斯分布，但在非线性轨道动力系统中传播一段时间后，将变为非椭球形状的非高斯分布。因此，与数据充足环境下采用高斯分布的均值与协方差矩阵描述偏差分布特性不同，在数据稀缺的太空目标跟踪与预测问题中，需要采用偏差概率密度函数(probability density function, PDF)或高阶统计矩更加完整地描述太空目标轨道偏差分布情况。这对偏差因素多、非线性强、维度相对较高的轨道动力系统是一个挑战性难题。

如果不能正确表征、演化(预报)太空目标的轨道偏差，将产生更多错误决策。例如，碰撞预警中出现漏警和虚警，将与特定目标相关的观测弧段判定为不相关，低效分配与调度有限的传感器资源，无法检测出特定目标是否执行了机动控制等。随着空间目标的急剧增加与观测设备(如由S波段雷达组成的电磁篱笆、光电传感器等)的不断改进，被观测到的在轨空间目标将越来越多。因此，为了有效感知太空态势并保护太空资产，需要一个自动化的系统来跟踪和识别不断增加的空间目标。显然，该自动化系统需要基于大量观测数据的统计信息进行决策(编目、碰撞预警等)。由于观测数据不可避免地存在偏差，因此需要轨道估计算法准确预报与评估这些偏差因素的影响，以支撑太空态势感知系列任务。本书将详细讲解航天动力学领域典型的轨道偏差演化分析方法，并围绕典型的太空态势感知基础功能任务介绍其应用。

1.1　轨道偏差演化分析问题描述

关于不确定性或偏差表征问题的研究是一个活跃的领域，叫做不确定性量化(uncertainty quantification, UQ)，涉及模型验证、模型确认、偏差分析、敏感性分析等研究主题[4]。为了正确有效地表征太空目标相关的各种偏差或不确定性，需要了解以下研究问题。

(1) 模型验证。用于确定以多大的精度求解所使用的模型公式或感兴趣的量。

(2) 模型确认。用于确定以多大近似程度的模型描述所关注的真实世界对象是足够精确的。

(3) 偏差分析。用于确定与研究对象相关的误差或不确定性因素，并正确量化表征与预测这些因素。

(4) 敏感性分析。用于量化分析所关注的输入参数对输出参数的影响程度，识别哪些输入参数是影响系统响应的主导因素。偏差或不确定性分析面向识别与表征给定系统的所有输出偏差，而敏感性分析重点关注主导因素。敏感性分析不需要真实设备中的输入偏差，可以通过纯数学模型进行敏感性分析，识别大部分偏差因素。对系统输出影响较小的偏差，没必要作为下一阶段的重要因素进行考虑。

1.1.1 典型偏差因素

偏差因素或不确定参数一般划分为随机型、认知型、混合型三类。随机型偏差是指系统物理变量或环境参数中天然带有随机性的量，是不可避免和消除的，一般通过统计参数描述其分布特性。离散变量的随机性通过每次随机事件发生的概率进行参数化表征。连续变量的随机性通过概率密度函数表征。认知型偏差是由数据或对真实系统知识的认识有限造成的。认知型偏差可通过对系统认识或数据的增加而减少。在太空态势感知相关任务中，主要考虑以下偏差因素。

(1)模型偏差。这是由作用在太空目标上的力模型知识的缺乏或不完善而引入的误差，如大气阻力摄动模型、太阳光压力摄动模型等。虽然已有多种可选模型，但是仍未做到足够精确，因此存在模型偏差。此外，还包括作用在航天器上的轨道机动引起的偏差。

(2)参数偏差。这是由模型参数或空间环境相关参数的不确定性引起的偏差，如大气模型中阻力系数偏差、大气密度偏差、描述太阳活动的 $F_{10.7}$ 参数偏差等。

(3)传感器测量偏差。传感器测量偏差又叫观测误差，存在于对太空目标的观测方程，一般由观测传感器的测量噪声引起。

(4)算法偏差。这是由算法模型及数值逼近引入的误差，如轨道预报模型的截断误差、计算机浮点运算的舍入误差、轨道确定问题中病态条件引起的误差等。

(5)误匹配偏差。这是由近距离编队/集群目标、解体碎片云、绳系卫星系统等测轨数据的误关联、误识别等引起的误差。

(6)软硬件故障。这是由硬件设备、软件等故障引起的偏差。

具体地，对用质点目标建模的不确定性轨道力学问题，偏差因素主要来源于对太空目标的动力学建模和测量建模。太空目标在太空中飞行会受到地球中心引力、主动控制力和各种摄动力的作用[5]。一般而言，航天器的受力情况很难用数学模型精确描述，因此会产生模型误差。此外，航天器运行在轨道上，其真实的状态是不为人知的，只能通过地面和星上的测量设备对其进行观测估计。在观测过程中，各种噪声的存在也会产生误差。轨道力学中的偏差因素与具体的目标及其所处的环境息息相关(如航天器外形、姿态、轨道高度、测量系统等)。各种偏差也相互影响，很难将其进行独立归类。例如，计算引力场模型参数需要用到大量测量数据，这些测量误差植入引力模型后又表现为模型误差。由于研究偏差传播时并不关心其产生过程，我们仅将其作为输入。为描述方便，根据 Fehse[6]、唐国金等[7]的论述，本书将轨道力学中的偏差因素大致分为模型误差、导航误差与控制误差，如图 1.1 所示。

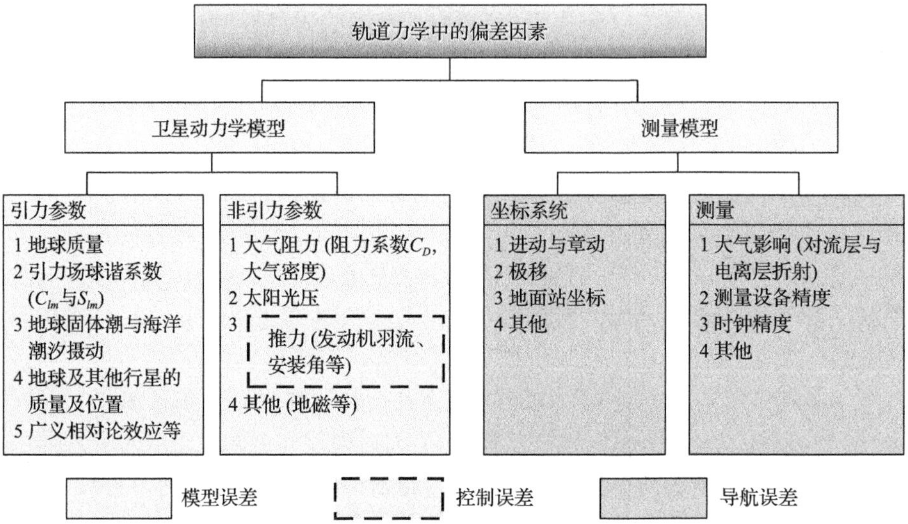

图 1.1　轨道力学中的偏差因素

1. 模型误差

模型误差是指使用的标称模型参数与真实模型参数之间的偏差，如中心天体引力常数、非球形引力摄动系数、大气密度等。由于小天体的形状不规则，目前可用的小天体引力场模型还存在一定的误差。对大行星，特别是地球，其引力模型已经相对精确。对近地轨道，不确定因素主要是大气密度。根据指数模型[5]，地心距为 r 处的大气密度 ρ 可表示为

$$\rho = \rho_o \mathrm{e}^{\frac{-(h-h_o)}{H}} \tag{1.1}$$

其中，$h = r - R_e$ 为航天器实际轨道高度，R_e 为地球平均赤道半径；ρ_o、h_o、H 为参考大气密度、参考轨道高度、距离无量纲化参数[5]。

记标称的大气密度为 $\bar{\rho}$，则考虑误差的真实大气密度 ρ 可表示为

$$\rho = \bar{\rho} + \delta\rho \tag{1.2}$$

其中，$\delta\rho$ 为大气密度模型误差的随机样本。

2. 导航误差

导航误差是指采用观测系统估计的航天器运动状态(位置、速度、姿态角、姿态角速度)与航天器真实运动状态之间的偏差。初始的导航误差在动力学模型和轨道机动控制影响下会逐渐放大。记通过定轨或轨道预报获得的航天器标称运动状

态为 $\bar{\boldsymbol{x}}_0 = [\bar{\boldsymbol{r}}_0, \bar{\boldsymbol{v}}_0]^{\mathrm{T}}$，则考虑导航误差的航天器真实运动状态可表示为

$$\begin{bmatrix} \boldsymbol{r}_0 \\ \boldsymbol{v}_0 \end{bmatrix} = \begin{bmatrix} \bar{\boldsymbol{r}}_0 \\ \bar{\boldsymbol{v}}_0 \end{bmatrix} + \begin{bmatrix} \delta\boldsymbol{r}_0 \\ \delta\boldsymbol{v}_0 \end{bmatrix} \tag{1.3}$$

其中，$\delta\boldsymbol{x}_0 = [\delta\boldsymbol{r}_0, \delta\boldsymbol{v}_0]^{\mathrm{T}}$ 为导航误差的随机样本。

3. 控制误差

控制误差是指航天器执行机构(推力器、陀螺仪等)实际产生的控制量与期望其产生的控制量之间的偏差。控制误差的大小一般与控制量的大小成正比。例如，对脉冲变轨模型，记标称变轨冲量为 $\Delta\bar{\boldsymbol{v}}_i = [\Delta\bar{v}_{ix}, \Delta\bar{v}_{iy}, \Delta\bar{v}_{iz}]^{\mathrm{T}}$，$i = 1, 2, \cdots, m$，$m$ 为脉冲机动次数，则考虑控制误差的真实变轨冲量 $\Delta\boldsymbol{v}_i$ 可表示为

$$\begin{aligned} \Delta\boldsymbol{v}_i &= \Delta\bar{\boldsymbol{v}}_i + \delta\Delta\boldsymbol{v}_i \\ \sigma(\delta\Delta\boldsymbol{v}_i) &= \alpha\left|\Delta\bar{\boldsymbol{v}}_i\right| + \beta \end{aligned} \tag{1.4}$$

其中，$|\cdot|$表示对矢量每个分量取绝对值；$\delta\Delta\boldsymbol{v}_i$ 为控制误差的随机样本；$\sigma(\delta\Delta\boldsymbol{v}_i)$ 为控制误差标准差；α、β 为控制误差标准差建模的常值系数。

1.1.2　偏差演化问题

在不确定性量化研究中，主要考虑两类问题，一是正向偏差演化/预报问题，二是逆向偏差评估问题(模型、参数反演评估等)。

(1) 正向偏差演化/预报问题。主要用于根据初始时刻系统状态、模型、参数的不确定性，预测确定其终端状态、模型、参数的不确定性。该不确定性的统计特征一般通过概率密度函数描述。

(2) 逆向偏差评估问题。主要通过一系列给定的测量数据或计算机仿真数据，估计真实模型和数学物理模型之间的差异，或者模型中未知参数的取值，或者系统状态与状态偏差信息(如轨道确定过程)。

本书主要关注正向偏差演化方法及相关应用。在不确定性量化问题中，要完全确定一个随机变量的分布特征，需要知道其概率密度函数(或分布函数)。因此，正向轨道偏差演化分析问题可描述为，给定太空目标初始状态 $\boldsymbol{x}_0$ 的分布情况(一般用概率密度函数 $p(\boldsymbol{x}_0, t_0)$ 表示)，求任意时刻航天器状态 $\boldsymbol{x}$ 的分布情况，即概率密度函数 $p(\boldsymbol{x}, t)$。为了得到偏差经随机动力系统演化后的完整分布特性，需要求解 Fokker-Planck 方程(Fokker-Planck equation, FPE)[8]，或无过程噪声作用下的随机 Liouville 方程(stochastic Liouville equation, SLE)[9]，以获得该偏差任意时刻的概率密度函数。FPE 或 SLE 一般很难直接求解，特别是对高维的轨道偏差(6 维或

以上)传播问题。因此，理论上对偏差演化的研究大都是在寻找尽可能高精度逼近其真实分布的近似方法。很多对轨道偏差演化分析的研究都是基于偏差的高斯分布假设和动力系统的线性化假设对问题进行简化，从而方便求解。

对服从高斯分布的偏差，其概率密度函数可由其前两阶矩完全确定，且高斯分布经线性或线性化的动力学方程传播后仍然为高斯分布。因此，在线性假设下，仅对其均值和协方差矩阵进行预报就可以得到高斯分布偏差任意时刻的概率密度函数。将动力学方程线性化，可得高斯分布偏差均值和协方差矩阵的传播公式，即

$$\begin{aligned} \boldsymbol{m}(t) &= \boldsymbol{\Phi}(t,t_0)\boldsymbol{m}_0 \\ \boldsymbol{P}(t) &= \boldsymbol{\Phi}(t,t_0)\boldsymbol{P}_0\boldsymbol{\Phi}(t,t_0)^{\mathrm{T}} \end{aligned} \tag{1.5}$$

其中，$\boldsymbol{\Phi}(t,t_0)$为状态量$\boldsymbol{x}(t)$的一阶状态转移矩阵(state transition matrix, STM)，可沿参考轨迹$\bar{\boldsymbol{x}}(t)=\boldsymbol{\phi}(t;\bar{\boldsymbol{x}}_0,t_0)$积分如下微分方程获得，即

$$\dot{\boldsymbol{\Phi}} = \boldsymbol{A}\boldsymbol{\Phi}, \quad \boldsymbol{A} = \left.\frac{\partial \boldsymbol{f}(t,\boldsymbol{x})}{\partial \boldsymbol{x}}\right|_{\boldsymbol{x}=\bar{\boldsymbol{x}}}, \quad \boldsymbol{\Phi}(t_0,t_0) = \boldsymbol{I} \tag{1.6}$$

现实生活中的很多偏差因素都可以用高斯分布描述，因此对初始偏差作高斯分布假设是相对合理的。然而，高斯分布通过非线性系统后，极可能变为非高斯分布。对非高斯分布偏差，虽然均值和协方差矩阵仍然包含其大部分统计信息，但是前两阶矩已不能完整表征其分布特性。实际生活中的动力系统多为非线性系统，因此研究偏差的非线性、非高斯传播规律尤为必要。本书采用非线性的方法研究轨道偏差在动力系统中的传播规律。

如图 1.2 所示，轨道偏差预报一般始于轨道估计(定轨)的结束时刻。航天器处于测量设备(地面站)的不可见弧段，没有测量更新，因此航天器的状态只能通过轨道预报来确定。由于定轨结果存在误差，可用概率密度函数$p(\boldsymbol{x}_0)$表示。偏差演化分析的目的就是确定该误差经一段时间传递后的分布情况，进而确定航天器终端时刻处于某一可能区域的概率分布，即终端状态$\boldsymbol{x}_f$的概率密度函数$p(\boldsymbol{x}_f)$。需要指出的是，轨道估计是逆向偏差评估问题，是一个逐渐收敛的过程，而偏差传播是一个逐渐发散的过程。这主要是偏差传播没有测量值作为后验信息反馈修正造成的。

如图 1.2 所示，导航误差仅添加在偏差传播的初始时刻，控制误差出现在每一次轨道机动时刻，而模型误差则贯穿偏差传播的整个过程。我们一般假设导航误差服从高斯分布，其分布情况可以用 3σ 误差椭球来表示。该误差椭球在非线性轨道动力学中随着时间的推移不断放大、旋转、变形，最后变成非高斯分布。该

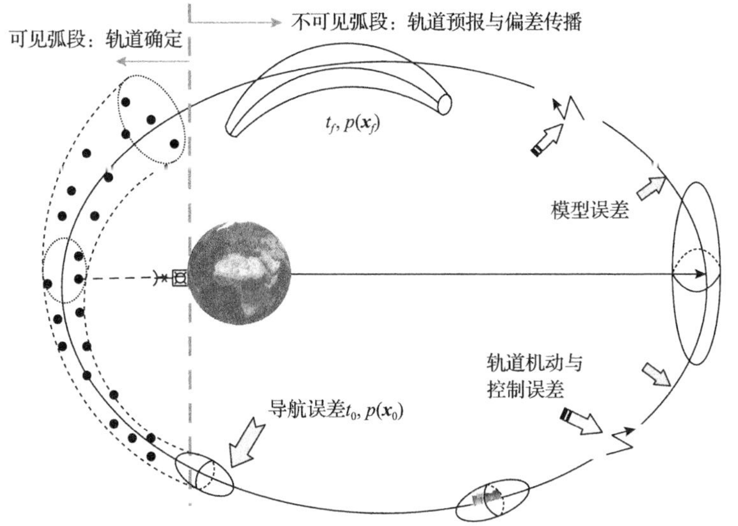

图 1.2　太空目标轨道偏差传播过程示意

非高斯偏差一般沿航天器标称轨道弧线弯曲，呈“香蕉形状”。为了更加正确有效地捕获该分布特征，基于高斯分布假设或线性化假设的方法已不再完全适用，因此需要发展非高斯非线性的方法。

1.2　太空态势感知中的偏差演化问题

太空态势感知通过对太空的持续观察和情报收集，获取太空目标和太空环境信息，为航天器在轨安全、空间事件分析预警、威胁预示评估等提供支撑[1]。SSN 每天都会形成大量的空间目标编目数据。利用这些编目数据进行分析推算，可以获取空间目标当前及未来一段时间的空间位置、速度等信息，进而为空间目标态势评估、碰撞预警、异常检测提供支撑，以及进一步的空间目标监视提供引导。基于空间目标监视数据进行态势分析与评估，除了要获取目标的标称轨道状态，还需要掌握其偏差信息。对轨道偏差的有效表征与演化分析跟太空目标碰撞预警、目标跟踪、数据关联、机动检测、传感器调度、碎片环境推测、撞击风险评估等态势感知基础功能任务息息相关。本节主要对轨道偏差演化在上述太空态势感知任务中的应用进行概述。

1.2.1　数据关联

为了确定太空目标在轨运行状态等态势信息，太空态势感知任务需要对多个在轨目标进行测量跟踪，从而进行目标库构建与编目维持。该过程涉及求解数据关联、数据融合等问题。数据关联问题是指确定哪些传感器跟踪测量的数据属于哪个太空目标，而数据融合问题是指综合一个或多个传感器的测量信息来改进太空目标的轨道状态精度。这是目标探测跟踪问题中两个独立的方面，但是都与目标轨道状态协方差实现或完整的轨道偏差实现相关。错误的匹配或关联会使数据融合过程（如轨道改进）反演的偏差信息不准确。同样，不正确的偏差信息也会导致错误匹配和误关联。数据关联通常在状态估计（精密轨道确定）之前进行，只有获得准确的数据关联处理结果，才能保证后续处理的正确性。对密集环境中的多目标跟踪问题，很难区分相近目标的轨迹，此时就需要我们对多传感器的数据进行融合来提高跟踪效果。

如图 1.3 所示，数据关联简单理解就是通过对一组轨迹的观测值重新排序来反映目标真实的运动。通常情况下，穷尽搜索全部排序组合的计算量随目标数的增加呈指数增长，因此数据关联问题就变成一个 NP 完全问题。解决数据关联问题的方法有近邻和 *k*-means 算法、概率数据关联法、联合概率数据关联法、多重假设检验法、分布式联合概率数据关联法、分布式多重假设检验法等[4]。在这些方法中，一般采用某种统计距离作为关联评价指标来判断不同传感器、不同追踪弧段是否属于同一目标。这种统计距离指标一般基于概率密度函数计算，如马氏距离指标、对数似然（log likelihood, LL）函数指标等。

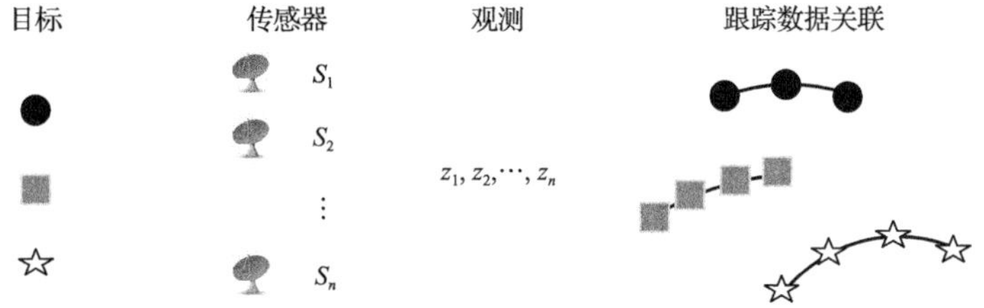

图 1.3　数据关联问题示意图

为阐明协方差分析、完整的偏差统计参数分析在数据关联问题中的重要性，以基于协方差的数据关联方法[10]为例，量化两目标间接近程度的马氏距离平方，即

$$M^2 = (\boldsymbol{x}_1 - \boldsymbol{x}_2)^{\mathrm{T}} (\boldsymbol{P}_1 + \boldsymbol{P}_2)^{-1} (\boldsymbol{x}_1 - \boldsymbol{x}_2) \tag{1.7}$$

根据概率论与数理统计知识，$M^2 \leqslant \chi_\alpha^2(6)$，其中 α 为显著性水平，$\chi^2(\cdot)$ 为卡方分布。若计算的协方差矩阵相比实际协方差太大，对于相对距离较近目标的数据关联问题，容易出现无法关联或误匹配等问题，因此获得准确的协方差矩阵或偏差统计信息对正确关联至关重要。

1.2.2　异常检测

不同空间目标碰撞、解体、抵近等相互操作构成一系列空间事件。空间事件的发生、空间环境的突变等会引起空间目标的轨道异常。太空事件检测是太空态势感知的重要内容，其目的之一就是通过检测空间目标的轨道异常，特别是轨道机动异常，提高对航天器，尤其是非合作航天器的态势分析与威胁评估能力。例如，判断航天器是正常工作还是已失效，以及通过对机动的意图和目的进行分析来判断是否对己方航天器不利，减少未知的机动对接近分析和碰撞预警的不良影响。处于正常状态的航天器具有轨道控制能力，为了完成相应的任务必须进行轨道机动、轨道维持、姿态调整等轨道控制任务，因此这些空间目标的轨道根数会有比较剧烈的变化。失效航天器的轨道是无控的，仅受地球引力及光压等摄动力的作用。在不发生在轨碰撞、爆炸及解体的情况下，其轨道根数的变化是较为平滑的连续变化。根据这些特征，结合航天器轨道运行规律，可以对航天器的工作状态进行判断。

及时的空间事件感知对航天器操作者来说越来越重要。他们需要知道何时发生了什么空间事件，以便进行风险评估或采取相应的措施。开展空间目标轨道异常检测，特别是轨道机动引起的异常检测，可为空间目标在轨行为识别、来袭机动目标提前防范提供依据。

如图 1.4 所示，对轨道机动检测问题，已知 t_1 时刻某在轨目标的标称轨道状态及偏差信息，可将该轨道及偏差外推到对该目标的下一次定轨时刻。若 t_2 时刻新确定的标称轨道状态不在定义的统计距离(如马氏距离)阈值范围内，就可以推测该目标可能进行了轨道机动。由于对空间目标的轨道状态估计是有误差的，因此仅依赖估计的标称轨道状态，难以进行有效的轨道机动检测。轨道偏差在 t_1、t_2 两个定轨时刻是根据观测数据通过定轨算法获得的，其他时刻通过轨道动力学模型预报获得。通过定轨算法，如最小二乘(least square, LS)方法，与观测数据估计的偏差协方差矩阵信息是某种最优估计，对大量的观测数据可能产生过拟合的现象，导致轨道偏差的协方差矩阵过小。如果太空目标真实的偏差比预测的协方差矩阵表征的要大，会导致基于该协方差矩阵的机动检测算法产生虚警，从而使检测结果不可信，因此准确表征轨道偏差信息对该问题的求解很重要。特别地，实际的轨道机动检测问题远比图 1.4 中示意的复杂，还涉及机动前后轨道关联问题。我们将在第 10 章详细介绍。

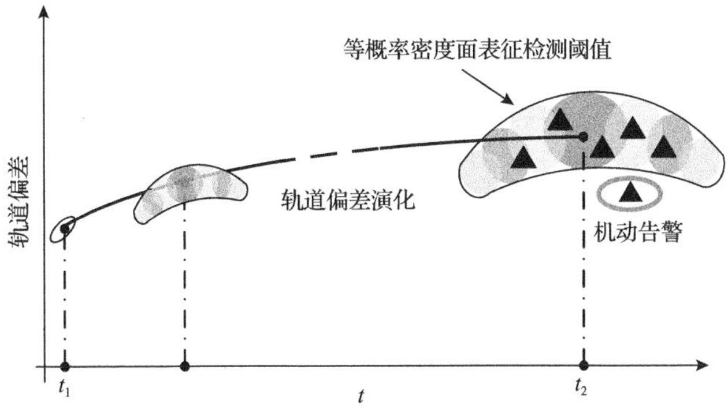

图 1.4 轨道机动检测问题示意图

1.2.3 碰撞预警

碰撞预警是利用预报得到的轨道状态和偏差信息，进行风险评估得到各种碰撞风险参数(如最接近距离、碰撞概率等)，并根据一定的准则判断风险参数是否处于危险区域。可见，获取并预报目标轨道状态及偏差信息是进行碰撞预警的前提。当前，基于碰撞概率的空间目标碰撞预警是国际上主要应用的分析方法[1]。

空间目标碰撞预警包括接近分析与碰撞概率计算两方面的内容。接近分析问题是指已知两目标的轨道数据(轨道根数或高精度轨道星历)，给定接近阈值(距离阈值或椭球范围)和分析起止时间，计算两目标距离小于距离阈值或进入椭球范围的时间，并给出此时的相对距离及其分量、相对速度、接近角等信息。在接近分析之前首先进行筛选，从大量目标中快速排除与所关心航天器轨道不可能接近的目标，然后进行接近分析。常用的筛选方法有近地点-远地点筛选、轨道面交线高度差筛选等。

通过接近分析获得两个潜在碰撞目标的接近信息后，根据轨道偏差预报可得最接近时刻(time of closest approach, TCA)两目标位置速度偏差协方差信息，进而计算两目标在最接近时刻的碰撞概率。如图 1.5 所示，碰撞概率问题的一般提法为[1]：已知主目标在其初始时刻 t_{10} 的状态估计值 $\bar{\boldsymbol{X}}_1(t_{10})$ 和轨道偏差协方差矩阵 $\boldsymbol{P}_1(t_{10})$，从目标在其初始时刻 t_{20} 的状态估计值 $\bar{\boldsymbol{X}}_2(t_{20})$ 和轨道偏差协方差矩阵 $\boldsymbol{P}_2(t_{20})$，其中状态矢量 $\boldsymbol{X}=(\boldsymbol{R},\boldsymbol{V})$ 和协方差矩阵 $\boldsymbol{P}$ 可能在相同的坐标系描述，也可能在两目标各自的轨道坐标系描述。按照各自的轨道预报模型和协方差预报模型将两目标的状态矢量和协方差矩阵向前预报。通过合适的接近分析算法，可以确定未来某一时刻两目标距离最接近的时刻为 t_{tca}。此时，两目标的状态矢量和协方差的预报值分别为 $\bar{\boldsymbol{X}}_1(t_{\text{tca}})$、$\boldsymbol{P}_1(t_{\text{tca}})$ 和 $\bar{\boldsymbol{X}}_2(t_{\text{tca}})$、$\boldsymbol{P}_2(t_{\text{tca}})$。令两目标安全半径分别为 R_1 和 R_2，结合 $\bar{\boldsymbol{X}}_1(t_{\text{tca}})$、$\boldsymbol{P}_1(t_{\text{tca}})$ 和 $\bar{\boldsymbol{X}}_2(t_{\text{tca}})$、$\boldsymbol{P}_2(t_{\text{tca}})$，即可计算两目标发生碰撞的概率。

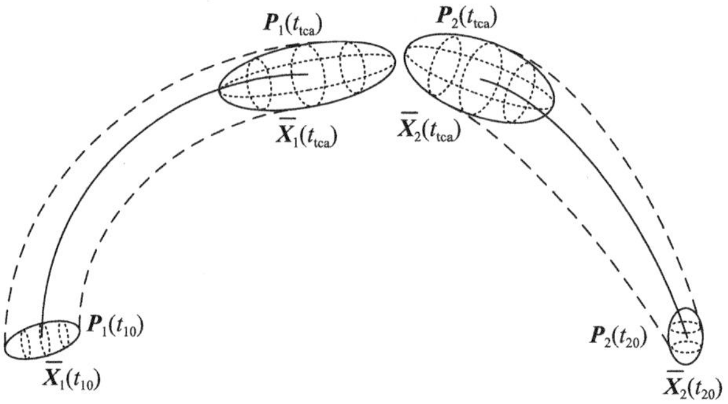

图 1.5 空间目标碰撞概率计算问题示意图

假设两目标轨道位置偏差服从高斯分布，则最接近时刻两目标的瞬时碰撞概率可表示为相对位置偏差分布概率密度函数在目标航天器控制区域内的积分，即

$$P_c(\boldsymbol{R},t_{\text{tca}})=\frac{1}{(2\pi)^{3/2}\left|\boldsymbol{P}\right|^{1/2}}\iiint\limits_V \exp\left(-\frac{1}{2}\boldsymbol{R}^{\mathrm{T}}\boldsymbol{P}^{-1}\boldsymbol{R}\right)\mathrm{d}x\mathrm{d}y\mathrm{d}z \tag{1.8}$$

其中，$\boldsymbol{R}=\bar{\boldsymbol{R}}_1(t_{\text{tca}})-\bar{\boldsymbol{R}}_2(t_{\text{tca}})$ 为两航天器的相对位置矢量；$\boldsymbol{P}=\boldsymbol{P}_1^{rr}(t_{\text{tca}})+\boldsymbol{P}_2^{rr}(t_{\text{tca}})$ 为相对位置分布的协方差矩阵；V 为目标航天器控制区域，一般为两目标联合包络球(半径为 R_1+R_2)的体积。

针对两种不同的接近几何关系，碰撞概率的计算可以分为短期相遇模型(线性相对运动)和长期相遇模型(非线性相对运动)两种情况。短期相遇模型认为，在相遇期间，两目标做匀速直线运动且没有速度不确定性，适用于两目标接近时相对速度较大的情况。长期相遇模型针对接近时相对速度较小的情况(如卫星编队飞行、交会对接等)，此时目标间是非线性的相对运动。

如图 1.6 所示，对短期相遇情况，已知两目标相遇期间某时刻在惯性系中的位置速度矢量，两空间目标均等效为半径已知的球体；在相遇期间，两目标的运动都是匀速直线运动，并且没有速度不确定性，这样位置误差椭球在相遇期间就保持不变；两目标的位置误差都服从三维正态分布，可以由分布中心和位置偏差协方差矩阵描述。当两目标间的距离小于它们等效半径之和时发生碰撞，所以碰撞概率就定义为两目标间的最小距离小于它们等效半径之和的概率。基于短期相遇模型假设，空间目标在距离最接近时的相对位置矢量与相对速度矢量垂直，两目标位于垂直于相对速度的平面上。我们定义这个平面为相遇平面。由于两目标的预报误差互不相关，因此可以联合起来形成联合误差椭球，将等效半径联合起

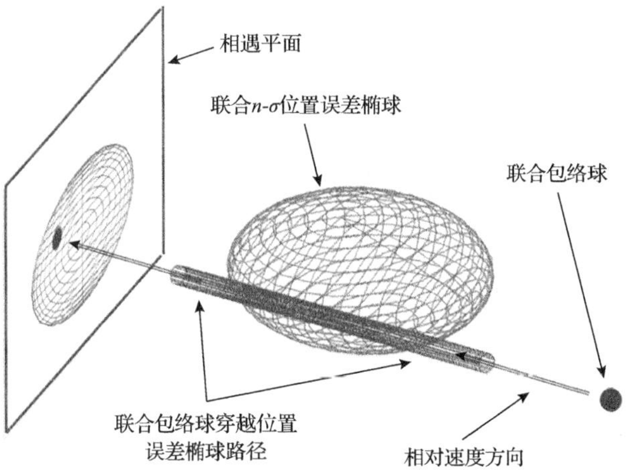

图 1.6　空间目标短期相遇接近示意图

来形成联合球体，投影到相遇平面上就是联合误差椭圆和联合碰撞圆域。以相遇平面为基准平面，以相对速度矢量为基准方向定义相遇坐标系，可以把计算碰撞概率的问题转化为计算二维概率密度函数在圆域的积分问题，即

$$p_c(t_{\text{tca}}) = \iint\limits_{(x-\mu_x)^2+(y-\mu_y)^2 \leqslant r_A^2} \frac{1}{2\pi\sigma_x\sigma_y}\exp\left[-\frac{1}{2}\left(\frac{x^2}{\sigma_x^2}+\frac{y^2}{\sigma_y^2}\right)\right]\mathrm{d}x\mathrm{d}y \tag{1.9}$$

其中，(x,y) 为相遇平面内的相对位置矢量；μ_x,μ_y 为相对位置偏差椭球中心或联合包络球中心在相遇平面的坐标；σ_x,σ_y 为相对位置偏差标准差；$r_A = R_1 + R_2$ 为两目标联合包络体积在相遇平面的投影半径。

由图 1.6 可知，短期相遇模型计算的碰撞概率为相遇期间联合包络球扫过位置偏差椭球区域的总碰撞概率。

对慢速接近情况下的长期相遇模型，一般用式(1.8)的瞬时碰撞概率来量化每一时刻的碰撞风险。若要计算相遇期间累积的碰撞概率，则需要考虑相对速度及其偏差的影响，或从控制体流量的角度计算碰撞概率变化率 $\dot{P}_c(\tau)$ (不等同于瞬时碰撞概率)，并对碰撞概率变化率在时间维进一步积分，即

$$P_c(t) = \int_{-\infty}^{t} \dot{P}_c(\tau)\mathrm{d}\tau \tag{1.10}$$

综上可知，通过碰撞概率指标对空间目标进行量化评估时，碰撞概率的计算需要以空间目标轨道偏差分布信息为前提。

1.2.4 空间碎片环境分析

随着人类航天活动繁荣而不断增加的空间目标，使发生爆炸或碰撞解体的风险越来越大。空间目标解体时会形成大量不同尺寸的碎片个体。这些个体的集合形成解体碎片云，并在空间不断演化，会对在轨航天器的空间交通安全造成持续威胁。因此，有必要对空间碎片环境进行分析。

为了评估当前空间碎片环境、指导航天发射和航天器在轨运行管控，需要依据空间碎片环境模型了解和掌握空间碎片的运行和分布规律，为碎片云对航天器碰撞风险评估提供保障。空间碎片环境建模是采用适当的数学、物理方法描述空间碎片在三维空间和未来时间的数量、分布、迁移、流动及碎片的物理特性(尺寸、质量、流量、速度等)。空间碎片环境建模分析的功能主要体现在以下几个方面[1]。

(1)评估当前空间碎片环境。

(2)为航天器的防护设计提供参考数据。

(3)对未来空间碎片环境的发展趋势进行预测。

(4) 评估航天器或关注空间区域与空间碎片间的碰撞风险与危害程度。

(5) 评估未来航天发射活动对空间环境的影响。

(6) 为减少空间碎片的积累、开发空间碎片减缓技术提供依据。

(7) 评估空间碎片减缓措施的效果，为制定太空交通管理政策与法规提供依据。

由于解体碎片的初始速度不同，碎片云会逐渐分散到很大的空间区域。Jehn[11]将空间目标解体后碎片云的演化分为几个不同阶段，即从解体时刻往后的短时间内，碎片之间的相对距离较近，碎片云形状接近椭球形，是短期演化阶段；随后由于轨道周期差异，一些碎片具有更快的角速度，其轨道平近点角逐渐分散，在轨迹方向拉伸为环状，是中期演化阶段；进一步，在地球非球形引力等作用下，碎片的升交点逐渐分散，形成环绕地球的带状碎片云，是长期演化阶段。

目前，以 LEGEND 模型[12]、ORDEM 模型[13]、DELTA[14]模型为代表的工具普遍采用离散性的方法来分析碎片云的演化。这类方法将碎片视为独立运动的粒子，对碎片进行轨道递推以分析其分布特征。然而，由于碎片的初始参数，如尺寸、质量、速度等无法精确确定，只能通过实验与统计分析获得其偏差分布信息，离散性方法需要基于初始参数偏差分布进行随机采样，其结果具有随机性，需要对大量样本进行重复的蒙特卡罗(Monte Carlo, MC)仿真实验才能得到较为可靠的结果。因此，这类方法的计算成本一般很高，且不便揭示碎片云演化机理。

解体碎片的状态具有不确定性，如果考察解体碎片云在空间中的概率密度分布，可以将其视为一种虚拟的云[15]。随着轨道动力学不确定性传播理论的发展，使基于概率密度的分析方法更加丰富。这类方法不关注单个碎片的运动，而是分析碎片云整体的密度分布演化规律，因此也称为基于连续性的碎片云演化方法[16]。Mcinnes[17]最早提出以流体的连续性特征来描述碎片云的分布，并采用流体连续性方程研究碎片的演化过程。在此基础上，Letizia 等[18]实现了对大规模小尺寸碎片的解析预报模型，用于计算解体碎片云的碰撞概率，并将其方法进行拓展以适应更高的维度和更广的范围[19]。Frey 等[20]采用概率密度变换方法，结合轨道根数的长期运动特征，建立了完全基于概率密度的碎片演化分析框架。

空间目标的解体可视为在解体瞬间对各碎片施加速度增量后，碎片群体在轨道动力学的作用下持续运动，形成不断演化的碎片云。碎片云的初始速度分布一般可由各种解体模型确定[12-14]，碎片云在终端位置的密度分布可通过密度变换获得。

如图 1.7 所示，假设解体位置为 $\boldsymbol{r}_1$，若碎片云解体速度的概率密度函数为 $p_{\boldsymbol{v}_1}$，那么在解体过后的时间 t，碎片云在位置 $\boldsymbol{r}_2$ 处的概率密度为

$$p_{r2}(\boldsymbol{r}_2)=\sum_{\boldsymbol{v}_1\in \boldsymbol{F}^{-1}(t;\boldsymbol{r}_1,\boldsymbol{r}_2)}\frac{p_{\boldsymbol{v}_1}(\boldsymbol{v}_1)}{\left|\det \boldsymbol{J}_{\boldsymbol{F}}(\boldsymbol{v}_1)\right|} \tag{1.11}$$

其中，$\boldsymbol{F}$ 为初始速度空间到终端位置空间的映射；$\boldsymbol{J}_{\boldsymbol{F}} = \partial \boldsymbol{r}_2 / \partial \boldsymbol{v}_1$ 为初始速度空间到终端位置空间的雅可比(Jacobi)矩阵；$\boldsymbol{v}_1 \in \boldsymbol{F}^{-1}(t; \boldsymbol{r}_1, \boldsymbol{r}_2)$ 为碎片经过时间 t 从位置 $\boldsymbol{r}_1$ 抵达位置 $\boldsymbol{r}_2$ 所需的初始速度。

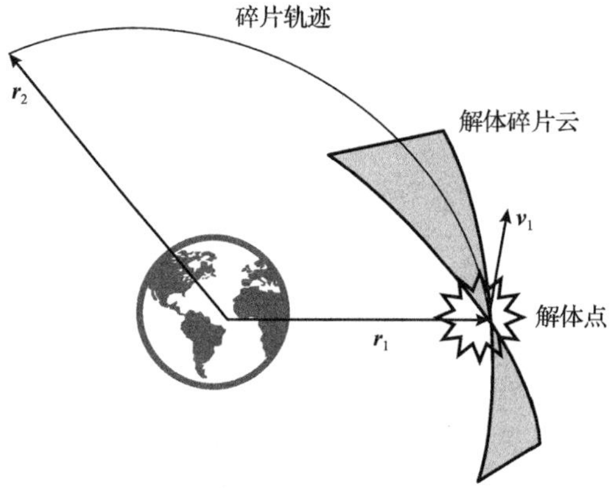

图 1.7　空间解体碎片云演化示意图

可见，碎片云对航天器或空间给定区域的撞击风险评估与碎片云的初始速度分布、终端位置分布等偏差信息有关，因此需要对其轨道偏差进行演化分析。

1.2.5　传感器任务调度

太空态势感知中传感器任务调度的目的是通过正确分配传感器网络资源，使系统获得更多的观测信息。传感器任务调度需要优化系统性能，同时尽可能多地满足整体任务约束条件，对给定时间区间不能完成的任务进行重新规划。传感器任务调度包括任务生成和传感器调度两部分工作。传感器任务生成是产生一系列需要传感器网络完成的任务，而不指定完成该任务的具体传感器与时间。传感器调度不仅要指定任务与任务完成者，还要确定完成该任务的时间区间等任务参数。

一般地，传感器任务调度涉及求解偏差影响下的优化问题。例如，对获取轨道观测弧段的传感器调度问题，需要优化用于跟踪的传感器资源，如雷达设备跟踪低轨目标、光学设备跟踪高轨目标。该优化问题的实质是在传感器资源(雷达、光学望远镜观测时间)和观测任务(获取在轨目标的跟踪数据)间进行任务指派，在考虑视线等约束条件下，使定义的某种指标函数最优。这是一个带有测量感知误差的随机最优控制问题。该问题的指标函数定义可能不同，但大多数时候都是信息增益的某种函数。该信息通常用偏差统计参数的逆(如协方差矩阵的逆)来描述。在太空态势感知任务中，该信息增益可描述为减少空间目标状态(包括位置速度、轨道参数，以及根据观测数据估计的其他参数，如质量、面值比等)的不确定性。

针对传感器任务调度问题，很多计算信息增益的测度参数被提出，包括简单的协方差矩阵测度参数[21]，以及更一般的信息散度测度参数，如 Kullback-Leibler 散度、Renyi 散度等[22,23]。无论使用哪种测度参数，所用的信息增益都是计算目标状态不确定性在有无传感器观测数据更新的两种情况下的差异，因此传感器任务调度问题转化为在所有可能的“传感器-目标”对序列中寻找使信息增益之和最大的“传感器-目标”对序列。如果预报的轨道状态偏差不够准确，一些目标可能会收到不需要观测更新的传感器任务调度结果，从而使原本需要跟踪的目标由于缺乏传感器观测数据而丢失。可见，轨道偏差的正确表征与预测对传感器任务调度问题也很重要。

1.3　轨道偏差演化分析方法研究进展

解决偏差传播分析最直接的方法是进行蒙特卡罗打靶仿真，适用于任意分布的偏差和任意的动力系统，但是需要大量的随机采样才能获得收敛可信的结果，因此计算量巨大。另外，基于对动力学模型的线性化假设和对输入偏差的高斯分布假设，不少学者研究了线性偏差传播方法。该方法计算量小，但是只有一阶精度，对强非线性系统、大初始偏差预报或长时间偏差预报问题计算精度低。为了在尽量不增加计算时间的同时改进计算精度，近十年来，不少学者结合数学及动力学领域的先进理论方法，提出多种非线性的、解析或半解析的偏差传播分析方法。本节对轨道偏差传播分析方法的研究现状进行综述，主要方法及分类如图 1.8 所示[24]。

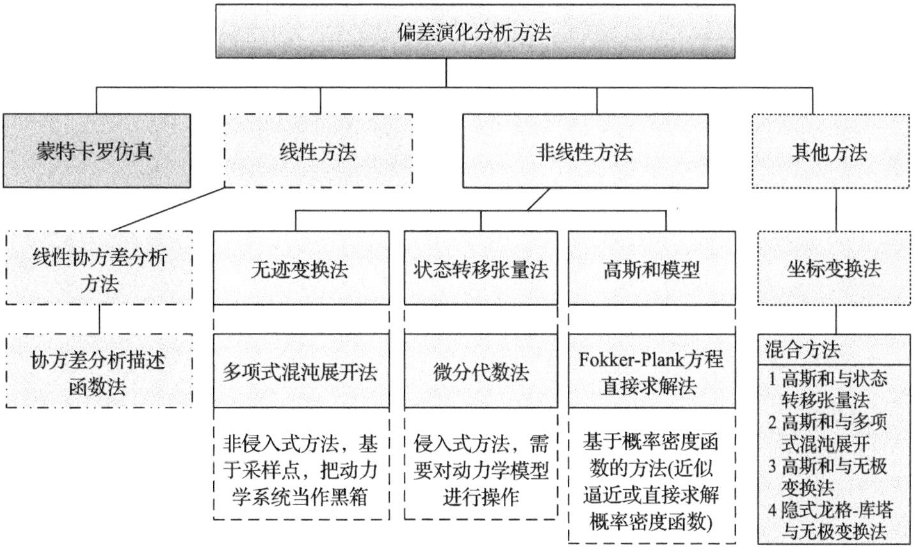

图 1.8　偏差演化方法及分类

1.3.1 蒙特卡罗仿真

蒙特卡罗打靶仿真通过随机抽样、高精度仿真与统计分析等步骤，可以高精度地获得输出误差的分布情况。该方法是工程上进行误差评估及模型检验与验证(validation and verification, V&V)使用最普遍的方法，也是最被信赖的方法。因此，理论研究通常将仿真结果作为真值，用于对比验证新方法的正确性及有效性。对航天器轨道偏差传播分析问题，Sabol 等[10]采用蒙特卡罗方法分析轨道偏差在不同坐标系中的非线性转换与传播特征。Jesus 等[25]采用蒙特卡罗方法研究考虑推力误差的有限推力轨道转移问题。

蒙特卡罗方法的优点在于对输入误差的概率分布没有限制，而且对系统模型也没有约束，可以将系统当作黑箱，不需要对现有的系统进行任何简化或推导就可以评估偏差。因此，该方法易于实施且精度很高。但是，蒙特卡罗方法也存在诸多局限。首先，其收敛误差正比于样本总量平方根的倒数，需要大量抽样才有较高的可信度，因此计算耗时。其次，该方法是基于统计分析的纯数值方法，难以清晰揭示偏差的影响机理。再次，该方法是事后进行偏差评估，难以将统计特性纳入任务优化设计中。由于蒙特卡罗方法的诸多局限，在工程设计中经常通过提高设计冗余度来弥补对不确定性影响认识的不足。借助现代多核计算机的并行计算技术及 GPU 在浮点运算上的优势，蒙特卡罗方法的计算时间问题逐步得到改善。Russell 等[26,27]基于 GPU 并行计算技术，采用蒙特卡罗方法进行轨道偏差非线性演化分析与航天器碰撞概率计算。Liu 等[28]同样采用基于 GPU 的蒙特卡罗方法研究航天器轨道估计、碰撞分析及可视化问题。

1.3.2 线性方法

在理论研究中，为了解决蒙特卡罗方法计算量大的问题，研究者通过将非线性的动力系统线性化，并假设轨道误差服从高斯分布，提出线性偏差传播分析方法。动力系统中偏差传播问题线性化的方法有真线性化和拟线性化两种，分别对应线性协方差分析(linear covariance analysis, LinCov)方法和协方差分析描述函数法，如图 1.8 所示。

1. 线性协方差分析方法

LinCov 方法的基本原理是将航天器真实运动沿某一标称运动轨迹进行 Taylor 级数展开并取一阶项，获得真实运动相对标称运动的一阶状态转移矩阵，再结合均值及协方差矩阵的定义获得轨道误差的传播方程。Battin[29]最早介绍了 LinCov 方法的思想，Maybeck[30]采用 LinCov 方法分析动力系统状态误差及状态估计误差的传播。结合 Battin 及 Maybeck 的思想，Geller 将 LinCov 方法应用于航天器轨道交会中导航及控制误差的传播分析[31,32]，以及登月着陆动力下降段的误差分析问题[33]。基于 LinCov 方法，张丽艳等[34]、王大鹏等[35]研究了交会对接(rendezvous and docking, RVD)过程中的偏差传播问题。赵玉晖等[36]对月球探测中转移轨道误差进行了分析；白显宗[37]研究了空间目标碰撞预警中的偏差传播问题。得益于其简单、易于实现的特点，LinCov 方法还被广泛应用于其他航天任务设计中，包括动力学环境扰动及控制误差影响分析[38,39]、动力学模型误差分析[40-42]，以及控制力矩陀螺加速度误差对航天器姿态的影响分析[43]。此外，Shakouri 等[44]研究了考虑协方差的多脉冲交会轨道设计方法。

由于 LinCov 方法在多数情况下可以解析求解，计算量也相对较小，具有潜在的在轨计算应用价值[31,32]。但是，由于对原本非线性的动力学模型做了一阶近似，该方法对强非线性系统，以及一般非线性系统中的长时间偏差传播、大初始偏差传播问题存在较大的计算误差。

2. 协方差分析描述函数法

拟线性化中常见的方法是协方差分析描述函数法(covariance analysis description equation technique,CADET)[45]。其基本思想是运用描述函数理论首先对系统进行统计线性化，然后采用协方差分析方法求出随机状态变量的均值和协方差矩阵需满足的方程[46,47]。CADET 是 20 世纪 70 年代美国分析科学中心应美国海军研究院要求而研究和提出的，广泛应用于导弹制导系统性能分析[48]。Gurfil[49]采用该方法设计了一种鲁棒的导弹制导律。Wang 等[50]基于该方法对导弹的落点精度分析问题进行了研究。CADET 通过统计线性化使一大批不能用真线性化方法进行处理的实际函数有了线性化的可能，如阶跃、饱和控制、数值转换开关等，因此可以应用在一些 LinCov 方法(真线性化)无法使用的领域。该方法可用于分析含有随机误差的动力系统的统计特性，对一阶偏导数不存在的动力系统依然适用。其主要优点是计算量小，但是需要知道不确定变量的分布函数，并且对强非线性系统依然存在较大的计算误差。

1.3.3 非线性方法

尽管线性偏差传播分析方法在计算成本上有明显优势，但这类方法对非线性、非高斯的偏差传播问题，特别是对大初始偏差传播或长时间偏差传播问题，将产生较大的计算误差。因此，迫切需要研究解析或半解析的非线性偏差传播分析方法。Junkins 等[51,52]首先研究了轨道偏差在传播过程中的非线性非高斯特性。Scheeres 等[53,54]给出非线性偏差传播中的一些基本约束及基础理论。紧随这些研究工作，各种非线性偏差传播分析方法被陆续提出，包括无迹变换(unscented transformation, UT)法、多项式混沌展开(polynomial chaos expansions, PCE)法、状态转移张量(state transformation tensors, STT)法、高斯和模型(Gaussian mixture model, GMM)等。

1. 无迹变换法

基于逼近系统状态的概率密度函数比逼近系统动力学模型本身更容易的思想，Julier 等[55-57]提出一种基于 UT 的误差分析方法，非线性地传播状态误差的均值及协方差矩阵。不同于将动力学模型进行高阶 Taylor 级数展开并取高阶项的方法，UT 方法通过从输入误差分布函数中选取一系列确定的样本点逼近输出误差的分布函数，避免对动力学模型进行高阶 Taylor 级数展开、求解高阶偏导数的困难。不同于蒙特卡罗方法，UT 方法不要求样本点的权重系数位于[0, 1]，且不同于蒙特卡罗方法的大量随机采样，UT 方法仅需要基于输入误差的分布函数，最多选取 $2n+1$ (n 为状态维数)个确定性的 Sigma 点[56]，就能以较高的精度逼近输出误差的统计参数。UT 方法对状态误差均值及协方差矩阵具有二阶逼近精度，但是局限于误差前两阶矩的非线性预报，不能提供非高斯分布误差高阶矩或概率密度函数的信息，因此不适用于非高斯分布误差的传播问题。

2. 多项式混沌展开法

基于 PCE 的偏差传播方法使用特定的正交多项式来逼近随机动力系统对输入误差的响应，通过少量样本点的响应结果求解多项式逼近的系数，建立输出偏差与输入偏差的映射关系。该思想首先由 Wiener[58]提出。Xiu 等[59,60]进一步基于 Askey 的正交多项式策略给出与各种连续或离散概率密度函数对应的正交多项式。例如，与高斯分布对应的是 Hermite 多项式，与均匀分布对应的是 Legendre 多项式，与泊松分布对应的是 Charlier 多项式。相比 UT 方法，PCE 法可以计算输出偏差的高阶矩或完整的概率密度函数。PCE 法采用同一组随机样本表示输入与输出偏差，将输出偏差表示为以输入偏差为独立变量、以正交多项式为基函数的级数展开形式。获得级数展开的各项系数之后，就可以建立偏差传播的代理模型，即对原随机动力系统一定精度的逼近。

PCE 法的关键在于求解多项式级数展开的系数，主要有干涉和非干涉两种方法[60]。干涉方法通过 Galerkin 投影将不确定性传播问题转换为确定性的微分方程组进行求解，需要对原随机动力系统进行烦琐复杂的推导。非干涉方法将原随机动力系统当作黑箱，通过最小二乘估计或伪普配点法求解多项式级数展开的系数，可以避免对原系统进行任何操作，因此可以基于已有求解动力系统的方法来评估偏差。然而，无论是干涉方法还是非干涉方法，都会遭遇维数灾难问题，即计算复杂度随维数呈指数增加。为了解决该问题，Doostan 等[61]提出一种多维分割的方法，当输入误差方差大于一定阈值时，将输入误差空间分解为多个子空间，然后对每个子空间构建正交多项式。Nobile 等[62]提出一种基于稀疏网格的随机配点方法来避免张量积配点造成的维数灾难。Hampton 等[63]提出一种压缩感知的方法估计高维问题的多项式展开系数。

PCE 法在流体力学、固体力学、多体动力学及高阶状态估计中都有大量应用[60,64]，Jones 等[65-67]首先将该方法应用于航天器轨道动力学领域的偏差演化分析问题中。类似蒙特卡罗方法和 UT 方法，非干涉的 PCE 法也可以将轨道动力系统当作黑箱，因此可以基于现有的高精度轨道预报器评估偏差，从而避免对考虑各种摄动因素的高精度轨道动力学方程进行简化。Jones 等[65]以太阳同步轨道和大椭圆轨道的偏差传播问题为例，对 PCE 法、蒙特卡罗方法和 UT 方法进行了对比。Jones 等进一步应用该方法研究了卫星碰撞概率计算问题[66,67]。Feldhacker 等[68]基于 PCE 法研究了考虑偏差因素的航天任务设计问题。Servadio 等[69]提出一种基于 Koopman 操作的正交多项式偏差演化方法。Jia 等[70,71]研究了面向光学短弧关联的任意分布 PCE 法。Schobi 等[72]定义了一种通用的 Polynomial-Chaos-Kriging (PCK) 模型，通过对输出值的邻近点插值，得到全局精度更高的代理模型。PCK 模型的稳健性相对优于 PCE，模型估计误差更加逼近模型的实际误差，在不确定性传播研究中得到很好的应用。Wang 等[73]进一步提出一种多层次 Kring 多保真度方法。虽然 PCK 模型可以加强代理模型精度、减小所需的样本量，但是计算效率明显弱于 PCE 法，仅适用于小样本回归。Wolf 等[74]将多保真方法运用于地月轨道偏差传播，通过低保真方法重新配置样本点并更新代理模型，进而得到高保真模型，降低计算成本。Jia 等[75]在采样方式上做出改进，提出一种主动采样 PCK 模型，根据活动样本中预测值的最小置信度确定初始采样集，构建更精确的模型。然而，当偏差演化非线性强、所需样本量大时，PCK 模型计算效率低。

PCE 法可用于有效评估任意有限方差分布误差的传播影响，相对于蒙特卡罗方法，PCE 法计算量小、具有指数收敛速度；相对于 UT 方法，PCE 法可提供更为精确的高阶矩或概率密度函数的信息。另外，PCE 法建立了输入偏差与输出偏差的显示映射关系，可以方便地进行偏差的敏感性分析[76]。但是，PCE 法的系数随不确定性维数及多项式阶数呈指数增加，对高维问题存在维数灾难。

3. 状态转移张量法

与蒙特卡罗仿真类似，无论 UT 方法还是非干涉 PCE 法，它们都需要基于样本点(Sigma 点或随机配点)进行偏差演化。由于仿真过程采用伪随机数，当有大量随机样本需求时(如对高维误差传播问题)，很难保证伪随机数的随机性。与这类基于样本点的偏差传播方法不同，Park 等[77,78]基于高阶泰勒级数展开的思想，将 LinCov 方法拓展到二阶以上非线性项，提出基于状态转移张量的偏差传播分析方法。STT 方法主要通过将存在偏差的实际轨道沿某一标称轨道进行 Taylor 级数展开，并保留高阶非线性项，进而推导轨道偏差非线性传播的各阶状态转移张量。这些状态转移张量可沿标称轨迹积分求解，而一旦求解出各阶状态转移张量后，计算轨道偏差的统计量(如均值、协方差矩阵等)只是简单的代数运算。

基于 STT 方法，Fujimoto 等[79]以轨道根数为状态变量描述航天器运动，推导解析非线性的轨道偏差传播分析方程。Park 等[80]基于一般摄动理论研究动力学模型精度对偏差传播精度的影响，结果表明，轨道摄动的长期项在偏差传播中起主导作用。基于此规律，Park 等[81]进一步结合 STT 方法，提出一种混合的偏差传播分析方法。Scheeres 等[77-81]的研究表明，对没有过程噪声(如没有推力或大气阻力一样的耗散力作用于航天器)的动力系统，轨道偏差的概率是一个积分不变量，即轨道偏差概率值在相空间守恒；轨道偏差的概率密度函数是微分不变量，即初始偏差某一样本点的概率密度等于该样本点经轨道动力系统演化到终端对应样本点的概率密度。类似 STT 思想，Majji 等[82]研究了一种高阶状态估计方法。Hough[83]考虑状态误差对状态转移矩阵的影响，研究了一种解析非线性的协方差分析方法。Roa 等[84]提出一种近似二阶状态转移张量与拓展卡尔曼滤波(extended Kalman filter, EKF)构成的自适应二阶不确定性传播方法，在确保模型精度的同时降低展开维度。Yashica 等[85]研究了一种半解析 STT 方法。然而，基于状态转移张量的不确定性传播方法存在高阶展开计算难度大的问题。

STT 方法仅需要输入偏差的统计矩(不需要进行随机采样)便可进行偏差传播分析，并且对大部分轨道偏差传播问题，仅需保留到二阶非线性项就可以获得与蒙特卡罗仿真相当的精度。由于该方法的状态转移张量仅需沿参考轨迹积分一次，并且一旦获得各阶状态转移张量，评估偏差仅为解析的代数运算，因此该方法是半解析的，具有较高的计算效率。但是，STT 方法需要动力系统连续可微，并且需要推导动力学方程的高阶偏导数，因此将该方法应用于高精度轨道动力学方程比较困难(高阶偏导数推导困难、表达式复杂)。针对该问题，Barrio 等[86]提出的基于数值计算的自动微分方法，Nakhjiri 等[87]提出的修正 Picard 迭代积分方法，Valli 等[88]提出的微分代数(differential algebra, DA)方法均是有效的解决方案。

4. 微分代数法

如前所述，STT 方法需要推导动力学方程复杂的高阶偏导数。为了避免推导高阶偏导数带来的繁琐工作，Valli 等[88]基于微分代数理论，提出一种高精度、计算高效的非线性偏差传播分析方法。微分代数首先由 Berz 提出[89]，是一种在计算机环境中自动计算任意函数高阶偏导数的工具。通过将经典的实数代数应用于新的 Taylor 多项式代数，微分代数能根据初始条件在计算机环境中计算常微分方程组任意时刻 Taylor 级数展开到任意有限阶次的系数。

与 STT 方法类似，一旦采用微分代数技术获得轨道动力学方程的高阶 Taylor

展开，便可得到状态演化的近似代理模型，进一步可采用状态转移张量法或与蒙特卡罗仿真类似的统计分析法计算偏差的统计矩和概率密度函数。对基于微分代数的蒙特卡罗仿真,因为微分代数方法可以将 Taylor 级数展开到任意需要的阶次，且可以避免直接对原动力学系统进行成千上万次的积分，通过调整 Taylor 级数阶次，可以高效获得期望精度的偏差演化结果。基于这些优点，微分代数方法被广泛应用于各种航天任务中。Armellin 等[90]采用微分代数研究了 Apophis 小行星与地球的碰撞概率问题。Di Lizia 等[91]采用该方法研究了具有不确定性边界条件的轨道最优控制问题。Morselli 等[92,93]采用该方法研究了卫星初始轨道偏差传播与碰撞概率计算问题。Wittig 等[94,95]采用该方法研究了大初始轨道偏差传播与长时间轨道偏差传播问题。

微分代数方法的优点在于不需要直接积分动力学模型的高阶变分方程获得状态转移张量，而是将动力学模型采用 Taylor 级数展开到任意有限阶次，因此可以避免推导动力学模型高阶偏导数的烦琐工作。但是，微分代数方法同样需要动力学方程连续可微，不适合存在间断点的动力系统。例如，对考虑太阳光压摄动的轨道偏差传播问题，在进出地影点的光压摄动是一个阶跃函数，将导致微分代数方法求解精度降低。

5. 福克尔-普朗克直接求解法

根据概率论与数理统计中的大数定律及中心极限定律[30]，自然界中的大部分不确定性因素均可用正态分布(高斯分布)描述。由高斯分布的概率密度函数定义可知，仅需要前两阶矩(均值及协方差矩阵)就可以完全确定其分布特征。然而，高斯分布经过非线性系统后，不能保证其输出结果依然为高斯分布。对非高斯分布，仅用前两阶矩并不能完整描述其分布特征，需要知道其高阶矩或概率密度函数。根据随机过程理论[30]，概率密度函数在随机动力系统中随时间的演化满足 FPE。因此，若能根据给定初始条件(偏差的初始概率密度函数)求解 FPE，便可以获得偏差任意时刻的分布情况。但是，对高维动力系统，直接求解 FPE 非常困难。例如，对 n 维动力系统，采用传统的有限元或有限差分方法，如果每一维使用 m 个网格点，总的未知量为 n^m 个，即计算复杂度随维数呈指数增加，对 6 维的轨道动力系统，求解 FPE 所需的计算量对巨型计算机来说也非常巨大。

为了解决高维问题中 FPE 的数值求解难度，Kumar 等提出一种同伦迭代方法[96]和改进的有限元方法[97]。基于这些方法，Sun 与 Kumar 进一步以轨道偏差传播问题为例，采用球坐标描述航天器状态，提出一种基于张量分解的数值方法用于求解 FPE[98,99]。该方法能大量降低问题的自由度从而减小计算量，通过将概率密度函数在时间和空间维度解耦，将高维问题简化为一系列的一维问题求解，首次采用个人计算机获得轨道动力系统中 FPE 的数值解。特别地，对不考虑过程噪声的二体轨道偏差传播问题，Yang 等[100]、Majji 等[9]通过求解描述概率密度演化的 SLE，给出概率密度函数演化的解析分析方法。

基于张量分解的 FPE 直接解法给出轨道偏差概率密度函数随时间演化的直接数值解，因此可获得偏差传播到任意时刻的分布情况。然而，该方法要求状态量具有解耦项，否则很难减小计算量。例如，对于笛卡儿坐标系下的轨道偏差传播问题，很难通过该张量分解的方法减小偏差演化的计算量。

6. 高斯和模型

对非线性、非高斯的高维偏差传播问题，如 6 维的轨道偏差传播，为了避免 FPE 直接解法计算量巨大的问题，Terejanu 等[101]、Horwood 等[102]、DeMars 等[103]、Vishwajeet 等[104]、Psiaki 等[105]，以及 Vittaldev 等[106]相继研究了基于 GMM 的概率密度函数预报方法。GMM 是一种聚类算法，其主要思想是用有限个高斯分布概率密度函数的加权和来逼近任意分布概率密度函数。因为高斯分布的概率密度函数由其前两阶矩完全确定，所以仅需预报每个子高斯分布的均值及协方差矩阵就可以获得终端偏差的概率密度函数。一旦根据初始偏差的分布函数确定 GMM 中每个子高斯分布的权重、均值及协方差矩阵，偏差传播方法，如 LinCov 方法、UT 方法、PCE 法、STT 方法、微分代数方法等均可用于预报子高斯分布的均值和协方差矩阵。

对 GMM 方法，如何根据输入误差分布函数确定每个子高斯分布的权重、均值与协方差矩阵，以及如何在偏差传播过程中更新权重是算法的关键。一类相对简化的 GMM 方法是在预报过程中保持权重系数不变，而初始权重根据初始误差的分布函数，通过求解非线性规划问题获得，即将初始误差分割为有限个高斯分布组成的模型。Horwood 等[102]研究了一种最小化概率密度函数 L_2 范数的分割方法。DeMars 等[103]研究了一种最大化熵的分割方法，首先将一维标准正态分布分割为多个等方差的一维高斯分布，然后将一维分割结果沿某一指定方向通过特征值分解(一般选取非线性度最大的方向)应用于多维问题。其中，对分割一维标准正态分布的优化问题的求解可以事先(离线)进行，获得分割数据后可将其应用于分割其他分布函数。Vittaldev 等[106]给出一组分割一维标准正态分布的数据库，以及沿多个方向分割多维高斯分布的方法。Psiaki 等[105]基于粒子滤波思想，给出另一种 GMM 的分割方法。Terejanu 等[101]、Vishwajeet 等[104]研究了在偏差传播过程中更新子高斯分布权重的方法。Sun 等[107]研究了一种自适应多向分割的 GMM 方法。Xu 等[108]研究了基于虚拟样本点的自适应 GMM 方法。Zhang 等[109]研究了偏差在神经网络中非线性传播的自适应 GMM 方法。

GMM 的一个优点是通过将初始输入偏差在样本空间分割为多个更小的子空间，降低动力系统非线性项的影响，使高斯分布特征在每个小的子空间能保持更长时间，使子高斯分布的预报精度得到提高，进而提高在整个样本空间逼近输出偏差的精度。这种将一个大的偏差传播问题分割为多个小偏差传播问题的思想，是降低偏差传播过程中非线性项影响的有效方法。GMM 的另一个优点是仅需预报每个子高斯分布的均值及协方差矩阵，就可以逼近输出非高斯偏差的概率密度函数。其不足在于，对某些问题可能需要用很多(上百个)子高斯分布才能较为精确地逼近输入偏差的分布函数，或者在预报过程中通过求解优化问题更新权重系数。这会增加求解问题的计算成本。

1.3.4 其他方法

1. 坐标变换法

Junkins 等[51,52]最先研究了不同坐标系对轨道偏差传播精度的影响，指出轨道根数形式的动力学方程在进行长时间的偏差传播分析时精度最高。此后，通过坐标变换的方法进行偏差传播也受到大量关注。Junkins 等仅考虑对初始轨道偏差的非线性变换，其预报过程依然是线性的。Sabol 等[10]指出，使用春分点轨道根数描述航天器状态偏差比使用位置速度更能保持偏差传播过程中的高斯特性。Aristoff 等[110]提出一种将偏差统计参数从位置速度空间精确转换到轨道根数空间的方法。

然而，大多航天任务(如碰撞预警)更关注航天器的位置分布情况，虽然基于春分点轨道根数的偏差传播比基于位置速度的偏差传播具有更高的精度，但是由于春分点轨道根数耦合了轨道运动的位置和速度项，因此该方法很难直观地获得航天器的位置误差分布。作为改进，Hill 等[111]提出一种基于椭圆曲线坐标系的偏差传播方法。对长时间或横向误差较大的偏差传播问题，该曲线坐标系比笛卡儿直角坐标系精度更高。Vallado 等[112]给出 Hill 曲线坐标系与笛卡儿直角坐标系间的精确转换关系，可用于正确标定位置误差椭球的指向，从而获得更精确的位置误差椭球。Tanygin[113]和 Coppola 等[114]进一步给出 Hill 曲线坐标系与笛卡儿直角坐标系相互转换的显示表达式。Weisman 等[115]基于变量替换，研究了误差概率密度函数在不同坐标系间的精确转换方法。Aristoff 等[116]提出考虑 J2 项的春分点根数，通过在新的轨道参数空间传播偏差，降低动力学非线性影响，从而获得更高的计算精度。通过比较不同坐标系中传播偏差的计算误差，可为具体问题选择合适的坐标系统提供参考。

总之，通过坐标变换可以有效降低非线性因素对偏差传播的影响，使高斯分布假设和线性化假设不容易被破坏，从而获得精度更高的偏差演化结果。

2. 混合方法

通过合理运用不同偏差传播方法的优势，部分学者研究了混合的偏差预报方法。Fujimoto 等[117]提出基于 GMM 与 STT 的混合偏差传播方法来计算卫星的碰撞概率。然而，该方法仅考虑子高斯分布初始均值不为 0 对偏差传播的影响，对子高斯分布协方差矩阵的传播仍然是线性的。Vittaldev 等[118]提出基于 GMM 与 PCE 的偏差传播方法，通过采用 GMM 方法分割初始偏差的样本空间，使用较低阶次的正交多项式就可以获得很高的逼近精度，从而有效解决单一 PCE 方法的维数灾难问题。GMM 与 UT、STT 等其他偏差传播方法的联合模型在不确定性传播中的应用非常广泛，Sun 等[119]提出 GMM-DA 方法，Jones 等[120]研究了随机配点与 GMM 的多精度轨道偏差演化方法，Sun 等[121]对比分析了 GMM-STT 与 GMM-UT 方法。

Aristoff 等[122]基于隐式龙格-库塔(Runge-Kutta)积分，结合 UT 或粒子滤波思想提出一种混合偏差传播方法，因为偏差传播中样本点一般相距较近，用于积分参考点的初始条件可以作为初值预报其他样本点，使隐式 Runge-Kutta 积分能以较高的计算效率将选取的样本点从初始时刻预报到终端时刻。另外，Horwood 等[123]基于 Gauss von Mises 分布，研究轨道偏差传播问题，并对比分析了 LinCov 方法、UT 方法与该方法的精度。Jia 等[124]研究了一种基于正权重紧凑积分与自适应高斯混合模型(Gaussian mixture model，GMM)的偏差演化方法。Havlik 等[125]研究了轨道偏差演化的非线性度及非高斯性量化表征方法，可以为 GMM 分割提供参考。

以上非线性偏差传播分析方法主要针对航天器绝对轨道运动问题。在航天器集群、编队飞行任务中，为了避免航天器间可能的碰撞，分析两航天器相对运动状态偏差的传播影响也尤为重要，Slater 等[126]、Lee 等[127]基于近圆参考轨道假设下的线性相对运动方程，考虑高斯白噪声影响，提出航天器相对状态偏差的线性传播方法；Lee 等[128]进一步针对任意偏心率椭圆轨道，提出解析、线性的相对状态偏差传播方法。另外，Wen 等[129]基于可达范围分析理论，研究了初始相对状态偏差的传播。

参 考 文 献

[1] 陈磊, 白显宗, 梁彦刚. 空间目标轨道数据应用. 北京: 国防工业出版社, 2015.

[2] Skelton J B. Data handling and protection of need-to-know data in a need-to-share netcentric enterprise//Advanced Maui Optical and Space Surveillance Technologies Conference, Maui, 2012: 1-8.

[3] Rovetto R J, Kelso T S. Preliminaries of a space situational awareness ontology//The 26th AIAA/AAS Space Flight Mechanics Meeting, Napa, 2016: 1-6.

[4] Poore A B, Aristoff J M, Horwood J T, et al. Covariance and uncertainty realism in space surveillance and tracking. California: Numerica Corporation, 2017: 704-2017:188.

[5] Vallado D A. Fundamentals of Astrodynamics and Applications. 3rd ed. California: Microcosm Press, 2007.

[6] Fehse W. Automated Rendezvous and Docking of Spacecraft. London: Cambridge University Press, 2003:8-74.

[7] 唐国金, 罗亚中, 张进. 空间交会对接任务规划. 北京: 科学出版社, 2008.

[8] Bierbaum M M, Joseph R I, Fry R L, et al. A Fokker-Planck model for a two-body problem. Bayesian Inference and Maximum Entropy Methods in Science and Engineering, 2001, 617: 340-371.

[9] Majji M, Weisman R, Alfriend K T. Solution of the Liouville's equation for Keplerian motion: application to uncertainty calculations. Advances in the Astronautical Sciences, 2012, 143: 23-29.

[10] Sabol C, Hill K, Alfriend K, et al. Nonlinear effects in the correlation of tracks and covariance propagation. Acta Astronautica, 2013, 84(1): 69-80.

[11] Jehn R. Dispersion of debris clouds from on-orbit fragmentation events. ESA Journal, 1990, 15(1): 1-5.

[12] Liou J C, Hall D T, Krisko P H, et al. Legend-a three-dimensional LEO-to-GEO debris evolutionary model. Advances in Space Research, 2004, 34(5): 981-986.

[13] Krisko P H. The new NASA orbital debris engineering model ORDEM 3.0//AIAA/AAS Astrodynamics Specialist Conference, San Diego, 2014: 1-19.

[14] Martin C, Walker R, Klinkrad H. The sensitivity of the ESA DELTA model. Advances in Space Research, 2004, 34(5): 969-974.

[15] Healy L M, Binz C R, Kindl S. Orbital dynamic admittance and earth shadow. The Journal of the Astronautical Sciences, 2020, 67(2): 427-457.

[16] Letizia F, Colombo C, Lewis H G. Collision probability due to space debris clouds through a continuum approach. Journal of Guidance, Control, and Dynamics, 2016, 39(10): 2240-2249.

[17] Mcinnes C R. An analytical model for the catastrophic production of orbital debris. ESA Journal, 1993, 17(4): 293-305.

[18] Letizia F, Colombo C, Lewis H G. Analytical model for the propagation of small-debris-object clouds after fragmentations. Journal of Guidance, Control, and Dynamics, 2015, 38(8): 1478-1491.

[19] Letizia F. Extension of the density approach for debris cloud propagation. Journal of Guidance, Control, and Dynamics, 2018, 41(12): 2651-2657.

[20] Frey S, Colombo C. Transformation of satellite breakup distribution for probabilistic orbital collision hazard analysis. Journal of Guidance, Control, and Dynamics, 2021, 44(1): 88-105.

[21] Hill K, Sydney P, Hamada K, et al. Covariance based scheduling of a network of sensors// Proceedings of the Alfriend Astrodynamics Symposium, Monterey, 2010: 1-12.

[22] Erwin R S, Albuquerque P, Jayaweera S K, et al. Dynamic sensor tasking for space situational awareness//Proceedings of the 2010 American Control Conference, Baltimore, 2010: 1153-1158.

[23] Kreucher C, Hero A O, Kastella K. A comparison of task driven and information driven sensor

management for target tracking//Proceedings of the 44th IEEE Conference on Decision & Control & European Control Conference, Seville, 2005: 4004-4009.

[24] Luo Y Z, Yang Z. A review of uncertainty propagation in orbital mechanics. Progress in Aerospace Sciences, 2017, 89(1): 23-39.

[25] Jesus A, Souza M, Prado A. Statistical analysis of nonimpulsive orbital transfers under thrust errors. Nonlinear Dynamics and Systems Theory, 2002, 2(2): 157-172.

[26] Arora N, Vittaldev V, Russell R P. Parallel computation of trajectories using graphics processing units and interpolated gravity models. Journal of Guidance Control, and Dynamics, 2015, 38(8): 1345-1355.

[27] Vittaldev V, Russell R P. Space object collision probability via Monte Carlo on the graphics processing unit. The Journal of the Astronautical Sciences, 2017, 64: 285-309.

[28] Liu B, Jia G, Chen K, et al. A real-time orbit satellites uncertainty propagation and visualization system using graphics computing unit and multi-threading processing//2015 IEEE/AIAA 34th Digital Avionics Systems Conference, Prague, 2015: 1-8.

[29] Battin R H. An Introduction to the Mathematics and Methods of Astrodynamics. Virginia: AIAA, 1999.

[30] Maybeck P S. Stochastic Models, Estimation, and Control. New York: Academic Press, 1982.

[31] Geller D K. Linear covariance techniques for orbital rendezvous analysis and autonomous onboard mission planning. Journal of Guidance Control, and Dynamics, 2006, 29(6): 1404-1410.

[32] Geller D K, Rose M B, Woffinden D C. Event triggers in linear covariance analysis with applications to orbital rendezvous. Journal of Guidance Control, and Dynamics, 2009, 32(1): 102-111.

[33] Geller D K, Christensen D P. Linear covariance analysis for powered lunar descent and landing. Journal of Spacecraft Rockets, 2009, 46(6): 1231-1248.

[34] 张丽艳, 戚发轫, 李颐黎. 交会对接远距离导引精度分析. 北京航空航天大学学报, 2006, 32(6): 667-670.

[35] 王大鹏, 刘育强, 陈绍龙, 等. 基于线性协方差方法的交会对接误差分析. 中国空间科学技术, 2011, 1: 48-55.

[36] 赵玉晖, 侯锡云, 刘林. 月球探测中转移轨道误差分析和中途修正计算. 天文学报, 2013, 54(3): 261-273.

[37] 白显宗. 空间目标轨道预报误差与碰撞概率问题研究. 长沙: 国防科学技术大学, 2015, 8: 25-71.

[38] Porcelli G, Vo E. Two-impulse orbit transfer error analysis via covariance matrixgel. Journal of Spacecraft Rockets, 1980, 17(3): 248-255.

[39] LaFarge R A, Baty R S. Functional dependence of trajectory dispersion on initial condition

errors. Journal of Spacecraft Rockets, 1994, 31(5): 806-813.

[40] Mook D J, Junkins J L. Minimum model error estimation for poorly modeled dynamic systems. Journal of Guidance Control, and Dynamics, 1988, 11(3): 256-261.

[41] Boone J N. Generalized covariance analysis for partially autonomous deep space missions. Journal of Guidance Control, and Dynamics, 1991, 14(5): 964-972.

[42] Crassidis J L, Junkins J L. Optimal Estimation of Dynamic Systems. New York: CRC press, 2004.

[43] Markley F L, Carpenter J R. Generalized linear covariance analysis. The Journal of the Astronautical Sciences, 2009, 57(1-2): 233-260.

[44] Shakouri A, Kiani M, Pourtakdoust S H. Covariance-based multiple-impulse rendezvous design. IEEE Transactions on Aerospace and Electronic Systems, 2019, 55(5): 2128-2137.

[45] Gelb A. Applied Optimal Estimation. Massachusetts: Massachusetts Institute of Technology Press, 1974.

[46] Gelb A, Warren R S. Direct statistical analysis of nonlinear system: CADET. AIAA Journal, 1973, 11(5): 689-694.

[47] Taylor J H. Handbook for the direct statistical analysis of missile guidance systems via CADET. Massachusetts: Analytic Sciences, 1975.

[48] Zarchan P. Complete statistical analysis of nonlinear missile guidance systems-SLAM. Journal of Guidance Control, and Dynamics, 1979, 2(1): 71-78.

[49] Gurfil P. Robust zero miss distance guidance for missiles with parametric uncertainties// American Control Conference, Arlingto, 2001: 3364-3369.

[50] Wang X, Xie H. Simulation of Covariance Analysis Describing Equation Technique (CADET) in missile hit probability calculation//The 6th International Conference on Natural Computation, Yantai, 2010: 4282-4285.

[51] Junkins J L, Akella M R, Alfriend K T. Non-Gaussian error propagation in orbital mechanics. The Journal of the Astronautical Sciences, 1996, 44(4): 541-562.

[52] Junkins J L, Singla P. How nonlinear is it? A tutorial on nonlinearity of orbit and attitude dynamics. The Journal of the Astronautical Sciences, 2004, 52(1-2): 7-60.

[53] Scheeres D J, Hsiao F Y, Park R, et al. Fundamental limits on spacecraft orbit uncertainty and distribution propagation. The Journal of the Astronautical Sciences, 2006, 54(3-4): 505-523.

[54] Scheeres D J, de Gosson M A, Maruskin J. Applications of symplectic topology to orbit uncertainty and spacecraft navigation. The Journal of the Astronautical Sciences, 2012, 59(1-2): 63-83.

[55] Julier S J, Uhlmann J K, Durrant W H F. A new approach for filtering nonlinear systems. Proceedings of the IEEE, 1995, 3(1): 1628-1632.

[56] Julier S J, Uhlmann J K. Reduced Sigma point filters for the propagation of means and

covariances through nonlinear transformations. Proceedings of the IEEE, 2002, 10(1): 887-892.

[57] Julier S J, Uhlmann J K. Unscented filtering and nonlinear estimation. Proceedings of the IEEE, 2004, 12(3): 401-422.

[58] Wiener N. The homogeneous chaos. American Journal of Mathematics, 1938, 60(4): 897-936.

[59] Xiu D, Karniadakis G E. The Wiener-Askey polynomial chaos for stochastic differential equations. SIAM Journal on Scientific Computing, 2002, 24(2): 619-644.

[60] Xiu D. Numerical Methods for Stochastic Computations: A Spectral Method Approach. Princeton: Princeton University Press, 2010.

[61] Doostan A, Validi A, Iaccarino G. Non-intrusive low-rank separated approximation of high-dimensional stochastic models. Computer Methods in Applied Mechanics and Engineering, 2013, 263: 42-55.

[62] Nobile F, Tempone R, Webster C G. A sparse grid stochastic collocation method for partial differential equations with random input data. SIAM Journal on Numerical Analysis, 2008, 46(5): 2309-2345.

[63] Hampton J, Doostan A. Compressive sampling of polynomial chaos expansions: convergence analysis and sampling strategies. Journal of Computational Physics, 2015, 280: 363-386.

[64] Maître O P L, Knio O M. Spectral Methods for Uncertainty Quantification with Applications to Computational Fluid Dynamics. New York: Springer, 2010.

[65] Jones B A, Doostan A, Born G H. Nonlinear propagation of orbit uncertainty using non-intrusive polynomial chaos. Journal of Guidance, Control, and Dynamics, 2013, 36(2): 430-444.

[66] Jones B A, Doostan A. Satellite collision probability estimation using polynomial chaos expansions. Advances in Space Research, 2013, 52: 1860-1875.

[67] Jones B A, Parrish N, Doostan A. Postmaneuver collision probability estimation using sparse polynomial chaos expansions. Journal of Guidance, Control, and Dynamics, 2015, 38(8): 1425-1437.

[68] Feldhacker J D, Jones B A, Doostan A, et al. Reduced cost mission design using surrogate models. Advances in Space Research, 2016, 57(2): 588-603.

[69] Servadio S, Parker W, Linares R. Uncertainty propagation and filtering via the Koopman operator in astrodynamics. Journal of Spacecraft and Rockets, 2023, 7: 35688.

[70] Jia B, Xin M. Short-arc orbital uncertainty propagation with arbitrary polynomial chaos and admissible region. Journal of Guidance, Control, and Dynamics, 2020, 43(4): 715-728.

[71] Jia B, Xin M. Data-driven surrogate model and admissible-region-based orbital uncertainty propagation. Journal of Aerospace Information Systems, 2022, 19(12): 753-770.

[72] Schobi R, Sudret B, Marelli S. Rare event estimation using polynomial-chaos kriging.

ASCE-ASME Journal of Risk and Uncertainty in Engineering Systems, Part A: Civil Engineering, 2017, 3(2): D4016002.

[73] Wang F, Xiong F, Chen S, et al. Multi-fidelity uncertainty propagation using polynomial chaos and Gaussian process modeling. Structural and Multidisciplinary Optimization, 2019, 60(4): 1583-1604.

[74] Wolf T, Zucchelli E, Jones B A. Multi-fidelity uncertainty propagation for objects in cislunar space//AIAA SCITECH 2022 Forum, San Diego, 2022: 1774.

[75] Jia B, Xin M. Active Sampling based polynomial-chaos-kriging model for orbital uncertainty propagation. Journal of Guidance, Control, and Dynamics, 2021, 44(5): 905-922.

[76] Sudret B. Global sensitivity analysis using polynomial chaos expansions. Reliability Engineering and System Safety, 2008, 93: 964-979.

[77] Park R S, Scheeres D J. Nonlinear mapping of gaussian statistics: theory and applications to spacecraft trajectory design. Journal of Guidance, Control, and Dynamics, 2006, 29(6): 1367-1375.

[78] Park R S, Scheeres D J. Nonlinear semi-analytic methods for trajectory estimation. Journal of Guidance, Control, and Dynamics, 2007, 30(6): 1668-3676.

[79] Fujimoto K, Scheeres D J, Alfriend K T. Analytical nonlinear propagation of uncertainty in the two-body problem. Journal of Guidance, Control, and Dynamics, 2012, 35(2): 497-509.

[80] Park I, Fujimoto K, Scheeres D J. Effect of dynamical accuracy for uncertainty propagation of perturbed keplerian motion. Journal of Guidance, Control, and Dynamics, 2015, 38(12): 2287-2300.

[81] Park I, Scheeres D J. Hybrid method for uncertainty propagation of orbital motion. Journal of Guidance, Control, and Dynamics, 2017, 41(1): 240-254.

[82] Majji M, Junkins J L, Turner J. A High order method for estimation of dynamic systems. Journal of the Astronautical Sciences, 2008, 56(3): 401-440.

[83] Hough M E. Closed-form nonlinear covariance prediction for two-body orbits. Journal of Guidance, Control, and Dynamics, 2014, 37(1): 26-34.

[84] Roa J, Park R S. Reduced nonlinear model for orbit uncertainty propagation and estimation. Journal of Guidance, Control, and Dynamics, 2021, 10: 1-15.

[85] Yashica K, Scheeres D J. Nonlinear semi-analytical uncertainty propagation for conjunction analysis. Acta Astronautica, 2023, 203: 568-576.

[86] Barrio R, Rodríguez M, Abad A, et al. Uncertainty propagation or box propagation. Mathematical and Computer Modelling, 2011, 54(11): 2602-2615.

[87] Nakhjiri N, Villac B. Modified Picard integrator for spaceflight mechanics. Journal of Guidance, Control, and Dynamics, 2014, 37(5): 1625-1637.

[88] Valli M, Armellin R, Di Lizia P, et al. Nonlinear mapping of uncertainties in celestial mechanics.

Journal of Guidance, Control, and Dynamics, 2013, 36(1): 48-63.

[89] Berz M. Modern Map Methods in Particle Beam Physics. London: Academic Press, 1999.

[90] Armellin R, Di Lizia P, Bernelli-Zazzera F, et al. Asteroid close encounters characterization using differential algebra: the case of Apophis. Celestial Mechanics and Dynamical Astronomy, 2010, 107(4): 451-470.

[91] Di Lizia P, Armellin R, Bernelli-Zazzera F, et al. High order optimal control of space trajectories with uncertain boundary conditions. Acta Astronautica, 2014, 93: 217-229.

[92] Morselli A, Armellin R, Di Lizia P, et al. A high order method for orbital conjunctions analysis: sensitivity to initial uncertainties. Advances in Space Research, 2014, 53: 50-65.

[93] Morselli A, Armellin R, Di Lizia P, et al. A high order method for orbital conjunctions analysis: Monte Carlo collision probability computation. Advances in Space Research, 2015, 55(1): 311-333.

[94] Wittig A, Di Lizia P, Armellin R, et al. Propagation of large uncertainty sets in orbital dynamics by automatic domain splitting. Celestial Mechanics and Dynamical Astronomy, 2015, 122(3): 239-261.

[95] Wittig A, Colombo C, Armellin R. Long-term density evolution through semi-analytical and differential algebra techniques. Celestial Mechanics and Dynamical Astronomy, 2017, 158(4): 435-452.

[96] Kumar M, Chakravorty S, Junkins J L. A homotopic approach to domain determination and solution refinement for the stationary Fokker-Planck equation. Probabilistic Engineering Mechanics, 2009, 24(3): 265-277.

[97] Kumar M, Chakravorty S, Junkins J L. A semianalytic meshless approach to the transient Fokker-Planck equation. Probabilistic Engineering Mechanics, 2010, 25(3): 323-331.

[98] Sun Y, Kumar M. Uncertainty propagation in orbital mechanics via tensor decomposition. Celestial Mechanics and Dynamical Astronomy, 2015, 124(3): 269-294.

[99] Sun Y, Kumar M. Uncertainty forecasting in the perturbed two-body problem via tensor decomposition//American Control Conference, Boston, 2016: 5431-5436.

[100] Yang C, Buck K, Kumar M. An evaluation of Monte Carlo for nonlinear initial uncertainty propagation in Keplerian mechanics//The 18th International Conference on Information Fusion, Washington, D.C., 2015: 1-18.

[101] Terejanu G, Singla P, Singh T, et al. Uncertainty propagation for nonlinear dynamic systems using Gaussian mixture models. Journal of Guidance, Control and Dynamics, 2008, 31(6): 1623-1633.

[102] Horwood J T, Aragon N D, Poore A B. Gaussian sum filters for space surveillance: theory and simulations. Journal of Guidance, Control, and Dynamics, 2011, 34(6): 1839-1851.

[103] DeMars K J, Bishop R H, Jah M K. Entropy-based approach for uncertainty propagation of

nonlinear dynamical systems. Journal of Guidance, Control, and Dynamics, 2013, 36(4): 1047-1057.

[104] Vishwajeet K, Singla P, Jah M. Nonlinear uncertainty propagation for perturbed two-body orbits. Journal of Guidance, Control and Dynamics, 2014, 37(5): 1415-1425.

[105] Psiaki M L, Schoenberg J R, Miller I T. Gaussian sum reapproximation for use in a nonlinear filter. Journal of Guidance, Control, and Dynamics, 2015, 38(2): 292-303.

[106] Vittaldev V, Russell R P. Space object collision probability using multidirectional Gaussian mixture models. Journal of Guidance, Control, and Dynamics, 2016, 39(9): 2163-2169.

[107] Sun P, Colombo C, Trisolini M, et al. Hybrid Gaussian mixture splitting techniques for uncertainty propagation in nonlinear dynamics. Journal of Guidance, Control, and Dynamics, 2023, 46(4): 770-780.

[108] Xu T L, Zhang Z, Han H W. Adaptive Gaussian mixture model for uncertainty propagation using virtual sample generation. Applied Sciences-Basel, 2023, 13(5): 3390.

[109] Zhang B, Shin Y C. An adaptive Gaussian mixture method for nonlinear uncertainty propagation in neural networks. Neurocomputing, 2021, 458: 170-183.

[110] Aristoff J M, Horwood J T, Singh N, et al. Nonlinear uncertainty propagation in orbital elements and transformation to cartesian space without loss of realism//Proceedings of the 2014 AAS/AIAA Astrodynamics Specialist Conference, San Diego, 2014: 1-10.

[111] Hill K, Sabol C, Alfriend K T. Comparison of covariance based track association approaches using simulated radar data. The Journal of the Astronautical Sciences, 2012, 59(1-2): 287-306.

[112] Vallado D A, Alfano S. Curvilinear coordinate transformations for relative motion. Celestial Mechanics and Dynamical Astronomy, 2014, 118(3): 253-271.

[113] Tanygin S. Efficient covariance interpolation using blending of approximate covariance propagations. The Journal of the Astronautical Sciences, 2014, 61(1): 107-132.

[114] Coppola V T, Tanygin S. Using bent ellipsoids to represent large position covariance in orbit propagation. Journal of Guidance, Control, and Dynamics, 2015, 38(9): 1775-1784.

[115] Weisman R M, Majji M, Alfriend K T. Analytic characterization of measurement uncertainty and initial orbit determination on orbital element representations. Celestial Mechanics and Dynamical Astronomy, 2014, 118(2): 165-195.

[116] Aristoff J M, Horwood J T, Alfriend K T. On a set of J2 equinoctial orbital elements and their use for uncertainty propagation. Celestial Mechanics and Dynamical Astronomy, 2021, 133(9): 1-19.

[117] Fujimoto K, Scheeres D J. Tractable expressions for nonlinearly propagated uncertainties. Journal of Guidance, Control, and Dynamics, 2015, 38(6): 1146-1151.

[118] Vittaldev V, Russell R P, Linares R. Spacecraft uncertainty propagation using gaussian mixture

models and polynomial chaos expansions. Journal of Guidance, Control, and Dynamics, 2016, 39(12): 2615-2626.

[119] Sun Z J, Luo Y Z, Di Lizia P, et al. Nonlinear orbital uncertainty propagation with differential algebra and Gaussian mixture model. Science China: Physics, Mechanics & Astronomy, 2019, 62(3): 86-96.

[120] Jones B A, Weisman R. Multi-fidelity orbit uncertainty propagation. Acta Astronautica, 2019, 155: 406-417.

[121] Sun P, Colombo C, Li S. Comparison of continuity equation and Gaussian mixture model for long-term density propagation using semi-analytical methods. Celestial Mechanics & Dynamical Astronomy, 2022, 134(3): 1-30.

[122] Aristoff J M, Horwood J T, Poore A B. Implicit-Runge-Kutta-based methods for fast, precise, and scalable uncertainty propagation. Celestial Mechanics and Dynamical Astronomy, 2015, 122(2): 169-182.

[123] Horwood J T, Poore A B. Gauss von Mises distribution for improved uncertainty realism in space situational awareness. SIAM/ASA Journal on Uncertainty Quantification, 2014, 2(1): 276-304.

[124] Jia B, Xin M. Orbital uncertainty propagation using positive weighted compact quadrature rule. Journal of Guidance, Control, and Dynamics, 2017, 54(3): 683-697.

[125] Havlik J, Straka O. Measures of nonlinearity and non-Gaussianity in orbital uncertainty propagation//The 22nd International Conference on Information Fusion, Ottawa, 2019: 1-15.

[126] Slater G L, Byram S M, Williams T W. Collision avoidance for satellites in formation flight. Journal of Guidance, Control, and Dynamics, 2006, 29(5): 1140-1146.

[127] Lee S, Hwang I. Analytical solutions to uncertainty propagation in satellite relative motion//AIAA Guidance, Navigation, and Control(GNC) Conference, Boston, 2013: 1-22.

[128] Lee S, Lyu H, Hwang I. Analytical uncertainty propagation for satellite relative motion along elliptic orbits. Journal of Guidance, Control, and Dynamics, 2016, 39(7): 1593-1601.

[129] Wen C, Gurfil P. Relative reachable domain for spacecraft with initial state uncertainties. Journal of Guidance, Control, and Dynamics, 2016, 39(3): 462-473.

第 2 章　轨道偏差演化基本理论

航天器轨道偏差传播的本质是已知航天器初始时刻运动状态的分布情况，求之后任意时刻运动状态分布的初值问题。本章主要介绍与轨道偏差传播问题相关的基本概念、基本理论与方法。

2.1　基本动力学模型

2.1.1　坐标系定义及转换

为了更好地描述航天器运动，常根据不同任务选择不同的坐标系。本书用到的坐标系主要有以中心天体质心为原点的惯性坐标系和以航天器质心为原点的航天器当地轨道坐标系。

1. 惯性坐标系 $O\text{-}X_IY_IZ_I$，记为 I 系(inertial coordinate)

如图 2.1 所示，该坐标系主要用于描述航天器的绝对轨道运动，其原点在天体引力中心 O，基准平面是天体平均赤道面，X_I 轴指向历元平春分点 $\varUpsilon$，Z_I 轴垂直于赤道面指向北极，Y_I 轴由右手法则确定 $Y_I = Z_I \times X_I$。由于春分点随时间变化会产生进动，为了统一基准，本书所用的地心惯性(Earth central inertial, ECI)坐标系定义 2000 年 1 月 1 日 12:00:00.00 时刻的平春分点为起点，因此又称 J2000 地心惯性系。

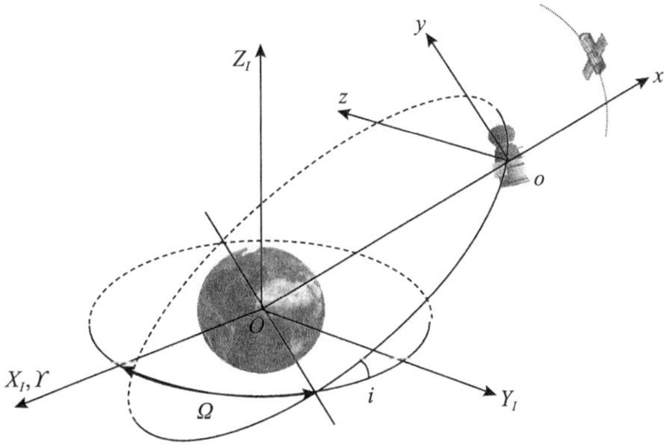

图 2.1　地心惯性系及航天器当地轨道坐标系示意

2. 航天器当地轨道坐标系 $o\text{-}xyz$，记为 L 系(local coordinate)

以航天器质心为原点的当地轨道坐标系主要用来描述航天器的相对轨道运动，其定义方式也有多种。比较常用的有 VNC(velocity normal co-normal, 速度法线)坐标系、VVLH(vehicle velocity, local horizontal, 飞行器速度当地水平)坐标系，以及 LVLH(local vertical, local horizontal, 当地竖直当地水平)坐标系。

VNC 坐标系的 x 轴沿航天器速度矢量 $\boldsymbol{v}$ 方向，y 轴沿航天器轨道平面正法向 $\boldsymbol{y}=\boldsymbol{r}\times\boldsymbol{v}$，$z$ 轴根据右手定则确定 $\boldsymbol{z}=\boldsymbol{x}\times\boldsymbol{y}$。

VVLH 坐标系的 z 轴沿航天器位置矢量的反方向，即天底-$\boldsymbol{r}$ 方向，y 轴沿航天器轨道平面负法向 $\boldsymbol{y}=-\boldsymbol{r}\times\boldsymbol{v}$，$x$ 轴根据右手定则确定，即 $\boldsymbol{x}=\boldsymbol{y}\times\boldsymbol{z}$。

如图 2.1 所示，LVLH 坐标系的 x 轴沿航天器位置矢量 $\boldsymbol{r}$ 方向，z 轴沿航天器轨道平面正法向 $\boldsymbol{z}=\boldsymbol{r}\times\boldsymbol{v}$，$y$ 轴根据右手定则确定 $\boldsymbol{y}=\boldsymbol{z}\times\boldsymbol{x}$。本书仅采用 LVLH 坐标系描述航天器的相对运动。

记航天器在惯性坐标系中的运动状态为 $\boldsymbol{x}(t)=[\boldsymbol{r}(t),\boldsymbol{v}(t)]^{\mathrm{T}}$，$\boldsymbol{r}(t)=[x,y,z]^{\mathrm{T}}$ 为其位置矢量，$\boldsymbol{v}(t)=[\dot{x},\dot{y},\dot{z}]^{\mathrm{T}}$ 为其速度矢量。令 $\boldsymbol{e}_r=\boldsymbol{r}(t)$、$\boldsymbol{e}_n=\boldsymbol{r}(t)\times\boldsymbol{v}(t)$、$\boldsymbol{e}_t=\boldsymbol{e}_n\times\boldsymbol{e}_r$，则 L 系相对于 I 系的转动角速度可表示为 $\boldsymbol{\omega}=\boldsymbol{e}_n/\|\boldsymbol{e}_r\|^2=[\omega_x,\omega_y,\omega_z]^{\mathrm{T}}$。$L$ 系下状态 $\boldsymbol{x}^L(t)$ 与 I 系下状态 $\boldsymbol{x}^I(t)$ 的相互转换关系为

$$\boldsymbol{x}^I(t)=\begin{bmatrix} {}^I\boldsymbol{M}_L & \boldsymbol{0} \\ \boldsymbol{M}_\omega {}^I\boldsymbol{M}_L & {}^I\boldsymbol{M}_L \end{bmatrix}\boldsymbol{x}^L(t)={}^I\boldsymbol{T}_L\boldsymbol{x}^L(t) \tag{2.1}$$

$$\boldsymbol{x}^L(t)=\begin{bmatrix} {}^L\boldsymbol{M}_I & \boldsymbol{0} \\ -{}^L\boldsymbol{M}_I\boldsymbol{M}_\omega & {}^L\boldsymbol{M}_I \end{bmatrix}\boldsymbol{x}^I(t)={}^L\boldsymbol{T}_I\boldsymbol{x}^I(t) \tag{2.2}$$

其中，$\|\cdot\|$表示向量的 Euclidean 范数；${}^I\boldsymbol{M}_L$ 为 L 系到 I 系的旋转矩阵；${}^L\boldsymbol{M}_I=\left[{}^I\boldsymbol{M}_L\right]^{\mathrm{T}}$；角速度 $\boldsymbol{\omega}$ 的反对称矩阵 $\boldsymbol{M}_\omega$ 与 ${}^I\boldsymbol{M}_L$ 可分别表示为

$$\boldsymbol{M}_\omega=\begin{bmatrix} 0 & -\omega_z & \omega_y \\ \omega_z & 0 & -\omega_x \\ -\omega_y & \omega_x & 0 \end{bmatrix},\quad {}^I\boldsymbol{M}_L=\left[\frac{\boldsymbol{e}_r}{\|\boldsymbol{e}_r\|},\frac{\boldsymbol{e}_t}{\|\boldsymbol{e}_t\|},\frac{\boldsymbol{e}_n}{\|\boldsymbol{e}_n\|}\right] \tag{2.3}$$

航天器状态除了可以用位置、速度矢量描述，还可用经典轨道六要素表示，定义为 $\boldsymbol{E}=[a,e,i,\Omega,\omega,f]$，其中 a 为轨道半长轴，e 为轨道偏心率，i 为轨道倾角，Ω 为升交点赤经，ω 为近地点辐角，f 为真近点角。

3. 相遇坐标系

相遇坐标系(encounter frame, EF)是在碰撞概率求解中，尤其是在短期相遇假设下的碰撞概率求解中常用的坐标系。短期相遇模型适用于两目标相对速度较大，交会时间较短的情况。假设两目标在相互接近期间的运动都是匀速直线运动，两目标位置速度已知，且位置偏差服从三维高斯分布，而速度不存在偏差。

如图 2.2 所示，设目标 A 和目标 B 的位置矢量估计值分别为 $\bar{\boldsymbol{r}}_A$ 和 $\bar{\boldsymbol{r}}_B$，速度矢量估计值为 $\bar{\boldsymbol{v}}_A$ 和 $\bar{\boldsymbol{v}}_B$。相遇坐标系的原点通常取为其中一个目标的位置矢量端点。以原点取在目标 A 的质心 $\bar{\boldsymbol{r}}_A$ 为例，相遇坐标系 z 轴指向相对速度矢量方向，$\boldsymbol{v}_r = \bar{\boldsymbol{v}}_B - \bar{\boldsymbol{v}}_A$，$x$ 轴和 y 轴均位于相遇平面内，x 轴指向目标 B 质心在相遇平面内的投影，y 轴方向依据右手法则确定。记两目标的相对位置矢量为 $\boldsymbol{r}_r = \bar{\boldsymbol{r}}_B - \bar{\boldsymbol{r}}_A$，则相遇坐标系三个坐标轴的单位方向矢量为

$$
\begin{aligned}
\boldsymbol{e}_z &= \frac{\bar{\boldsymbol{v}}_B - \bar{\boldsymbol{v}}_A}{\left\|\bar{\boldsymbol{v}}_B - \bar{\boldsymbol{v}}_A\right\|} = \frac{\boldsymbol{v}_r}{\left\|\boldsymbol{v}_r\right\|} \\
\boldsymbol{e}_y &= \frac{\boldsymbol{v}_r \times \boldsymbol{r}_r}{\left\|\boldsymbol{v}_r \times \boldsymbol{r}_r\right\|} \\
\boldsymbol{e}_x &= \boldsymbol{e}_y \times \boldsymbol{e}_z
\end{aligned}
\tag{2.4}
$$

其中，相对位置矢量 $\boldsymbol{r}_r$ 与相对速度矢量 $\boldsymbol{v}_r$ 之间的夹角 θ 可表示为 $\theta = \arccos(\boldsymbol{v}_r \cdot \boldsymbol{r}_r / \left\|\boldsymbol{v}_r \cdot \boldsymbol{r}_r\right\|)$。

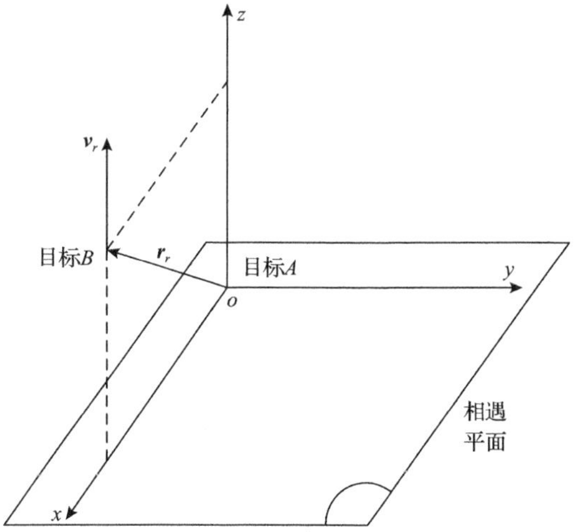

图 2.2　空间目标短期相遇坐标系示意图

地心惯性系到相遇坐标系的转移矩阵为

$$ {}^{EF}M_I = \left[\boldsymbol{e}_x, \quad \boldsymbol{e}_y, \quad \boldsymbol{e}_z \right]^{\mathrm{T}} \tag{2.5} $$

过原点且与 z 轴垂直的平面称为相遇平面。

2.1.2 轨道动力学方程

1. 绝对轨道动力学方程

二体假设下，天体为质点，航天器只受中心引力作用。在实际飞行任务中，中心天体一般为非理想球体，因此航天器还会受中心天体非球形引力、大气阻力、太阳光压、第三体引力等各种摄动因素的影响。对于惯性坐标系中描述的航天器绝对轨道运动，动力学微分方程右函数 $\boldsymbol{f}[t, \boldsymbol{x}(t)]$ 可表示为

$$ \begin{aligned} &\dot{\boldsymbol{r}} = \boldsymbol{v} \\ &\dot{\boldsymbol{v}} = -\frac{\mu}{r^3}\boldsymbol{r} + \boldsymbol{a} + \boldsymbol{\Gamma} \\ &\boldsymbol{a} = \boldsymbol{a}_{\text{gravity}} + \boldsymbol{a}_{\text{drag}} + \boldsymbol{a}_{\text{third}} + \boldsymbol{a}_{\text{SRP}} + \boldsymbol{a}_{\text{others}} \end{aligned} \tag{2.6} $$

其中，$r = \|\boldsymbol{r}\|$为航天器地心距；μ 为地球引力常数；$\boldsymbol{a}_{\text{gravity}}$ 为非球形引力加速度；$\boldsymbol{a}_{\text{drag}}$ 为大气阻力加速度；$\boldsymbol{a}_{\text{third}}$ 为第三体（太阳、月球等）引力加速度；$\boldsymbol{a}_{\text{SRP}}$ 为太阳光压压力加速度；$\boldsymbol{a}_{\text{others}}$ 为潮汐力、发动机羽流等其他摄动加速度；$\boldsymbol{\Gamma}$ 为航天器发动机推力加速度；根据文献[1]，[2]给出各种摄动力的计算模型，$\boldsymbol{a}=\boldsymbol{0}$ 时为二体模型。

当变轨推力作用时间远远小于变轨前后的轨道周期时，可以假设推力随时间变化的函数是脉冲函数，使脉冲矢量与原推力产生的冲量相同。在脉冲推力假设下，航天器速度增量与推力加速度满足

$$ \Delta \boldsymbol{v}_i = \int_{-\infty}^{\infty} \boldsymbol{\Gamma}(t)\delta(t - t_i)\mathrm{d}t, \quad i = 1, 2, \cdots, m \tag{2.7} $$

其中，m 为施加的脉冲总数；$\Delta \boldsymbol{v}_i$ 为第 i 次脉冲矢量；t_i 为第 i 次机动的时间；$\delta(t - t_i)$ 为 delta 函数。

当前，绝大多数航天器仍使用大推力发动机执行轨道机动任务，因此脉冲变轨假设可以满足轨道初步设计的要求。本书涉及的轨道机动均采用脉冲推力模型。

2. 相对轨道动力学方程

在航天器相对轨道运动问题中，通常称两航天器中的一个为主航天器，另一个为从航天器。从航天器的相对运动状态通常在主航天器 LVLH 坐标系中描述。令从航天器相对主航天器的状态为 $\delta \boldsymbol{x}(t) = [\delta \boldsymbol{r}(t), \delta \boldsymbol{v}(t)]^{\mathrm{T}}$，其中 $\delta \boldsymbol{r}(t) = [\delta x, \delta y, \delta z]^{\mathrm{T}}$ 为相对位置矢量，$\boldsymbol{v}(t) = [\delta \dot{x}, \delta \dot{y}, \delta \dot{z}]^{\mathrm{T}}$ 为相对速度矢量，则动力学微分方程的右函数 $\boldsymbol{f}[\boldsymbol{x}(t), t]$ 可表示为[3]

$$
\begin{cases}
\delta\ddot{x} - 2\dot{\theta}\delta\dot{y} - \dot{\theta}^2\delta x - \ddot{\theta}\delta y = \dfrac{-\mu(r+\delta x)}{[(r+\delta x)^2+\delta y^2+\delta z^2]^{3/2}} + \dfrac{\mu}{r^2} + a_x + \varGamma_x \\
\delta\ddot{y} + 2\dot{\theta}\delta\dot{x} - \dot{\theta}^2\delta y + \ddot{\theta}\delta x = \dfrac{-\mu\delta y}{[(r+\delta x)^2+\delta y^2+\delta z^2]^{3/2}} + a_y + \varGamma_y \\
\delta\ddot{z} = \dfrac{-\mu\delta z}{[(r+\delta x)^2+\delta y^2+\delta z^2]^{3/2}} + a_z + \varGamma_z
\end{cases}
\tag{2.8}
$$

其中，$\theta=\omega+f$ 为参考航天器纬度辐角；r 为主航天器地心距；$\boldsymbol{a}=[a_x,a_y,a_z]^{\mathrm{T}}$ 为 LVLH 坐标系中的摄动加速度；$\boldsymbol{\varGamma}=[\varGamma_x,\varGamma_y,\varGamma_z]^{\mathrm{T}}$ 为 LVLH 坐标系中的推力加速度。

2.2　随机动力学基本理论

2.2.1　概率论与随机过程

本节给出概率论与随机过程的相关概念及其简要定义，并对这些概念详细讨论与分析[4]。

1. 概率密度函数

给定一个连续随机向量 $\boldsymbol{x}\in\mathbf{R}^n$，则 $\boldsymbol{x}$ 在某一空间体积 $\varXi$ 内的概率可表示为

$$
\Pr(\boldsymbol{x}\in\varXi)=\int_{\varXi} p(\boldsymbol{\xi},t)\mathrm{d}\boldsymbol{\xi}=\int_{\varXi} p(\boldsymbol{\xi},t)\mathrm{d}\xi^1\mathrm{d}\xi^2\cdots\mathrm{d}\xi^N \tag{2.9}
$$

其中，$p(\boldsymbol{\xi},t)$ 称概率密度函数。

该函数具有如下性质。

(1) 因为对任意积分区域 $\varXi$ 满足 $\Pr(\boldsymbol{x}\in\varXi)\geqslant 0$，所以对任意 $\boldsymbol{x}$，概率密度函数 $p(\boldsymbol{x},t)$ 非负。

(2) $p(\boldsymbol{x},t)$ 在整个定义域内的积分为 1，即 $\int_{-\infty}^{\infty} p(\boldsymbol{\xi},t)\mathrm{d}\boldsymbol{\xi}=1$。

(3) 给定常数 $\boldsymbol{C}\in\mathbf{R}^n$，$\Pr(\boldsymbol{x}=\boldsymbol{C})=0$ 对任意 $\boldsymbol{x}$ 成立。

给定两个随机变量 $x\in\mathbf{R}, y\in\mathbf{R}$，则 x 的边缘分布概率密度函数(marginal probability density function)定义为

$$
p(x)=\int_{\infty} p(x,y)\mathrm{d}y \tag{2.10}
$$

其中，$p(x,y)$ 为 x 和 y 的联合分布概率密度函数。

2. 统计矩

在统计意义上，概率密度函数的统计矩是其样本点分布形状的量化表征。统

计矩有原点矩和中心矩之分。中心矩是随机变量与均值作差后的期望值。本书给出前四阶统计矩含义，如表 2.1 所示。其中，均值表征一组样本数据的集中趋势，方差表征一组样本数据偏离均值的离散程度，偏态系数表征一组样本数据的不对称程度，峰态系数表征一组样本点在均值处的峰值高低。

表 2.1　前四阶统计矩含义

阶次	原点矩	中心矩	标准化矩
1	均值	0	0
2	—	方差	1
3	—	—	偏态系数
4	—	—	峰态系数

特别地，对给定服从概率分布 $p(\boldsymbol{x},t)$ 的随机向量 $\boldsymbol{x}\in\mathbf{R}^n$，其均值 $\boldsymbol{m}(t)$ 和协方差矩阵 $\boldsymbol{P}(t)$ 定义为

$$\begin{aligned}\boldsymbol{m}(t)&=E[\boldsymbol{x}(t)]=\int_{\infty}\boldsymbol{\xi}p(\boldsymbol{\xi},t)\mathrm{d}\boldsymbol{\xi}\\ \boldsymbol{P}(t)&=E[(\boldsymbol{x}-\boldsymbol{m})(\boldsymbol{x}-\boldsymbol{m})^{\mathrm{T}}]=\int_{\infty}(\boldsymbol{\xi}-\boldsymbol{m})(\boldsymbol{\xi}-\boldsymbol{m})^{\mathrm{T}}p(\boldsymbol{\xi},t)\mathrm{d}\boldsymbol{\xi}\end{aligned}\tag{2.11}$$

其中，$E[\cdot]$为期望算子；协方差矩阵 $\boldsymbol{P}(t)$ 的对角线元素为方差，方差的平方根为标准差 $\boldsymbol{\sigma}$，即 $\boldsymbol{\sigma}^2=\mathrm{diag}(\boldsymbol{P})$，$\mathrm{diag}(\cdot)$ 表示提取给定矩阵的对角线元素或以给定的向量为对角线元素构建的对角矩阵。

对式(2.11)进行微分，可得随机变量 $\boldsymbol{x}(t)$ 的均值和协方差矩阵的微分方程，即

$$\begin{aligned}\dot{\boldsymbol{m}}(t)&=E[\dot{\boldsymbol{x}}(t)]=E[\boldsymbol{f}(\boldsymbol{x},t)]\\ \dot{\boldsymbol{P}}(t)&=E[\dot{\boldsymbol{x}}\boldsymbol{x}^{\mathrm{T}}+\boldsymbol{x}\dot{\boldsymbol{x}}^{\mathrm{T}}]-(\dot{\boldsymbol{m}}\boldsymbol{m}^{\mathrm{T}}+\boldsymbol{m}\dot{\boldsymbol{m}}^{\mathrm{T}})\end{aligned}\tag{2.12}$$

进一步，偏态系数和峰态系数可以定义为

$$\begin{aligned}S^i&=\frac{E[(x^i-m^i)^3]}{(\sigma^i)^3}\\ K^i&=\frac{E[(x^i-m^i)^4]}{(\sigma^i)^4}-3\end{aligned}\tag{2.13}$$

其中，标准正态分布的偏态系数 S=0；峰态系数 K=3。

一般地，q 阶原点矩 $\boldsymbol{\mu}_{\mathrm{raw}}^q$ 和中心矩 $\boldsymbol{\mu}_{\mathrm{cen}}^q$ 分别定义为

$$
\begin{aligned}
\boldsymbol{\mu}_{\text{raw}}^{q} &= E[x^{k_1}x^{k_2}\cdots x^{k_q}] = \int_{\infty} x^{k_1}x^{k_2}\cdots x^{k_q} p(\boldsymbol{x},t)\mathrm{d}\boldsymbol{x} \\
\boldsymbol{\mu}_{\text{cen}}^{q} &= E\left[(x^{k_1}-m^{k_1})(x^{k_2}-m^{k_2})\cdots(x^{k_q}-m^{k_q})\right] \\
&= \int_{\infty}(x^{k_1}-m^{k_1})(x^{k_2}-m^{k_2})\cdots(x^{k_q}-m^{k_q})p(\boldsymbol{x},t)\mathrm{d}\boldsymbol{x}
\end{aligned} \tag{2.14}
$$

根据随机变量 $\boldsymbol{x}\in\mathbf{R}^n$ 的概率密度函数 $p(\boldsymbol{x},t)$，定义其特征函数为

$$
\chi(\boldsymbol{u}) = E\left[\mathrm{e}^{\mathrm{j}\boldsymbol{u}^{\mathrm{T}}\boldsymbol{x}}\right] = \int_{\infty}\mathrm{e}^{\mathrm{j}\boldsymbol{u}^{\mathrm{T}}\boldsymbol{x}}p(\boldsymbol{x},t)\mathrm{d}\boldsymbol{x} \tag{2.15}
$$

则随机变量 $\boldsymbol{x}$ 的 q 阶原点矩可通过特征函数计算，即

$$
\begin{aligned}
E[\boldsymbol{x}^{k_1}] &= \mathrm{j}^{-1}\left.\frac{\partial\chi(\boldsymbol{u})}{\partial u^{k_1}}\right|_{\boldsymbol{u}=0} \\
E[\boldsymbol{x}^{k_1}\boldsymbol{x}^{k_2}] &= \mathrm{j}^{-2}\left.\frac{\partial^2\chi(\boldsymbol{u})}{\partial u^{k_1}\partial u^{k_2}}\right|_{\boldsymbol{u}=0} \\
&\cdots \\
E[\boldsymbol{x}^{k_1}\boldsymbol{x}^{k_2}\cdots\boldsymbol{x}^{k_q}] &= \mathrm{j}^{-n}\left.\frac{\partial^q\chi(\boldsymbol{u})}{\partial u^{k_1}\partial u^{k_2}\cdots\partial u^{k_q}}\right|_{\boldsymbol{u}=0}
\end{aligned} \tag{2.16}
$$

3. 随机微分方程

对含有不确定性的动力系统，其状态量 $\boldsymbol{x}(t)$ 的样本轨道可用伊藤(Ito)随机微分方程表示为

$$
\mathrm{d}\boldsymbol{x}(t) = \boldsymbol{f}[\boldsymbol{x}(t),t]\mathrm{d}t + \boldsymbol{G}[\boldsymbol{x}(t),t]\mathrm{d}\boldsymbol{\beta}(t) \tag{2.17}
$$

其中，$\boldsymbol{x}(t)\in\mathbf{R}^n$ 为 n 维随机状态向量；$\boldsymbol{\beta}(t)\in\mathbf{R}^m$ 是 m 维均值为 $\mathbf{0}$、扩散矩阵为 $\boldsymbol{Q}(t)$ 的布朗运动(或维纳过程)，$\boldsymbol{Q}(t)\mathrm{d}t = E[\mathrm{d}\boldsymbol{\beta}(t)\mathrm{d}\boldsymbol{\beta}^{\mathrm{T}}(t)]$；$\boldsymbol{G}[\boldsymbol{x}(t),t]$ 为表征扩散项的 $n\times m$ 维函数矩阵；$\boldsymbol{f}[\boldsymbol{x}(t),t]$ 为随机微分方程的确定性函数。

本书研究轨道偏差演化时，除了关注随机状态量 $\boldsymbol{x}(t)$ 在动力系统中的演化，还考虑脉冲轨道机动影响，脉冲机动误差可看作过程噪声。若不考虑过程噪声影响，即 $\boldsymbol{\beta}(t)=\mathbf{0}$，式(2.17)可简化为

$$
\dot{\boldsymbol{x}}(t) = \boldsymbol{f}[\boldsymbol{x}(t),t] \tag{2.18}
$$

对给定初值 $\boldsymbol{x}(t_0)$，方程(2.18)在任意时刻 t 的解 $\boldsymbol{x}(t)$ 可用一个解流映射函数 $\boldsymbol{\phi}$ 表示为

$$
\boldsymbol{x}(t) = \boldsymbol{\phi}(t;\boldsymbol{x}_0,t_0) = \boldsymbol{x}(t_0) + \int_{t_0}^{t}\boldsymbol{f}[\boldsymbol{x}(\tau),\tau]\mathrm{d}\tau \tag{2.19}
$$

其中

$$\frac{\mathrm{d}\boldsymbol{\phi}}{\mathrm{d}t}=\dot{\boldsymbol{x}}(t)=\boldsymbol{f}\left[\boldsymbol{\phi}(t;\boldsymbol{x}_0,t_0),t\right],\quad \boldsymbol{\phi}(t_0;\boldsymbol{x}_0,t_0)=\boldsymbol{x}(t_0) \tag{2.20}$$

基于方程的解流，可以在欧几里得(Euclidean)空间 $\mathbf{R}^n$ 上定义一个闭合有界的子空间为方程的相空间。若初始时刻由方程状态量 $\boldsymbol{x}_0$ 组成的相空间为 $\boldsymbol{B}_0$，则任意 t 时刻方程的相空间可表示为

$$\boldsymbol{B}(t)=\left\{\boldsymbol{x}(t)\middle|\boldsymbol{x}(t)=\boldsymbol{\phi}(t;\boldsymbol{x}_0,t_0),\forall\boldsymbol{x}_0\in\boldsymbol{B}_0\right\} \tag{2.21}$$

4. Fokker-Planck 方程

对满足式(2.17)的随机变量 $\boldsymbol{x}$，其概率密度函数 $p(\boldsymbol{x},t)$ 的时间演化满足如下FPE，即

$$\begin{aligned}\frac{\partial p(\boldsymbol{x},t)}{\partial t}=&-\sum_{i=1}^{n}\frac{\partial}{\partial x^i}\left[p(\boldsymbol{x},t)f^i(\boldsymbol{x},t)\right]\\&+\frac{1}{2}\sum_{i=1}^{n}\sum_{j=1}^{n}\frac{\partial^2}{\partial x^i\partial x^j}\left\{p(\boldsymbol{x},t)\left[\boldsymbol{G}(\boldsymbol{x},t)\boldsymbol{Q}(t)\boldsymbol{G}^{\mathrm{T}}(\boldsymbol{x},t)\right]^{ij}\right\}\end{aligned} \tag{2.22}$$

若不考虑扩散项，即 $\boldsymbol{\beta}(t)=\boldsymbol{0}$，FPE 可简化为 SLE，即[5,6]

$$\frac{\partial p(\boldsymbol{x},t)}{\partial t}=-\sum_{i=1}^{n}\frac{\partial}{\partial x^i}\left[p(\boldsymbol{x},t)f^i(\boldsymbol{x},t)\right] \tag{2.23}$$

即不考虑扩散项时，概率密度是微分不变量，即

$$\frac{\mathrm{d}p(\boldsymbol{x},t)}{\mathrm{d}t}=\frac{\partial p(\boldsymbol{x},t)}{\partial t}+\sum_{i=1}^{n}\frac{\partial}{\partial x^i}\left[p(\boldsymbol{x},t)f^i(\boldsymbol{x},t)\right]=0 \tag{2.24}$$

FPE 和 SLE 是一组描述概率密度函数在给定随机动力系统中随时间演化的偏微分方程。给定随机变量 $\boldsymbol{x}$ 初始时刻的概率密度函数 $p(\boldsymbol{x}_0,t_0)$，通过求解 FPE 和 SLE，可得其任意时刻的概率密度函数，进而知道该随机变量任意时刻完整的分布情况。

2.2.2 高斯分布

根据大数定律及中心极限定律[4]，自然界中的大多数偏差都服从高斯分布，因其描述自然界中的正常状态，所以又称正态分布。高斯分布 $\boldsymbol{x}\sim p_g(\boldsymbol{x};\boldsymbol{m},\boldsymbol{P})$ 的

概率密度函数定义为

$$p_g(\boldsymbol{x};\boldsymbol{m},\boldsymbol{P})=\frac{1}{\sqrt{(2\pi)^n\det(\boldsymbol{P})}}\exp\left\{-\frac{1}{2}(\boldsymbol{x}-\boldsymbol{m})^{\mathrm{T}}\boldsymbol{P}^{-1}(\boldsymbol{x}-\boldsymbol{m})\right\} \tag{2.25}$$

其中，n 为不确定性状态量 $\boldsymbol{x}$ 的维数；$\boldsymbol{m}$ 为 $\boldsymbol{x}$ 的均值；$\boldsymbol{P}$ 为 $\boldsymbol{x}$ 的协方差矩阵。

两个高斯分布概率密度函数的乘积仍为高斯分布。该高斯分布的概率密度函数可表示为

$$\begin{aligned}&p_g(\boldsymbol{x};\boldsymbol{m}_1,\boldsymbol{P}_1)p_g(\boldsymbol{x};\boldsymbol{m}_2,\boldsymbol{P}_2)=K(\boldsymbol{m}_1,\boldsymbol{m}_2,\boldsymbol{P}_1,\boldsymbol{P}_2)p_g(\boldsymbol{x};\boldsymbol{m}_3,\boldsymbol{P}_3)\\&\boldsymbol{P}_3=(\boldsymbol{P}_1^{-1}+\boldsymbol{P}_2^{-1})^{-1}\\&\boldsymbol{m}_3=\boldsymbol{P}_3(\boldsymbol{P}_1^{-1}\boldsymbol{m}_1+\boldsymbol{P}_2^{-1}\boldsymbol{m}_2)\end{aligned} \tag{2.26}$$

其中

$$\begin{aligned}&K(\boldsymbol{m}_1,\boldsymbol{m}_2,\boldsymbol{P}_1,\boldsymbol{P}_2)\\&=\int_{\mathbf{R}^n}p_g(\boldsymbol{x};\boldsymbol{m}_1,\boldsymbol{P}_1)p_g(\boldsymbol{x};\boldsymbol{m}_2,\boldsymbol{P}_2)\mathrm{d}\boldsymbol{x}\\&=\left|2\pi(\boldsymbol{P}_1+\boldsymbol{P}_2)\right|^{-1/2}\times\exp\left\{-\frac{1}{2}(\boldsymbol{m}_1-\boldsymbol{m}_2)^{\mathrm{T}}(\boldsymbol{P}_1+\boldsymbol{P}_2)^{-1}(\boldsymbol{m}_1-\boldsymbol{m}_2)\right\}\end{aligned} \tag{2.27}$$

对满足高斯分布的偏差，定义其在某一给定概率值下可能出现的空间为置信空间，即

$$\varOmega_N=\{\boldsymbol{x}\mid(\boldsymbol{x}-\boldsymbol{m})^{\mathrm{T}}\boldsymbol{P}^{-1}(\boldsymbol{x}-\boldsymbol{m})\leqslant N^2\} \tag{2.28}$$

其中，$\varOmega_N$ 为 n 维误差椭球，其大小依赖 N 的取值，又称 N-σ 误差椭球，σ 为误差标准差。

根据统计理论，对一维分布，高斯分布 3σ 误差椭球包含的概率值是 0.9973，对三维分布，3σ 误差椭球包含的概率值是 0.9919。

高斯分布的特征函数定义为

$$\chi(\boldsymbol{u})=\exp\left\{\mathrm{j}\boldsymbol{u}^{\mathrm{T}}\boldsymbol{m}-\frac{1}{2}\boldsymbol{u}^{\mathrm{T}}\boldsymbol{P}\boldsymbol{u}\right\} \tag{2.29}$$

高斯分布的统计特性可完全由其前两阶矩(即均值和协方差矩阵)决定，因此其高阶矩可表示为均值和协方差矩阵的函数。由此可得高斯分布的前四阶原点矩，即

$$
\begin{aligned}
&E[x^i]=m^i\\
&E[x^i x^j]=m^i m^j+P^{ij}\\
&E[x^i x^j x^k]=m^i m^j m^k+m^i P^{jk}+m^j P^{ik}+m^k P^{ij}\\
&E[x^i x^j x^k x^l]=m^i m^j m^k m^l+P^{ij}P^{kl}+P^{ik}P^{jl}+P^{il}P^{jk}+m^i m^j P^{kl}\\
&\qquad\qquad +m^i m^k P^{jl}+m^i m^l P^{jk}+m^j m^k P^{il}+m^j m^l P^{ik}+m^k m^l P^{ij}
\end{aligned}
\tag{2.30}
$$

对正整数 $k\geqslant 1$，均值 m=0 时，高斯分布的 n 阶中心矩为

$$
\begin{cases}
n=2k-1, \quad \boldsymbol{\mu}_{\text{cen}}^n=E\left[(x^{k_1}-m^{k_1})\cdots(x^{k_n}-m^{k_n})\right]=0\\
n=2k, \quad \boldsymbol{\mu}_{\text{cen}}^n=\sum\limits_{\text{perm}}^{N}P^{k_1k_2}\times\cdots\times P^{k_{2k-1}k_{2k}}, \quad N=\dfrac{(2k-1)!}{2^{k-1}(k-1)!}
\end{cases}
\tag{2.31}
$$

其中，perm 指在集合 $\{1,2,\cdots,2k\}$ 所有成对排列中求和。

2.3　偏差演化基本方法

偏差演化分析方法可大致分为蒙特卡罗打靶仿真、线性方法和非线性方法。工程上为了较精确地获得偏差经非线性传播后的分布情况，一般采用蒙特卡罗方法进行大量随机抽样与仿真。蒙特卡罗方法虽然实施简单，但是需要巨大的计算成本，也不便于揭示偏差的内在演化机理。在理论研究中，通常只关注问题的主要特征，通常采用线性方法分析偏差的前两阶矩(均值与协方差矩阵)。非线性方法作为线性方法的一个拓展，通过对原问题进行更高精度的逼近来解决线性方法对强非线性动力系统或长时间偏差传播精度较低的问题。本节简要介绍基本的非线性偏差传播分析方法。

2.3.1　蒙特卡罗仿真

蒙特卡罗仿真是工程上进行偏差分析最为信赖的方法，是通过大量随机采样与统计分析，计算得到系统输出的均值、方差、乐观值、悲观值、分布函数和概率密度函数等。给定航天器初始状态 $\boldsymbol{x}(t_0)$ 的概率密度函数 $p(\boldsymbol{x}_0,t_0)$，根据 $p(\boldsymbol{x}_0,t_0)$ 随机产生 N 个初始样本值 $\boldsymbol{x}^k(t_0)$，$k=1,2,\cdots,N$，将这些样本值预报到任意 t 时刻，可以获得 t 时刻的样本值 $\boldsymbol{x}^k(t)=\boldsymbol{\phi}(t;\boldsymbol{x}_0^k,t_0)$，进一步对终端样本进行统计分析，则可以得到终端状态偏差的分布规律。例如，终端样本的均值及协方差矩阵可表示为

$$
m^i(t)=\frac{1}{N}\sum_{k=1}^{N}\phi^i(t;\boldsymbol{x}_0^k,t_0)
$$

$$P^{ij}(t)=\frac{1}{N-1}\sum_{k=1}^{N}\left\{\left[\phi^i(t;\boldsymbol{x}_0^k,t_0)-m^i(t)\right]\left[\phi^j(t;\boldsymbol{x}_0^k,t_0)-m^j(t)\right]\right\} \tag{2.32}$$

理论上，随着样本点数不断增大 $N\to\infty$，蒙特卡罗方法获得的结果可不断逼近终端偏差的真实分布情况。但是，蒙特卡罗方法是简单的随机抽样方法，为了逼近真实值，通常需要较大的样本。只有抽样数目足够大，才能保证计算结果的正确性。这会使计算量大大增加，需要很长时间才能完成，因此为了在保证计算精度的同时降低计算量，需要研究非线性的偏差传播分析方法。常用的有 UT 方法、PCE 法、GMM、状态转移张量法。本章仅介绍简单的 UT 方法，其他方法在后续章节详细论述。

2.3.2　无迹变换方法

基于 UT 偏差传播分析方法的主要思想是，对于一个给定的非线性映射，逼近其概率密度函数比直接逼近非线性函数本身更容易。因此，不同于对非线性函数进行高阶逼近(如 Taylor 级数展开)的思想，UT 方法用一组确定的样本点(即 Sigma 点)逼近系统状态偏差的概率密度函数。在高斯分布假设下，给定航天器初始状态 $\boldsymbol{x}(t_0)$ 分布的均值 $\boldsymbol{m}_0$ 及协方差矩阵 $\boldsymbol{P}_0$，采用 UT 方法进行偏差传播分析包括以下几步。

(1) 根据给定的均值 $\boldsymbol{m}_0$ 及协方差矩阵 $\boldsymbol{P}_0$，产生 $2n+1$ 个含有一定权重的 Sigma 样本点，即

$$\begin{aligned}\xi_0^0&=\boldsymbol{m}_0,\quad k=1,2,\cdots,n\\ \xi_0^k&=\boldsymbol{m}_0+\sqrt{(n+\lambda)}\boldsymbol{S}_{\xi,k}\\ \xi_0^{k+n}&=\boldsymbol{m}_0-\sqrt{(n+\lambda)}\boldsymbol{S}_{\xi,k}\end{aligned} \tag{2.33}$$

每个样本点对应的权重为

$$\begin{aligned}&\omega_0^m=\frac{\lambda}{n+\lambda},\quad \omega_0^P=\omega_0^m+(1-\alpha^2+\beta)\\ &\omega_k^m=\omega_k^P=\frac{1}{2(n+\lambda)},\quad k=1,2,\cdots,2n\end{aligned} \tag{2.34}$$

其中，$\lambda=\alpha^2(n+\kappa)-n$，$n\in\mathbf{N}$ 为输入偏差的维数，$\alpha\in(0,1]\subset\mathbf{R}$ 与 $\kappa\in[0,\infty)\subset\mathbf{R}$ 为自由参数，一般取值为 $\alpha=0.5$，$\kappa=0$；对于高斯分布，$\beta=2$；$\boldsymbol{S}_\xi$ 为协方差矩阵的平方根 $\boldsymbol{P}_\xi$，即 $\boldsymbol{P}_\xi=\boldsymbol{S}_\xi\boldsymbol{S}_\xi^{\mathrm{T}}$；$\boldsymbol{S}_{\xi,k}$ 为 $\boldsymbol{S}_\xi$ 的第 k 列。

(2) 将所有初始 Sigma 点用给定的非线性函数 $\boldsymbol{x}(t)=\boldsymbol{\phi}(t;\boldsymbol{x}_0,t_0)$ 预报，获得的终端 Sigma 样本点 $\boldsymbol{\xi}^k(t)=\phi(t;\xi_0^k,t_0)$，$k=0,1,\cdots,2n$。

(3)用终端 Sigma 样本点逼近终端偏差的均值与协方差矩阵，即

$$\begin{aligned}\boldsymbol{m}(t)&=\sum_{k=0}^{2n}\omega_k^m\boldsymbol{\xi}^k(t)\\ \boldsymbol{P}(t)&=\sum_{k=0}^{2n}\omega_k^P(\boldsymbol{\xi}^k(t)-\boldsymbol{m}(t))(\boldsymbol{\xi}^k(t)-\boldsymbol{m}(t))^{\mathrm{T}}\end{aligned}\tag{2.35}$$

不同于蒙特卡罗方法，UT 方法仅需要 $2n+1$ 个 Sigma 点就可以非线性地传播偏差的均值及协方差矩阵，计算量相对较小。但是，UT 方法并没有建立起相对初始统计量的解析映射关系，所以对不同的初始条件（$\boldsymbol{m}_0$、$\boldsymbol{P}_0$），都需要重新采样与计算。另外，UT 方法仅为均值与协方差矩阵的二阶逼近，并且不能提供高阶矩及完整非高斯概率密度函数的统计信息。

2.3.3 概率密度函数单点映射的换元法

考虑两个 n 维随机向量 $\boldsymbol{x}$ 和 $\boldsymbol{y}$，满足一对一连续变换 $\boldsymbol{y}=\boldsymbol{f}(\boldsymbol{x})$、$\boldsymbol{x}=\boldsymbol{g}(\boldsymbol{y})$，已知 $\boldsymbol{x}$ 的概率密度函数为 $p_x(\boldsymbol{x})$，求变换后 $\boldsymbol{y}$ 的概率密度函数 $p_y(\boldsymbol{y})$。

设 $\boldsymbol{x}$ 值域空间上的闭合区域为 Ω_x，经变换后映射到 $\boldsymbol{y}$ 的值域空间上的闭合区域为 Ω_y。根据概率守恒原则，变量 $\boldsymbol{x}$ 在区域 Ω_x 内的分布概率与变量 $\boldsymbol{y}$ 在区域 Ω_y 内的分布概率相等，即分别在 Ω_x 和 Ω_y 上对 $\boldsymbol{x}$ 和 $\boldsymbol{y}$ 做 n 重积分，可得

$$\int\cdots\int_{\Omega_x}p_x(\boldsymbol{x})\mathrm{d}x_1\cdots\mathrm{d}x_n=\int\cdots\int_{\Omega_y}p_y(\boldsymbol{y})\mathrm{d}y_1\cdots\mathrm{d}y_n\tag{2.36}$$

其中，$1,\cdots,n$ 表示向量的第 $1,\cdots,n$ 个元素。

应用多重积分的变量变换规则，式(2.36)等号左边可以变换为

$$\int\cdots\int_{\Omega_x}p_x(\boldsymbol{x})\mathrm{d}x_1\cdots\mathrm{d}x_n=\int\cdots\int_{\Omega_y}p_x(\boldsymbol{g}(\boldsymbol{y}))\left|\det\left(\frac{\partial\boldsymbol{g}}{\partial\boldsymbol{y}}\right)\right|\mathrm{d}y_1\cdots\mathrm{d}y_n\tag{2.37}$$

其中，$\partial\boldsymbol{g}/\partial\boldsymbol{y}$ 为 $\boldsymbol{x}$ 关于 $\boldsymbol{y}$ 的 Jacobi 矩阵；det( )表示矩阵的行列式；$|\cdot|$表示绝对值。

由此可得

$$p_y(\boldsymbol{y})=p_x(\boldsymbol{g}(\boldsymbol{y}))\left|\det\left(\frac{\partial\boldsymbol{g}}{\partial\boldsymbol{y}}\right)\right|\tag{2.38}$$

因此，随机向量 $\boldsymbol{y}$ 上一点 $\overline{\boldsymbol{y}}$ 处的概率密度 $p_{\boldsymbol{y}}(\overline{\boldsymbol{y}})$ 等于随机向量 $\boldsymbol{x}$ 上相应点 $\overline{\boldsymbol{x}}=\boldsymbol{g}(\overline{\boldsymbol{y}})$ 的概率密度 $p_{\boldsymbol{x}}(\overline{\boldsymbol{x}})$ 与 $\boldsymbol{x}$ 关于 $\boldsymbol{y}$ 在 $\overline{\boldsymbol{y}}$ 处的 Jacobi 行列式的绝对值之积。

进一步，考虑两个相同维度的随机变量 $\boldsymbol{x},\boldsymbol{y}\in\mathbf{R}^n$，满足非线性变换 $\boldsymbol{y}=\boldsymbol{f}(\boldsymbol{x})$，

其中 $\boldsymbol{f}(\cdot)$ 可逆且连续可微。当非线性映射 $\boldsymbol{y}=\boldsymbol{f}(\boldsymbol{x})$ 的逆映射存在多个解时，记为 $\boldsymbol{x}=\boldsymbol{f}_i^{-1}(\boldsymbol{y})$，$i=1,2,\cdots,m$。若已知输入变量 $\boldsymbol{x}$ 的概率密度函数为 $p_X(\boldsymbol{x})$，在某一参考点 $\bar{\boldsymbol{x}}$ 的概率密度为 $p_X(\bar{\boldsymbol{x}})$，则该参考点 $\bar{\boldsymbol{x}}$ 经非线性映射后的输出为 $\bar{\boldsymbol{y}}=\boldsymbol{f}(\bar{\boldsymbol{x}})$，那么输出变量 $\bar{\boldsymbol{y}}$ 的概率密度 $p_Y(\bar{\boldsymbol{y}})$ 满足

$$p_Y(\bar{\boldsymbol{y}})=\begin{cases}\left[p_X(\bar{\boldsymbol{x}})\left|\boldsymbol{J}\right|^{-1}\right]_{\bar{\boldsymbol{x}}=\boldsymbol{f}^{-1}(\bar{\boldsymbol{y}})}, & \text{逆映射单解}\\ \sum\limits_{i=1}^{m}\left[p_X(\bar{\boldsymbol{x}})\left|\boldsymbol{J}\right|^{-1}\right]_{\bar{\boldsymbol{x}}_i=\boldsymbol{f}_i^{-1}(\bar{\boldsymbol{y}})}, & \text{逆映射多解}\end{cases}\tag{2.39}$$

其中，$\boldsymbol{J}$ 为非线性映射 $\boldsymbol{y}=\boldsymbol{f}(\boldsymbol{x})$ 的 Jacobi 矩阵，定义为

$$J_{ij}=\frac{\partial f_i}{\partial x_j}\tag{2.40}$$

这就是计算概率密度函数在非线性映射某给定点进行变换的换元法。换元法允许将随机变量在某参考点的概率密度函数精确地变换到对该变量进行非线性映射（如 $\bar{\boldsymbol{y}}=\boldsymbol{\varphi}(\bar{\boldsymbol{x}})$）的末端参考点。然而，换元法只适用于输入输出维数相同的非线性映射，且得不到输出变量 $\boldsymbol{y}=\boldsymbol{\varphi}(\boldsymbol{x})$ 在整个值域的整体分布特征，除非对每一点进行遍历计算。对相对参考点一定偏差范围内的其他点，后面章节介绍换元法的高阶展开方式。

参 考 文 献

[1] 张洪波. 航天器轨道动力学理论与方法. 北京: 国防工业出版社, 2015.

[2] Vallado D A. Fundamentals of Astrodynamics and Applications. 3rd ed. California: Microscosm Press, 2007: 515-719.

[3] Yamanaka K, Ankersen F. New state transition matrix for relative motion on an arbitrary elliptical orbit. Journal of Guidance, Control, and Dynamics, 2002, 25(1): 60-66.

[4] Maybeck P S. Stochastic Models, Estimation, and Control. New York: Academic Press, 1982.

[5] Majji M, Weisman R, Alfriend K T. Solution of the Liouville's Equation for Keplerian motion: application to uncertainty calculations. Advances in the Astronautical Sciences, 2012, 143: 23-29.

[6] Yang C, Buck K, Kumar M. An evaluation of Monte Carlo for nonlinear initial uncertainty propagation in Keplerian mechanics//The 18th International Conference on Information Fusion, Washington D.C., 2015: 1-27.

第 3 章　多项式混沌展开方法

基于PCE的偏差演化分析方法通过正交多项式建立初始偏差与终端偏差的非线性映射关系，进而求解偏差统计量与概率密度函数。PCE 根据构建的模型可划分为非干涉与干涉两种方式，其中非干涉 PCE 将动力系统作为一个黑箱或不改变确定性模型的控制方程，通过一系列样本点来逼近输入输出偏差的分布情况；干涉 PCE 需要输入输出之间明确的表达式，并对原模型或函数进行修正与变形。非干涉 PCE 与蒙特卡罗打靶仿真、UT 类似，因此不需要对动力系统进行任何简化操作，可以用于高精度摄动轨道动力系统中的偏差传播问题。

3.1　多项式混沌展开基本理论

在大多数现代工程环境中，不确定性是普遍存在的。基于场景预测的确定性模型逐渐被随机模型所取代，随机模型能够更好地描述不确定性量对系统响应的影响，但是需要通过大量样本打靶仿真或求解复杂的随机动力学模型，涉及大量信息处理。采用 PCE 建立随机动力系统的代理模型，可在保证在一定精度的需求下，有效降低计算成本。

PCE 基于多组正交多项式对输入的变量进行展开，并逼近对应样本的输出值，代替原来比较复杂、难以求解或计算成本过高的模型。PCE 基本理论最早由 Wiener[1]提出，理论上可通过 PCE 逼近空间中的任意随机变量，Xiu 和 Karniadakis 提出 Wiener-Askey 准则进行正交多项式的选取[2,3]。Oladyshkin 等[4]研究了具有任意概率分布的 PCE 不确定性量化方法。下面对 PCE 法的基本原理进行介绍。

3.1.1　正交多项式

定义一个函数族 $\{\varphi_n(x)\}_0^\infty \in C[a,b]$， $w(x)$ 为区间内的权函数，若序列中任意函数 $\varphi_j(x)$ 和 $\varphi_k(x)$ 的内积满足

$$\left\langle \varphi_j(x), \varphi_k(x) \right\rangle = \int_a^b w(x)\varphi_j(x)\varphi_k(x)\mathrm{d}x = \begin{cases} 0, & j \neq k \\ a_k > 0, & j = k \end{cases} \tag{3.1}$$

其中，$\langle \cdot \rangle$ 表示内积运算。

函数族内的任意两函数在区间 $[a,b]$ 关于权函数 $w(x)$ 正交，则称 $\{\varphi_n(x)\}_0^\infty$ 是

区间 $[a,b]$ 带权 $w(x)$ 的正交函数族。特别地，当 $a_k=1$ 时，$\{\varphi_n(x)\}_0^\infty$ 是标准正交函数族。

若正交函数族 $\{\varphi_n(x)\}_0^\infty$ 中的 $\varphi_n(x)$ 是 $[a,b]$ 首项系数 $a_n\neq 0$ 的 n 次多项式，可称 $\{\varphi_n(x)\}_0^\infty$ 为正交多项式序列，其中 $\varphi_n(x)$ 为区间 $[a,b]$ 关于权 $w(x)$ 的 n 次正交多项式。

对于输入量 $\boldsymbol{\xi}$，给定区间 $[a,b]$ 与权函数 $w(\boldsymbol{\xi})$，根据一组线性无关向量，可通过正交化方法构造正交多项式序列 $\{\varphi_n(\boldsymbol{\xi})\}_0^\infty$，即施密特正交化。例如，可采用一族线性无关的幂函数 $\{1,\xi_i,\cdots,\xi_i^n,\cdots\}$ 实现正交化，即

$$\begin{aligned}&\varphi_0(\boldsymbol{\xi})=1\\&\vdots\\&\varphi_n(\boldsymbol{\xi})=\boldsymbol{\xi}^n-\sum_{j=0}^{p-1}\frac{\left\langle\boldsymbol{\xi}^n,\varphi_j(\boldsymbol{\xi})\right\rangle}{\left\langle\varphi_j(\boldsymbol{\xi}),\varphi_j(\boldsymbol{\xi})\right\rangle}\varphi_j(\boldsymbol{\xi}),\quad n=1,2,\cdots,\infty\end{aligned}\tag{3.2}$$

施密特正交化得到的多项式在区间 $[a,b]$ 满足线性无关性质。因此，对任何一个映射函数 $\boldsymbol{X}(\xi)$，可以表示为正交多项式的和，即

$$\boldsymbol{X}(\xi)=\sum_{n=1}^{\infty}\boldsymbol{c}_n\boldsymbol{\psi}_n(\xi)\tag{3.3}$$

其中，$\boldsymbol{\psi}_n(\boldsymbol{\xi})=[\varphi_1(\boldsymbol{\xi})\quad\varphi_2(\boldsymbol{\xi})\quad\cdots\quad\varphi_n(\boldsymbol{\xi})]^{\mathrm{T}}$ 为 ξ 展开的正交多项式基函数；$\boldsymbol{c}_n=[c_1\quad c_2\quad\cdots\quad c_n]$，$c_{i\in\{1,\cdots,n\}}\in\mathbf{R}$，是基函数 $\boldsymbol{\psi}_n(\boldsymbol{\xi})$ 对应的系数。

当选取不同的区间或权函数时，基于施密特正交化方法得到的正交多项式及其性质也不相同。因此，衍生出包括 Jacobi 多项式、埃尔米特(Hermit)多项式、切比雪夫(Chebyshev)多项式、勒让德(Legendre)多项式、拉盖尔(Laguerre)多项式等经典的正交多项式。在某些特定条件下，Jacobi 多项式可转化为 Legendre 多项式[3]。

Jacobi 多项式又称超几何多项式，是式(3.2)中的区间为 $[-1,1]$，权函数 $w(\xi)=(1-\xi)^\alpha(1+\xi)^\beta$ 的正交多项式，即

$$\varphi_n^{(\alpha,\beta)}(\xi)=\frac{\Gamma(\alpha+n+1)}{n!\Gamma(\alpha+\beta+n+1)}\sum_{i=0}^{n}\binom{n}{i}\frac{\Gamma(\alpha+\beta+n+m+1)}{\Gamma(\alpha+m+1)}\left(\frac{x-1}{2}\right)^i\tag{3.4}$$

其中，Γ 为 gamma 函数，$\Gamma(\gamma)=\int_0^{+\infty}t^{\gamma-1}\mathrm{e}^{-t}\mathrm{d}t$；$\alpha,\beta$ 为指数，$\alpha,\beta>-1$。

Jacobi 多项式满足正交性，即

$$\int_{-1}^{1}(1-\xi)^{\alpha}(1+\xi)^{\alpha}\varphi_m^{(\alpha,\beta)}(\xi)\varphi_n^{(\alpha,\beta)}(\xi)\mathrm{d}\xi = \begin{cases} \dfrac{2^{\alpha+\beta+1}}{2n+\alpha+\beta+1}\dfrac{\Gamma(\alpha+n+1)\Gamma(\beta+n+1)}{n!\Gamma(\alpha+\beta+n+1)}, & m=n \\ 0, \quad m\neq n \end{cases} \tag{3.5}$$

Jacobi 多项式的递推关系满足

$$\begin{aligned} &2n(n+\alpha+\beta)(2n+\alpha+\beta)\varphi_n^{(\alpha,\beta)}(\xi) \\ &=(2n+\alpha+\beta-1)[(2n+\alpha+\beta)(2n+\alpha+\beta-2)+\alpha^2-\beta^2]\varphi_{n-1}^{(\alpha,\beta)}(\xi) \\ &\quad -2(n+\alpha-1)(n+\beta-1)(2n+\alpha+\beta)\varphi_{n-2}^{(\alpha,\beta)}(\xi) \end{aligned} \tag{3.6}$$

Jacobi 多项式在一些特定条件下可转化为 Legendre 多项式与 Chebyshev 多项式。当区间为$[-1,1]$，$\alpha=\beta=0$，权函数$w(\boldsymbol{\xi})\equiv 1$时，得到的正交多项式为 Legendre 多项式，即

$$\varphi_0(\xi)=1,2,\ \cdots,\ \varphi_n(\xi)=\frac{1}{2^n n!}\frac{\mathrm{d}^n}{\mathrm{d}\xi^n}(\xi^2-1)^n, \quad n\in\mathbf{N}^+ \tag{3.7}$$

满足正交性质，即

$$\int_{-1}^{1}\varphi_n(\xi)\varphi_m(\xi)\mathrm{d}\xi=\begin{cases}0, & m\neq n\\ \dfrac{2}{2n+1}, & m=n\end{cases} \tag{3.8}$$

其递推关系为

$$(n+1)\varphi_{n+1}(\xi)=(2n+1)\xi\varphi_n(\xi)-n\varphi_{n-1}(\xi), \quad n\in\mathbf{N}^+ \tag{3.9}$$

当$\xi_i\in[-1,1]$，权函数$w(\boldsymbol{\xi}_i)=\dfrac{1}{\sqrt{1-\xi^2}}$时，得到的正交多项式便是 Chebyshev 多项式，即

$$\varphi_n(\xi)=\cos(n\cdot\arccos\xi) \tag{3.10}$$

满足正交性质，即

$$\int_{-1}^{1}\frac{\varphi_n(\xi)X_m(\xi)}{\sqrt{1-\xi^2}}\mathrm{d}\xi=\begin{cases}0, & m\neq n\\ \dfrac{\pi}{2}, & m=n\neq 0\\ \pi, & m=n=0\end{cases} \tag{3.11}$$

令 $x=\cos\theta$，根据三角恒等式 $\cos((n+1)\theta)=2\cos\theta\cos((n-1)\theta)-\cos((n-1)\theta)$，可得其递推关系，即

$$\varphi_{n+1}(\xi_i)=2\xi_i\varphi_n(\xi_i)-\varphi_{n-1}(\xi_i),\quad n\in\mathbf{N}^+ \tag{3.12}$$

当变量 $\xi_i\in[-\infty,+\infty]$，权函数 $w(\xi_i)=\mathrm{e}^{-\xi_i^2/2}$ 时，有 Hermite 多项式，即

$$\varphi_n(\xi)=(-1)^n\mathrm{e}^{\xi^2/2}\frac{\mathrm{d}^n}{\mathrm{d}\xi^n}(\mathrm{e}^{-\xi^2/2}) \tag{3.13}$$

Hermite 多项式满足正交性，即

$$\int_{-\infty}^{+\infty}\varphi_n(\xi)\varphi_m(\xi)\mathrm{e}^{-\xi^2/2}\mathrm{d}\xi=n!\sqrt{2\pi}\delta_{mn} \tag{3.14}$$

其中，δ_{mn} 为克罗内克函数，$\delta_{mn}=\begin{cases}1, & n=m\\ 0, & n\neq m\end{cases}$。

Hermite 多项式的递推关系满足

$$\varphi_{n+1}(\xi)=2\xi\varphi_n(\xi)-2n\varphi_{n-1}(\xi) \tag{3.15}$$

广义 Laguerre 多项式定义在区间 $[0,\infty)$，伴随核函数 $x^{\alpha}\mathrm{e}^{-x}$ 的标准正交多项式，即

$$L_n^{\alpha}(x)=\frac{x^{-\alpha}\mathrm{e}^{\xi}}{n!}\frac{\mathrm{d}}{\mathrm{d}x^n}(\mathrm{e}^{-\xi}x^{\alpha+n}) \tag{3.16}$$

Laguerre 多项式满足正交性，即

$$\int_0^{+\infty}\mathrm{e}^{-\xi}\xi^{\alpha}L_n^{\alpha}(\xi)L_m^{\alpha}(\xi)\mathrm{d}\xi=\delta_{mn}\frac{(\alpha+n)!}{n!} \tag{3.17}$$

递推关系满足

$$(n+1)L_{n+1}^0(\xi)=(2n+1-\xi)L_n^0(\xi)-nL_{n-1}^0(\xi) \tag{3.18}$$

$$(n+1)L_{n+1}^m(\xi)=(2n+1+m-\xi)L_n^m(\xi)-(n+m)L_{n-1}^m(\xi) \tag{3.19}$$

各正交多项式的性质不同，导致不同分布的随机变量对应的最优多项式也不相同，Xiu 等[2]定义了最优正交多项式的选取准则，即 Wiener-Askey 准则。Wiener-Askey 准则多项式基函数选取表如表 3.1 所示。

表 3.1 Wiener-Askey 准则多项式基函数选取表

随机变量类型	分布函数	正交多项式类型	$\varphi(\xi)$	适用范围
Beta	$\dfrac{(1-\xi)^a(1+\xi)^b}{B(a,b)}$	Jacobi $J_k^{a,b}(x)$	$J_k^{a,b}(\xi)/\Im_{a,b,k}$	[−1,1]
Uniform	$\xi/2$	Legendre $P_k(x)$	$P_k(\xi)\Big/\sqrt{\dfrac{1}{2k+1}}$	[−1,1]
Gaussian	$\dfrac{1}{\sqrt{2\pi}}\mathrm{e}^{-\xi^2/2}$	Hermite $H_{ek}(x)$	$H_{ek}(\xi)/\sqrt{k!}$	$(-\infty,+\infty)$
Gamma	$x^a\mathrm{e}^{-\xi}$	Laguerre $L_k^a(x)$	$L_k^a(\xi)\Big/\sqrt{\dfrac{\Gamma(k+a+1)}{k!}}$	$[0,\infty)$

在表 3.1 中，$\Im_{a,b,k}=\sqrt{\dfrac{2^{a+b+1}\Gamma(k+a+1)\Gamma(k+b+1)}{(2k+a+b+1)\Gamma(k+b+a+1)\Gamma(k+1)}}$。

3.1.2 自适应正交多项式

如果输入的随机变量不是独立的，或者没有为其边缘分布定义标准多项式，则有两种选择边缘分布的可能性，即对具有独立标准边缘分布的空间进行等概率变换；计算得到与非标准分布正交的自定义多项式。

等概率变换是将具有独立分布性质的随机输入变量，从原始概率空间映射到指定的约化空间，等概率变换后的维数相同。对每一个服从概率密度函数 $f_X(x)$ 的随机输入变量 $\boldsymbol{\xi}$，有等概率变换，即

$$\boldsymbol{\xi}=T(\kappa) \tag{3.20}$$

其中，κ 为均匀分布随机数；$T(\cdot)$ 为随机变量 $\boldsymbol{\xi}$ 累积分布的逆函数。

那么，X 的 PCE 可表述为

$$X=\sum_{i=1}^{\infty}\boldsymbol{c}_i\boldsymbol{\Psi}_i(T(\kappa)) \tag{3.21}$$

同样对具有服从概率密度分布函数 $f_X(x)$ 的随机输入变量 $\boldsymbol{\xi}$，构造一组相关的单变量多项式 χ_n，$n\in\mathbf{N}$，这些多项式与 $f_X(x)$ 正交，满足

$$\sqrt{\beta_{n+1}}\tilde{\chi}_{n+1}(x)=(x-\alpha_n)\tilde{\chi}_n(x)-\sqrt{\beta_n}\tilde{\chi}_{n-1}(x) \tag{3.22}$$

其中，$\tilde{\chi}_n=\dfrac{\chi_n}{\sqrt{<\chi_n,\chi_n>}}$；$\alpha_n=\dfrac{<\xi\chi_n,\chi_n>}{\sqrt{<\chi_n,\chi_n>}}$；$\beta_n=\dfrac{<\chi_n,\chi_n>}{\sqrt{<\chi_{n-1},\chi_{n-1}>}}$，即克里斯托弗-达布公式，其内积可通过 Shampine-Gordon 等数值积分算法求解[3]。

在实际应用中，式(3.21)不可能展开到无限项，因此需要对 PCE 进行截断限项，一般取 PCE 的前 P 项有限基，称为标准全度量截断。限项选择的多项式基函数指标集 $\boldsymbol{A}$ 可表示为

$$\boldsymbol{A}=\left\{\boldsymbol{A}_i \in \mathbf{N}^n, \|A\|_\infty \leqslant P\right\} \tag{3.23}$$

其中，$\|\cdot\|_\infty$ 为向量的无穷范数。

通过限制指数 $\boldsymbol{\alpha}$ 选取 $\boldsymbol{A}$ 中限项指标集。限制指数表征多元正交多项式的正交基序号。因为 $\boldsymbol{\alpha}$ 的秩对应多项式的变量数，所以限制指数 $\boldsymbol{\alpha}$ 的秩相当于限制多项式的最大交互顺序。因此，截断方案可表示为

$$\boldsymbol{\alpha} \in\left\{i \in \mathbf{N} \mid \|\boldsymbol{\alpha}\|_\infty \leqslant P\right\} \tag{3.24}$$

因此，$\boldsymbol{A}_\alpha$ 可表示正交基的稀疏基序号，一般情况下，$\boldsymbol{A}_\alpha \in \boldsymbol{A}$，当 $\boldsymbol{\alpha}=\left\{i \in \mathbf{N} \mid \|\boldsymbol{\alpha}\|_\infty \leqslant P\right\}$ 时，与标准全度量截断方案一致。

3.1.3　PCK 方法

PCK 方法是一种由 PCE 与平稳高斯过程构成的通用模型。Kriging 对输出样本集的邻近点插值，可以得到精度更高的代理模型，即

$$\hat{x}_k(t,\xi)=\boldsymbol{\varphi}_k \boldsymbol{c}_k+\sigma_k^2 Z(\xi) \tag{3.25}$$

其中，$\hat{x}_k(t,\xi)$ 为第 k 维度的预测值；$\boldsymbol{\varphi}_k(\xi)$ 为第 k 维度的正交基，满足 $\boldsymbol{\varphi}_k(\xi)=\left[\varphi_{k,0}(\xi) \quad \cdots \quad \varphi_{k,P}(\xi)\right]$；$\boldsymbol{c}_k(t)$ 为第 k 维度的正交基系数，满足 $\boldsymbol{c}_k(t)=\left[c_{k,0}(t) \quad \cdots \quad c_{k,P}(t)\right]^{\mathrm{T}}$；$Z(\boldsymbol{\xi})$ 是均值为 0，方差为 1 的平稳高斯过程；σ_k 为第 k 维的预测值方差。

在多维随机过程中，不同的协方差函数有不同的衡量方法，得到的高斯过程的性质也不一样。常用的协方差函数为高斯核函数，也称径向基函数，即

$$\operatorname{cov}(Z(\boldsymbol{\xi}^{(i)}), Z(\boldsymbol{\xi}^{(j)}))=\exp\left(-\sum_{k=1}^n \frac{\left|\xi_k^{(i)}-\xi_k^{(j)}\right|^2}{\theta_k}\right) \tag{3.26}$$

其中，cov( )为协方差操作算子；$\boldsymbol{\xi}^{(i)}$、$\boldsymbol{\xi}^{(j)}$ 为样本集中第 i 组、第 j 组随机变量，$\boldsymbol{\xi}^{(i)}=\left[\xi_1^{(i)} \quad \cdots \quad \xi_n^{(i)}\right]^{\mathrm{T}}$；$\boldsymbol{\theta}$ 表示高斯核函数的超参数，$\boldsymbol{\theta}=\left[\theta_1 \quad \cdots \quad \theta_n\right]^{\mathrm{T}}$。

通过高斯核函数可以表示各样本点之间的相关性，即

$$\boldsymbol{R}(\boldsymbol{\mathcal{X}},\boldsymbol{\theta})=\begin{pmatrix}\mathrm{cov}(Z(\boldsymbol{\xi}^{(1)}),Z(\boldsymbol{\xi}^{(1)})) & \cdots & \mathrm{cov}(Z(\boldsymbol{\xi}^{(1)}),Z(\boldsymbol{\xi}^{(N)}))\\ \vdots & & \vdots\\ \mathrm{cov}(Z(\boldsymbol{\xi}^{(N)}),Z(\boldsymbol{\xi}^{(1)})) & \cdots & \mathrm{cov}(Z(\boldsymbol{\xi}^{(N)}),Z(\boldsymbol{\xi}^{(N)}))\end{pmatrix} \tag{3.27}$$

其中，N 为样本量；$\boldsymbol{\mathcal{X}}$ 为样本库，$\boldsymbol{\mathcal{X}}=\begin{bmatrix}\xi^{(1)} & \cdots & \xi^{(N)}\end{bmatrix}^{\mathrm{T}}$。

通过高斯核函数表示随机变量 $\hat{\xi}$ 与样本库 $\boldsymbol{\mathcal{X}}$ 之间的相关性，即

$$\boldsymbol{r}(\boldsymbol{\mathcal{X}},\hat{\xi},\boldsymbol{\theta})=\begin{bmatrix}\mathrm{cov}(Z(\boldsymbol{\xi}^{(1)}),Z(\hat{\xi})), & \cdots, & \mathrm{cov}(Z(\boldsymbol{\xi}^{(N)}),Z(\hat{\xi}))\end{bmatrix}^{\mathrm{T}} \tag{3.28}$$

随机生成的样本 $\hat{\xi}$ 通过代理模型得到预测值 $\hat{\boldsymbol{x}}(t,\hat{\xi})$，原有的样本库 $\boldsymbol{\mathcal{X}}$ 可以通过动力学模型得到输出样本的真值集 $\boldsymbol{X}(t,\boldsymbol{\mathcal{X}})$，真值集 $\boldsymbol{X}(t,\boldsymbol{\mathcal{X}})$ 从样本上可以表示为 $\boldsymbol{X}(t,\boldsymbol{\mathcal{X}})=\begin{bmatrix}\boldsymbol{x}(t,\xi^{(1)}) & \cdots & \boldsymbol{x}(t,\xi^{(N)})\end{bmatrix}^{\mathrm{T}}$，从维度上可以表示为 $\boldsymbol{X}(t,\boldsymbol{\mathcal{X}})=\begin{bmatrix}X_1(t,\boldsymbol{\mathcal{X}}) & \cdots & X_n(t,\boldsymbol{\mathcal{X}})\end{bmatrix}^{\mathrm{T}}$，是一个 $N\times n$ 维的矩阵，通过代理模型得到的真值集的预测集 $\hat{\boldsymbol{X}}(t,\boldsymbol{\mathcal{X}})$ 为

$$\hat{X}_k(t,\boldsymbol{\mathcal{X}})=\boldsymbol{\varphi}_k\boldsymbol{c}_k \tag{3.29}$$

其中，$\boldsymbol{\varphi}_k(\xi)=\begin{bmatrix}\boldsymbol{\varphi}_k^{\mathrm{T}}(\xi^{(1)}) & \cdots & \boldsymbol{\varphi}_k^{\mathrm{T}}(\xi^{(N)})\end{bmatrix}^{\mathrm{T}}$。

根据真值集与预测值可以构建 $n+1$ 维的联合高斯分布，即

$$\begin{Bmatrix}\hat{x}_k(t,\hat{\xi})\\ X_k(t,\boldsymbol{\mathcal{X}})\end{Bmatrix}\sim\mathcal{N}_{N+1}\left(\begin{Bmatrix}\boldsymbol{\psi}_k\boldsymbol{c}_k\\ \boldsymbol{\varphi}_k\boldsymbol{c}_k\end{Bmatrix},\sigma_k^2\begin{Bmatrix}1 & \boldsymbol{r}(\boldsymbol{\mathcal{X}},\hat{\xi},\boldsymbol{\theta})\\ \boldsymbol{r}^{\mathrm{T}}(\boldsymbol{\mathcal{X}},\hat{\xi},\boldsymbol{\theta}) & \boldsymbol{R}(\boldsymbol{\mathcal{X}},\boldsymbol{\theta})\end{Bmatrix}\right) \tag{3.30}$$

根据联合高斯分布，可以估计预测值的均值与协方差，即

$$\begin{aligned}&\mu_k(t,\hat{\xi})=\boldsymbol{\varphi}_k\hat{\boldsymbol{c}}_k+\boldsymbol{r}^{\mathrm{T}}(\boldsymbol{\mathcal{X}},\hat{\xi},\boldsymbol{\theta})\boldsymbol{R}^{-1}(X_k(t,\boldsymbol{\mathcal{X}})-\boldsymbol{\varphi}_k\hat{\boldsymbol{c}}_k)\\ &\sigma_k(t,\hat{\xi})=\sigma^2\left(1-\boldsymbol{r}^{\mathrm{T}}(\boldsymbol{\mathcal{X}},\hat{\xi},\boldsymbol{\theta})\boldsymbol{R}^{-1}\boldsymbol{r}(\boldsymbol{\mathcal{X}},\hat{\xi},\boldsymbol{\theta})+\boldsymbol{u}^{\mathrm{T}}(\hat{\xi})(\boldsymbol{\varphi}_k^{\mathrm{T}}\boldsymbol{R}^{-1}\boldsymbol{\varphi}_k)^{-1}\boldsymbol{u}(\hat{\xi})\right)\end{aligned} \tag{3.31}$$

其中，$\hat{\boldsymbol{c}}_k=(\boldsymbol{\varphi}_k^{\mathrm{T}}\boldsymbol{R}^{-1}\boldsymbol{\varphi}_k)^{-1}\boldsymbol{\varphi}_k^{\mathrm{T}}\boldsymbol{R}^{-1}X_k(t,\boldsymbol{\mathcal{X}})$；$\boldsymbol{u}(\hat{\xi})=\boldsymbol{\varphi}_k^{\mathrm{T}}\boldsymbol{R}^{-1}\boldsymbol{r}(\boldsymbol{\mathcal{X}},\hat{\xi},\boldsymbol{\theta})-\boldsymbol{\varphi}_k$。

参数 $\boldsymbol{\theta}$ 可通过以下优化问题求解，即

$$\hat{\boldsymbol{\theta}}=\arg\min_{\boldsymbol{\theta}}\left(\frac{1}{N}\left(X_k(t,\boldsymbol{\mathcal{X}})-\boldsymbol{\varphi}_k\boldsymbol{c}_k\right)^{\mathrm{T}}\boldsymbol{R}^{-1}(X_k(t,\boldsymbol{\mathcal{X}})-\boldsymbol{\varphi}_k\boldsymbol{c}_k)(\det\boldsymbol{R})^{1/N}\right) \tag{3.32}$$

生成代理模型后，可通过误差估计方法，如留一法评估各模型的精度。

3.1.4　留一法误差评估

在实际应用中，一方面由于精确的、可用的样本点个数有限，另一方面有限基必须包含足够的元素特征，往往无法确定哪个有限基会得到最好的 PCE 近似效果。此时，可以采用自适应基 PCE，通过选取一组候选基，添加新的元素计算 PCE 的近似值及其泛化误差，选取近似效果最好的 PCE。这需要用到后验误差估计。

建立 PCE 映射函数 $\mathcal{M}^{PC}$ 后，通过测试样本集 $\left\{\boldsymbol{X}(t,\boldsymbol{\xi}^{(i)})\right\}$ 可以得到映射函数 $\mathcal{M}$ 的预测集 $\left\{\mathcal{M}^{PC}(\boldsymbol{X}(t_0,\boldsymbol{\xi}^{(i)}))\right\}$，通过相对误差 ε 可以计算预测模型精度与准确性，即

$$\varepsilon=\frac{E\left((\boldsymbol{X}(t,\boldsymbol{\xi}^{(i)})-\mathcal{M}^{PC}(\boldsymbol{X}(t_0,\boldsymbol{\xi}^{(i)})))^2\right)}{\operatorname{Var}(\boldsymbol{X}(t,\boldsymbol{\xi}))} \tag{3.33}$$

其中，$\operatorname{Var}(\boldsymbol{X}(t,\boldsymbol{\xi}))$ 为测试样本集 $\left\{\boldsymbol{X}(t,\boldsymbol{\xi}^{(i)})\right\}$ 的方差。

当样本量多时，模型误差评估方法计算量大；当样本量较少时，误差评估不准确。为解决该问题，可采用留一法评估 PCE 模型逼近误差[5]。

留一法是一种归一化经验误差方法，通过实验设计模型评估得到训练集，并基于 PCE 评估原模型精度。在 N 个样本中，任取第 i 个样本 $\boldsymbol{X}(t_0,\xi^{(i)})$、$\boldsymbol{X}(t,\xi^{(i)})$ 作为测试样本集，剩余 $N-1$ 个样本集用于多项式系数回归，可以得到映射函数 $\mathcal{M}_{\sim i}^{PC}$ 与测试误差 $\boldsymbol{X}(t,\xi^{(i)})-\mathcal{M}_{\sim i}^{PC}(\boldsymbol{X}(t_0,\xi^{(i)}))$，$i=1,2,\cdots,N$。这样的映射函数与测试误差共有 N 组，可得留一交叉验证误差 $\varepsilon_{\mathrm{LOO}}$ 为

$$\varepsilon_{\mathrm{LOO}}=\frac{\dfrac{1}{N}\sum\limits_{i=1}^{N}\left(\boldsymbol{X}(t,\xi^{(i)})-\mathcal{M}_{\sim i}^{PC}(\boldsymbol{X}(t_0,\xi^{(i)}))^2\right)}{\dfrac{1}{N-1}\sum\limits_{i=1}^{N}\left(\boldsymbol{X}(t,\xi^{(i)})-\dfrac{1}{N}\sum\limits_{j=1}^{N}\boldsymbol{X}(t,\xi^{(j)})\right)^2} \tag{3.34}$$

为了使模型评估误差更接近模型实际误差，准确衡量模型的泛化能力，可定义校正因子 $T(n,p,P)$ 修正留一交叉验证误差，即

$$T(n,p,P)=\frac{(p+1)^n}{(p+1)^n-P}\left[1+\frac{\operatorname{tr}(C_{\mathrm{emp}}^{-1})}{(p+1)^n}\right] \tag{3.35}$$

其中，n 为变量维度；p 为多项式基函数的最高阶次；P 为多项式展开项数

$P=\dfrac{(n+p)!}{n!p!}-1$；$C_{\text{emp}}=\dfrac{1}{N}\boldsymbol{H}_{A_\alpha}^{\text{T}}\boldsymbol{H}_{A_\alpha}$，$A_\alpha$为正交多项式稀疏基序号，$\boldsymbol{H}_{A_\alpha}$为稀疏基函数构成的测量矩阵。

修正后的泛化估计误差ε^*满足[5]

$$\varepsilon_{\text{LOO}}^{*}=\varepsilon_{\text{LOO}}T(n,p,N) \tag{3.36}$$

3.2　非干涉多项式混沌展开系数求解方法

PCE 法通过基于正交多项式(基函数)的级数展开，建立初始偏差与终端偏差的非线性映射关系。一个多维随机变量$\boldsymbol{X}(t,\boldsymbol{\xi})$的非线性映射结果可用正交多项式近似表示为

$$\boldsymbol{X}(t,\boldsymbol{\xi})=\sum_{i=0}^{\infty}\boldsymbol{c}_i(t)\boldsymbol{\varPsi}_i(\boldsymbol{\xi}) \tag{3.37}$$

其中，$\boldsymbol{X}(t,\boldsymbol{\xi})$为输出随机变量；$\boldsymbol{\xi}=[\xi_1,\xi_2,\cdots,\xi_n]^{\text{T}}$为多维输入随机变量，$(\xi_1,\xi_2,\cdots,\xi_n)$是独立同分布的随机变量；$\boldsymbol{\varPsi}_i(\boldsymbol{\xi})$为$k$阶任意多项式，可通过偏差概率密度函数的正交基函数来构建，例如与高斯分布对应的基函数是 Hermite 多项式[2]；$\boldsymbol{c}_i(t)$为任意t时刻，输出偏差级数展开系数。

在实际分析中，不可能将多项式级数展开到无穷多项，因此需要截断到有限项，即

$$\hat{\boldsymbol{X}}(t,\boldsymbol{\xi})=\sum_{i=0}^{P}\boldsymbol{c}_i(t)\boldsymbol{\varPsi}_i(\boldsymbol{\xi}) \tag{3.38}$$

其中，$\hat{\boldsymbol{X}}(t,\boldsymbol{\xi})$为代理模型的输出估计，$\boldsymbol{\xi}$为$n$维随机变量；$P$为混沌多项式展开项数。

令p为多项式基函数的最大阶数，则满足

$$P+1=\frac{(p+n)!}{p!n!} \tag{3.39}$$

由此可知，PCE 法的项数相对随机变量的维数n和多项式基函数的最大阶次p呈指数增长，因此对高维问题会导致维数灾难。PCE 法的关键在于求解多项式展开系数$\boldsymbol{c}_i(t)$，主要包括干涉和非干涉两种方法[2,3]。非干涉项多项式混沌展开(non-intrisive polynomial chaos expansion, NIPCE)的系数求解有最小二乘回归法、

最小角回归(least angle regression, LAR)方法、正交匹配追踪方法(orthogonal matching pursuit algorithm, OMP)、子空间追踪(subspace pursuit, SP)方法、贝叶斯压缩感知(Bayesian compression sensing, BCS)方法等。现将各求解方法概要介绍如下。

3.2.1　最小二乘回归方法

基于最小二乘方法求解多项式混沌系数 $\boldsymbol{c}_i(t)$，即可构成 PCE-LS 方法。该方法计算步骤如下。

(1) 选取初始偏差的随机样本点，用对应分布的标准随机变量 ξ 表示初始偏差。例如，对均值为 $\boldsymbol{m}_0$、协方差矩阵为 $\boldsymbol{P}_0$ 的输入偏差，它的一个随机样本可表示为

$$\boldsymbol{X}(t_0,\boldsymbol{\xi}^{(i)})=\boldsymbol{m}_0+\boldsymbol{S}_x\boldsymbol{\xi}^{(i)} \tag{3.40}$$

其中，$i=1,2,\cdots,N(N\geqslant P)$；$\boldsymbol{S}_x$ 根据协方差矩阵的 Cholesky 分解，即 $\boldsymbol{P}_0=\boldsymbol{S}_x\boldsymbol{S}_x^{\mathrm{T}}$ 求得；$\boldsymbol{\xi}$ 为率密度分布函数产生的随机数；$\boldsymbol{X}(t_0,\boldsymbol{\xi})$ 为初始时刻的状态量。

(2) 通过正交多项式的展开方法，可得输入到输出的映射。

(3) 根据动力学方程，将抽取的 N 个样本点 $\left\{\boldsymbol{X}(t_0,\boldsymbol{\xi}^{(i)})\right\}$ 映射到任意时刻 t，可以获得终端实际输出样本点 $\left\{\boldsymbol{X}(t,\boldsymbol{\xi}^{(i)})\right\}$，定义目标函数为估计值与实际样本值的残差和，即

$$\begin{aligned}\boldsymbol{y}&=\sum_{i=1}^{N}\left[\hat{\boldsymbol{X}}(t,\boldsymbol{\xi}^{(i)})-\boldsymbol{X}(t,\boldsymbol{\xi}^{(i)})\right]^{\mathrm{T}}\left[\hat{\boldsymbol{X}}(t,\boldsymbol{\xi}^{(i)})-\boldsymbol{X}(t,\boldsymbol{\xi}^{(i)})\right]\\&=\left\|\boldsymbol{HC}-\boldsymbol{Y}\right\|_{\mathrm{F}}^{2}\end{aligned} \tag{3.41}$$

其中，$\|\cdot\|_{\mathrm{F}}$ 为矩阵的 Frobenius 范数；$\boldsymbol{H}\in\mathbf{R}^{N\times P}$ 为测量矩阵；$\boldsymbol{C}\in\mathbf{R}^{P\times n}$ 为正交多项式展开的系数矩阵；$\boldsymbol{Y}\in\mathbf{R}^{N\times n}$ 为初始偏差根据实际动力学方程预报到的输出矩阵。

$$\boldsymbol{H}=\begin{bmatrix}\boldsymbol{\Psi}_0(\boldsymbol{\xi}^{(1)}) & \cdots & \boldsymbol{\Psi}_P(\boldsymbol{\xi}^{(1)})\\ \boldsymbol{\Psi}_0(\boldsymbol{\xi}^{(2)}) & \cdots & \boldsymbol{\Psi}_P(\boldsymbol{\xi}^{(2)})\\ \vdots & & \vdots\\ \boldsymbol{\Psi}_0(\boldsymbol{\xi}^{(N)}) & \cdots & \boldsymbol{\Psi}_P(\boldsymbol{\xi}^{(N)})\end{bmatrix},\quad \boldsymbol{C}=\begin{bmatrix}\boldsymbol{c}_0^{\mathrm{T}}\\ \boldsymbol{c}_1^{\mathrm{T}}\\ \vdots\\ \boldsymbol{c}_P^{\mathrm{T}}\end{bmatrix},\quad \boldsymbol{Y}=\begin{bmatrix}\boldsymbol{X}^{\mathrm{T}}(t,\boldsymbol{\xi}^{(1)})\\ \boldsymbol{X}^{\mathrm{T}}(t,\boldsymbol{\xi}^{(2)})\\ \vdots\\ \boldsymbol{X}^{\mathrm{T}}(t,\boldsymbol{\xi}^{(N)})\end{bmatrix}$$

采用最小二乘方法估计 PCE 的系数 $\boldsymbol{c}_k(t)$，使残差 $\boldsymbol{y}$ 最小化的系数矩阵可表

示为

$$\hat{\boldsymbol{C}} = (\boldsymbol{H}^{\mathrm{T}}\boldsymbol{H})^{-1}\boldsymbol{H}^{\mathrm{T}}\boldsymbol{Y} \tag{3.42}$$

(4) 系数矩阵确定后，根据正交多项式内积为 1 的性质，即 $\langle \boldsymbol{\Psi}_k, \boldsymbol{\Psi}_k \rangle = 1$，输出偏差的均值和方差可通过下式求解，即

$$\begin{aligned} \boldsymbol{m}(t) &= \hat{\boldsymbol{c}}_0 \\ \boldsymbol{P}(t) &= \boldsymbol{C}_{\mathrm{sub}}\boldsymbol{C}_{\mathrm{sub}}^{\mathrm{T}} \end{aligned} \tag{3.43}$$

其中，$\boldsymbol{C}_{\mathrm{sub}} = [\hat{c}_1, \hat{c}_2, \cdots, \hat{c}_P]$ 为系数矩阵 $\hat{\boldsymbol{C}}$ 的子矩阵。

相比 UT 方法，PCE 法可计算非高斯分布偏差的高阶统计矩或概率密度函数。相比蒙特卡罗方法，PCE 法呈指数收敛，仅需要少量样本点就可以评估误差影响。

3.2.2 最小角回归方法

最小角回归方法在计算系数的过程中，通过分析每个有效回归变量与当前残差的相关性，确定该特定有效集的最佳回归系数。Blatman 等[6]提出较为完整的 PCE-LAR 方法。最小角回归对所有系数从零开始计算，先找到和因变量最相关的自变量，在此基础上根据前向回归方法找到下一个相关的自变量，使两个变量与当前残差的相关系数相同。迭代次数与自变量因子的最佳数量一致。PCE-LAR 方法的各维度计算步骤如下。

(1) 令各维度初始正交基 $\varphi_{k,0}(\xi) = 1$，初始残差为 $\boldsymbol{y}_0 = X_k(t, \boldsymbol{\mathcal{X}}) - E\left(X_k(t, \boldsymbol{\mathcal{X}})\right)$，$\boldsymbol{\mathcal{X}}$ 表示样本集。

(2) 根据第 $i-1$ 步的残差 $\boldsymbol{y}_{i-1}$ 与多项式集合 $\{\boldsymbol{\Psi}_{i-1}\}$，从系数回归的多项式候选集合 $\{\boldsymbol{\Psi}_j\}$ 中找出与当前残差最相关的回归因子，即

$$\boldsymbol{\Psi}_i = \arg\max_{\boldsymbol{\Psi}} \gamma(\{\boldsymbol{\Psi}_j\}, \boldsymbol{y}_{i-1}) \tag{3.44}$$

其中，γ 为正交基向量与残差间的相关性；$\{\boldsymbol{\Psi}_j\}$ 为待求系数多项式基的集合。

(3) 将当前有效集的所有系数向其最小平方值靠近，直到回归量与残差的相关性相等，即

$$\gamma(\boldsymbol{\Psi}_i, \boldsymbol{y}_{i-1}) = \gamma(\boldsymbol{y}_{i-1} + \boldsymbol{c}_i\boldsymbol{\Psi}_i, \boldsymbol{y}_{i-1}) \tag{3.45}$$

(4) 计算并保存当前迭代的残差值，即

$$\boldsymbol{y}_i = \boldsymbol{y}_{i-1} - \sum_{l=1}^{i} \boldsymbol{c}_l\boldsymbol{\Psi}_l \tag{3.46}$$

(5) 更新从第 $l=1$ 项开始的有效集系数集 $\{\boldsymbol{c}_l\}$，将 $\boldsymbol{\Psi}_i$ 从候选集 $\{\boldsymbol{\Psi}_j\}$ 中移除。

(6) 转到步骤 (2)，反复迭代，最大迭代次数为 P，考虑初始正交基项，确定残差与系数集 $\{\boldsymbol{c}_l\}$，即

$$X_k(t,\boldsymbol{\mathcal{X}})=\sum_{l=0}^{i}\boldsymbol{c}_l\boldsymbol{\Psi}_l \tag{3.47}$$

然而，最小角回归算法的局限在于，一方面由于算法第一步存在基于互相关的选择，因此仅适用于描述非常数回归量；另一方面最小角回归最大迭代次数为 P，其遗漏误差很难重新计算。最小角回归与最小二乘联合方法可以很好地解决这个问题。在最小角回归每次结束迭代后，将其常数回归量添加到选定的正交基上，通过最小二乘法计算相关系数与相应的遗漏误差，即最小角回归提供基函数，最小二乘构建代理模型，最终模型根据最小遗漏误差选定。当样本量过少时，大部分正交基无法求解对应的系数，即正交基为稀疏基时，可以得到多组稀疏解，重写系数的最小二乘法为

$$\hat{\boldsymbol{C}}=\arg\min_{\boldsymbol{C}}E\left((\hat{\boldsymbol{X}}(t,\boldsymbol{\xi}^{(i)})-\boldsymbol{X}(t,\boldsymbol{\xi}^{(i)}))^2\right)+\lambda\|\boldsymbol{C}\|_1 \tag{3.48}$$

其中，λ 为正则参数；$\|\cdot\|_1$ 为 1 范数；$\lambda\|\boldsymbol{C}\|_1$ 为惩罚项。

通过使损失函数最小，可以得到对应的系数解，即多项式系数的最优解。

3.2.3　正交匹配追踪方法

正交匹配追踪方法是通过多次检索提取与当前残差最相关的多项式基元素构建新的压缩矩阵，使用贪婪迭代策略，使每次迭代时的近似残差最小化。贪婪算法最早由 Pati 等[7]在 1933 年提出，其后 Mallat 等[8]通过匹配追踪算法改进 PCE。

PCE-OMP 方法是将近似残差 $\boldsymbol{y}_i$ 投射到系数待求解的最大相关性多项式基上求解系数，并更新近似残差。构建新的矩阵后，通过最小二乘计算相应的多项式系数。其计算步骤如下。

(1) 令各维度初始正交基 $\varphi_{k,0}(\xi)=1$，初始残差为 $\boldsymbol{y}_0=X_k(t,\boldsymbol{\mathcal{X}})$。

(2) 找到与当前时刻残差 $\boldsymbol{y}_{i-1}$ 最大投影值的多项式 $\boldsymbol{\Psi}_i$，即

$$\boldsymbol{\Psi}_i=\arg\max_{\boldsymbol{\Psi}}\left|\left\langle \boldsymbol{y}_i,\{\boldsymbol{\Psi}_j\}\right\rangle\right| \tag{3.49}$$

其中，$\{\boldsymbol{\Psi}_j\}$ 为待求系数多项式基的集合。

(3) 将多项式 $\boldsymbol{\Psi}_i$ 添加至有效集，即

$$
\boldsymbol{H}^{(i)}=\begin{bmatrix}\boldsymbol{\Psi}_0(\boldsymbol{\xi}^{(1)}) & \cdots & \boldsymbol{\Psi}_{i-1}(\boldsymbol{\xi}^{(1)}) & \boldsymbol{\Psi}_i(\boldsymbol{\xi}^{(1)})\\ \boldsymbol{\Psi}_0(\boldsymbol{\xi}^{(2)}) & \cdots & \boldsymbol{\Psi}_{i-1}(\boldsymbol{\xi}^{(2)}) & \boldsymbol{\Psi}_i(\boldsymbol{\xi}^{(2)})\\ \vdots & & \vdots & \vdots\\ \boldsymbol{\Psi}_0(\boldsymbol{\xi}^{(N)}) & \cdots & \boldsymbol{\Psi}_{i-1}(\boldsymbol{\xi}^{(N)}) & \boldsymbol{\Psi}_i(\boldsymbol{\xi}^{(N)})\end{bmatrix} \tag{3.50}
$$

(4)基于新的 $\boldsymbol{H}^{(i)}$，利用式(3.42)计算更新多项式系数。

(5)计算更新残差，即

$$
\boldsymbol{y}_{i+1}=\boldsymbol{y}_i-\langle \boldsymbol{y}_i,\boldsymbol{\Psi}_i\rangle\boldsymbol{\Psi}_i \tag{3.51}
$$

(6)将解算参数返回步骤(2)，直到迭代次数大于样本数或正交基展开数，选取最小的误差估计。同理，若存在多组系数解，则选取误差估计最小的系数解作为最佳稀疏基系数解。当多项式基函数的阶数 p 过大时，可使用提前准则减小计算量，即在误差高于其最小值至少10%的最大可能迭代次数后，停止添加新的回归量。

3.2.4 子空间追踪方法

子空间追踪方法也是一种压缩感知技术，最早由Dai等[9]在2009年提出。Diaz等[10]进一步研究了一种基于子空间追踪的稀疏基PCE(PCE-SP)方法。PCE-SP方法是将系数向量中的非零元素作为单个超参数 k，对与残差高度相关的初始回归集使用最小二乘方法计算对应的系数，再通过识别相关性最高的 k 个回归量，对 $2k$ 个回归量集使用最小二乘计算其解，从而移除具有最小数量级系数的回归向量集，达到修正残差的目的，如此反复迭代，直至残差收敛。

根据正交基与真值得到初始参数，即

$$
\begin{cases}\boldsymbol{C}_0=(\boldsymbol{H}_0^{\mathrm{T}}\boldsymbol{H}_0)^{-1}\boldsymbol{H}_0^{\mathrm{T}}\boldsymbol{Y}\\ \boldsymbol{y}_0=\boldsymbol{Y}-\boldsymbol{H}_0(\boldsymbol{H}_0^{\mathrm{T}}\boldsymbol{H}_0)^{-1}\boldsymbol{H}_0^{\mathrm{T}}\boldsymbol{Y}\end{cases} \tag{3.52}
$$

其中，$\boldsymbol{H}_0$ 为初始正交基；$\boldsymbol{Y}$ 为真值；$\boldsymbol{C}_0$ 为通过最小二乘求解超正定方程组得到的解；$\boldsymbol{y}_0$ 为初始残差。

PCE-SP方法计算步骤如下。

(1)令各维度初始正交基 $\varphi_{k,0}(\xi)=1$，初始残差为 $\boldsymbol{y}_0=X_k(t,\boldsymbol{\mathcal{X}})$。

(2)计算当前时刻残差 $\boldsymbol{y}_{i-1}$ 在各待求解系数的正交基上的投影，找到最大残差投影值对应的正交基，即

$$
\boldsymbol{\Psi}_i=\arg\max_{\boldsymbol{\Psi}}\boldsymbol{\Psi}^{\mathrm{T}}\boldsymbol{y}_{i-1} \tag{3.53}
$$

(3)根据正交基更新回归矩阵，即

$$\boldsymbol{H}_i = \begin{bmatrix} \boldsymbol{\varPsi}_0(\boldsymbol{\xi}^{(1)}) & \cdots & \boldsymbol{\varPsi}_{i-1}(\boldsymbol{\xi}^{(1)}) & \boldsymbol{\varPsi}_i(\boldsymbol{\xi}^{(1)}) \\ \boldsymbol{\varPsi}_0(\boldsymbol{\xi}^{(2)}) & \cdots & \boldsymbol{\varPsi}_{i-1}(\boldsymbol{\xi}^{(2)}) & \boldsymbol{\varPsi}_i(\boldsymbol{\xi}^{(2)}) \\ \vdots & & \vdots & \vdots \\ \boldsymbol{\varPsi}_0(\boldsymbol{\xi}^{(N)}) & \cdots & \boldsymbol{\varPsi}_{i-1}(\boldsymbol{\xi}^{(N)}) & \boldsymbol{\varPsi}_i(\boldsymbol{\xi}^{(N)}) \end{bmatrix} \tag{3.54}$$

其中，$i \leqslant \min\{N,P\}/2$；$\boldsymbol{H}_i$ 为更新后的回归矩阵。

(4)使用最小二乘方法更新正交基的系数，即

$$\boldsymbol{C} = (\boldsymbol{H}_i^{\mathrm{T}}\boldsymbol{H}_i)^{-1}\boldsymbol{H}_i^{\mathrm{T}}\boldsymbol{Y} \tag{3.55}$$

(5)计算迭代残差，即

$$\boldsymbol{y}_i = \boldsymbol{Y} - \boldsymbol{H}_i(\boldsymbol{H}_i^{\mathrm{T}}\boldsymbol{H}_i)^{-1}\boldsymbol{H}_i^{\mathrm{T}}\boldsymbol{Y} \tag{3.56}$$

(6)返回步骤(2)进行迭代，直到残差的二范数满足 $\|\boldsymbol{y}_i\|_2 \geqslant \|\boldsymbol{y}_{i-1}\|_2$，停止对正交基系数，以及误差的迭代并返回 $\boldsymbol{H}_i$，使最大迭代次数满足 $i \leqslant \min\{N,P\}/2$。

3.2.5　贝叶斯压缩感知方法

贝叶斯压缩感知是将输入量投影到一个量测矩阵上，根据量测矩阵与多项式基等参数重新构建新的输入量。Tipping[11]在 2001 年发表了基于贝叶斯压缩感知的相关向量机方法。Sargsyan 等[12]在 2014 年提出基于贝叶斯压缩感知的 PCE 系数求解方法。原则上，虽然贝叶斯方法可以确定正交基系数的全向量，但在实际中，如果输出依赖许多参数，输入随机变量与 PCE 的维度较高时，所需样本数量将非常大，容易导致正向模型的计算量变大。此外，无论数据稀疏还是丰富，一些输入参数都可能无法识别，即可用的信息并不能告知这些参数，因此需要自动检测并排除代理模型中无关或相关性极小的输入。假设一个标准差为 σ 的高斯噪声模型，定义 PCE 模型对原模型的逼近程度 $L(\boldsymbol{C})$ 为

$$L(\boldsymbol{C}) = (2\pi\sigma^2)^{-n/2}\exp\left(-\sum_{i=1}^{n}\frac{(\boldsymbol{X}(t,\xi_i) - \hat{\boldsymbol{X}}(t,\xi_i))^2}{2\sigma^2}\right) \tag{3.57}$$

其中，$\boldsymbol{X}(t,\xi_i)$ 为真实输出；$\hat{\boldsymbol{X}}(t,\xi_i)$ 为 PCE 代理模型输出；σ 为对代理模型精度的评估值，例如可设置为样本的均方根误差(root mean square error，RMSE)，σ 越小，表示代理模型与原函数的输出值拟合程度越好。

PCE-BCS 方法的求解步骤如下。

(1) 令各维度初始正交基 $\varphi_{k,0}(\xi)=1$，初始残差为 $\boldsymbol{y}_0 = X_k(t,\boldsymbol{\mathcal{X}})$。

(2) 通过最大化逼近程度指标 $L(\boldsymbol{C})$ 求解稀疏基系数，即

$$\hat{\boldsymbol{C}} = \arg\max_{\boldsymbol{C}}\left(\log L(\boldsymbol{C}) - \alpha\|\boldsymbol{C}\|_1\right) \tag{3.58}$$

其中，$\alpha\|\boldsymbol{C}\|_1$ 为正则化惩罚项；α 为正则化参数。

通过贝叶斯理论求解似然函数式 (3.58)，选择使 $L(\boldsymbol{C})$ 最大的回归系数，更新 PCE 模型与残差。

(3) σ^2 可以通过 m 倍交叉验证来选择，即将真值数据 $\boldsymbol{X}(t,\boldsymbol{\mathcal{X}})$ 分成 m 个等量的集合。每个集合依次被视为验证集，其他的数据被用于训练模型。对 m 个验证误差进行平均可以得到相应的交叉验证误差，选择交叉验证误差最小的 σ^2。

(4) 当没有回归变量导致 L 增加时，停止更新；否则，转入步骤 (2) 继续迭代。

3.3 干涉多项式混沌展开系数求解方法

早期的 PCE 多为基于干涉多项式混沌展开 (intrisive polynomial chaos expansion, IPCE) 的方法，需要对原动力学方程进行改写。Xiu 等[2]将 IPCE 应用于动态不确定性传播，提出一种求解随机微分方程的方法，并在此基础上开发了一种模拟不确定性与误差传播的随机谱方法[13]。Xiong 等[14]进一步对 NIPCE 与 IPCE 的优点与适用性进行了全面的比较。

对于一个映射函数，即

$$\frac{\boldsymbol{X}(t,\xi)}{\mathrm{d}t} = f(t,\boldsymbol{X}(t,\xi)) \tag{3.59}$$

其中，$\xi = [\xi_1 \quad \xi_2 \quad \cdots \quad \xi_n]^{\mathrm{T}}$ 为服从一定分布的 n 维输入随机变量；t 为时间；$\boldsymbol{X}(t,\xi)$ 为状态量。

通过 IPCE 理论对非线性映射式 (3.59) 进行改写，其思路在于通过一组多项式正交基对输入的变量进行展开。参数 ξ 服从特定分布，因此输出状态量可用式 (3.38) 的正交多项式表示，即 $\hat{\boldsymbol{X}}(t,\boldsymbol{\xi}) = \sum_{k=0}^{P}\boldsymbol{c}_i(t)\boldsymbol{\varPsi}_i(\boldsymbol{\xi})$。

对式 (3.38) 映射展开，可得

$$\begin{aligned}\hat{\boldsymbol{X}}(t,\boldsymbol{\xi}) = {} & \boldsymbol{c}_0\boldsymbol{\varPsi}_0 + \sum_{k_1=1}^{n}\boldsymbol{c}^{(k_1)}(t)\boldsymbol{\varPsi}_1(\xi_{k_1}) + \sum_{1\leqslant k_2\leqslant k_1\leqslant n}\boldsymbol{c}^{(k_1k_2)}(t)\boldsymbol{\varPsi}_2(\xi_{k_1},\xi_{k_2}) \\ & + \cdots + \sum_{1\leqslant k_n\leqslant\cdots\leqslant k_1\leqslant n}\boldsymbol{c}^{(k_1\cdots k_n)}(t)\boldsymbol{\varPsi}_p(\xi_{k_1},\cdots,\xi_{k_n})\end{aligned} \tag{3.60}$$

其中，n 为输入变量维数；$\boldsymbol{\varPsi}_p$ 为正交多项式矩阵；$\boldsymbol{c}$ 为$\boldsymbol{\varPsi}$的系数矩阵；p 为 PCE 阶数，干涉项 PCE 系数 P 计算方法与式(3.39)一致。

求导可得

$$\begin{cases} \hat{\boldsymbol{X}}(t,\boldsymbol{\xi}) = \sum_{k=0}^{P} \boldsymbol{c}_k(t)\boldsymbol{\varPsi}_k(\boldsymbol{\xi}) \\ \dfrac{\mathrm{d}\hat{\boldsymbol{X}}(t,\boldsymbol{\xi})}{\mathrm{d}t} = \sum_{k=0}^{P} \dfrac{\mathrm{d}\boldsymbol{c}_k(t)}{\mathrm{d}t}\boldsymbol{\varPsi}_k(\boldsymbol{\xi}) \end{cases} \tag{3.61}$$

根据多项式的正交性质，将式(3.61)和式(3.59)代入系数一阶导数的表达式中，将映射函数 $\dot{\boldsymbol{X}} = f(t,\boldsymbol{X})$ 与多项式$\boldsymbol{\varPsi}_i(\xi)$做内积，可得

$$\dot{\boldsymbol{c}}_k = \frac{\left\langle f\left(t, \sum_{j=0}^{P} \boldsymbol{c}_j(t)\boldsymbol{\varPsi}_j(\boldsymbol{\xi})\right), \boldsymbol{\varPsi}_k(\xi)\right\rangle}{\left\langle \boldsymbol{\varPsi}_k(\xi), \boldsymbol{\varPsi}_k(\xi)\right\rangle} \tag{3.62}$$

其中，$\dot{\boldsymbol{c}}_k$ 为第 k 个正交基向量的导数，采用 Runge-Kutta 等方法进行数值积分可求解得到 PCE 系数。

对线性动力学系统，设系统微分方程为

$$\frac{\mathrm{d}\boldsymbol{X}(t,\xi)}{\mathrm{d}t} = \boldsymbol{B}(t)\boldsymbol{X}(t,\xi) \tag{3.63}$$

其中，$\boldsymbol{X}$ 为状态向；t 为时间；$\boldsymbol{B}(t)$ 为系数矩阵；$\boldsymbol{\xi}$ 为服从某种特定分布的随机变量。

通过 PCE 代理模型可以逼近 $\hat{\boldsymbol{X}}(t,\xi)$，即

$$\hat{\boldsymbol{X}}(t,\xi) = \sum_{i=0}^{P} \boldsymbol{c}_i(t)\boldsymbol{\varPsi}_i(\xi) \tag{3.64}$$

当 $\boldsymbol{B}$ 随状态量发生变化时，若对系数矩阵 $\boldsymbol{B}$ 展开，那么求解会比较复杂，可将系数矩阵 $\boldsymbol{B}$ 作为时间的函数。由此可得

$$\frac{\mathrm{d}\sum_{i=0}^{P} \boldsymbol{c}_i(t)\boldsymbol{\varPsi}_i(\xi)}{\mathrm{d}t} = \boldsymbol{B}(t)\sum_{i=0}^{P} \boldsymbol{c}_i(t)\boldsymbol{\varPsi}_i(\xi) \tag{3.65}$$

对等号两边同时与任意一个多项式基$\boldsymbol{\varPsi}_i(\xi)$做内积，求得的$\boldsymbol{\varPsi}_i(\xi)$对应的系数导函数为

$$\frac{\mathrm{d}\boldsymbol{c}_i(t)}{\mathrm{d}t}=\boldsymbol{B}(t)\boldsymbol{c}_i(t) \tag{3.66}$$

式(3.66)是时变系统，通过积分求解得到系数值。可取初始值 $\boldsymbol{c}_i(t_0)$ 为

$$\boldsymbol{c}_i(t_0)=-\frac{\left\langle\left\{\boldsymbol{X}(t_0,\xi^{(i)})\right\},\boldsymbol{\Psi}_i(\xi)\right\rangle}{\left\langle\boldsymbol{\Psi}_i(\xi),\boldsymbol{\Psi}_i(\xi)\right\rangle} \tag{3.67}$$

最后，通过分析输出量的不确定性传播的统计参数，即

$$\begin{cases}\boldsymbol{E}(\boldsymbol{X}(t,\xi))=\boldsymbol{c}_0(t)\\ \boldsymbol{P}(t)=\sum\limits_{i=1}^{P}\left\langle\boldsymbol{c}_i(t)\boldsymbol{\Psi}_i(\xi),\boldsymbol{c}_i(t)\boldsymbol{\Psi}_i(\xi)\right\rangle-\boldsymbol{E}(\boldsymbol{X}(t,\xi))\boldsymbol{E}(\boldsymbol{X}(t,\xi))^{\mathrm{T}}\end{cases} \tag{3.68}$$

3.4 灵敏度估计

灵敏度分析用于量化每一个随机输入的相对重要性，通常分为局部灵敏度分析(local sensitivity analysis, LSA)与全局灵敏度分析(global sensitivity analysis, GSA)。LSA 注重分析输入参数对确定性模型的局部影响，基于局部响应计算相对于标称值参数的梯度值，如有限差分法、直接微分法、伴随微分法等。GSA 将模型总方差分解为与维度递增的函数层次结构相关的偏方差之和，可量化单独变量对总方差的影响、变量协同作用对方差的影响等，从而对灵敏度进行分析与评估，GSA 比 LAS 的应用更为广泛，如多元回归法、Morri 法，以及基于方差分解的 Sobol 方法。这里采用基于 Sobol 采样的 GSA 方法对 PCE 的方差进行评估。

Sobol 采样法最早由 Sobol[15]在 1993 年提出，通过一阶灵敏度指标与总灵敏度指标衡量各输入变量对总响应的影响。后来，Li 等[16]为进一步降低计算量提出一种基于模块化设计的计算方法。Sobol 采样法是将计算模型的扩展当作维数总和的递增。同样，模型的总方差也可用方差的总和来描述，这种方法也称为方差分析(analysis of variance, ANOVA)。不失一般性，定义一组 n 维自变量 $\boldsymbol{\xi}=[\xi_1\ \cdots\ \xi_n]$，该自变量对应函数的 Sobol 分解式可表示为

$$\boldsymbol{X}(t,\xi)=\boldsymbol{X}_0(t)+\sum_{i=1}^{n}\boldsymbol{X}_i(t,\xi_i)+\sum_{1\leqslant i\leqslant j\leqslant n}\boldsymbol{X}_{i,j}(t,\xi_i,\xi_j)+\cdots+\boldsymbol{X}_{1,2,\cdots,n}(t,\xi_1,\xi_2,\cdots,\xi_n) \tag{3.69}$$

其中，$\boldsymbol{X}_0$ 为常数，满足 $\boldsymbol{X}_0=E(\boldsymbol{X}(\xi))$；其他任意函数满足对自身变量求积分为

0，即

$$\begin{cases} \boldsymbol{X}_0(t) = E(\boldsymbol{X}(t,\xi)) \\ \int_0^1 \boldsymbol{X}_{i_1,i_2,\cdots,i_k}(t,\xi_{i_1},\cdots,\xi_{i_k})\mathrm{d}\xi_{i_k} = 0 \end{cases} \tag{3.70}$$

上述展开式的递归方法为

$$\begin{aligned} &\boldsymbol{X}_0(t) = \int_D \boldsymbol{X}(t,\boldsymbol{\xi})\,\mathrm{d}\boldsymbol{\xi} \\ &\boldsymbol{X}_i(t,\xi_i) = \int_D \cdots \int_D \boldsymbol{X}(t,\boldsymbol{\xi})\mathrm{d}\boldsymbol{\xi}_{\sim i} - \boldsymbol{X}_0(t) \\ &\boldsymbol{X}_{i,j}(t,\xi_i,\xi_j) = \int_D \cdots \int_D \boldsymbol{X}(t,\boldsymbol{\xi})\mathrm{d}\boldsymbol{\xi}_{\sim i} - \boldsymbol{X}_0(t) - \boldsymbol{X}_i(t,\xi_i) - \boldsymbol{X}_j(t,\xi_j) \end{aligned} \tag{3.71}$$

其中，D 为变量 $\boldsymbol{\xi}$ 的分布区间；$\xi_{\sim i}$ 为不包含 ξ_i 的其他所有变量。

其总方差为

$$\boldsymbol{V}(t) = \int_D \boldsymbol{X}(t,\xi)\boldsymbol{X}^{\mathrm{T}}(t,\xi)\mathrm{d}\xi - \boldsymbol{X}_0(t)\boldsymbol{X}_0^{\mathrm{T}}(t) \tag{3.72}$$

输出变量的总方差分解式为

$$\boldsymbol{V} = \sum_{1\leqslant i\leqslant n} \boldsymbol{V}_i + \sum_{1\leqslant i<j\leqslant n} \boldsymbol{V}_{i,j} + \cdots + \boldsymbol{V}_{1,2,\cdots,n} \tag{3.73}$$

其中，$\boldsymbol{V}$ 为输出变量总方差向量；$\boldsymbol{V}_i$ 为 $\boldsymbol{\xi}_i$ 导致的方差；$\boldsymbol{V}_{i,j}$ 为 $\boldsymbol{\xi}_i$ 与 $\boldsymbol{\xi}_j$ 相互作用的协方差，依此类推，$\boldsymbol{V}_{1,2,\cdots,n}$ 为 $\xi_1,\xi_2,\cdots,\xi_n$ 相互作用的协方差。

设第 m 维输出值的一阶效应指数、二阶效应指数与总效应指数分别为

$$S_{m,i} = \frac{V_{i,m}}{V\left(\boldsymbol{X}(t,\xi_m)\right)} \tag{3.74}$$

$$S_{m,i,j} = \frac{\sum\limits_{1\leqslant i<j\leqslant n} V_{i,j}}{V\left(\boldsymbol{X}(t,\xi_m)\right)} \tag{3.75}$$

$$S_{T,m,i} = 1 - \frac{V\left[\boldsymbol{X}(t,\xi_m) \mid \boldsymbol{X}(t_0,\xi_{\sim i})\right]}{V\left(\boldsymbol{X}(t,\xi_m)\right)} \tag{3.76}$$

其中，$V_{i,m}$ 为第 i 维输入引起的第 m 维输出方差；$V(\boldsymbol{X}(t,\xi_m))$ 为第 m 维输出方差；$S_{m,i}$ 为第 i 维输入对第 m 维输出的一阶灵敏度；$V\left[\boldsymbol{X}(t,\xi_m) \mid \boldsymbol{X}(t_0,\xi_{\sim i})\right]$ 为忽略第 i

维输入对第 m 维输出影响后，第 m 维的输出方差；$S_{T,m,i}$ 为第 i 维输入对第 m 维输出的总灵敏度。

采用全局灵敏度分析对 PCE 的方差进行评估，通过 Sobol 分解法，定义输出量 X 的总方差为

$$\boldsymbol{V}(\boldsymbol{X}(t,\xi))=\sum_{i=1}^{n}\boldsymbol{V}_i+\sum_{1\leqslant i<j\leqslant n}\boldsymbol{V}_{i,j}+\cdots+\boldsymbol{V}_{1,2,\cdots,n} \tag{3.77}$$

其中，$\boldsymbol{V}_i$ 为 ξ_i 单独改变时 $\boldsymbol{X}(t,\boldsymbol{\xi})$ 的方差；$\boldsymbol{V}_{i,j}$ 为 ξ_i 与 ξ_j 都发生改变时 $\boldsymbol{X}(t,\boldsymbol{\xi})$ 的方差，依此类推；$\boldsymbol{V}_{1,2,\cdots,n}$ 为 $\xi_1,\xi_2,\cdots,\xi_n$ 发生改变时 $X(t,\boldsymbol{\xi})$ 的方差。

输入变量 $X(t_0,\xi_i)$ 对输出变量 $X(t,\xi_m)$ 的一阶效应指数与总效应指数可分别表示为

$$S_{m,i}=\frac{V(E(\boldsymbol{X}(t,\xi_m)\mid\boldsymbol{X}(t_0,\xi_i)))}{V(\boldsymbol{X}(t,\xi_m))} \tag{3.78}$$

$$S_{T,m,i}=1-\frac{V(E(\boldsymbol{X}(t,\xi_m)\mid\boldsymbol{X}(t_0,\xi_{\sim i})))}{V(\boldsymbol{X}(t,\xi_m))} \tag{3.79}$$

其中，$S_{m,i}$ 为 $\boldsymbol{X}(t_0,\xi_i)$ 对 $\boldsymbol{X}(t_0,\xi_m)$ 的一阶效应指标；$V(E(\boldsymbol{X}(t,\xi_m)\mid\boldsymbol{X}(t_0,\xi_{\sim i})))$ 为不考虑 $\boldsymbol{X}(t_0,\xi_i)$ 的变化，其他维度的输入 $\boldsymbol{\xi}_{\sim i}$ 变化时，第 m 维的输出方差值。

同理，第 i 维输入变量 $\boldsymbol{X}(t_0,\xi_i)$ 引起的输出变量 $\boldsymbol{X}(t_0,\boldsymbol{\xi})$ 的总效应指标为

$$\boldsymbol{S}_{T,i}=\frac{\boldsymbol{V}(E(\boldsymbol{X}(t,\boldsymbol{\xi})\mid\boldsymbol{X}(t_0,\xi_i)))}{\sum_{m=1}^{n}V(\boldsymbol{X}(t,\xi_m))} \tag{3.80}$$

Sobol 指数最初由蒙特卡罗模型进行评估，Sudret[17]在 2008 年提出基于 PCE 的原始后处理方法，将 Sobol 采样方法用于 PCE 的灵敏度分析。这种方法可减小计算成本。定义一个截断式稀疏基的 PCE 满足

$$\hat{\boldsymbol{X}}(t,\boldsymbol{\xi})=\mathcal{M}^{PC}(\boldsymbol{X}(t_0,\boldsymbol{\xi}))=\sum_{\alpha\in\boldsymbol{A}}\boldsymbol{c}_\alpha(t)\boldsymbol{\varPsi}_\alpha(\xi) \tag{3.81}$$

对映射 $\mathcal{M}$ 展开，可得

$$\mathcal{M}_A(t,\xi)=\boldsymbol{m}_0(t)+\sum_{u\subset\{1,2,\cdots,n\}}\sum_{\alpha\in\boldsymbol{A}_u}\boldsymbol{c}_\alpha(t)\,\boldsymbol{\varPsi}_\alpha\,(\xi) \tag{3.82}$$

其中，非空集合 u 满足 $u \subset \{1,2,\cdots,n\}$； $\boldsymbol{A}_u$ 为变量 $\boldsymbol{\xi}_u$ 方向 PCE 有效稀疏基的截断集合，满足 $\boldsymbol{A}_u = \{\boldsymbol{\alpha}_k \in \boldsymbol{A} \mid k \in u\}$，即不大于变量维度的正整数； $\boldsymbol{m}_0$ 为均值项。

式(3.69)映射 X 的 Sobol 分解式为

$$\boldsymbol{X}(t,\boldsymbol{\xi}) = \boldsymbol{m}_0(t) + \sum_{u\subset\{1,2,\cdots,n\}} \boldsymbol{X}_u(\boldsymbol{\xi}_u) = \boldsymbol{m}_0(t) + \sum_{u\subset\{1,2,\cdots,n\}} \sum_{\alpha\in A_u} \boldsymbol{c}_\alpha(t)\boldsymbol{\Psi}_\alpha(\boldsymbol{\xi}) \tag{3.83}$$

其中，集合 u 定义为通用索引集。

3.5 算例分析

3.5.1 非干涉 PCE 算例

设初始时刻位置速度误差服从高斯分布，设置太空目标初始时刻的位置速度矢量。初始时刻输入变量误差分布如表 3.2 所示。

表 3.2　初始时刻输入变量误差分布

目标参数	r_x/km	r_y/km	r_z/km	v_x/(km/s)	v_y/(km/s)	v_z/(km/s)
初始状态(ECI)	−3888.5	3262.8	5076.0	−4.7918	−5.7086	1.3170
初始均值(LVLH)	0	0	0	0	0	0
初始方差(LVLH)	0.03	0.05	0.02	1×10^{-4}	2×10^{-4}	8×10^{-5}

考虑二体模型，预报时长 t_f 为 1 天，分别采用蒙特卡罗方法和不同 PCE 法预报终端 t_f 时刻太空目标的位置速度偏差，以蒙特卡罗方法为对比真值，验证不同 PCE 法的计算精度。表 3.2 中 ECI 为地心惯性系，LVLH 为太空目标当地轨道坐标系(原点在航天器质心，ox 沿航天器矢径方向，oz 沿轨道面法向，oy 构成右手系)。

1. 蒙特卡罗方法结果

基于 10000 个样本点的蒙特卡罗方法进行偏差演化，可以得到卫星终端时刻的位置及其偏差分布。以航天器标称状态为中心，将初始轨道偏差与终端轨道偏差在 LVLH 描述，偏差样本点及 3σ 误差椭球如图 3.1～图 3.4 所示。

蒙特卡罗方法的缺点在于，当建立的动力学模型非线性强、初始偏差较大、预报时间较长时，需要通过大量的样本才能得到精确的终端偏差概率分布。为减少样本的消耗，提高计算效率，可构建 PCE 代理模型，通过最小二乘、最小角回归、正交匹配追踪方法、子空间追踪方法、贝叶斯压缩感知方法的系数回归

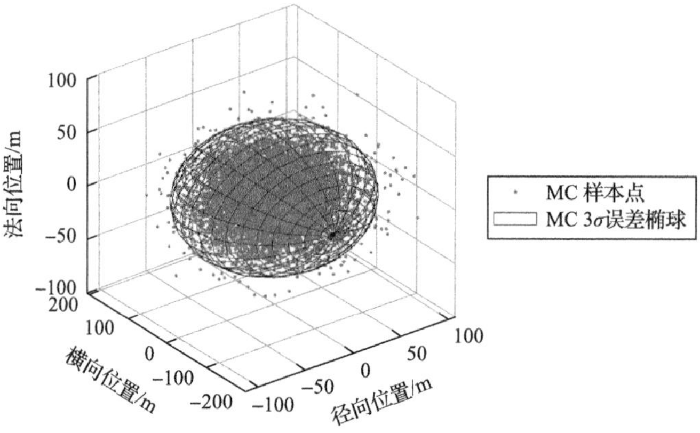

图 3.1　初始时刻三维空间位置误差分布

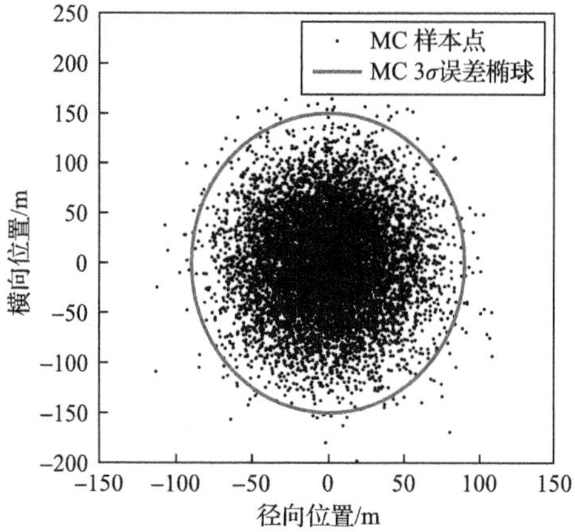

图 3.2　初始时刻 xy 平面位置误差分布

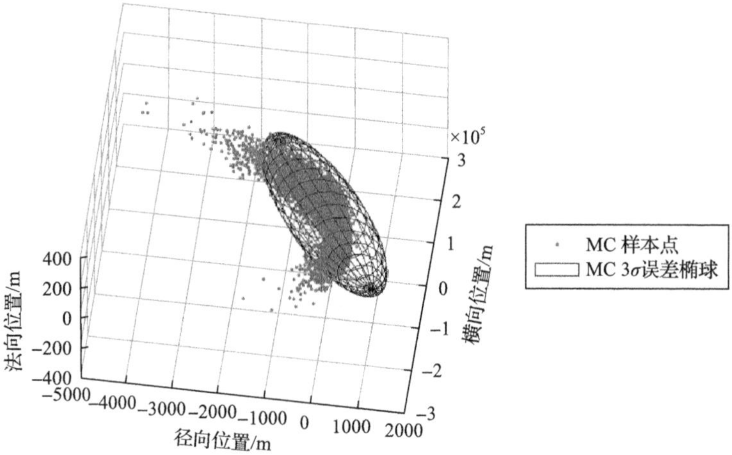

图 3.3　终端时刻三维空间位置误差分布

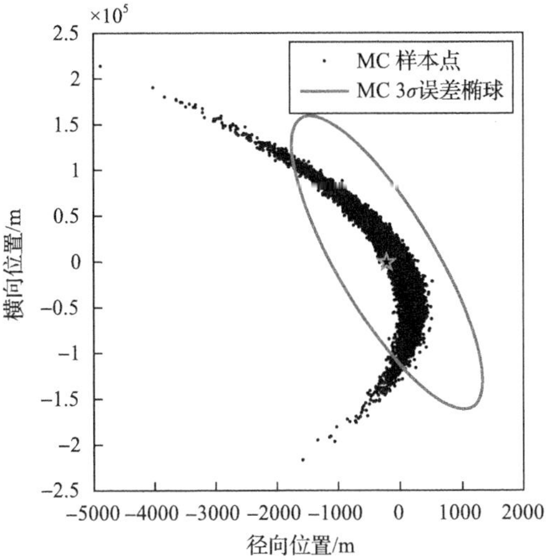

图 3.4　终端时刻 xy 平面位置误差分布

计算 PCE 模型系数，得到终端时刻的偏差演化结果。下面以蒙特卡罗方法结果为对比真值，分析各种 PCE 法的系数数量级、样本量，以及均值、协方差矩阵计算结果。

2. PCE-LS 方法结果

普通 PCE 模型通过最小二乘计算系数，即 3.2.1 节所述的 PCE-LS 方法。该方法需要选定对应的展开阶数 p，当 PCE 的阶数 $p=3$ 时，有效系数 $\boldsymbol{c}_k$ 的数量为 84，同理各维度展开项系数的数量都是 84，即 $P=83$ 。所得各阶系数值数量级的分布情况如图 3.5 所示。由此可知，r_x、r_y、v_x、v_y 展开系数的数量级在 $-8\sim-10$ 之间，部分系数量级已经相对较小，对计算结果的精度贡献不大。尽管如此，低阶多项式与高阶多项式均有量级较小的系数，阶数越高、量级较小的系数越多，因此如果能合理设计低阶量级较小的系数，则可在同等计算量情况下将其展开到更高阶次，从而提高计算精度。然而，由于普通 PCE-LS 方法的展开项完全统

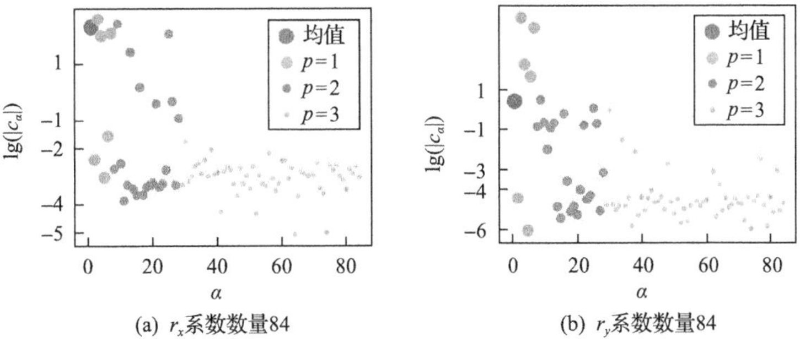

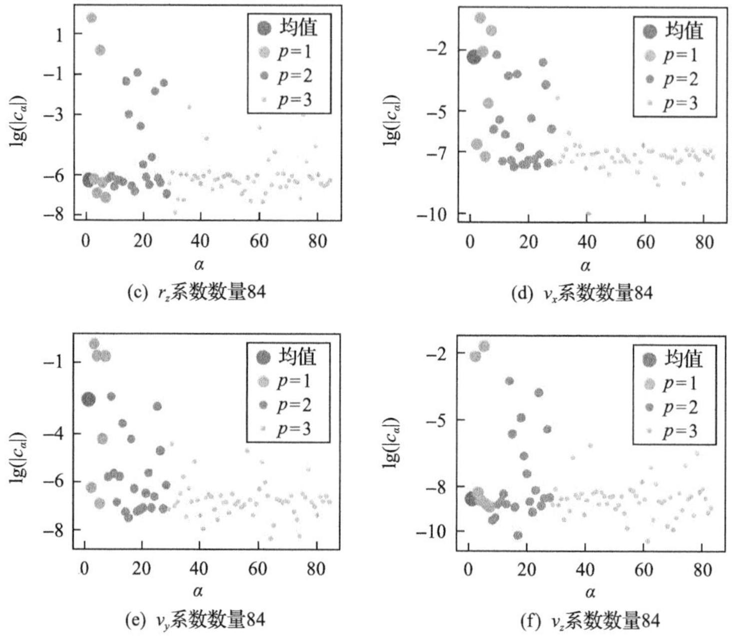

(c) r_z系数数量84　　(d) v_x系数数量84

(e) v_y系数数量84　　(f) v_z系数数量84

图 3.5　PCE 有效系数分布

一，在样本有限的情况下，无法舍去对代理模型精度影响较小的项，导致无法充分展开对模型精度影响较大的项。因此，有必要发展自适应稀疏基的 PCE 方法，如 PCE-LAR、PCE-OMP、PCE-SP、PCE-BCS 等。

3. 自适应稀疏基 PCE 法结果

相对于普通的 PCE-LS 方法，自适应稀疏基 PCE 方法的优点在于稀疏基 PCE 通过优先选择相关性较大的正交基作为稀疏基，展开阶数越大，可选择的正交基越多。这意味着，稀疏基 PCE 可在同等计算量情况下，优先选择数量级较大的高阶正交基系数，从而有效降低模型误差。相对 PCE-LS 方法而言，在同等精度下，稀疏基 PCE 的系数与多项式基更少，可以节省内存空间、减少计算量。对于多维变量而言，由于各变量分布特性不同，为达到最优逼近效果，自适应稀疏基 PCE 对各变量的展开阶数也不同，因此以下回归方法均基于稀疏 PCE。

为方便不同自适应稀疏基 PCE 方法比较，设定样本量为 100，阶数自适应范围为 3～5 阶。

3.2 节所述四种自适应稀疏基 PCE（PCE-LAR、PCE-OMP、PCE-SP、PCE-BCS）的计算结果如表 3.3 和表 3.4 所示。由此可见，在 PCE-LS 方法中，在位置速度 6 维分量的输入变量中，各维度的展开项数为 84，项数较多，展开阶数统一，并且仅为 3，没有更高阶的展开项，而在其他稀疏基 PCE 系数回归方法中，各维度的展开项系数数量与最大展开阶数并不相同，且均小于 PCE-LS 的展开项数或阶次。这是由于在展开项系数中，对模型影响较小的正交基被剔除，对模型影响较大的高阶正交基项被优先选择，不再需要计算每个正交基项的系数，在提高代理模型精度的同时，降低对系数的计算成本，即减少所需样本量。值得注意的是，PCE-CS 是一种降维方法，该方法不会主动增维，因此 BCS 展开的最大阶数均$\leqslant 3$，由于没有高阶正交基项，其模型误差大于 PCE-LS 方法(表 3.5)。

对比几种不同最优估计的自适应稀疏基 PCE 法在训练中的指标，采用留一法计算估计误差，分析各展开方法对该算例中偏差演化的计算精度。自适应稀疏基 PCE 模型的性能对比分析如表 3.5 所示。

表 3.3　各维度的展开项系数数量

展开方法	r_x	r_y	r_z	v_x	v_y	v_z
PCE-LS	84	84	84	84	84	84
PCE-LAR	79	37	71	42	37	70
PCE-OMP	23	30	45	32	30	65
PCE-SP	40	40	40	30	35	40
PCE-BCS	7	5	7	10	8	7

表 3.4　各维度的最大展开阶数

展开方法	r_x	r_y	r_z	v_x	v_y	v_z
PCE-LS	3	3	3	3	3	3
PCE-LAR	3	3	>3	3	3	>3
PCE-OMP	>3	>3	>3	3	>3	>3
PCE-SP	>3	>3	3	>3	>3	3
PCE-BCS	2	2	2	3	2	2

表 3.5　自适应稀疏基 PCE 模型的性能对比分析

展开方法	系数数量	估计误差	实际误差	样本量
PCE-LS	504	4.64×10^{-10}	1.29×10^{-5}	100
PCE-LAR	336	1.55×10^{-12}	8.54×10^{-7}	100
PCE-OMP	225	2.54×10^{-10}	2.53×10^{-6}	100
PCE-SP	225	1.50×10^{-11}	2.92×10^{-7}	100
PCE-BCS	49	4.54×10^{-8}	9.73×10^{-4}	100

对比表中系数数量与误差值，可知系数数量与误差大小呈负相关，系数越多，误差越小，而代价是增加了计算量。因此，需要选择最优的正交展开构建代理模型。由表 3.5 可知，稀疏 PCE-LAR 与稀疏 PCE-SP 的训练性能最好，可以少量的

样本得到较高的代理模型精度，BCS 的计算成本最低，计算效率最高，但是代理模型的误差最大。代理模型的误差一般通过留一法估计，与实际模型误差并不一致。为了衡量代理模型的实际模型误差，生成 10000 个测试样本，根据式(3.33)可以得到代理模型实际误差。对比实际误差与估计误差发现，误差估计方法总是过高估计代理模型的精度。这是由于估计误差方法是基于系数回归时所用的小量样本，而实际误差方法是基于测试时随机生成的大量样本，表明 PCE 的局部精度远高于全局精度。

采用 PCE-LAR 与稀疏 PCE-SP，根据 100 个样本点估计终端时刻 LVLH 坐标系下轨道位置偏差分布,并与蒙特卡罗方法进行对比,误差分布估计如图 3.6～图 3.9 所示。

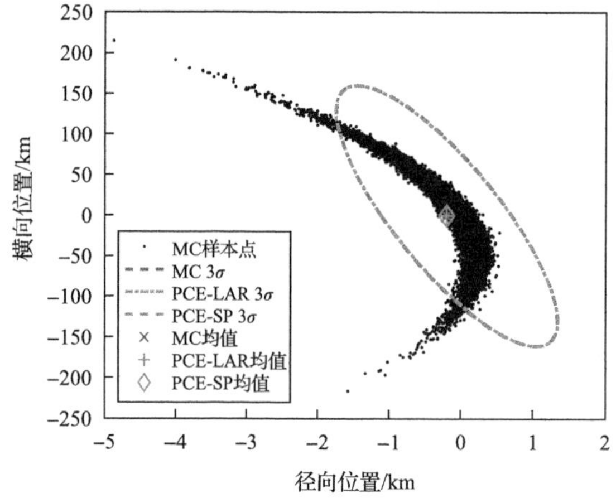

图 3.6　*xy* 平面位置误差分布估计

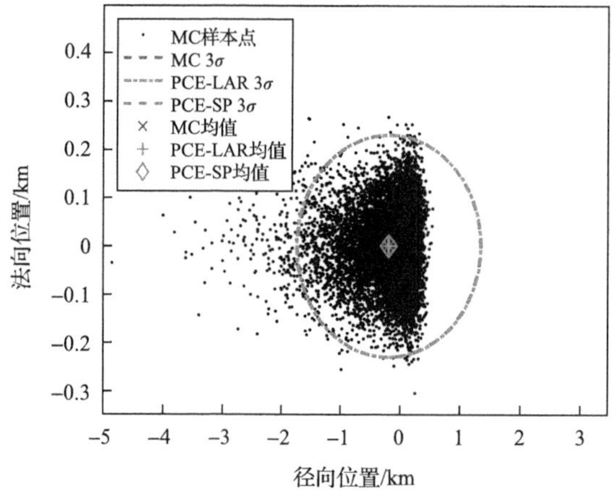

图 3.7　*xz* 平面位置误差分布估计

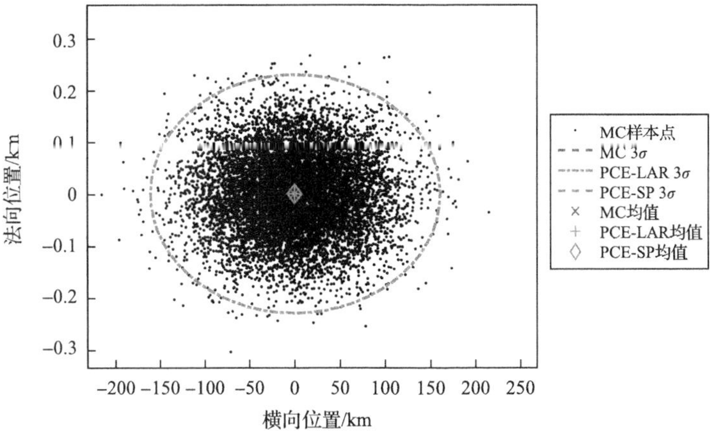

图 3.8　*yz* 平面位置误差分布估计

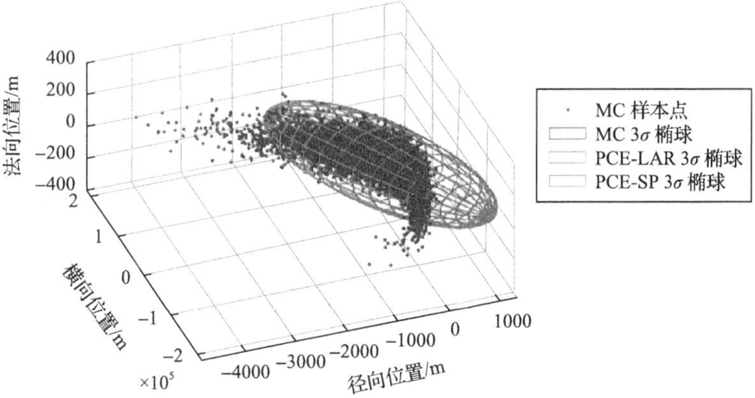

图 3.9　三维空间位置误差分布估计

由此可知，代理模型 PCE-LAR、PCE-SP 对卫星的偏差演化具有较好的逼近精度。相对于蒙特卡罗方法，其优点在于采用的样本量更少，且可以构建高精度代理模型，对复杂动力学模型进行替换。

上述 NIPCE 法将动力学模型当作黑箱，使用起来较为便捷。

3.5.2　PCK 算例

参照表 3.2 的空间目标初始状态与不确定性分布，构建仿真场景，预报时长为 1 天，PCK 与 PCE 建立 PC 代理模型时均采用最小角回归方法计算正交基系数。

以 10000 个样本点的蒙特卡罗方法为真值，基于 PCK 与 PCE 代理模型的偏差演化如图 3.10 所示。可知，PCK 与 PCE 对终端时刻不确定性分布的评估与蒙特卡罗一致。进一步，根据蒙特卡罗方法样本点，计算预测样本的均方根误差，从而评估代理模型精度，结果如表 3.6 所示。显然，PCK 的位置、速度均方根误差比 PCE 低，这源于 PCK 通过协方差函数对随机过程插值回归，可以得到给定系数的最优线性无偏估计。

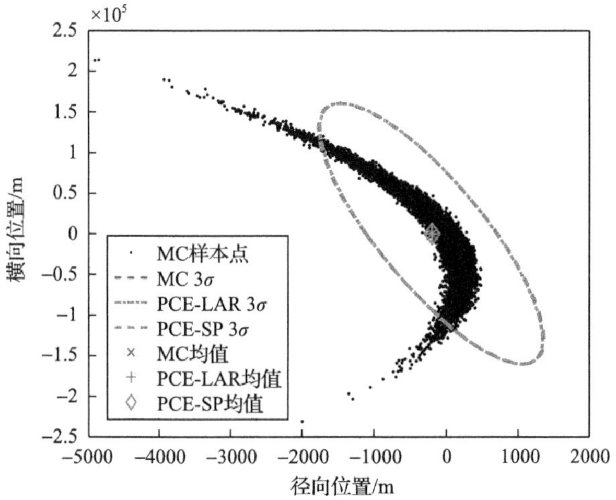

图 3.10　基于 PCK 与 PCE 代理模型的偏差演化

表 3.6　代理模型精度与效率对比

展开方法	RMSE δr /m	RMSE δv / (m / s)	正交基系数计算时长/s
PCE-LAR	0.0147	2.16×10^{-6}	0.3733
PCK	0.0046	6.13×10^{-7}	1.572

虽然 PCK 代理模型精度比 PCE 方法更高，但是 PCK 需要进一步迭代修正正交基系数，系数计算时间更久，计算效率低。我们在 Intel(R) Core(TM) i7-10710U CPU @ 1.10GHz 上运行程序，生成 PCK 模型所需时间为 1.572s，是 PCE 模型的 4 倍。PCK 基于 10000 个样本点的输出计算时长是 PCE 的 1.7 倍，如表 3.7 所示。样本量越大，原模型非线性越强，即展开阶数越高时，PCK 系数计算时间会随着展开项数指数级增加。可见，PCK 更适用于小样本或弱非线性回归问题。

表 3.7　代理模型计算效率对比

参数	PCE-LAR	PCK
输出值计算时间/s	0.0430	0.2575

3.5.3　干涉多项式混沌展开算例

由于 IPCE 需要对动力学模型进行操作，可以将其转化为多项式系数需满足的微分方程，但是过程繁琐。为便于说明问题，本节以典型连续时间线性时不变系统的偏差演化问题为例来展示 IPCE 的效果。该动力系统的微分方程为

$$\frac{\mathrm{d}}{\mathrm{d}t}\boldsymbol{X}(t,\boldsymbol{\xi})=\boldsymbol{B}\boldsymbol{X}(t,\boldsymbol{\xi}) \tag{3.84}$$

其中，$\boldsymbol{B}=\begin{bmatrix}10 & 0\\ 0 & 10\end{bmatrix}$。

输入偏差设置为加非线性函数的有色噪声，设初始随机变量与状态量之间的非线性函数关系为

$$\boldsymbol{X}(t_0,\boldsymbol{\xi})=\boldsymbol{\xi}+\sin\boldsymbol{\xi} \tag{3.85}$$

其中，$\boldsymbol{\xi}$ 为二维随机变量，$\boldsymbol{\xi}=[\xi_1,\ \ \xi_2]$，服从正态分布 $\boldsymbol{\xi}\sim\mathcal{N}(\boldsymbol{I}_{2\times1},\boldsymbol{I}_{2\times2})$；$\boldsymbol{X}(t_0,\boldsymbol{\xi})$ 为二维初始状态量，$\boldsymbol{X}=[x_1,x_2]^{\mathrm{T}}$。

通过 NIPCE 与 IPCE 对上述微分方程构建代理模型，设终端时刻为 $t=100\mathrm{s}$。对比蒙特卡罗方法、PCE-LS 方法、IPCE 法对终端时刻状态量 $\boldsymbol{X}(t,\boldsymbol{\xi})$ 的偏差演化结果如图 3.11 与图 3.12 所示。其中，蒙特卡罗方法的样本量为 10000，IPCE 的系数初值根据式(3.67)计算，随机采样样本量设置为 200。

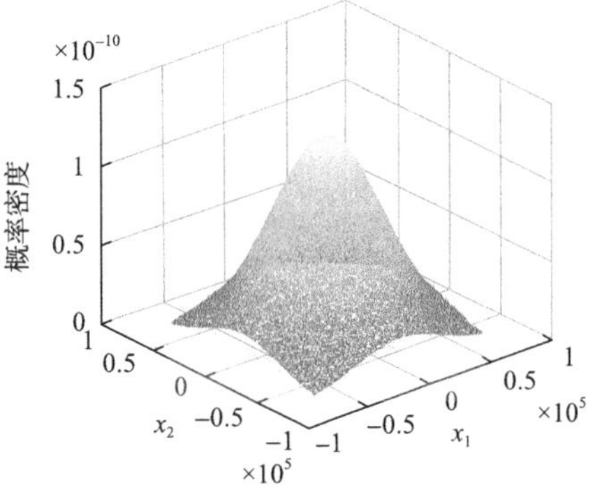

图 3.11　基于蒙特卡罗的样本点概率密度估计

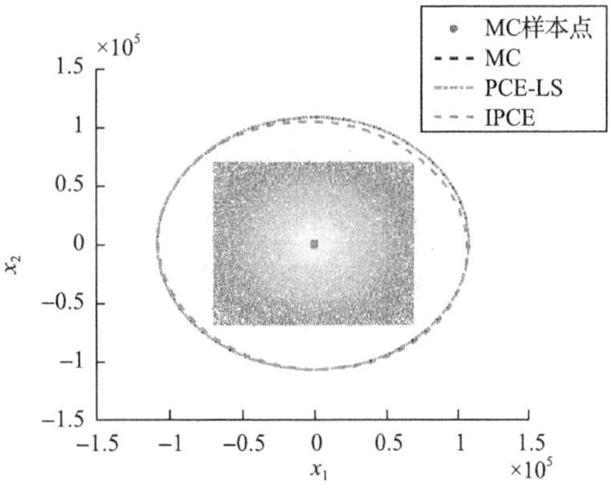

图 3.12　不同方法概率密度计算结果对比

由于动力学系统为线性系统，并且 $\boldsymbol{B}$ 为对角矩阵，随机变量之间互不干扰，因此终端时刻的样本点在 x_1 与 x_2 的分布呈现线性无关性。由图 3.11 可知，IPCE 与 PCE-LS 的概率密度函数可以很好地与蒙特卡罗方法吻合，IPCE 与 PCE-LS 的

训练结果如表 3.8 所示。

表 3.8 IPCE 与 PCE-LS 训练结果对比

估计误差方法	采样样本数	$\sigma^2(t,x_1)$	$\sigma^2(t,x_2)$
蒙特卡罗	1×10^4	1.2823×10^9	1.2818×10^9
PCE-LS	200	1.2620×10^9	1.2393×10^9
IPCE	200	1.2838×10^9	1.2838×10^9

由表 3.8 可知，NIPCE 对终端时刻的方差估计值比 IPCE 更接近蒙特卡罗结果。IPCE 法的特点在于只需要设定好初始值，便能通过系数微分方程求解对应时间下的系数，进而得到状态量的置信区间随时间的变化曲线(图 3.13)。这意味着，IPCE 法可以通过微分方程的积分得到并分析偏差演化过程的整体变化趋势。

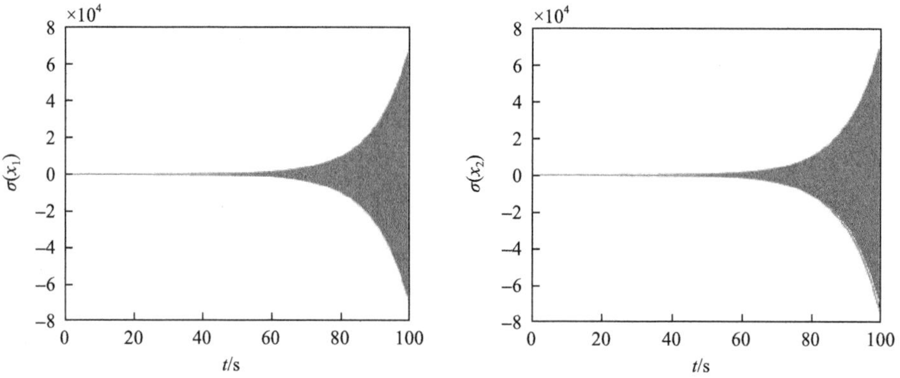

图 3.13 状态量的 95.44%置信区间(2σ)随时间变化曲线

然而，IPCE 模型精度的高低取决于如何构造基于动力学模型的混沌多项式展开。在 IPCE 模型的构造过程中，涉及对原方程的线性化处理、方程简化、系数的积分，在对原模型改造与变形的过程中容易引起模型误差与积分误差，因此传播时间越长、模型精度越复杂，IPCE 法越容易误差发散。

参 考 文 献

[1] Wiener N. The homogeneous chaos. American Journal of Mathematics, 1938, 60(4): 897-936.

[2] Xiu D, Karniadakis G E. The Wiener-Askey polynomial chaos for stochastic differential equations. SIAM Journal on Scientific Computing, 2002, 24(2): 619-644.

[3] Xiu D. Numerical Methods for Stochastic Computations: A Spectral Method Approach. Princeton: Princeton University Press, 2010.

[4] Oladyshkin S, Nowak W. Data-driven uncertainty quantification using the arbitrary polynomial chaos expansion. Reliability Engineering and System Safety, 2012, 106: 179-190.

[5] Blatman G, Sudret B. An adaptive algorithm to build up sparse polynomial chaos expansions for stochastic finite element analysis. Probabilistic Engineering Mechanics, 2010, 25(2): 183-197.

[6] Blatman G, Sudret B. Adaptive sparse polynomial chaos expansion based on least angle regression. Journal of Computational Physics, 2011, 230(6): 2345-2367.

[7] Pati Y, Rezaiifar R, Krishnaprasad P S. Orthogonal matching pursuit: recursive function approximation with applications to wavelet decomposition// Proceedings of 27th Asilomar Conference on Signals, Systems and Computers, Pacific Grove, 1993: 40-44.

[8] Mallat S, Zhang Z. Matching pursuits with time-frequency dictionaries. IEEE Transactions on Signal Processing, 1993, 41(12): 3397-3415.

[9] Dai W, Olgica M. Subspace pursuit for compressive sensing signal reconstruction. IEEE Transactions on Information Theory, 2009, 55(5): 2230-2249.

[10] Diaz P, Doostan A, Hampton J. Sparse polynomial chaos expansions via compressed sensing and D-optimal design. Computer Methods in Applied Mechanics & Engineering, 2018, 336: 640-666.

[11] Tipping M E. Sparse Bayesian learning and the relevance vector machine. Journal of Machine Learning Research, 2001, 1: 211-244.

[12] Sargsyan K, Safta C, Najm H, et al. Dimensionality reduction for complex models via Bayesian compressive sensing. International Journal for Uncertainty Quantification, 2014, 4(1): 63-93.

[13] Xiu D B, Karniadakis G. Modeling uncertainty in flow simulations via generalized polynomial chaos. Journal of Computational Physics, 2003, 187(1): 137-167.

[14] Xiong F F, Chen S S, Xiong Y. Dynamic system uncertainty propagation using polynomial chaos. Chinese Journal of Aeronautics, 2014, (5): 1156-1170.

[15] Sobol I M. Sensitivity estimates for nonlinear mathematical models. Mathematics, 1993, 1(1): 112-118.

[16] Li C Z, Mahadevan S. An efficient modularized sample-based method to estimate the first-order Sobol index. Reliability Engineering & System Safety, 2016, 153: 110-121.

[17] Sudret B. Global sensitivity analysis using polynomial chaos expansions. Reliability Engineering and System Safety, 2008, 93(7): 964-979.

第 4 章　状态转移张量法

张量是定义在向量空间和对偶空间笛卡儿积上的多重线性映射。张量用意广泛，本书仅用其作为多维向量的含义，即零阶张量为标量、一阶张量为向量、二阶张量为矩阵(二维向量)、三阶以上张量为多维向量。本书状态转移张量的使用源于对非线性映射 $\boldsymbol{y}(t)=f[\boldsymbol{x}(t)]$ 沿参考点 $\bar{\boldsymbol{x}}(t_0)$ 或随时间变化的参考轨迹 $\bar{\boldsymbol{x}}(t)$ 进行 Taylor 级数展开，从而获得输入状态偏差 $\delta\boldsymbol{x}(t_0)$ 到输出状态偏差 $\delta\boldsymbol{y}(t)$ 的非线性映射。若该 Taylor 级数仅展开到一阶，则状态偏差的传递关系为状态转移矩阵。当考虑多维动力系统相空间的二阶以上非线性映射时，需要用状态转移张量(state transformation tensors, STT)传递其状态偏差，其含义与一阶情况下的状态转移矩阵类似，可理解为对状态转移矩阵向二阶以上的拓展。

在空间目标轨道偏差非线性演化方面，Park 等[1,2]对状态转移张量法进行了持续研究，但是这些方法仅针对太空目标无机动自由飞行的情况，没有讨论轨道机动及机动偏差影响下的状态转移张量拼接与末端偏差分布计算问题，以及与 GMM 的综合应用问题。考虑航天器轨道机动影响的偏差传播问题在很多航天任务设计中都有需求，如应用广泛的航天器交会任务。本章通过将航天器轨道动力学方程展开到高阶形式，推导其绝对轨道状态偏差的非线性演化方程。

4.1　绝对轨道状态转移张量

本节以近地轨道航天器的偏差传播分析为背景，考虑地球非球形引力 J_2 项及大气阻力项摄动的动力学方程，推导无机动影响下，自由飞行航天器的状态转移张量，以及考虑轨道机动影响下可传递性的状态转移张量。特别指出，本节的推导方法与状态转移张量求解公式不限于本节给定的动力学方程，可适用于一般的动力系统，如高精度轨道动力学方程。

4.1.1　轨道动力学方程

记航天器的绝对轨道运动状态为 $\boldsymbol{x}(t)=[\boldsymbol{r}(t),\boldsymbol{v}(t)]^{\mathrm{T}}$，其中位置矢量与速度矢量分别为 $\boldsymbol{r}(t)=[x, y, z]^{\mathrm{T}}$、$\boldsymbol{v}(t)=[v_x, v_y, v_z]^{\mathrm{T}}$。仅考虑地球大气阻力摄动与非球形引力 J_2 项摄动，可将航天器轨道动力学方程在 J2000 地心惯性坐标系中表示为[3,4]

$$\begin{cases}\dot{x}=v_x,\quad \dot{y}=v_y,\quad \dot{z}=v_z\\ \dot{v}_x=-\dfrac{\mu x}{r^3}+\dfrac{3\mu J_2R_e^2}{2r^5}\left(\dfrac{5z^2}{r^2}-1\right)x-\dfrac{1}{2}\dfrac{C_DS}{M}\rho v_{\mathrm{rel}}(v_x+\omega_e y)+\Gamma_x\\ \dot{v}_y=-\dfrac{\mu y}{r^3}+\dfrac{3\mu J_2R_e^2}{2r^5}\left(\dfrac{5z^2}{r^2}-1\right)y-\dfrac{1}{2}\dfrac{C_DS}{M}\rho v_{\mathrm{rel}}(v_y-\omega_e x)+\Gamma_y\\ \dot{v}_z=-\dfrac{\mu z}{r^3}+\dfrac{3\mu J_2R_e^2}{2r^5}\left(\dfrac{5z^2}{r^2}-3\right)z-\dfrac{1}{2}\dfrac{C_DS}{M}\rho v_{\mathrm{rel}}v_z+\Gamma_z\end{cases}\tag{4.1}$$

其中，μ、ω_e、R_e、J_2 为地球引力常数、自转角速度、平均赤道半径、非球形引力项系数；$\boldsymbol{v}_{\mathrm{rel}}=[v_x+\omega_e y,v_y-\omega_e x,v_z]^{\mathrm{T}}$ 为航天器相对大气的相对运动速度，$v_{\mathrm{rel}}=\sqrt{(v_x+\omega_e y)^2+(v_y-\omega_e x)^2+v_z^2}$；$C_D$ 为大气阻力系数；S 为航天器阻力面积；M 为航天器质量；$\boldsymbol{\Gamma}=[\Gamma_x,\Gamma_y,\Gamma_z]^{\mathrm{T}}$ 为脉冲变轨模型推力加速度。

4.1.2　无机动的状态转移张量

基于 Taylor 级数展开的思想，将航天器实际运动轨迹沿参考轨迹展开到高阶，可以获得航天器轨道偏差量的高阶非线性传播方程。

1. 高阶 Taylor 级数展开

对一个无限可微的 n 维实向量函数 $\boldsymbol{f}(\boldsymbol{x})$，$(\boldsymbol{f}(\boldsymbol{x}),\boldsymbol{x})\in\mathbf{R}^n$，其在一点 $\boldsymbol{x}=\boldsymbol{a}$ 处的 Taylor 级数展开式可表示为

$$f^i(x^1,\cdots,x^n)=\sum_{j=0}^{\infty}\frac{1}{j!}\left[\sum_{k=1}^{n}(x^k-a^k)\frac{\partial}{\partial\varsigma^k}\right]^j f^i(\varsigma^1,\cdots,\varsigma^n)\Bigg|_{\varsigma^l=a^l}\tag{4.2}$$

其中，ς 为哑变量；$i,l\in\{1,2,\cdots,n\}$。

将式(4.2)写成向量形式，可简记为

$$f^i(\boldsymbol{x})=\sum_{j=0}^{\infty}\frac{1}{j!}\left[(\boldsymbol{x}-\boldsymbol{a})\cdot\nabla_{\varsigma}\right]^j f^i(\varsigma)\Big|_{\varsigma=a}\tag{4.3}$$

其中，$\nabla_{\varsigma}=\left[\dfrac{\partial}{\partial\varsigma^1},\cdots,\dfrac{\partial}{\partial\varsigma^n}\right]$ 为梯度算子。

2. 高阶状态转移张量

将一阶微分动力学方程记为

$$\dot{x}^i(t) = f^i[\boldsymbol{x}(t), t] \tag{4.4}$$

其中， $\boldsymbol{x} = \{x^i \mid i = 1, 2, \cdots, n\}$ 为航天器状态，n=6 为方程的维数。

对给定的初始条件 $\boldsymbol{x}_0 = \boldsymbol{x}(t_0)$，解流可隐式地表示为

$$\boldsymbol{x}(t) = \boldsymbol{\phi}(t; \boldsymbol{x}_0, t_0) \tag{4.5}$$

若获得航天器运动状态的非线性映射关系 $\boldsymbol{\phi}$，则航天器初始状态 $\boldsymbol{x}_0$ 到任意时刻状态 $\boldsymbol{x}(t)$ 的传播关系就可以解析计算。给定航天器初始参考状态 $\bar{\boldsymbol{x}}_0$ 及相对该参考状态的状态偏差 $\delta \boldsymbol{x}_0$，可将任意时刻航天器运动轨迹相对标称轨迹的偏差 $\delta \boldsymbol{x}(t)$ 表示为

$$\delta \boldsymbol{x}(t) = \boldsymbol{\phi}(t; \bar{\boldsymbol{x}}_0 + \delta \boldsymbol{x}_0, t_0) - \boldsymbol{\phi}(t; \bar{\boldsymbol{x}}_0, t_0) \tag{4.6}$$

求导可得

$$\delta \dot{\boldsymbol{x}}(t) = f[\phi(t; \bar{\boldsymbol{x}}_0 + \delta \boldsymbol{x}_0, t_0), t] - f[\phi(t; \bar{\boldsymbol{x}}_0, t_0), t] \tag{4.7}$$

基于高阶泰勒级数展开思想，采用 M 阶 Taylor 级数展开，可得

$$\begin{aligned} \delta x^i(t) &= \sum_{p=1}^{M} \frac{1}{p!} \Phi_{(t,t_0)}^{i,k_1 \cdots k_p} \delta x_0^{k_1} \cdots \delta x_0^{k_p} \\ \Phi_{(t,t_0)}^{i,k_1 \cdots k_p} &= \left. \frac{\partial^p \phi^i(t; \varsigma_0, t_0)}{\partial \varsigma_0^{k_1} \cdots \partial \varsigma_0^{k_p}} \right|_{\varsigma_0^i = \bar{x}_0^i} \end{aligned} \tag{4.8}$$

同理，可得

$$\begin{aligned} \delta \dot{x}^i(t) &= \sum_{p=1}^{M} \frac{1}{p!} A^{i,k_1 \cdots k_p} \delta x^{k_1} \cdots \delta x^{k_p} \\ A^{i,k_1 \cdots k_p}(t, \boldsymbol{x}) &= \left. \frac{\partial^p f^i[t, \varsigma(t)]}{\partial \varsigma^{k_1} \cdots \partial \varsigma^{k_p}} \right|_{\varsigma^i = \phi^i(t; \bar{\boldsymbol{x}}_0, t_0)} \end{aligned} \tag{4.9}$$

其中，i 为向量函数的第 i 个分量；M 为泰勒级数展开的阶次； $A^{i,k_1 \cdots k_p}(t, \boldsymbol{x})$ 为局部动力学张量，可沿参考轨迹 $\bar{\boldsymbol{x}}(t)$ 计算； $\Phi_{(t,t_0)}^{i,k_1 \cdots k_p}$ 为状态转移张量。

当 M=1 时，即我们熟悉的状态转移矩阵。对相同指标使用爱因斯坦求和约定，即相同字母标号出现两次表示对该字母整个取值情况求和，但是省略求和符号，如 $x^i a^i = \sum_{i=1}^{n} x^i a^i$ 。

把绝对轨道偏差的一个具体样本 $\delta\boldsymbol{x}(t)$ 看作航天器实际状态 $\boldsymbol{x}(t)$ 相对标称状态 $\bar{\boldsymbol{x}}(t)$ 的一个相对运动状态，则式(4.8)是一组非线性的相对运动方程，求导可得

$$\delta\dot{x}^i(t)=\sum_{p=1}^{M}\frac{1}{p!}\dot{\Phi}_{(t,t_0)}^{i,k_1\cdots k_p}\delta x_0^{k_1}\cdots\delta x_0^{k_p} \tag{4.10}$$

展开并对比其与式(4.10)相同因式项的系数，可得初始相对状态到任意时刻相对状态的状态转移张量 $\Phi_{(t,t_0)}^{i,k_1\cdots k_p}$ 所需要满足的微分方程。例如，截断到前4阶，状态转移张量的求解方程可表示为[1]

$$\begin{aligned}
\dot{\Phi}^{i,\alpha}&=A^{i,a}\Phi^{a,\alpha}\\
\dot{\Phi}^{i,\alpha\beta}&=A^{i,a}\Phi^{a,\alpha\beta}+A^{i,ab}\Phi^{a,\alpha}\Phi^{b,\beta}\\
\dot{\Phi}^{i,\alpha\beta\gamma}&=A^{i,a}\Phi^{a,\alpha\beta\gamma}+A^{i,ab}(\Phi^{a,\alpha}\Phi^{b,\beta\gamma}+\Phi^{a,\alpha\beta}\Phi^{b,\gamma}+\Phi^{a,\alpha\gamma}\Phi^{b,\beta})\\
&\quad+A^{i,abc}\Phi^{a,\alpha}\Phi^{b,\beta}\Phi^{c,\gamma}\\
\dot{\Phi}^{i,\alpha\beta\gamma\theta}&=A^{i,a}\Phi^{a,\alpha\beta\gamma\theta}+A^{i,ab}(\Phi^{a,\alpha\beta\gamma}\Phi^{b,\theta}+\Phi^{a,\alpha\beta\theta}\Phi^{b,\gamma}+\Phi^{a,\alpha\gamma\theta}\Phi^{b,\beta}\\
&\quad+\Phi^{a,\alpha\beta}\Phi^{b,\gamma\theta}+\Phi^{a,\alpha\gamma}\Phi^{b,\beta\theta}+\Phi^{a,\alpha\theta}\Phi^{b,\beta\gamma}+\Phi^{a,\alpha}\Phi^{b,\beta\gamma\theta})\\
&\quad+A^{i,abc}(\Phi^{a,\alpha\beta}\Phi^{b,\gamma}\Phi^{c,\theta}+\Phi^{a,\alpha\gamma}\Phi^{b,\beta}\Phi^{d,\theta}+\Phi^{a,\alpha\theta}\Phi^{b,\beta}\Phi^{c,\gamma}\\
&\quad+\Phi^{a,\alpha}\Phi^{b,\beta\gamma}\Phi^{c,\theta}+\Phi^{a,\alpha}\Phi^{b,\beta\theta}\Phi^{c,\gamma}+\Phi^{a,\alpha}\Phi^{b,\beta}\Phi^{c,\gamma\theta})\\
&\quad+A^{i,abcd}\Phi^{a,\alpha}\Phi^{b,\beta}\Phi^{c,\gamma}\Phi^{d,\theta}
\end{aligned} \tag{4.11}$$

其中，上标取值空间均为集合 $\{1,2,\cdots,n\}$，采用数值积分沿参考轨迹 $\bar{\boldsymbol{x}}(t)=\boldsymbol{\phi}(t;\bar{\boldsymbol{x}}_0,t_0)$ 积分式(4.11)，即可求解出各阶状态转移张量。

积分的初始条件为，当 $i=\alpha$ 时，$\Phi_0^{i,\alpha}=1$；否则，其他阶次状态转移张量初值全为0，即 $\Phi^{a,\alpha\beta}=0$、$\Phi^{a,\alpha\beta\gamma}=0$、$\Phi^{a,\alpha\beta\gamma\theta}=0$。

基于此，采用数值积分将航天器相对运动状态的各阶状态转移张量计算完毕后，航天器任意 t 时刻的相对状态就可以通过解析计算。对偏差传播问题，当标称轨迹确定后，通过沿标称轨迹一次数值积分获得各阶状态转移张量后，偏差每一个样本的传播就可以解析计算。因此，我们称该方法是半解析的。若 Taylor 展开到一阶 $\Phi^{a,\alpha}$，则为线性的；若展开到二阶以上，则为非线性的。

当航天器参考轨迹连续时，式(4.8)可用于将轨道偏差样本由初始时刻预报到任意 t 时刻。然而，若航天器参考轨迹存在间断，如航天器执行了脉冲轨道机动，高阶非线性状态转移张量则不能直接用于预报初始偏差样本。在这种情况下，如何将被间断点(轨道机动点)分割开的每段状态转移张量连接起来，建立跨越间断点，由初始到终端的可传递性状态转移张量需要进一步研究。众所周知，线性情

况下，状态转移矩阵具有可传递性，即 $\Phi_{(t_f,t_0)}^{i,a}=\Phi_{(t_f,t_j)}^{i,\alpha}\Phi_{(t_j,t_0)}^{\alpha,a}$。然而，在非线性情况下，高阶状态转移张量不是直接可传递的。针对该问题，下面推导一组考虑脉冲轨道机动的可传递状态转移张量。

4.1.3 脉冲机动下的状态转移张量

若航天器在偏差预报区间 $[t_0,t_f]$ 执行 m 次轨道机动，$\Delta\boldsymbol{v}_i\ (i=1,2,\cdots,m)$，则航天器的运动轨迹将被这 m 次机动分割为 m+1 段，如图 4.1 所示。对每段轨道，状态转移张量需要将标称机动量加入轨道状态的速度部分后独立计算。如果每一段轨道都采用相同阶次的状态转移张量预报，由于后一段轨道的输入是前一段轨道的输出，偏差被前一段传播放大后，代入基于相同阶次状态转移张量的后一段轨道预报会产生更大的截断误差。因此，有必要推导一组能连接各段轨道的、具有可传递性的状态转移张量，使仅代入初始偏差统计量，就可以一次性计算输出偏差统计量，避免偏差分段预报产生的截断误差。

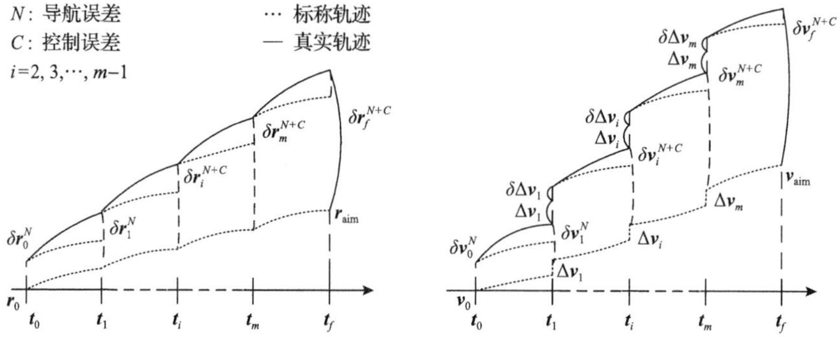

图 4.1 考虑机动及机动误差的偏差演化示意

为了便于理解脉冲机动下可传递状态转移张量的推导过程，首先考虑只有一次机动的情况，即将初始轨道偏差 $\delta\boldsymbol{x}(t_0)$ 从 t_0 预报到 t_2，期间航天器在 t_1 时刻执行一次脉冲变轨。由此可知，轨道偏差 $\delta\boldsymbol{x}(t_0)$ 在由 t_0 到 t_1 的第一段轨道中的预报可表示为

$$\delta\boldsymbol{x}^{k_1}(t_1)=\sum_{q=1}^{M}\frac{1}{q!}\Phi_{(t_1,t_0)}^{k_1,l_1\cdots l_q}\delta\boldsymbol{x}_0^{l_1}\cdots\delta\boldsymbol{x}_0^{l_q} \tag{4.12}$$

同理，轨道偏差 $\delta\boldsymbol{x}(t_1)$ 由 t_1 到 t_2 的第二段轨道中的预报可表示为

$$\delta\boldsymbol{x}^{i}(t_2)=\sum_{p=1}^{M}\frac{1}{p!}\Phi_{(t_2,t_1)}^{i,k_1\cdots k_p}\delta\boldsymbol{x}_1^{k_1}\cdots\delta\boldsymbol{x}_1^{k_p} \tag{4.13}$$

其中，上标 i，$k_1\cdots k_p$ 与 $l_1\cdots l_p$ 为通用标记，取值为集合 $\{1,2,\cdots,n\}$，对 $j=0,1,2$,

有 $\delta \boldsymbol{x}_j = \delta \boldsymbol{x}(t_j)$。

特别指出，计算第二段状态转移张量 $\varPhi_{(t_2,t_1)}^{i,k_1\cdots k_p}$ 的积分初始条件中，航天器状态为变轨后的状态，即 $\boldsymbol{x}_1^+ = \boldsymbol{x}_1 + [0,0,0,\Delta\boldsymbol{v}_1]^{\mathrm{T}}$，上标“+”表示变轨后。

假设存在　组状态转移张量，可以直接将轨道偏差 $\delta \boldsymbol{x}(t_0)$ 从 t_0 预报到 t_2，则 t_2 时刻的轨道偏差可表示为

$$\delta x^i(t_2) = \sum_{p=1}^{M} \frac{1}{p!} \varPhi_{(t_2,t_0)}^{i,l_1\cdots l_p} \delta x_0^{l_1} \cdots \delta x_0^{l_p} \tag{4.14}$$

显然，根据式(4.12)与式(4.13)，航天器 t_2 时刻的轨道偏差可表示为

$$\delta x^i(t_2) = \sum_{p=1}^{M} \left\{ \frac{1}{p!} \varPhi_{(t_2,t_1)}^{i,k_1\cdots k_p} \left[\sum_{q=1}^{M} \frac{1}{q!} \varPhi_{(t_1,t_0)}^{k_1,l_1\cdots l_q} \delta x_0^{l_1} \cdots \delta x_0^{l_q} \right] \cdots \left[\sum_{q=1}^{M} \frac{1}{q!} \varPhi_{(t_1,t_0)}^{k_p,l_1\cdots l_q} \delta x_0^{l_1} \cdots \delta x_0^{l_q} \right] \right\} \tag{4.15}$$

逐项展开，并与式(4.14)相同的因式项对比，便可得 t_0 到 t_2 的状态转移张量 $\varPhi_{(t_2,t_0)}^{i,l_1\cdots l_p}$ 与前两段状态转移张量 $\varPhi_{(t_2,t_1)}^{i,k_1\cdots k_p}$ 及 $\varPhi_{(t_1,t_0)}^{k_1,l_1\cdots l_q}$ 的关系。根据需要展开到任意阶次，但展开阶数越高，推导的表达式越复杂。本书给出前四阶(M=4)的计算公式[5,6]，即

$$\begin{aligned}
\varPhi_{(t_2,t_0)}^{i,l_1} &= \varPhi_{(t_2,t_1)}^{i,k_1} \varPhi_{(t_1,t_0)}^{k_1,l_1} \\
\varPhi_{(t_2,t_0)}^{i,l_1 l_2} &= \varPhi_{(t_2,t_1)}^{i,k_1} \varPhi_{(t_1,t_0)}^{k_1,l_1 l_2} + \varPhi_{(t_2,t_1)}^{i,k_1 k_2} \varPhi_{(t_1,t_0)}^{k_1,l_1} \varPhi_{(t_1,t_0)}^{k_2,l_2} \\
\varPhi_{(t_2,t_0)}^{i,l_1 l_2 l_3} &= \varPhi_{(t_2,t_1)}^{i,k_1} \varPhi_{(t_1,t_0)}^{k_1,l_1 l_2 l_3} + 1.5 \varPhi_{(t_2,t_1)}^{i,k_1 k_2} \varPhi_{(t_1,t_0)}^{k_1,l_1} \varPhi_{(t_1,t_0)}^{k_2,l_2 l_3} \\
&\quad + 1.5 \varPhi_{(t_2,t_1)}^{i,k_1 k_2} \varPhi_{(t_1,t_0)}^{k_1,l_1 l_2} \varPhi_{(t_1,t_0)}^{k_2,l_3} + \varPhi_{(t_2,t_1)}^{i,k_1 k_2 k_3} \varPhi_{(t_1,t_0)}^{k_1,l_1} \varPhi_{(t_1,t_0)}^{k_2,l_2} \varPhi_{(t_1,t_0)}^{k_3,l_3} \\
\varPhi_{(t_2,t_0)}^{i,l_1 l_2 l_3 l_4} &= \varPhi_{(t_2,t_1)}^{i,k_1} \varPhi_{(t_1,t_0)}^{k_1,l_1 l_2 l_3 l_4} + 2 \varPhi_{(t_2,t_1)}^{i,k_1 k_2} \varPhi_{(t_1,t_0)}^{k_1,l_1} \varPhi_{(t_1,t_0)}^{k_2,l_2 l_3 l_4} \\
&\quad + 3 \varPhi_{(t_2,t_1)}^{i,k_1 k_2} \varPhi_{(t_1,t_0)}^{k_1,l_1 l_2} \varPhi_{(t_1,t_0)}^{k_2,l_3 l_4} + 2 \varPhi_{(t_2,t_1)}^{i,k_1 k_2} \varPhi_{(t_1,t_0)}^{k_1,l_1 l_2 l_3} \varPhi_{(t_1,t_0)}^{k_2,l_4} \\
&\quad + 2 \varPhi_{(t_2,t_1)}^{i,k_1 k_2 k_3} \varPhi_{(t_1,t_0)}^{k_1,l_1} \varPhi_{(t_1,t_0)}^{k_2,l_2 l_3} \varPhi_{(t_1,t_0)}^{k_3,l_4} + 2 \varPhi_{(t_2,t_1)}^{i,k_1 k_2 k_3} \varPhi_{(t_1,t_0)}^{k_1,l_1 l_2} \varPhi_{(t_1,t_0)}^{k_2,l_3} \varPhi_{(t_1,t_0)}^{k_3,l_4} \\
&\quad + 2 \varPhi_{(t_2,t_1)}^{i,k_1 k_2 k_3} \varPhi_{(t_1,t_0)}^{k_1,l_1} \varPhi_{(t_1,t_0)}^{k_2,l_2} \varPhi_{(t_1,t_0)}^{k_3,l_3 l_4} + \varPhi_{(t_2,t_1)}^{i,k_1 k_2 k_3 k_4} \varPhi_{(t_1,t_0)}^{k_1,l_1} \varPhi_{(t_1,t_0)}^{k_2,l_2} \varPhi_{(t_1,t_0)}^{k_3,l_3} \varPhi_{(t_1,t_0)}^{k_4,l_4}
\end{aligned} \tag{4.16}$$

将状态转移张量 $\varPhi_{(t_2,t_0)}^{i,l_1\cdots l_p}$ 通过式(4.16)计算后，初始轨道偏差 $\delta x(t_0)$ 就可以直接从 t_0 预报到 t_2。对多脉冲情况 $\Delta\boldsymbol{v}_j$ ($j = 1, 2, \cdots, m$)，可以将推导方法反复应用到后续轨道段(j = 3, 4,$\cdots$, m)，直至终端时刻，从而获得可传递性的状态转移张量 $\varPhi_{(t_f,t_0)}^{k_i,l_1\cdots l_p}$。例如，将 $\varPhi_{(t_2,t_1)}^{i,k_1\cdots k_p}$ 与 $\varPhi_{(t_1,t_0)}^{k_i,l_1\cdots l_p}$ 分别用 $\varPhi_{(t_3,t_2)}^{i,k_1\cdots k_p}$ 与 $\varPhi_{(t_2,t_0)}^{k_i,l_1\cdots l_p}$ 替换，便可获得 t_0

到 t_3 的状态转移张量 $\Phi_{(t_3,t_0)}^{i,l_1\cdots l_p}$。通过对每段轨道仅积分一次，便可获得从初始时刻及任意变轨时刻 t_j $(j=0,1,\cdots,m)$ 到终端时刻的状态转移张量 $\Phi_{(t_f,t_j)}^{i,l_1\cdots l_p}$，进而基于该张量的偏差传播，表示为

$$\delta x^i(t_f)=\sum_{p=1}^{M}\frac{1}{p!}\Phi_{(t_f,t_j)}^{i,l_1\cdots l_p}\delta x_j^{l_1}\cdots\delta x_j^{l_p} \tag{4.17}$$

4.2 基于状态转移张量的偏差演化分析

因为偏差的每个具体样本可以看作航天器实际状态相对参考状态的相对运动状态，获得无机动状态转移张量（$\Phi_{(t,t_0)}^{i,k_1\cdots k_p}$）和脉冲机动下可传递状态转移张量（$\Phi_{(t_f,t_j)}^{i,l_1\cdots l_p}$）后，结合随机变量统计矩（均值、协方差矩阵及高阶矩）的定义，可建立基于状态转移张量的非线性统计矩分析方法。

4.2.1 统计矩分析

结合协方差分析方法，将偏差 $\delta\boldsymbol{x}(t)$ 的高阶非线性传播方程(4.17)代入 2.2.1 节均值与协方差矩阵的定义式，可得基于状态转移张量的非线性协方差传播方程，即

$$\begin{aligned}
m^i(t)&=E[\delta x^i]=\sum_{p=1}^{M}\frac{1}{p!}\Phi_{(t,t_0)}^{i,k_1\cdots k_p}E[\delta x_0^{k_1}\cdots\delta x_0^{k_p}]\\
P^{ij}(t)&=E[\delta x^i\delta x^j]-m^i(t)m^j(t)\\
&=\sum_{p=1}^{M}\sum_{q=1}^{M}\frac{1}{p!q!}\Phi_{(t,t_0)}^{i,k_1\cdots k_p}\Phi_{(t,t_0)}^{j,l_1\cdots l_q}E[\delta x_0^{k_1}\cdots\delta x_0^{k_p}\delta x_0^{l_1}\cdots\delta x_0^{l_q}]-m^i(t)m^j(t)
\end{aligned} \tag{4.18}$$

其中，$i,j,k_p,l_p\in\{1,2,\cdots,n\}$；$E[\delta x_0^{k_1}\cdots\delta x_0^{k_p}]$ 为 p 阶原点矩；$E[\delta x_0^{k_1}\cdots\delta x_0^{k_p}\delta x_0^{l_1}\cdots\delta x_0^{l_q}]$ 为 $p+q$ 阶原点矩。

进一步，将偏差 $\delta\boldsymbol{x}(t)$ 的高阶非线性传播方程(4.17)代入 2.2.1 节中心矩的定义式，可得三阶中心矩 $\mu_{\text{cen}}^{ijk}(t)$ 与四阶中心矩 μ_{cen}^{ijkl} 的非线性传播方程，即

$$\begin{aligned}
\mu_{\text{cen}}^{ijk}(t)&=E\left[(\delta x^i-m^i)(\delta x^j-m^j)(\delta x^k-m^k)\right]\\
&=\sum_{p=1}^{M}\sum_{q=1}^{M}\sum_{r=1}^{M}\left\{\frac{1}{p!q!r!}\times\Phi_{(t,t_0)}^{i,k_1\cdots k_p}\Phi_{(t,t_0)}^{j,l_1\cdots l_q}\Phi_{(t,t_0)}^{k,m_1\cdots m_r}\times E[\delta x_0^{k_1}\cdots\delta x_0^{k_p}\delta x_0^{l_1}\cdots\delta x_0^{l_q}\delta x_0^{m_1}\cdots\delta x_0^{m_r}]\right\}\\
&\quad-\left\{m^iP^{jk}(t)+m^jP^{ik}(t)+m^kP^{ij}(t)+m^im^jm^k\right\}
\end{aligned} \tag{4.19}$$

$$
\begin{aligned}
\mu_{\text{cen}}^{ijkl}(t) &= E[(\delta x^i - m^i)(\delta x^j - m^j)(\delta x^k - m^k)(\delta x^l - m^l)] \\
&= \sum_{p=1}^{M}\sum_{q=1}^{M}\sum_{r=1}^{M}\sum_{s=1}^{M}\frac{1}{p!q!r!s!}\Phi_{(t,t_0)}^{i,k_1\cdots k_p}\Phi_{(t,t_0)}^{j,l_1\cdots l_q}\Phi_{(t,t_0)}^{k,m_1\cdots m_r}\Phi_{(t,t_0)}^{k,n_1\cdots n_s} \\
&\quad \times E[\delta x_0^{k_1}\cdots\delta x_0^{k_p}\delta x_0^{l_1}\cdots\delta x_0^{l_q}\delta x_0^{m_1}\cdots\delta x_0^{m_r}\delta x_0^{n_1}\cdots\delta x_0^{n_s}] \\
&\quad -\{P^{ij}(t)P^{kl}(t)+P^{ik}(t)P^{jl}(t)+P^{il}(t)P^{jk}(t)+m^i(t)m^j(t)m^k(t)m^l(t) \\
&\quad +m^i(t)m^j(t)P^{kl}(t)+m^i(t)m^k(t)P^{jl}(t)+m^i(t)m^l(t)P^{jk}(t) \\
&\quad +m^j(t)m^k(t)P^{il}(t)+m^j(t)m^l(t)P^{ik}(t)+m^k(t)m^l(t)P^{ij}(t)\}
\end{aligned}
\tag{4.20}
$$

由此可知，当各阶状态转移张量 $\Phi_{(t,t_0)}^{i,k_1\cdots k_p}$ 沿参考轨道计算后，基于状态转移张量的各阶统计矩预报仅为解析的数学运算。但是，若状态转移张量 Taylor 展开到 M 阶，预报均值需要计算初始偏差的前 M 阶中心矩，预报协方差矩阵需要计算初始偏差的前 $2M$ 阶中心矩，预报三阶中心矩需要计算初始偏差的前 $3M$ 阶中心矩，预报四阶中心矩需要计算初始偏差的前 $4M$ 阶中心矩。因此，Taylor 展开阶次越高、预报的统计矩的阶次越高，计算公式越复杂，并且计算量呈指数增加。

因此，基于高阶状态转移张量预报初始偏差的高阶矩，进而通过终端偏差的高阶矩构建概率密度函数的方法会使计算复杂化。但是，通过计算的高阶状态转移张量，可以获得初始偏差到终端偏差的高阶非线性映射，相当于建立了偏差样本传播到终端的解析非线性代理模型。该代理模型可以较高精度(状态转移张量阶次越高、精度越高)地逼近原非线性动力系统。因此，我们可以用该代理模型来代替原非线性系统，进行高效(方法解析、计算量小)的蒙特卡罗仿真，通过统计的方法来计算终端偏差的分布，或者只用较低阶次的状态转移张量进行非线性的均值与协方差预报，再结合 GMM 计算终端偏差的概率密度函数。后一种方法不需要随机采样，不用很高阶次的 Taylor 展开，便可以高精度预报偏差的概率密度函数，因此本书选择后一种方法，并且仅关心前两阶矩(均值及协方差矩阵)的非线性传播。

截断到前四阶，即 M=4，可得均值与协方差矩阵的非线性传播方程，即

$$
\begin{aligned}
&m^i(t) \\
&=\Phi_{(t,t_0)}^{i,a}E[\delta x_0^a]+\frac{1}{2}\Phi_{(t,t_0)}^{i,ab}E[\delta x_0^a\delta x_0^b]+\frac{1}{6}\Phi_{(t,t_0)}^{i,abc}E[\delta x_0^a\delta x_0^b\delta x_0^c]+\frac{1}{24}\Phi_{(t,t_0)}^{i,abcd}E[\delta x_0^a\delta x_0^b\delta x_0^c\delta x_0^d] \\
&P^{ij}(t) \\
&=\Phi_{(t,t_0)}^{i,a}\Phi_{(t,t_0)}^{j,b}E[\delta x_0^a\delta x_0^b]+\frac{1}{2}\left(\Phi_{(t,t_0)}^{i,a}\Phi_{(t,t_0)}^{j,bc}+\Phi_{(t,t_0)}^{j,a}\Phi_{(t,t_0)}^{i,bc}\right)E[\delta x_0^a\delta x_0^b\delta x_0^c] \\
&\quad+\left[\frac{1}{4}\Phi_{(t,t_0)}^{i,ab}\Phi_{(t,t_0)}^{j,cd}+\frac{1}{6}\left(\Phi_{(t,t_0)}^{i,a}\Phi_{(t,t_0)}^{j,bcd}+\Phi_{(t,t_0)}^{j,a}\Phi_{(t,t_0)}^{i,bcd}\right)\right]E[\delta x_0^a\cdots\delta x_0^d]-m^i(t)m^j(t)
\end{aligned}
$$

$$
\begin{aligned}
&+\left[\frac{1}{12}\left(\Phi_{(t,t_0)}^{i,ab}\Phi_{(t,t_0)}^{j,cde}+\Phi_{(t,t_0)}^{j,ab}\Phi_{(t,t_0)}^{i,cde}\right)+\frac{1}{24}\left(\Phi_{(t,t_0)}^{i,a}\Phi_{(t,t_0)}^{j,bcde}+\Phi_{(t,t_0)}^{j,a}\Phi_{(t,t_0)}^{i,bcde}\right)\right]E[\delta x_0^a\cdots\delta x_0^e]\\
&+\left[\frac{1}{36}\Phi_{(t,t_0)}^{i,abc}\Phi_{(t,t_0)}^{j,def}+\frac{1}{48}\left(\Phi_{(t,t_0)}^{i,ab}\Phi_{(t,t_0)}^{j,cdef}+\Phi_{(t,t_0)}^{j,ab}\Phi_{(t,t_0)}^{i,cdef}\right)\right]E[\delta x_0^a\cdots\delta x_0^f]\\
&+\frac{1}{144}\left(\Phi_{(t,t_0)}^{i,abc}\Phi_{(t,t_0)}^{j,defg}+\Phi_{(t,t_0)}^{j,abc}\Phi_{(t,t_0)}^{i,defg}\right)E[\delta x_0^a\cdots\delta x_0^g]+\frac{1}{576}\Phi_{(t,t_0)}^{i,abcd}\Phi_{(t,t_0)}^{j,efgh}E[\delta x_0^a\cdots\delta x_0^h]
\end{aligned}
\tag{4.21}
$$

式(4.21)需要计算初始偏差的前八阶原点矩，可通过式(2.14)计算。对高斯分布，只有偶数阶中心矩不为零，且所有高阶矩均可通过均值和协方差矩阵计算。通常，初始偏差被假设为零均值的高斯分布，对零均值 $\boldsymbol{m}(t_0)=0$ 的高斯分布偏差，式(4.21)可进一步简化为

$$
\begin{aligned}
m^i(t)&=\frac{1}{2}\Phi_{(t,t_0)}^{i,ab}P_0^{ab}+\frac{1}{24}\Phi_{(t,t_0)}^{i,abcd}\mu_{\text{cen}}^{abcd}(t_0)\\
P^{ij}(t)&=\Phi_{(t,t_0)}^{i,a}\Phi_{(t,t_0)}^{j,b}P_0^{ab}+\left[\frac{1}{4}\Phi_{(t,t_0)}^{i,ab}\Phi_{(t,t_0)}^{j,cd}+\frac{1}{6}\left(\Phi_{(t,t_0)}^{i,a}\Phi_{(t,t_0)}^{j,bcd}+\Phi_{(t,t_0)}^{j,a}\Phi_{(t,t_0)}^{i,bcd}\right)\right]\mu_{\text{cen}}^{abcd}(t_0)\\
&\quad+\left[\frac{1}{36}\Phi_{(t,t_0)}^{i,abc}\Phi_{(t,t_0)}^{j,def}+\frac{1}{48}\left(\Phi_{(t,t_0)}^{i,ab}\Phi_{(t,t_0)}^{j,cdef}+\Phi_{(t,t_0)}^{j,ab}\Phi_{(t,t_0)}^{i,cdef}\right)\right]\mu_{\text{cen}}^{abcdef}(t_0)\\
&\quad+\frac{1}{576}\Phi_{(t,t_0)}^{i,abcd}\Phi_{(t,t_0)}^{j,efgh}\mu_{\text{cen}}^{abcdefgh}(t_0)-m^i(t)m^j(t)
\end{aligned}
\tag{4.22}
$$

其中，四阶中心矩 $\mu_{\text{cen}}^{abcd}(t_0)=P_0^{ab}P_0^{cd}+P_0^{ac}P_0^{bd}+P_0^{ad}P_0^{bc}$；六阶中心矩 $\mu_{\text{cen}}^{abcdef}(t_0)$（15项）和八阶中心矩 $\mu_{\text{cen}}^{abcdefgh}(t_0)$（105项）可采用式(2.31)计算。

即使 Taylor 级数展开截断到前四阶，基于状态转移张量的均值及协方差计算公式依然很复杂。研究表明[7-10]，仅考虑二阶非线性项的状态转移张量对均值及协方差矩阵的预报就具有较高精度。为便于读者理解，本书以均值及协方差矩阵的预报仅以二阶 Taylor 展开为例(算例中给出前四阶的对比结果)，基于高阶状态转移张量的推导方法与二阶类似，仅需保留相应阶次即可。

对均值为 $\boldsymbol{m}(t_0)$、协方差矩阵为 $\boldsymbol{P}(t_0)$ 的初始轨道偏差，仅考虑二阶非线性项，其终端均值与协方差矩阵可进一步简化为

$$
\begin{aligned}
m^i(t_f)&=\Phi_{(t_f,t_0)}^{i,a}\delta m_0^a+\frac{1}{2}\Phi_{(t_f,t_0)}^{i,ab}P_0^{ab}\\
P^{ij}(t_f)&=\Phi_{(t_f,t_0)}^{i,a}\Phi_{(t_f,t_0)}^{j,b}(\delta m_0^a\delta m_0^a+P_0^{ab})+\frac{1}{4}\Phi_{(t_f,t_0)}^{i,ab}\Phi_{(t_f,t_0)}^{j,cd}E[\delta x_0^a\delta x_0^b\delta x_0^c\delta x_0^d]\\
&\quad+\frac{1}{2}\left[\Phi_{(t_f,t_0)}^{i,a}\Phi_{(t_f,t_0)}^{j,bc}+\Phi_{(t_f,t_0)}^{j,a}\Phi_{(t_f,t_0)}^{i,bc}\right]E[\delta x_0^a\delta x_0^b\delta x_0^c]-m^i(t_f)m^j(t_f)
\end{aligned}
\tag{4.23}
$$

其中，三阶与四阶原点矩 $E[\delta x_0^a \delta x_0^b \delta x_0^c]$、$E[\delta x_0^a \delta x_0^b \delta x_0^c \delta x_0^d]$ 可采用式(2.30)计算。

为方便论述，简记为

$$[\boldsymbol{m}_f, \boldsymbol{P}_f] = \mathrm{STT}[t_f; t_0, \boldsymbol{m}_0, \boldsymbol{P}_0, \boldsymbol{\Phi}_{(t_f, t_0)}] \tag{4.24}$$

4.2.2　脉冲机动下的分段预报方法

基于无机动的状态转移张量或脉冲机动下的状态转移张量，可以非线性地预报初始导航偏差。考虑机动控制误差的影响，本节推导控制误差的传播方程。

基于式(1.4)所示的机动误差模型，记第 j 次脉冲机动误差的一个随机样本为 $\delta\Delta\boldsymbol{v}_j$，则第 j 次机动后，航天器的轨道误差可表示为

$$\begin{aligned} &\delta \boldsymbol{x}_j^+ = \delta \boldsymbol{x}_j + \delta \boldsymbol{x}_{vj}, \quad j = 1, 2, \cdots, m \\ &\delta \boldsymbol{x}_j = \delta \boldsymbol{x}(t_j), \quad \delta \boldsymbol{x}_{vj} = [0, 0, 0, \delta\Delta\boldsymbol{v}_j]^{\mathrm{T}} \end{aligned} \tag{4.25}$$

其中，$\Delta\boldsymbol{v}_j$ 为第 j 次标称的脉冲机动矢量；$\delta\boldsymbol{x}_{vj}$ 为第 j 次脉冲机动引起的状态偏差；$\delta\boldsymbol{x}_j$ 为第 j 次机动前的轨道偏差，该偏差由第 j−1 次机动后的轨道偏差 $\delta\boldsymbol{x}(t_{j-1})$ 预报而得；$\delta\boldsymbol{x}_j^+$ 为第 j 次机动后航天器总的状态偏差。

如图 4.1 所示，航天器的运动轨迹被施加的 m 次机动分割为 m+1 段，由此可以通过在机动时刻逐次叠加控制误差的方式将导航偏差及控制偏差分段地预报到终端。用此方法预报均值及协方差矩阵的公式为[6]

$$\left\{\begin{aligned} m^i(t_{k+1}) &= \Phi_{(t_{k+1},t_k)}^{i,a}(m_k^a)^+ + \frac{1}{2}\Phi_{(t_{k+1},t_k)}^{i,ab}[(P_k^{ab})^+ + (m_k^a)^+(m_k^b)^+] \\ P^{ij}(t_{k+1}) &= \Phi_{(t_{k+1},t_k)}^{i,a}\Phi_{(t_{k+1},t_k)}^{j,b}[(P_k^{ab})^+ + (m_k^a)^+(m_k^b)^+] \\ &\quad + \frac{1}{2}(\Phi_{(t_{k+1},t_k)}^{i,a}\Phi_{(t_{k+1},t_k)}^{j,bc} + \Phi_{(t_{k+1},t_k)}^{j,a}\Phi_{(t_{k+1},t_k)}^{i,bc})(E[\delta x_k^a \delta x_k^b \delta x_k^c])^+ \\ &\quad + \frac{1}{4}\Phi_{(t_{k+1},t_k)}^{i,ab}\Phi_{(t_{k+1},t_k)}^{j,cd}(E[\delta x_k^a \delta x_k^b \delta x_k^c \delta x_k^d])^+ - m_{k+1}^i m_{k+1}^j \end{aligned}\right. \tag{4.26}$$

其中，$k = 0, 1, \cdots, m$；$\Phi_{(t_{k+1},t_k)}$ 为从第 k 次脉冲时刻 t_k 到第 k+1 次脉冲时刻 t_{k+1} 的状态转移张量；上标“+”表示脉冲变轨后的量，$\delta\boldsymbol{x}_0^+ = \delta\boldsymbol{x}_0$，$\delta\boldsymbol{x}_k^+ = \delta\boldsymbol{x}_k + \delta\boldsymbol{x}_{vk}$，$t_{m+1} = t_f$ 表示终端时刻。

令 $E[\delta\Delta\boldsymbol{v}_k]$ 和 $\boldsymbol{P}(\delta\Delta\boldsymbol{v}_k)$ 分别为第 k 次脉冲机动偏差的均值和协方差矩阵，$\boldsymbol{R} = [\boldsymbol{0}_3, \boldsymbol{I}_3]^{\mathrm{T}}$ 为单一速度空间到位置速度空间的转换矩阵，可得 $\boldsymbol{m}_0^+ = \boldsymbol{m}_0$、$\boldsymbol{m}_k^+ = \boldsymbol{m}_k + \boldsymbol{m}_{kv}$、$\boldsymbol{m}_{vk} = \boldsymbol{R} \times E[\delta\Delta\boldsymbol{v}_k]$、$\boldsymbol{P}_0^+ = \boldsymbol{P}_0$、$\boldsymbol{P}_k^+ = \boldsymbol{P}_k + \boldsymbol{P}_{kv}$、$\boldsymbol{P}_{vk} = \boldsymbol{R} \times \boldsymbol{P}(\delta\Delta\boldsymbol{v}_k) \times \boldsymbol{R}^{\mathrm{T}}$。

变轨后状态偏差的三阶 $(E[\delta x_k^a \delta x_k^b \delta x_k^c])^+$ 和四阶矩 $(E[\delta x_k^a \delta x_k^b \delta x_k^c \delta x_k^d])^+$ 可通过式(2.30)计算。

4.2.3 脉冲机动下的连续预报方法

分段预报方法式(4.26)虽然易于实施，但是计算所得的终端偏差与蒙特卡罗仿真相比精度很差。如果分段预报偏差，后一段轨道的输入是前一段轨道的输出，偏差被前一段(图 4.1 中 $t_0 \to t_1$ 段)传播放大后，后一段(图 4.1 中 $t_1 \to t_2$ 段)采用同样阶次的状态转移张量接着预报，会产生更大的截断误差，所以将初始偏差分段预报到终端，会产生很大的预报误差。为了解决该问题，本节基于推导的可传递性状态转移张量，推导脉冲机动误差的非线性传播公式。

为便于理解推导过程，本节仅以考虑二阶非线性项的状态转移张量为例进行推导，首先考虑只有一次机动的情况(m=1)，即将初始导航偏差 $\delta x(t_0)$ 从 t_0 预报到 t_f，期间航天器在 t_1 时刻执行一次脉冲变轨。Taylor 级数展开到二阶($M=2$)，可得终端偏差为

$$\delta x^i(t_f) = \Phi_{(t_f,t_1)}^{i,k_1}(\delta x_1^{k_1} + \delta x_{v1}^{k_1}) + \frac{1}{2}\Phi_{(t_f,t_1)}^{i,k_1k_2}(\delta x_1^{k_1} + \delta x_{v1}^{k_1})(\delta x_1^{k_2} + \delta x_{v1}^{k_2}) \tag{4.27}$$

进一步，将 $\delta \boldsymbol{x}_1$ 关于 $\delta \boldsymbol{x}_0$ 的非线性映射代入式(4.27)，截断到二阶，并消去中间变量 $\delta \boldsymbol{x}_1$，可得

$$\begin{aligned}
&\delta x^i(t_f) = \mathrm{d}A + \mathrm{d}B + \mathrm{d}C \\
&\mathrm{d}A = \Phi_{(t_f,t_0)}^{i,k_1}\delta x_0^{k_1} + \frac{1}{2}\Phi_{(t_f,t_0)}^{i,k_1k_2}\delta x_0^{k_1}\delta x_0^{k_2} \\
&\mathrm{d}B = \Phi_{(t_f,t_1)}^{i,k_1}\delta x_{v1}^{k_1} + \frac{1}{2}\Phi_{(t_f,t_1)}^{i,k_1k_2}\delta x_{v1}^{k_1}\delta x_{v1}^{k_2} \\
&\mathrm{d}C = \Phi_{(t_f,t_1)}^{i,l_1l_2}\Phi_{(t_1,t_0)}^{l_1,k_1}\boldsymbol{I}_6^{l_2,k_2}\delta x_0^{k_1}\delta x_{v1}^{k_2}
\end{aligned} \tag{4.28}$$

类似地，将推导思想递归地应用到多脉冲情形，对含有 m 次脉冲机动的偏差传播问题，可将终端状态偏差 δx_f 表示为初始状态偏差 δx_0 及机动误差 δx_{vk} ($k=1, 2,\cdots,m$)的函数，即

$$\begin{aligned}
\delta x_f^i =\ & \Phi_{(t_f,t_0)}^{i,l_1}\delta x_0^{l_1} + \frac{1}{2}\Phi_{(t_f,t_0)}^{i,l_1l_2}\delta x_0^{l_1}\delta x_0^{l_2} + \sum_{k=1}^{m}\left(\Phi_{(t_f,t_k)}^{i,l_1}\delta x_{vk}^{l_1} + \frac{1}{2}\Phi_{(t_f,t_k)}^{i,l_1l_2}\delta x_{vk}^{l_1}\delta x_{vk}^{l_2}\right) \\
& + \sum_{k=1}^{m}\left(\Theta_{(t_f,t_k,t_0)}^{i,l_1l_2}\delta x_0^{l_1}\delta x_{vk}^{l_2}\right) + \sum_{k=1}^{m-1}\sum_{n=k+1}^{m}\left(\Theta_{(t_f,t_n,t_k)}^{i,l_1l_2}\delta x_{vn}^{l_1}\delta x_{vk}^{l_2}\right)
\end{aligned} \tag{4.29}$$

其中，对 $j=0, 1,\cdots,m$，状态转移张量 $\Phi_{(t_f,t_j)}^{i,l_1l_2}$ 通过式(4.16)递归计算，与机动误差

相关的状态转移 $\boldsymbol{\Theta}$ 的计算公式为

$$\Theta_{(t_f,t_k,t_0)}^{i,l_1l_2}=\Phi_{(t_f,t_k)}^{i,p_1p_2}\Phi_{(t_k,t_0)}^{p_1,l_1}\mathrm{I}_6^{p_2,l_2},\quad \Theta_{(t_f,t_n,t_k)}^{i,l_1l_2}=\Phi_{(t_f,t_n)}^{i,p_1p_2}\Phi_{(t_n,t_k)}^{p_1,l_1}\mathrm{I}_6^{p_2,l_2} \tag{4.30}$$

考虑导航过程与轨道控制过程是两个独立随机事件，则初始导航误差 $\delta\boldsymbol{x}_0$ 和各次机动误差 $\delta\boldsymbol{x}_{vk}$ $(k=1,2,\cdots,m)$ 是两两相互独立的随机变量。进一步，假设各次机动误差均值为 0，则初始导航误差与机动误差各阶矩的交叉项中大部分都为 0，如 $E[\delta\boldsymbol{x}_0\delta\boldsymbol{x}_{vk}]$、$E[\delta\boldsymbol{x}_0\delta\boldsymbol{x}_0\delta\boldsymbol{x}_{vk}]$、$E[\delta\boldsymbol{x}_0\delta\boldsymbol{x}_0\delta\boldsymbol{x}_0\delta\boldsymbol{x}_{vk}]$、$E[\delta\boldsymbol{x}_0\delta\boldsymbol{x}_{vk}\delta\boldsymbol{x}_{vk}\delta\boldsymbol{x}_{vk}]$ 等；仅有 $E[\delta\boldsymbol{x}_0\delta\boldsymbol{x}_{vk}\delta\boldsymbol{x}_{vk}]$、$E[\delta\boldsymbol{x}_0\delta\boldsymbol{x}_0\delta\boldsymbol{x}_{vk}\delta\boldsymbol{x}_{vk}]$、$E[\delta\boldsymbol{x}_{vn}\delta\boldsymbol{x}_{vn}\delta\boldsymbol{x}_{vk}\delta\boldsymbol{x}_{vk}]$ 三项不为 0。为了同时将初始导航误差及各次机动控制误差预报到 t_f 时刻，将其代入均值与协方差矩阵的定义式，消去二阶以上项及交叉矩为 0 的项，可得在多次脉冲机动下，航天器终端状态偏差 $\delta\boldsymbol{x}_f$ 的均值 $\boldsymbol{m}_f$ 及协方差矩阵 $\boldsymbol{P}_f$ 为[5]

$$\begin{gathered}\boldsymbol{m}_f=\boldsymbol{m}_f^{(1)},\quad \boldsymbol{P}_f=\boldsymbol{P}_f^{(1)}+\boldsymbol{P}_f^{(2)}+\boldsymbol{P}_f^{(3)}+\boldsymbol{P}_f^{(4)}\\ \left[\boldsymbol{m}_f^{(1)},\boldsymbol{P}_f^{(1)}\right]=\mathrm{STT}\left[t_f;t_0,\boldsymbol{m}_0,\boldsymbol{P}_0,\boldsymbol{\Phi}_{(t_f,t_0)}\right]+\sum_{k=1}^{m}\mathrm{STT}\left[t_f;t_k,\boldsymbol{m}_{vk},\boldsymbol{P}_{vk},\boldsymbol{\Phi}_{(t_f,t_k)}\right]\end{gathered} \tag{4.31}$$

其中，可传递状态转移张量 $\boldsymbol{\Phi}_{(t_f,t_0)}$ 与 $\boldsymbol{\Phi}_{(t_f,t_k)}$ 通过(4.16)递归计算。

令 $\boldsymbol{R}=[\boldsymbol{0}_3,\boldsymbol{I}_3]^{\mathrm{T}}$、$\boldsymbol{m}_{vk}=\boldsymbol{R}\times E[\delta\Delta\boldsymbol{v}_k]$、$\boldsymbol{P}_{vk}=\boldsymbol{R}\times\boldsymbol{P}(\delta\Delta\boldsymbol{v}_k)\times\boldsymbol{R}^{\mathrm{T}}$，$E[\delta\Delta\boldsymbol{v}_k]$ 与 $\boldsymbol{P}(\delta\Delta\boldsymbol{v}_k)$ 分别为第 k 次脉冲机动偏差的均值及协方差矩阵，假设机动误差为高斯分布，则 $\delta\boldsymbol{x}_{vj}$ 的三阶及四阶原点矩可以根据式(2.30)计算。考虑导航误差及机动误差统计矩中不为 0 的交叉项，用于修正终端协方差矩阵的 $\boldsymbol{P}_f^{(2)}$、$\boldsymbol{P}_f^{(3)}$ 与 $\boldsymbol{P}_f^{(4)}$ 三项表达式为

$$\begin{aligned}\left[P_f^{(2)}\right]^{ij}&=\sum_{k=1}^{m}\left(\Phi_{(t_f,t_k)}^{i,l_1}\Theta_{(t_f,t_k,t_0)}^{j,l_2l_3}+\Phi_{(t_f,t_k)}^{j,l_1}\Theta_{(t_f,t_k,t_0)}^{i,l_2l_3}\right)E\left[\delta x_0^{l_2}\delta x_{vk}^{l_1}\delta x_{vk}^{l_3}\right]\\&\quad+\sum_{k=1}^{m}\frac{1}{2}\left(\Phi_{(t_f,t_0)}^{i,l_1}\Phi_{(t_f,t_k)}^{j,l_1l_2}+\Phi_{(t_f,t_0)}^{j,l_1}\Phi_{(t_f,t_k)}^{i,l_1l_2}\right)E\left[\delta x_0^{l_1}\delta x_{vk}^{l_2}\delta x_{vk}^{l_3}\right]\\ \left[P_f^{(3)}\right]^{ij}&=\sum_{k=1}^{m}\Theta_{(t_f,t_k,t_0)}^{i,l_1l_2}\Theta_{(t_f,t_k,t_0)}^{j,l_3l_4}E\left[\delta x_0^{l_1}\delta x_0^{l_3}\delta x_{vk}^{l_2}\delta x_{vk}^{l_4}\right]\\&\quad+\sum_{k=1}^{m}\frac{1}{4}\left(\Phi_{(t_f,t_0)}^{i,l_1l_2}\Phi_{(t_f,t_k)}^{j,l_3l_4}+\Phi_{(t_f,t_0)}^{j,l_1l_2}\Phi_{(t_f,t_k)}^{i,l_3l_4}\right)E\left[\delta x_0^{l_1}\delta x_0^{l_2}\delta x_{vk}^{l_3}\delta x_{vk}^{l_4}\right]\\ \left[P_f^{(4)}\right]^{ij}&=\sum_{k=1}^{m-1}\sum_{n=k+1}^{m}\Theta_{(t_f,t_n,t_k)}^{i,l_1l_2}\Theta_{(t_f,t_n,t_k)}^{j,l_3l_4}E\left[\delta x_{vn}^{l_1}\delta x_{vn}^{l_3}\delta x_{vk}^{l_2}\delta x_{vk}^{l_4}\right]\end{aligned} \tag{4.32}$$

其中，Θ 通过式(4.30)计算。

$$E[\delta x_0^{l_1}\delta x_{vk}^{l_2}\delta x_{vk}^{l_3}] = m_0^{l_1}P_{vk}^{l_2l_3}$$
$$E[\delta x_0^{l_1}\delta x_0^{l_2}\delta x_{vk}^{l_3}\delta x_{vk}^{l_4}] = (m_0^{l_1}m_0^{l_2} + P_0^{l_1l_2})P_{vk}^{l_3l_4} \tag{4.33}$$
$$E[\delta x_{vn}^{l_1}\delta x_{vn}^{l_3}\delta x_{vk}^{l_2}\delta x_{vk}^{l_4}] = P_{vn}^{l_1l_3}P_{vk}^{l_2l_4}$$

特别地，式(4.33)仅对各次机动误差做了均值为 0 的假设，并不要求初始状态误差 $\delta\boldsymbol{x}_0$ 的均值也为 0。若各次机动误差均值不为 0，初始状态及机动误差的统计矩中存在更多不为 0 的交叉项，因此不能获得简化。研究表明，仅考虑二阶非线性项的状态转移张量对均值及协方差矩阵的预报结果就可以与蒙特卡罗仿真吻合得很好[7,9]。对考虑二阶以上非线性项的状态转移张量，由于存在更多非 0 交叉项，终端均值及协方差矩阵的计算公式更为复杂，加之状态转移张量的计算复杂度随阶次呈指数增加，因此实际应用中建议仅截断到二阶。另外，即使初始状态误差均值为 0，采用 GMM 沿某一方向分割后，初始状态误差均值在该方向将存在非 0 项。因为式(4.31)并未假设初始状态误差均值为 0，所以可以用于预报 GMM 中每个子高斯分布的均值及协方差矩阵。仿真表明，初始状态误差及各次机动误差的交叉项 $\boldsymbol{P}_f^{(2)}$ 、$\boldsymbol{P}_f^{(3)}$ 、$\boldsymbol{P}_f^{(4)}$ 对终端状态协方差矩阵 $\boldsymbol{P}_f$ 的影响微小。在不进行繁琐计算的情况下，忽略 $\boldsymbol{P}_f^{(2)}$ 、$\boldsymbol{P}_f^{(3)}$ 与 $\boldsymbol{P}_f^{(4)}$ 三项(即 $\boldsymbol{P}_f = \boldsymbol{P}_f^{(1)}$)也可获得较好的计算精度。

4.3 算 例 分 析

本节采用近地交会问题验证提出的偏差传播分析方法。在航天器交会过程中，调相段终端控制精度直接影响由地面导引控制切换到自主导引控制的位置及时间。因此，对调相段进行偏差传播分析具有重要意义。

4.3.1 问题配置

目标轨道为高度 340km、倾角 42.9°的近圆轨道，追踪器入轨近/远地点高度分别为 200/330km。目标器与追踪器的初始经典轨道根数 $\boldsymbol{E}=[a, e, i, \Omega, \omega, f]$分别为 $\boldsymbol{E}_{\rm tar}(t_0)=$[6716.3km, 0.0006, 42.8545°, 55.7517°, 231.488°, 0°]、$\boldsymbol{E}_{\rm cha}(t_0)=$[6636.004km, 0.0098, 42.8376°, 55.9165°, 125.488°, 0°]。交会初始时刻 $t_0=0$，大气阻力系数 C_D=2.2，目标航天器质量 $M_{\rm tar}=8000$kg，阻力面积 $S_{\rm tar}=30{\rm m}^2$，追踪航天器质量 $M_{\rm cha}=7500$kg，阻力面积 $S_{\rm cha}=20{\rm m}^2$。终端时刻 $t_f=86400$s，要求追踪器在目标器的 LVLH 坐标系中的相对位置速度为 $\boldsymbol{\rho}_{\rm aim}=[-13.5, -50.0, 0]^{\rm T}$(km)、$\dot{\boldsymbol{\rho}}_{\rm aim}=[0, 23.23, 0]^{\rm T}$(m/s)。轨道动力学模型考虑大气阻力及地球非球形引力 J_2 项摄动。在调相过程中，追踪器执行四次轨道机动，将其由入轨位置转移到调相段终端瞄准点。在标称情况下，四脉冲机动

的变轨参数采用机动瞄准算法根据追踪器入轨状态 $\boldsymbol{E}_{\text{cha}}(t_0)$、目标器终端状态 $\boldsymbol{E}_{\text{tar}}(t_f)$、终端瞄准状态计算。追踪器 LVLH 坐标系下的标称变轨冲量如表 4.1 所示。

表 4.1　追踪器 LVLH 坐标系下的标称变轨冲量

脉冲	$k=1$	$k=2$	$k=3$	$k=4$
t_k /s	13455.821	23889.631	58617.161	84168.071
Δv_{kx}/(m/s)	–0.7007	–2.4560	0.6723	1.8463
Δv_{ky}/(m/s)	12.6825	8.0886	–0.6618	16.2127
Δv_{kz}/(m/s)	1.5309	4.2760	–1.0802	–3.3895

本书仅考虑追踪航天器导航及轨道机动误差，且所有误差均值及标准差均在追踪航天器 LVLH 坐标系中描述。蒙特卡罗仿真样本数为 100000，导航误差与机动误差均假设为零均值高斯分布。导航误差标准差的位置 $\boldsymbol{\sigma}_{\delta \boldsymbol{r}}$ =[100, 100, 100]^{T}(m)、速度 $\boldsymbol{\sigma}_{\delta \boldsymbol{v}}$ =[0.1, 0.1, 0.1]^{T}(m/s)；控制误差采用 1.1 节所述模型，其中系数 $\alpha = 0.001$、$\beta = 0.02$。考虑导航误差与控制误差各分量之间存在相关性，根据误差标准差，设置导航误差协方差矩阵 $\boldsymbol{P}(t_0)$ 和控制误差协方差矩阵 $\boldsymbol{P}(\delta\Delta\boldsymbol{v}_k)$ 分别为

$$
\boldsymbol{P}^{ij}(t_0)=\begin{cases}\sigma_i^2, & i=j \\ -0.01\sigma_i\sigma_j, & i\neq j\end{cases},\quad \boldsymbol{P}^{ab}(\delta\Delta\boldsymbol{v}_k)=\begin{cases}\sigma_a^2, & a=b \\ 0.01\sigma_a\sigma_b, & a\neq b\end{cases} \tag{4.34}
$$

其中，$k=1,2,\cdots,m$；$i,j\in\{\delta x,\delta y,\delta z,\delta v_x,\delta v_y,\delta v_z\}$；$a,b\in\{\delta\Delta v_{kx},\delta\Delta v_{ky},\delta\Delta v_{kz}\}$。

4.3.2　状态转移张量精度对比

追踪航天器在无机动自由飞行情况下，基于 5.4.1 节的配置参数，将状态转移张量的初始均值及协方差矩阵预报到终端，所得结果如表 4.2 和表 4.3，以及图 4.2 和图 4.3 所示。特别指出，为了方便对比，表中第二行给出蒙特卡罗仿真结果，其他行是各阶次状态转移张量方法相对蒙特卡罗仿真的预报误差，即第一列符号“–”表示做差。

表 4.2　无机动工况终端偏差均值对比

状态转移张量预报	m_x /m	m_y /m	m_z /m	m_{vx} /(mm/s)	m_{vy} /(mm/s)	m_{vz} /(mm/s)
蒙特卡罗	–364.31	1.73	–0.48	–1.90	1.60	1.36
一阶-蒙特卡罗	364.31	–1.73	0.48	1.90	1.60	1.36
二阶-蒙特卡罗	0.01	–1.91	0.00	0.01	–0.05	0.00
四阶-蒙特卡罗	0.01	–1.91	0.00	0.01	–0.04	0.00

表 4.3 无机动工况终端偏差标准差对比

状态转移张量预报	σ_x /m	σ_y /m	σ_z /m	σ_{vx} /(mm/s)	σ_{vy} /(mm/s)	σ_{vz} /(mm/s)
蒙特卡罗	534.90	69330.93	115.69	484.98	243.79	128.20
一阶-蒙特卡罗	–399.76	3.78	0.01	–0.04	0.03	0.01
二阶-蒙特卡罗	–2.27	3.78	0.01	–0.03	0.04	0.01
四阶-蒙特卡罗	–2.31	0.02	0.00	0.00	0.00	0.00

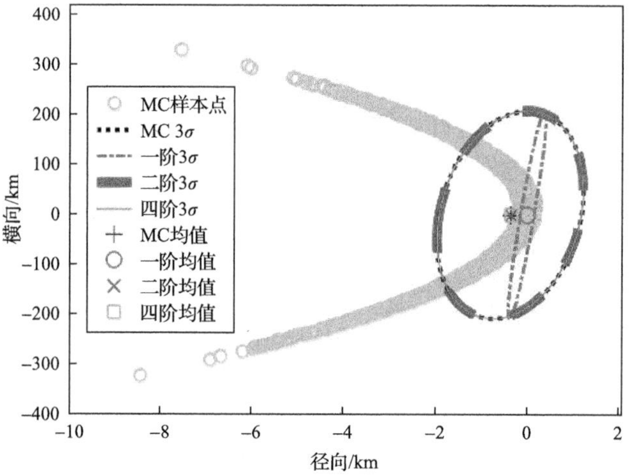

图 4.2 无机动工况终端偏差 *xy* 平面投影

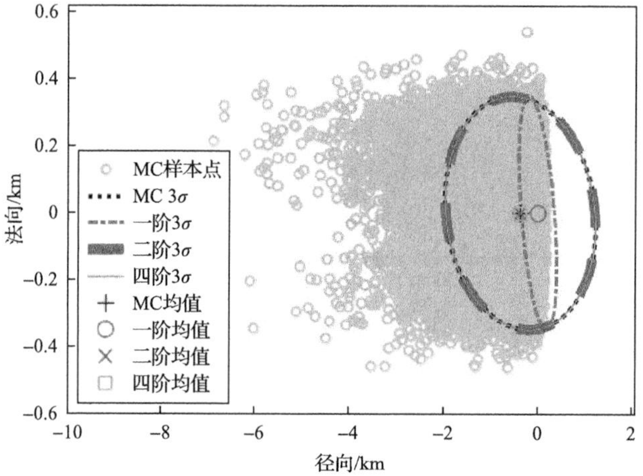

图 4.3 无机动工况终端偏差 *xz* 平面投影

由表 4.2 和表 4.3 可知，考虑非线性项的二阶解及四阶解对均值及协方差矩阵的预报精度高于线性一阶解，考虑非线性项后对径向精度有明显提高。对于本算例，二阶解和四阶解精度相当，四阶解对横向标准差 σ_y 的预报精度(0.02m)相对二阶解(3.78m)有进一步改进。为便于形象理解，图 4.2 与图 4.3 给出终端偏差样本点及各阶解的 3σ 误差椭球在追踪航天器当地轨道坐标系 xy 平面和 xz 平面投影的示意图(由于各阶解速度误差相差不大，不再给出示意图)，可知非线性解的 3σ 误差椭球与蒙特卡罗仿真吻合良好，而线性解的 3σ 误差椭球明显小于蒙特卡罗仿真结果，特别是在径向。

采用一个相对轨迹预报问题来验证推导的可传递状态转移张量的正确性。以追踪航天器为参考，设置初始相对运动状态为 $\delta\boldsymbol{x}(t_0)$=[−1.35km, −50km, 0.1km, 0.5m/s, 2.323m/s, 0.1m/s]^{T}。考虑追踪航天器执行表 4.1 中的脉冲变轨，分别采用推导的前四阶状态转移张量将该初始相对状态预报到终端时刻 t_f，获得预报的相对状态 $\delta\boldsymbol{x}_{\mathrm{STT}}^{M}(t_f)$。另外，将该初始相对状态 $\delta\boldsymbol{x}(t_0)$ 以 $\boldsymbol{x}_{\mathrm{cha}}(t_0)$ 为参考点转换为绝对状态 $\tilde{\boldsymbol{x}}_{\mathrm{cha}}(t_0)$，分别将 $\boldsymbol{x}_{\mathrm{cha}}(t_0)$ 和 $\tilde{\boldsymbol{x}}_{\mathrm{cha}}(t_0)$ 积分到终端，作差获得终端相对状态 $\delta\boldsymbol{x}(t_f)$，并将该状态作为对比真值。最后将预报值与真值作差获得预报的绝对误差。由表 4.4 可知，对这个初始相对距离(约 51km)大、预报时间长的问题，一阶线性预报存在较大的预报误差，约 121km。随着状态转移张量阶次提高、预报误差迅速减小，四阶状态转移张量的位置预报误差仅有 2.8km。

表 4.4　基于状态转移张量的相对轨迹预报精度对比

绝对误差	一阶($M=1$)	二阶($M=2$)	三阶($M=3$)	四阶($M=4$)
相对距离/m	121684.99	3520.65	2925.48	2825.91
相对速度/(m/s)	139.707	4.079	3.392	3.269

由仿真结果可知，本书推导的无机动情况下的状态转移张量及脉冲机动下的可传递状态转移张量是正确有效的。

4.3.3　分段偏差预报结果对比

对考虑轨道机动的偏差传播问题，以蒙特卡罗仿真结果作为真值，采用式(4.26)所示的分段预报方法将偏差均值及协方差矩阵预报到终端时刻，并与蒙特卡罗仿真对比。所得终端偏差在各坐标平面的投影如图 4.4～图 4.7 所示。终端偏差均值与标准差的预报误差如表 4.5 和表 4.6 所示。特别指出，表中第二行为蒙特卡罗仿真结果，其他行是状态转移张量方法相对蒙特卡罗仿真的预报误差，即第一列符号“−”表示做差。

由图 4.4～图 4.7 可知，采用二阶以上状态转移张量分段预报的终端位置及速度偏差的 3σ 误差椭球(对应协方差矩阵)均远大于蒙特卡罗仿真的 3σ 椭球，并且这些大椭球包含的大部分空间均没有蒙特卡罗仿真样本点，这表明用状态转移张量分段预报的 3σ 椭球被过度放大了。

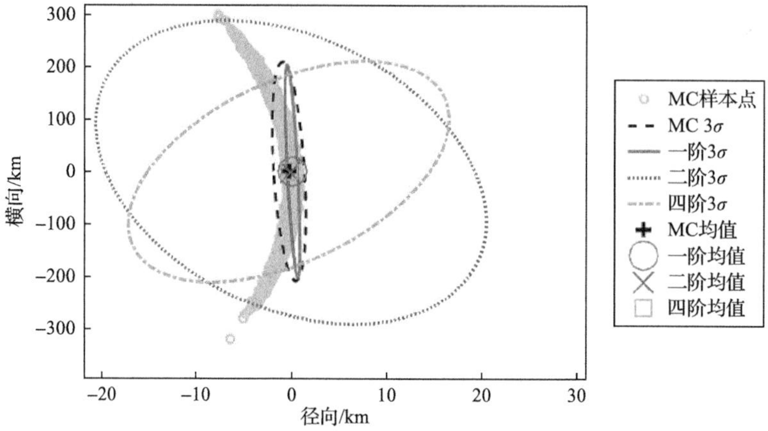

图 4.4　分段预报终端偏差 xy 平面投影

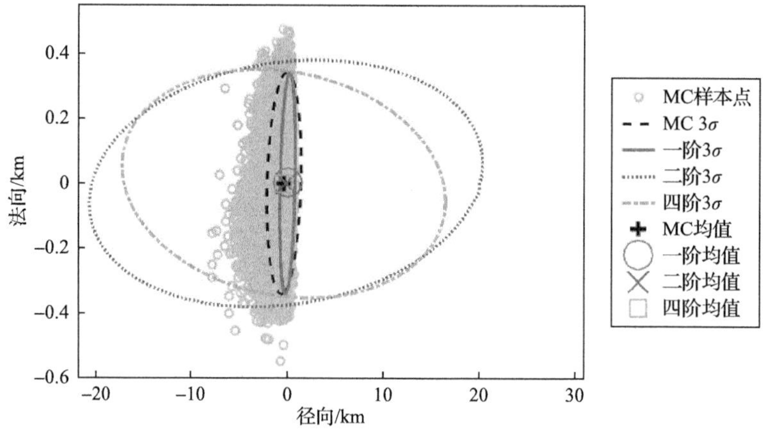

图 4.5　分段预报终端偏差 xz 平面投影

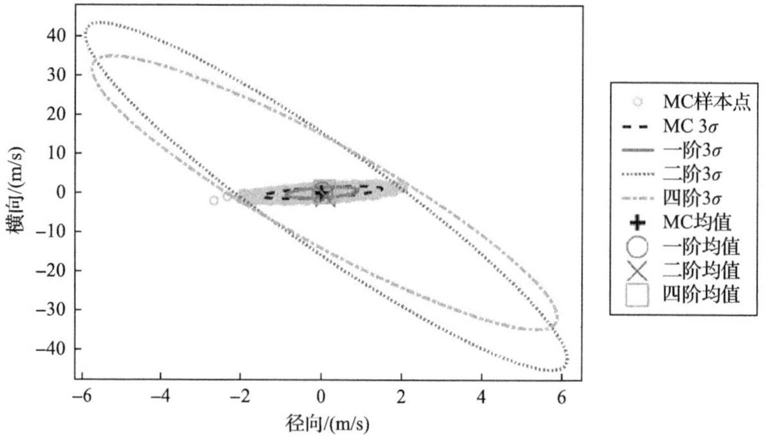

图 4.6　分段预报终端偏差 v_xv_y 平面投影

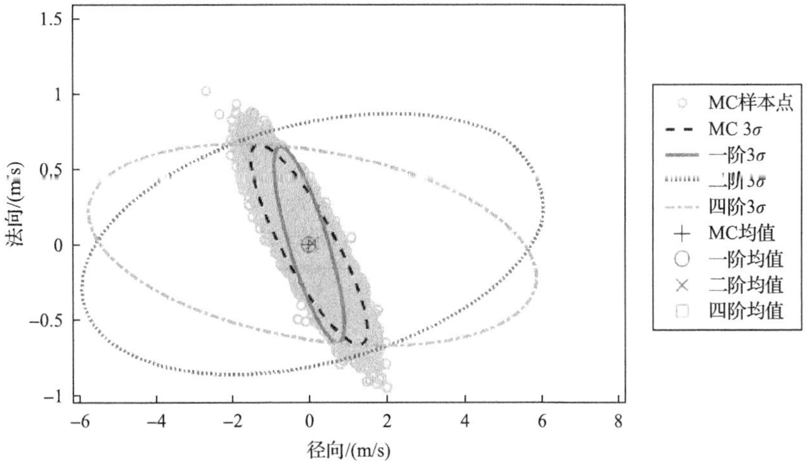

图 4.7　分段预报终端偏差 v_xv_z 平面投影

表 4.5　脉冲机动工况分段偏差演化终端均值对比

状态转移张量分段预报	m_x /m	m_y /m	m_z /m	m_{vx} /(mm/s)	m_{vy} /(mm/s)	m_{vz} /(mm/s)
蒙特卡罗	−356.63	−4.06	−1.20	−7.04	−1.36	0.64
一阶-蒙特卡罗	356.63	4.06	1.20	7.04	1.36	−0.64
二阶-蒙特卡罗	149.29	−1442.45	0.35	91.65	−936.12	4.39
三阶-蒙特卡罗	1246.12	−3963.18	3.87	382.50	−2485.21	10.60
四阶-蒙特卡罗	−17.29	39.23	−0.06	56.14	27.12	0.11

表 4.6　脉冲机动工况分段偏差演化终端标准差对比

状态转移张量分段预报	σ_x /m	σ_y /m	σ_z /m	σ_{vx} /(mm/s)	σ_{vy} /(mm/s)	σ_{vz} /(mm/s)
蒙特卡罗	588.74	69382.40	113.45	501.68	538.34	221.37
一阶-蒙特卡罗	−319.64	−1706.94	−0.30	−199.67	−65.80	−4.11
二阶-蒙特卡罗	6250.49	27008.55	12.94	1508.14	14185.11	67.30
三阶-蒙特卡罗	5176.97	3258.54	4.95	1578.04	11229.10	7.21
四阶-蒙特卡罗	5021.30	750.93	3.43	1437.35	11053.54	1.94

另外，一阶状态转移张量的 3σ 椭球又远小于蒙特卡罗仿真，只包含少部分样本点，也不精确。令人意外的是，高阶状态转移张量(二～四阶)的结果比一阶线性协方差预报结果还差。这是因为考虑二阶非线性项后，如果没有轨道机动，一阶线性方法预报所得的 3σ 误差椭球很小，与蒙特卡罗仿真有较大误差；状态转移张量对均值及协方差矩阵的预报结果接近蒙特卡罗仿真结果，即会获得比一阶线性预报更大的 3σ 误差椭球，如图 4.4～图 4.7 所示。由于考虑轨道机动后，预报过程被分为很多段，3σ 误差椭球(即对应的协方差矩阵)被第一段轨道放大后，代

入第二段轨道预报时，因为第二段状态转移张量与第一段阶次相同，但输入的轨道偏差(可理解为相对 Taylor 级数参考点的距离)却远大于第一段，因此会产生更大的截断误差，并且分段越多导致的截断误差越大。由于线性方法在每一段都不会放大误差椭球，不会产生较大截断误差，因此二阶状态转移张量会得到远大于线性方法的误差椭球。

由表 4.5 和表 4.6 可知，非线性状态转移张量对均值及协方差的预报结果相对蒙特卡罗仿真有较大误差，特别是在横向(y 方向)。例如，二阶状态转移张量横向均值与标准差的预报误差分别为–1.442km 与 27.008km；该预报误差比一阶状态转移张量的还要大，即考虑非线性项后精度反而变差。对非线性的状态转移张量(二～四阶)，阶数越高精度越好。这是因为阶数越高，3σ 椭球不会在第一段被无限放大，而是逼近蒙特卡罗仿真结果，在后续段的预报中，阶数越高截断误差会越小。可以看出，线性问题(一阶)和非线性问题(二～四阶)表现出的特性不一样。如果非线性项没有被正确建模考虑，反而会得到比线性方法更差的结果。考虑非线性项后的结果不像线性问题那样成比例变化，而是更不具备规律性。由此可知，考虑脉冲机动后，采用状态转移张量分段地进行误差传播是不太合理的，需要基于可传递状态转移张量进行连续预报。另外，基于二阶可传递状态转移张量的连续预报结果比基于四阶状态转移张量的分段预报结果要好，验证了本书推导的可传递状态转移张量的优越性。对 6 维轨道偏差传播问题，计算二阶状态转移张量仅需要积分 258 项($=6^3+6^2+6$)，而计算四阶状态转移张量需要积分 9330 项($=6^5+6^4+6^3+6^2+6$)，计算复杂度远高于二阶。

4.3.4 连续偏差预报结果对比

在一阶线性假设下($M=1$)，状态转移矩阵是自然可传递的，即 $\Phi^{i,l_1}_{(t_f,t_0)}=\Phi^{i,k_1}_{(t_f,t_j)}\Phi^{k_1,l_1}_{(t_j,t_0)}$。因此，若仅考虑一阶线性项，分段预报与连续预报所得结果一致。但是，线性方法对非线性系统的计算误差较大，所以有必要考虑非线性项的影响。与蒙特卡罗仿真对比，本节验证基于可传递状态转移张量进行偏差传播的精度。所得终端偏差在各坐标平面的投影如图 4.8～图 4.11 所示。终端偏差均值及标准差的预报误差如表 4.7 和表 4.8 所示。表中第二行为蒙特卡罗仿真结果，其他行是状态转移张量方法相对蒙特卡罗仿真的预报误差。

由图 4.8～图 4.11 可知，一阶状态转移张量预报的 3σ 误差椭球远小于蒙特卡罗仿真所得的 3σ 误差椭球，特别是在轨道径向(x 方向，该方向非线性度最大)。因此，线性方法所得 3σ 误差椭球只包含少量的仿真样本点。然而，非线性可传递状态转移张量预报所得的 3σ 误差椭球与蒙特卡罗仿真基本一样，相对线性预报，径向预报误差被大大减小。

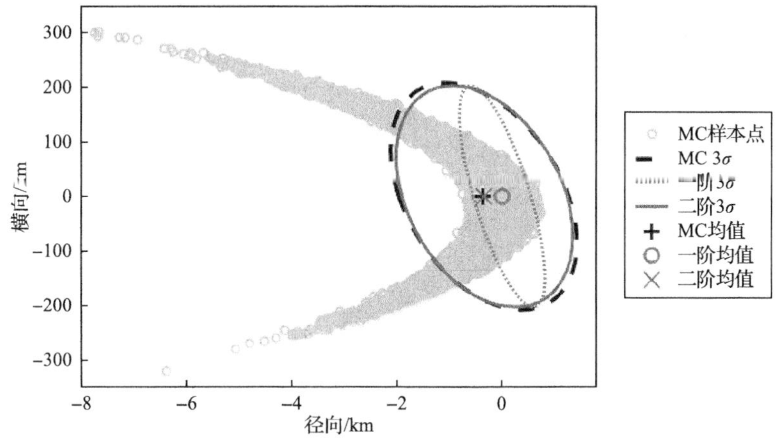

图 4.8　连续预报终端偏差 xy 平面投影

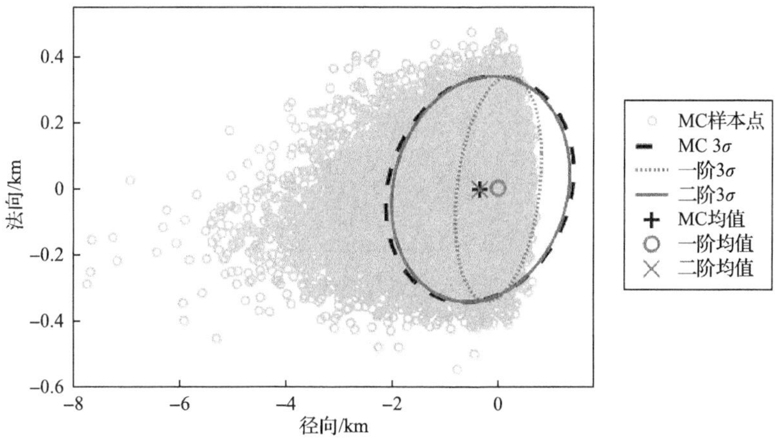

图 4.9　连续预报终端偏差 xz 平面投影

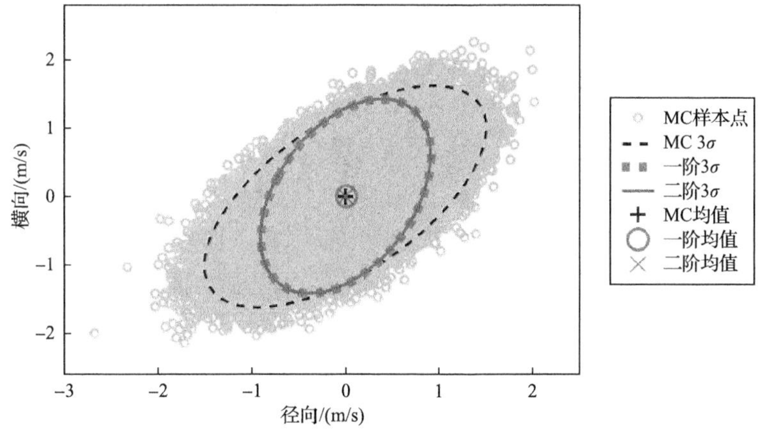

图 4.10　连续预报终端偏差 v_xv_y 平面投影

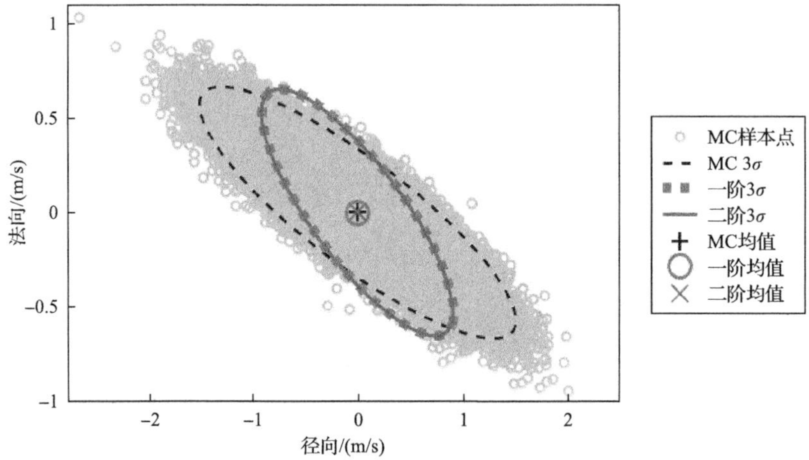

图 4.11　连续预报终端偏差 v_xv_z 平面投影

表 4.7　脉冲机动工况连续偏差演化终端均值对比

状态转移张量连续预报	m_x /m	m_y /m	m_z /m	m_{vx} /(mm/s)	m_{vy} /(mm/s)	m_{vz} /(mm/s)
蒙特卡罗	–356.63	–4.06	–1.20	–7.04	–1.36	0.64
一阶-蒙特卡罗	356.63	4.06	1.20	7.04	1.36	–0.64
二阶-蒙特卡罗	14.37	11.53	0.05	0.35	4.16	–0.00

表 4.8　脉冲机动工况连续偏差演化终端标准差对比

状态转移张量连续预报	σ_x /m	σ_y /m	σ_z /m	σ_{vx} /(mm/s)	σ_{vy} /(mm/s)	σ_{vz} /(mm/s)
蒙特卡罗	588.74	69382.40	113.45	501.68	538.34	221.37
一阶-蒙特卡罗	–319.64	–1706.94	–0.30	–199.67	–65.80	–4.11
二阶-蒙特卡罗	–31.16	–1706.93	–0.29	–199.50	–65.78	–4.10

由表 4.7 和表 4.8 可知，相对蒙特卡罗仿真，一阶状态转移张量对径向偏差均值及标准差的预报误差分别为 356.63m 和–319.64m，二阶状态转移张量对径向偏差均值及标准差的预报误差仅为 14.37m 和–31.16m。显然，考虑非线性项后，虽然非线性状态转移张量(二阶)的横向均值预报误差(11.53m)比一阶状态转移张量的预报误差(4.06m)还大,但是径向(非线性度较大的方向)轨道误差的预报精度被明显提高。事实上，这个预报误差跟横向误差标准差(69.382km)相比显得微不足道。但是，与径向误差标准差(588.74m)相比，考虑非线性项对径向均值预报精度的改进(356.63～14.37m)却很显著。由图 4.8～图 4.11 可知,跟一阶线性预报相比,二阶状态转移张量的预报结果与蒙特卡罗仿真结果吻合更好。

总之，对比表 4.5、表 4.6 与表 4.7、表 4.8 可知，在脉冲机动下，基于本书推导的可传递性状态转移张量进行偏差预报，比直接采用状态转移张量分段预报或基于一阶状态转移矩阵预报具有更高的精度。

本章针对航天器绝对轨道偏差传播分析问题，考虑航天器轨道机动及机动误差影响，推导半解析、非线性的偏差演化分析方法，主要是对均值和协方差矩阵的非线性预报进行推导和仿真分析。事实上，即使输入状态偏差的分布服从高斯分布，经非线性映射后，输出偏差并不能保障仍然为高斯分布。对非高斯分布，仅用均值和协方差矩阵这前两阶统计矩很难完整地描述其分布特性，本书将在第 6 章联合 GMM，探讨非高斯偏差概率密度函数的非线性演化问题。

特别是，本章提出的方法并不局限于绝对轨道偏差传播问题，而是可适用于任何一阶微分动力系统 $\dot{\boldsymbol{x}}(t)=\boldsymbol{f}[\boldsymbol{x}(t),t]$。例如，若将 $\boldsymbol{f}[\boldsymbol{x}(t),t]$ 定义为式(2.8)，则可用于传播相对轨道偏差。但是，本书方法所用状态转移张量的计算需要推导动力学方程的高阶偏导数，这对复杂动力系统(如高精度轨道动力学方程)操作困难，需要借助一些自动微分技术来计算函数高阶偏导数。

参 考 文 献

[1] Park R S, Scheeres D J. Nonlinear mapping of Gaussian statistics: theory and applications to spacecraft trajectory design. Journal of Guidance, Control, and Dynamics, 2006, 29(6): 1367-1375.

[2] Park R S, Scheeres D J. Nonlinear semi-analytic methods for trajectory estimation. Journal of Guidance, Control, and Dynamics, 2007, 30(6): 1668-3676.

[3] Vallado D A. Fundamentals of Astrodynamics and Applications.3rd ed. California: Microscosm Press, 2007: 515-719.

[4] 张洪波. 航天器轨道动力学理论与方法. 北京: 国防工业出版社, 2015.

[5] Yang Z, Luo Y Z, Zhang J. Nonlinear semi-analytical uncertainty propagation of trajectory under impulsive maneuvers. Astrodynamics, 2019, 3(1): 61-77.

[6] Yang Z, Luo Y Z, Zhang J, et al. Uncertainty quantification for short rendezvous missions using a nonlinear covariance propagation method. Journal of Guidance, Control, and Dynamics, 2016, 39(9): 2170-2178.

[7] Fujimoto K, Scheeres D J, Alfriend K T. Analytical nonlinear propagation of uncertainty in the two-body problem. Journal of Guidance, Control, and Dynamics, 2012, 35(2): 497-509.

[8] Park I, Fujimoto K, Scheeres D J. Effect of dynamical accuracy for uncertainty propagation of perturbed Keplerian motion. Journal of Guidance, Control, and Dynamics, 2015, 38(12): 2287-2300.

[9] Park I, Scheeres D J. Hybrid method for uncertainty propagation of orbital motion. Journal of Guidance, Control, and Dynamics, 2017, 41(1): 240-254.

[10] Majji M, Junkins J L, Turner J. A high order method for estimation of dynamic systems. Journal of the Astronautical Sciences, 2008, 56(3): 401-440.

第5章　微分代数方法

状态转移张量方法需要推导动力学方程复杂的高阶偏导数，为了避免推导高阶偏导数带来的繁琐工作，引入微分代数方法提出一种高精度、高效率的非线性偏差演化分析方法。微分代数方法是一种在计算机环境中自动计算任意函数高阶偏导数的工具。通过将经典的实数代数应用于新的泰勒多项式代数，微分代数能根据初始条件在计算机环境中计算常微分方程组任意时刻泰勒级数展开到任意有限阶次的系数。

5.1　微分代数理论

微分代数是代数学的一门分支，源于用代数方法解决分析问题的尝试。1930年，Ritt 在对多项式微分方程组解的研究中创立了一套完整的代数理论，被认为是微分代数的开创者。然而，Ritt 是一位典型的分析学家，其著作并未使代数学家完全满足。Kolchin[1]以纯粹的现代代数方法重新对微分代数理论进行了统一的阐述。物理学家 Berz[2]发展了较为完备的实用微分代数计算方法，用于研究带电粒子束的运动。

5.1.1　函数空间及其代数

在传统的数值计算中，对函数的处理都是基于对数字的处理，因此几乎所有的经典数值算法都是基于函数在特定点的取值构建的。微分代数技术寻求从函数中获取更多信息，而不仅仅是其取值。其基本思想是将计算机对实数及其运算的处理以类似的方式引入对函数及其运算的处理上[2]。严格来说，计算机环境中的数字只有有限位数的信息，无法准确处理实数运算。在主流的数值计算实践中，大都使用有限精度的浮点数来表示实数。如图 5.1 所示，假设 a 和 b 为两个实数，在计算机环境中被转换为浮点数 $\overline{a}$ 和 $\overline{b}$ 。对实数集上的任意运算 $*$，都可以在浮点数集上定义一个与之对应的运算 $\circledast$ ，使图 5.1 中的两个计算分支是可交换的。两个分支分别是，先将实数转换为浮点数再运用浮点数运算(上侧和右侧箭头)；先运用实数运算再将结果转换为浮点数(左侧和下侧箭头)。当然，由于浮点数只能近似地表示实数，这两个分支也只是“近似”可交换，并且近似误差一般会随着运算逐渐积累[3-8]。

类似地，这种转换也可以用于处理函数，如图 5.2 所示。假设 f 和 g 都是 r 阶可导的函数，在微分代数的框架中，这两个函数可表示为各自的泰勒级数 F 和 G 。对于函数空间 C^r 上的任意运算 $*$ ，都可以在泰勒多项式空间上定义一个与之对应的运算 $\circledast$ ，使图 5.2 中的两个计算分支也是可交换的。两个分支是，先将函数转换为泰勒级数再运用泰勒多项式空间的运算(上侧和右侧箭头)；先运用函数空间的运算再将结果转换为泰勒级数(左侧和下侧箭头)。

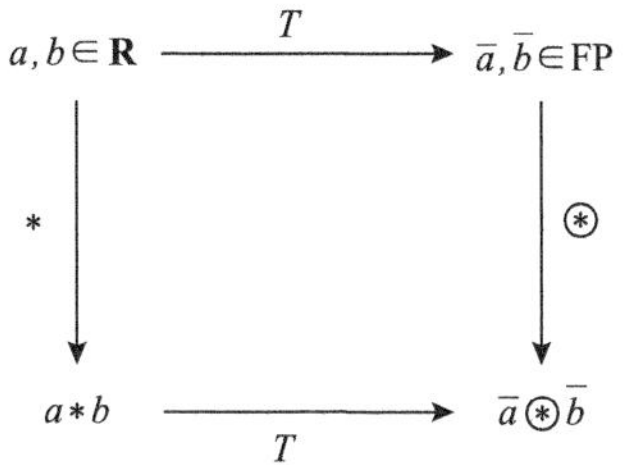

图 5.1 实数运算与浮点数运算

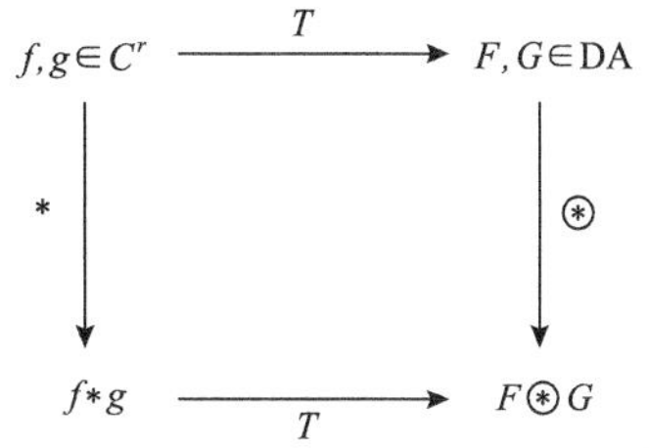

图 5.2 函数运算与泰勒级数运算

用数学术语来说，图 5.2 中的 T 称为等价关系，应用这种等价关系可以将函数转换为其等价类。等价类包含所有具有相同 r 阶泰勒展开的函数。这种函数等价类被赋予加法、乘法和标量乘法运算后，形成一种称为截断幂级数代数(truncated power series algebra, TPSA)的代数结构。其中，加法和标量乘法运算构成向量空间，乘法运算使其成为一种交换代数。除了加法和乘法这种算术运算，分析运算也被引入函数空间。截断幂级数代数可以装备一种序，然后可以定义无穷小量和微分，再引入微分的逆运算——积分，最终形成的代数结构被称为微分代数。

5.1.2 最小微分代数结构 $_1D_1$

对于由两个实数组成的有序实数对，可以定义加法、标量乘法和矢量乘法运算，即

$$
\begin{aligned}
(q_0,q_1)+(r_0,r_1)&=(q_0+r_0,q_1+r_1)\\
t\cdot(q_0,q_1)&=(t\cdot q_0,t\cdot q_1)\\
(q_0,q_1)\cdot(r_0,r_1)&=(q_0\cdot r_0,q_0\cdot r_1+q_1\cdot r_0)
\end{aligned}
\tag{5.1}
$$

其中，(q_0,q_1) 和 (r_0,r_1) 为有序实数对，$q_0,q_1,r_0,r_1,t\in\mathbf{R}$ 。

有序实数对连同上述运算组成的代数结构被称为 $_1D_1$ 。式(5.1)中的前两个运算构成 $\mathbf{R}^2$ 中的向量空间。第三个运算看起来与复数乘法相似，但是 $(0,1)\cdot(0,1)$ 不等于 $(-1,0)$ ，而是 $(0,0)$ 。因此，元素

$$
d\overset{\text{def}}{=}(0,1) \tag{5.2}
$$

与复数集中的虚数单位 i 具有完全不同的作用。代数结构 ${}_1D_1$ 的乘法有单位元 $(1,0)$。该乘法满足交换律、结合律和分配律。因此，运算 $+$ 和 $\cdot$ 构成一个交换环，三种运算一起构成一种代数。与复数一样，${}_1D_1$ 也是实数的一种拓展。

$$
\begin{aligned}
(q_0,q_1)\cdot(r_0,r_1) &= (r_0,r_1)\cdot(q_0,q_1) \\
(q_0,q_1)\cdot\{(r_0,r_1)\cdot(s_0,s_1)\} &= \{(q_0,q_1)\cdot(r_0,r_1)\}\cdot(s_0,s_1) \\
(q_0,q_1)\cdot\{(r_0,r_1)+(s_0,s_1)\} &= (q_0,q_1)\cdot(r_0,r_1)+(q_0,q_1)\cdot(s_0,s_1)
\end{aligned} \tag{5.3}
$$

不过，${}_1D_1$ 不能构成域。因为当且仅当 $q_0 \neq 0$ 时，$(q_0,q_1)\in {}_1D_1$ 才有乘法逆元，即

$$
(q_0,q_1)^{-1} = \left(\frac{1}{q_0},\frac{-q_1}{q_0^2}\right) \tag{5.4}
$$

另外，若 $q_0>0$，$(q_0,q_1)\in {}_1D_1$ 有平方根，即

$$
\sqrt{(q_0,q_1)} = \left(\sqrt{q_0},\frac{q_1}{2\sqrt{q_0}}\right) \tag{5.5}
$$

代数结构 ${}_1D_1$ 在实代数理论中具有重要的地位。所有二维代数都是最小的非平凡代数，仅同构于三种不同类型的代数结构，即复数、对偶数、${}_1D_1$ [2]。

这种独特的代数具有一些有趣的性质。其中之一是 ${}_1D_1$ 可以装备与其代数运算相容的序。对于 ${}_1D_1$ 中的两个元素 (q_0,q_1) 和 (r_0,r_1)，可以定义如下序关系，即

$$
\begin{cases}
(q_0,q_1)<(r_0,r_1), & q_0<r_0 \text{ 或 } (q_0=r_0 \text{ 且 } q_1<r_1) \\
(q_0,q_1)>(r_0,r_1), & (r_0,r_1)<(q_0,q_1) \\
(q_0,q_1)=(r_0,r_1), & q_0=r_0 \text{且 } q_1=r_1
\end{cases} \tag{5.6}
$$

对于 ${}_1D_1$ 中的任意两个元素 (q_0,q_1) 和 (r_0,r_1)，有且仅有一种关系成立，因此 ${}_1D_1$ 是全序的。这种序关系与加法和乘法是相容的，对一切 (q_0,q_1)、(r_0,r_1)、$(s_0,s_1)\in {}_1D_1$，若 $(q_0,q_1)<(r_0,r_1)$，那么 $(q_0,q_1)+(s_0,s_1)<(r_0,r_1)+(s_0,s_1)$；若 $(q_0,q_1)<(r_0,r_1)$ 且 $(s_0,s_1)>(0,0)$，那么 $(q_0,q_1)\cdot(s_0,s_1)<(r_0,r_1)\cdot(s_0,s_1)$。

根据序的定义，式(5.2)的 d 大于 0 但小于任意正实数，即

$$
(0,0)<(0,1)<(r,0)=r \tag{5.7}
$$

因此，可以说 d 是无穷小量或微分。

如前所述，d 在 ${}_1D_1$ 中的平方为 0。对任意 $(q_0,q_1)\in {}_1D_1$，有

$$(q_0,q_1)=(q_0,0)+(0,q_1)=q_0+d\cdot q_1 \tag{5.8}$$

称 (q_0,q_1) 的第一个分量为实数部分，第二个分量为微分部分。

接下来，引入 ${}_1D_1$ 的一个映射 ∂，并完成微分代数结构的定义。定义映射 $\partial:{}_1D_1\mapsto{}_1D_1$ 为

$$\partial(q_0,q_1)=(0,q_1) \tag{5.9}$$

注意，对所有 $(q_0,q_1),(r_0,r_1)\in{}_1D_1$，都有

$$\begin{aligned}\partial\{(q_0,q_1)+(r_0,r_1)\}&=\partial(q_0+r_0,q_1+r_1)\\&=(0,q_1+r_1)\\&=(0,q_1)+(0,r_1)\\&=\partial(q_0,q_1)+\partial(r_0,r_1)\end{aligned} \tag{5.10}$$

和

$$\begin{aligned}\partial\{(q_0,q_1)\cdot(r_0,r_1)\}&=\partial(q_0\cdot r_0,q_0\cdot r_1+q_1\cdot r_0)\\&=(0,q_0\cdot r_1+q_1\cdot r_0)\\&=(0,q_1)\cdot(r_0,r_1)+(q_0,q_1)\cdot(0,r_1)\\&=\{\partial(q_0,q_1)\}\cdot(r_0,r_1)+(q_0,q_1)\cdot\{\partial(r_0,r_1)\}\end{aligned} \tag{5.11}$$

因此，∂ 是一个导子；$({}_1D_1,\partial)$ 构成一个微分代数。

代数结构 ${}_1D_1$ 最重要的一个性质是可用于自动计算微分。考虑两个在原点一阶可导的函数 $f,g\in C^1(0)$，将它们在原点的函数值及导数代入有序实数对的实数部分和虚数部分，得到 $(f(0),f'(0))$ 和 $(g(0),g'(0))$，那么

$$(f(0),f'(0))\cdot(g(0),g'(0))=(f(0)\cdot g(0),f'(0)\cdot g(0)+f(0)\cdot g'(0)) \tag{5.12}$$

显然，等号右端的第一个分量即 $f\cdot g$ 在原点的函数值，第二个分量为 $f\cdot g$ 在原点的导数值。因此，如果两个有序实数对分别包含两个函数的函数值和导数，那它们的乘积包含两个函数的乘积和乘积的导数。

定义一个从可导函数空间到 ${}_1D_1$ 的运算 $[\ ]$ 为

$$[f]\ =\ (f(x),f'(x)) \tag{5.13}$$

那么

$$\begin{aligned}[f+g]&=[f]+[g]\\ [f\cdot g]&=[f]\cdot[g]\end{aligned} \tag{5.14}$$

对任意 $g(x) \neq 0$ ，有

$$[1/g]=[1]/[g]=1/[g] \tag{5.15}$$

至此，通过 ${}_1D_1$ 的运算法则，我们可以仅通过代数运算来计算很多函数的导数。例如

$$f(x)=\frac{1}{x+(1/x)} \tag{5.16}$$

的导数为

$$f'(x)=\frac{(1/x^2)-1}{[x+(1/x)]^2} \tag{5.17}$$

由此可得，在 $x=3$ 处，函数值和导数值分别为

$$f(3)=\frac{3}{10},\quad f'(3)=-\frac{2}{25} \tag{5.18}$$

在微分代数框架中，由式(5.13)可得

$$[x]=(x,1) \tag{5.19}$$

那么[x]在 $x=3$ 处的值为 $(3,1)$ 。因此

$$\begin{aligned} f([x])&=\frac{1}{[x]+1/[x]} \\ &=\frac{1}{(3,1)+1/(3,1)} \\ &=\frac{1}{(3,1)+(1/3,-1/9)} \\ &=\frac{1}{(10/3,8/9)} \\ &=\left(\frac{3}{10},-\frac{2}{25}\right) \end{aligned} \tag{5.20}$$

不难发现，实数部分和微分部分正好是函数 f 在 $x=3$ 处的函数值和导数值。这是符合微分代数运算规则的，即

$$
\begin{aligned}
[f] &= \left[\frac{1}{x+1/x}\right] \\
&= \frac{1}{[x+1/x]} \\
&= \frac{1}{[x]+[1/x]} \\
&= \frac{1}{[x]+1/[x]} \\
&= f([x])
\end{aligned} \tag{5.21}
$$

这一方法可以推广到一般的初等函数，如 $\sin([f])=(\sin f,\ f'\cos f)$ ，$e^{[f]}=(e^f,f'e^f)$ 。

$$
g([f])=[g(f)]=(g(f),f'g'(f)) \tag{5.22}
$$

任意一个由有限次加减乘除和初等函数构成的函数 f 在 ${}_1D_1$ 上满足

$$
[f(x)]=f([x]) \tag{5.23}
$$

这意味着，通过 ${}_1D_1$ 上的代数运算可以自动得到函数在参考点处的函数值和导数值，而无需推导函数的导数表达式。

5.1.3　微分代数结构 ${}_nD_v$

代数结构 ${}_1D_1$ 只适用于计算一元函数的一阶导数，通过推广到更一般的代数结构可用于计算多元函数的高阶导数。将 n 阶连续可导的 v 元函数构成的函数空间记为 $C^n(\mathbf{R}^v)$，对于函数 $f,g\in C^n(\mathbf{R}^v)$，定义二元关系 $=_n$，当且仅当 $f(0)=g(0)$ 且 f 和 g 在 $x=0$ 处的前 n 阶偏导数都相等时，有二元关系 $f=_n g$ 成立。对所有的 $f,g,h\in C^n(\mathbf{R}^v)$，该二元关系满足自反性、对称性和传递性，即

$$
\begin{gathered}
f=_n f \\
f=_n g\Rightarrow g=_n f \\
f=_n g,g=_n h\Rightarrow f=_n h
\end{gathered} \tag{5.24}
$$

因此，二元关系 $=_n$ 是一种等价关系。将所有与 f 有等价关系的元素归为一个集合，即 f 的等价类$[f]$，也称 DA 数或 DA 矢量。直观上，每一个等价类由所有 v 元变量的前 n 阶偏导数组成的一个特定集合确定。我们将所有这种等价类的集合称为 ${}_nD_v$ 。

函数空间 $C^n(\mathbf{R}^v)$ 上的运算可以转化到 ${}_nD_v$ 上。不难发现，如果已知函数 f 和

g 的函数值和各阶导数，那么 $f+g$ 和 $f\cdot g$ 的函数值和导数值也可以求出。因此，可以引入 ${}_nD_v$ 的如下运算，即

$$\begin{aligned}[f]+[g]&=[f+g]\\ t\cdot[f]&=[t\cdot f]\\ [f]\cdot[g]&=[f\cdot g]\end{aligned} \tag{5.25}$$

其中，$t\in\mathbf{R}$ 为标量。

这些运算使 ${}_nD_v$ 成为一种代数。事实上，式(5.24)和式(5.25)对 $n=v=1$ 的特殊情况也是成立的，所以 ${}_1D_1$ 不过是 ${}_nD_v$ 在 $v=1$ 和 $n=1$ 时的一种特例。

对任意 $k\in 1,2,\cdots,v$ ，定义从 ${}_nD_v$ 到 ${}_nD_v$ 的映射 ∂_k 为

$$\partial_k[f]=\left[p_k\cdot\frac{\partial f}{\partial x_k}\right] \tag{5.26}$$

其中

$$p_k(x_1,\cdots,x_v)=x_k \tag{5.27}$$

将恒等函数(5.27)的第 k 个分量投影出来。不难看出，对所有的 $k=1,2,\cdots,v$ ，以及 $[f],[g]\in_n D_v$ ，有

$$\begin{aligned}\partial_k([f]+[g])&=\partial_k[f]+\partial_k[g]\\ \partial_k([f]\cdot[g])&=[f]\cdot(\partial_k[g])+(\partial_k[f])\cdot[g]\end{aligned} \tag{5.28}$$

因此，对任意 k ，∂_k 都是一个导子，$({}_nD_v,\partial_1,\cdots,\partial_v)$ 构成微分代数。

下面分析 ${}_nD_v$ 的维度，定义一个特殊量，即

$$d_k=[x_k] \tag{5.29}$$

考虑函数 f 与其在原点处的 n 阶泰勒展开多项式 T_f 具有相同的函数值和前 n 阶导数，那么

$$[f]=[T_f] \tag{5.30}$$

函数 f 的泰勒多项式 T_f 可以写为

$$T_f(x_1,\cdots,x_v)=\sum_{j_1+\cdots+j_v\leqslant n}c_{j_1,\cdots,j_v}x_1^{j_1}\cdots x_v^{j_v} \tag{5.31}$$

其中

$$c_{j_1,\cdots,j_v} = \frac{1}{j_1!\cdots j_v!} \cdot \frac{\partial^{j_1+\cdots+j_v} f}{\partial x_1^{j_1} \cdots \partial x_v^{j_v}} \tag{5.32}$$

因此

$$[f] = [T_f] = \left[\sum_{j_1+\cdots+j_v \leqslant n} c_{j_1,\cdots,j_v} \cdot x_1^{j_1} \cdots x_v^{j_v} \right] = \sum_{j_1+\cdots+j_v \leqslant n} c_{j_1,\cdots,j_v} \cdot d_1^{j_1} \cdots d_v^{j_v} \tag{5.33}$$

所以，${}_nD_v$ 中的任意元素都可以通过对 1 和 d_k 进行加法和乘法运算得到，即 ${}_nD_v$ 由集合 $\{1, d_k : k=1,2,\cdots,v\}$ 生成。因此，作为一种代数，${}_nD_v$ 有 $(v+1)$ 个生成元，而 $d_1^{j_1}\cdots d_v^{j_v}$ 组成向量空间 ${}_nD_v$ 的一组基底。${}_nD_v$ 基底中的元素个数为 $(n+v)!/(n!v!)$，这就是 ${}_nD_v$ 的维数。

与 ${}_1D_1$ 类似，${}_nD_v$ 也是可序的，而 d_k 为无穷小量，小于任意一个实数。进一步，Berz[2]证明 ${}_nD_v$ 是一种巴拿赫空间，即柯西完备的赋范向量空间，并推导了复合和求逆的计算规则，还给出基础初等函数，如三角函数、指数函数和对数函数的代数运算规则。

5.2　基于微分代数的高阶状态转移多项式

轨道预报是航天动力学中经典的初值问题。通过解析或数值方法，可以将初始轨道状态预报到终端任意时刻。在轨道的初始状态引入偏差，则终端状态也会随之变化，本节通过微分代数方法获取非线性轨道的高阶状态转移多项式，可以得到终端状态偏差关于初始状态偏差的泰勒展开多项式。

5.2.1　非线性轨道高阶状态转移多项式

1. 解析预报模型的高阶状态转移多项式

在轨道动力学中，经过一定简化或近似处理后，航天器的轨道运动可由某些解析模型描述。此时，航天器的终端轨道状态可表示为初始状态的解析表达式。应用微分代数技术，可将任意 n 元正则函数 f 展开为 k 阶泰勒多项式的形式。

一般地，考虑 n 元非线性正则函数，即

$$\boldsymbol{y} = \boldsymbol{f}(\boldsymbol{x}) \tag{5.34}$$

对独立变量 $\boldsymbol{x}$ 在其参考值 $\bar{\boldsymbol{x}}$ 处引入偏差 $\delta\boldsymbol{x}$，将其初始化为 DA 数矢量的形式，即

$$[\boldsymbol{x}] = \bar{\boldsymbol{x}} + \delta\boldsymbol{x} \tag{5.35}$$

其中，$[\boldsymbol{x}]$可看作独立变量$\boldsymbol{x}$关于参考值$\bar{\boldsymbol{x}}$的泰勒展开。

将$[\boldsymbol{x}]$代入非线性函数式(5.34)，在微分代数框架内计算函数$\boldsymbol{f}$，可得

$$\begin{aligned}[\boldsymbol{y}] &= \boldsymbol{f}([\boldsymbol{x}]) \\ &= \mathcal{T}_{\boldsymbol{y}}^{k}(\delta\boldsymbol{x}) \\ &= \sum_{p_1+\cdots+p_n \leqslant k} \boldsymbol{c}_{p_1\cdots p_n} \cdot \delta x_1^{p_1} \cdots \delta x_n^{p_n}\end{aligned} \tag{5.36}$$

其中，$\mathcal{T}_{\boldsymbol{y}}^{k}$为因变量$\boldsymbol{y}$关于独立变量的偏差$\delta\boldsymbol{x}$的$k$阶泰勒展开多项式；$p_1,\cdots,p_n=0,1,2,\cdots$为元素$\delta x_1,\cdots,\delta x_n$的阶数；$\boldsymbol{c}_{p_1\cdots p_n}$为泰勒展开多项式$\mathcal{T}_{\boldsymbol{y}}^{k}$的各项系数，即

$$\boldsymbol{c}_{p_1\cdots p_n} = \frac{1}{p_1!\cdots p_n!} \cdot \frac{\partial^{p_1+\cdots+p_n}\boldsymbol{f}}{\partial x_1^{p_1}\cdots\partial x_n^{p_n}} \tag{5.37}$$

当所有元素的阶数都等于0，即$p_1=\cdots=p_n=0$时，相应的系数$\boldsymbol{c}_{p_1\cdots p_n}$即因变量的参考值$\bar{\boldsymbol{y}}$。

因此，给定初始轨道状态偏差$\delta\boldsymbol{x}$，代入式(5.36)可得相应终端轨道状态$\boldsymbol{y}$的k阶泰勒展开近似。本书称该多项式$\mathcal{T}_{\boldsymbol{y}}^{k}(\delta\boldsymbol{x})$为状态转移多项式(state transition polynomial, STP)。

2. 数值预报模型的高阶状态转移多项式

一般地，航天器轨道状态可以通过一组常微分方程描述，即

$$\begin{cases}\dot{\boldsymbol{x}} = f(\boldsymbol{x},t) \\ \boldsymbol{x}(t_0) = \boldsymbol{x}_0\end{cases} \tag{5.38}$$

这组微分方程的解可以写为$\boldsymbol{x}(t)=\varphi(t,\boldsymbol{x}_0)$。借助微分代数方法，可以获得$\boldsymbol{x}(t)$关于初始状态的高阶泰勒展开多项式。

该微分方程组可以通过各种数值迭代法进行求解。为简单起见，此处以前向欧拉法为例进行说明。利用前向欧拉法求解微分方程组，每一步迭代可以写为

$$\boldsymbol{x}_{i+1} = \boldsymbol{x}_i + f(\boldsymbol{x}_i)\Delta t \tag{5.39}$$

其中，i为迭代步数；将初始状态$\boldsymbol{x}_0$代入式(5.39)后，迭代到终点时刻，可获得最终状态$\boldsymbol{x}_k$。

在系统初始状态引入偏差，替换为DA数，即

$$[\boldsymbol{x}_0] = \boldsymbol{x}_0 + \delta\boldsymbol{x}_0 \tag{5.40}$$

将其代入前向欧拉法的迭代公式，那么第一步变为

$$[\boldsymbol{x}_1]=[\boldsymbol{x}_0]+f([\boldsymbol{x}_0])\Delta t \tag{5.41}$$

在微分代数框架中计算式(5.41)，得到的$[\boldsymbol{x}_1]$为关于$\boldsymbol{x}_0$的泰勒展开式。重复该迭代过程直到最后一步，可得最终状态关于初始状态的泰勒展开式，即

$$[\boldsymbol{x}_f]=\mathcal{T}_{\boldsymbol{x}_f}^k(\delta\boldsymbol{x}_0)=\sum_{p_1+\cdots+p_n\leqslant k}\boldsymbol{c}_{p_1\cdots p_n}\cdot\delta x_{0,1}^{p_1}\cdots\delta x_{0,n}^{p_n} \tag{5.42}$$

其中，$\delta x_{0,i}$为$\delta\boldsymbol{x}_0$的第i个分量。

至此，我们得到初始状态偏差到终端状态偏差的状态转移多项式。

前向欧拉法是一种简单的数值积分格式，通过将实数运算替换为微分代数运算，可以方便地将这种方法应用到其他积分格式上，如龙格库塔方法等[3-5]。这种基于微分代数运算的数值积分方法的优势在于，可直接获得任意常微分方程解流的高阶泰勒展开，而无需人工推导。从这个意义上来说，微分代数提供了一种可拓展到任意阶的自动微分技术。

5.2.2　轨道高阶状态转移多项式的时间维拓展

在轨道初值预报问题中，除初始状态可能存在偏差，初始时刻和终端时刻也可能存在偏差。对于有解析表达式的预报模型，直接将时间作为自变量(5.36)可得终端状态关于时间的状态转移多项式。对于数值预报模型，由于时间是数值积分的上下限参数，不能直接将其初始化为状态转移多项式的生成元。对于这种情况，可以通过 Picard 迭代方法或时间参数归一化方法获取关于时间的高阶泰勒展开。

1. 基于 Picard 迭代的时间维展开方法

Picard 迭代是一种应用不动点迭代法求解常微分方程的方法。考虑初值问题，由 Picard-Lindelöf 定理可知，如下 Picard 迭代过程，即

$$\begin{aligned}\boldsymbol{\varphi}_0&=\boldsymbol{x}_0\\ \boldsymbol{\varphi}_{j+1}(t)&=\boldsymbol{x}_0+\int_{t_0}^{t}\boldsymbol{f}(\boldsymbol{\varphi}_j,s)\mathrm{d}s\end{aligned} \tag{5.43}$$

收敛到该问题的解流$\boldsymbol{\varphi}(t)$。

应用微分代数技术实现轨道数值预报问题的 Picard 迭代过程，能够给出轨道状态关于参考时间的高阶泰勒展开多项式。该过程利用微分代数空间上的反导数算子∂_i^{-1}[2]，可自动计算泰勒多项式$[f(\boldsymbol{x})]=\mathcal{T}_f^k(\delta\boldsymbol{x})$关于第$i$个生成元$\delta x_i$的

积分，即

$$\partial_i^{-1}[f(\boldsymbol{x})]=\int_0^{\delta x_i}\mathcal{T}_f^k(\boldsymbol{s})\mathrm{d}s_i \tag{5.44}$$

由于泰勒多项式中的每一项都是幂函数，其积分也可以通过解析方法用幂函数表示出来，因此微分代数空间的反导数算子 ∂_i^{-1} 可以视为一种解析运算，具有很高的计算效率。

微分代数框架内的 Picard 迭代流程如下。

(1)将时间偏差初始化为 DA 数，即

$$[t]=t_0+\delta t \tag{5.45}$$

(2)定义 Picard 算子 $\Pi(\cdot)$，即

$$\Pi(\cdot)=\boldsymbol{x}_0+\partial_t^{-1}\boldsymbol{g}(\cdot,[t]) \tag{5.46}$$

(3)将初始多项式设为等于参考点状态的常数，即

$$[\boldsymbol{\varphi}_0(t)]=\boldsymbol{x}_0 \tag{5.47}$$

(4)迭代计算如下多项式，即

$$[\boldsymbol{\varphi}_{j+1}(t)]=\Pi([\boldsymbol{\varphi}_j]) \tag{5.48}$$

(5)经过 k 步迭代后，多项式 $[\boldsymbol{\varphi}_k]$ 的前 k 阶项保持不变，即

$$[\boldsymbol{\varphi}_k]=_k[\boldsymbol{\varphi}_{k+1}]=\Pi([\boldsymbol{\varphi}_k]) \tag{5.49}$$

将任意时刻 t 的状态 $\boldsymbol{x}$ 代入该 Picard 迭代流程，经过 k 次迭代可得状态 $\boldsymbol{x}$ 关于 δt 的 k 阶泰勒展开多项式。

2. 基于参数归一化的时间维展开方法

通过归一化处理，可以将预报时间转化为常微分方程组的一般参数。考虑初值问题，定义归一化时间变量为

$$\tau=\frac{t-t_0}{t_f-t_0} \tag{5.50}$$

那么时间 t 的微分为

$$\mathrm{d}t=(t_f-t_0)\mathrm{d}\tau \tag{5.51}$$

将其代入式(5.38)的动力学模型，可得

$$\frac{\mathrm{d}\boldsymbol{x}}{\mathrm{d}\tau}=(t_f-t_0)\cdot\boldsymbol{g}(\boldsymbol{x},t_0+\tau(t_f-t_0)) \tag{5.52}$$

其中，初始时刻 t_0 和终端时刻 t_f 可作为动力学模型中的一般参数处理。

对于前向欧拉方法，其迭代公式为

$$\boldsymbol{x}_{j+1}=\boldsymbol{x}_j+\Delta\tau\cdot(t_f-t_0)\cdot\boldsymbol{g}(\boldsymbol{x}_j,t_0+\tau_j(t_f-t_0)) \tag{5.53}$$

其中，$j=0,1,2,\cdots$；状态从 t_0 时刻预报到 t_f 时刻，相应地，归一化时间的值域为 $\tau\in[0,1]$。

考虑初始状态 $\boldsymbol{x}_0$、初始时刻 t_0、终端时刻 t_f 关于其参考值 $\overline{\boldsymbol{x}}_0$、$\overline{t}_0$、$\overline{t}_f$ 存在偏差 $\delta\boldsymbol{x}_0$、δt_0、δt_f，初始化为 DA 数的形式，即

$$\begin{aligned}[\boldsymbol{x}_0]&=\overline{\boldsymbol{x}}_0+\delta\boldsymbol{x}_0\\ [t_0]&=\overline{t}_0+\delta t_0\\ [t_f]&=\overline{t}_f+\delta t_f\end{aligned} \tag{5.54}$$

将其代入数值积分的第一步式(5.53)，可得

$$[\boldsymbol{x}_1]=[\boldsymbol{x}_0]+\Delta\tau\cdot([t_f]-[t_0])\cdot\boldsymbol{g}([\boldsymbol{x}_0],[t_0]+\tau_0([t_f]-[t_0])) \tag{5.55}$$

在微分代数框架下，迭代该过程到最后一步，可得 $[\boldsymbol{x}_f]$ 为该初值问题的解流关于初始状态 $\boldsymbol{x}_0$ 和预报时间 t_0，t_f 的 k 阶泰勒展开形式，即

$$\begin{aligned}[\boldsymbol{x}_f]&=\mathcal{T}^k_{\boldsymbol{x}_f}(\delta\boldsymbol{x}_0,\delta t_0,\delta t_f)\\ &=\sum_{p_1+\cdots+p_{n+2}\leqslant k}\boldsymbol{c}_{p_1\cdots p_{n+2}}\cdot\delta x_{0,1}^{p_1}\cdots\delta x_{0,n}^{p_n}\cdot\delta t_0^{p_{n+1}}\delta t_f^{p_{n+2}}\end{aligned} \tag{5.56}$$

其中，$p_1,\cdots,p_{n+2}$ 为基向量各生成元 $\delta x_{0,1},\cdots,\delta x_{0,n}$，以及 δt_0、δt_f 的阶数。

因此，给定航天器在初始状态 $\boldsymbol{x}_0$、初始时刻 t_0、终端时刻 t_f 关于其标称值的偏差，代入多项式(5.56)，即可得相应终端状态 $\boldsymbol{x}_f$ 的 k 阶泰勒近似。本章称该多项式 $\mathcal{T}^k_{\boldsymbol{x}_f}(\delta\boldsymbol{x}_0,\delta t_0,\delta t_f)$ 为带时间展开的状态转移多项式(state transition polynomial with time expansion, STP-T) [6]。

3. 含时间维高阶状态转移多项式的阶数权衡格式

对于 k 阶 STP-T，所有独立变量元素具有相同的最高阶数 k。在多数情况下，终端轨道状态对不同的独立变量元素，如初始状态和预报时间，具有不同的非线

性程度。换言之，给定阶数 k ，STP-T 对强非线性的元素可能存在精度低、收敛半径过小的问题，而对其他弱非线性的元素则可能存在精度过高、浪费计算资源的问题[6]。因此，为改进 STP-T 在强非线性方向上的计算精度，并节省在弱非线性方向的计算消耗，下面介绍一种状态转移多项式的阶数权衡格式。

首先，将初始状态和预报时间的偏差初始化为微分代数空间内生成元的正奇数指数幂，而不是式(5.54)直接将偏差初始化为生成元。不失一般性，此处将微分代数空间内与初始状态偏差相关的生成元初始化为一种阶数，而与预报时间相关的生成元初始化为另一种阶数，即

$$\begin{cases}\delta \boldsymbol{x}_0 = D_{\delta \boldsymbol{x}_0}^{l} \\ \delta t_0 = D_{\delta t_0}^{m} \quad , \quad l,m=1,3,5,\cdots \\ \delta t_f = D_{\delta t_f}^{m}\end{cases} \tag{5.57}$$

其中，D 为与独立变量相对应的微分代数生成元；l、m 为独立变量的实际偏差关于生成元上偏差的指数，即生成元上偏差 l、m 次幂才表示相应独立变量的实际物理偏差。

注意，l、m 应取正奇数，以保证独立变量的实际偏差关于相应生成元上的偏差单调增加。因此，初始状态和预报时间在微分代数框架内初始化为

$$\begin{cases}[\boldsymbol{x}_0] = \bar{\boldsymbol{x}}_0 + D_{\delta \boldsymbol{x}_0}^{l} \\ [t_0] = \bar{t}_0 + D_{\delta t_0}^{m} \quad , \quad l,m=1,3,5,\cdots \\ [t_f] = \bar{t}_f + D_{\delta t_f}^{m}\end{cases} \tag{5.58}$$

然后，在微分代数框架内进行数值积分，得到初值问题解流关于初始状态偏差和预报时间偏差的阶数权衡 k 阶泰勒展开多项式，即

$$\begin{aligned}[\boldsymbol{x}_f] &= \mathcal{T}_{\boldsymbol{x}_f}^{k}(D_{\delta \boldsymbol{x}_0}^{l}, D_{\delta t_0}^{m}, D_{\delta t_f}^{m}) \\ &= \sum_{l\cdot p_1+\cdots+m\cdot p_{n+2}\leqslant k} \boldsymbol{c}_{l\cdot p_1\cdots m\cdot p_{n+2}} \cdot D_{\delta x_{0,1}}^{l\cdot p_1} \cdots D_{\delta x_{0,n}}^{l\cdot p_n} D_{\delta t_0}^{m\cdot p_{n+1}} D_{\delta t_f}^{m\cdot p_{n+2}}\end{aligned} \tag{5.59}$$

其中，$p_1,\cdots,p_{n+2}$ 为初始状态偏差和预报时间偏差的阶数。

尽管泰勒多项式关于微分代数生成元的最大阶数仍然是 k ，但是其中只包含生成元的阶数能被 l 或 m 整除的项，显著减少多项式的项数，节省计算资源。相应地，多项式 $\mathcal{T}_{\boldsymbol{x}_f}^{k}(D_{\delta \boldsymbol{x}_0}^{l}, D_{\delta t_0}^{m}, D_{\delta t_f}^{m})$ 提供了关于初始状态偏差 $\delta \boldsymbol{x}_0$ 的 floor(k / l) 阶泰勒展开近似，以及关于预报时间偏差 δt_0、δt_f 的 floor(k / m) 阶泰勒展开近似，函

数 floor(·) 表示小于该实数的最大整数。因此，通过调节 k、l、m 的值，可以使 STP 或 STP-T 对不同非线性程度的独立变量具有不同的泰勒展开阶数，从而在提供高阶精度预报结果的同时，尽量节省计算资源。

5.3　基于高阶状态转移多项式的轨道偏差传播方法

本节介绍三种基于高阶状态转移多项式的方法，用于分析轨道偏差的传播情况。第一种方法通过概率密度函数描述偏差分布，利用高阶状态转移多项式直接将概率密度函数从初始相空间映射到目标空间。第二种方法采用统计矩描述概率密度函数的特征，通过高阶状态转移多项式计算统计矩的变化。第三种方法将高阶状态转移多项式作为非线性系统的一种高效代理模型，通过代理模型开展蒙特卡罗仿真分析轨道偏差的分布。

5.3.1　偏差分布密度变换

考虑两个多维随机变量 $\boldsymbol{x}$ 和 $\boldsymbol{y}$，满足一对一非线性映射，即

$$\boldsymbol{y} = \boldsymbol{f}(\boldsymbol{x}) \tag{5.60}$$

其逆映射为

$$\boldsymbol{x} = \boldsymbol{g}(\boldsymbol{y}) \tag{5.61}$$

若已知 $\boldsymbol{x}$ 的概率密度函数为 $p_x(\boldsymbol{x})$，可以将变量 $\boldsymbol{y}$ 的概率密度函数写为[7]

$$p_y(\boldsymbol{y}) = p_x(\boldsymbol{g}(\boldsymbol{y}))\left|\det\left(\frac{\partial \boldsymbol{g}}{\partial \boldsymbol{y}}\right)\right| \tag{5.62}$$

其中，$\partial \boldsymbol{g} / \partial \boldsymbol{y}$ 为 $\boldsymbol{x}$ 关于 $\boldsymbol{y}$ 的 Jacobi 矩阵；det(·) 为矩阵的行列式。

通过变量替换，可以将式(5.62)写为

$$p_y(\boldsymbol{f}(\boldsymbol{x})) = p_x(\boldsymbol{x})\left|\det\left(\frac{\partial \boldsymbol{f}}{\partial \boldsymbol{x}}\right)\right|^{-1} \tag{5.63}$$

其中，$\partial \boldsymbol{f} / \partial \boldsymbol{x}$ 为 $\boldsymbol{y}$ 关于 $\boldsymbol{x}$ 的 Jacobi 矩阵。

在值域中取任意点 $\boldsymbol{y} = \boldsymbol{y}^*$，由式(5.62)可得该点的概率密度值 $p_y(\boldsymbol{y}^*)$。同理，对于任意点 $\boldsymbol{x} = \boldsymbol{x}^*$，由式(5.63)可得 $\boldsymbol{y} = \boldsymbol{f}(\boldsymbol{x}^*)$ 处的概率密度值 $p_y(\boldsymbol{f}(\boldsymbol{x}^*))$。但是，对于 $\boldsymbol{y} = \boldsymbol{y}^*$ 或 $\boldsymbol{y} = \boldsymbol{f}(\boldsymbol{x}^*)$ 以外的位置，还需要重新计算式(5.62)或式(5.63)中的非线性映射和 Jacobi 矩阵。对于很多轨道运动模型，这种非线性映射只能通过数值

方法计算，其 Jacobi 矩阵也无法得到解析表达式。基于微分代数获得的高阶状态转移矩阵，可以通过高阶近似方式对非线性映射及其 Jacobi 矩阵进行快速计算。

利用 5.2 节的方法，变量 $\boldsymbol{y}$ 可以展开为关于变量 $\boldsymbol{x}$ 的 k 阶泰勒多项式，即

$$[\boldsymbol{y}] = \boldsymbol{f}([\boldsymbol{x}]) = \mathcal{T}_{\boldsymbol{f}}^{k}(\boldsymbol{x}) \tag{5.64}$$

同理，可以得到变量 $\boldsymbol{x}$ 关于变量 $\boldsymbol{y}$ 的 k 阶泰勒展开多项式，即

$$[\boldsymbol{x}] = \mathcal{T}_{\boldsymbol{g}}^{k}(\boldsymbol{y}) \tag{5.65}$$

泰勒多项式的导数可以通过简单的解析方法直接得到，因此式(5.64)可计算函数 $\boldsymbol{f}(\boldsymbol{x})$ 的 Jacobi 行列式的 k 泰勒展开多项式，即

$$\left[\det\left(\frac{\partial \boldsymbol{f}}{\partial \boldsymbol{x}}\right)\right] = \mathcal{T}^{k}_{\det\left(\frac{\partial \boldsymbol{f}}{\partial \boldsymbol{x}}\right)}(\boldsymbol{x}) \tag{5.66}$$

进而计算 $\boldsymbol{g}(\boldsymbol{y})$ Jacobi 行列式的 k 泰勒展开多项式，即

$$\left[\det\left(\frac{\partial \boldsymbol{g}}{\partial \boldsymbol{y}}\right)\right] = \mathcal{T}^{k}_{\det\left(\frac{\partial \boldsymbol{g}}{\partial \boldsymbol{y}}\right)}(\boldsymbol{y}) \tag{5.67}$$

利用高阶泰勒多项式可以将变量的 $\boldsymbol{y}$ 的概率密度函数写为

$$p_{\boldsymbol{y}}(\boldsymbol{y}) = p_{\boldsymbol{x}}(\mathcal{T}_{\boldsymbol{g}}^{k}(\boldsymbol{y}))\left|\mathcal{T}^{k}_{\det\left(\frac{\partial \boldsymbol{g}}{\partial \boldsymbol{y}}\right)}(\boldsymbol{y})\right| \tag{5.68}$$

或

$$p_{\boldsymbol{y}}(\mathcal{T}_{\boldsymbol{f}}^{k}(\boldsymbol{x})) = p_{\boldsymbol{x}}(\boldsymbol{x})\left|\mathcal{T}^{k}_{\det\left(\frac{\partial \boldsymbol{f}}{\partial \boldsymbol{x}}\right)}(\boldsymbol{x})\right|^{-1} \tag{5.69}$$

注意，Jacobi 行列式被展开为高阶泰勒多项式的形式。在 $\boldsymbol{y} = \boldsymbol{y}^{*}$ 或 $\boldsymbol{y} = \boldsymbol{f}(\boldsymbol{x}^{*})$ 的邻域内，给定任意的 $\boldsymbol{x}$ 或 $\boldsymbol{y}$，可快速计算相应 Jacobi 行列式的值，具有很高的计算效率，快速给出标称点附近区域内任意位置的输出概率密度函数值。

5.3.2 偏差统计特征计算

应用 5.2 节的微分代数方法可以得到非线性映射高阶状态转移多项式(5.36)，

随机变量 $\boldsymbol{y}$ 的前两阶统计矩可以写为

$$\mu_i = E\{[y_i]\} = \sum_{p_1+\cdots+p_n \leqslant k} c_{i,p_1\cdots p_n} E\{\delta x_1^{p_1} \cdots \delta x_n^{p_n}\}$$

$$P_{i,j} = E\{([y_i]-\mu_i)([y_j]-\mu_j)\} = \sum_{\substack{p_1+\cdots+p_n \leqslant k \\ q_1+\cdots+q_n \leqslant k}} c_{i,p_1\cdots p_n} c_{j,q_1\cdots q_n} E\{\delta x_1^{p_1+q_1} \cdots \delta x_n^{p_n+q_n}\} \tag{5.70}$$

其中，μ 为均值；P 为协方差矩阵。

随机变量 $\boldsymbol{y}$ 的统计矩可以通过计算单项式 $\delta x_1^{q_1} \cdots \delta x_n^{q_n}$ 的期望得到。对于高斯分布 $\boldsymbol{x} \sim \mathcal{N}(\boldsymbol{\mu}, \boldsymbol{P})$，其统计特征可以通过前两阶矩描述，其中 $\boldsymbol{\mu}$ 为均值矢量，$\boldsymbol{P}$ 为协方差矩阵。对于零均值分布，单项式 $\delta x_1^{q_1} \cdots \delta x_n^{q_n}$ 的期望可以通过 Isserlis 定理（也称 Wick 定理）得到[3]，即

$$E\left\{\delta x_1^{s_1} \delta x_2^{s_2} \cdots \delta x_n^{s_n}\right\} = \begin{cases} 0, & s\text{为奇数} \\ \mathrm{Haf}(\boldsymbol{P}), & s\text{为偶数} \end{cases} \tag{5.71}$$

其中，$\mathrm{Haf}(\boldsymbol{P})$ 为协方差矩阵 $P = (\sigma_{ij})$ 的 Hafnian 函数，即

$$\mathrm{Haf}(\boldsymbol{P}) = \sum_{q \in \prod_s} \prod_{i=1}^{s/2} \sigma_{q_{2i-1,2i}} \tag{5.72}$$

其中，q 为数列 $\{1,2,\cdots,s\}$ 的一种排列形式；$\prod_s$ 为满足 $q_1 < q_3 < q_5 < \cdots < q_{s-1}$ 和 $q_1 < q_2, q_3 < q_4, \cdots, q_{s-1} < q_s$ 的所有 q 排列的集合。

注意，式(5.70)中的所有期望值都可以通过式(5.71)得到，进而得到随机变量 $\boldsymbol{y}$ 的统计矩，无需计算其概率密度函数。

5.3.3　偏差样本点打靶仿真

2.3.1 节描述了标准的蒙特卡罗仿真过程，由于需要对大量样本进行重复仿真，计算成本很高。利用系统的高阶状态转移多项式，可以大幅降低每个样本仿真的计算负担[8]。

这种基于高阶状态转移多项式的蒙特卡罗仿真步骤如下。

(1)利用 5.2 节的方法，获取系统的高阶状态转移多项式 $\boldsymbol{y} = \mathcal{T}_f(\boldsymbol{x})$。

(2)根据 $\boldsymbol{x}$ 的偏差分布，抽样生成大量样本点 $\boldsymbol{x}^{(v)}$，其中 v 表示第 v 个样本点。

(3)将每个 $\boldsymbol{x}^{(v)}$ 代入高阶状态转移多项式，计算得到对应的 $\boldsymbol{y}^{(v)} = \mathcal{T}_f(\boldsymbol{x}^{(v)})$。

(4)对所有 $\boldsymbol{y}^{(v)}$ 进行统计，得到随机变量 $\boldsymbol{y}$ 的分布。

这种方法以泰勒多项式近似代替系统的非线性变换，在 $\boldsymbol{x}$ 的偏差分布不太大时，

其近似误差很小。由于泰勒多项式的运算仅涉及加法和乘法运算，这种蒙特卡罗仿真过程具有很高的效率。另外，高阶状态转移多项式$\mathcal{T}_f$支持对不同的初始偏差集合进行仿真，这意味着对不同的初始偏差分布函数，只需求解一次状态转移多项式。

5.4 算例分析

5.4.1 非线性轨道高阶状态转移多项式

给定航天器的初始标称轨道根数$\overline{\boldsymbol{E}}_0$（表 5.1），可以确定航天器在地心惯性系初始标称轨道状态$\bar{\boldsymbol{x}}_0$。参考轨道周期由半长轴决定，算例中$T = 5554\text{s}$。轨道预报时间为 10 个轨道周期，即$\Delta t = 10T$。

表 5.1　标称轨道根数

a /km	e	i /rad	Ω/rad	ω/rad	f /rad
6778.137	0.2	π/3	0	0	0

设航天器的初始状态$\boldsymbol{x}_0$存在偏差，该偏差在地心惯性系中服从正态分布，且各方向的偏差大小相同，则协方差矩阵为对角阵，取位置的标准差为$\sigma_x = \sigma_y = \sigma_z = 100\text{m}$，速度的标准差为$\sigma_{v_x} = \sigma_{v_y} = \sigma_{v_z} = 10\text{m/s}$。本节采用蒙特卡罗打靶仿真的方法验证高阶方法的有效性和精度，样本点数量为$N = 10000$。

根据 5.2 节的方法，通过二体轨道数值积分计算高阶状态转移多项式，将包含偏差的初始状态样本点代入状态转移多项式即可得到相应的终端状态高阶近似样本点。与直接基于动力学方程数值积分得到的终端精确解相比，各样本点在坐标平面内的投影如图 5.3 所示，其中状态转移多项式的阶数分别为$k = 1,2,4$。

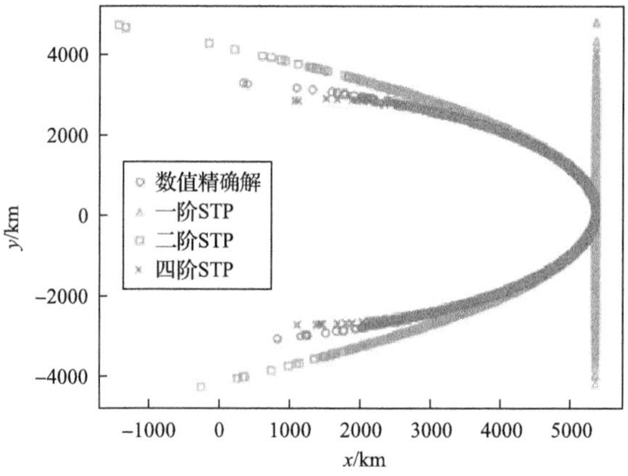

(a) xy平面投影

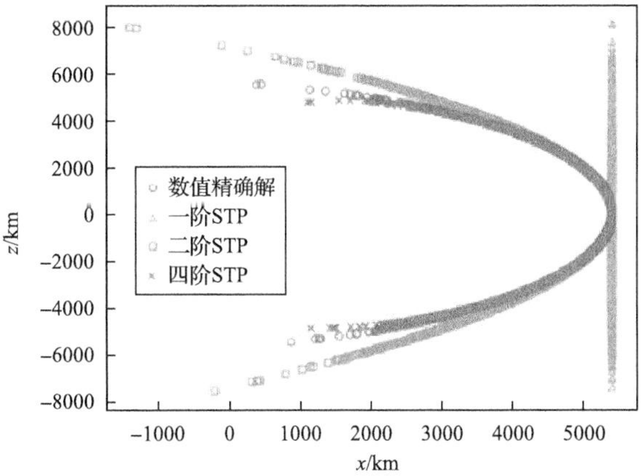

(b) xz平面投影

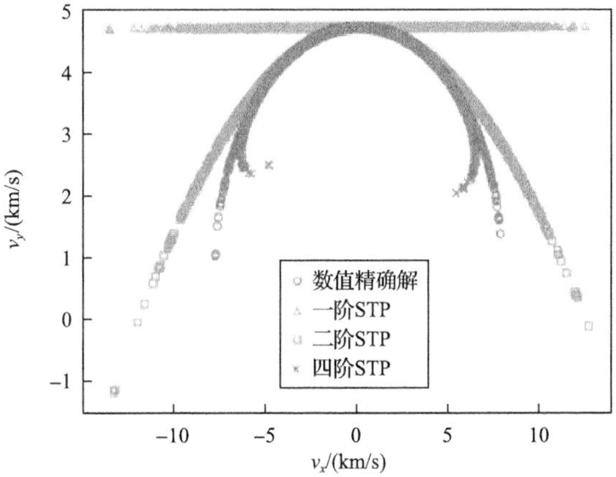

(c) v_xv_y平面投影

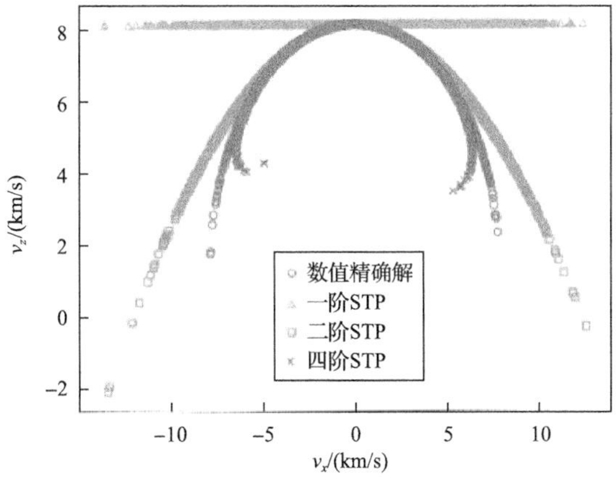

(d) v_xv_z平面投影

图 5.3　数值二体轨道终端状态高阶近似解与精确解对比

当初始状态偏差较小时，状态转移多项式的误差较小，预报结果接近于解析精确解，如打靶点分布的中间部分；随着初始状态偏差增大，状态转移多项式的预报误差也增大，如打靶点分布的两端部分。一阶状态转移多项式相当于线性化预报，与实际终端状态分布情况的误差较大；增加状态转移多项式的阶数，预报误差显著降低。当采用四阶状态转移多项式时，图中大部分区域的预报结果与精确解一致，只在两端小部分区域内出现较明显的误差。

5.4.2 基于微分代数的概率密度变换

算例采用 5.3.1 节中的方法对轨道状态的偏差分布进行变换。不失一般性，设地心惯性系下航天器标称初始位置速度矢量为

$$\begin{aligned}\bar{\boldsymbol{r}}_0 &= [-6855.589, 0.000, 0.686]^{\mathrm{T}}\,(\mathrm{km})\\ \bar{\boldsymbol{v}}_0 &= [-703.98, -8259.11, 0.07]^{\mathrm{T}}\,(\mathrm{m/s})\end{aligned} \tag{5.73}$$

其轨道倾角几乎为 0，x-y 平面可看作轨道平面，轨道法向沿 z 轴方向。此时，航天器位于地心惯性系的 $-x$ 轴方向，即轨道径向沿 x 轴。该轨道周期为 T=7631.9s。

设航天器初始轨道状态服从高斯分布，且各方向的分量相互独立，初始偏差均值为 0，则初始协方差矩阵为对角阵。这里取初始偏差值为

$$\begin{aligned}\sigma_{x0} &= \sigma_{y0} = \sigma_{z0} = \sigma_{p0} = 0.0002\cdot\bar{a}_0\\ \sigma_{v_x 0} &= \sigma_{v_y 0} = \sigma_{v_z 0} = \sigma_{v0} = 0.01\cdot\sigma_{p0}\end{aligned} \tag{5.74}$$

其中，$\bar{a}_0$ 为标称轨道半长轴。

注意，偏差值仅用于验证本章方法的有效性，一般情况下航天器的实际导航定轨偏差远小于该值。

取轨道预报时间为 10 个轨道周期，即 $t_f = 10T$，分别取状态转移多项式的阶数为 k=1,3,4，分析 δx-δy 平面（$\delta z = 0$）和 δx-δz 平面（$\delta y = 0$）的概率密度函数分布情况，如图 5.4～图 5.6 所示。其中，δx-δy 平面可以近似看作轨道平面，δx-δz 平面是与轨道切向接近垂直的一条轨道截面。

当 $k=1$ 时，相当于线性化的轨道偏差概率密度预报，结果如图 5.4 所示。终端时刻轨道偏差概率密度函数仍然服从高斯分布，等概率密度线是标准的椭圆。为提高计算精度，当 $k=3$、4 时，考虑预报过程高阶非线性项的影响，结果如图 5.5 和图 5.6 所示，终端时刻的概率密度函数不再服从高斯分布。在轨道平面（δx-δy 平面）上，轨道偏差沿 y 方向的散布范围较大，约 ±20km，偏差分布的非高斯性明显；在轨道截面（δx-δz 平面）上，轨道偏差沿 z 方向的散布范围约为 ±4km，偏差分布没有呈现出明显的非高斯性。三阶精度预报结果与四阶精度预报结果接

近，说明预报结果是准确的。

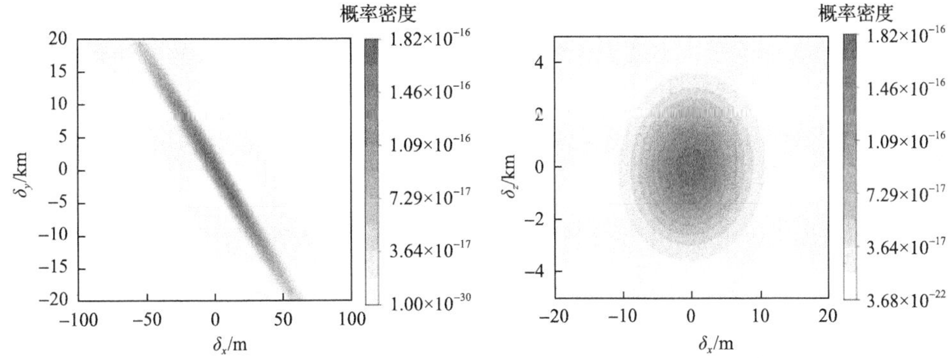

(a) δ_x-δ_y平面概率密度分布　(b) δ_x-δ_z平面概率密度分布

图 5.4　轨道预报终端概率密度分布（$t_f=10T,k=1$）

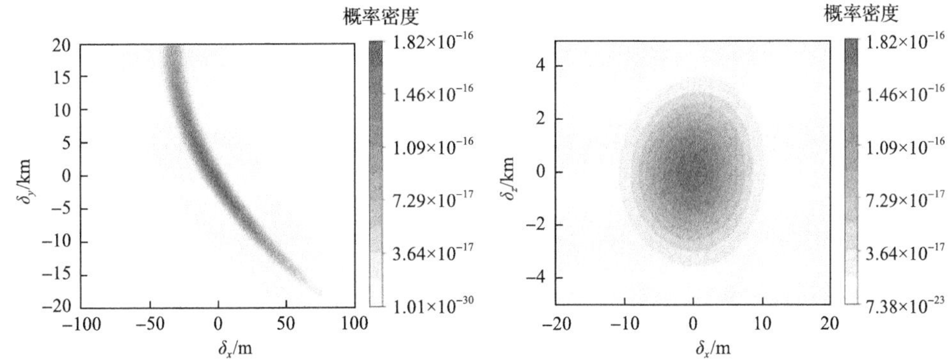

(a) δ_x-δ_y平面概率密度分布　(b) δ_x-δ_z平面概率密度分布

图 5.5　轨道预报终端概率密度分布（$t_f=10T,k=3$）

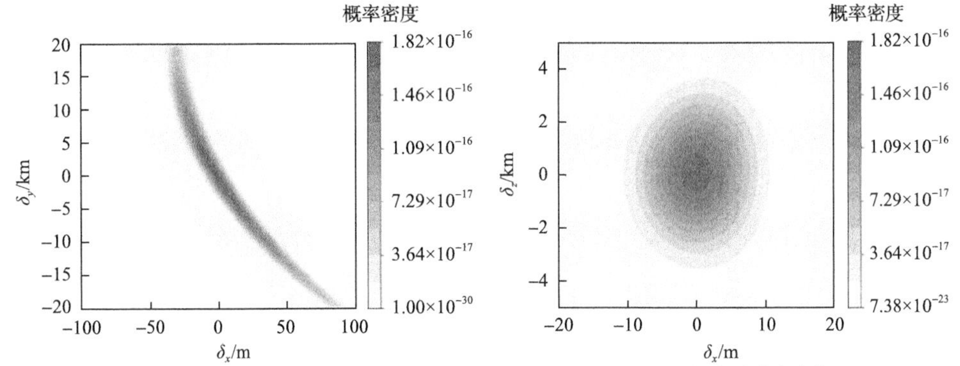

(a) δ_x-δ_y平面概率密度分布　(b) δ_x-δ_z平面概率密度分布

图 5.6　轨道预报终端概率密度分布（$t_f=10T,k=4$）

5.4.3　基于微分代数的偏差统计矩传播

我们采用 5.3.2 节的方法分析轨道状态偏差的演化情况。给定航天器在地心惯性系的初始标称轨道状态 $\bar{\boldsymbol{x}}(t_0)$，相应的轨道根数 $\overline{\boldsymbol{E}}(t_0)$ 如表 5.2 所示。为便于分析，取轨道倾角 i 接近于 0，因此 x - y 平面可近似看作轨道平面。此外，表 5.2 还给出初始轨道状态在地心惯性系下的偏差分布情况，包含位置分布的标准差 σ_p 和速度分布的标准差 σ_v。假设轨道初始偏差分布在地心惯性系空间内是各向同性的，即 $\sigma_x = \sigma_y = \sigma_z = \sigma_p, \sigma_{v_x} = \sigma_{v_y} = \sigma_{v_z} = \sigma_v$。当然，在航天器实际飞行任务中，其轨道状态的导航偏差不一定在各方向大小相同，但是其典型值一般远小于此处给出的偏差值，因此算例配置主要验证所提算法的适用性。不失一般性，轨道偏差预报时间取 $t_f = 10T$，其中 T 为标称轨道周期，由标称半长轴 a 决定。

表 5.2　初始轨道根数标称值与偏差值

a/km	e	i /rad	Ω/rad	ω /rad	f /rad	σ_p /m	σ_v /(m/s)
6778.138	0.2	0.001	0	0	0	100	10

应用 5.3.2 节算法，可基于微分代数对终端状态偏差的均值矢量和协方差矩阵进行预报。二体轨道终端状态各阶均值和 3σ 误差椭球如图 5.7 所示。由于航天器初始标称纬度辐角为 0，因此预报整数个轨道周期后，x 轴方向为轨道径向，y 轴方向为轨道切向。采用 $N_{\mathrm{MC}} = 1\times 10^5$ 个样本点进行轨道状态偏差蒙特卡罗打靶仿真预报，终端时刻的样本点分布和统计均值与 3σ 误差椭球以下标“MC”表示。图中，一阶精度预报结果相当于传统线性化方法的预报结果；随着计算阶数增加

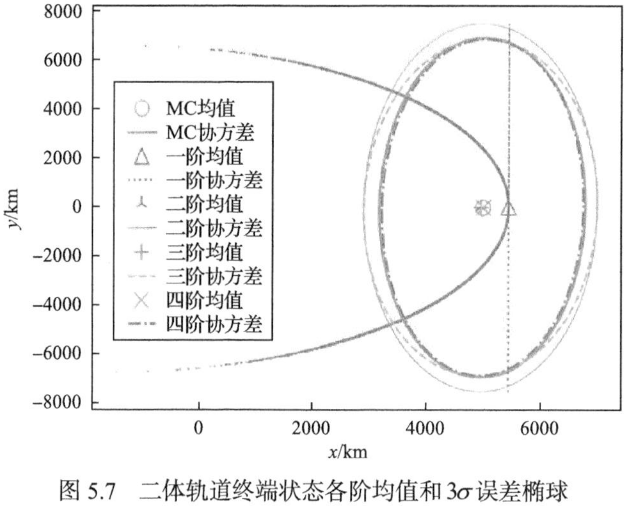

图 5.7　二体轨道终端状态各阶均值和 3σ 误差椭球

(从一到四)，终端时刻均值矢量和协方差矩阵逐渐接近于蒙特卡罗打靶仿真的统计结果；四阶精度计算结果与蒙特卡罗仿真结果几乎相等，这说明应用微分代数方法可以准确预报出终端状态偏差分布的均值矢量和协方差矩阵。然而，终端时刻蒙特卡罗样本点的分布规律是非高斯的，呈一种沿开普勒轨道弯曲的“香蕉形”。显然，仅依据均值矢量和协方差矩阵，难以准确描述终端时刻轨道状态在空间分布的概率密度函数。

参考文献

[1] Kolchin E R. Differential Algebra & Algebraic Groups. New York: Academic Press, 1973.

[2] Berz M. Modern Map Methods in Particle Beam Physics. London: Academic Press, 1999.

[3] Valli M, Armellin R, Di Lizia P, et al. Nonlinear mapping of uncertainties in celestial mechanics. Journal of Guidance, Control, and Dynamics, 2013, 36(1): 48-63.

[4] Armellin R, Di L P, Bernelli Z F, et al. Asteroid close encounters characterization using differential algebra: the case of apophis. Celestial Mechanics and Dynamical Astronomy, 2010, 107(4): 451-470.

[5] Di L P, Armellin R, Bernelli-Zazzera F, et al. High order optimal control of space trajectories with uncertain boundary conditions. Acta Astronautica, 2014, 93: 217-229.

[6] Sun Z J, Di L P, Bernelli-Zazzera F, et al. High-order state transition polynomial with time expansion based on differential algebra. Acta Astronautica, 2019, 163: 45-55.

[7] Wittig A, Colombo C, Armellin R. Long-term density evolution through semi-analytical and differential algebra techniques. Celestial Mechanics and Dynamical Astronomy, 2017, 158(4): 435-452.

[8] Morselli A, Armellin R, Di Lizia P, et al. A high order method for orbital conjunctions analysis: Monte Carlo collision probability computation. Advances in Space Research, 2015, 55(1): 311-333.

第 6 章　高斯混合模型

由 2.2 节基础理论可知，高斯分布只需要均值和协方差矩阵(前两阶统计矩)就可以完整描述其分布特征。然而，即使服从高斯分布的偏差，经本质非线性的轨道动力系统演化后，亦可能变为非高斯分布。对非高斯分布，仅用前两阶统计矩不能完整描述其分布特征。类似于用傅里叶级数或多项式函数加权和逼近任意函数，非高斯分布的概率密度函数可用多个高斯分布的加权和进行表征。该表征模型叫做 GMM。

GMM 在 20 世纪六七十年代就被提出，被广泛应用于状态估计问题(例如通过测量数据更新权重及子高斯分布参数的高斯和滤波)、机器学习问题(例如基于样本数据采用期望最大化算法确定子高斯分布权重及参数的 GMM 聚类算法)等。21 世纪初，GMM 被应用于轨道偏差传播问题。与状态估计、机器学习聚类算法领域的 GMM 不同，偏差传播问题中没有测量或样本数据作为后验信息来修正 GMM 的权重及参数。因此，首先要解决输入偏差概率密度函数的 GMM 逼近问题，即原始分布概率密度函数的 GMM 分割；其次要解决 GMM 中每个子高斯分布均值及协方差矩阵的预报问题；再次需要解决输出偏差的 GMM 合并问题，当然还有可能在传播过程中对 GMM 进行动态权重更新及分割合并。

6.1　高斯混合模型基本原理

混合模型用来表示在总体分布中含有 N 个子分布的概率模型，它是一个由 N 个子分布组成的混合分布。GMM 的基本思想是用有限个高斯分布函数 $p_g(\boldsymbol{x};\boldsymbol{m},\boldsymbol{P})$ 的加权和去逼近任意分布的概率密度函数 $p(\boldsymbol{x},t)$，即

$$\hat{p}(\boldsymbol{x},t)=\sum_{i=1}^{N}\omega_i p_g(\boldsymbol{x};\boldsymbol{m}_i,\boldsymbol{P}_i) \tag{6.1}$$

其中，$p_g(\boldsymbol{x};\boldsymbol{m},\boldsymbol{P})$ 是均值为 $\boldsymbol{m}$、协方差矩阵为 $\boldsymbol{P}$ 的高斯分布概率密度函数；N 为使用的子高斯分布的数量；$\boldsymbol{m}_i$ 和 $\boldsymbol{P}_i$ 为第 i 个子高斯分布的均值和协方差矩阵；ω_i 表示第 i 个子高斯分布的权重系数。

由于概率密度函数非负且在定义域内积分为 1，这使 GMM 的权重矩阵需满足如下约束，即

$$\sum_{i=1}^{N}\omega_i = 1,\quad \omega_i \geqslant 0,\quad i = 1,2,\cdots,N \tag{6.2}$$

采用 GMM 描述任意分布概率密度函数的好处在于，首先高斯分布的概率密度函数容易表征(仅跟均值和协方差矩阵有关)，其次通过将初始分布分割成很多方差更小的子高斯分布，可以在每个子高斯分布局部降低原系统的非线性项影响，从而获得更好的非线性映射精度；再次绝大多数连续随机变量的概率密度函数可通过 GMM 进行逼近。文献[1]证明，当 GMM 的子高斯分布个数趋于无穷大时，GMM 对绝大部分分布的概率密度函数逼近是均匀收敛的。这很容易进行直觉性的理解，当 GMM 中子高斯分布的协方差矩阵逐渐减小到 0 时，子高斯分布逐渐退化演变为脉冲函数(狄拉克函数)，而脉冲函数的加权和对一般函数有很好的逼近性能。因此，通过增加 GMM 中子高斯分布个数、减小子高斯分布协方差矩阵，正确分配子高斯分布的均值和权重，可以实现对其他分布概率密度函数的高精度逼近。

基于 GMM 的偏差分析方法首先要将初始偏差分割为多个高斯分布的加权和，并确定分割后每个子高斯分布的权重；然后将每个子高斯分布预报到终端；最后在终端将所有子高斯分布进行合并，获得终端偏差的分布。理论上，随着子高斯分布的数量增加到无穷，GMM 的概率密度函数 $\hat{p}(\boldsymbol{x},t)$ 将逼近到真实的概率密度函数 $p(\boldsymbol{x},t)$ 。计算子高斯分布的权重、均值及协方差矩阵是采用 GMM 进行偏差预报最为关键的一个问题。

6.1.1　不同分布间的距离测度

为了衡量原概率密度函数与用 GMM 逼近的概率密度函数间的差别，类似可以用欧氏距离表征空间两个点之间的远近程度一样，对概率密度函数，也存在一些测度函数来表征他们之间的差异，如 Kullback-Leibler(KL)散度、L_2距离等。

为了阐述概率密度间的距离测度，首先定义密度幂散度(density power divergence, DPD)为[2]

$$d_\alpha(p_1,p_2) = \int_{\mathbf{R}^n}\left\{p_2^{1+\alpha}(\boldsymbol{x}) - \left(1+\frac{1}{\alpha}\right)p_1(\boldsymbol{x})p_2^{\alpha}(\boldsymbol{x}) + \frac{1}{\alpha}p_1^{1+\alpha}(\boldsymbol{x})\right\}\mathrm{d}\boldsymbol{x} \tag{6.3}$$

其中，α 为控制参数；$p_1(\boldsymbol{x})$ 、$p_2(\boldsymbol{x})$ 为计算 DPD 距离的两个概率密度函数。

显然，当 $\alpha = 0$ 时，DPD 距离无定义，当 $\alpha \to 0$ 时，可定义 KL 散度为

$$\mathrm{KL}(p_1,p_2) = \lim_{\alpha\to 0} d_\alpha(p_1,p_2) = \int_{\mathbf{R}^n} p_1(\boldsymbol{x})\ln\left(\frac{p_1(\boldsymbol{x})}{p_2(\boldsymbol{x})}\right)\mathrm{d}\boldsymbol{x} \tag{6.4}$$

当$\alpha=1$时，可定义两个分布函数$p_1(\boldsymbol{x})$、$p_2(\boldsymbol{x})$的L_2距离为

$$L_2(p_1,p_2)=\int_{\mathbf{R}^n}(p_1(\boldsymbol{x})-p_2(\boldsymbol{x}))^2\mathrm{d}\boldsymbol{x} \tag{6.5}$$

可见，控制参数α通过$0<\alpha<1$建立KL散度到L_2距离的桥梁。值得指出的是[2]，KL散度不满足对称性，即$\mathrm{KL}(p_1,p_2)\neq\mathrm{KL}(p_2,p_1)$，也不满足三角不等式。$L_2$距离满足这两个性质。

将L_2距离定义式展开，可得

$$L_2(p_1,p_2)=\int_{\mathbf{R}^n}p_1^2(\boldsymbol{x})\mathrm{d}\boldsymbol{x}+\int_{\mathbf{R}^n}p_2^2(\boldsymbol{x})\mathrm{d}\boldsymbol{x}-2\int_{\mathbf{R}^n}p_1(\boldsymbol{x})p_2(\boldsymbol{x})\mathrm{d}\boldsymbol{x} \tag{6.6}$$

对$p_1(\boldsymbol{x})=\sum_{i=1}^{N_1}\omega_{1,i}p_g(\boldsymbol{x};\boldsymbol{m}_{1,i},\boldsymbol{P}_{1,i})$和$p_2(\boldsymbol{x})=\sum_{i=1}^{N_2}\omega_{2,i}p_g(\boldsymbol{x};\boldsymbol{m}_{2,i},\boldsymbol{P}_{2,i})$，将其概率密度函数代入式(6.6)，可得各项表达式，即

$$\begin{aligned}\int_{\mathbf{R}^n}p_1(\boldsymbol{x})p_2(\boldsymbol{x})\mathrm{d}\boldsymbol{x}&=\int_{\mathbf{R}^n}\left[\sum_{i=1}^{N_1}\omega_{1,i}p_g(\boldsymbol{x};\boldsymbol{m}_{1,i},\boldsymbol{P}_{1,i})\right]\left[\sum_{j=1}^{N_2}\omega_{2,j}p_g(\boldsymbol{x};\boldsymbol{m}_{2,j},\boldsymbol{P}_{2,j})\right]\mathrm{d}\boldsymbol{x}\\&=\int_{\mathbf{R}^n}\sum_{i=1}^{N_1}\sum_{j=1}^{N_2}\omega_{1,i}\omega_{2,j}p_g(\boldsymbol{x};\boldsymbol{m}_{1,i},\boldsymbol{P}_{1,i})p_g(\boldsymbol{x};\boldsymbol{m}_{2,j},\boldsymbol{P}_{2,j})\,\mathrm{d}\boldsymbol{x}\\&=\sum_{i=1}^{N_1}\sum_{j=1}^{N_2}\omega_{1,i}\omega_{2,j}\int_{\mathbf{R}^n}p_g(\boldsymbol{x};\boldsymbol{m}_{1,i},\boldsymbol{P}_{1,i})p_g(\boldsymbol{x};\boldsymbol{m}_{2,j},\boldsymbol{P}_{2,j})\mathrm{d}\boldsymbol{x}\\&=\sum_{i=1}^{N_1}\sum_{j=1}^{N_2}\omega_{1,i}\omega_{2,j}K(\boldsymbol{m}_{1,i},\boldsymbol{m}_{2,j},\boldsymbol{P}_{1,i},\boldsymbol{P}_{2,j})\end{aligned} \tag{6.7}$$

其中，$K(\boldsymbol{m}_1,\boldsymbol{m}_2,\boldsymbol{P}_1,\boldsymbol{P}_2)=\dfrac{1}{\sqrt{\det\left(2\pi(\boldsymbol{P}_1+\boldsymbol{P}_2)\right)}}\exp\left(-\dfrac{1}{2}(\boldsymbol{m}_1-\boldsymbol{m}_2)^{\mathrm{T}}(\boldsymbol{P}_1+\boldsymbol{P}_2)^{-1}(\boldsymbol{m}_1-\boldsymbol{m}_2)\right)$，$\det(\cdot)$为矩阵行列式的值。

同理，可得

$$\begin{aligned}\int_{\mathbf{R}^n}p_1^2(\boldsymbol{x})\mathrm{d}\boldsymbol{x}&=\sum_{i=1}^{N_1}\sum_{j=1}^{N_1}\omega_{1,i}\omega_{1,j}K(\boldsymbol{m}_{1,i},\boldsymbol{m}_{1,j},\boldsymbol{P}_{1,i},\boldsymbol{P}_{1,j})\\\int_{\mathbf{R}^n}p_2^2(\boldsymbol{x})\mathrm{d}\boldsymbol{x}&=\sum_{i=1}^{N_2}\sum_{j=1}^{N_2}\omega_{2,i}\omega_{2,j}K(\boldsymbol{m}_{2,i},\boldsymbol{m}_{2,j},\boldsymbol{P}_{2,i},\boldsymbol{P}_{2,j})\end{aligned} \tag{6.8}$$

综上，L_2距离可以表示为

$$
\begin{aligned}
L_2(p_1,p_2)=&\sum_{i=1}^{N_1}\sum_{j=1}^{N_1}\omega_{1,i}\omega_{1,j}K(\boldsymbol{m}_{1,i},\boldsymbol{m}_{1,j},\boldsymbol{P}_{1,i},\boldsymbol{P}_{1,j})\\
&+\sum_{i=1}^{N_2}\sum_{j=1}^{N_2}\omega_{2,i}\omega_{2,j}K(\boldsymbol{m}_{2,i},\boldsymbol{m}_{2,j},\boldsymbol{P}_{2,i},\boldsymbol{P}_{2,j})-2\sum_{i=1}^{N_1}\sum_{i=1}^{N_2}\omega_{1,i}\omega_{2,j}K(\boldsymbol{m}_{1,i},\boldsymbol{m}_{2,j},\boldsymbol{P}_{1,i},\boldsymbol{P}_{2,j})
\end{aligned}
\tag{6.9}
$$

可以看出，任意两个概率密度函数间的 L_2 距离可推导出闭合解析形式，而 KL 散度没有解析形式，需要通过数值积分计算。因此，L_2 距离更方便表征和快速精确计算两个概率密度函数之间的差异程度。基于概率密度函数 L_2 距离的定义，通过最小化原概率密度函数 $p(\boldsymbol{x},t)$ 与高斯和概率密度函数 $\hat{p}(\boldsymbol{x},t)$ 间的 L_2 距离，便可获得最优的 GMM 分割参数。当两个分布的概率密度函数相同时，L_2 距离取最小值 0；当两个分布的概率密度函数没有任何重叠时，L_2 距离取最大值。

进一步，根据 L_2 距离满足三角不等式的性质，即

$$
\int_{\mathbf{R}^n}\left[p_1(\boldsymbol{x})-p_2(\boldsymbol{x})\right]^2\mathrm{d}\boldsymbol{x}\leqslant\int_{\mathbf{R}^n}p_1^2(\boldsymbol{x})\mathrm{d}\boldsymbol{x}+\int_{\mathbf{R}^n}p_2^2(\boldsymbol{x})\mathrm{d}\boldsymbol{x}
\tag{6.10}
$$

定义归一化的 NL_2 距离(normalized L_2 distance)如下，即

$$
\begin{aligned}
\mathrm{NL}_2(p_1,p_2)&=\frac{\int_{\mathbf{R}^n}\left[p_1(\boldsymbol{x})-p_2(\boldsymbol{x})\right]^2\mathrm{d}\boldsymbol{x}}{\int_{\mathbf{R}^n}p_1^2(\boldsymbol{x})\mathrm{d}\boldsymbol{x}+\int_{\mathbf{R}^n}p_2^2(\boldsymbol{x})\mathrm{d}\boldsymbol{x}}\\
&=1-\frac{2\sum_{i=1}^{N_1}\sum_{j=1}^{N_2}\omega_{1,i}\omega_{2,j}K(\boldsymbol{m}_{1,i},\boldsymbol{m}_{2,j},\boldsymbol{P}_{1,i},\boldsymbol{P}_{2,j})}{\sum_{i=1}^{N_1}\sum_{j=1}^{N_1}\omega_{1,i}\omega_{1,j}K(\boldsymbol{m}_{1,i},\boldsymbol{m}_{1,j},\boldsymbol{P}_{1,i},\boldsymbol{P}_{1,j})+\sum_{i=1}^{N_2}\sum_{j=1}^{N_2}\omega_{2,i}\omega_{2,j}K(\boldsymbol{m}_{2,i},\boldsymbol{m}_{2,j},\boldsymbol{P}_{2,i},\boldsymbol{P}_{2,j})}
\end{aligned}
\tag{6.11}
$$

归一化的 NL_2 距离取值范围在[0, 1]区间，可以更直观地度量两个概率密度函数间的差异。

6.1.2　不同分布间的似然函数

对一组样本点分布与某一分布概率密度函数的相似程度(例如判断这组样本点是否满足给定的某一分布)表征问题，L_2 距离或 NL_2 距离将不再适用。为了解决该问题，定义两个分布概率密度函数间的似然函数[2]，即

$$
L(p_1,p_2)=\int_{\mathbf{R}^n}p_1(\boldsymbol{x})p_2(\boldsymbol{x})\mathrm{d}\boldsymbol{x}
\tag{6.12}
$$

似然函数 $L(p_1,p_2)$ 描述两个分布概率密度函数的重叠程度，因此两个概率密度函数的相近度越高，其似然函数值越大。

为表征一组样本点与某一给定分布概率密度函数的相似度，需要引入狄拉克混合模型(Dirac mixture model, DMM)。对样本点服从概率密度函数为 $p_1(\boldsymbol{x})$ 的分布，可用 DMM 表示为

$$p_1(\boldsymbol{x})=\sum_{i=1}^{N_1}\omega_{1,i}\delta(\boldsymbol{x}-\boldsymbol{m}_{1,i}) \tag{6.13}$$

其中，$\delta(\boldsymbol{x}-\boldsymbol{m}_{1,i})$ 为中心为 $\boldsymbol{m}_{1,i}$ 的狄拉克 δ 函数，权重为 $\omega_{1,i}$；狄拉克 δ 分布函数在中心 $\boldsymbol{m}_{1,i}$ 以外的所有地方概率密度为 0，满足如下积分条件，即

$$\int_{\mathbf{R}^n}\delta(\boldsymbol{x}-\boldsymbol{m}_{1,i})\mathrm{d}\boldsymbol{x}=1 \tag{6.14}$$

根据狄拉克 δ 分布函数的积分性质及 DMM 模型概率密度函数的定义，可知 DMM 模型的权重满足 $\sum_{i=1}^{N_1}\omega_{1,i}=1$。若每个样本点的权重相等，即 $\omega_{1,i}=1/N_1$，$i\in\{1,2,\cdots,N_1\}$，将 $p_1(\boldsymbol{x})$ 代入似然函数 $L(p_1,p_2)$ 定义式，可得

$$L(p_1,p_2)=\sum_{i=1}^{N_1}\omega_{1,i}\int_{\mathbf{R}^n}p_2(\boldsymbol{x})\delta(\boldsymbol{x}-\boldsymbol{m}_{1,i})\mathrm{d}\boldsymbol{x} \tag{6.15}$$

根据 $p_2(\boldsymbol{x})$ 的 GMM 表征及狄拉克 δ 函数的积分性质，上述似然函数测度可描述为

$$\begin{aligned}&p_2(\boldsymbol{x})=\sum_{j=1}^{N_2}\omega_{2,j}p_g(\boldsymbol{x}_j;\boldsymbol{m}_{2,j},\boldsymbol{P}_{2,j})\\&L(p_1,p_2)=\sum_{i=1}^{N_1}\omega_{1,i}p_2(\boldsymbol{m}_{1,i})=\sum_{i=1}^{N_1}\sum_{j=1}^{N_2}\omega_{1,i}\omega_{2,j}p_g(\boldsymbol{m}_{1,i};\boldsymbol{m}_{2,j},\boldsymbol{P}_{2,j})\end{aligned} \tag{6.16}$$

因此，对给定的一组样本点及一个用于比较的 GMM，可以计算样本点的似然函数表征其相似程度。似然函数值越高，说明这些样本越可能服从这个 GMM 分布函数。

然而，由于随机变量概率密度函数的取值一般较小，直接通过式(6.16)计算似然函数不太方便，因此可用对数似然函数衡量 GMM 逼近任意概率密度函数的程度。对数似然函数可以定义为

$$\mathrm{LL}=\sum_{j=1}^{K}\log\left(\sum_{i=1}^{N}\omega_i p_g(\boldsymbol{x}_j;\boldsymbol{m}_i,\boldsymbol{P}_i)\right) \tag{6.17}$$

其中，$\log(\cdot)$ 为自然对数函数；$\boldsymbol{x}_j$ 为根据被逼近偏差概率密度函数产生的样本点；K 为样本点总数。

同样，对数似然函数越大，GMM 对该样本点的拟合程度越好。

6.2　一维随机变量概率密度函数的 GMM 分割

高斯分布和均匀分布是工程任务中常用的偏差分布形式，而一维随机变量概率密度函数的 GMM 逼近是多维随机变量 GMM 逼近的基础。本节主要介绍一维正态分布和一维均匀分布的 GMM 分割方法。

6.2.1　一维正态分布分割

在考虑分割多维高斯分布为高斯和之前，首先研究如何分割一维标准正态分布。获得一维标准正态分布的分割参数后，可将其拓展到任意均值及协方差矩阵的多维高斯分布。一维正态分布的概率密度函数可表示为

$$p_1(x)=p_g(x;0,1)=\frac{1}{\sqrt{2\pi}}\exp\left(-\frac{x^2}{2}\right) \tag{6.18}$$

将标准正态分布 $p_1(x)$ 分割为 GMM $p_2(x)=\sum_{i=1}^{N}\tilde{\omega}_i p_g(x;\tilde{m}_i,\tilde{\sigma}_i^2)$，需要求解一个最小化 L_2 距离的非线性约束规划问题。一般通过令所有一维子高斯的方差相等来优化求解，即采用等方差分割 $\tilde{\sigma}_i=\tilde{\sigma}$。若采用不等方差分割，会导致分割的某些子高斯分布方差很大，而另一些方差很小。

DeMars 等[3]将 N 个权重系数 $\tilde{\omega}_i$、$\tilde{m}_i$ 及方差 $\tilde{\sigma}$ 作为优化变量，给出一种优化求解思路，但是没有给出具体优化模型。Vittaldev 等[4]考虑子高斯的对称性，设定 $\tilde{\sigma}$ 为 N 的函数，将优化变量减少为 $N-1$，给出将一维标称正态分布分割为奇数个子高斯分布的方法，并提供可以直接使用的标准分割数据库 $(N,\tilde{\sigma},\tilde{m}_i,\tilde{\omega}_i)$ $(I=1,3,\cdots,N)$，N 最大取值为 39。

参照 DcMars 等[3]及 Vittaldev 等[4]的方法，通过最小化 L_2 距离，建立分割一维标准正态分布的优化模型，通过对称性处理将优化变量减少为 N 个，化解子高斯权重和为 1 的等式约束，且不限定 N 为奇数。

令 $p_1(x)=p_g(x;0,1)$，L_2 距离可简化为

$$L_2(p_1,p_2)=\frac{1}{2\sqrt{\pi}}+\sum_{i=1}^{N}\sum_{j=1}^{N}\frac{\tilde{\omega}_i\tilde{\omega}_j}{2\sqrt{\pi\tilde{\sigma}^2}}\exp\left(-\frac{(\tilde{m}_i-\tilde{m}_j)^2}{4\tilde{\sigma}^2}\right)-2\sum_{i=1}^{N}\frac{\tilde{\omega}_i}{\sqrt{2\pi(\tilde{\sigma}^2+1)}}\exp\left(\frac{-\tilde{m}_i^2}{2(\tilde{\sigma}^2+1)}\right) \tag{6.19}$$

当 $N(\geqslant 3)$ 为奇数时，优化模型为

$$\begin{cases}\min\limits_{\boldsymbol{X}} J=L_2(p_1,p_2)+\lambda\tilde{\sigma}\\ \boldsymbol{X}=[x_1,\cdots,x_N]^{\mathrm{T}},\quad K=0.5(N-1),\quad i=2,3,\cdots,K\\ \boldsymbol{X}(1:K)\in[0,1],\quad \boldsymbol{X}(K+1:N-1)\in[-6,6],\quad \boldsymbol{X}(N)\in[0,1]\\ \text{s.t.}\begin{cases}\tilde{\omega}_1=\tilde{\omega}_{-1}=\dfrac{1}{2}x_1,\quad \tilde{\omega}_i=\tilde{\omega}_{-i}=x_i\left(\dfrac{1}{2}-\sum\limits_{k=1}^{i-1}\tilde{\omega}_k\right),\quad \tilde{\omega}_0=1-2\sum\limits_{k=1}^{K}\tilde{\omega}_k\\ \tilde{m}_1=\tilde{m}_{-1}=x_{K+1},\quad \tilde{m}_i=\tilde{m}_{-i}=x_{K+i},\quad \tilde{m}_0=0,\quad \tilde{\sigma}=x_N\end{cases}\end{cases} \tag{6.20}$$

当 $N(\geqslant 2)$ 为偶数时，优化模型为

$$\begin{cases}\min\limits_{\boldsymbol{X}} J=L_2(p_1,p_2)+\lambda\tilde{\sigma}\\ \boldsymbol{X}=[x_1,\cdots,x_N]^{\mathrm{T}},\quad K=0.5N-1,\quad i=2,\cdots,K\\ \boldsymbol{X}(1:K)\in[0,1],\quad \boldsymbol{X}(K+1:N-1)\in[-6,6],\quad \boldsymbol{X}(N)\in[0,1]\\ \text{s.t.}\begin{cases}\tilde{\omega}_1=\tilde{\omega}_{-1}=\dfrac{1}{2}x_1,\quad \tilde{\omega}_i=\tilde{\omega}_{-i}=x_i\left(\dfrac{1}{2}-\sum\limits_{j=1}^{i-1}\tilde{\omega}_j\right),\quad \tilde{\omega}_{K+1}=\tilde{\omega}_{-K-1}=\dfrac{1}{2}\left(1-2\sum\limits_{k=1}^{K}\tilde{\omega}_k\right)\\ \tilde{m}_1=\tilde{m}_{-1}=x_{K+1},\quad \tilde{m}_i=\tilde{m}_{-i}=x_{K+i},\quad \tilde{m}_{K+1}=\tilde{m}_{-K-1}=x_{2K+1},\quad \tilde{\sigma}=x_N\end{cases}\end{cases} \tag{6.21}$$

其中，λ 为方差的权重系数，本书取 0.001。

通过将 GMM 权重系数为 1 的等式约束合理化解，式(6.20)和式(6.21)均为无约束的非线性规划问题，可采用序列二次规划算法(sequential quadratic programming, SQP)求解。总优化变量个数为 N，初值取 $\boldsymbol{X}_0(1:K)=1/K$、$\boldsymbol{X}_0(N)=0.5$、$\boldsymbol{X}_0(K+1:N-1)=(L-m+1)/(L+1)$、$L=\text{floor}(0.5N)$、$m=1,2,\cdots,K$。

采用本书方法，取 $N=5$ 和 $N=6$，将优化所得 GMM 的概率密度函数与标准一维正态分布概率密度函数对比如图 6.1 和图 6.2 所示。本书优化所得的分割参数能较好地逼近原概率密度函数。

对一维标准正态分布的分割可以事先(离线)实施，并将获得的分割参数(即 N

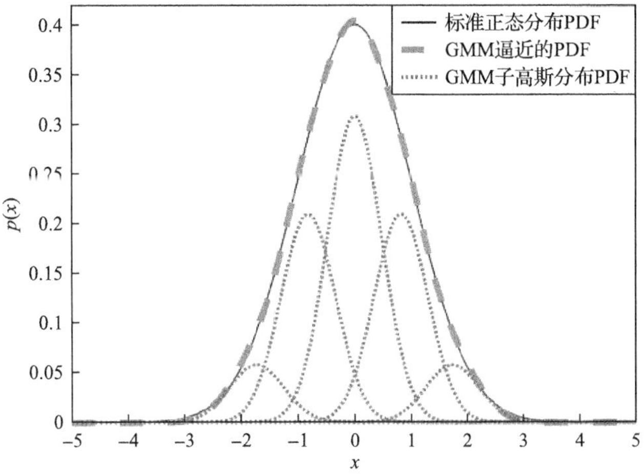

图 6.1　标准正态分布分割结果（N=5）

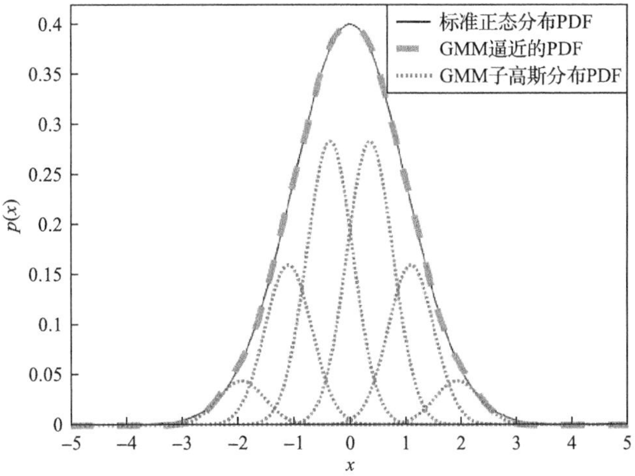

图 6.2　标准正态分布分割结果（N=6）

个子正态分布的方差 $\tilde{\sigma}^2$ 、均值 $\tilde{m}_i$ 、权重 $\tilde{\omega}_i$ ，$i = 1, 2,\cdots, N$）存为数据库。然后，通过简单代数运算，将一维分割拓展到给定均值及协方差矩阵的多维高斯分布 $p_g(\boldsymbol{x};\boldsymbol{m}_0,\boldsymbol{P}_0)$ 问题。

6.2.2　一维均匀分布分割

对 $x\in[a,b]$ 的一维均匀分布随机变量，其概率密度函数可表示为

$$p_1(x)=\begin{cases}\dfrac{1}{b-a}, & a\leqslant x\leqslant b\\ 0, & x<a\cup x>b\end{cases} \tag{6.22}$$

采用含 N 个子高斯分布的 GMM 逼近均匀分布 $p_1(x)$，该 GMM 概率密度函数可表示为 $p_2(x)=\sum_{l=1}^{N}\alpha_l p_g(x;m_l,\sigma_l^2)$，其中 α_l 为权重，$p_g(x;m_l,\sigma_l^2)$ 表示均值为 m_l、方差为 σ_l^2 的一维高斯分布概率密度函数。

同样，采用 $L_2(p_1,p_2)$ 距离表征 $p_1(x)$ 与 $p_2(x)$ 之间的差异。对于给定的子高斯分布个数 N，通过优化 α_l、m_l、σ_l，使 $p_1(x)$ 与 $p_2(x)$ 之间的 L_2 距离最小，即可实现对一维均匀分布的 GMM 逼近。该优化问题可描述为

$$\begin{aligned}\min J &= L_2(p_1,p_2)\\ &=\int_{\mathbf{R}}\left[p_1(x)-p_2(x)\right]^2\mathrm{d}x\\ &=\int_a^b p_1^2(x)\mathrm{d}x+\int_{-\infty}^{\infty}p_2^2(x)\mathrm{d}x-2\int_a^b p_1(x)p_2(x)\mathrm{d}x\\ \text{s.t.}\quad &\alpha_l\geqslant 0,\quad \forall l,\ \sum_{l=1}^{N}\alpha_l=1\end{aligned}\tag{6.23}$$

代入均匀分布概率密度函数，根据高斯分布概率密度函数的乘积关系，式(6.23)中的 $L_2(p_1,p_2)$ 距离可化解为如下解析闭合形式[5]，即

$$\begin{aligned}L_2(p_1,p_2)=&\frac{1}{b-a}+\sum_{i=1}^{N}\sum_{j=1}^{N}\alpha_i\alpha_j K(m_i,m_j,\sigma_i^2,\sigma_j^2)\\ &-\frac{1}{b-a}\sum_{l=1}^{N}\alpha_l\left[\operatorname{erf}\left\{\frac{b-m_l}{\sqrt{2}\sigma_l}\right\}-\operatorname{erf}\left\{\frac{a-m_l}{\sqrt{2}\sigma_l}\right\}\right]\end{aligned}\tag{6.24}$$

其中

$$\begin{aligned}K(m_i,m_j,\sigma_i^2,\sigma_j^2)&=\frac{1}{\sqrt{\det(2\pi(\sigma_i^2+\sigma_j^2))}}\exp\left(-\frac{(m_i-m_j)^2}{2(\sigma_i^2+\sigma_j^2)}\right)\\ \operatorname{erf}\{z\}&=\frac{2}{\sqrt{\pi}}\int_0^z\exp\{-t^2\}\mathrm{d}t\end{aligned}\tag{6.25}$$

然而，即使获得 $L_2(p_1,p_2)$ 距离的解析表达式，直接求解式(6.23)的优化问题也面临困难，设计变量一共 $3N$ 个，存在多极值问题使优化难寻找到最优解。为了更好地求解对均匀分布 GMM 分割的优化问题，进一步做如下假设。

(1) GMM 中所有子高斯分布的权重相等。

(2) GMM 中每个子高斯分布的均值在 $[a, b]$ 均匀分布。

(3) GMM 中每个子高斯分布等方差。

基于以上假设，$L_2(p_1,p_2)$ 距离进一步化解为[5]

$$\begin{aligned}L_2(p_1,p_2)=&\frac{1}{b-a}+\frac{\alpha^2}{2\sqrt{\pi}\sigma}\sum_{i=1}^{N}\sum_{j=1}^{N}\exp\left\{-\frac{1}{4}\left(\frac{m_i-m_j}{\sigma}\right)^2\right\}\\&-\frac{\alpha}{b-a}\sum_{l=1}^{N}\left[\operatorname{erf}\left\{\frac{b-m_l}{\sqrt{2}\sigma}\right\}-\operatorname{erf}\left\{\frac{a-m_l}{\sqrt{2}\sigma}\right\}\right]\end{aligned}\tag{6.26}$$

其中，$\alpha=1/N$；$m_i=a+i/(N+1)$。

将式(6.26)代入式(6.23)，则原优化问题的设计变量减少为仅一个 σ，同时使权重非负及求和为 1 的约束能自动满足，进而使新的优化问题更容易求解。该问题的最优解满足一阶必要条件，即

$$\begin{aligned}&\frac{\mathrm{d}L_2(p_1,p_2)}{\mathrm{d}\sigma}=0\\&\frac{\mathrm{d}L_2(p_1,p_2)}{\mathrm{d}\sigma}=\frac{\alpha^2}{2\sqrt{\pi}\sigma^2}\sum_{i=1}^{N}\sum_{j=1}^{N}\exp\left\{\left[\frac{1}{2}\left(\frac{m_i-m_j}{\sigma}\right)^2-1\right]\exp\left[\frac{1}{4}\left(\frac{m_i-m_j}{\sigma}\right)^2\right]\right\}\\&\qquad-\frac{2\alpha}{(b-a)\sqrt{\pi}\sigma}\sum_{l=1}^{N}\left[A_l\exp\{A_l^2\}-B_l\exp\{B_l^2\}\right]\end{aligned}\tag{6.27}$$

其中，$A_l=\operatorname{erf}\left\{\dfrac{a-m_l}{\sqrt{2}\sigma}\right\}$；$B_l=\operatorname{erf}\left\{\dfrac{b-m_l}{\sqrt{2}\sigma}\right\}$。

进一步，可导出 $L_2(p_1,p_2)$ 的二阶导数，通过求解方程(6.27)的根，若 $L_2(p_1,p_2)$ 的二阶导数为正，为极小值，即获得给定 N 的情况下，分割均匀分布的最优 GMM 参数。

不失一般性，令 $a=0$、$b=1$，对标准均匀分布进行 GMM 分割，设定子高斯分布个数为 N，求解方程获得优化问题最优解为 $\tilde{\sigma}$，则可得对标准均匀分布进行 GMM 分割的参数为

$$\tilde{\alpha}=\frac{1}{N},\tilde{m}_l=\frac{l}{L+1},\tilde{\sigma}_l=\tilde{\sigma},\quad l\in\{1,2,\cdots,N\}\tag{6.28}$$

若将该 GMM 分割参数应用于一般的一维均匀分布，可得新分布的 GMM 分割参数，即

$$\alpha=\frac{1}{N},\quad m_l=a+(b-a)\tilde{m}_l,\quad \sigma_l=(b-a)\tilde{\sigma}\tag{6.29}$$

采用本书方法，分别取 $N=10$ 和 $N=50$，将优化所得的 GMM 概率密度函数

与标准均匀分布概率密度函数对比，如图 6.3 和图 6.4 所示。由此可知，本书优化所得的分割参数能较好地逼近原概率密度函数。

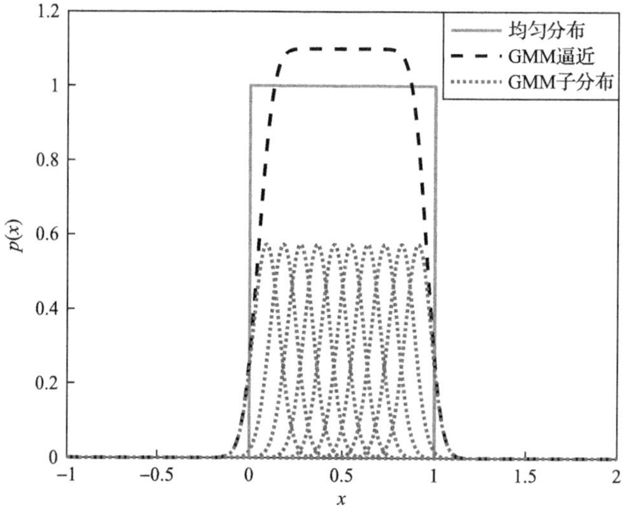

图 6.3　标准均匀分布分割结果($N=10$)

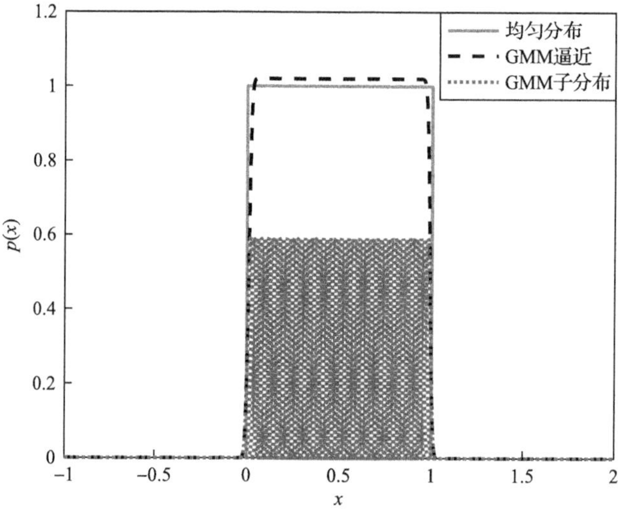

图 6.4　标准均匀分布分割结果($N=50$)

6.3　多维随机变量概率密度函数的 GMM 分割

通过 GMM 的基本原理及对一维标准正态分布的分割方法，可以获得对一维标准正态分布的分割参数(包括子高斯分布个数 N、权重 $\tilde{\omega}_i$ 、均值 $\tilde{m}_i$ 、方差 $\tilde{\sigma}$ ，$i=$

$1, 2,\cdots, N$)。将该分割数据库$(N,\tilde{\sigma},\tilde{m}_i,\tilde{\omega}_i)$应用到给定均值$\boldsymbol{m}_0$及协方差矩阵$\boldsymbol{P}_0$的任意多维情形，首先需要选择一个分割方向；其次将一维分割参数应用到该方向，通过特征值分解，获得多维问题每个子高斯分布的均值及协方差矩阵；再次将每个子高斯分布采用协方差分析方法预报到终端；最后合并每个子高斯分布，获得终端偏差的分布情况。

6.3.1　分割方向选取

对多维问题，首先选择一个分割方向，一般选择沿给定动力系统非线性最强的方向分割。如何量化评估系统的非线性度，已有学者定义了不同的指标。给定动力系统$\dot{\boldsymbol{x}}(t)=\boldsymbol{f}[\boldsymbol{x}(t),t]$ ($\boldsymbol{x}\in\mathbf{R}^n$)，及任意分割方向$\boldsymbol{a}$ ($\boldsymbol{a}\in\mathbf{R}^n$)。Junkins 等[6,7]将系统非线性度量化指标定义为

$$L_{\text{non}}=\frac{\left\|J(\bar{\boldsymbol{x}}+3\hat{\boldsymbol{a}})-J(\bar{\boldsymbol{x}})\right\|_2}{\left\|J(\bar{\boldsymbol{x}})\right\|_2},\quad J(\bar{\boldsymbol{x}})=\left.\frac{\partial\boldsymbol{f}}{\partial\boldsymbol{x}}\right|_{\boldsymbol{x}=\bar{\boldsymbol{x}}}\tag{6.30}$$

其中，$\|\cdot\|_2$表示 2 范数；$J(\boldsymbol{x})$为系统$\boldsymbol{f}[\boldsymbol{x}(t),t]$的一阶雅克比矩阵；$\hat{\boldsymbol{a}}$可表示为

$$\hat{\boldsymbol{a}}=\frac{\boldsymbol{a}}{\left\|\boldsymbol{S}^{-1}\boldsymbol{a}\right\|_2}\tag{6.31}$$

其中，$\boldsymbol{S}$为协方差矩阵$\boldsymbol{P}_0$的平方根矩阵，$\boldsymbol{P}_0=\boldsymbol{S}\boldsymbol{S}^{\mathrm{T}}$；方向$\boldsymbol{a}$一般选取为系统某一维的坐标轴方向，如航天器状态$x$、$y$、$z$、$v_x$、$v_y$、$v_z$的单位向量方向。

Vittaldev 等[4]将系统非线性度指标定义为

$$L_{\text{non}}=\frac{\left\|\boldsymbol{f}(\bar{\boldsymbol{x}}+h\hat{\boldsymbol{a}})+\boldsymbol{f}(\bar{\boldsymbol{x}}-h\hat{\boldsymbol{a}})-2\boldsymbol{f}(\bar{\boldsymbol{x}})\right\|_2}{2h^2}\tag{6.32}$$

其中，步长h建议取为$\sqrt{3}$，该指标本质上是 Taylor 级数展开的二阶非线性项。

式(6.32)更强调偏差方差的影响，并且不需要计算系统的一阶雅克比矩阵。因此，本书用式(6.32)计算系统的非线性度。对轨道动力学问题，径向位置和横向速度的非线性度相对较大，因此一般沿这两个方向分割。

6.3.2　多维分割

根据一维分割参数$(N,\tilde{\sigma},\tilde{m}_i,\tilde{\omega}_i)$ ($i=1, 2,\cdots, N$)，选取非线性度最大的方向为分割方向，记为$\boldsymbol{a}$。根据 Vittaldev 等[4]提出的沿任意方向分割多维高斯分布的方法，可将多维问题每个子高斯分布的权重、均值、协方差矩阵表示为

$$\begin{aligned}
&\omega_i = \tilde{\omega}_i, \quad \tilde{\boldsymbol{a}} = \frac{\boldsymbol{S}^{-1}\boldsymbol{a}}{\left\|\boldsymbol{S}^{-1}\boldsymbol{a}\right\|_2} \\
&\boldsymbol{m}_i = \boldsymbol{m}_0 + \tilde{m}_i \boldsymbol{S}\tilde{\boldsymbol{a}} \\
&\boldsymbol{P}_i = \boldsymbol{S}[\boldsymbol{I}_n + (\tilde{\sigma}^2 - 1)\tilde{\boldsymbol{a}}\tilde{\boldsymbol{a}}^{\mathrm{T}}]\boldsymbol{S}^{\mathrm{T}}
\end{aligned} \tag{6.33}$$

其中，$\boldsymbol{I}_n$ 为 n 维为单位矩阵；$\boldsymbol{S}$ 为协方差矩阵 $\boldsymbol{P}_0$ 的平方根矩阵，$\boldsymbol{P}_0 = \boldsymbol{S}\boldsymbol{S}^{\mathrm{T}}$。

6.3.3　多维合并

通过将初始偏差分割为 N 个高斯核后，可采用 LinCov 方法或非线性的协方差分析方法(如 UT 方法、STT 方法等)将每一个高斯分布的均值 $\boldsymbol{m}_i$ 和协方差矩阵 $\boldsymbol{P}_i$ 预报到终端时刻，进而计算终端偏差的均值 $\boldsymbol{m}_f$、协方差矩阵 $\boldsymbol{P}_f$、概率密度函数 $\hat{p}(\boldsymbol{x}_f, t)$，即

$$\begin{aligned}
&\omega_f = \sum_{i=1}^{N} \omega_i \\
&\boldsymbol{m}_f = \sum_{i=1}^{N} \frac{\omega_i}{\omega_f} \boldsymbol{m}_i \\
&\boldsymbol{P}_f = \sum_{i=1}^{N} \frac{\omega_i}{\omega_f} (\boldsymbol{P}_i + \boldsymbol{m}_i \boldsymbol{m}_i^{\mathrm{T}}) - \boldsymbol{m}_f \boldsymbol{m}_f^{\mathrm{T}} \\
&\hat{p}(\boldsymbol{x}_f, t) = \sum_{i=1}^{N} \omega_i p_g(\boldsymbol{x}_f; \boldsymbol{m}_i, \boldsymbol{P}_i)
\end{aligned} \tag{6.34}$$

GMM 通过将一个大的初始偏差分割成很多小的子高斯偏差，减小非线性项的影响。该方法不用直接求解 FPE 就能获得非高斯偏差概率密度函数的近似值。

6.4　基于 GMM 的轨道偏差演化

UT 方法、STT 法、微分代数方法均可用于非线性地预报输入偏差的均值和协方差矩阵。然而，高斯分布偏差经非线性系统映射后，并不能保证其仍然为高斯分布。如图 6.5 所示，对非高斯分布，前两阶矩不能完整地描述其概率密度函数。虽然可以通过高阶矩来构建终端偏差的概率密度函数，但是高阶矩预报公式复杂，且计算量大。

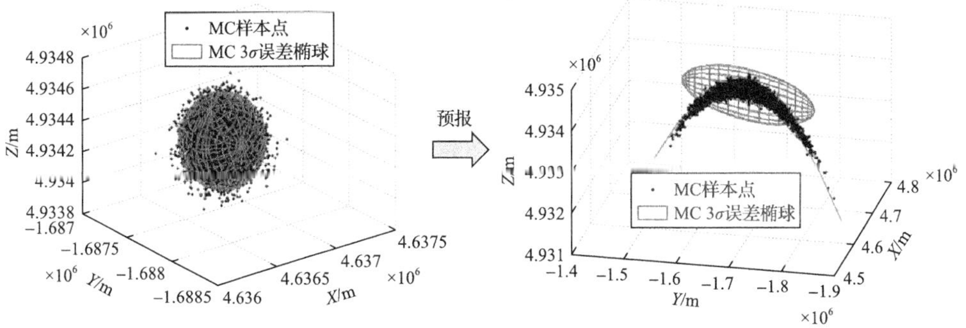

图 6.5　轨道偏差非线性演化示意(蒙特卡罗打靶仿真)

本节提出基于 GMM 与其他方法的混合偏差演化分析方法(如 GMM-STT、GMM-UT、GMM-DA)，通过联合 GMM 与 STT、UT 等高效预报非高斯分布的概率密度函数。

如图 6.6 所示，基于 GMM 的混合偏差演化方法原理主要包括三个步骤，首先将初始偏差概率密度函数用 GMM 进行逼近，然后对 GMM 中子高斯分布的均值及协方差矩阵进行预报，最后将终端所有子高斯分布合并，获得终端偏差的概率密度函。

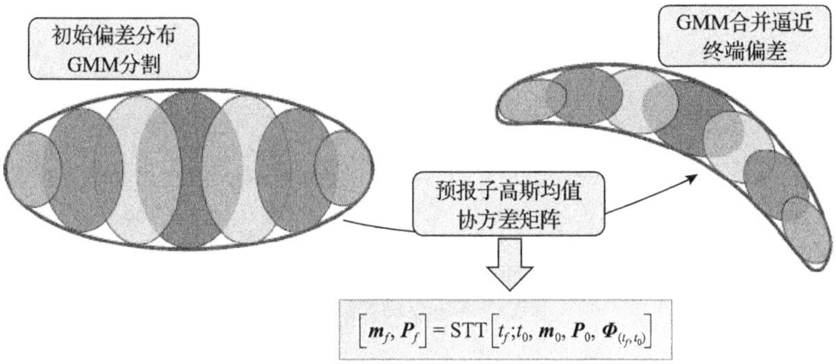

图 6.6　基于 GMM 的轨道偏差演化示意图

严格来讲，GMM 只是一种对任意分布概率密度函数的表征方式，其本身没有非线性映射或预报过程。因此，基于 GMM 进行轨道偏差演化分析，一般都是联合其他方法混合使用，其中 GMM 用于表征概率密度函数，其他方法用于预报 GMM 中子高斯分布概率密度函数，以及进行动态的自适应分割与合并。下面介绍几种常用的 GMM 混合方法。

6.4.1　GMM-STT 方法

GMM-STT 方法首先将初始偏差概率密度函数用 GMM 方法来逼近，然后将每个子高斯分布的均值及协方差矩阵用 STT 方法预报到终端，最后合并子高斯分布获得终端偏差的概率密度函数。

GMM-STT 方法的具体实施步骤如下。

步骤 1，根据初始状态偏差均值 $\boldsymbol{m}(t_0)$ 和协方差矩阵 $\boldsymbol{P}(t_0)$，将初始轨道偏差 $\delta\boldsymbol{x}_0$ 分割为多个子高斯分布。

步骤 2，假设初始输入偏差为高斯分布(当然也可对其他分布进行 GMM 分割)，则输入偏差的概率密度函数为 $p_g(\boldsymbol{X};\boldsymbol{m}(t_0),\boldsymbol{P}(t_0))$。根据一维标准正态分布分割数据 $(N,\tilde{\sigma},\tilde{m}_i,\tilde{\omega}_i)$，$i=1,2,\cdots,N$，用 6.3 节的方法沿径向位置(即 n 维 $\boldsymbol{a}$ 向量的第一个元素为 1，其他为 0)，将该多维随机变量分割为含有 N 个子高斯分布的 GMM，即 $(\omega_i,\boldsymbol{m}_i,\boldsymbol{P}_i)$。

步骤 3，采用式(4.31)将每个子高斯分布的均值及协方差矩阵 $(\boldsymbol{m}_i,\boldsymbol{P}_i)$ 预报到终端 t_f 时刻。特别指出，式(4.31)中的状态转移张量 $\boldsymbol{\Phi}_{(t_f,t_j)}$ 仅需沿参考轨道积分一次，就可以将所有子高斯分布的前两阶矩预报到终端。

步骤 4，根据式(6.34)计算终端偏差的前两阶矩 $[\boldsymbol{m}(t_f),\boldsymbol{P}(t_f)]$ 及概率密度函数 $\hat{p}(\boldsymbol{x}_f,t)$。

对考虑轨道机动误差影响的情况，输入偏差的维数为 $(n+3m)$，例如对四次轨道机动，输入偏差高达 18 维($n=6$、$m=4$)。这对某些偏差传播方法(如 PCE 法)会导致维数灾难。对 GMM-STT 方法，通过采用可传递状态转移张量解析预报子高斯分布的均值及协方差矩阵，不会存在维数灾难问题，也不需要进行随机采样便可进行偏差传播分析。

如果采用 LinCov 方法预报每个子高斯分布的均值及协方差矩阵，由式(1.5)可知，对每个子高斯分布，需要积分 6 个轨道状态量和 36 个状态转移矩阵分量，一共 42 个常微分方程，计算复杂度为 $O(Nn^2)$。对状态转移张量，计算复杂度与子高斯分布个数 N 无关，计算复杂度为 $O(n^{M+1})$，M 为 Taylor 展开阶次。例如，对 $M=2$，需要积分 6+36+216=258 个常微分方程，计算复杂度不会随子高斯分布个数增加，可见采用状态转移张量预报偏差前两阶矩是比较高效的，而且状态转移张量考虑二阶非线性项影响，预报精度比现有的协方差分析方法更高。

如果将预报 GMM 子高斯分布均值与协方差矩阵的 STT 方法替换为微分代数方法，可实现状态转移张量的自动微分计算，但是原理与 GMM-STT 方法类似，因此不单独介绍 GMM-DA 方法。

6.4.2 GMM-UT 方法

2.3.2 节介绍的 UT 方法优势在于可以以二阶精度对高斯分布偏差的均值与

协方差矩阵进行非线性预报，并且 UT 方法是基于 Sigma 样本点的方法。对样本点的预报过程是把动力系统当作黑箱，不需要像 STT 方法一样对系统的动力学模型进行复杂变换。GMM 的优点在于可以逼近任意分布的初始轨道偏差并通过分割原分布减小非线性项带来的影响。本书将两种方法结合，提出兼具两者优势的 GMM 与无迹变换混合方法(GMM-UT)。GMM-UT 方法在保留 UT 方法计算量小的优点的基础上，还弥补了 UT 方法仅能提供一阶、二阶统计矩和不能对任意分布偏差进行预报的缺点。如图 6.7 所示，GMM-UT 方法进行偏差预报的具体步骤如下。

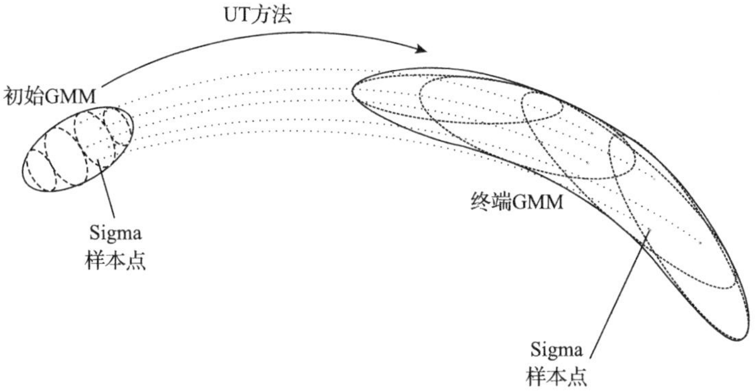

图 6.7　高斯和与 UT 混合方法原理示意

步骤 1，根据初始状态偏差均值 $\boldsymbol{m}(t_0)$ 和协方差矩阵 $\boldsymbol{P}(t_0)$，将初始轨道偏差 $\delta\boldsymbol{x}(t_0)$ 分割为多个子高斯分布。

步骤 2，根据 6.2 节方法提供的一维标准正态分布分割数据 $(N,\tilde{\sigma},\tilde{m}_i,\tilde{\omega}_i)$，$i=1, 2,\cdots,N$，用 6.3 节的方法，将该多维随机变量分割为含有 N 个子高斯分布的 GMM：$(\omega_i,\boldsymbol{m}_i,\boldsymbol{P}_i)$。

步骤 3，运用 UT 方法，根据各子高斯分布的均值及协方差矩阵分别对每个子高斯分布产生 $2n$+1 个 Sigma 样本点。

步骤 4，将 $(2n+1)N$ 个 Sigma 样本点预报至终端时刻。

步骤 5，对所有预报至终端的 Sigma 样本点，按其所属的子高斯分布进行处理，计算 N 个子高斯分布的均值 $\boldsymbol{m}(t_f)$ 和协方差矩阵 $\boldsymbol{P}(t_f)$。

步骤 6，将所有子高斯分布进行合并，根据式(6.34)得到终端轨道偏差 $\delta\boldsymbol{x}(t_f)$ 的均值、协方差矩阵 $[\boldsymbol{m}(t_f),\boldsymbol{P}(t_f)]$ 及概率密度函数 $\hat{p}(\boldsymbol{x}_f,t)$。

GMM-UT 方法一方面可以表征非高斯分布偏差，另一方面可以把动力学模型当作黑箱，实现 GMM 中子高斯分布的二阶非线性预报，方便应用于高精度轨道动力学，是一种相对易用、实用的偏差演化方法。

6.5 算 例 分 析

6.5.1 GMM-STT 结果

为了方便与单一的 STT 方法对比，采用 4.4 节算例配置对 GMM-STT 方法进行仿真验证。

如图 4.8 和图 4.9 中的蒙特卡罗仿真样本点所示，初始高斯分布轨道偏差经非线性传播后变为沿轨道弧线弯曲的类似香蕉形状的非高斯分布偏差。虽然基于可传递状态转移张量的偏差分析方法对均值及协方差矩阵的预报精度较高，但是仅用前两阶统计矩已经不能完整地描述非高斯偏差的分布特征。因此，本节采用混合 GMM-STT 方法来非线性地预报轨道偏差的概率密度函数。在 GMM-STT 方法中，分别采用一阶可传递状态转移矩阵、二阶可传递状态转移张量与四阶分段状态转移张量来预报 GMM 中每个子高斯分布的均值与协方差矩阵，并采用对数似然函数 LL 验证 GMM 对蒙特卡罗仿真样本点的拟合好坏。如图 6.8 所示，其中对数似然函数值 LL 越大，表明 GMM 拟合越好。

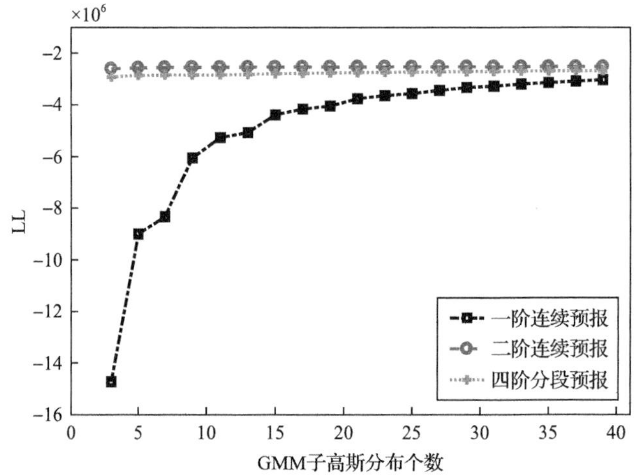

图 6.8　不同阶次状态转移张量下 GMM-STT 方法的对数似然函数值

由图 6.8 可知，对不同的子高斯数目，基于高阶状态转移张量(二、四阶)的 GMM-STT方法比基于一阶状态转移张量的预报具有更大的似然函数值LL。因此，采用高阶状态转移张量对概率密度函数的预报结果比采用一阶状态转移张量好，并且阶次越高，GMM 模型对终端偏差概率密度函数(用蒙特卡罗仿真样本点来表征)的拟合程度越好。如图 6.8 所示，当分割的子高斯数大于等于 25 时，二～四阶状态转移张量的似然函数值达到它们的稳态值。这意味着，基于二～四阶状态转移张量预报前两阶矩，仅需将初始偏差分割为 25 个子高斯，就可以很好地逼近终端偏差的概率密度函数。但是，对一阶状态转移张量预报(即 LinCov 方法)，即使采用 39 个子高斯分布，其似然函数值仍然比基于二阶状态转移张量的结果小。

为了更详细地验证 GMM-STT 方法对终端偏差概率密度函数的逼近情况，取子高斯数 N=25，基于二阶状态转移张量预报子高斯均值及协方差矩阵，所得终端偏差在轨道平面(xy 平面)的投影如图 6.9 和图 6.10 所示。因为偏差在 xy 平面的非高斯性最为明显，所以此处仅给出在 xy 平面的对比结果。图 6.9 给出所有 25 个子高斯分布终端 3σ 误差椭球在 xy 平面的投影。由此可知，终端偏差的蒙特卡罗仿真样本点被这 25 个子高斯的 3σ 误差椭球很好地包络住了。这表明，GMM-STT 方法能够很好地表征终端非高斯偏差的分布情况。图 6.10 给出

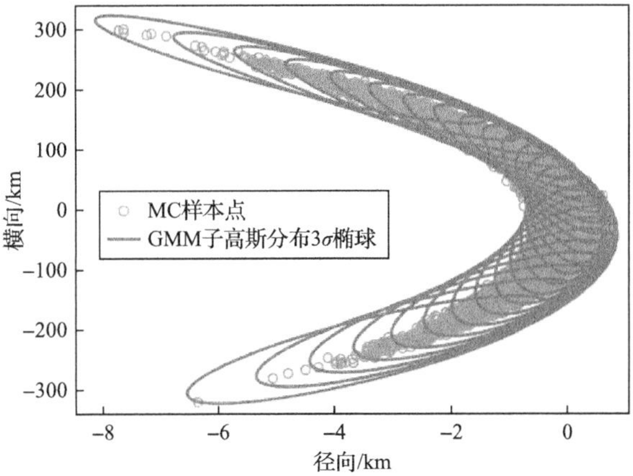

图 6.9　GMM-STT 方法 3σ 误差椭球投影

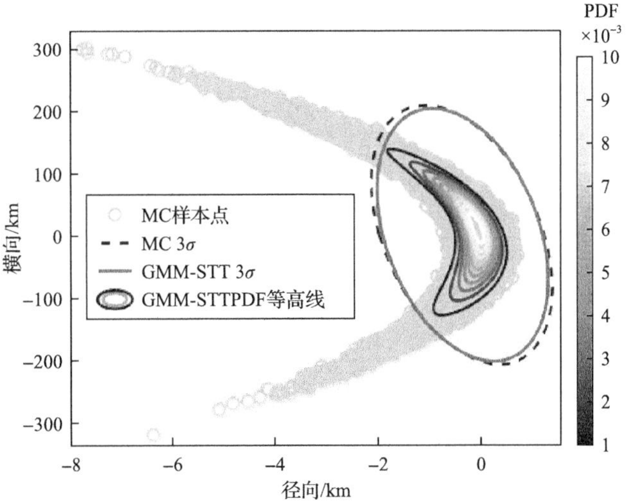

图 6.10　GMM-STT 方法概率密度等高线

GMM-STT 方法终端概率密度函数等高线在 xy 平面的投影。由此可知，GMM-STT 方法拟合的终端概率密度函数等高线与蒙特卡罗仿真样本点的弯曲弧线吻合很好，表明 GMM-STT 方法能很好地预报偏差的概率密度函数。

GMM-STT 偏差演化终端均值和标准差对比如表 6.1 和表 6.2 所示。其中，(GMM-STT)-MC 表示计算结果与蒙特卡罗仿真方法做差，蒙特卡罗方法的结果在表 4.7 和表 4.8 中给出。由表 6.1 和表 6.2 可知，GMM-STT 方法预报的误差均值及标准差与状态转移张量的结果基本相同，但是 GMM-STT 方法对均值 m_x，标准差 σ_x、σ_y 的预报结果反而比单一的 STT 方法还差。这是误差预报一致性与协方差预报一致性不同造成的。可以理解为对前两阶矩预报精度高的方法，不见得对整个分布函数(概率密度函数)拟合好，反之亦然。因为在用 GMM 逼近初始偏差的概率密度函数时，不可能做到完美的逼近，即 GMM 拟合的概率密度函数不能完美逼近原初始高斯分布的概率密度函数；高斯分布偏差的概率密度函数由前两阶矩确定，因此导致用 GMM-STT 预报前两阶矩的结果反而比直接状态转移张量预报原高斯分布前两阶矩的精度差。由图 6.9 和图 6.10 可知，GMM-STT 能够很好地逼近偏差的概率密度函数。

表 6.1　GMM-STT 偏差演化终端均值对比

状态转移张量连续预报	m_x /m	m_y /m	m_z /m	m_{vx} /(mm/s)	m_{vy} /(mm/s)	m_{vz} /(mm/s)
(二阶)STT-MC	14.37	11.53	0.05	0.35	4.16	–0.00
(GMM-STT)-MC	14.49	11.53	0.05	0.35	4.16	–0.00

表 6.2　GMM-STT 偏差演化终端标准差对比

状态转移张量连续预报	σ_x /m	σ_y /m	σ_z /m	σ_{vx} /(mm/s)	σ_{vy} /(mm/s)	σ_{vz} /(mm/s)
(二阶)STT-MC	–31.16	–1706.93	–0.29	–199.50	–65.78	–4.10
(GMM-STT)-MC	–31.86	–1718.90	–0.29	–199.54	–65.80	–4.13

对轨道偏差演化问题，Fujimoto 等[8]提出一种 GMM-STT 方法来预报非高斯偏差的概率密度函数，其中每个子高斯分布的均值与协方差矩阵采用下式预报[8]，即

$$\begin{aligned}
&\boldsymbol{m}(t_f)=[\tilde{\boldsymbol{\Phi}}(\boldsymbol{m}_0)]\boldsymbol{m}_0,\quad \tilde{\Phi}^{i,k_1}(\boldsymbol{m}_0)=\Phi^{i,k_1}+\sum_{p=2}^{M}\frac{1}{p!}\Phi_{(t_f,t_0)}^{i,k_1\ldots k_p}m_0^{k_1}\cdots m_0^{k_p}\\
&\boldsymbol{P}(t_f)=[\bar{\boldsymbol{\Phi}}(\boldsymbol{m}_0,\delta\boldsymbol{x}_0)]\boldsymbol{P}_0[\bar{\boldsymbol{\Phi}}(\boldsymbol{m}_0,\delta\boldsymbol{x}_0)]^{\mathrm{T}}\\
&\bar{\Phi}^{i,k_1}(\boldsymbol{m}_0,\delta\boldsymbol{x}_0)=\Phi^{i,k_1}\delta x_0^{k_1}+\sum_{p=2}^{M}\frac{1}{p!}\Phi_{(t_f,t_0)}^{i,k_1\cdots k_p}[(m_0^{k_1}+\delta x_0^{k_1})\cdots(m_0^{k_p}+\delta x_0^{k_p})-m_0^{k_1}\cdots m_0^{k_p}]
\end{aligned}\tag{6.35}$$

其中，状态转移张量 $\Phi_{(t_f,t_0)}^{i,k_1\cdots k_p}$ 通过式(4.11)计算；$\delta \boldsymbol{x}_0$ 为随机偏差，可通过蒙特卡罗采样获得[8]；本书取 $\bar{\boldsymbol{\Phi}} = \tilde{\boldsymbol{\Phi}}$。

式(6.35)对均值及协方差矩阵的预报考虑初始均值不为 0 对偏差传播的影响，对预报均值及协方差矩阵的状态转移张量进行修正。获得修正的状态转移张量后，其对均值及协方差矩阵的预报在本质上仍是线性的，因此该方程对非线性强的系统可能产生较大的误差。特别指出，本书提出的 GMM-STT 方法与 Fujimoto 等[8]的 GMM-STT 方法是不同的。首先，对 GMM 的分割与其不同，可以沿任意方向；然后，基于状态转移张量对均值及协方差矩阵的预报式(4.18)是由偏差统计矩的定义严格推导的，严格考虑非线性项对统计矩的影响。下面通过算例对比本书及 Fujimoto 等[8]的 GMM-STT 方法，初始参数采用 4.4.1 节配置。对数似然函数值及终端均值、标准差如图 6.11 及表 6.3、表 6.4 所示。终端均值、标准差的蒙特卡罗仿真结果在表 4.2、表 4.3 中给出。

由图 6.11 可知，本书 GMM-STT 方法比 Fujimoto 等的 GMM-STT 方法及基于线性协方差预报的 GMM 方法具有更大的似然函数值。显然，Fujimoto 等的 GMM-STT 方法相对线性方法的精度改进微小。由表 6.3 和表 6.4 可知，本书 GMM-STT 方法对终端偏差均值、标准差的预报结果优于其他两种方法。

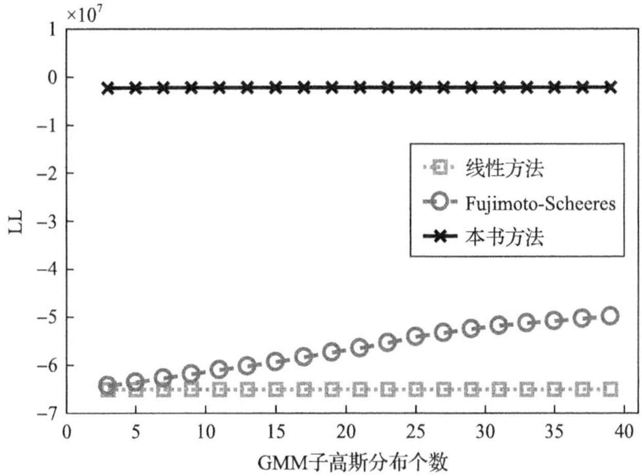

图 6.11　不同 GMM-STT 方法对数似然函数值对比

表 6.3　无机动工况 GMM-STT 方法终端均值预报误差对比

预报模型	m_x /m	m_y /m	m_z /m	m_{vx} /(mm/s)	m_{vy} /(mm/s)	m_{vz} /(mm/s)
线性方法	364.31	−1.73	0.48	1.90	−1.60	−1.36
Fujimoto-Scheeres	60.01	−0.73	0.08	0.17	−0.37	−0.21
本书方法	0.02	−1.91	0.00	0.01	−0.05	0.00

表 6.4 无机动工况 GMM-STT 方法终端标准差预报误差对比

预报模型	σ_x /m	σ_y /m	σ_z /m	σ_{vx} /(mm/s)	σ_{vy} /(mm/s)	σ_{vz} /(mm/s)
线性方法	–399.76	2.52	0.01	–0.05	0.03	–0.01
Fujimoto-Scheeres	–64.13	2.52	0.01	–0.04	0.04	0.01
本书方法	–2.38	2.51	0.01	–0.04	0.04	0.01

综上，本书提出的 GMM-STT 方法对非线性、非高斯偏差的传播分析是正确高效的，并且精度高于现有方法。该方法具有以下特点。

(1)相对 LinCov、所用的状态转移张量仅需要沿参考轨道积分一次，就可以预报所有子高斯分布的均值及协方差矩阵。

(2)多维 GMM 的产生可以根据一维标准正态分布分割数据库解析计算，虽然对一维标准正态分布的分割需要求解非线性规划问题，但是可以离线进行，并将优化结果存为数据库，以在具体偏差分析问题中直接调用。

(3)GMM-STT 方法不需要进行任何随机采样，因此对高维问题不会产生维数灾难。

因此，GMM-STT 方法具有较高的计算精度与计算效率

6.5.2 GMM-UT 结果

本节通过仿真算例对比验证 UT 方法，以及 GMM-UT 方法。航天器标称轨道的初始经典轨道根数 $\boldsymbol{E}=[a, e, i, \Omega, \omega, f]$ 为 $\boldsymbol{E}(t_0)=[7181.727\ \text{km}, 0.0005, 45°, 50°, 60°, 30°]$，初始时刻 $t_0=0$，终端时刻 $t_f=86400\text{s}$。初始轨道状态的定轨偏差标准差在 LVLH 坐标系描述，位置标准差为[30, 50, 20](m)、速度标准差[0.1, 0.2, 0.08](m/s)，轨道动力学模型考虑 J_2、J_3、J_4 项摄动，GMM-UT 方法的子高斯分布个数为 25，蒙特卡罗仿真的样本点数量为 10000。

分别采用 UT 方法和 GMM-UT 方法将初始均值及协方差矩阵预报到终端。为了方便对比，表 6.5 和表 6.6 中第二行给出蒙特卡罗仿真(蒙特卡罗)结果，其他行是预报模型相对蒙特卡罗方法的预报误差，即第一列符号“-”表示做差。由表 6.5 和表 6.6 可知，UT 方法和 GMM-UT 方法对轨道偏差均值及协方差矩阵的预报结果与蒙特卡罗方法吻合较好，验证了 UT 方法及 GMM-UT 方法的正确有效性。相对蒙特卡罗方法需要 10000 或更多的样本点，对 6 维轨道偏差演化问题，UT 方法只需要 2×6+1=13 个 Sigma 点，GMM-UT 方法仅需要 21×(2×6+1)= 273 个 Sigma 点，因此可大大减小计算量。由表 6.6 可知，GMM-UT 方法在非线性强的径向预报精度优于 UT 方法，表明通过将初始大偏差分割，可降低局部非线性度，获得更高的计算精度。

表 6.5　GMM-UT 方法终端偏差均值对比

预报模型	m_x /m	m_y /m	m_z /m	m_{vx} /(mm/s)	m_{vy} /(mm/s)	m_{vz} /(mm/s)
蒙特卡罗	–202.68	–3.22	0.07	–4.46	2.79	0.62
UT-MC	–0.02	0.01	0.00	0.00	0.00	0.00
(GMM-UT)-MC	0.06	–0.00	0.00	0.00	0.00	0.00

表 6.6　GMM-UT 方法终端偏差标准差对比

预报模型	σ_x /m	σ_y /m	σ_z /m	σ_{vx} /(mm/s)	σ_{vy} /(mm/s)	σ_{vz} /(mm/s)
蒙特卡罗	489.14	53565.44	89.15	452.18	647.63	26.73
UT-MC	42.09	0.86	0.00	0.00	0.00	0.00
(GMM-UT)-MC	1.59	–10.26	–0.01	0.00	0.00	0.00

为了更详细地验证 GMM-UT 方法对终端偏差概率密度函数的逼近情况，基于 UT、GMM-UT 预报子高斯均值及协方差矩阵，所得终端偏差在轨道平面(*xy* 平面)的投影如图 6.12 所示。因为偏差在 *xy* 平面的非高斯性最为明显，所以此处仅给出在 *xy* 平面的对比结果。图 6.9 给出所有 25 个子高斯分布终端 3σ 误差椭球在 *xy* 平面的投影。与 GMM-STT 方法结果类似，终端偏差的蒙特卡罗仿真样本点被 GMM-UT 方法 25 个子高斯分布的 3σ 误差椭球很好地包络住了。这表明，GMM-UT 方法能够很好地表征终端非高斯偏差的分布情况。

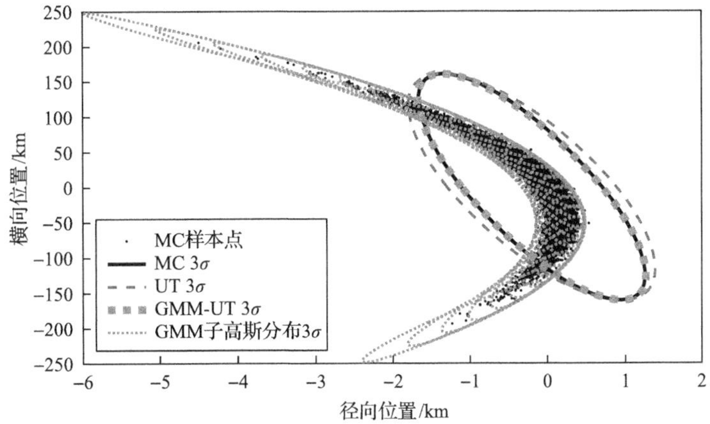

图 6.12　GMM-UT 方法 3σ 误差椭球投影

为了预报非高斯分布偏差的概率密度函数，本章提出基于 GMM 的混合偏差演化方法，包括 GMM-STT、GMM-UT 等。这些方法采用 GMM 方法逼近任意分布，采用 STT 或 UT 方法预报每个子高斯分布的均值及协方差矩阵。仿真分析表明，所提方法能高精度地传播非高斯偏差的概率密度函数，并且具有较高的计算精度与计算效率。

参 考 文 献

[1] Sorenson H W, Alspach D L. Recursive Bayesian estimation using Gaussian sums. Automatica, 1971, 7: 465-479.

[2] DeMars K J. Nonlinear orbit uncertainty prediction and rectification for space situational awareness. Austin: University of Texas at Austin, 2010.

[3] DeMars K J, Bishop R H, Jah M K. Entropy-based approach for uncertainty propagation of nonlinear dynamical systems. Journal of Guidance, Control, and Dynamics, 2013, 36(4): 1047-1057.

[4] Vittaldev V, Russell R P. Space object collision probability using multidirectional Gaussian mixture models. Journal of Guidance, Control, and Dynamics, 2016, 39(9): 2163-2169.

[5] DeMars K J, Jah M K. Probabilistic initial orbit determination using Gaussian mixture models. Journal of Guidance, Control, and Dynamics, 2013, 36(5): 1324-1335.

[6] Junkins J L, Akella M R, Alfriend K T. Non-Gaussian error propagation in orbital mechanics. The Journal of the Astronautical Sciences, 1996, 44(4): 541-562.

[7] Junkins J L, Singla P. How nonlinear is it? A tutorial on nonlinearity of orbit and attitude dynamics. The Journal of the Astronautical Sciences, 2004, 52(1-2): 7-60.

[8] Fujimoto K, Scheeres D J. Tractable expressions for nonlinearly propagated uncertainties. Journal of Guidance, Control, and Dynamics, 2015, 38(6): 1146-1151.

第 7 章　相对轨道偏差演化方法

在航天器编队(集群)飞行任务中，航天器相距较近，为了对两航天器间的可能碰撞进行预警，需要对两航天器的相对运动状态偏差进行演化分析，进而计算碰撞概率。与基于地面计算的航天器绝对轨道偏差传播不同，航天器的相对轨道偏差传播可能需要在轨进行计算。以绝对轨道偏差传播问题为例，第 4 章论述了基于状态转移张量的半解析非线性偏差演化分析方法。该方法虽然适用于考虑多种摄动因素的一般轨道动力学系统，但是需要通过数值积分计算高阶状态转移张量，计算量相对较大。因此，本章讲解一种解析非线性的相对轨道偏差传播分析方法。

7.1　相对轨道运动问题描述

7.1.1　相对轨道参数定义

首先，定义几个描述航天器相对轨道运动的坐标系与术语。我们将编队飞行航天器中的一个叫做主航天器(或参考航天器、目标航天器)，另一个叫做从航天器(或伴随航天器、追踪航天器)。如图 7.1 所示，航天器的相对运动可以在中心天体惯性坐标系(I 系)中描述，也可以在主航天器的 LVLH 坐标系(C 系)或从航天器的 LVLH 坐标系(D 系)中描述，C 系与 D 系定义相同，只是坐标原点分别在主、从航天器质心。

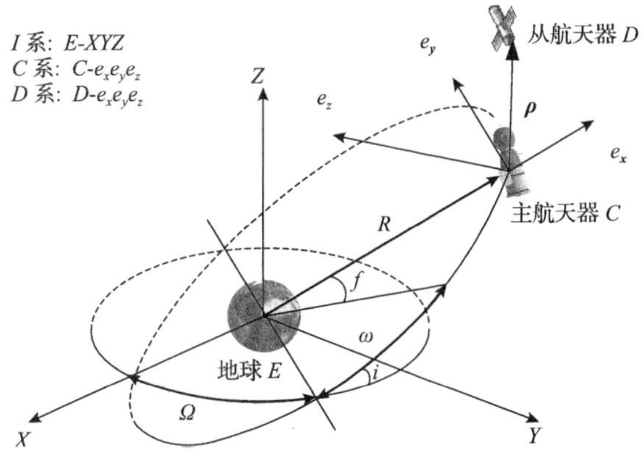

图 7.1　航天器相对轨道坐标系示意

记 $\boldsymbol{E}=[a,\ e,\ i,\ \Omega,\ \omega,\ f]$ 为经典轨道根数，由于经典轨道根数对圆轨道($e=0$)存在奇异，定义一组对近圆轨道不奇异的修正轨道根数为 $\boldsymbol{e}=[a, \theta, i, q_1, q_2, \Omega]$，其

中 $q_1 = e\cos\omega$、$q_2 = e\sin\omega$、$\theta = \omega + f$ 为主航天器纬度辐角。进一步，定义从航天器相对主航天器的相对轨道根数(relative orbital element, ROE)为 $\delta\boldsymbol{e} = \boldsymbol{e}_d - \boldsymbol{e}_c$，即 $\delta\boldsymbol{e} = [\delta a, \delta\theta, \delta i, \delta q_1, \delta q_2, \delta\Omega]$，其中下标 c、d 分别表示主、从航天器。另外，在主航天器 LVLH 坐标系(C 系)中，以时间 t 为自变量，定义从航天器相对状态(relative state, RS)为 $\delta\boldsymbol{x}(t) = [\boldsymbol{\rho}, \dot{\boldsymbol{\rho}}]^{\mathrm{T}}$，$\boldsymbol{\rho} = [\delta x, \delta y, \delta z]^{\mathrm{T}}$ 与 $\dot{\boldsymbol{\rho}} = [\delta\dot{x}, \delta\dot{y}, \delta\dot{z}]^{\mathrm{T}}$ 分别为相对位置速度。基于这些定义，两航天器间的相对运动状态既可以用 $\delta\boldsymbol{e}$ 描述，也可以用 $\delta\boldsymbol{x}(t)$ 描述。

仅考虑中心天体非球形引力 J_2 项摄动，则 C 系中航天器的相对运动满足

$$
\begin{cases}
\delta\ddot{x} - 2\dot{\theta}\delta\dot{y} - \dot{\theta}^2\delta x - \ddot{\theta}\delta y = \dfrac{-\mu(R+\delta x)}{[(R+\delta x)^2 + \delta y^2 + \delta z^2]^{3/2}} + \dfrac{\mu}{R^2} + a_{J2x} \\
\delta\ddot{y} + 2\dot{\theta}\delta\dot{x} - \dot{\theta}^2\delta y + \ddot{\theta}\delta x = \dfrac{-\mu\delta y}{[(R+\delta x)^2 + \delta y^2 + \delta z^2]^{3/2}} + a_{J2y} \\
\delta\ddot{z} = \dfrac{-\mu\delta z}{[(R+\delta x)^2 + \delta y^2 + \delta z^2]^{3/2}} + a_{J2z}
\end{cases}
\tag{7.1}
$$

其中，$\theta = \omega + f$ 为主航天器纬度辐角；R 为主航天器地心距；a_{J2x}、a_{J2y}、a_{J2z} 为在主航天器 C 系中表示的 J_2 项摄动加速度分量。

7.1.2 相对运动方程研究现状

当两航天器相距较近时，可以近似地用线性化的相对运动方程来描述其相对运动，这样的线性方程一般存在解析解，并且可用状态转移矩阵表示。基于这些解析的状态转移矩阵，可以直接计算两航天器进行相对轨道转移所需的首末变轨冲量。因此，线性机动瞄准算法的核心是建立解析相对运动模型。最早的相对运动方程是分别针对近圆参考轨道和任意偏心率椭圆参考轨道的 Clohessy-Wiltshire (C-W)方程[1](或称 Hill 方程[2])和 Tschauner-Hempel(T-H)方程[3]。这些都是基于二体轨道假设的线性方程。以此为基础，后续研究通过不断放宽假设来考虑更多实际因素，提出很多精度更高的、改进的相对运动方程。Yamanaka 等[4]给出 T-H 方程以时间为独立变量的解析解(原 T-H 方程以真近点角为独立变量)。党朝辉引入新的积分项，进一步给出适应椭圆、抛物线、双曲线轨道的解析相对运动方程[5]。Schweighart 等[6]基于 C-W 方程，引入 J_2 长期摄动项，推导了一组线性的相对运动方程。上述方程均以笛卡儿直角坐标系统描述航天器间的相对运动。事实上，相对于随时间快速变化的位置速度，大部分轨道根数相对时间变换缓慢(如二体假设下仅有真近点角是时间的快变量)，所以采用轨道根数描述航天器相对运动更容易考虑摄动影响。因此，很多学者研究了基于 ROE 的相对运动方程。Gim 等考虑 J_2 摄

动一阶长期项及周期项影响，提出基于 ROE、适应椭圆轨道的线性相对运动方程，推导了 ROE 到相对位置速度的线性转换关系[7,8]，并将该摄动相对运动方程进一步拓展到任意阶次非球形引力摄动下的相对运动问题[9]。采用不同形式的 ROE，D'Amico 等提出基于椭圆参考轨道、考虑 J_2 摄动及大气阻力摄动影响的线性相对运动方程[10,11]。Schaub 等基于 ROE，研究了编队航天器的几何构型设计及构型保持控制方法[12,13]。此外，Vinti[14]基于 Vinti 轨道理论，在惯性坐标系中推导了考虑 J_2、J_3 摄动的线性相对运动方程[15]。Baranov[16]针对航天器调相交会问题，基于二体圆参考轨道，推导了适应于远距离近共面相对轨道转移问题的近圆偏差方程。

然而，尽管这些相对运动方程[4-16]考虑参考轨道偏心率项、J_2 摄动项等主要影响因素，但它们都是简化的线性方程，仅是原非线性相对轨道动力系统的一阶近似。当两航天器相距较远时，其二阶以上引力差分项不再是可以忽略的小量，因此基于线性假设的相对运动方程将产生较大误差。为了解决该问题，Kechichian[17]推导了针对近圆轨道的二阶非线性方程，用于描述具有大初始相对距离的相对运动。Sengupta 等[18]进一步考虑 J_2 摄动长期项与参考轨道偏心率影响，推导了一组以 ROE 表示相对状态的二阶非线性方程。Alfriend 等[19,20]对部分典型相对运动方程的应用及精度进行了对比分析。最近，Sullivan 等[21]对现有典型相对运动方程进行了综述。

如果不做简化处理，即使仅考虑 J_2 项摄动，所得的微分方程式(7.1)也很难解析求解。因此，本书采用几何方法推导考虑 J_2 摄动的解析非线性相对运动方程，从而避免直接求解式(7.1)。

7.2　考虑 J_2 摄动的解析非线性相对运动方程

7.2.1　吻切相对轨道根数的非线性变换

根据图 7.1 中的几何关系，可得惯性系 I 到当地轨道坐标系 C 的方向余弦矩阵，即

$$
\begin{aligned}
\boldsymbol{T}^{CI} &= \begin{bmatrix} c_\theta & s_\theta & 0 \\ -s_\theta & c_\theta & 0 \\ 0 & 0 & 1 \end{bmatrix} \begin{bmatrix} 1 & 0 & 0 \\ 0 & c_i & s_i \\ 0 & -s_i & c_i \end{bmatrix} \begin{bmatrix} c_\Omega & s_\Omega & 0 \\ -s_\Omega & c_\Omega & 0 \\ 0 & 0 & 1 \end{bmatrix} \\
&= \begin{bmatrix} T_{11} & T_{12} & T_{13} \\ T_{21} & T_{22} & T_{23} \\ T_{31} & T_{32} & T_{33} \end{bmatrix} \\
&= \begin{bmatrix} c_\theta c_\Omega - s_\theta c_i s_\Omega & c_\theta s_\Omega + s_\theta c_i c_\Omega & s_\theta s_i \\ -s_\theta c_\Omega - c_\theta c_i s_\Omega & -s_\theta s_\Omega + c_\theta c_i c_\Omega & c_\theta s_i \\ s_i s_\Omega & -s_i c_\Omega & c_i \end{bmatrix}
\end{aligned} \tag{7.2}
$$

其中，$s_x \equiv \sin x$；$c_x \equiv \cos x$。

显然，在 C 系中，主航天器的位置速度矢量 $\boldsymbol{x}_c = [\boldsymbol{R},\boldsymbol{V}]^{\mathrm{T}}$ 与从航天器的位置速度矢量 $\boldsymbol{x}_d = [\boldsymbol{R}_d,\boldsymbol{V}_d]^{\mathrm{T}}$ 可分别表示为

$$
\begin{aligned}
&\boldsymbol{R} = R\boldsymbol{e}_x \\
&\boldsymbol{V} = \dot{\boldsymbol{R}} + \boldsymbol{\varpi}\times\boldsymbol{R} = \dot{R}\boldsymbol{e}_x + (R\varpi_n)\boldsymbol{e}_y + (-R\varpi_t)\boldsymbol{e}_z \equiv V_{rJ_2}\boldsymbol{e}_x + V_{tJ_2}\boldsymbol{e}_y + V_{nJ_2}\boldsymbol{e}_z \\
&\boldsymbol{R}_d^C = \boldsymbol{R} + \boldsymbol{\rho} = (R+\delta x)\boldsymbol{e}_x + \delta y\boldsymbol{e}_y + \delta z\boldsymbol{e}_z \\
&\boldsymbol{V}_d^C = \boldsymbol{V} + \dot{\boldsymbol{\rho}} + \boldsymbol{\varpi}\times\boldsymbol{\rho} \\
&\quad = (V_{rJ_2} + \delta\dot{x} - \delta y\varpi_n + \delta z\varpi_t)\boldsymbol{e}_x \\
&\quad\quad + (V_{tJ_2} + \delta\dot{y} + \delta x\varpi_n - \delta z\varpi_r)\boldsymbol{e}_y + (V_{nJ_2} + \delta\dot{z} - \delta x\varpi_t + \delta y\varpi_r)\boldsymbol{e}_z
\end{aligned}
\tag{7.3}
$$

其中，上标 C 表示该向量在 C 系描述；V_{rJ_2}、V_{tJ_2}、V_{nJ_2} 为主航天器沿径向、横向、法向的速度分量。

用$\|\cdot\|$表示向量的欧几里得范数，则主航天器的地心距 $R=\|\boldsymbol{R}\|$ 可表示为

$$
R = \frac{a(1-q_1^2-q_2^2)}{1+q_1\cos\theta+q_2\sin\theta} \tag{7.4}
$$

主航天器在惯性系中的旋转角速度为

$$
\boldsymbol{\varpi} = \varpi_r\boldsymbol{e}_x + \varpi_t\boldsymbol{e}_y + \varpi_n\boldsymbol{e}_z \tag{7.5}
$$

另外，从航天器在 C 系中的位置速度矢量 $\boldsymbol{x}_d^C = [\boldsymbol{R}_d^C,\boldsymbol{V}_d^C]^{\mathrm{T}}$ 可通过 D 系、I 系与 C 系的几何关系，通过坐标变换表示为

$$
\begin{aligned}
&\boldsymbol{R}_d^C = \boldsymbol{T}^{CI}\boldsymbol{T}^{ID}\boldsymbol{R}_d^D = \boldsymbol{T}^{CI}(\boldsymbol{T}^{IC} + \delta\boldsymbol{T}^{IC})\boldsymbol{R}_d^D \\
&\boldsymbol{V}_d^C = \boldsymbol{T}^{CI}\boldsymbol{T}^{ID}\boldsymbol{V}_d^D = \boldsymbol{T}^{CI}(\boldsymbol{T}^{IC} + \delta\boldsymbol{T}^{IC})\boldsymbol{V}_d^D \\
&\boldsymbol{R}_d^D = (R+\delta R)\boldsymbol{e}_x \\
&\boldsymbol{V}_d^D = (V_{rJ_2} + \delta V_{rJ_2})\boldsymbol{e}_x + (V_{tJ_2} + \delta V_{tJ_2})\boldsymbol{e}_y + (V_{nJ_2} + \delta V_{nJ_2})\boldsymbol{e}_z
\end{aligned}
\tag{7.6}
$$

其中，上标 D 表示该向在 D 系描述；变分符号 δ 表示从航天器变量相对主航天器的差，可用 Taylor 级数展开到任意阶次，本书仅截断到二阶；$\boldsymbol{T}^{IC}$ 为 C 系到 I 系的方向余弦矩阵，满足 $\boldsymbol{T}^{IC} = (\boldsymbol{T}^{CI})^{\mathrm{T}}$。

将式(7.6)相对主航天器采用Taylor级数展开，仅保留一阶项与二阶非线性项，可得

$$\begin{aligned}\boldsymbol{R}_d^C &= (\mathbf{I}+\boldsymbol{T}^{CI}\delta\boldsymbol{T}^{IC})[R+\delta R,\quad 0,\quad 0]^{\mathrm{T}}\\ &=\begin{bmatrix} R+\delta R^{(1)}+\delta R^{(2)}\\ 0\\ 0\end{bmatrix}+R\boldsymbol{T}^{CI}\begin{bmatrix}\delta T_{11}^{(1)}+\delta T_{11}^{(2)}\\ \delta T_{12}^{(1)}+\delta T_{12}^{(2)}\\ \delta T_{13}^{(1)}+\delta T_{13}^{(2)}\end{bmatrix}+\delta R^{(1)}\boldsymbol{T}^{CI}\begin{bmatrix}\delta T_{11}^{(1)}\\ \delta T_{12}^{(1)}\\ \delta T_{13}^{(1)}\end{bmatrix}\end{aligned} \tag{7.7}$$

$$\begin{aligned}\boldsymbol{V}_d^C &= (\mathbf{I}+\boldsymbol{T}^{CI}\delta\boldsymbol{T}^{IC})\left[V_{rJ_2}+\delta V_{rJ_2},\quad V_{tJ_2}+\delta V_{tJ_2},\quad V_{nJ_2}+\delta V_{nJ_2}\right]^{\mathrm{T}}\\ &=\begin{bmatrix} V_{rJ_2}+\delta V_{rJ_2}^{(1)}+\delta V_{rJ_2}^{(2)}\\ V_{tJ_2}+\delta V_{tJ_2}^{(1)}+\delta V_{tJ_2}^{(2)}\\ V_{nJ_2}+\delta V_{nJ_2}^{(1)}+\delta V_{nJ_2}^{(2)}\end{bmatrix}+V_{rJ_2}\boldsymbol{T}^{CI}\begin{bmatrix}\delta T_{11}^{(1)}+\delta T_{11}^{(2)}\\ \delta T_{12}^{(1)}+\delta T_{12}^{(2)}\\ \delta T_{13}^{(1)}+\delta T_{13}^{(2)}\end{bmatrix}+V_{tJ_2}\boldsymbol{T}^{CI}\begin{bmatrix}\delta T_{21}^{(1)}+\delta T_{21}^{(2)}\\ \delta T_{22}^{(1)}+\delta T_{22}^{(2)}\\ \delta T_{23}^{(1)}+\delta T_{23}^{(2)}\end{bmatrix}\\ &\quad +V_{nJ_2}\boldsymbol{T}^{CI}\begin{bmatrix}\delta T_{31}^{(1)}+\delta T_{31}^{(2)}\\ \delta T_{32}^{(1)}+\delta T_{32}^{(2)}\\ \delta T_{33}^{(1)}+\delta T_{33}^{(2)}\end{bmatrix}+\delta V_{rJ_2}^{(1)}\boldsymbol{T}^{CI}\begin{bmatrix}\delta T_{11}^{(1)}\\ \delta T_{12}^{(1)}\\ \delta T_{13}^{(1)}\end{bmatrix}+\delta V_{tJ_2}^{(1)}\boldsymbol{T}^{CI}\begin{bmatrix}\delta T_{21}^{(1)}\\ \delta T_{22}^{(1)}\\ \delta T_{23}^{(1)}\end{bmatrix}+\delta V_{nJ_2}^{(1)}\boldsymbol{T}^{CI}\begin{bmatrix}\delta T_{31}^{(1)}\\ \delta T_{32}^{(1)}\\ \delta T_{33}^{(1)}\end{bmatrix}\end{aligned} \tag{7.8}$$

其中，上标(1)与(2)表示 Taylor 级数展开的一阶项与二阶项。

例如，将标量函数 $g=h(\boldsymbol{w})$ 在某一参考值 $\bar{\boldsymbol{w}}$ 处展开为 Taylor 级数，则可得 $\delta\boldsymbol{w}=\boldsymbol{w}-\bar{\boldsymbol{w}}$、$g^{(1)}=\left.\dfrac{\partial h}{\partial\boldsymbol{w}}\right|_{\bar{\boldsymbol{w}}}\delta\boldsymbol{w}$、$g^{(2)}=\dfrac{1}{2}\delta\boldsymbol{w}^{\mathrm{T}}\left.\dfrac{\partial h}{\partial\boldsymbol{w}\partial\boldsymbol{w}}\right|_{\bar{\boldsymbol{w}}}\delta\boldsymbol{w}$。

由此可得

$$\begin{bmatrix}\delta x\\ \delta y\\ \delta z\end{bmatrix}=\begin{bmatrix}\delta R^{(1)}+\delta R^{(2)}\\ 0\\ 0\end{bmatrix}+R\boldsymbol{T}^{CI}\begin{bmatrix}\delta T_{11}^{(1)}+\delta T_{11}^{(2)}\\ \delta T_{12}^{(1)}+\delta T_{12}^{(2)}\\ \delta T_{13}^{(1)}+\delta T_{13}^{(2)}\end{bmatrix}+\delta R^{(1)}\boldsymbol{T}^{CI}\begin{bmatrix}\delta T_{11}^{(1)}\\ \delta T_{12}^{(1)}\\ \delta T_{13}^{(1)}\end{bmatrix} \tag{7.9}$$

$$\begin{aligned}\begin{bmatrix}\delta\dot{x}\\ \delta\dot{y}\\ \delta\dot{z}\end{bmatrix}&=\begin{bmatrix}\delta V_{rJ_2}^{(1)}+\delta V_{rJ_2}^{(2)}\\ \delta V_{tJ_2}^{(1)}+\delta V_{tJ_2}^{(2)}\\ \delta V_{nJ_2}^{(1)}+\delta V_{nJ_2}^{(2)}\end{bmatrix}+V_{rJ_2}\boldsymbol{T}^{CI}\begin{bmatrix}\delta T_{11}^{(1)}+\delta T_{11}^{(2)}\\ \delta T_{12}^{(1)}+\delta T_{12}^{(2)}\\ \delta T_{13}^{(1)}+\delta T_{13}^{(2)}\end{bmatrix}+V_{tJ_2}\boldsymbol{T}^{CI}\begin{bmatrix}\delta T_{21}^{(1)}+\delta T_{21}^{(2)}\\ \delta T_{22}^{(1)}+\delta T_{22}^{(2)}\\ \delta T_{23}^{(1)}+\delta T_{23}^{(2)}\end{bmatrix}\\ &\quad +V_{nJ_2}\boldsymbol{T}^{CI}\begin{bmatrix}\delta T_{31}^{(1)}+\delta T_{31}^{(2)}\\ \delta T_{32}^{(1)}+\delta T_{32}^{(2)}\\ \delta T_{33}^{(1)}+\delta T_{33}^{(2)}\end{bmatrix}+\delta V_{rJ_2}^{(1)}\boldsymbol{T}^{CI}\begin{bmatrix}\delta T_{11}^{(1)}\\ \delta T_{12}^{(1)}\\ \delta T_{13}^{(1)}\end{bmatrix}+\delta V_{tJ_2}^{(1)}\boldsymbol{T}^{CI}\begin{bmatrix}\delta T_{21}^{(1)}\\ \delta T_{22}^{(1)}\\ \delta T_{23}^{(1)}\end{bmatrix}\end{aligned}$$

$$
+\delta V_{nJ_2}^{(1)} \boldsymbol{T}^{CI} \begin{bmatrix} \delta T_{31}^{(1)} \\ \delta T_{32}^{(1)} \\ \delta T_{33}^{(1)} \end{bmatrix} + \varpi_r \begin{bmatrix} 0 \\ \delta z \\ -\delta y \end{bmatrix} + \varpi_t \begin{bmatrix} -\delta z \\ 0 \\ \delta x \end{bmatrix} + \varpi_n \begin{bmatrix} \delta y \\ -\delta x \\ 0 \end{bmatrix} \tag{7.10}
$$

若将向量函数 R 、 V_{rJ_2} 、 V_{tJ_2} 、 V_{nJ_2} 、 $T_{ij}\ (i,j=1,2,3)$ 相对主航天器参数采用 Taylor 级数展开，并截断到二阶非线性项，可得

$$
\delta Z = \delta Z^{(1)} + \delta Z^{(2)} = \boldsymbol{P}_{\delta Z}\delta \boldsymbol{e} + \frac{1}{2}\delta \boldsymbol{e}^{\mathrm{T}} \boldsymbol{Q}_{\delta Z}\delta \boldsymbol{e} \tag{7.11}
$$

其中， $Z = R, V_{rJ_2}, V_{tJ_2}, V_{nJ_2}, T_{ij}$ ； $\boldsymbol{P}_{\delta Z}$ 为 6 维的行向量； $\boldsymbol{Q}_{\delta Z}$ 为 6×6 的矩阵。

进一步可得，由 $\delta\boldsymbol{e}$ 到 $\boldsymbol{x}(t)$ 的二阶非线性变换关系，即

$$
\begin{aligned}
&\delta \boldsymbol{x}(t) = \boldsymbol{P}(t)\delta \boldsymbol{e}(t) + \frac{1}{2}\boldsymbol{Q}(t) \otimes \delta \boldsymbol{e}(t) \otimes \delta \boldsymbol{e}(t) \\
&\boldsymbol{P}(t) = \left[\boldsymbol{P}_{\delta x}; \boldsymbol{P}_{\delta y}; \boldsymbol{P}_{\delta z}; \boldsymbol{P}_{\delta \dot{x}}; \boldsymbol{P}_{\delta \dot{y}}; \boldsymbol{P}_{\delta \dot{z}} \right] \\
&\boldsymbol{Q}(t) = \left[\boldsymbol{Q}_{\delta x}, \boldsymbol{Q}_{\delta y}, \boldsymbol{Q}_{\delta z}, \boldsymbol{Q}_{\delta \dot{x}}, \boldsymbol{Q}_{\delta \dot{y}}, \boldsymbol{Q}_{\delta \dot{z}} \right]
\end{aligned} \tag{7.12}
$$

其中，算子 $\otimes$ 表示张量积； $\boldsymbol{P}(t)$ 为 6×6 的 Jacobi 矩阵； $\boldsymbol{Q}(t)$ 为 6×6×6 的 Hessian 矩阵；采用附录 A.1 中给出的 $\boldsymbol{P}_{\delta R}$ 、 $\boldsymbol{P}_{\delta V_{rJ2}}$ 、 $\boldsymbol{P}_{\delta V_{tJ2}}$ 、 $\boldsymbol{P}_{\delta V_{nJ2}}$ 、 $\boldsymbol{Q}_{\delta R}$ 、 $\boldsymbol{Q}_{\delta V_{rJ2}}$ 、 $\boldsymbol{Q}_{\delta V_{tJ2}}$ 、 $\boldsymbol{Q}_{\delta V_{nJ2}}$ 、 $\boldsymbol{P}_{T_{ij}}$ 、 $\boldsymbol{Q}_{T_{ij}}\ (i,j=1,2,3)$ 的表达式，6 维行向量 $\boldsymbol{P}_k$ 与 6×6 的矩阵 $\boldsymbol{Q}_k\ (k=\delta x, \delta y, \delta z,\ \delta\dot{x},\ \delta\dot{y},\ \delta\dot{z})$ 可表示为

$$
\begin{aligned}
&\boldsymbol{P}_{\delta x} = \boldsymbol{P}_{\delta R} + R\boldsymbol{P}_{T_{11}} \\
&\boldsymbol{P}_{\delta y} = R\boldsymbol{P}_{T_{21}} \\
&\boldsymbol{P}_{\delta z} = R\boldsymbol{P}_{T_{31}} \\
&\boldsymbol{P}_{\delta \dot{x}} = \boldsymbol{P}_{\delta V_{rJ2}} + V_{rJ_2}\boldsymbol{P}_{T_{11}} + V_{tJ_2}\boldsymbol{P}_{T_{12}} + V_{nJ_2}\boldsymbol{P}_{T_{13}} + \varpi_n \boldsymbol{P}_{\delta y} - \varpi_t \boldsymbol{P}_{\delta z} \\
&\boldsymbol{P}_{\delta \dot{y}} = \boldsymbol{P}_{\delta V_{tJ2}} + V_{rJ_2}\boldsymbol{P}_{T_{21}} + V_{tJ_2}\boldsymbol{P}_{T_{22}} + V_{nJ_2}\boldsymbol{P}_{T_{23}} + \varpi_r \boldsymbol{P}_{\delta z} - \varpi_n \boldsymbol{P}_{\delta x} \\
&\boldsymbol{P}_{\delta \dot{z}} = \boldsymbol{P}_{\delta V_{nJ2}} + V_{rJ_2}\boldsymbol{P}_{T_{31}} + V_{tJ_2}\boldsymbol{P}_{T_{32}} + V_{nJ_2}\boldsymbol{P}_{T_{33}} - \varpi_r \boldsymbol{P}_{\delta y} + \varpi_t \boldsymbol{P}_{\delta x}
\end{aligned} \tag{7.13}
$$

$$
\begin{aligned}
&\boldsymbol{Q}_{\delta x} = \boldsymbol{Q}_{\delta R} + R\boldsymbol{Q}_{T_{11}} + (\boldsymbol{P}_{T_{11}}^{\mathrm{T}}\boldsymbol{P}_{\delta R} + \boldsymbol{P}_{\delta R}^{\mathrm{T}}\boldsymbol{P}_{T_{11}}) \\
&\boldsymbol{Q}_{\delta y} = R\boldsymbol{Q}_{T_{21}} + (\boldsymbol{P}_{T_{21}}^{\mathrm{T}}\boldsymbol{P}_{\delta R} + \boldsymbol{P}_{\delta R}^{\mathrm{T}}\boldsymbol{P}_{T_{21}}) \\
&\boldsymbol{Q}_{\delta z} = R\boldsymbol{Q}_{T_{31}} + (\boldsymbol{P}_{T_{31}}^{\mathrm{T}}\boldsymbol{P}_{\delta R} + \boldsymbol{P}_{\delta R}^{\mathrm{T}}\boldsymbol{P}_{T_{31}}) \\
&\boldsymbol{Q}_{\delta \dot{x}} = \boldsymbol{Q}_{\delta V_{rJ2}} + V_{rJ_2}\boldsymbol{Q}_{T_{11}} + V_{tJ_2}\boldsymbol{Q}_{T_{12}} + V_{nJ_2}\boldsymbol{Q}_{T_{13}} + \varpi_n \boldsymbol{Q}_{\delta y} - \varpi_t \boldsymbol{Q}_{\delta z} \\
&\qquad + (\boldsymbol{P}_{T_{11}}^{\mathrm{T}}\boldsymbol{P}_{\delta V_{rJ2}} + \boldsymbol{P}_{\delta V_{rJ2}}^{\mathrm{T}}\boldsymbol{P}_{T_{11}}) + (\boldsymbol{P}_{T_{12}}^{\mathrm{T}}\boldsymbol{P}_{\delta V_{tJ2}} + \boldsymbol{P}_{\delta V_{tJ2}}^{\mathrm{T}}\boldsymbol{P}_{T_{12}}) + (\boldsymbol{P}_{T_{13}}^{\mathrm{T}}\boldsymbol{P}_{\delta V_{nJ2}} + \boldsymbol{P}_{\delta V_{nJ2}}^{\mathrm{T}}\boldsymbol{P}_{T_{13}})
\end{aligned}
$$

$$
\begin{aligned}
\boldsymbol{Q}_{\delta\dot{y}} &= \boldsymbol{Q}_{\delta V_{tJ2}} + V_{rJ_2}\boldsymbol{Q}_{T_{21}} + V_{tJ_2}\boldsymbol{Q}_{T_{22}} + V_{nJ_2}\boldsymbol{Q}_{T_{23}} + \varpi_r\boldsymbol{Q}_{\delta z} - \varpi_n\boldsymbol{Q}_{\delta x} \\
&\quad + (\boldsymbol{P}_{T_{21}}^{\mathrm{T}}\boldsymbol{P}_{\delta V_{rJ2}} + \boldsymbol{P}_{\delta V_{rJ2}}^{\mathrm{T}}\boldsymbol{P}_{T_{21}}) + (\boldsymbol{P}_{T_{22}}^{\mathrm{T}}\boldsymbol{P}_{\delta V_{tJ2}} + \boldsymbol{P}_{\delta V_{tJ2}}^{\mathrm{T}}\boldsymbol{P}_{T_{22}}) + (\boldsymbol{P}_{T_{23}}^{\mathrm{T}}\boldsymbol{P}_{\delta V_{nJ2}} + \boldsymbol{P}_{\delta V_{nJ2}}^{\mathrm{T}}\boldsymbol{P}_{T_{23}}) \\
\boldsymbol{Q}_{\delta\dot{z}} &= \boldsymbol{Q}_{\delta V_{nJ2}} + V_{rJ_2}\boldsymbol{Q}_{T_{31}} + V_{tJ_2}\boldsymbol{Q}_{T_{32}} + V_{nJ_2}\boldsymbol{Q}_{T_{33}} - \varpi_r\boldsymbol{Q}_{\delta y} + \varpi_t\boldsymbol{Q}_{\delta x} \\
&\quad + (\boldsymbol{P}_{T_{31}}^{\mathrm{T}}\boldsymbol{P}_{\delta V_{rJ2}} + \boldsymbol{P}_{\delta V_{rJ2}}^{\mathrm{T}}\boldsymbol{P}_{T_{31}}) + (\boldsymbol{P}_{T_{32}}^{\mathrm{T}}\boldsymbol{P}_{\delta V_{tJ2}} + \boldsymbol{P}_{\delta V_{tJ2}}^{\mathrm{T}}\boldsymbol{P}_{T_{32}}) + (\boldsymbol{P}_{T_{33}}^{\mathrm{T}}\boldsymbol{P}_{\delta V_{nJ2}} + \boldsymbol{P}_{\delta V_{nJ2}}^{\mathrm{T}}\boldsymbol{P}_{T_{33}})
\end{aligned}
\tag{7.14}
$$

其中

$$
\begin{aligned}
&\boldsymbol{P}_{\delta V_{rJ2}} = \boldsymbol{P}_{\delta V_r} + \boldsymbol{P}_{\delta\Delta V_r}, \quad \boldsymbol{P}_{\delta V_{tJ2}} = \boldsymbol{P}_{\delta V_t} + \boldsymbol{P}_{\delta\Delta V_t}, \quad \boldsymbol{P}_{\delta V_{nJ2}} = \boldsymbol{P}_{\delta V_n} + \boldsymbol{P}_{\delta\Delta V_n} \\
&\boldsymbol{Q}_{\delta V_{rJ2}} = \boldsymbol{Q}_{\delta V_r} + \boldsymbol{Q}_{\delta\Delta V_r}, \quad \boldsymbol{Q}_{\delta V_{tJ2}} = \boldsymbol{Q}_{\delta V_t} + \boldsymbol{Q}_{\delta\Delta V_t}, \quad \boldsymbol{Q}_{\delta V_{nJ2}} = \boldsymbol{Q}_{\delta V_n} + \boldsymbol{Q}_{\delta\Delta V_n}
\end{aligned}
\tag{7.15}
$$

$$
\begin{aligned}
&\boldsymbol{P}_{T_{11}} = T_{11}\boldsymbol{P}_{\delta T_{11}} + T_{12}\boldsymbol{P}_{\delta T_{12}} + T_{13}\boldsymbol{P}_{\delta T_{13}}, \quad \boldsymbol{P}_{T_{12}} = T_{11}\boldsymbol{P}_{\delta T_{21}} + T_{12}\boldsymbol{P}_{\delta T_{22}} + T_{13}\boldsymbol{P}_{\delta T_{23}} \\
&\boldsymbol{P}_{T_{21}} = T_{21}\boldsymbol{P}_{\delta T_{11}} + T_{22}\boldsymbol{P}_{\delta T_{12}} + T_{23}\boldsymbol{P}_{\delta T_{13}}, \quad \boldsymbol{P}_{T_{22}} = T_{21}\boldsymbol{P}_{\delta T_{21}} + T_{22}\boldsymbol{P}_{\delta T_{22}} + T_{23}\boldsymbol{P}_{\delta T_{23}} \\
&\boldsymbol{P}_{T_{31}} = T_{31}\boldsymbol{P}_{\delta T_{11}} + T_{32}\boldsymbol{P}_{\delta T_{12}} + T_{33}\boldsymbol{P}_{\delta T_{13}}, \quad \boldsymbol{P}_{T_{32}} = T_{31}\boldsymbol{P}_{\delta T_{21}} + T_{32}\boldsymbol{P}_{\delta T_{22}} + T_{33}\boldsymbol{P}_{\delta T_{23}} \\
&\boldsymbol{P}_{T_{13}} = T_{11}\boldsymbol{P}_{\delta T_{31}} + T_{12}\boldsymbol{P}_{\delta T_{32}} + T_{13}\boldsymbol{P}_{\delta T_{33}}, \quad \boldsymbol{P}_{T_{23}} = T_{21}\boldsymbol{P}_{\delta T_{31}} + T_{22}\boldsymbol{P}_{\delta T_{32}} + T_{23}\boldsymbol{P}_{\delta T_{33}} \\
&\boldsymbol{P}_{T_{33}} = T_{31}\boldsymbol{P}_{\delta T_{31}} + T_{32}\boldsymbol{P}_{\delta T_{32}} + T_{33}\boldsymbol{P}_{\delta T_{33}}
\end{aligned}
\tag{7.16}
$$

$$
\begin{aligned}
&\boldsymbol{Q}_{T_{11}} = T_{11}\boldsymbol{Q}_{\delta T_{11}} + T_{12}\boldsymbol{Q}_{\delta T_{12}} + T_{13}\boldsymbol{Q}_{\delta T_{13}}, \quad \boldsymbol{Q}_{T_{12}} = T_{11}\boldsymbol{Q}_{\delta T_{21}} + T_{12}\boldsymbol{Q}_{\delta T_{22}} + T_{13}\boldsymbol{Q}_{\delta T_{23}} \\
&\boldsymbol{Q}_{T_{21}} = T_{21}\boldsymbol{Q}_{\delta T_{11}} + T_{22}\boldsymbol{Q}_{\delta T_{12}} + T_{23}\boldsymbol{Q}_{\delta T_{13}}, \quad \boldsymbol{Q}_{T_{22}} = T_{21}\boldsymbol{Q}_{\delta T_{21}} + T_{22}\boldsymbol{Q}_{\delta T_{22}} + T_{23}\boldsymbol{Q}_{\delta T_{23}} \\
&\boldsymbol{Q}_{T_{31}} = T_{31}\boldsymbol{Q}_{\delta T_{11}} + T_{32}\boldsymbol{Q}_{\delta T_{12}} + T_{33}\boldsymbol{Q}_{\delta T_{13}}, \quad \boldsymbol{Q}_{T_{32}} = T_{31}\boldsymbol{Q}_{\delta T_{21}} + T_{32}\boldsymbol{Q}_{\delta T_{22}} + T_{33}\boldsymbol{Q}_{\delta T_{23}} \\
&\boldsymbol{Q}_{T_{13}} = T_{11}\boldsymbol{Q}_{\delta T_{31}} + T_{12}\boldsymbol{Q}_{\delta T_{32}} + T_{13}\boldsymbol{Q}_{\delta T_{33}}, \quad \boldsymbol{Q}_{T_{23}} = T_{21}\boldsymbol{Q}_{\delta T_{31}} + T_{22}\boldsymbol{Q}_{\delta T_{32}} + T_{23}\boldsymbol{Q}_{\delta T_{33}} \\
&\boldsymbol{Q}_{T_{33}} = T_{31}\boldsymbol{Q}_{\delta T_{31}} + T_{32}\boldsymbol{Q}_{\delta T_{32}} + T_{33}\boldsymbol{Q}_{\delta T_{33}}
\end{aligned}
\tag{7.17}
$$

主航天器的角速度矢量可采用吻切轨道根数表示，即

$$
\begin{aligned}
\varpi_r &= \frac{-A}{2}\sqrt{\frac{\mu}{p}}\frac{\sin\theta\sin(2i)}{R^3} \\
\varpi_t &= 0 \\
\varpi_n &= \frac{h}{R^2} = \sqrt{\frac{\mu}{p^3}}(1 + q_1\cos\theta + q_2\sin\theta)^2
\end{aligned}
\tag{7.18}
$$

其中，μ 为中心天体引力常数；$\eta = \sqrt{1 - q_1^2 - q_2^2}$；$n = \sqrt{\mu/a^3}$ 为主航天器平均轨道角速度；$p = a\eta^2$ 为半通径；$h = \sqrt{\mu p}$ 为主航天器轨道角动量；$A = 3J_2R_E^2$；R_E 与 J_2 为中心天体平均赤道半径与 J_2 摄动系数。

主航天器的绝对轨道速度 V_{iJ_2} $(i = r, t, n)$ 包括两个部分，一部分为二体假设下

的轨道运动速度，另一部分是由 J_2 摄动产生的轨道速度，用符号 Δ 标记。因此，可得

$$V_{iJ_2}=V_i+\Delta V_i,\quad \delta V_{iJ_2}=\delta V_i+\delta\Delta V_i,\quad i=r,t,n \tag{7.19}$$

根据 Gim 等[7,8]的研究，主航天器的轨道速度可采用吻切轨道根数表示，即

$$\begin{aligned}
&V_{rJ_2}=V_r=\dot{R}=\sqrt{\frac{\mu}{p}}(q_1\sin\theta-q_2\cos\theta)\\
&V_{tJ_2}=V_t=R\varpi_n=\sqrt{\frac{\mu}{p}}(1+q_1\cos\theta+q_2\sin\theta)\\
&V_{nJ_2}=V_n=-R\varpi_t=0,\quad \Delta V_i=0,\quad \delta\Delta V_i=0,\quad i=r,t,n
\end{aligned} \tag{7.20}$$

$\boldsymbol{P}_k$ 与 $\boldsymbol{Q}_k$（$k=\delta x,\delta y,\delta z,\ \delta\dot{x},\ \delta\dot{y},\ \delta\dot{z}$）的表达式可以简化为

$$\begin{aligned}
&\boldsymbol{P}_{\delta x}=\boldsymbol{P}_{\delta R}+R\boldsymbol{P}_{T_{11}},\quad \boldsymbol{P}_{\delta y}=R\boldsymbol{P}_{T_{21}},\quad \boldsymbol{P}_{\delta z}=R\boldsymbol{P}_{T_{31}}\\
&\boldsymbol{P}_{\delta\dot{x}}=\boldsymbol{P}_{\delta V_r}+V_r\boldsymbol{P}_{T_{11}}+V_t\boldsymbol{P}_{T_{12}}+\varpi_n\boldsymbol{P}_{\delta y}\\
&\boldsymbol{P}_{\delta\dot{y}}=\boldsymbol{P}_{\delta V_t}+V_r\boldsymbol{P}_{T_{21}}+V_t\boldsymbol{P}_{T_{22}}+\varpi_r\boldsymbol{P}_{\delta z}-\varpi_n\boldsymbol{P}_{\delta x}\\
&\boldsymbol{P}_{\delta\dot{z}}=V_r\boldsymbol{P}_{T_{31}}+V_t\boldsymbol{P}_{T_{32}}-\varpi_r\boldsymbol{P}_{\delta y}
\end{aligned} \tag{7.21}$$

$$\begin{aligned}
&\boldsymbol{Q}_{\delta x}=\boldsymbol{Q}_{\delta R}+R\boldsymbol{Q}_{T_{11}}+(\boldsymbol{P}_{T_{11}}^{\mathrm{T}}\boldsymbol{P}_{\delta R}+\boldsymbol{P}_{\delta R}^{\mathrm{T}}\boldsymbol{P}_{T_{11}})\\
&\boldsymbol{Q}_{\delta y}=R\boldsymbol{Q}_{T_{21}}+(\boldsymbol{P}_{T_{21}}^{\mathrm{T}}\boldsymbol{P}_{\delta R}+\boldsymbol{P}_{\delta R}^{\mathrm{T}}\boldsymbol{P}_{T_{21}})\\
&\boldsymbol{Q}_{\delta z}=R\boldsymbol{Q}_{T_{31}}+(\boldsymbol{P}_{T_{31}}^{\mathrm{T}}\boldsymbol{P}_{\delta R}+\boldsymbol{P}_{\delta R}^{\mathrm{T}}\boldsymbol{P}_{T_{31}})\\
&\boldsymbol{Q}_{\delta\dot{x}}=\boldsymbol{Q}_{\delta V_r}+V_r\boldsymbol{Q}_{T_{11}}+V_t\boldsymbol{Q}_{T_{12}}+\varpi_n\boldsymbol{Q}_{\delta y}+(\boldsymbol{P}_{T_{11}}^{\mathrm{T}}\boldsymbol{P}_{\delta V_r}+\boldsymbol{P}_{\delta V_r}^{\mathrm{T}}\boldsymbol{P}_{T_{11}})+(\boldsymbol{P}_{T_{12}}^{\mathrm{T}}\boldsymbol{P}_{\delta V_t}+\boldsymbol{P}_{\delta V_t}^{\mathrm{T}}\boldsymbol{P}_{T_{12}})\\
&\boldsymbol{Q}_{\delta\dot{y}}=\boldsymbol{Q}_{\delta V_t}+V_r\boldsymbol{Q}_{T_{21}}+V_t\boldsymbol{Q}_{T_{22}}+\varpi_r\boldsymbol{Q}_{\delta z}-\varpi_n\boldsymbol{Q}_{\delta x}\\
&\qquad+(\boldsymbol{P}_{T_{21}}^{\mathrm{T}}\boldsymbol{P}_{\delta V_r}+\boldsymbol{P}_{\delta V_r}^{\mathrm{T}}\boldsymbol{P}_{T_{21}})+(\boldsymbol{P}_{T_{22}}^{\mathrm{T}}\boldsymbol{P}_{\delta V_t}+\boldsymbol{P}_{\delta V_t}^{\mathrm{T}}\boldsymbol{P}_{T_{22}})\\
&\boldsymbol{Q}_{\delta\dot{z}}=V_r\boldsymbol{Q}_{T_{31}}+V_t\boldsymbol{Q}_{T_{32}}-\varpi_r\boldsymbol{Q}_{\delta y}+(\boldsymbol{P}_{T_{31}}^{\mathrm{T}}\boldsymbol{P}_{\delta V_r}+\boldsymbol{P}_{\delta V_r}^{\mathrm{T}}\boldsymbol{P}_{T_{31}})+(\boldsymbol{P}_{T_{32}}^{\mathrm{T}}\boldsymbol{P}_{\delta V_t}+\boldsymbol{P}_{\delta V_t}^{\mathrm{T}}\boldsymbol{P}_{T_{32}})
\end{aligned} \tag{7.22}$$

仅考虑一阶线性项，Gim 等[7]给出由 $\delta\boldsymbol{e}$ 到 $\boldsymbol{x}(t)$ 线性转换矩阵的闭合表达式。然而，当考虑二阶非线性项后，很难直接 Taylor 展开获得 $\boldsymbol{P}$ 、$\boldsymbol{Q}$ 张量的闭合表达式。因此，本书将 $\boldsymbol{P}$ 、$\boldsymbol{Q}$ 张量表示为一系列向量与矩阵操作，使求解 $\boldsymbol{P}$ 、$\boldsymbol{Q}$ 仅需要对标量函数 R 、V_r 、V_t 、T_{ij}（$i=1,2;j=1,2,3$）进行二阶 Taylor 级数展开，从而解决直接求解 $\boldsymbol{P}$ 、$\boldsymbol{Q}$ 的困难，以及在复杂公式推导、打印中容易造成人为笔误的问题。对标量函数进行二阶 Taylor 级数展开并不是一项复杂的工作，并且不

容易出错。

7.2.2　平均相对轨道根数的非线性预报

首先特别声明，本节的轨道参数均为平均轨道参数。

仅考虑 J_2 摄动的长期项影响，根据一般摄动理论可得主航天器的轨道根数平均变化率，即

$$
\begin{aligned}
&\dot{a}=0,\quad \dot{e}=0,\quad \dot{i}=0\\
&\dot{\omega}=\frac{A}{4}\frac{n_0}{a_0^2\eta_0^4}(5\cos^2 i_0-1)\\
&\dot{\Omega}=-\frac{A}{2}\frac{n_0}{a_0^2\eta_0^4}\cos i_0\\
&\dot{M}=n_0+\frac{A}{4}\frac{n_0}{a_0^2\eta_0^3}(3\cos^2 i_0-1)\\
&\dot{\lambda}=\dot{\omega}+\dot{M}=n_0+\frac{A}{4}\frac{n_0}{a_0^2\eta_0^4}[(5\cos^2 i_0-1)+\eta_0(3\cos^2 i_0-1)]
\end{aligned}
\tag{7.23}
$$

其中，M 为平近点角；$\lambda=\omega+M$ 为平纬度辐角；下标 0 表示该变量取初始时刻 t_0 的值。

非奇异轨道根数 $\boldsymbol{e}$ 随时间的传播方程为

$$
\begin{aligned}
&a=a_0,\quad \lambda=\lambda_0+\dot{\lambda}(t-t_0)\\
&q_1=e\cos\omega=q_{10}\cos[\dot{\omega}(t-t_0)]-q_{20}\sin[\dot{\omega}(t-t_0)]\\
&q_2=e\sin\omega=q_{10}\sin[\dot{\omega}(t-t_0)]+q_{20}\cos[\dot{\omega}(t-t_0)]\\
&i=i_0,\quad \Omega=\Omega_0+\dot{\Omega}(t-t_0)
\end{aligned}
\tag{7.24}
$$

式(7.24)仅给出平纬度辐角 λ 的预报公式，为了获得真纬度辐角 θ 的预报公式，定义偏纬度辐角为 $F=\omega+E$，其中 E 为偏近点角。根据文献[7]、[18]，三种纬度辐角 θ、λ 与 F 的关系可表示为

$$
\begin{aligned}
&\lambda=F-\frac{\eta(q_1\sin\theta-q_2\cos\theta)}{1+q_1\cos\theta+q_2\sin\theta}=\lambda_0+\dot{\lambda}(t-t_0)\\
&\tan F=\frac{(1+\eta-q_1^2)\sin\theta+q_1q_2\cos\theta+(1+\eta)q_2}{(1+\eta-q_2^2)\cos\theta+q_1q_2\sin\theta+(1+\eta)q_1}
\end{aligned}
\tag{7.25}
$$

采用 Taylor 级数展开到二阶，经数学推导可得

$$\delta\theta=\delta\theta^{(1)}+\delta\theta^{(2)},\quad \delta\theta^{(1)}=\frac{1}{\lambda^{\theta}}\delta\lambda_0^{(1)}+\frac{\Delta t}{\lambda^{\theta}}\delta\dot{\lambda}^{(1)}-\frac{\lambda^{q_1}}{\lambda^{\theta}}\delta q_1^{(1)}-\frac{\lambda^{q_2}}{\lambda^{\theta}}\delta q_2^{(1)}$$

$$\begin{aligned}\delta\theta^{(2)}=&\frac{1}{\lambda^{\theta}}\delta\lambda_0^{(2)}+\frac{\Delta t}{\lambda^{\theta}}\delta\dot{\lambda}^{(2)}-\frac{\lambda^{q_1}}{\lambda^{\theta}}\delta q_1^{(2)}-\frac{\lambda^{q_2}}{\lambda^{\theta}}\delta q_2^{(2)}-\frac{1}{2\lambda^{\theta}}(\lambda^{\theta\theta}\delta\theta^{(1)}\delta\theta^{(1)}+\\&\lambda^{q_1q_1}\delta q_1^{(1)}\delta q_1^{(1)}+\lambda^{q_2q_2}\delta q_2^{(1)}\delta q_2^{(1)}+2\lambda^{\theta q_1}\delta\theta^{(1)}\delta q_1^{(1)}+2\lambda^{\theta q_2}\delta\theta^{(1)}\delta q_2^{(1)}+2\lambda^{q_1q_2}\delta q_1^{(1)}\delta q_2^{(1)})\end{aligned} \tag{7.26}$$

其中，$\Delta t=(t-t_0)$；偏导数 $\lambda^{w}=\partial\lambda/\partial w$、$\lambda^{wv}=\partial^2\lambda/\partial w\partial v$，$w, v=\theta, q_1, q_2$；初始平纬度辐角的变分可表示为

$$\begin{aligned}&\delta\lambda_0=\delta\lambda_0^{(1)}+\delta\lambda_0^{(2)},\quad \delta\lambda_0^{(1)}=\lambda_0^{\theta_0}\delta\theta_0+\lambda_0^{q_{10}}\delta q_{10}+\lambda_0^{q_{20}}\delta q_{20}\\&\delta\lambda_0^{(2)}=\frac{1}{2}(\lambda_0^{\theta_0\theta_0}\delta\theta_0^2+\lambda_0^{q_{10}q_{10}}\delta q_{10}^2+\lambda_0^{q_{20}q_{20}}\delta q_{20}^2\\&\qquad+2\lambda_0^{\theta_0q_{10}}\delta\theta_0\delta q_{10}+2\lambda_0^{\theta_0q_{20}}\delta\theta_0\delta q_{20}+2\lambda_0^{q_{10}q_{20}}\delta q_{10}\delta q_{20})\end{aligned} \tag{7.27}$$

同理，将式(7.24)采用 Taylor 级数展开到二阶，结合真纬度辐角的代数关系，可得 $\delta\bar{\boldsymbol{e}}(t_0)$ 的预报公式，即

$$\begin{aligned}&\delta\bar{\boldsymbol{e}}(t)=\boldsymbol{G}(t,t_0)\delta\bar{\boldsymbol{e}}(t_0)+\frac{1}{2}\boldsymbol{H}(t,t_0)\otimes\delta\bar{\boldsymbol{e}}(t_0)\otimes\delta\bar{\boldsymbol{e}}(t_0)\\&\boldsymbol{G}(t,t_0)=[\boldsymbol{G}_{\delta\bar{a}};\boldsymbol{G}_{\delta\bar{\theta}};\boldsymbol{G}_{\delta\bar{i}};\boldsymbol{G}_{\delta\bar{q}_1};\boldsymbol{G}_{\delta\bar{q}_2};\boldsymbol{G}_{\delta\bar{\Omega}}]\\&\boldsymbol{H}(t,t_0)=[\boldsymbol{H}_{\delta\bar{a}},\boldsymbol{H}_{\delta\bar{\theta}},\boldsymbol{H}_{\delta\bar{i}},\boldsymbol{H}_{\delta\bar{q}_1},\boldsymbol{H}_{\delta\bar{q}_2},\boldsymbol{H}_{\delta\bar{\Omega}}]\end{aligned} \tag{7.28}$$

其中，$\boldsymbol{G}(t,t_0)$ 为 6×6 的状态转移矩阵；$\boldsymbol{H}(t,t_0)$ 为 6×6×6 的状态转移张量。

$$\begin{aligned}&\boldsymbol{G}_{\delta\bar{\theta}}=\frac{1}{\lambda^{\theta}}(\boldsymbol{G}_{\delta\lambda_0}+\Delta t\boldsymbol{G}_{\delta\dot{\lambda}}-\lambda^{q_1}\boldsymbol{G}_{\delta\bar{q}_1}-\lambda^{q_2}\boldsymbol{G}_{\delta\bar{q}_2})\\&\boldsymbol{H}_{\delta\bar{\theta}}=\frac{1}{\lambda^{\theta}}[(\boldsymbol{H}_{\delta\lambda_0}+\Delta t\boldsymbol{H}_{\delta\dot{\lambda}}-\lambda^{q_1}\boldsymbol{H}_{\delta\bar{q}_1}-\lambda^{q_2}\boldsymbol{H}_{\delta\bar{q}_2})-(\lambda^{\theta\theta}\boldsymbol{H}_{\bar{\theta}\bar{\theta}}+\lambda^{q_1q_1}\boldsymbol{H}_{\bar{q}_1\bar{q}_1}\\&\qquad+\lambda^{q_2q_2}\boldsymbol{H}_{\bar{q}_2\bar{q}_2}+2\lambda^{\theta q_1}\boldsymbol{H}_{\bar{\theta}\bar{q}_1}+2\lambda^{\theta q_2}\boldsymbol{H}_{\bar{\theta}\bar{q}_2}+2\lambda^{q_1q_2}\boldsymbol{H}_{\bar{q}_1\bar{q}_2})]\\&\boldsymbol{H}_{\bar{\theta}\bar{\theta}}=\boldsymbol{G}_{\delta\bar{\theta}}^{\mathrm{T}}\boldsymbol{G}_{\delta\bar{\theta}},\quad \boldsymbol{H}_{\bar{q}_1\bar{q}_1}=\boldsymbol{G}_{\delta\bar{q}_1}^{\mathrm{T}}\boldsymbol{G}_{\delta\bar{q}_1},\quad \boldsymbol{H}_{\bar{q}_2\bar{q}_2}=\boldsymbol{G}_{\delta\bar{q}_2}^{\mathrm{T}}\boldsymbol{G}_{\delta\bar{q}_2},\quad \boldsymbol{H}_{\bar{\theta}\bar{q}_1}=\frac{1}{2}(\boldsymbol{G}_{\delta\bar{\theta}}^{\mathrm{T}}\boldsymbol{G}_{\delta\bar{q}_1}+\boldsymbol{G}_{\delta\bar{q}_1}^{\mathrm{T}}\boldsymbol{G}_{\delta\bar{\theta}})\\&\boldsymbol{H}_{\bar{\theta}\bar{q}_2}=\frac{1}{2}(\boldsymbol{G}_{\delta\bar{\theta}}^{\mathrm{T}}\boldsymbol{G}_{\delta\bar{q}_2}+\boldsymbol{G}_{\delta\bar{q}_2}^{\mathrm{T}}\boldsymbol{G}_{\delta\bar{\theta}}),\quad \boldsymbol{H}_{\bar{q}_1\bar{q}_2}=\frac{1}{2}(\boldsymbol{G}_{\delta\bar{q}_1}^{\mathrm{T}}\boldsymbol{G}_{\delta\bar{q}_2}+\boldsymbol{G}_{\delta\bar{q}_2}^{\mathrm{T}}\boldsymbol{G}_{\delta\bar{q}_1})\end{aligned} \tag{7.29}$$

其中，$\boldsymbol{G}_Z$ 为 6 维行向量；$\boldsymbol{H}_Z$ 为 6×6 矩阵（$Z=\delta\lambda_0,\delta\dot{\lambda},\delta\bar{a},\delta\bar{i},\delta\bar{q}_1,\delta\bar{q}_2,\delta\bar{\Omega}$）。

此处，与 7.2.1 节类似，再一次将 $\boldsymbol{G}_{\delta\bar{\theta}}$ 与 $\boldsymbol{H}_{\delta\bar{\theta}}$ 的计算分割为一系列向量与矩阵

的代数运算，从而仅需要对标量函数 $\lambda_0,\dot{\lambda},q_1,q_2,\Omega$ 进行 Taylor 级数展开，就可以很方便地获得所有轨道根数的非线性预报公式。

7.2.3　相对运动状态转移张量

为了获得 $\delta\boldsymbol{e}(t)$，需要将 $\delta\overline{\boldsymbol{e}}(t)$ 转换到 $\delta\boldsymbol{e}(t)$，Gim 等[7]采用 Brouwer 的轨道摄动理论，推导了一组线性转换关系，即

$$\delta\boldsymbol{e}(t)=\boldsymbol{D}(t)\delta\overline{\boldsymbol{e}}(t) \tag{7.30}$$

其中，$\boldsymbol{D}(t)$ 为平根到瞬根的转换矩阵。

显然，式(7.30)是一组由 $\delta\overline{\boldsymbol{e}}(t)$ 到 $\delta\boldsymbol{e}(t)$ 的线性转换。虽然采用 Gim 等的方法，同样可以推导一组非线性的转换关系，但是 $\boldsymbol{D}(t)$ 矩阵的表达式已经很复杂，非线性坐标变换的表达式比 $\boldsymbol{D}(t)$ 更复杂。这会造成推导困难，并且难于编程实现。研究表明[19]，采用轨道根数描述航天器运动比采用笛卡儿直角坐标更能缓减非线性因素的影响，即轨道动力学中的非线性因素在笛卡儿坐标空间比在轨道根数空间变现更为强烈。因此，本书不再推导由 $\delta\overline{\boldsymbol{e}}(t)$ 到 $\delta\boldsymbol{e}(t)$ 的非线性变换公式，假设此处仅采用线性变换就可以获得较高的精度。

将式(7.28)代入式(7.30)，可得初始平均 ROE 到任意时刻吻切 ROE 的传播公式，即

$$\begin{aligned}&\delta\boldsymbol{e}(t)=\tilde{\boldsymbol{G}}(t,t_0)\delta\overline{\boldsymbol{e}}(t_0)+\frac{1}{2}\tilde{\boldsymbol{H}}(t,t_0)\otimes\delta\overline{\boldsymbol{e}}(t_0)\otimes\delta\overline{\boldsymbol{e}}(t_0)\\&\tilde{G}^{ij}(t,t_0)=D^{ia}(t)G^{aj}(t,t_0)\\&\tilde{H}^{ijk}(t,t_0)=D^{ia}(t)H^{ajk}(t,t_0)\end{aligned} \tag{7.31}$$

将式(7.31)代入式(7.12)，可得初始平均 ROE 到任意时刻相对状态的传播公式，即

$$\begin{aligned}&\delta\boldsymbol{x}(t)=\tilde{\boldsymbol{P}}(t,t_0)\delta\overline{\boldsymbol{e}}(t_0)+\frac{1}{2}\tilde{\boldsymbol{Q}}(t,t_0)\otimes\delta\overline{\boldsymbol{e}}(t_0)\otimes\delta\overline{\boldsymbol{e}}(t_0)\\&\tilde{P}^{ij}(t,t_0)=P^{ia}(t)\tilde{G}^{aj}(t,t_0)\\&\tilde{Q}^{ijk}(t,t_0)=P^{ia}(t)\tilde{H}^{ajk}(t,t_0)+Q^{iab}(t)\tilde{G}^{aj}(t,t_0)\tilde{G}^{bk}(t,t_0)\end{aligned} \tag{7.32}$$

为了获得初始相对状态 $\boldsymbol{x}(t_0)$ 到任意时刻相对状态 $\boldsymbol{x}(t)$ 的预报公式，需要获得 $\boldsymbol{x}(t_0)$ 到 $\delta\overline{\boldsymbol{e}}(t_0)$ 的映射。对二体相对运动问题，Sengupta 等[18]给出一组解析非线性的映射，获得比线性映射更为精确的结果。对考虑 J_2 摄动的相对运动问题，Gim 等[7]推导了 $\boldsymbol{x}(t_0)$ 到 $\delta\overline{\boldsymbol{e}}(t_0)$ 的解析线性映射。为了追求更高的精度，有必要推导考虑 J_2 摄动的非线性映射。因此，本书采用 Majji 等[22]的级数求逆方法，推导 J_2 摄

动下 $\boldsymbol{x}(t_0)$ 到 $\delta\overline{\boldsymbol{e}}(t_0)$ 的非线性映射。

令 $t=t_0$，对给定的初始相对状态 $\boldsymbol{x}(t_0)$，采用 Majji 等[22]的级数求逆方法，并将级数展开截断到前二阶，初始平均 ROE $\delta\overline{\boldsymbol{e}}(t_0)$ 为

$$
\begin{aligned}
\delta\overline{\boldsymbol{e}}(t_0) &= \tilde{\boldsymbol{P}}^{-1}(t_0,t_0)\delta\boldsymbol{x}(t_0) \\
&\quad -\frac{1}{2}\tilde{\boldsymbol{P}}^{-1}(t_0,t_0)\otimes\tilde{\boldsymbol{Q}}(t_0,t_0)\otimes(\tilde{\boldsymbol{P}}^{-1}(t_0,t_0)\delta\boldsymbol{x}(t_0))\otimes(\tilde{\boldsymbol{P}}^{-1}(t_0,t_0)\delta\boldsymbol{x}(t_0))
\end{aligned}
\tag{7.33}
$$

初始条件 $\boldsymbol{G}(t_0,t_0)=\boldsymbol{I}_6$，$\boldsymbol{I}_6$ 为 6 维单位矩阵，通用下标 $i, j, k, a, b, \in\{1, 2,\cdots, 6\}$、$H^{ijk}(t_0,t_0)=0$，进一步可得 $\tilde{\boldsymbol{G}}(t_0,t_0)=\boldsymbol{D}(t_0)$、$\tilde{H}^{ijk}(t_0,t_0)=0$、$\tilde{\boldsymbol{P}}(t_0,t_0)=\boldsymbol{P}(t_0)\boldsymbol{D}(t_0)$、$\tilde{Q}^{ijk}(t_0,t_0)=Q^{iab}(t_0)D^{aj}(t_0)D^{bk}(t_0)$。

将式(7.33)代入式(7.32)，可得 J_2 摄动下，从航天器相对状态 $\boldsymbol{x}(t)$ 的解析非线性预报公式为

$$
\begin{aligned}
&\delta\boldsymbol{x}(t)=\boldsymbol{\Phi}(t,t_0)\delta\boldsymbol{x}(t_0)+\frac{1}{2}\boldsymbol{\Psi}(t,t_0)\otimes\delta\boldsymbol{x}(t_0)\otimes\delta\boldsymbol{x}(t_0) \\
&\boldsymbol{\Phi}^{ij}(t,t_0)=\tilde{\boldsymbol{P}}^{ia}(t,t_0)[\tilde{\boldsymbol{P}}^{-1}(t_0,t_0)]^{aj} \\
&\boldsymbol{\Psi}^{ijk}(t,t_0)=\tilde{\boldsymbol{Q}}^{iab}(t,t_0)[\tilde{\boldsymbol{P}}^{-1}(t_0,t_0)]^{aj}[\tilde{\boldsymbol{P}}^{-1}(t_0,t_0)]^{bk} \\
&\qquad -\boldsymbol{\Phi}^{ia}(t,t_0)\tilde{\boldsymbol{Q}}^{abc}(t_0,t_0)[\tilde{\boldsymbol{P}}^{-1}(t_0,t_0)]^{bj}[\tilde{\boldsymbol{P}}^{-1}(t_0,t_0)]^{ck}
\end{aligned}
\tag{7.34}
$$

其中，$\tilde{\boldsymbol{P}}^{-1}(t_0,t_0)$=$\boldsymbol{D}^{-1}(t_0)\boldsymbol{P}^{-1}(t_0)$；状态转移张量 $\boldsymbol{\Phi}$ 与 $\boldsymbol{\Psi}$ 可由主航天器的初始轨道根数 $\boldsymbol{e}(t_0)$ 及预报时间 $\Delta t=t-t_0$ 计算。

7.2.4　方程的奇异情况分析

考虑参考轨道偏心率、J_2 摄动项、二阶非线性项的影响，解析非线性相对运动方程(7.34)适用于几乎所有倾角和偏心率的轨道，并且可用于相距较远航天器的相对运动问题。然而，该方程对临界倾角轨道($i=63.435°$, $116.565°$)和赤道轨道($i=0°$, $180°$)是奇异的。

首先，式(7.34)对临界倾角奇异，即 $\cos^2 i$=1/5 (i = 63.435°、116.565°)，是 Brouwer 轨道摄动理论对临界倾角奇异造成的。具体来说，由 $\boldsymbol{D}(t)$ 矩阵的表达式可知，该矩阵的分量中含有因式 Θ=$(1-5\cos^2 i)^{-1}$，这意味着在临界倾角处 Θ 无穷大，因此造成 $\boldsymbol{D}(t)$ 矩阵奇异。理论上，解决该奇异需要采用新的轨道摄动理论推导 $\boldsymbol{D}(t)$ 矩阵，这往往需要进行复杂的推导。参考 Gim 等[7]的方法，本书采用一种数值方法来处理该奇异，即当 $\left|1-5\cos^2 i\right|<\varepsilon$ 时，令 Θ=$\left[\varepsilon\,\mathrm{sgn}(1-5\cos^2 i)\right]^{-1}$，其中符号函数对任意 $x\geqslant 0$，有 sgn(x)=1；否则，sgn(x)=−1，ε 为控制参数，根据经

验可取 ε=0.05。

其次，式(7.34)对赤道轨道奇异是由于使用的修正轨道根数 $\boldsymbol{e}(t)$ 对该类轨道奇异，当 $i=0°$或 180°时，升交点赤经 Ω 没有定义，使 6×6 的坐标变换矩阵 $\boldsymbol{P}(t)$ 的秩降为 5，从而其逆矩阵不存在，导致 $\tilde{\boldsymbol{P}}^{-1}(t_0,t_0)=\boldsymbol{D}^{-1}(t_0)\boldsymbol{P}^{-1}(t_0)$ 也不存在。更为形象地，由附录 A.3 中矩阵 $\boldsymbol{S}(t)=\boldsymbol{P}^{-1}(t)$ 的表达式可知，矩阵 $\boldsymbol{S}(t)$ 的元素中含有因式 $S_I=\sin^{-1}i$，意味着 S_I 对赤道轨道奇异，式(7.34)需要计算 $\boldsymbol{S}(t)=\boldsymbol{P}^{-1}(t)$，因此产生奇异。为了避免该奇异，可基于春分点轨道根数推导相对运动方程。与临界倾角的处理方式类似，本书采用一种数值方法来处理该奇异，即当 $\sin i<\varepsilon, \varepsilon=0.05$ 时，令 $S_I=1/\varepsilon$ 并采用 $\tilde{\boldsymbol{P}}^{-1}(t_0,t_0)=\boldsymbol{D}^{-1}(t_0)\boldsymbol{S}(t_0)$ 计算 $\tilde{\boldsymbol{P}}^{-1}(t_0,t_0)$。$\boldsymbol{S}(t_0)$ 的具体表达式参见附录 A.3。

7.2.5　方程精度仿真分析

对于相对轨迹预报问题，数值仿真考虑 J_2～J_4 项引力模型，首先采用八阶变步长 Runge-Kutta 方法积分主航天器与从航天器在惯性系 ECI 中的位置速度，然后分别将其位置速度转换到主航天器 LVLH 坐标系，最后将从航天器位置速度相对主航天器位置速度做差，获得其在主航天器 LVLH 坐标系下的相对位置速度 $\delta\boldsymbol{x}_{\text{real}}(t)=[\delta\boldsymbol{r}_{\text{real}},\delta\boldsymbol{v}_{\text{real}}]^{\text{T}}$，并将该相对位置速度当作两航天器相对运动的真值。设定主航天器初始轨道半长轴为 7500km、轨道倾角为 45°、轨道偏心率为 0.05。从航天器初始相对运动轨道采用经典的水平投影圆构型[23]，即其相对轨迹在主航天器当地水平面(LVLH 坐标系的 yz 平面)的投影为半径为 ρ 的圆。由投影圆构型参数 ρ 与 α，可近似解算出从航天器的相对状态，即[23]

$$\begin{aligned}
&\delta x=\frac{\rho}{2}\sin(\theta+\alpha), \quad \delta\dot{x}=n\frac{\rho}{2}\cos(\theta+\alpha)\\
&\delta y=\rho\cos(\theta+\alpha), \quad \delta\dot{y}=-n\rho\sin(\theta+\alpha)\\
&\delta z=\rho\sin(\theta+\alpha), \quad \delta\dot{z}=n\rho\cos(\theta+\alpha)
\end{aligned} \tag{7.35}$$

其中，θ 为主航天器纬度辐角；$n=\sqrt{\mu/a^3}$ 为主航天器平均轨道角速度；ρ 为从航天器相对轨道投影在主航天器当地水平面所得投影圆的半径；α 为从航天器相对主航天器的相位，$\alpha=0°$、180°对应从航天器轨道与主航天器轨道的赤经偏差为 0，但是倾角偏差最大，相反 $\alpha=90°$、180°对应从航天器轨道与主航天器轨道的倾角偏差为 0，但是赤经偏差最大。

初始时刻，主航天器与从航天器的初始轨道参数如表 7.1 所示，表中所有参数均为吻切变量。

表 7.1　相对轨道运动初始条件

主航天器参数	取值	从航天器参数	取值
a/km	7500	ρ/km	20
e	0.05	α /(°)	0
i/(°)	45	δx/m	0.0
Ω/(°)	0	δy/m	−20000
w/(°)	0	δz/m	0.0
f/(°)	180	$\delta\dot{x}$ /(m/s)	−9.7202
θ /(°)	180	$\delta\dot{y}$ /(m/s)	0.0
Δt/天	1	$\delta\dot{z}$ /(m/s)	−19.4405

为验证推导的非线性相对运动方程预报相对运动轨迹的精度，采用相对位置速度预报误差 δr 与 δv 衡量不同近似解析方法的精度高低，定义为

$$\delta r = \left\|\delta \boldsymbol{r} - \delta \boldsymbol{r}_{\text{real}}\right\|, \quad \delta v = \left\|\delta \boldsymbol{v} - \delta \boldsymbol{v}_{\text{real}}\right\| \tag{7.36}$$

其中，$\delta \boldsymbol{x}(t) = [\delta \boldsymbol{r}, \delta \boldsymbol{v}]^{\text{T}}$ 为采用近似的解析相对运动方程预报所得的从航天器的相对运动状态。

对摄动模型下运行在任意偏心率椭圆轨道上的相对运动问题，Gim 等[7]考虑 J_2 摄动给出一组线性解析解，Yang 等[24]结合 Gim 等的 J_2 摄动线性解与 Sengupta 等[18]的二体非线性解，给出一组非线性解析解。然而，Yang 等的这组非线性解在张量 $\boldsymbol{Q}$ 及 $\boldsymbol{H}$ 有关的二阶非线性项中并没有考虑 J_2 摄动影响，因为 $\boldsymbol{Q}$、$\boldsymbol{H}$ 张量是 Sengupta 等[18]在二体假设下推导的。由 7.2 节可知，本书推导的二阶非线性解无论在其线性项(即与 $\boldsymbol{P}$、$\boldsymbol{G}$ 矩阵相关的项)，还是在其非线性项(即与 $\boldsymbol{Q}$、$\boldsymbol{H}$ 张量相关的项)中，都完整地考虑 J_2 摄动。

为了验证本书方法的精度，将其与 Gim 等、Yang 等的结果对比，一天预报误差的对比结果如图 7.2 和图 7.3 所示。由此可知，无论是对相对距离(δr)预报还

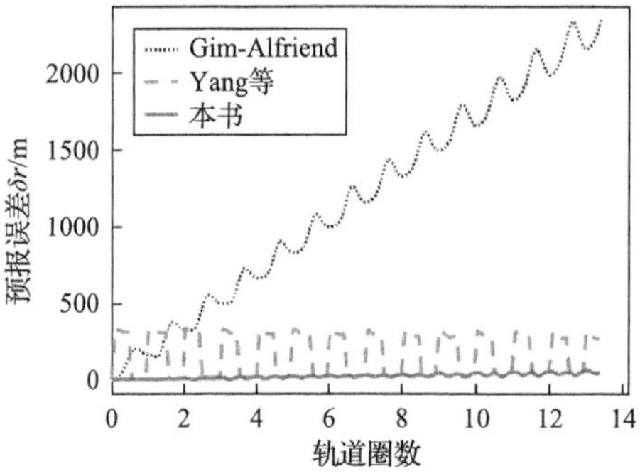

图 7.2　摄动模型相对距离预报误差对比

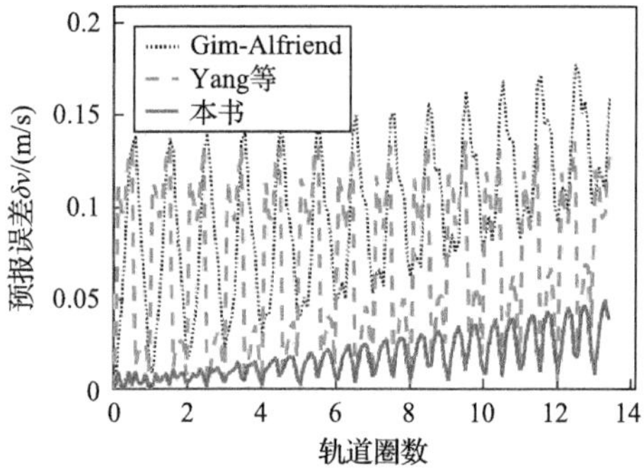

图 7.3　摄动模型相对速度预报误差对比

是相对速度预报（δv），Yang 等的非线性解均优于 Gim 等的线性解，而本书的非线性解又优于 Yang 等的非线性解。表 7.2 给出了三种方法一天相对轨迹预报的最大位置速度误差对比结果。本书方法的最大误差均小于 Gim 等、Yang 等的方法。相比 Gim 等、Yang 等的结果，本书方法在相对距离（δr）预报的精度分别提高 88.1%与 98.1%，在相对速度（δv）预报的精度分别提高 80.4%与 70.5%。这说明，考虑 J_2 摄动的二阶非线性方程是正确有效的，并且精度高于已有方法。

表 7.2　一天相对轨迹预报最大误差

方法	x/m	y/m	z/m	v_x/(m/s)	v_y/(m/s)	v_z/(m/s)	δr/m	δv/(m/s)
Gim-Alfriend	134.99	2354.85	112.98	0.1435	0.1565	0.0902	2358.77	0.1769
Yang 等	106.93	328.46	79.96	0.0915	0.1345	0.0815	342.34	0.1353
本书	37.47	36.43	39.73	0.0245	0.0099	0.0426	62.88	0.0489

为验证本书方法的计算效率，采用表 7.1 中的初始条件进行一天相对轨迹预报,在 CPU 主频为 3.60GHz 的计算机上统计不同方法 100 次仿真的平均运行时间（表 7.3）。无论二体模型还是摄动模型，数值积分均采用 8 阶 Runge-Kutta 变步长积分。需要指出，二体模型下航天器的绝对状态预报有解析方法。若采用解析方法进行二体轨道预报，平均时间仅需 0.495ms。由表 7.3 可知，对二体模型，本书方法计算时间(3.228ms)略多于 Sengupta 等的计算时间(3.045ms)，而 Yamanaka 和 Ankersen 的线性解计算时间最短，仅为 0.301ms。同样，对摄动模型，Gim 等的线性解所需时间最短，Yang 等的非线性方法(4.005ms)比本书方法计算时间(3.515ms)略多。这是因为 Yang 等的方法在构建二阶非线性解过程中需要更多的张量运算。无论是二体模型还是摄动模型，本书方法计算时间均远小于数值积分(约为数值积分的 1/40)。这说明，本书方法在考虑 J_2 摄动与二阶非线性项提高精度的同时，并没有明显降低计算效率。

表 7.3　一天相对轨迹预报仿真运行时间对比

二体模型	运行时间/ms	摄动模型	运行时间/ms
Yamanaka-Ankersen	0.301	Gim-Alfriend	2.754
Sengupta 等	3.045	Yang 等	4.005
本书(J_2=0)	3.228	本书	3.515
数值积分	126.516	数值积分	127.475

7.3　非线性相对轨道偏差的状态转移张量

本节主要基于考虑 J_2 摄动的二阶非线性相对运动方程，推导相对运动状态偏差的解析非线性传播方程。7.2 节采用几何法推导的预报相对状态 $\delta\boldsymbol{x}(t)$ 的解析非线性相对运动方程为

$$\begin{aligned}
&\delta\boldsymbol{x}(t)=\boldsymbol{\Phi}(t,t_0)\delta\boldsymbol{x}(t_0)+\frac{1}{2}\boldsymbol{\Psi}(t,t_0)\otimes\delta\boldsymbol{x}(t_0)\otimes\delta\boldsymbol{x}(t_0)\\
&\boldsymbol{\Phi}^{ij}(t,t_0)=\tilde{\boldsymbol{P}}^{ia}(t,t_0)[\tilde{\boldsymbol{P}}^{-1}(t_0,t_0)]^{aj}\\
&\boldsymbol{\Psi}^{ijk}(t,t_0)=\tilde{\boldsymbol{Q}}^{iab}(t,t_0)[\tilde{\boldsymbol{P}}^{-1}(t_0,t_0)]^{aj}[\tilde{\boldsymbol{P}}^{-1}(t_0,t_0)]^{bk}\\
&\qquad-\boldsymbol{\Phi}^{ia}(t,t_0)\tilde{\boldsymbol{Q}}^{abc}(t_0,t_0)[\tilde{\boldsymbol{P}}^{-1}(t_0,t_0)]^{bj}[\tilde{\boldsymbol{P}}^{-1}(t_0,t_0)]^{ck}\\
&\tilde{P}^{ij}(t,t_0)=P^{ia}(t)\tilde{G}^{aj}(t,t_0)\\
&\tilde{Q}^{ijk}(t,t_0)=P^{ia}(t)\tilde{H}^{ajk}(t,t_0)+Q^{iab}(t)\tilde{G}^{aj}(t,t_0)\tilde{G}^{bk}(t,t_0)\\
&\tilde{G}^{ij}(t,t_0)=D^{ia}(t)G^{aj}(t,t_0),\quad \tilde{H}^{ijk}(t,t_0)=D^{ia}(t)H^{ajk}(t,t_0)
\end{aligned}\tag{7.37}$$

其中，计算状态转移张量 $\boldsymbol{\Phi}$ 、$\boldsymbol{\Psi}$ 所需要的矩阵 $\boldsymbol{P}$ 、$\boldsymbol{G}$ 、$\boldsymbol{D}$ ，以及张量 $\boldsymbol{Q}$ 、$\boldsymbol{H}$ 仅与主航天器的初始轨道根数 $\boldsymbol{e}(t_0)$ 及预报时间 $\Delta t=t_f-t_0$ 有关。

方程(7.37)给出 J_2 摄动下适应任意偏心率椭圆轨道的二阶非线性相对运动方程。航天器绝对轨道状态偏差可以看作相对其标称状态的一个虚拟相对运动状态，因此可用于解析非线性地传播航天器的绝对轨道状态偏差。然而，是否可以直接用于传播相对轨道状态偏差呢？若只考虑一阶项，相对运动状态偏差与标称相对运动状态具有可叠加性，均可采用一阶状态转移矩阵预报。然而，考虑二阶非线性项后，是否可以将相对运动状态偏差直接代入式(7.37)中预报还有待进一步分析。

记从航天器的标称相对运动状态为 $\delta\hat{\boldsymbol{x}}(t)$ ，若从航天器的实际相对运动状态相对其标称状态 $\delta\hat{\boldsymbol{x}}(t)$ 存在偏差 $\mathrm{d}\boldsymbol{x}(t)$ ，则实际相对运动状态 $\delta\boldsymbol{x}(t)$ 可表示为

$$\delta\boldsymbol{x}(t)=\delta\hat{\boldsymbol{x}}(t)+\mathrm{d}\boldsymbol{x}(t)\tag{7.38}$$

其中，$\mathrm{d}\boldsymbol{x}(t)$ 可看作满足一定分布的相对运动状态偏差的随机样本。

由此可将考虑偏差影响的终端相对运动状态表示为

$$\begin{aligned}
\delta\boldsymbol{x}(t_f)&=\delta\hat{\boldsymbol{x}}_f+\mathrm{d}\boldsymbol{x}_f\\
&=\boldsymbol{\Phi}_{(t_f,t_0)}\delta\hat{\boldsymbol{x}}_0+\frac{1}{2}\boldsymbol{\Psi}_{(t_f,t_0)}\otimes\delta\hat{\boldsymbol{x}}_0\otimes\delta\hat{\boldsymbol{x}}_0\\
&\quad+\boldsymbol{\Phi}_{(t_f,t_0)}\mathrm{d}\boldsymbol{x}_0+\frac{1}{2}\boldsymbol{\Psi}_{(t_f,t_0)}\otimes\mathrm{d}\boldsymbol{x}_0\otimes\mathrm{d}\boldsymbol{x}_0\\
&\quad+\frac{1}{2}\boldsymbol{\Psi}_{(t_f,t_0)}\otimes\delta\hat{\boldsymbol{x}}_0\otimes\mathrm{d}\boldsymbol{x}_0+\frac{1}{2}\boldsymbol{\Psi}_{(t_f,t_0)}\otimes\mathrm{d}\boldsymbol{x}_0\otimes\delta\hat{\boldsymbol{x}}_0
\end{aligned}\tag{7.39}$$

其中，对 $i=0$、f，$\delta\hat{\boldsymbol{x}}_i=\delta\hat{\boldsymbol{x}}(t_i)$，$\mathrm{d}\boldsymbol{x}_i=\mathrm{d}\boldsymbol{x}(t_i)$。

考虑标称相对运动状态 $\delta\hat{\boldsymbol{x}}(t_0)$ 满足式(7.37)，可得相对运动状态偏差 $\mathrm{d}\boldsymbol{x}(t_0)$ 的非线性预报公式，即

$$\begin{aligned}\mathrm{d}\boldsymbol{x}_f&=\hat{\boldsymbol{\Phi}}_{(t_f,t_0)}\mathrm{d}\boldsymbol{x}_0+\frac{1}{2}\boldsymbol{\Psi}_{(t_f,t_0)}\otimes\mathrm{d}\boldsymbol{x}_0\otimes\mathrm{d}\boldsymbol{x}_0\\ \hat{\Phi}^{ij}_{(t_f,t_0)}&=\Phi^{ij}_{(t_f,t_0)}+\frac{1}{2}(\Psi^{ikj}_{(t_f,t_0)}+\Psi^{ijk}_{(t_f,t_0)})\delta\hat{x}_0^k\end{aligned}\tag{7.40}$$

其中，$\hat{\boldsymbol{\Phi}}$ 和 $\boldsymbol{\Psi}$ 为相对状态偏差 $\mathrm{d}\boldsymbol{x}(t)$ 的转移矩阵和张量，本书将其统称为状态转移张量。

考虑二阶非线性项，相对状态偏差 $\mathrm{d}\boldsymbol{x}(t)$ 的传播公式依赖标称相对状态 $\delta\hat{\boldsymbol{x}}(t)$。相比相对状态 $\delta\boldsymbol{x}(t)$ 的非线性传播公式(7.37)，相对状态偏差的传播需要在状态转移矩阵 $\boldsymbol{\Phi}_{(t_f,t_0)}$ 中引入与 $\delta\hat{\boldsymbol{x}}(t_0)$ 相关的修正项，即 $\hat{\boldsymbol{\Phi}}_{(t_f,t_0)}$。

获得相对状态偏差的解析非线性传播公式(7.40)后，便可以基于该式研究航天器相对运动状态偏差统计参数的演化规律。

7.4　非线性相对轨道偏差演化分析

本节根据推导的非线性相对状态偏差传播方程(7.40)，结合协方差定义，推导相对状态偏差前两阶统计矩的解析非线性传播公式，进一步结合 GMM，推导相对状态偏差概率密度函数的非线性传播公式。当航天器做脉冲机动时，其轨迹存在间断，需要基于现有状态转移张量推导可传递性的状态转移张量。

7.4.1　自由相对运动时协方差分析

将式(7.40)代入均值与协方差矩阵定义，可得相对运动状态偏差均值及协方差矩阵的非线性传播方程，即

$$\begin{aligned}m^i(t_f)&=\hat{\Phi}^{ia}_{(t_f,t_0)}m_0^a+\frac{1}{2}\Psi^{iab}_{(t_f,t_0)}(m_0^a m_0^b+P_0^{ab})\\ P^{ij}(t_f)&=\hat{\Phi}^{ia}_{(t_f,t_0)}\hat{\Phi}^{jb}_{(t_f,t_0)}(m_0^a m_0^b+P_0^{ab})\\ &\quad+\frac{1}{2}\left(\hat{\Phi}^{ia}_{(t_f,t_0)}\Psi^{jbc}_{(t_f,t_0)}+\hat{\Phi}^{ja}_{(t_f,t_0)}\Psi^{ibc}_{(t_f,t_0)}\right)E[\mathrm{d}x_0^a\mathrm{d}x_0^b\mathrm{d}x_0^c]\\ &\quad+\frac{1}{4}\Psi^{iab}_{(t_f,t_0)}\Psi^{jcd}_{(t_f,t_0)}E[\mathrm{d}x_0^a\mathrm{d}x_0^b\mathrm{d}x_0^c\mathrm{d}x_0^d]-m^i(t_f)m^j(t_f)\end{aligned}\tag{7.41}$$

其中，m 为均值；P^{ij} 为协方差矩阵元素；下标 0 表示初始 t_0 时刻、f 表示终端 t_f

时刻；上标 a、b、c、d、i、j 表示对应向量、矩阵或张量的分量；在高斯分布假设下，三阶矩 $E[\mathrm{d}x_0^a\mathrm{d}x_0^b\mathrm{d}x_0^c]$ 与四阶矩 $E[\mathrm{d}x_0^a\mathrm{d}x_0^b\mathrm{d}x_0^c\mathrm{d}x_0^d]$ 可采用 2.2.2 节方法计算。

为方便，将非线性协方差传播公式简记为

$$[\boldsymbol{m}_f,\boldsymbol{P}_f]=\mathrm{STT}\,[\boldsymbol{m}_0,\boldsymbol{P}_0;\hat{\boldsymbol{e}}_0,\delta\hat{\boldsymbol{x}}_0,\widehat{\boldsymbol{\Phi}}_{(t_f,t_0)},\boldsymbol{\Psi}_{(t_f,t_0)}] \tag{7.42}$$

其中，对 $i=0$、f，$\boldsymbol{m}_i=\boldsymbol{m}(t_i)$、$\boldsymbol{P}_i=\boldsymbol{P}(t_i)$；$\hat{\boldsymbol{e}}_0=\hat{\boldsymbol{e}}(t_0)$ 为初始时刻主航天器的标称轨道根数；$\delta\hat{\boldsymbol{x}}_0$ 为初始时刻从航天器相对主航天器的标称相对运动状态；$\hat{\boldsymbol{e}}_0$、$\delta\hat{\boldsymbol{x}}_0$ 用于根据式(7.40)计算状态转移张量 $\widehat{\boldsymbol{\Phi}}_{(t_f,t_0)}$、$\boldsymbol{\Psi}_{(t_f,t_0)}$。

在两航天器无机动自由飞行条件下，其相对运动轨迹光滑，式(7.42)可用于传播相对状态偏差，但不能用于传播轨道控制误差。若其中任何一个航天器进行了脉冲机动，其相对运动轨迹将被机动分为多段，此时式(7.42)也不能直接用来预报相对运动状态偏差的均值及协方差矩阵，需要基于能光滑连接各段轨道的可传递状态转移张量预报。在线性假设下，状态转移矩阵 $\widehat{\boldsymbol{\Phi}}$ 是自然可传递的，即 $\widehat{\boldsymbol{\Phi}}_{(t_f,t_0)}=\widehat{\boldsymbol{\Phi}}_{(t_f,t)}\widehat{\boldsymbol{\Phi}}_{(t,t_0)}$。然而，在非线性情况下，状态转移张量 $\boldsymbol{\Psi}$ 不是直接可传递的，不能直接相乘。因此，在脉冲机动情况下，为了非线性地预报相对状态及轨道控制误差，有必要推导能连接各段轨道的可传递状态转移张量。

7.4.2　从航天器脉冲机动时协方差分析

首先，考虑从航天器做脉冲机动的情况，即从航天器在偏差传播时间段 $[t_0,t_f]$ 内执行 m 次脉冲机动 $t_k,\Delta\boldsymbol{v}_k$ $(k=1,2,\cdots,m,\ t_0\leqslant t_1<\cdots<t_m\leqslant t_f)$，其中机动冲量 $\Delta\boldsymbol{v}_k$ 在主航天器 LVLH 坐标系中描述。从航天器相对运动轨迹被这 m 次脉冲机动分割为 m+1 段，针对每段轨道，状态转移张量 $\widehat{\boldsymbol{\Phi}}$、$\boldsymbol{\Psi}$ 需要分别在机动时刻 t_k 加入机动冲量 $\Delta\boldsymbol{v}_k$ 后进行计算。

考虑机动冲量 $\Delta\boldsymbol{v}_k$ $(k=1,2,\cdots,m)$ 也存在误差，记标称机动冲量为 $\Delta\hat{\boldsymbol{v}}_k$，机动冲量误差为 $d\boldsymbol{v}_k=\delta\Delta\boldsymbol{v}_k$，则实际机动冲量可表示为 $\Delta\boldsymbol{v}_k=\Delta\hat{\boldsymbol{v}}_k+d\boldsymbol{v}_k$。因此，在机动时刻 t_k，机动后的标称相对状态 $\delta\hat{\boldsymbol{x}}_k^+$ 和相对状态偏差 $\mathrm{d}\boldsymbol{x}_k^+$ 可表示为

$$\begin{aligned}&\delta\hat{\boldsymbol{x}}_k^+=\delta\hat{\boldsymbol{x}}_k+\hat{\boldsymbol{x}}_{vk},\quad \hat{\boldsymbol{x}}_{vk}=\boldsymbol{R}\Delta\hat{\boldsymbol{v}}_k\\&\mathrm{d}\boldsymbol{x}_k^+=\mathrm{d}\boldsymbol{x}_k+\mathrm{d}\boldsymbol{x}_{vk},\quad \mathrm{d}\boldsymbol{x}_{vk}=\boldsymbol{R}\mathrm{d}\boldsymbol{v}_k\end{aligned} \tag{7.43}$$

其中，上标“+”表示变轨后状态；$\boldsymbol{R}=[\boldsymbol{0}_3,\boldsymbol{I}_3]^{\mathrm{T}}$ 为单一速度空间到位置速度空间的转换矩阵。

将式(7.43)代入式(7.41)，并重复应用到被脉冲机动分割开的每一段轨道，则可将初始导航偏差及机动控制偏差分段地预报到终端时刻，即

$$
\begin{aligned}
m_{k+1}^{i} &= \hat{\Phi}_{(t_{k+1},t_k)}^{ia}(m_k^a)^+ + \frac{1}{2}\Psi_{(t_{k+1},t_k)}^{iab}[(P_k^{ab})^+ + (m_k^a)^+(m_k^b)^+] \\
P_{k+1}^{ij} &= \hat{\Phi}_{(t_{k+1},t_k)}^{ia}\hat{\Phi}_{(t_{k+1},t_k)}^{jb}[(P_k^{ab})^+ + (m_k^a)^+(m_k^b)^+] \\
&\quad + \frac{1}{2}(\hat{\Phi}_{(t_{k+1},t_k)}^{ia}\Psi_{(t_{k+1},t_k)}^{jbc} + \hat{\Phi}_{(t_{k+1},t_k)}^{ja}\Psi_{(t_{k+1},t_k)}^{ibc})(E[\mathrm{d}x_k^a\mathrm{d}x_k^b\mathrm{d}x_k^c])^+ \\
&\quad + \frac{1}{4}\Psi_{(t_{k+1},t_k)}^{iab}\Psi_{(t_{k+1},t_k)}^{jcd}(E[\mathrm{d}x_k^a\mathrm{d}x_k^b\mathrm{d}x_k^c\mathrm{d}x_k^d])^+ - m_{k+1}^i m_{k+1}^j
\end{aligned} \tag{7.44}
$$

其中，$k=0,1,\cdots,m$；$(m_k^a)^+$、$(m_k^b)^+$ 分别为第 k 次脉冲后状态均值 $\boldsymbol{m}_k^+$ 的第 a、b 个分量；$(P_k^{ab})^+$ 为第 k 次脉冲后状态协方差矩阵 $\boldsymbol{P}_k^+$ 的第 a 行、第 b 行分量。

记第 k 次脉冲机动误差的均值和协方差矩阵分别为 $E[\mathrm{d}\boldsymbol{v}_k]$ 和 $\boldsymbol{P}(\mathrm{d}\boldsymbol{v}_k)$，可得 $\boldsymbol{m}_{vk}=\boldsymbol{R}\times E[\mathrm{d}\boldsymbol{v}_k]$、$\boldsymbol{P}_{vk}=\boldsymbol{R}\times\boldsymbol{P}(\mathrm{d}\boldsymbol{v}_k)\times\boldsymbol{R}^{\mathrm{T}}$、$\boldsymbol{m}_k^+=\boldsymbol{m}_k=\boldsymbol{m}_{vk}$、$\boldsymbol{P}_k^+=\boldsymbol{P}_k=\boldsymbol{P}_{vk}$；令 $\boldsymbol{m}=\boldsymbol{m}_k^+$、$\boldsymbol{P}=\boldsymbol{P}_k^+$，则可用 2.2.2 节方法计算机动后相对状态偏差的三阶矩 $(E[\mathrm{d}x_k^a\mathrm{d}x_k^b\mathrm{d}x_k^c])^+$ 和四阶矩 $(E[\mathrm{d}x_k^a\mathrm{d}x_k^b\mathrm{d}x_k^c\mathrm{d}x_k^d])^+$。

在脉冲机动下，分段偏差传播虽然原理简单，但是计算精度不高。因为后一段轨道的输入 $\boldsymbol{m}_k$ 与 $\boldsymbol{P}_k$ 是前一段轨道的输出，偏差被前一段状态转移张量传播放大后，作为后一段同样阶次的状态转移张量的输入，会产生更大的截断误差。因此，在脉冲机动下，为了保证相对轨道偏差传播式(7.42)的二阶精度，有必要推导一组能连接各段轨道的、可传递状态转移张量，进而基于该状态转移张量预报导航及控制误差。

为方便论述，首先考虑仅有一次机动的情况，将相对状态偏差 $\mathrm{d}\boldsymbol{x}(t_0)$ 由 t_0 时刻预报到 t_2 时刻，期间从航天器在 t_1 时刻执行一次脉冲变轨 $\Delta\boldsymbol{v}_1$。

偏差在第一段轨迹上的传播公式为

$$
\mathrm{d}\boldsymbol{x}_1=\hat{\boldsymbol{\Phi}}_{(t_1,t_0)}\mathrm{d}\boldsymbol{x}_0+\frac{1}{2}\boldsymbol{\Psi}_{(t_1,t_0)}\otimes\mathrm{d}\boldsymbol{x}_0\otimes\mathrm{d}\boldsymbol{x}_0 \tag{7.45}
$$

类似地，第一次机动后，偏差在第二段轨迹上的传播公式为

$$
\begin{aligned}
\mathrm{d}\boldsymbol{x}_2 &= \hat{\boldsymbol{\Phi}}_{(t_2,t_1)}\mathrm{d}\boldsymbol{x}_1^+ + \frac{1}{2}\boldsymbol{\Psi}_{(t_2,t_1)}\otimes\mathrm{d}\boldsymbol{x}_1^+\otimes\mathrm{d}\boldsymbol{x}_1^+ = \mathrm{d}A+\mathrm{d}B+\mathrm{d}C \\
\hat{\boldsymbol{\Phi}}_{(t_2,t_1)}^{ij} &= \boldsymbol{\Phi}_{(t_2,t_1)}^{ij} + \frac{1}{2}(\Psi_{(t_2,t_1)}^{ikj}+\Psi_{(t_2,t_1)}^{ijk})[\delta\hat{\boldsymbol{x}}_1^+]^k
\end{aligned} \tag{7.46}
$$

其中，$\delta\hat{\boldsymbol{x}}_1^+$ 为从航天器第一次变轨后的标称相对状态；状态转移张量 $\hat{\boldsymbol{\Phi}}_{(t_2,t_1)}$、$\boldsymbol{\Psi}_{(t_2,t_1)}$ 可基于式(7.37)，通过代入主航天器 t_1 时刻的标称轨道根数 $\hat{\boldsymbol{e}}_1$ 计算(因为主航天器没有执行机动，所以轨道根数在 t_1 时刻从航天器变轨前后保持不变)。

将 $\mathrm{d}\boldsymbol{x}_1^+$ 的表达式代入式(7.46)，截断到二阶非线性项并消除中间变量 $\mathrm{d}\boldsymbol{x}_1^+$，可得

$$
\begin{aligned}
&\mathrm{d}A=\hat{\boldsymbol{\Phi}}_{(t_2,t_1)}\mathrm{d}\boldsymbol{x}_1+\frac{1}{2}\boldsymbol{\Psi}_{(t_2,t_1)}\otimes\mathrm{d}\boldsymbol{x}_1\otimes\mathrm{d}\boldsymbol{x}_1=\hat{\boldsymbol{\Phi}}_{(t_2,t_0)}\mathrm{d}\boldsymbol{x}_0+\frac{1}{2}\boldsymbol{\Psi}_{(t_2,t_0)}\otimes\mathrm{d}\boldsymbol{x}_0\otimes\mathrm{d}\boldsymbol{x}_0\\
&\mathrm{d}B=\hat{\boldsymbol{\Phi}}_{(t_2,t_1)}\mathrm{d}\boldsymbol{x}_{v1}+\frac{1}{2}\boldsymbol{\Psi}_{(t_2,t_1)}\otimes\mathrm{d}\boldsymbol{x}_{v1}\otimes\mathrm{d}\boldsymbol{x}_{v1}\\
&\mathrm{d}C=\boldsymbol{\Psi}_{(t_2,t_1)}\otimes\mathrm{d}\boldsymbol{x}_1\otimes\mathrm{d}\boldsymbol{x}_{v1}=\boldsymbol{\Psi}_{(t_2,t_1)}\otimes\hat{\boldsymbol{\Phi}}_{(t_1,t_0)}\mathrm{d}\boldsymbol{x}_0\otimes\boldsymbol{I}_6\mathrm{d}\boldsymbol{x}_{v1}=\boldsymbol{\Theta}_{(t_2,t_1,t_0)}\otimes\mathrm{d}\boldsymbol{x}_0\otimes\mathrm{d}\boldsymbol{x}_{v1}
\end{aligned}
\tag{7.47}
$$

其中，$\boldsymbol{I}_6$ 为 6 维单位矩阵；$\Theta^{ijk}_{(t_2,t_1,t_0)}=\Psi^{imn}_{(t_2,t_1)}\hat{\Phi}^{mj}_{(t_1,t_0)}\boldsymbol{I}^{nk}_6$，记 t_0 到 t_2 时刻的状态转移张量为 $\hat{\boldsymbol{\Phi}}_{(t_2,t_0)}$、$\boldsymbol{\Psi}_{(t_2,t_0)}$，将 $\mathrm{d}\boldsymbol{x}_1$ 的表达式代入 $\mathrm{d}A$ 的表达式，可得

$$
\begin{aligned}
&\hat{\Phi}^{ij}_{(t_2,t_0)}=\hat{\Phi}^{il}_{(t_2,t_1)}\hat{\Phi}^{lj}_{(t_1,t_0)}\\
&\Psi^{ijk}{}_{(t_2,t_0)}=\hat{\Phi}^{il}_{(t_2,t_1)}\Psi^{ljk}{}_{(t_1,t_0)}+\Psi^{imn}{}_{(t_2,t_1)}\hat{\Phi}^{mj}_{(t_1,t_0)}\hat{\Phi}^{nk}_{(t_1,t_0)}
\end{aligned}
\tag{7.48}
$$

特别指出，对多脉冲 $\Delta\boldsymbol{v}_k$ $(k=1,2,\cdots,m)$ 情况，状态转移张量 $\hat{\boldsymbol{\Phi}}_{(t_f,t_j)}$、$\boldsymbol{\Psi}_{(t_f,t_j)}$ $(j=0,1,\cdots,m)$ 可通过反复使用式(7.48)计算。例如，将式(7.48)等号右边的 $\hat{\boldsymbol{\Phi}}_{(t_2,t_1)}$、$\boldsymbol{\Psi}_{(t_2,t_1)}$ 与 $\hat{\boldsymbol{\Phi}}_{(t_1,t_0)}$、$\boldsymbol{\Psi}_{(t_1,t_0)}$ 分别用 $\hat{\boldsymbol{\Phi}}_{(t_3,t_2)}$、$\boldsymbol{\Psi}_{(t_3,t_2)}$ 与 $\hat{\boldsymbol{\Phi}}_{(t_2,t_0)}$、$\boldsymbol{\Psi}_{(t_2,t_0)}$ 替换，便可获得 t_0 到 t_3 的状态转移张量 $\hat{\boldsymbol{\Phi}}_{(t_3,t_0)}$、$\boldsymbol{\Psi}_{(t_3,t_0)}$。

将推导思想递归地应用到多脉冲情形，对含有 m 次脉冲机动的情况，可将其终端状态偏差 $\mathrm{d}\boldsymbol{x}_f$ 表示为初始状态偏差 $\mathrm{d}\boldsymbol{x}_0$ 及机动误差 $\mathrm{d}\boldsymbol{x}_{vk}$ $(k=1,2,\cdots,m)$ 的函数，即

$$
\begin{aligned}
\mathrm{d}\boldsymbol{x}_f=&\hat{\boldsymbol{\Phi}}_{(t_f,t_0)}\mathrm{d}\boldsymbol{x}_0+\frac{1}{2}\boldsymbol{\Psi}_{(t_f,t_0)}\otimes\mathrm{d}\boldsymbol{x}_0\otimes\mathrm{d}\boldsymbol{x}_0\\
&+\sum_{k=1}^{m}\left(\hat{\boldsymbol{\Phi}}_{(t_f,t_k)}\mathrm{d}\boldsymbol{x}_{vk}+\frac{1}{2}\boldsymbol{\Psi}_{(t_f,t_k)}\otimes\mathrm{d}\boldsymbol{x}_{vk}\otimes\mathrm{d}\boldsymbol{x}_{vk}\right)\\
&+\sum_{k=1}^{m}(\boldsymbol{\Theta}_{(t_f,t_k,t_0)}\otimes\mathrm{d}\boldsymbol{x}_0\otimes\mathrm{d}\boldsymbol{x}_{vk})+\sum_{k=1}^{m-1}\sum_{n=k+1}^{m}(\boldsymbol{\Theta}_{(t_f,t_n,t_k)}\otimes\mathrm{d}\boldsymbol{x}_{vn}\otimes\mathrm{d}\boldsymbol{x}_{vk})
\end{aligned}
\tag{7.49}
$$

其中，状态转移张量 $\hat{\boldsymbol{\Phi}}_{(t_f,t_k)},\boldsymbol{\Psi}_{(t_f,t_k)}$ 通过式(7.48)递归计算；与机动误差相关的状态转移 $\boldsymbol{\Theta}$ 的计算公式为

$$
\Theta^{abc}_{(t_f,t_k,t_0)}=\Psi^{ade}_{(t_f,t_k)}\hat{\Phi}^{db}_{(t_k,t_0)}I^{ec}_6,\quad \Theta^{abc}_{(t_f,t_n,t_k)}=\Psi^{ade}_{(t_f,t_n)}\hat{\Phi}^{db}_{(t_n,t_k)}I^{ec}_6
\tag{7.50}
$$

因为相对导航与各次轨道机动是独立事件，因此有理由将导航误差 $p(\mathrm{d}\boldsymbol{x}_0,t_0)$ 与各次脉冲机动误差 $p(\mathrm{d}\boldsymbol{x}_{vk},t_k)$ 看作相互独立的随机变量。假设各次机动误差均

值为 0，则可得初始导航误差与机动误差各阶矩的交叉项中大部分为 0，如 $E[\mathrm{d}\boldsymbol{x}_0\mathrm{d}\boldsymbol{x}_{vk}]$、$E[\mathrm{d}\boldsymbol{x}_0\mathrm{d}\boldsymbol{x}_0\mathrm{d}\boldsymbol{x}_{vk}]$、$E[\mathrm{d}\boldsymbol{x}_0\mathrm{d}\boldsymbol{x}_0\mathrm{d}\boldsymbol{x}_0\mathrm{d}\boldsymbol{x}_{vk}]$、$E[\mathrm{d}\boldsymbol{x}_0\mathrm{d}\boldsymbol{x}_{vk}\mathrm{d}\boldsymbol{x}_{vk}\mathrm{d}\boldsymbol{x}_{vk}]$ 等；仅有 $E[\mathrm{d}\boldsymbol{x}_0\mathrm{d}\boldsymbol{x}_{vk}\mathrm{d}\boldsymbol{x}_{vk}]$、$E[\mathrm{d}\boldsymbol{x}_0\mathrm{d}\boldsymbol{x}_0\mathrm{d}\boldsymbol{x}_{vk}\mathrm{d}\boldsymbol{x}_{vk}]$、$E[\mathrm{d}\boldsymbol{x}_{vn}\mathrm{d}\boldsymbol{x}_{vn}\mathrm{d}\boldsymbol{x}_{vk}\mathrm{d}\boldsymbol{x}_{vk}]$三项不为 0。为了同时将初始导航误差及各次机动控制误差预报到 t_f 时刻，代入协方差矩阵定义，消去二阶以上项及交叉矩为 0 的项，可得从航天器在多次脉冲机动下，t_f 时刻相对状态偏差 $\mathrm{d}\boldsymbol{x}_f$ 的均值 $\boldsymbol{m}_f$ 及协方差矩阵 $\boldsymbol{P}_f$ 为

$$
\begin{aligned}
&\boldsymbol{m}_f=\boldsymbol{m}_f^{(1)},\quad \boldsymbol{P}_f=\boldsymbol{P}_f^{(1)}+\boldsymbol{P}_f^{(2)}+\boldsymbol{P}_f^{(3)}+\boldsymbol{P}_f^{(4)}\\
&[\boldsymbol{m}_f^{(1)},\boldsymbol{P}_f^{(1)}]=\mathrm{STT}[\boldsymbol{m}_0,\boldsymbol{P}_0;\hat{\boldsymbol{e}}_0,\delta\hat{\boldsymbol{x}}_0,\widehat{\boldsymbol{\Phi}}_{(t_f,t_0)},\boldsymbol{\Psi}_{(t_f,t_0)}]\\
&\qquad+\sum_{k=1}^{m}\mathrm{STT}[\boldsymbol{m}_{vk},\boldsymbol{P}_{vk};\hat{\boldsymbol{e}}_k,\delta\hat{\boldsymbol{x}}_k^+,\widehat{\boldsymbol{\Phi}}_{(t_f,t_k)},\boldsymbol{\Psi}_{(t_f,t_k)}]
\end{aligned}\tag{7.51}
$$

其中，$\hat{\boldsymbol{e}}_k$ 为主航天器在 t_k 时刻的标称轨道根数；$\delta\hat{\boldsymbol{x}}_k^+$ 为第 k 次机动 $\Delta\boldsymbol{v}_k$ 后，从航天器的标称相对运动状态；$\hat{\boldsymbol{e}}_k$ 与 $\delta\hat{\boldsymbol{x}}_k^+$ 用于计算状态转移张量 $\widehat{\boldsymbol{\Phi}}_{(t_f,t_k)}$ 与 $\boldsymbol{\Psi}_{(t_f,t_k)}$。

令 $\boldsymbol{R}=[\boldsymbol{0}_3,\boldsymbol{I}_3]^{\mathrm{T}}$，可得机动误差均值及协方差矩阵分别为 $\boldsymbol{m}_{vk}=\boldsymbol{R}\times E[\mathrm{d}\boldsymbol{v}_k]$，$\boldsymbol{P}_{vk}=\boldsymbol{R}\times\boldsymbol{P}(\mathrm{d}\boldsymbol{v}_k)\times\boldsymbol{R}^{\mathrm{T}}$。考虑导航误差及机动误差统计矩非 0 的交叉项后，用于修正终端协方差矩阵的 $\boldsymbol{P}_f^{(2)}$、$\boldsymbol{P}_f^{(3)}$、$\boldsymbol{P}_f^{(4)}$ 的表达式为

$$
\begin{aligned}
[P_f^{(2)}]^{ij}=&\sum_{k=1}^{m}\left(\widehat{\Phi}_{(t_f,t_k)}^{ia}\Theta_{(t_f,t_k,t_0)}^{jbc}+\widehat{\Phi}_{(t_f,t_k)}^{ja}\Theta_{(t_f,t_k,t_0)}^{ibc}\right)E[\mathrm{d}x_0^b\mathrm{d}x_{vk}^a\mathrm{d}x_{vk}^c]\\
&+\sum_{k=1}^{m}\frac{1}{2}\left(\widehat{\Phi}_{(t_f,t_0)}^{ia}\Psi_{(t_f,t_k)}^{jbc}+\widehat{\Phi}_{(t_f,t_0)}^{ja}\Psi_{(t_f,t_k)}^{ibc}\right)E[\mathrm{d}x_0^a\mathrm{d}x_{vk}^b\mathrm{d}x_{vk}^c]
\end{aligned}
$$

$$
\begin{aligned}
[P_f^{(3)}]^{ij}=&\sum_{k=1}^{m}\Theta_{(t_f,t_k,t_0)}^{iab}\Theta_{(t_f,t_k,t_0)}^{jcd}E[\mathrm{d}x_0^a\mathrm{d}x_0^c\mathrm{d}x_{vk}^b\mathrm{d}x_{vk}^d]\\
&+\sum_{k=1}^{m}\frac{1}{4}\left(\Psi_{(t_f,t_0)}^{iab}\Psi_{(t_f,t_k)}^{jcd}+\Psi_{(t_f,t_0)}^{jab}\Psi_{(t_f,t_k)}^{icd}\right)E[\mathrm{d}x_0^a\mathrm{d}x_0^b\mathrm{d}x_{vk}^c\mathrm{d}x_{vk}^d]
\end{aligned}
$$

$$
[P_f^{(4)}]^{ij}=\sum_{k=1}^{m-1}\sum_{n=k+1}^{m}\Theta_{(t_f,t_n,t_k)}^{iab}\Theta_{(t_f,t_n,t_k)}^{jcd}E[\mathrm{d}x_{vn}^a\mathrm{d}x_{vn}^c\mathrm{d}x_{vk}^b\mathrm{d}x_{vk}^d]\tag{7.52}
$$

其中

$$
\begin{aligned}
&E[\mathrm{d}x_0^a\mathrm{d}x_{vk}^b\mathrm{d}x_{vk}^c]=m_0^aP_{vk}^{bc}\\
&E[\mathrm{d}x_0^a\mathrm{d}x_0^b\mathrm{d}x_{vk}^c\mathrm{d}x_{vk}^d]=(m_0^am_0^b+P_0^{ab})P_{vk}^{cd}\\
&E[\mathrm{d}x_{vn}^a\mathrm{d}x_{vn}^b\mathrm{d}x_{vk}^c\mathrm{d}x_{vk}^d]=P_{vn}^{ab}P_{vk}^{cd}
\end{aligned}\tag{7.53}
$$

特别指出，这里仅假设各次机动误差均值为 0，初始状态误差 $p(\mathrm{d}\boldsymbol{x}_0,t_0)$ 均值可不为 0。假设各次机动误差均值为 0 的原因是化简机动误差均值及协方差矩阵的传播公式，以获得简化的式(7.51)。不假设初始状态误差均值为 0 是为了采用状态转移张量预报 GMM 中每个子高斯分布的均值及协方差矩阵，因为即使初始状态误差均值为 0，采用 GMM 沿某一方向分割后，子高斯分布均值在该方向将存在非 0 项。仿真表明，导航误差及各次机动误差的交叉项 $\boldsymbol{P}_f^{(2)}$、$\boldsymbol{P}_f^{(3)}$、$\boldsymbol{P}_f^{(4)}$ 对终端状态协方差矩阵 $\boldsymbol{P}_f$ 的影响微小，在不想进行繁琐计算的情况下，忽略 $\boldsymbol{P}_f^{(2)}$、$\boldsymbol{P}_f^{(3)}$、$\boldsymbol{P}_f^{(4)}$ 三项(即 $\boldsymbol{P}_f=\boldsymbol{P}_f^{(1)}$)也可获得较好的计算精度。

由此可知，在预报机动误差均值及协方差时，在每次变轨时刻 t_k，$\Delta\boldsymbol{v}_k$ 均需要知道从航天器变轨后的标称相对运动状态 $\delta\hat{\boldsymbol{x}}_k^+$，即

$$\begin{aligned}&\delta\hat{\boldsymbol{x}}_k^+=\delta\hat{\boldsymbol{x}}_k+\hat{\boldsymbol{x}}_{vk},\quad \hat{\boldsymbol{x}}_{vk}=[\boldsymbol{0}_3,\Delta\hat{\boldsymbol{v}}_k]^{\mathrm{T}},\quad k=0,1,\cdots,m\\&\delta\hat{\boldsymbol{x}}_{k+1}=\boldsymbol{\Phi}(t_{k+1},t_k)\delta\hat{\boldsymbol{x}}_k^++\frac{1}{2}\boldsymbol{\Psi}(t_{k+1},t_k)\otimes\delta\hat{\boldsymbol{x}}_k^+\otimes\delta\hat{\boldsymbol{x}}_k^+\end{aligned}\tag{7.54}$$

其中，$\delta\hat{\boldsymbol{x}}_0^+=\delta\hat{\boldsymbol{x}}_0$；$t_{m+1}=t_f$。

特别指出，此处用的一阶状态转移矩阵是 $\boldsymbol{\Phi}(t_{k+1},t_k)$，而不是 $\hat{\boldsymbol{\Phi}}(t_{k+1},t_k)$。

7.4.3　主航天器脉冲机动时协方差分析

主航天器做脉冲机动情况与从航天器最大的不同是，描述从航天器相对运动状态的 LVLH 坐标系的坐标原点在主航天器质心。因此，主航天器做机动会对 LVLH 坐标系造成影响，进而影响从航天器的相对运动状态。

若主航天器在偏差传播区间 $[t_0,t_f]$ 执行了 m 次机动 $t_k,\Delta\boldsymbol{v}_k$ ($k=1,2,\cdots,m$, $t_0\leqslant t_1<\cdots<t_m\leqslant t_f$)，则两航天器的相对运动轨迹会被这 m 次机动分割为 $m+1$ 段。记标称机动冲量为 $\Delta\hat{\boldsymbol{v}}_k$、机动误差的一个随机实例为 $\mathrm{d}\boldsymbol{v}_k$，则实际机动冲量可表示为 $\Delta\boldsymbol{v}_k=\Delta\hat{\boldsymbol{v}}_k+\mathrm{d}\boldsymbol{v}_k$。机动后的标称相对运动状态 $\delta\hat{\boldsymbol{x}}_k^+$ 及机动后的相对运动状态偏差 $\mathrm{d}\boldsymbol{x}_k^+$ 可表示为

$$\begin{aligned}&\delta\hat{\boldsymbol{x}}_k^+=\boldsymbol{T}_k(\delta\hat{\boldsymbol{x}}_k-\hat{\boldsymbol{x}}_{vk}),\quad \hat{\boldsymbol{x}}_{vk}=[\boldsymbol{0}_3,\Delta\hat{\boldsymbol{v}}_k]^{\mathrm{T}}\\&\mathrm{d}\boldsymbol{x}_k^+=\boldsymbol{T}_k(\mathrm{d}\boldsymbol{x}_k-\mathrm{d}\boldsymbol{x}_{vk}),\quad \mathrm{d}\boldsymbol{x}_{vk}=[\boldsymbol{0}_3,\mathrm{d}\boldsymbol{v}_k]^{\mathrm{T}}\end{aligned}\tag{7.55}$$

其中，$k=1,2,\cdots,m$；$\mathrm{d}\boldsymbol{x}_k$ 为 t_k 时刻变轨前的相对运动状态偏差；$\boldsymbol{T}_k={}^{L}\boldsymbol{T}_I^+(t_k)\,{}^{I}\boldsymbol{T}_L(t_k)$，${}^{I}\boldsymbol{T}_L(t_k)$ 为 t_k 时刻 LVLH 坐标系相对运动状态到惯性系相对运动状态的转换矩阵(6×6)，反之 ${}^{L}\boldsymbol{T}_I(t_k)$ 为惯性系到 LVLH 坐标系的状态转换矩阵；上标+表示机动后

的量。

特别指出，${}^{L}\boldsymbol{T}_{I}^{+}(t_k)$ 是基于主航天器 t_k 时刻机动后的轨道参数计算，${}^{L}\boldsymbol{T}_{I}^{+}(t_k) \neq [{}^{I}\boldsymbol{T}_{L}(t_k)]^{-1}$。

为方便论述，首先考虑主航天器仅执行一次机动的情况，并将终端时间设置为 t_2，即将相对状态偏差 $\mathrm{d}\boldsymbol{x}(t_0)$ 由 t_0 时刻预报到 t_2 时刻，期间主航天器在 t_1 时刻执行一次脉冲机动 $\Delta\boldsymbol{v}_1$。因此，t_2 时刻从航天器相对运动状态偏差为

$$\begin{aligned}&\mathrm{d}\boldsymbol{x}_2 = \boldsymbol{\varphi}_{(t_2,t_1)}(\mathrm{d}\boldsymbol{x}_1 - \mathrm{d}\boldsymbol{x}_{v1}) + \frac{1}{2}\boldsymbol{\psi}_{(t_2,t_1)} \otimes (\mathrm{d}\boldsymbol{x}_1 - \mathrm{d}\boldsymbol{x}_{v1}) \otimes (\mathrm{d}\boldsymbol{x}_1 - \mathrm{d}\boldsymbol{x}_{v1})\\&\boldsymbol{\varphi}_{(t_2,t_1)} = \hat{\boldsymbol{\Phi}}_{(t_2,t_1)}\boldsymbol{T}_1,\quad \psi_{(t_2,t_1)}^{ijk} = \Psi_{(t_2,t_1)}^{imn}T_1^{mj}T_1^{nk}\end{aligned} \tag{7.56}$$

进一步，将 $\mathrm{d}\boldsymbol{x}_1$ 的表达式(7.45)代入式(7.56)，截断到二阶非线性项，并消去中间变量 $\mathrm{d}\boldsymbol{x}_1$，可得 t_2 时刻相对状态偏差 $\mathrm{d}\boldsymbol{x}_2$ 的表达式，即

$$\begin{aligned}\mathrm{d}\boldsymbol{x}_2 &= \boldsymbol{\varphi}_{(t_2,t_0)}\mathrm{d}\boldsymbol{x}_0 + \frac{1}{2}\boldsymbol{\psi}_{(t_2,t_0)} \otimes \mathrm{d}\boldsymbol{x}_0 \otimes \mathrm{d}\boldsymbol{x}_0\\&\quad - \boldsymbol{\varphi}_{(t_2,t_1)}\mathrm{d}\boldsymbol{x}_{v1} + \frac{1}{2}\boldsymbol{\psi}_{(t_2,t_1)} \otimes \mathrm{d}\boldsymbol{x}_{v1} \otimes \mathrm{d}\boldsymbol{x}_{v1} + \boldsymbol{\psi}_{(t_2,t_1)} \otimes (\boldsymbol{\varphi}_{(t_1,t_0)}\mathrm{d}\boldsymbol{x}_0) \otimes (-\boldsymbol{I}_6\mathrm{d}\boldsymbol{x}_{v1})\end{aligned} \tag{7.57}$$

其中，$\boldsymbol{\varphi}_{(t_2,t_0)}$、$\boldsymbol{\psi}_{(t_2,t_0)}$ 为 t_0 到 t_2 时刻相对状态偏差的转移张量，可通过下式计算，即

$$\begin{aligned}&\varphi^{ij}{}_{(t_2,t_0)} = \varphi^{il}{}_{(t_2,t_1)}\varphi^{lj}{}_{(t_1,t_0)}\\&\psi^{ijk}{}_{(t_2,t_0)} = \varphi^{il}{}_{(t_2,t_1)}\psi^{ljk}{}_{(t_1,t_0)} + \psi^{imn}{}_{(t_2,t_1)}\varphi^{mj}{}_{(t_1,t_0)}\varphi^{nk}{}_{(t_1,t_0)}\end{aligned} \tag{7.58}$$

类似地，对含有 m 次脉冲机动的情况，可将其终端状态偏差 $\mathrm{d}\boldsymbol{x}_f$ 表示为初始状态偏差 $\mathrm{d}\boldsymbol{x}_0$ 及机动误差 $\mathrm{d}\boldsymbol{x}_{vk}$ $(k=1, 2,\cdots, m)$ 的函数，即

$$\begin{aligned}\mathrm{d}\boldsymbol{x}_f &= \boldsymbol{\varphi}_{(t_f,t_0)}\mathrm{d}\boldsymbol{x}_0 + \frac{1}{2}\boldsymbol{\psi}_{(t_f,t_0)} \otimes \mathrm{d}\boldsymbol{x}_0 \otimes \mathrm{d}\boldsymbol{x}_0\\&\quad + \sum_{k=1}^{m}\left(-\boldsymbol{\varphi}_{(t_f,t_k)}\mathrm{d}\boldsymbol{x}_{vk} + \frac{1}{2}\boldsymbol{\psi}_{(t_f,t_k)} \otimes \mathrm{d}\boldsymbol{x}_{vk} \otimes \mathrm{d}\boldsymbol{x}_{vk}\right)\\&\quad + \sum_{k=1}^{m}(\boldsymbol{\theta}_{(t_f,t_k,t_0)} \otimes \mathrm{d}\boldsymbol{x}_0 \otimes \mathrm{d}\boldsymbol{x}_{vk}) + \sum_{k=1}^{m-1}\sum_{n=k+1}^{m}(\boldsymbol{\theta}_{(t_f,t_n,t_k)} \otimes \mathrm{d}\boldsymbol{x}_{vn} \otimes \mathrm{d}\boldsymbol{x}_{vk})\end{aligned} \tag{7.59}$$

其中，状态转移张量 $\boldsymbol{\varphi}_{(t_f,t_k)}$、$\boldsymbol{\psi}_{(t_f,t_k)}$ 通过式(7.58)递归计算；与机动误差相关的状态转移张量 $\boldsymbol{\theta}$ 的计算公式为

$$\theta_{(t_f,t_k,t_0)}^{abc} = \psi_{(t_f,t_k)}^{ade}\varphi_{(t_k,t_0)}^{db}(-I_6^{ec}),\quad \theta_{(t_f,t_n,t_k)}^{abc} = \psi_{(t_f,t_n)}^{ade}(-\varphi_{(t_n,t_k)}^{db})(-I_6^{ec}) \tag{7.60}$$

考虑相对导航误差 $p(\mathrm{d}\boldsymbol{x}_0,t_0)$ 与主航天器的机动控制误差 $p(\mathrm{d}\boldsymbol{x}_{vk},t_k)$ 是两两相互独立的随机变量，进一步假设各次机动误差的均值为 0，则其各阶矩的大部分交叉项均为零，如 $E[\mathrm{d}\boldsymbol{x}_0\mathrm{d}\boldsymbol{x}_{vk}]$、$E[\mathrm{d}\boldsymbol{x}_0\mathrm{d}\boldsymbol{x}_0\mathrm{d}\boldsymbol{x}_{vk}]$、$E[\mathrm{d}\boldsymbol{x}_0\mathrm{d}\boldsymbol{x}_0\mathrm{d}\boldsymbol{x}_0\mathrm{d}\boldsymbol{x}_{vk}]$、$E[\mathrm{d}\boldsymbol{x}_0\mathrm{d}\boldsymbol{x}_{vk}\mathrm{d}\boldsymbol{x}_{vk}\mathrm{d}\boldsymbol{x}_{vk}]$ 等，仅 $E[\mathrm{d}\boldsymbol{x}_0\mathrm{d}\boldsymbol{x}_{vk}\mathrm{d}\boldsymbol{x}_{vk}]$、$E[\mathrm{d}\boldsymbol{x}_0\mathrm{d}\boldsymbol{x}_0\mathrm{d}\boldsymbol{x}_{vk}\mathrm{d}\boldsymbol{x}_{vk}]$、$E[\mathrm{d}\boldsymbol{x}_{vn}\mathrm{d}\boldsymbol{x}_{vn}\mathrm{d}\boldsymbol{x}_{vk}\mathrm{d}\boldsymbol{x}_{vk}]$ 三项不为 0。由此可得主航天器做脉冲机动情况下，从航天器相对运动状态偏差均值及协方差矩阵的传播方程为

$$
\begin{aligned}
&\boldsymbol{m}_f=\boldsymbol{m}_f^{(1)},\quad \boldsymbol{P}_f=\boldsymbol{P}_f^{(1)}+\boldsymbol{P}_f^{(2)}+\boldsymbol{P}_f^{(3)}+\boldsymbol{P}_f^{(4)}\\
&[\boldsymbol{m}_f^{(1)},\boldsymbol{P}_f^{(1)}]=\mathrm{STT}[\boldsymbol{m}_0,\boldsymbol{P}_0;\hat{\boldsymbol{e}}_0,\delta\hat{\boldsymbol{x}}_0,\boldsymbol{\varphi}_{(t_f,t_0)},\boldsymbol{\Psi}_{(t_f,t_0)}]\\
&\qquad\qquad+\sum_{k=1}^{m}\mathrm{STT}[\boldsymbol{m}_{vk},\boldsymbol{P}_{vk};\hat{\boldsymbol{e}}_k^+,\delta\hat{\boldsymbol{x}}_k^+,-\boldsymbol{\varphi}_{(t_f,t_k)},\boldsymbol{\Psi}_{(t_f,t_k)}]
\end{aligned}
\tag{7.61}
$$

其中，$\hat{\boldsymbol{e}}_k^+$ 为主航天器第 k 次机动后的轨道根数；用 $-\boldsymbol{\varphi}$、$\boldsymbol{\psi}$、$\boldsymbol{\theta}$ 相应地替换式(7.52)中的 $\widehat{\boldsymbol{\Phi}}$、$\boldsymbol{\Psi}$、$\boldsymbol{\Theta}$，终端协方差矩阵的修正项 $\boldsymbol{P}_f^{(2)}$、$\boldsymbol{P}_f^{(3)}$、$\boldsymbol{P}_f^{(4)}$ 可通过式(7.52)计算；$\delta\hat{\boldsymbol{x}}_k^+$ 为主航天器第 k 次机动后，从航天器的标称相对运动状态，令 $t_{m+1}=t_f$，$\delta\hat{\boldsymbol{x}}_k^+$ 可采用下式计算，即

$$
\begin{aligned}
&\delta\hat{\boldsymbol{x}}_k^+=\boldsymbol{T}_k(\delta\hat{\boldsymbol{x}}_k-\hat{\boldsymbol{x}}_{vk}),\quad \hat{\boldsymbol{x}}_{vk}=[\boldsymbol{0}_3,\Delta\hat{\boldsymbol{v}}_k]^{\mathrm{T}},\quad k=0,1,\cdots,m\\
&\delta\hat{\boldsymbol{x}}_{k+1}=\boldsymbol{\Phi}(t_{k+1},t_k)\delta\hat{\boldsymbol{x}}_k^++\frac{1}{2}\boldsymbol{\Psi}(t_{k+1},t_k)\otimes\delta\hat{\boldsymbol{x}}_k^+\otimes\delta\hat{\boldsymbol{x}}_k^+
\end{aligned}
\tag{7.62}
$$

特别是，相比从航天器机动情况下相对运动偏差的传播方程公式(7.51)，主航天器机动情况有两点不同。

(1) 计算状态转移张量 $\boldsymbol{\varphi}_{(t_2,t_0)}$、$\boldsymbol{\psi}_{(t_2,t_0)}$ 用的是主航天器机动后的标称轨道根数 $\hat{\boldsymbol{e}}_k^+$。

(2) 脉冲机动误差传播公式中，一阶状态转移矩阵 $\boldsymbol{\varphi}_{(t_f,t_k)}$ 前有一个负号。

另外，主航天器机动情况下，仅需将状态转移张量 $\widehat{\boldsymbol{\Phi}}_{(t_{k+1},t_k)}$、$\boldsymbol{\Psi}_{(t_{k+1},t_k)}$ 替换为 $-\boldsymbol{\varphi}_{(t_{k+1},t_k)}$、$\boldsymbol{\psi}_{(t_{k+1},t_k)}$，则相对运动状态偏差同样可以分段地进行预报。

最后，讨论主航天器及从航天器在偏差预报区间 $[t_0,t_f]$ 分别进行轨道机动的情况。这可以分为两种情形。

(1) 主航天器与从航天器同时进行机动(每次机动时刻均相同)。

(2) 主航天器与从航天器不同时进行机动(部分或所有机动均不同时)。

对第一种情形，在 t_k 时刻考虑两航天器同时机动的影响，采用与推导式(7.61)

类似的方法，通过代数运算后，可得终端相对状态偏差的均值及协方差矩阵的传播公式，即

$$
\begin{aligned}
&\boldsymbol{m}_f = \boldsymbol{m}_f^{(1)}, \quad \boldsymbol{P}_f = \boldsymbol{P}_f^{(1)} + \boldsymbol{P}_f^{(2)} + \boldsymbol{P}_f^{(3)} + \boldsymbol{P}_f^{(4)} \\
&[\boldsymbol{m}_f^{(1)}, \boldsymbol{P}_f^{(1)}] = \mathrm{STT}[\boldsymbol{m}_0, \boldsymbol{P}_0; \boldsymbol{e}_0, \delta \boldsymbol{x}_0, \boldsymbol{\varphi}_{(t_f,t_0)}, \boldsymbol{\Psi}_{(t_f,t_0)}] \\
&\qquad + \sum_{k=1}^{m} \mathrm{STT}[\boldsymbol{m}_{vk}^{C+D}, \boldsymbol{P}_{vk}^{C+D}; \hat{\boldsymbol{e}}_k^{+}, (\delta \hat{\boldsymbol{x}}_k^{+})^{C+D}, -\boldsymbol{\varphi}_{(t_f,t_k)}, \boldsymbol{\Psi}_{(t_f,t_k)}] \\
&(\delta \hat{\boldsymbol{x}}_k^{+})^{C+D} = \boldsymbol{T}_k(\delta \hat{\boldsymbol{x}}_k + \hat{\boldsymbol{x}}_{vk}^{D} - \hat{\boldsymbol{x}}_{vk}^{C}), \quad \boldsymbol{m}_{vk}^{C+D} = \boldsymbol{m}_{vk}^{C} - \boldsymbol{m}_{vk}^{D}, \quad \boldsymbol{P}_{vk}^{C+D} = \boldsymbol{P}_{vk}^{C} + \boldsymbol{P}_{vk}^{D}
\end{aligned}
\tag{7.63}
$$

其中，$k = 1, 2,\cdots, m$；$\delta \hat{\boldsymbol{x}}_k^{+}$ 为 t_k 时刻两航天器机动后的相对运动状态；C 与 D 分别表示主航天器与从航天器。

用 $-\boldsymbol{\varphi}$、$\boldsymbol{\psi}$、$\boldsymbol{\theta}$ 替换式(7.52)中的 $\hat{\boldsymbol{\Phi}}$、$\boldsymbol{\Psi}$、$\boldsymbol{\Theta}$，终端协方差矩阵的修正项 $\boldsymbol{P}_f^{(2)}$、$\boldsymbol{P}_f^{(3)}$、$\boldsymbol{P}_f^{(4)}$ 同样可通过式(7.52)和式(7.63)计算。

对第二种情况，首先将所有机动点分为从航天器单独机动、主航天器单独机动与两航天器同时机动，采用式(7.61)与式(7.63)等号右边第二项预报该点机动误差，并在终端求和。

7.4.4　非线性概率密度函数演化分析

7.4.3 节推导了不同情况下，解析非线性地预报相对导航误差与脉冲机动误差的前两阶矩。然而，即使所有输入误差(导航及控制误差)均为高斯分布，这些偏差经非线性的相对运动方程传播后仍难以保证终端偏差为高斯分布。对非高斯分布，仅用前两阶矩并不能完整描述其分布特征，因此需要对其概率密度函数进行预报。

本书提出基于 GMM 与状态转移张量(记为 gmmSTT)的偏差演化分析方法，通过联合 GMM 与 STT 各自的优势来预报航天器相对轨道偏差的概率密度函数。gmmSTT 方法所用状态转移张量是可以解析计算的，并且仅截断到二阶非线性项。

多维情况下，首先需要将服从高斯分布的输入偏差分割为由多个子高斯分布组成的 GMM。对航天器相对轨道偏差传播，针对不同情况(无机动、从航天器机动、主航天器机动、两航天器同时机动)预报每个子高斯分布的均值与协方差矩阵。现将采用 gmmSTT 方法传播相对轨道偏差概率密度函数的计算步骤总结如下。

步骤 1，将初始相对导航误差 $\mathrm{d}\boldsymbol{x}_0$ 与机动控制误差 $\mathrm{d}\boldsymbol{v}_k$ $(k = 1,2,\cdots, m)$ 合成拓展的 $n+3m$ 维随机状态向量，即 $\boldsymbol{X} = [\mathrm{d}\boldsymbol{x}_0, \mathrm{d}\boldsymbol{v}_1, \cdots, \mathrm{d}\boldsymbol{v}_m]$。因为 $\mathrm{d}\boldsymbol{x}_0$ 与 $\mathrm{d}\boldsymbol{v}_k$ 为两两相互独立的随机变量，所以输入偏差 $\boldsymbol{X}$ 的均值及协方差矩阵可表示为

$$\bar{\boldsymbol{m}}(t_0)=\left[\boldsymbol{m}(t_0),E[\mathrm{d}\boldsymbol{v}_1],\cdots,E[\mathrm{d}\boldsymbol{v}_m]\right]^{\mathrm{T}}$$
$$\bar{\boldsymbol{P}}(t_0)=\begin{bmatrix}\boldsymbol{P}(t_0) & \boldsymbol{0}_{6\times3} & \cdots & \boldsymbol{0}_{6\times3}\\ \boldsymbol{0}_{3\times6} & \boldsymbol{P}(\mathrm{d}\boldsymbol{v}_1) & \cdots & \boldsymbol{0}_{3\times3}\\ \vdots & \vdots & & \vdots\\ \boldsymbol{0}_{3\times6} & \boldsymbol{0}_{3\times3} & \cdots & \boldsymbol{P}(\mathrm{d}\boldsymbol{v}_m)\end{bmatrix} \tag{7.64}$$

步骤 2，假设相对导航误差与各次机动误差均为高斯分布，输入偏差的概率密度函数为 $p_g(\boldsymbol{X};\bar{\boldsymbol{m}}(t_0),\bar{\boldsymbol{P}}(t_0))$。根据 6.2 节提供的一维标准正态分布分割数据 $(N,\tilde{\sigma},\tilde{m}_i,\tilde{\omega}_i)$，$i=1,2,\cdots,N$，沿径向位置(即 n+3m 维 $\boldsymbol{a}$ 向量的第一个元素为 1，其他为 0)将该多维随机变量 $\boldsymbol{X}$ 分割为含有 N 个子高斯分布的GMM，即 $(\omega_i,\bar{\boldsymbol{m}}_i,\bar{\boldsymbol{P}}_i)$，$i=1,2,\cdots,N$。

步骤 3，从拓展的 n+3m 维输入偏差 $(\bar{\boldsymbol{m}}_i,\bar{\boldsymbol{P}}_i)$ 中提取相对导航误差的统计矩 $\boldsymbol{m}_i(t_0)$、$\boldsymbol{P}_i(t_0)$ 和控制误差的统计矩 $E[\mathrm{d}\boldsymbol{v}_k]_i$、$\boldsymbol{P}_i(\mathrm{d}\Delta\boldsymbol{v}_k)$，$i=1,2,\cdots,N$，$k=1,2,\cdots,m$。针对不同情况分别将每个子高斯分布的均值及协方差矩阵预报到终端 t_f 时刻，获得每个子高斯分布的终端统计矩 $\boldsymbol{m}_i(t_f)$、$\boldsymbol{P}_i(t_f)$。特别指出，状态转移张量仅需计算一次，便可将所有子高斯分布的前两阶矩预报到终端时刻。

步骤 4，采用 6.3.3 节 GMM 的合并方程计算终端偏差的前两阶矩 $\boldsymbol{m}(t_f)$、$\boldsymbol{P}(t_f)$ 及概率密度函数 $\hat{p}(\boldsymbol{x}_f,t)$。

对 gmmSTT 方法，仅需要采用能解析计算的状态转移张量 $\hat{\boldsymbol{\Phi}}_{(t_{k+1},t_k)}$、$\boldsymbol{\Psi}_{(t_{k+1},t_k)}$ 或 $-\boldsymbol{\varphi}_{(t_{k+1},t_k)}$、$\boldsymbol{\psi}_{(t_{k+1},t_k)}$ 预报均值及协方差矩阵，便可以获得终端偏差的概率密度函数。GMM 的一维分割参数 $(N,\tilde{\sigma},\tilde{m}_i,\tilde{\omega}_i)$ 虽然需要采用非线性规划计算，但是可以事先(离线)计算并存为数据库储供在线直接调用。因此，gmmSTT 方法也是解析方法。

7.5 算例分析

本节以两编队飞行航天器为例，通过与基于数值积分的蒙特卡罗仿真结果对比，验证本章提出的解析非线性偏差传播方法的精度及计算效率。

7.5.1 问题配置

选取主航天器轨道为 800km 高的近圆轨道，初始轨道参数为 $\boldsymbol{E}_C(t_0)$= [7181.728km, 0.0005, 45°, 250°, 90°, 30°]^{T}。从航天器相对主航天器的初始相对运动状态为 $\delta\hat{\boldsymbol{x}}(t_0)$=[8.660km, –10km, 17.321km, –5.187m/s, –17.967m/s, –10.374m/s]^{T}。该初始相对轨道对应一个投影圆构型，即从航天器相对主航天器距离 $r_\rho=20$km、

相位 $\alpha_\rho = 0°$，从航天器运动轨迹在主航天器 LVLH 坐标系 yz 平面的投影为圆。仿真总时间 $t_f = 43200$s。

初始相对导航误差及脉冲机动误差均假设为 0 均值的高斯分布，相对状态误差标准差为 $\boldsymbol{\sigma}_{\mathrm{d}\boldsymbol{x}}(t_0)$=[50m, 80m, 30m, 0.3m/s, 0.4m/s, 0.2m/s]。机动误差标准差系数 $\alpha = 0.002$、$\beta = 0.05$。蒙特卡罗仿真样本点数为 10000，GMM 中子高斯分布数目 $N = 21$，仿真计算机为 Intel Core i7 处理器，CPU 主频为 3.60GHz。

为方便分析，定义不同缩略词标记不同的偏差传播分析方法。不同偏差传播方法缩略词解释如表 7.4 所示。特别指出，对 LinCov 方法，状态转移矩阵 $\boldsymbol{\Phi}(t_f, t_0)$ 可直接用于传播相对运动状态偏差。又因为状态转移矩阵是自然可传递的，即 $\boldsymbol{\Phi}_{(t_f,t_0)} = \boldsymbol{\Phi}_{(t_f,t)}\boldsymbol{\Phi}_{(t,t_0)}$。在脉冲机动下，一阶分段预报与连续预报的结果一致。

表 7.4　不同偏差传播方法缩略词解释

方法	工况	方法解释
蒙特卡罗	自由相对运动 从航天器机动 主航天器机动	蒙特卡罗仿真，仅考虑 J_2 摄动，在 ECI 系下采用数值积分两航天器的绝对状态到终端，作差并通过坐标转换获得 LVLH 系下的相对状态，作为相对轨道偏差传播的真值
LinCov	自由相对运动	线性协方差计算式，其中 $\boldsymbol{\Phi}$ 在式(7.37)中给出
	从航天器机动	线性协方差计算式，其中 $\boldsymbol{\Phi}$ 在式(7.37)中给出
	主航天器机动	线性协方差计算式，其中 $\boldsymbol{\Phi} \leftarrow \boldsymbol{\Phi}\boldsymbol{T}$
gmmSTT	自由相对运动	其中采用式(7.42)预报 $\bar{\boldsymbol{m}}_i, \bar{\boldsymbol{P}}_i$
	从航天器机动	其中采用式(7.51)预报 $\bar{\boldsymbol{m}}_i, \bar{\boldsymbol{P}}_i$
	主航天器机动	其中采用式(7.61)预报 $\bar{\boldsymbol{m}}_i, \bar{\boldsymbol{P}}_i$
tranSTT	自由相对运动	式(7.42)
	从航天器机动	式(7.51)
	主航天器机动	式(7.61)
segmSTT	自由相对运动	式(7.42)，但用式(7.37)中的 $\boldsymbol{\Phi}$ 替换 $\hat{\boldsymbol{\Phi}}$
	从航天器机动	式(7.44)
	主航天器机动	式(7.44)，但是用式(7.61)中的 $-\boldsymbol{\varphi}, \boldsymbol{\psi}$ 替换 $\hat{\boldsymbol{\Phi}}, \boldsymbol{\Psi}$

7.5.2　自由相对运动工况

为了验证无机动自由相对运动情况下，以及 7.4 节所述偏差传播分析方法的精度，本节采用表 7.4 中的方法将初始导航偏差预报到终端时刻，并将终端相对状态偏差的样本点及 3σ 误差椭球投影到主航天器 LVLH 坐标系三个坐标平面。无机动工况终端偏差均值和标准差对比如表 7.5 和表 7.6 所示。

表 7.5 无机动工况终端偏差均值对比

方法	m_x /m	m_y /m	m_z /m	m_{vx} /(mm/s)	m_{vy} /(mm/s)	m_{vz} /(mm/s)
蒙特卡罗	−195.48	−9.95	−0.20	−5.53	4.27	1.13
tranSTT-MC	−0.84	−0.51	0.06	0.73	0.62	−0.80
segmSTT-MC	−0.85	−0.52	0.06	0.73	0.62	−0.80
LinCov-MC	195.48	9.95	0.20	5.53	−4.27	−1.13
gmmSTT-MC	−0.68	−0.50	0.06	0.73	0.62	−0.80

表 7.6 无机动工况终端偏差标准差对比

方法	σ_x /m	σ_y /m	σ_z /m	σ_{vx} /(mm/s)	σ_{vy} /(mm/s)	σ_{vz} /(mm/s)
蒙特卡罗	360.56	52460.25	237.30	622.78	488.71	141.88
tranSTT-MC	4.23	7.86	0.24	0.92	0.30	−4.38
segmSTT-MC	66.83	81.18	−85.12	19.32	−24.65	−10.56
LinCov-MC	−35.64	81.18	−85.12	19.29	−24.70	−10.57
gmmSTT-MC	3.41	−14.15	0.17	0.68	0.27	−4.38

如表 7.5 和表 7.6 所示，对均值及标准差的预报结果，segmSTT 方法的预报误差远大于 tranSTT 方法。例如，tranSTT 方法对横向误差标准差 σ_y 的预报误差仅为 7.86m，然而 segmSTT 方法有 81.18m。segmSTT 方法是直接采用状态转移张量 $\boldsymbol{\Phi}$ 、$\boldsymbol{\Psi}$ 传播相对状态偏差，而 tranSTT 方法是采用状态转移张量 $\hat{\boldsymbol{\Phi}}$ 、$\boldsymbol{\Psi}$ 。与线性情况不同，非线性情况下不能直接基于相对运动方程来传播相对运动状态偏差。由表 7.5 与表 7.6 可知，考虑二阶非线性项的 tranSTT 方法的预报精度高于线性的 LinCov 方法，并且 LinCov 方法的均值恰好为蒙特卡罗方法的相反数。这是因为本书假设输入偏差的均值为 0，即 $\boldsymbol{m}_0=\boldsymbol{0}$ 。根据 $\boldsymbol{m}(t)=\boldsymbol{\Phi}\left(t,t_0\right)\boldsymbol{m}_0$ ，LinCov 方法的输出均值也为 0。事实上，即使 $\boldsymbol{m}_0=\boldsymbol{0}$ ，在非线性映射下，输出偏差的均值并不为 0，如蒙特卡罗方法。另外，tranSTT 与 gmmSTT 方法的预报精度相当，因为 gmmSTT 方法采用 tranSTT 方法预报每个子高斯分布的均值及协方差矩阵。

不同方法对均值及协方差矩阵的预报结果进一步形象地在图 7.4～图 7.7 中进行了对比。由此可知，segmSTT 方法的 3σ 误差椭球偏大，LinCov 方法的 3σ 误差椭球偏小，而 tranSTT 方法的 3σ 误差椭球与蒙特卡罗方法结果吻合最好。由图 7.4 可知，初始偏差经非线性映射到终端后，样本点沿径向弯曲，呈非椭球形状，表现出非高斯分布特性(此处粗略地用样本点是否为椭球形状来判定其是否为高斯

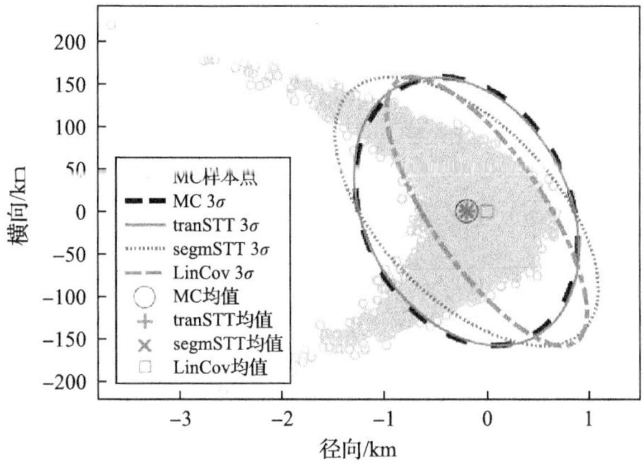

图 7.4　无机动终端偏差在 xy 平面投影

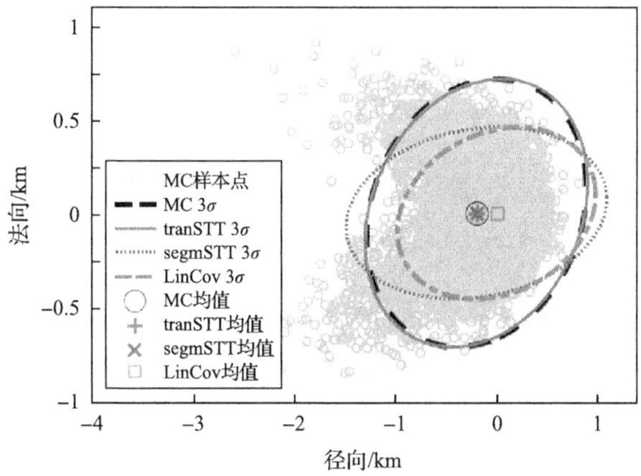

图 7.5　无机动终端偏差在 xz 平面投影

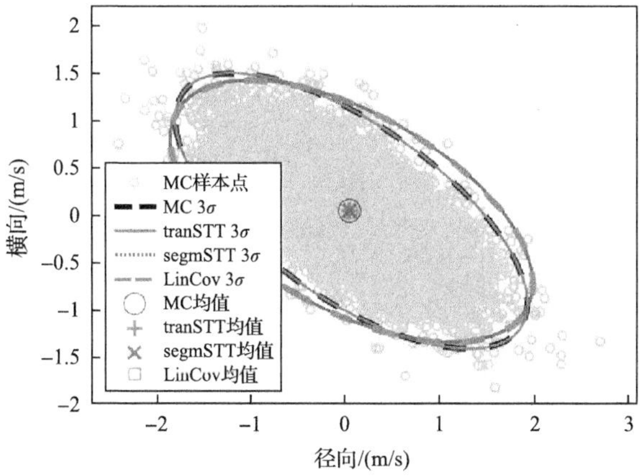

图 7.6　无机动终端偏差在 v_xv_y 平面投影

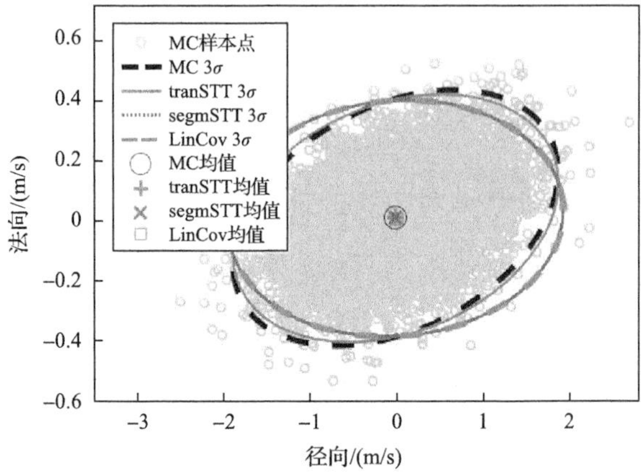

图 7.7 无机动终端偏差在 v_xv_z 平面投影

分布，精确的判定可通过 2.2 节定义的偏态系数是否为零来判断)。对非高斯分布，仅用前两阶矩不能描述偏差的分布情况(图 7.4)。tranSTT 方法的 3σ 椭球虽然包含大部分样本点，但是也有部分空白区域没有样本点。因此，为了完整地描述非高斯偏差的分布特征，需要预报其概率密度函数。本书采用 gmmSTT 方法预报相对轨道偏差的概率密度函数。

如图 7.8 所示，21 个子高斯分布的 3σ 误差椭球可以很好地包络蒙特卡罗仿真样本点。如图 7.9 可知，gmmSTT 方法获得的概率密度函数等高线可以很好地反映蒙特卡罗仿真样本的弯曲情况及疏密程度。由此可知，gmmSTT 方法能很好地描述终端非高斯偏差的分布情况。由表 7.6 可知，gmmSTT 方法对 σ_y 的预报误差反而比单一的 tranSTT 方法大，可以理解为对前两阶矩预报精度高的方法，不见得对整个分布函数(概率密度函数)拟合好，反之亦然。因为在用 GMM 逼近初始

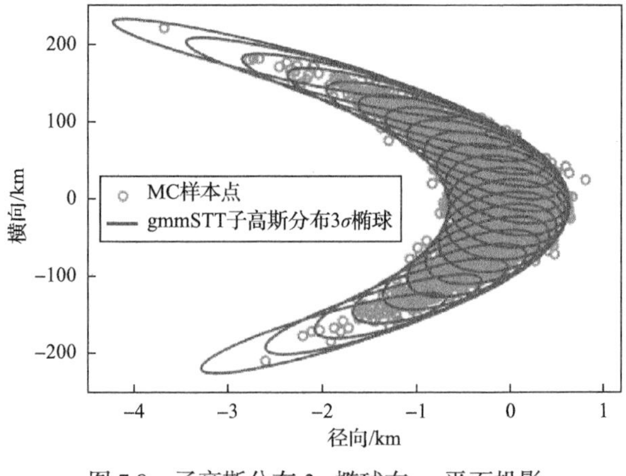

图 7.8 子高斯分布 3σ 椭球在 xy 平面投影

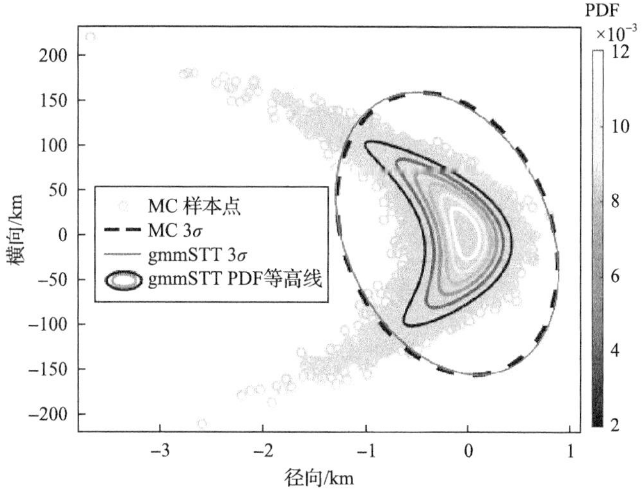

图 7.9　概率密度函数等高线在 xy 平面投影

偏差的概率密度函数时，不可能做到完美的逼近，即 GMM 拟合的概率密度函数不能完美逼近原高斯分布的概率密度函数，因此导致 gmmSTT 方法对前两阶矩的预报结果反而比 tranSTT 方法差。

7.5.3　从航天器机动工况

对从航天器机动下的偏差传播问题，为了验证 7.4.2 节提出的基于可传递状态转移张量的偏差传播方法，本节用表 7.4 所示的方法分别将初始导航误差及脉冲机动误差预报到终端并进行对比分析。如表 7.7 所示，两次变轨冲量采用非线性解析相对运动方程计算，目的是将从航天器由相距主航天器 20km 的初始状态转移到相距主航天器 5 km 的保持点，即终端相对运动状态为 $\delta\hat{\boldsymbol{x}}(t_f)=[0, -5\ \text{km}, 0, 0, 0, 0]$。

表 7.7　从航天器标称机动冲量

机动序列	t_k /s	Δv_{kx} / (m/s)	Δv_{ky} / (m/s)	Δv_{kz} / (m/s)
$k=1$	22770.86	−0.104	0.818	−1.765
$k=2$	28216.38	−9.167	−0.860	−19.291

从航天器机动工况终端均值和标准差对比如表 7.8 和表 7.9 所示。

由表 7.9 可知，基于可传递状态转移张量的 tranSTT 方法，对协方差矩阵的预报精度在径向及法向均高于 segmSTT 和 LinCov 方法。然而，tranSTT 方法对横向位置及速度均值的预报误差却大于 segmSTT 和 LinCov 方法，这可能是其状态转移张量仅考虑 J_2 摄动的长期项影响造成的。事实上，tranSTT 方法 287.67m 的横

表 7.8 从航天器机动工况终端均值对比

方法	m_x /m	m_y /m	m_z /m	m_{vx} /(mm/s)	m_{vy} /(mm/s)	m_{vz} /(mm/s)
蒙特卡罗	–182.05	–10.77	–0.20	–3.52	3.96	1.03
tranSTT-MC	–12.56	287.67	–5.96	–0.46	40.23	–1.34
segmSTT-MC	–31.20	256.56	–5.96	–3.42	36.44	–1.27
LinCov-MC	182.05	10.77	0.20	3.52	–3.96	–1.03
gmmSTT-MC	–12.40	287.43	–5.95	–0.46	40.19	–1.34

表 7.9 从航天器机动工况终端标准差对比

方法	σ_x /m	σ_y /m	σ_z /m	σ_{vx} /(mm/s)	σ_{vy} /(mm/s)	σ_{vz} /(mm/s)
蒙特卡罗	432.21	50560.40	206.29	646.10	651.08	166.73
tranSTT-MC	14.54	319.93	2.99	7.56	0.12	–1.45
segmSTT-MC	599.75	3828.15	4.13	61.39	1462.39	–1.59
LinCov-MC	–15.10	2067.13	–49.12	5.04	11.75	–4.44
gmmSTT-MC	13.89	298.67	2.94	7.32	0.10	–1.45

向位置均值预报误差相对于其 50560.4m 的横向位置标准差来说，是一个非常小的预报误差。相反，考虑二阶非线性项后，tranSTT 方法对径向(非线性较强方向)位置误差预报精度的改进却很显著。例如，径向位置误差标准差为 432.21m，LinCov 方法对径向位置均值的预报误差为 182.05m，而 tranSTT 方法仅有 12.56m。

如图 7.10 和图 7.11 所示，相比 segmSTT 方法和 LinCov 方法，tranSTT 方法的 3σ 误差椭球与蒙特卡罗仿真吻合更好。这说明，在从航天器做脉冲机动情况下，基于可传递状态转移张量的 tranSTT 方法在均值及协方差矩阵的预报上比其他方法精度都高，并且非常接近蒙特卡罗仿真结果。

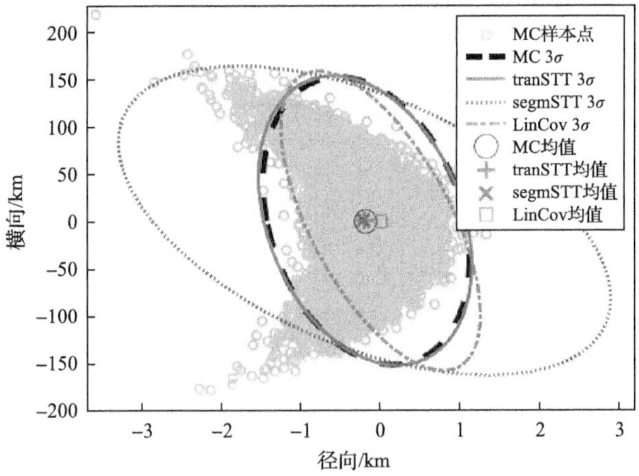

图 7.10 从航天器机动位置偏差 xy 平面投影

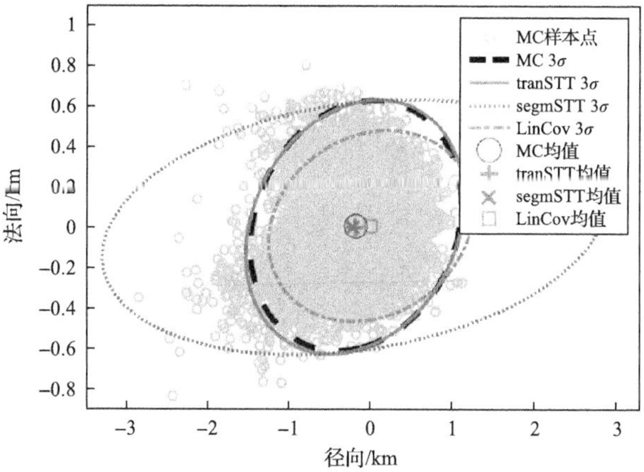

图 7.11　从航天器机动位置偏差 xz 平面投影

由表 7.8 和表 7.9 可知，在从航天器机动情况下，gmmSTT 对均值和协方差矩阵的预报精度与 tranSTT 相当。这是因为 gmmSTT 方法中每个子高斯分布的均值及协方差矩阵是采用 tranSTT 预报。图 7.12 进一步给出 gmmSTT 方法概率密度函数等高线在 xy 平面的投影。由此可知，gmmSTT 方法获得的概率密度函数等高线可以很好地反映蒙特卡罗仿真样本点的弯曲情况及疏密程度。这说明，在从航天器机动情况下，gmmSTT 方法同样适用于非线性、非高斯的偏差传播分析。

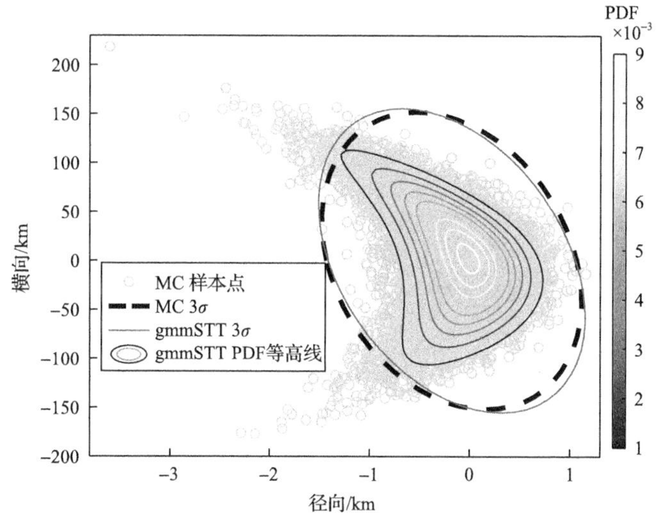

图 7.12　从航天器机动概率密度函数等高线 xy 平面投影

7.5.4　主航天器机动工况

对主航天器机动下的偏差传播问题，为了验证 7.4 节提出的基于可传递状态转移张量的偏差传播分析方法，我们用表 7.4 中的不同方法将初始导航误差及各次机动误差预报到终端并进行对比。主航天器标称机动冲量如表 7.10 所示。这两次变轨冲量的目的是通过机动主航天器，使从航天器在终端时刻位于主航天器后方 5km 的保持点(从航天器初始时刻相距主航天器 20km)，即终端时刻从航天器相对主航天器的状态为 $\delta\hat{\boldsymbol{x}}(t_f)=[0, -5\text{km}, 0, 0, 0, 0]$。

表 7.10　主航天器标称机动冲量

机动序列	t_k/s	Δv_{kx}/(m/s)	Δv_{ky}/(m/s)	Δv_{kz}/(m/s)
$k=1$	31566.21	–2.494	1.468	–4.74
$k=2$	37266.69	–6.821	–1.375	–16.252

主航天器机动工况终端均值和标准差对比如表 7.11 和表 7.12 所示。

表 7.11　主航天器机动工况终端均值对比

方法	m_x/m	m_y/m	m_z/m	m_{vx}/(mm/s)	m_{vy}/(mm/s)	m_{vz}/(mm/s)
蒙特卡罗	–195.71	–10.66	–0.12	–5.48	4.14	0.59
tranSTT-MC	26.77	–995.25	–7.39	–10.71	–0.20	–1.50
segmSTT-MC	11.13	–1034.49	–7.37	–12.46	–0.57	–1.48
LinCov-MC	195.71	10.66	0.12	5.48	–4.14	–0.59
gmmSTT-MC	26.91	–994.41	–7.38	–10.69	–0.21	–1.50

表 7.12　主航天器机动工况终端标准差对比

方法	σ_x/m	σ_y/m	σ_z/m	σ_{vx}/(mm/s)	σ_{vy}/(mm/s)	σ_{vz}/(mm/s)
蒙特卡罗	463.99	52441.06	154.70	664.61	492.22	165.73
tranSTT-MC	–11.31	785.92	–1.81	–12.69	2.41	–2.16
segmSTT-MC	27.38	3420.16	–1.18	29.93	26.76	–2.27
LinCov-MC	–131.32	–1174.39	11.05	6.57	–22.68	–1.45
gmmSTT-MC	–11.87	763.48	–1.82	–12.94	2.38	–2.16

由表 7.11 和表 7.12 可知，对主航天器机动情况，不同方法对均值和协方差矩阵的预报结果表现出与从航天器机动情况(表 7.8 和表 7.9)相同的趋势。因此，本节不再具体对比不同方法的预报精度。总体来说，由表 7.11、表 7.12 与图 7.13、图 7.14 可知，本书提出的 tranSTT 方法在均值和协方差矩阵的预报上比 segmSTT 和 LinCov 方法精度都高，并且与蒙特卡罗仿真吻合良好。

在主航天器机动情况下，采用 gmmSTT 方法对相对状态偏差概率密度函数的预报结果如图 7.15 所示。由此可知，gmmSTT 方法获得的概率密度函数等高线与蒙特卡罗仿真样本点的弯曲情况及疏密程度吻合很好。这说明，在主航天器机动情况下，gmmSTT 方法同样适用于非线性、非高斯的偏差传播分析。

表 7.13 给出不同工况下，不同方法的仿真运行时间。相比使用 10000 个样本点的蒙特卡罗方法，tranSTT 方法与 gmmSTT 方法在均值和协方差矩阵的预报上与其精度相当，但是运行时间却远小于蒙特卡罗方法。虽然 LinCov 方法的运行时间更短，但是其预报精度不高。对所有工况，tranSTT 与 gmmSTT 方法的仿真运行时间均小于 1s，约为蒙特卡罗方法的千分之一。若使用更多样本点，蒙特卡罗方法需要更多计算时间，而本书方法计算时间不变。这表明，本书方法具有较高的计算效率。

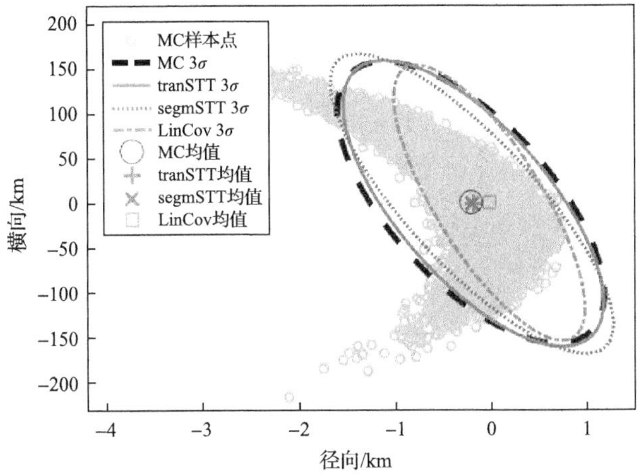

图 7.13　主航天器机动位置偏差 xy 平面投影

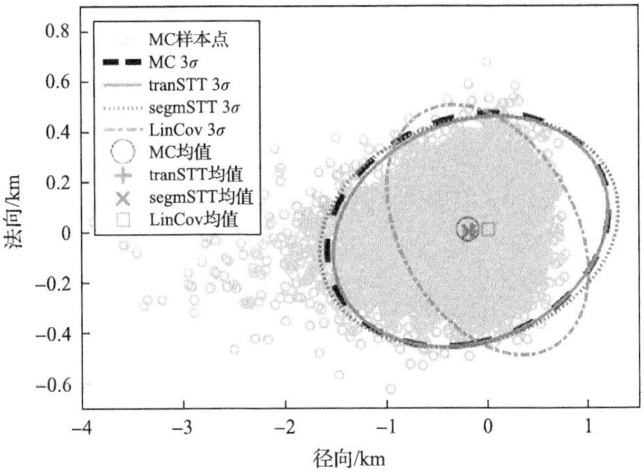

图 7.14　主航天器机动位置偏差 xz 平面投影

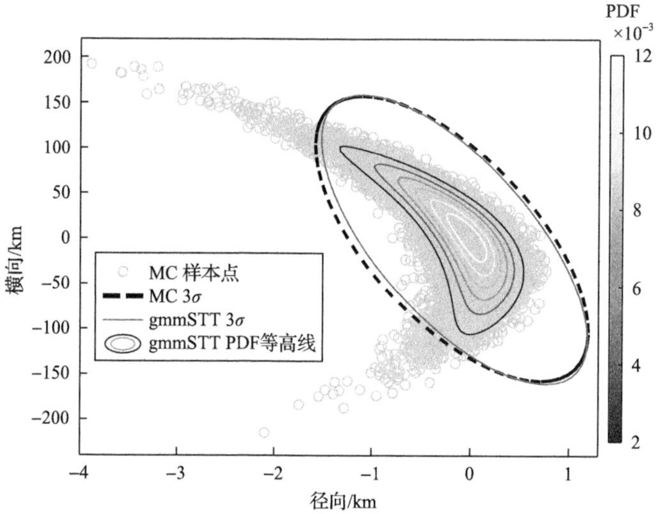

图 7.15　主航天器机动概率密度函数等高线 xy 平面投影

表 7.13　不同方法仿真运行时间对比

工况	时间/s				
	蒙特卡罗	LinCov	tranSTT	segmSTT	gmmSTT
自由相对运动	760.543	0.010	0.061	0.051	0.223
从航天器机动	772.952	0.015	0.073	0.069	0.442
主航天器机动	853.201	0.019	0.083	0.075	0.606

7.5.5　不同初始条件下的偏差演化对比

在上述算例中，两航天器的相对距离均设定为 $r_\rho = 20\text{km}$，偏差预报时间均为 $t_f = 0.5$ 天。本节采用 7.5.1 节自由相对运动工况的配置参数，通过在不同初始相对距离（r_ρ 从 10km 到 55km）及预报时间（t_f 从 0.5 天到 5 天）下传播偏差，验证本章所提方法对不同初始条件的适用性。首先，定义与协方差矩阵相关的预报误差均方根，量化评估不同方法对协方差矩阵的预报精度。定义相对位置及相对速度的均方根误差，即

$$e_r = \sqrt{\frac{1}{3}\sum_{i=x,y,z}(\sigma_i(t_f) - \sigma_i^{\text{MC}}(t_f))^2} \tag{7.65}$$

$$e_v = \sqrt{\frac{1}{3}\sum_{i=v_x,v_y,v_z}(\sigma_i(t_f) - \sigma_i^{\text{MC}}(t_f))^2} \tag{7.66}$$

其中，e_r、e_v 为相对位置及相对速度预报误差的均方根误差，对 $i = x, y, z, v_x, v_y, v_z$；

σ_i 为不同解析方法预报所得的误差标准差；σ_i^{MC} 为蒙特卡罗仿真计算的误差标准差(当作真值)。

固定预报时间为 $t_f = 0.5$ 天，不同方法的预报误差均方根随两航天器初始相对距离的变化关系如图 7.16 所示。同理，固定两航天器初始相对距离为 $r_\rho = 20\text{km}$，不同方法的预报误差均方根随预报时间的变化关系如图 7.17 所示。

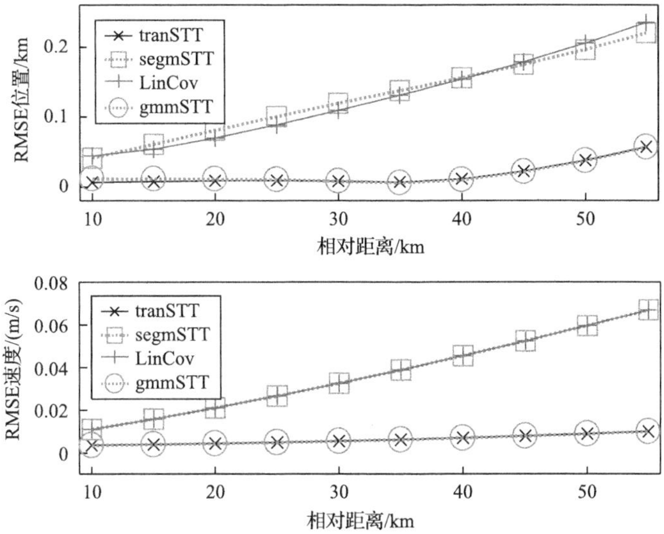

图 7.16　标准差均方根误差随相对距离变化

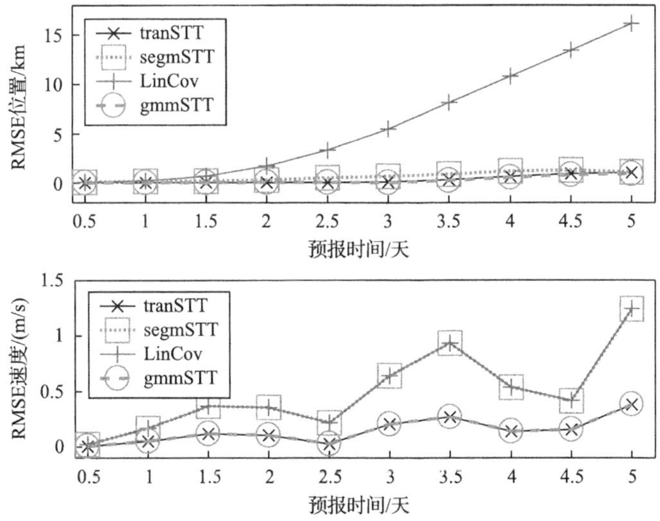

图 7.17　标准差均方根误差随预报时间变化

由图 7.16 和图 7.17 可以看出，随着两航天器初始相对距离变大或偏差预报时间变长，所有方法的预报误差均方根均变大，即预报精度变差。如图 7.16 所示，随着两航天器初始相对距离 r_ρ 由 10km 增大到 55km，非线性 segmSTT 方法和线性 LinCov 方法的均方根误差均迅速变大。因为 tranSTT、gmmSTT 方法考虑二阶非线性项，它们的均方根误差发散速度都比较慢，即使两航天器的初始相对距离达到 55km，其预报误差的均方根误差仍然小于 80m，说明这两种方法的精度仍然很好。由图 7.17 可知，随着预报时间增加，tranSTT、gmmSTT 方法依然比 segmSTT、LinCov 方法具有更高的精度，即使预报时间长达 5 天，这两种方法的均方根误差也小于 1.1km。此外，由于 tranSTT、gmmSTT 均为解析非线性的方法，对不同的预报时间，它们的计算时间不变。然而，对蒙特卡罗仿真方法，当预报时间为 5 天时，仿真运行时间约需要 7600s。所以，本书提出的 tranSTT、gmmSTT 方法对非线性、非高斯的偏差传播具有较高的计算效率和精度。

另外，在 7.5.2～7.5.4 节，gmmSTT 方法的子高斯分布个数设置为 21 个，为了验证 21 个子高斯分布是否能很好地逼近终端相对状态偏差的概率密度函数。本书采用 6.1.2 节定义的对数似然函数 LL 验证 GMM 对蒙特卡罗仿真样本点的拟合程度。不同工况的结果如图 7.18 所示，其中 LL 越大，表明 GMM 拟合效果越好。

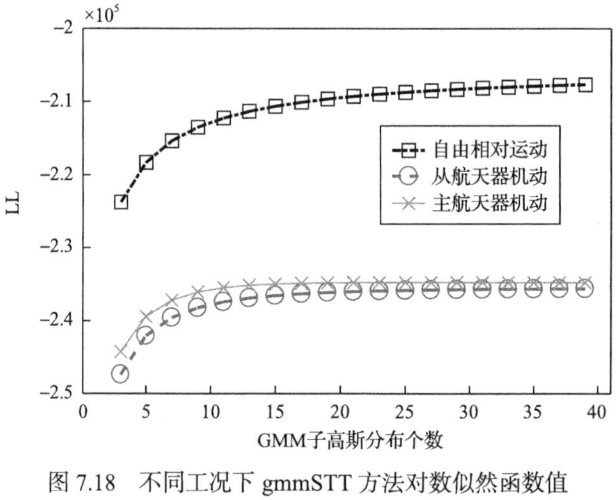

图 7.18　不同工况下 gmmSTT 方法对数似然函数值

由图 7.18 可知，当分割的子高斯分布大于 21 个时，对所有工况，gmmSTT 方法的似然函数值几乎都达到它们的稳态值。这意味着，仅需将初始偏差分割为 21 个子高斯分布，就可以很好地逼近终端偏差的概率密度函数；进一步增加子高斯分布的数目，会大大增加计算量，但是对计算结果精度的改进并不大。因此，gmmSTT 方法的子高斯数目选择为 21 个。

特别是，与蒙特卡罗仿真样本点数目的选择一样，gmmSTT 方法子高斯数目的选择也是依赖问题的，其取值只能经验地确定。对具体问题，选择多少个样本点或多少个子高斯分布只能通过事后分析看是否收敛到想要的精度，而不能事先确定。对没有任何先验信息的问题，为了保证收敛性，可以给蒙特卡罗仿真设置较大的样本点数目(如 100000 以上)，给 gmmSTT 方法设置较大的子高斯分布数目(如 30 个以上)。

7.5.6　结果讨论

由 7.5.2 节～7.5.5 节的数据可知，tranSTT、gmmSTT 方法在非线性、非高斯偏差传播分析上不但精度与蒙特卡罗仿真相当，而且计算效率很高。进一步总结可得如下结论。

(1)由 7.5.2 节数据可知，在 J_2 摄动下，用于预报航天器相对运动状态的二阶非线性方程式(7.37)不能直接用于非线性地传播相对状态偏差，除非对其一阶状态转移矩阵进行修正。

(2)由 7.5.3 节、7.5.4 节分析可知，对脉冲机动(从航天器或主航天器机动)下的偏差传播问题，基于可传递状态转移张量(7.48)与偏差传播方法，比基于原状态转移张量的分段偏差传播方法(7.44)具有更高的精度。

(3)由 7.5.5 节可知，因为 tranSTT、gmmSTT 方法考虑 J_2 摄动及二阶非线性项影响，对长时间或具有大初始相对距离的偏差传播问题依然具有较好的计算精度。例如，对初始相对距离 55km、预报时间为 0.5 天的偏差传播，对标准差的预报误差均方根不到 80m；对初始相对距离 20km、预报时间 5 天的偏差传播，对标准差的预报误差均方根不到 1.1km。

(4)因为 tranSTT、gmmSTT 方法均是解析非线性的，它们具有较高的精度和计算效率。对本书给出的所有工况，其计算时间均少于 1s，不到蒙特卡罗仿真的千分之五。

(5)由于本书所用的相对运动方程式(7.37)对倾角为 0°($i\approx 0°$)的赤道轨道奇异，因此所用偏差传播分析方法也不适用于赤道轨道。

本章针对航天器相对轨道偏差传播问题，提出考虑 J_2 摄动的解析非线性偏差演化分析方法。

(1)基于考虑 J_2 摄动的非线性相对运动方程，推导相对运动状态偏差的解析非线性传播公式，结合协方差分析方法，可获得相对轨道偏差的非线性协方差传播方程。

(2)基于相对轨道偏差的解析非线性传播方程，考虑两航天器机动及机动误差的影响，分情况(两航天器分别机动或同时机动)推导考虑二阶非线性项的可传递状态转移张量。该状态转移张量可用于解析高精度地传播初始导航误差及轨道机动误差的前两阶矩。

(3)为了完整描述终端非高斯相对轨道偏差的分布特性，结合推导的解析 STT

与 GMM，推导相对轨道偏差概率密度函数的解析非线性预报方法。

仿真结果表明，本书提出的偏差传播方法在均值、协方差矩阵、概率密度函数的预报上均与蒙特卡罗打靶仿真吻合得很好，并且计算精度优于现有的 LinCov 方法。同时，由于本书方法的计算效率较高，在编队或集群飞行航天器的碰撞预警中具有潜在的应用价值。

特别指出，因为航天器绝对轨道偏差可看作相对标称状态的一个相对运动状态，因此二阶非线性相对运动方程式(7.37)也可用于解析非线性传播航天器绝对轨道偏差。

参 考 文 献

[1] Clohessy W H, Witshire R S. Terminal guidance system for satellite rendezvous. Journal of the Aerospace Science, 1960, 27(9): 653-658.

[2] Hill G W. Researches in the Lunar theory. American Journal of Mathematics, 1878, 1: 5-26.

[3] Tschauner J, Hempel P. Rendezvous zu Einem in Elliptis cher Bahn um Laufenden ziel. Astronautica Acta, 1965, 11(5): 312-321.

[4] Yamanaka K, Ankersen F. New state transition matrix for relative motion on an arbitrary elliptical orbit. Journal of Guidance, Control, and Dynamics, 2002, 25(1): 60-66.

[5] Dang Z H. New state transition matrix for relative motion on an arbitrary Keplerian orbit. Journal of Guidance, Control, and Dynamics, 2017, 40(11): 2917-2927.

[6] Schweighart S, Sedwick R. High-fidelity linearized J_2 model for satellite formation flight. Journal of Guidance, Control, and Dynamics, 2002, 25(6): 1073-1080.

[7] Gim D W, Alfriend K T. State transition matrix of relative motion for the perturbed noncircular reference orbit. Journal of Guidance, Control, and Dynamics, 2003, 26(6): 956-971.

[8] Gim D W, Alfriend K T. Satellite relative motion using differential equinoctial elements. Celestial Mechanics and Dynamical Astronomy, 2005, 92(4): 295-336.

[9] Mahajan B, Vadali S R, Alfriend K T. Analytic solution for the satellite relative motion: the complete zonal gravitational problem. Advances in the Astronautical Sciences, 2016, 158: 1-24.

[10] Gaias G, D'Amico S. Impulsive maneuvers for formation reconfiguration using relative orbital elements. Journal of Guidance, Control, and Dynamics, 2015, 38(6): 1036-1049.

[11] Koenig A W, Guffanti T, D'Amico S. New state transition matrices for spacecraft relative motion in perturbed orbits. Journal of Guidance, Control, and Dynamics, 2017, 40(7): 1749-1768.

[12] Schaub H. Relative orbit geometry through classical orbit element differences. Journal of Guidance, Control, and Dynamics, 2004, 27(5): 839-848.

[13] Bennett T, Schaub H. Continuous-time modeling and control using nonsingular linearized relative-orbit elements. Journal of Guidance, Control, and Dynamics, 2016, 39(12): 2605-2614.

[14] Vinti J P. Orbital and celestial mechanics. Progress in Astronautics and Aeronautics, 1998, 177: 353-396.

[15] Biria A D, Russell R P. A satellite relative motion model including J2 and J3 via Vinti's intermediary. Advances in the Astronautical Sciences, 2016, 158: 1-20.

[16] Baranov A A. Geometric solution of the problem of a rendezvous in close nearly circular coplanar orbits. Cosmic Research, 1990, 27(6): 689-696.

[17] Kechichian J A. Techniques of accurate analytic terminal rendezvous in near-circular orbit. Acta Astronautica, 1992, 26(3): 377-394.

[18] Sengupta P, Vadali S R, Alfriend K T. Second-order state transition for relative motion near perturbed, elliptic orbits. Celestial Mechanics and Dynamic Astronomy, 2012, 97: 101-129.

[19] Alfriend K T, Yan H. Evaluation and comparison of relative motion theories. Journal of Guidance, Control, and Dynamics, 2005, 28(2): 254-261.

[20] Alfriend K J, Vadali S R, Gurfil P, et al. Spacecraft Formation Flying: Dynamics, Control and Navigation. Oxford: Butterworth-Heinemann, 2010.

[21] Sullivan J, Grimberg S, D'Amico S. Comprehensive survey and assessment of spacecraft relative motion dynamics models. Journal of Guidance, Control, and Dynamics, 2017, 40(8): 1837-1859.

[22] Majji M, Junkins J L, Turner J. A high order method for estimation of dynamic systems. Journal of the Astronautical Sciences, 2008, 56(3): 401-440.

[23] Vadali S R, Vaddi S S, Alfriend K T. An intelligent control concept for formation flying satellites. International Journal of Robust and Nonlinear Control, 2002, 12: 97-115.

[24] Yang Z, Luo Y Z, Lappas V, et al. Nonlinear analytical uncertainty propagation for relative motion near J2-perturbed elliptic orbits. Journal of Guidance, Control, and Dynamics, 2018, 41(4): 888-903.

第 8 章 轨道边值问题偏差映射方法

给定微分方程及一组附加约束，求解满足该约束的微分方程的解称为边值问题，这组附加约束通常被称为边界条件。给定两个点的约束条件，就成为经典的两点边值问题(two-point boundary value problem, TPBVP)。天体力学和航天动力学中最著名的两点边值问题是兰伯特(Lambert)问题，需要求解以给定转移时间连接两个空间位置的圆锥曲线轨道。如果在兰伯特问题的输入引入偏差，其输出也会随之变化。通过对兰伯特算法中间变量偏导数的解析推导，可以得到兰伯特问题输入输出之间的线性映射。由于轨道运动的非线性特性，线性映射存在比较大的误差。另外，考虑摄动尤其是非保守摄动力后，几乎无法获得轨道运动方程的解析解。这使兰伯特解及其偏差映射的计算更加困难。本章利用微分代数理论，分别构建二体和摄动兰伯特解高阶映射的求解方法。

8.1 兰伯特问题求解方法

如图 8.1 所示，兰伯特问题可以描述为确定一条轨道，使目标能以时间 t 从起点 $\boldsymbol{r}_1$ 转移到终点 $\boldsymbol{r}_2$。兰伯特定理指出，连接这两点所需的转移时间仅依赖转移轨道半长轴 a、两终端的地心距之和 $r_1 + r_2$ 和弦长 c。

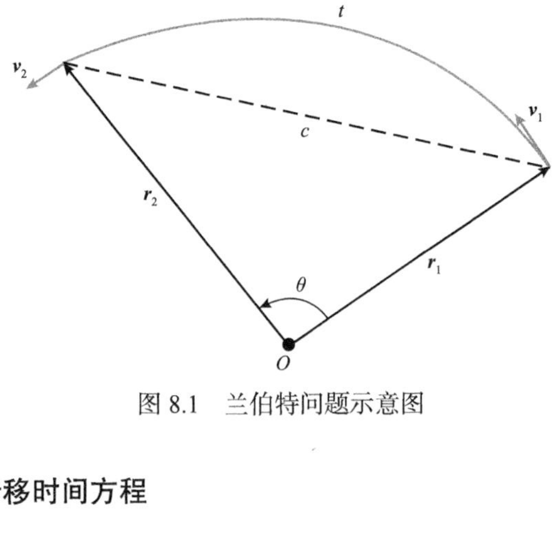

图 8.1 兰伯特问题示意图

8.1.1 拉格朗日转移时间方程

拉格朗日给出兰伯特定理在椭圆轨道情况的解析证明，并推导得到转移时间的一组解析表达式[1]。考虑双曲轨道和多圈转移情况后，拉格朗日的转移时间方

程可以写为

$$\sqrt{\mu}t=\begin{cases}a^{3/2}((\alpha-\sin\alpha)-(\beta-\sin\beta)+2N\pi), & a>0\\(-a)^{3/2}((\sin\alpha-\alpha)-(\sin\beta-\beta)), & a<0\end{cases} \tag{8.1}$$

其中，μ 为引力系数；a 为转移轨道半长轴，对于椭圆轨道有 $a>0$，对于双曲轨道有 $a<0$；N 为转移圈数；系数 α 和 β 满足

$$\begin{cases}\sin^2\dfrac{\alpha}{2}=\dfrac{s}{2a}, \quad \sin^2\dfrac{\beta}{2}=\dfrac{s-c}{2a}, & a>0\\ \sinh^2\dfrac{\alpha}{2}=-\dfrac{s}{2a}, \quad \sinh^2\dfrac{\beta}{2}=-\dfrac{s-c}{2a}, & a<0\end{cases} \tag{8.2}$$

其中，c 为起点到终点的弦长；s 为 $\boldsymbol{r}_1$、$\boldsymbol{r}_2$ 和 c 组成的三角形半周长，即

$$c=|\boldsymbol{r}_2-\boldsymbol{r}_1| \tag{8.3}$$

$$s=(r_1+r_2+c)/2 \tag{8.4}$$

拉格朗日转移时间方程(8.1)以半长轴 a 为自变量，通过求解该一元方程可以解决兰伯特问题。但是，a 不是一个方便的迭代参数[1]，因为转移时间 t 是 a 的双值函数，每一对共轭轨道具有相同的半长轴；式(8.1)关于 a 的导数在一些情况下会趋于无穷。

8.1.2　基于普适变量的转移时间方程

为避免采用半长轴为迭代变量，Lancaster 等[2]提出一种基于普适变量的时间方程，引入一个无量纲转移时间，即

$$T=\sqrt{\frac{2\mu}{s^3}}t \tag{8.5}$$

可以写为关于普适变量 x 的单值函数[3]，即

$$T=\frac{1}{1-x^2}\left(\frac{\psi+N\pi}{\sqrt{|1-x^2|}}-x+\lambda y\right) \tag{8.6}$$

其中

$$x=\begin{cases}\cos\dfrac{\alpha}{2}, & a>0\\ \cosh\dfrac{\alpha}{2}, & a<0\end{cases} \tag{8.7}$$

$$y=\sqrt{1-\lambda^2(1-x^2)} \tag{8.8}$$

$$\psi=\begin{cases}\operatorname{acos}(xy-\lambda(x^2-1)), & x<1\\ \operatorname{acosh}(xy-\lambda(x^2-1)), & x>1\end{cases} \tag{8.9}$$

$$\lambda=\frac{\sqrt{r_1r_2}}{s}\cos\frac{\theta}{2} \tag{8.10}$$

或

$$\lambda=\pm\sqrt{1-\frac{c}{s}} \tag{8.11}$$

其中，λ 的取值范围为$[-1,1]$；θ 为图 8.1 中从起点 $\boldsymbol{r}_1$ 到终点 $\boldsymbol{r}_2$ 的夹角，若 $\theta\in(0,\pi)$，λ 为正，对应的转移轨道称为“短弧”，若 $\theta\in(\pi,2\pi)$，λ 为负，对应的转移轨道称为“长弧”。特别地，若起点与终点矢量方向相反，即 $\theta=\pi$，则 $\lambda=0$；若起点与终点位置相同，即 $\boldsymbol{r}_1=\boldsymbol{r}_2$，则 $\lambda=\pm1$。对于椭圆转移轨道，$x\in(-1,1)$；对于双曲转移轨道，$x\in(1,\infty)$；对于抛物线轨道，$x=1$。特别地，若 $x=0$，$a=s/2$，意味着转移轨道为最小能量椭圆。在这种情况下，转移时间方程为

$$T=\arccos\lambda+\lambda\sqrt{1-\lambda^2}+N\pi \tag{8.12}$$

由式(8.12)可知，最大转移圈数 N 不会超过 T/π。根据式(8.6)，兰伯特问题被转化为求解一个隐式方程的根，即

$$L(x;\boldsymbol{p},N)=\frac{1}{1-x^2}\left(\frac{\psi+N\pi}{\sqrt{|1-x^2|}}-x+\lambda\pi\right)-T=0 \tag{8.13}$$

其中，$\boldsymbol{p}=(\lambda,T)$ 为方程参数，由 $\boldsymbol{r}_1$、$\boldsymbol{r}_2$ 和 t 确定；若 $N=0$，方程(8.13)只有一个根，否则，该方程有两个根，分别称为长周期解和短周期解。

下面讨论参数 λ 和 T 的性质。在由起点和终点位置矢量构成的一个二维平面上，令 $\boldsymbol{r}_1=(1,0)$ LU、$\boldsymbol{r}_2=(r_x,r_y)$ LU、$t=20$ TU、$\mu=1\,\text{LU}^3\text{TU}^{-2}$，其中 LU 表示长度单位，TU 表示时间单位。当终点 $\boldsymbol{r}_2$ 在不同位置时，λ 和 T 的数值如图 8.2 所示。值得注意的是，r_x 和 r_y 下标中的 x 和 y 仅表示矢量在笛卡儿坐标系的两个分量。黑色椭圆上的位置具有相同的 T 参数，这些椭圆以引力中心和起点 $\boldsymbol{r}_1$ 为焦点。浅色曲线上的位置具有相同的 λ 参数，这些曲线关于 $\boldsymbol{r}_1$ 所在的直线对称。浅色曲线上的位置被 Gooding 称为 L-相似[3]，因为它们具有相同的 c/s 之比。对于确定的圈数 N，兰伯特问题的解完全由参数 $\boldsymbol{p}$ 确定，从这个意义上，参数 $\boldsymbol{p}$ 决定两个兰

伯特问题的接近程度。

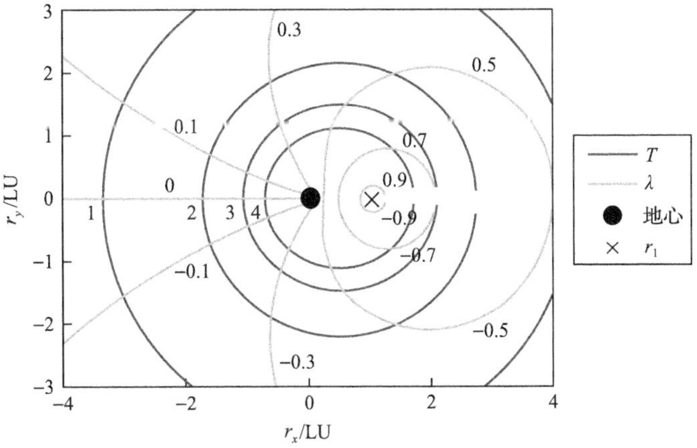

图 8.2　不同终端位置的 λ 和 T 参数

8.1.3　终端速度解算

一旦式(8.6)中的 x 被解出，转移轨道在两个端点的速度在径向和切向的分量可写为[4]

$$
\begin{aligned}
v_{r1} &= \gamma[(\gamma y - x) - \rho(\gamma y + x)] / r_1 \\
v_{r2} &= \gamma[(\gamma y - x) + \rho(\gamma y + x)] / r_2 \\
v_{\theta 1} &= \gamma\sqrt{1-\rho^2}\,(y + \lambda x) / r_1 \\
v_{\theta 2} &= \gamma\sqrt{1-\rho^2}\,(y + \lambda x) / r_2
\end{aligned} \tag{8.14}
$$

其中

$$
\begin{aligned}
\gamma &= \sqrt{\frac{\mu s}{2}} \\
\rho &= \frac{r_1 - r_2}{c}
\end{aligned} \tag{8.15}
$$

最终可以得到终端速度矢量为

$$
\begin{aligned}
\boldsymbol{v}_1 &= v_{r1}\boldsymbol{i}_{r1} + v_{\theta 1}\boldsymbol{i}_{\theta 1} \\
\boldsymbol{v}_2 &= v_{r2}\boldsymbol{i}_{r2} + v_{\theta 2}\boldsymbol{i}_{\theta 2}
\end{aligned} \tag{8.16}
$$

其中，$\boldsymbol{i}_r = \boldsymbol{r} / r$ 为径向单位矢量；$\boldsymbol{i}_\theta = \boldsymbol{i}_h \times \boldsymbol{i}_r$ 为切向单位矢量，$\boldsymbol{i}_h$ 为轨道平面的法向单位矢量，即

$$
\boldsymbol{i}_h = \operatorname{sgn}(\lambda)\frac{\boldsymbol{r}_1 \times \boldsymbol{r}_2}{\|\boldsymbol{r}_1 \times \boldsymbol{r}\|} \tag{8.17}
$$

本节的兰伯特求解算法适用于所有类型的二体转移轨道。

8.2　二体兰伯特问题偏差高阶映射

将兰伯特问题的输入记为 $\boldsymbol{u}$ ，输出记为 $\boldsymbol{v}$ ，即

$$\boldsymbol{u}=\begin{bmatrix}\boldsymbol{r}_1\\ \boldsymbol{r}_2\\ t\end{bmatrix},\quad \boldsymbol{v}=\begin{bmatrix}\boldsymbol{v}_1\\ \boldsymbol{v}_2\end{bmatrix} \tag{8.18}$$

若对输入引入一个偏差 $\delta\boldsymbol{u}$ ，包括时间偏差 δt 、起点和终点的位置偏差 $\delta\boldsymbol{r}_1$ 和 $\delta\boldsymbol{r}_2$ ，那么在兰伯特问题的约束下，其输出也应有一个偏差量 $\delta\boldsymbol{v}$ 。McMahon 等[5]提出线性兰伯特问题的概念，得到输出偏差关于输入偏差的一阶转移矩阵。本节的目的是获取 $\delta\boldsymbol{v}$ 关于 $\delta\boldsymbol{u}$ 的更高阶映射，称为高阶兰伯特问题。

8.2.1　兰伯特问题输入和输出的高阶展开

不管是线性兰伯特问题还是高阶兰伯特问题，都是相对于一个标称兰伯特问题定义的。若将标称兰伯特问题的输入记为 $\bar{\boldsymbol{u}}$ ，对应的转移时间方程中的参数为 $\bar{\boldsymbol{p}}$ ，那么对于给定的圈数 N ，求解其转移时间方程得到的根可记为 $\bar{x}$ ，对应的输出记为 $\bar{\boldsymbol{v}}$ 。

在标称输入引入偏差后，可以将输入用 DA 数表示为

$$[\boldsymbol{u}]=\bar{\boldsymbol{u}}+\delta\boldsymbol{u} \tag{8.19}$$

进而得到参数 $\boldsymbol{p}$ 关于输入的高阶泰勒展开多项式，即

$$[\boldsymbol{p}]=\mathcal{T}_p(\delta\boldsymbol{u}) \tag{8.20}$$

将式(8.13)用微分代数法表示，假设 $[x]$ 为方程的解，满足

$$L([x];[\boldsymbol{p}],N)=0 \tag{8.21}$$

可以得到输出量关于输入的泰勒映射，即

$$[\boldsymbol{v}]=\mathcal{T}_v(\delta\boldsymbol{u}) \tag{8.22}$$

由于式(8.20)和式(8.22)可以通过显式计算，因此求解高阶兰伯特问题的关键在于获取隐式方程(8.21)的高阶根 $[x]$ 。隐式方程(8.13)的根 x 依赖 $\boldsymbol{p}$ ，因此必有函数 $x(\boldsymbol{p})$ 满足

$$L(x(\boldsymbol{p});\boldsymbol{p},N)=0 \tag{8.23}$$

因此，高阶根 $[x]$ 本质上是隐函数 $x(\boldsymbol{p})$ 的高阶近似，可以通过部分求逆法或微分代数 Householder 方法求解。

8.2.2　微分代数的部分求逆法

我们将 x 和 $\boldsymbol{p}$ 在其参考点展开为

$$\begin{aligned}[x] &= \bar{x} + \delta x \\ [\boldsymbol{p}] &= \bar{\boldsymbol{p}} + \delta \boldsymbol{p}\end{aligned} \tag{8.24}$$

可以得到 L 的高阶泰勒展开为

$$[L] = \mathcal{T}_L^k(\delta x, \delta \boldsymbol{p}) \tag{8.25}$$

减去参考值，可得

$$\delta L = [L] - \bar{L} = \mathcal{M}_L(\delta x, \delta \boldsymbol{p}) \tag{8.26}$$

其中

$$\bar{L} = L(\bar{x}; \bar{\boldsymbol{p}}, N) = 0 \tag{8.27}$$

引入一个恒等映射，即

$$\delta \boldsymbol{p} = \mathcal{I}_p(\delta \boldsymbol{p}) \tag{8.28}$$

与式(8.26)组合可得

$$\begin{bmatrix} \delta L \\ \delta \boldsymbol{p} \end{bmatrix} = \begin{bmatrix} \mathcal{M}_L \\ \mathcal{I}_p \end{bmatrix} \begin{pmatrix} \delta x \\ \delta \boldsymbol{p} \end{pmatrix} \tag{8.29}$$

式(8.29)映射的输入与输出具有相同的维度，可以采用微分代数的求逆算法计算其逆映射，即

$$\begin{bmatrix} \delta x \\ \delta \boldsymbol{p} \end{bmatrix} = \begin{bmatrix} \mathcal{M}_L \\ \mathcal{I}_p \end{bmatrix}^{-1} \begin{pmatrix} \delta L \\ \delta \boldsymbol{p} \end{pmatrix} \tag{8.30}$$

要保持 $L \equiv 0$，令 $\delta L = 0$，由式(8.30)可得

$$\delta x = \mathcal{M}_L^{-1}(\delta \boldsymbol{p}) \tag{8.31}$$

至此可得 x 关于 $\boldsymbol{p}$ 的高阶展开，即

$$[x] = \bar{x} + \mathcal{M}_L^{-1}(\delta \boldsymbol{p}) \tag{8.32}$$

该方法的关键是计算式(8.29)的逆映射，微分代数中的求逆是基于不动点迭代实现的，可以通过 k 步迭代得到逆映射的 k 阶多项式[6]。从逆映射中提取部分等式可以得到待求解隐式方程的高阶根，这种方法称为部分求逆法[7]。其优点是无需人工推导，具有较强的普适性。由于其底层的不动点迭代只有一阶收敛性，每次迭代只能将逆映射的阶数提高一阶。

8.2.3　微分代数 Householder 方法

引入 Householder 方法能以更快的收敛速度求解隐式方程的高阶根，但是需要利用方程导数的解析表达式。

1. Householder *方法*

Householder 方法是一类求解方程实数根的迭代算法。一般的，对于方程 $f(x)=0$，d 阶 Householder 方法迭代公式可以写为

$$x_{n+1}=x_n-d\frac{(1/f)^{(d-1)}(x_n)}{(1/f)^{(d)}(x_n)} \tag{8.33}$$

这样的迭代具有 $d+1$ 阶收敛速度。具体而言，如果 $d=1$，就是著名的牛顿迭代，即

$$x_{n+1}=x_n-\frac{f(x_n)}{f'(x_n)} \tag{8.34}$$

如果 $d=2$，就是 Halley 迭代，即

$$x_{n+1}=x_n+h_n\frac{1}{1+\frac{1}{2}(f''/f')(x_n)h_n} \tag{8.35}$$

其中

$$h_n=-\frac{f(x_n)}{f'(x_n)} \tag{8.36}$$

当 $d=3$，就是 Householder 迭代[3]，即

$$\begin{aligned}x_{n+1}&=x_n+3\frac{(1/f)^{(2)}(x_n)}{(1/f)^{(3)}(x_n)}\\&=x_n+h_n\frac{1+\frac{1}{2}(f''/f')(x_n)h_n}{1+(f''/f')(x_n)h_n+\frac{1}{6}(f'''/f')(x_n)h_n^2}\end{aligned} \tag{8.37}$$

本书将这类迭代方法称为 Householder 方法，而 Householder 迭代特指式(8.37)。

2. 转移时间方程的导数

本章采用式(8.6)形式转移时间方程的优势在于，其导数可以很方便地推导，并且计算成本很低。式(8.6)关于 x 的前三阶导数的解析表达式可以写为

$$
\begin{aligned}
&(1-x^2)\frac{\mathrm{d}T}{\mathrm{d}x}=3Tx-2+2\lambda^3\frac{x}{y}\\
&(1-x^2)\frac{\mathrm{d}^2T}{\mathrm{d}x^2}=3T+5x\frac{\mathrm{d}T}{\mathrm{d}x}+2(1-\lambda^2)\frac{\lambda^3}{y^3}\\
&(1-x^2)\frac{\mathrm{d}^3T}{\mathrm{d}x^3}=7x\frac{\mathrm{d}^2T}{\mathrm{d}x^2}+8\frac{\mathrm{d}T}{\mathrm{d}x}-6(1-\lambda^2)x\frac{\lambda^5}{y^5}
\end{aligned}
\tag{8.38}
$$

式中的导数可通过简单的代数运算完成，不涉及反三角函数等超越函数，具有很高的计算效率。

至此，隐式方程(8.13)的前三阶导数为

$$
\begin{aligned}
L'(x;\boldsymbol{p})&=\frac{\mathrm{d}L}{\mathrm{d}x}=\frac{\mathrm{d}T}{\mathrm{d}x}\\
L''(x;\boldsymbol{p})&=\frac{\mathrm{d}^2L}{\mathrm{d}x^2}=\frac{\mathrm{d}^2T}{\mathrm{d}x^2}\\
L'''(x;\boldsymbol{p})&=\frac{\mathrm{d}^3L}{\mathrm{d}x^3}=\frac{\mathrm{d}^3T}{\mathrm{d}x^3}
\end{aligned}
\tag{8.39}
$$

3. DA 数的迭代

对于给定的圈数 N，采用传统的 Householder 方法可求出方程(8.13)的实数根，如 $d=3$，由式(8.37)可得

$$
x_{n+1}=x_n+h_n\frac{1+\dfrac{1}{2}(L''/L')(x_n,\boldsymbol{p})h_n}{1+(L''/L')(x_n,\boldsymbol{p})h_n+\dfrac{1}{6}(L'''/L')(x_n,\boldsymbol{p})h_n^2}
\tag{8.40}
$$

基于微分代数，可以将式(8.40)改造为对 DA 数进行迭代，即

$$
[x_{n+1}]=[x_n]+[h_n]\frac{1+\dfrac{1}{2}(L''/L')([x_n],[\boldsymbol{p}])[h_n]}{1+(L''/L')([x_n],[\boldsymbol{p}])[h_n]+\dfrac{1}{6}(L'''/L')([x_n],[\boldsymbol{p}])[h_n]^2}
\tag{8.41}
$$

其中

$$[h_n] = -\frac{L([x_n],[\boldsymbol{p}])}{L'([x_n],[\boldsymbol{p}])} \tag{8.42}$$

迭代起始状态可设为$[x_0]=\overline{x}$，即x在标称点的零阶展开。每一步迭代都会得到一个关于$\boldsymbol{p}$的泰勒多项式，即

$$[x] = \mathcal{T}_x(\delta \boldsymbol{p}) \tag{8.43}$$

不同于传统的 Householder 方法只对实数x进行迭代，使其逼近函数L在实轴的零点。式(8.41)本质上是对$[x]$代表的泰勒多项式进行迭代，使其逼近隐函数$x(\boldsymbol{p})$。本书称这种方法为微分代数 Householder 方法。

由于d阶 Householder 迭代具有$d+1$阶的收敛速度，采用d阶微分代数 Householder 迭代后，每一步迭代可使泰勒多项式的正确截断阶数提高$d+1$倍。在k次迭代后，可获得截断阶数为$\mathcal{O}(d^k)$的高阶根$[x]$。8.2.2 节的部分求逆法在k次迭代后仅能获得截断阶数为$\mathcal{O}(k)$的高阶根$[x]$。因此，在理论上，微分代数 Householder 法可以显著减少迭代次数。

8.3 摄动兰伯特问题偏差高阶映射

考虑摄动后，8.1 节的二体兰伯特解将无法使目标准确到达终点。本节将二体兰伯特解作为摄动兰伯特问题的初解，通过微分代数方法获取高阶状态转移多项式，对兰伯特解进行修正，并构造自适应同伦迭代算法将二体解修正为摄动解，如图 8.3 所示。具体而言，本章使用一个包含J_2、J_3、J_4非球形引力摄动和大

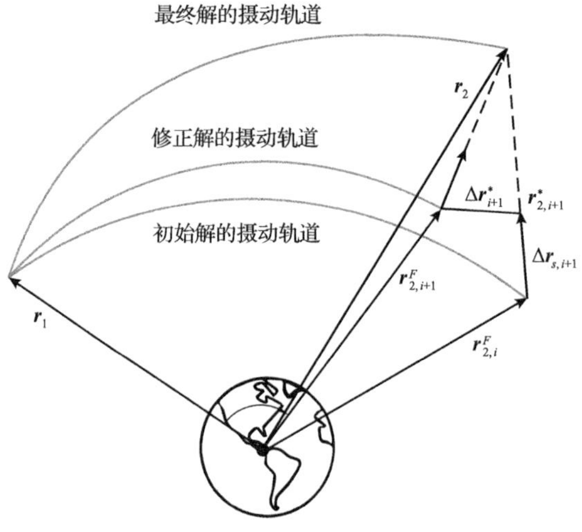

图 8.3　摄动兰伯特问题同伦迭代过程

气阻力摄动的模型来展示摄动兰伯特算法的效果，但是该算法并不局限于该模型，可用于任意摄动模型。

8.3.1　摄动轨道动力学方程

为方便论述，本章摄动轨道模型的动力学方程可写为

$$
\begin{aligned}
\ddot{x} &= -\frac{\mu x}{r^3} + \frac{3\mu J_2 R_e^2}{2r^5}\left(\frac{5z^2}{r^2}-1\right)x + \frac{5\mu J_3 R_e^3}{2r^7}\left(\frac{7z^2}{r^2}-3\right)xz \\
&\quad + \frac{15\mu J_4 R_e^4}{8r^7}\left(1-\frac{14z^2}{r^2}+\frac{21z^4}{r^4}\right)x - \frac{1}{2}\frac{C_D A}{m}\rho v_{\text{rel}}(\dot{x}+\omega_e y) \\
\ddot{y} &= -\frac{\mu y}{r^3} + \frac{3\mu J_2 R_e^2}{2r^5}\left(\frac{5z^2}{r^2}-1\right)y + \frac{5\mu J_3 R_e^3}{2r^7}\left(\frac{7z^2}{r^2}-3\right)yz \\
&\quad + \frac{15\mu J_4 R_e^4}{8r^7}\left(1-\frac{14z^2}{r^2}+\frac{21z^4}{r^4}\right)y - \frac{1}{2}\frac{C_D A}{m}\rho v_{\text{rel}}(\dot{y}-\omega_e x) \\
\ddot{z} &= -\frac{\mu z}{r^3} + \frac{3\mu J_2 R_e^2}{2r^5}\left(\frac{5z^2}{r^2}-1\right)z + \frac{5\mu J_3 R_e^3}{2r^7}\left(\frac{3}{5}-\frac{6z^2}{r^2}+\frac{7z^4}{r^4}\right) \\
&\quad + \frac{15\mu J_4 R_e^4}{8r^7}\left(5-\frac{70z^2}{3r^2}+\frac{21z^4}{r^4}\right)z - \frac{1}{2}\frac{C_D A}{m}\rho v_{\text{rel}}\dot{z}
\end{aligned}
\tag{8.44}
$$

其中，$\boldsymbol{r}=[x,y,z]^{\mathrm{T}}$ 为惯性系中的位置矢量；$\dot{\boldsymbol{r}}=[\dot{x},\dot{y},\dot{z}]^{\mathrm{T}}$ 为惯性系中的速度矢量；R_e 为中心天体赤道平均半径；ω_e 为中心天体自转角速度；J_2、J_3、J_4 为非球形引力带谐系数；C_D、A、m 分别为航天器的阻力系数、截面积、质量；ρ 为大气密度；v_{rel} 为航天器相对旋转大气的速度。

式(8.44)既包含保守摄动力，又包含非保守摄动力，在本章中作为代表性模型，可拓展到其他更复杂的摄动模型。

通过式(8.44)进行数值积分，可构造轨道的数值预报器。这种方法可以得到精确的结果，但是计算负担较大。除了数值预报器，本章还使用一种摄动轨道的解析预报器。该解析预报器基于 Vinti 轨道理论[8]，包含 J_2、J_3 和部分 J_4 摄动的影响，称为 Vinti 预报器。这种预报器采用解析方法计算摄动轨道的近似解，具有很高的计算效率，但是其结果存在近似误差，并且随着时间增大。

无论采用哪种轨道预报器，都可以将预报过程表示为

$$
\begin{aligned}
\boldsymbol{r}(t) &= F(t;\boldsymbol{r}_0,\boldsymbol{v}_0) \\
\boldsymbol{v}(t) &= G(t;\boldsymbol{r}_0,\boldsymbol{v}_0)
\end{aligned}
\tag{8.45}
$$

8.3.2　基于高阶映射的速度修正

对于图 8.3 所示的摄动兰伯特问题，设起点位置为 $\boldsymbol{r}_1$ 、目标位置为 $\boldsymbol{r}_2$ ，要求解能以时间 t 从起点到达目标位置的摄动轨道。若给定起点速度的一个猜测值为 $\boldsymbol{v}_1$ ，令

$$[\boldsymbol{v}_1] = \boldsymbol{v}_1 + \delta\boldsymbol{v}_1 \tag{8.46}$$

将其代入式(8.45)，并在微分代数框架内进行运算，可得实际终点位置 $\boldsymbol{r}_2^F$ 关于起点速度的泰勒映射，即

$$[\boldsymbol{r}_2^F] = \mathcal{T}_{r2}(\delta\boldsymbol{v}_1) = F(t;\boldsymbol{r}_1,[\boldsymbol{v}_1]) \tag{8.47}$$

那么，初始猜测解造成的终点位置误差为

$$\Delta\boldsymbol{r}_2 = \boldsymbol{r}_2 - \boldsymbol{r}_2^F \tag{8.48}$$

修正这个终端误差，就可以得到摄动兰伯特问题的准确解。

将式(8.47)减去常数部分，可得

$$\delta\boldsymbol{r}_2^F = [\boldsymbol{r}_2^F] - \boldsymbol{r}_2^F = \mathcal{T}_{r2}(\delta\boldsymbol{v}_1) - \mathcal{T}_{r2}(0) \tag{8.49}$$

令

$$\mathcal{M}_{r2}(\delta\boldsymbol{v}_1) = \delta\boldsymbol{r}_2^F \tag{8.50}$$

其中，$\mathcal{M}_{r2}$ 为一种高阶映射，描述初始位置偏差对终端位置的影响。

运用微分代数逆运算，得到的逆映射为

$$\delta\boldsymbol{v}_1 = \mathcal{M}_{r2}^{-1}(\delta\boldsymbol{r}_2) \tag{8.51}$$

式中的逆映射描述了要使终端位置发生变化，起点速度应具有的变化量。因此，要消除终端位置的误差，需对起点速度施加修正量，即

$$\Delta\boldsymbol{v}_1 = \mathcal{M}_{r2}^{-1}(\Delta\boldsymbol{r}_2) \tag{8.52}$$

可得

$$\boldsymbol{v}_{1,\text{new}} = \boldsymbol{v}_1 + \Delta\boldsymbol{v}_1 \tag{8.53}$$

微分代数框架中计算的 $\mathcal{M}_{r2}$ 是真实映射的一种高阶近似，因此进行一次修正后往往还存在误差，需要通过多次迭代来消除误差。然而，若终端误差 $\Delta\boldsymbol{r}_2$ 过大，会超出 $\mathcal{M}_{r2}$ 所代表的泰勒多项式的收敛域，使迭代无法收敛。

8.3.3　自适应同伦迭代求解器

速度修正无法收敛的问题主要是由待修正量过大导致的。如果将待修正误差分割为多个区间，每一步只修正一个小区间，逐步逼近目标位置，可有效解决迭代不收敛的问题。这种方法称为同伦迭代法[9]。但是，$\mathcal{M}_{r2}$ 的收敛域与轨道参数、飞行时长等都有关，在迭代过程中会动态变化。如果预先指定区间长度，要么会因为步长过大而无法收敛，要么会因步长过小而效率过低。本节提出一种自适应同伦迭代方法，根据每一步的误差自动调整下一步的步长。

在迭代中的每一步，将当前步要瞄准的目标位置设为

$$\boldsymbol{r}_{2,i+1}^{*} = \boldsymbol{r}_{2,i}^{F} + \Delta \boldsymbol{r}_{s,i+1} \tag{8.54}$$

其中

$$\Delta \boldsymbol{r}_{s,i+1} = l \Delta \boldsymbol{r}_{2,i} / \Delta r_{2,i} \tag{8.55}$$

是当前步待修正的终端位置偏差，其长度 l 应小于 $\Delta r_{2,i}$，以保证每一步的目标位置 $\boldsymbol{r}^*$ 总是在 $\boldsymbol{r}_2$ 和当前步实际终点位置 $\boldsymbol{r}_2^F$ 之间。

要修正当前步的终端位置偏差，需对起点速度进行修正，即

$$\Delta \boldsymbol{v}_1 = \mathcal{M}_{r2}^{-1}(\Delta \boldsymbol{r}_s) \tag{8.56}$$

按照修正后的起点速度 $\boldsymbol{v}_{1,i+1} = \boldsymbol{v}_{1,i} + \Delta \boldsymbol{v}_1$，会得到新的终点位置 $\boldsymbol{r}_{2,i+1}^F$，然后重复迭代修正，直到满足精度要求。

步长 l 过大会导致迭代发散，过小则会使步长过多，降低计算效率。为自动调整步长，首先需明确步长与误差的关系。根据泰勒定理，对于 $k+1$ 阶可微函数 f，其 k 阶泰勒多项式 P_f 的截断误差为

$$| f(\delta x) - P_f(\delta x) | \leqslant C \cdot (\delta x)^{k+1} = e_r \tag{8.57}$$

其中，C 为大于 0 的常数。

因此，如果自变量相对参考点的偏移量变为 $\alpha \cdot \delta x$，泰勒多项式的最大截断误差变为 $\alpha^{k+1} \cdot e_r$，那么为减小截断误差，步长 l 应乘以系数 α，即

$$\alpha = (\Delta r_s / \Delta r_2^*)^{1/(k+1)} \tag{8.58}$$

其中

$$\Delta \boldsymbol{r}_2^* = \boldsymbol{r}_2^* - \boldsymbol{r}_2^F \tag{8.59}$$

为当前步修正结果相对当前步瞄准位置的误差；比值 $\Delta r_s / \Delta r_2^*$ 反映当前步(式(8.56))的修正效果。

Δr_2^* 越小，说明当前步修正的效果越好，下一步的步长应该越大；反之，若 Δr_2^* 越大，说明当前步修正效果越差，下一步的步长应越小。特别地，若 $\Delta r_2^* > \Delta r_s$，使 $\alpha > 1$，说明当前步修正后的误差超过了待修正量，应舍去该步。

至此，可以构造出自适应同伦法求解摄动兰伯特问题的算法，如算法 8.1 所示。其中，输入的 $\boldsymbol{v}_1$ 为起点速度的初始猜测值，而输出的 $[\boldsymbol{v}_1]$ 为高阶摄动兰伯特解。另外，尽管步长 l 在迭代中会自动调整，但是应设置一个初始值来启动算法，这里设为 $0.1\Delta r_2$。

值得注意的是，算法 8.1 获得了摄动兰伯特问题的高阶解，描述目标位置发生偏差对起点速度的影响。也就是说，一旦以 $\boldsymbol{r}_2$ 为目标位置的摄动兰伯特问题被求解，对于一个新的目标位置 $\boldsymbol{r}_{2,\text{new}} = \boldsymbol{r}_2 + \Delta \boldsymbol{r}_2$，所需的起点速度可通过高阶泰勒映射直接获得，而无需重新求解这个新的摄动兰伯特问题，即

$$\boldsymbol{v}_{1,\text{new}} = \mathcal{T}_{v1}(\Delta \boldsymbol{r}_2) \tag{8.60}$$

算法 8.1　基于高阶映射的自适应同伦摄动兰伯特算法

输入：$\boldsymbol{r}_1, \boldsymbol{r}_2, t, \boldsymbol{v}_1$
输出：$[\boldsymbol{v}_1]$

$\mathcal{T}_{\boldsymbol{r}_2}(\delta \boldsymbol{v}_1) = \boldsymbol{F}(t; \boldsymbol{r}_1, [\boldsymbol{v}_1])$

$\boldsymbol{r}_2^F = \mathcal{T}_{\boldsymbol{r}_2}(0)$，$\Delta \boldsymbol{r}_2 = \boldsymbol{r}_2 - \boldsymbol{r}_2^F$

While $\Delta r_2 > \varepsilon$

　　$\mathcal{T}_{\boldsymbol{r}_2,\text{temp}} = \mathcal{T}_{\boldsymbol{r}_2}$，$\boldsymbol{v}_{1,\text{temp}} = \boldsymbol{v}_1$

　　$\mathcal{M}_{\boldsymbol{r}_2}(\delta \boldsymbol{v}_1) = \mathcal{T}_{\boldsymbol{r}_2}(\delta \boldsymbol{v}_1) - \mathcal{T}_{\boldsymbol{r}_2}(0)$

　　$l = \min(l, \Delta r_2)$

　　$\Delta \boldsymbol{r}_s = l \cdot \Delta \boldsymbol{r}_2 / \Delta r_2$，$\boldsymbol{r}_2^* = \boldsymbol{r}_2^F + \Delta \boldsymbol{r}_s$

　　$\Delta \boldsymbol{v}_1 = \mathcal{M}_{\boldsymbol{r}_2}^{-1}(\Delta \boldsymbol{r}_s)$

　　$\boldsymbol{v}_1 = \boldsymbol{v}_1 + \Delta \boldsymbol{v}_1$

　　$\mathcal{T}_{\boldsymbol{r}_2}(\delta \boldsymbol{v}_1) = \boldsymbol{F}(t; \boldsymbol{r}_1, [\boldsymbol{v}_1])$

　　$\boldsymbol{r}_2^F = \mathcal{T}_{\boldsymbol{r}_2}(0)$，$\Delta \boldsymbol{r}_2 = \boldsymbol{r}_2 - \boldsymbol{r}_2^F$

　　$\Delta \boldsymbol{r}_2^* = \boldsymbol{r}_2^* - \boldsymbol{r}_2^F$

　　$\alpha = (\Delta r_s / \Delta r_2^*)^{1/(k+1)}$

　　$l = \alpha \cdot l$

续表

若 $\alpha<1$，$\mathcal{T}_{\boldsymbol{r}_2}=\mathcal{T}_{\boldsymbol{r}_2,\text{temp}}$，$\boldsymbol{v}_1=\boldsymbol{v}_{1,\text{temp}}$

End while

$\delta\boldsymbol{r}_2=\mathcal{M}_{\boldsymbol{r}_2}(\delta\boldsymbol{v}_1)=\mathcal{T}_{\boldsymbol{r}_2}(\delta\boldsymbol{v}_1)-\mathcal{T}_{\boldsymbol{r}_2}(0)$

$\delta\boldsymbol{v}_1=\mathcal{M}_{\boldsymbol{r}_2}^{-1}(\delta\boldsymbol{r}_2)$

$[\boldsymbol{v}_1]=\boldsymbol{v}_1+\delta\boldsymbol{v}_1=\mathcal{T}_{\boldsymbol{v}_1}(\delta\boldsymbol{r}_2)$

在算法 8.1 中，同伦迭代的每一步都需要进行一次轨道预报。如果采用数值预报方法，虽然可以获得较为精确的摄动解，但是计算效率很低。如果采用解析预报器，只能得到轨道的近似解，无法精确求解摄动兰伯特问题。本章提出一种组合使用两种摄动模型的方法，解析与数值轨道预报的组合运用如图 8.4 所示。首先，以二体兰伯特解作为初值，采用 Vinti 预报器构造摄动兰伯特求解器，得到的解可认为是 $J_2\sim J_4$ 解。然后，以 $J_2\sim J_4$ 解为初值，采用摄动轨道数值预报器构造摄动兰伯特求解器，得到的解为全摄动解。这样可以减少数值预报器的调用次数，在得到精确解的同时提升计算效率。

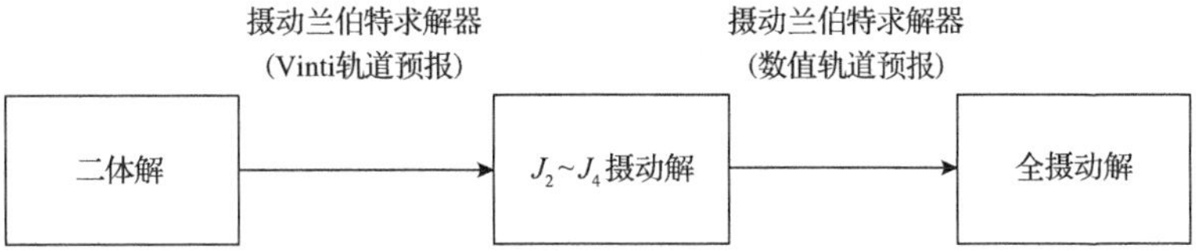

图 8.4　解析与数值轨道预报的组合运用

8.4　算 例 分 析

针对二体和摄动兰伯特问题，本节对提出的高阶求解算法进行验证，并对高阶映射的精度进行分析。另外，将兰伯特问题偏差映射方法应用在地火转移任务设计这类需要求解大量兰伯特问题的场景中，分析高阶方法的优势。

8.4.1　二体兰伯特问题高阶映射算例

令兰伯特问题的起点位置 $\boldsymbol{r}_1$ 和终点位置 $\boldsymbol{r}_2$ 分别为

$$\begin{aligned}\boldsymbol{r}_1&=(6678,0,0)\ \text{km}\\ \boldsymbol{r}_2&=7000(\cos\theta,\sin\theta,0)\ \text{km}\end{aligned}\tag{8.61}$$

其中，$\theta=300^\circ$。

转移时间被设为霍曼转移周期的 0.8 倍，即 3752s。该算例来自 McMahon 等[5]对线性兰伯特问题的研究，我们以此验证高阶方法的效率和精度。

1. 高阶求根算法的迭代收敛速度

获取兰伯特问题高阶解的关键是求解转移时间方程(8.13)的高阶根。在求解标称兰伯特问题后，可以得到转移时间方程中变量的标称值 $\bar{x}$ 和 $\bar{\boldsymbol{p}}$。应用 8.2.2、8.2.3 节中的方法，可以获得方程的高阶根 $[x]=\mathcal{T}_x(\delta\boldsymbol{p})$。若参数 $\boldsymbol{p}$ 有偏差 $\delta\boldsymbol{p}$，方程(8.13)的实数根可以通过高阶根对泰勒多项式直接计算得到，而无需重新求解一个新的转移时间方程。图 8.5 展示了采用不同方法求解转移时间方程高阶根的迭代收敛过程，横坐标为 T，纵坐标为 x，标称值用黑色圆圈标出，黑色点划线为方程(8.13)的真解，其他曲线是利用标称点的高阶解进行多项式求值得到的。

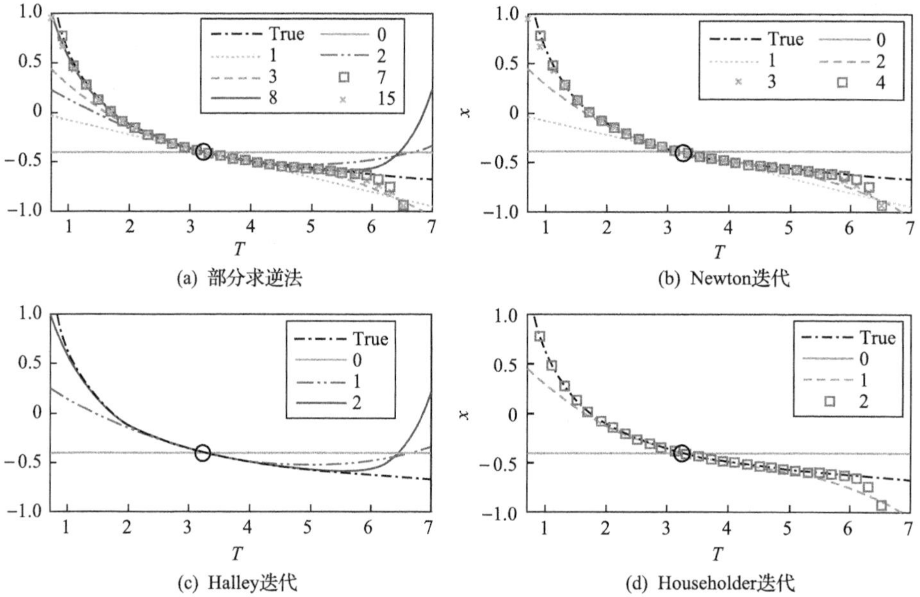

图 8.5　转移时间方程高阶求根算法迭代收敛过程

图 8.5(a)为采用 8.2.2 节微分代数部分求逆法的结果，其图例为高阶解的阶数，该方法是基于不动点迭代实现的，具有一阶收敛性。这意味着，每次迭代都会使解的截断阶数提高一阶，若以零阶解为起点，进行 k 次迭代可获得 k 阶解。可以看出，零阶解实际上是过标称点的常数，意味着零阶解只描述 $\mathcal{T}_x(\delta\boldsymbol{p})$ 的常数部分。一阶解为过标称点的一条与真解曲线相切的直线，意味着一阶解描述 $\mathcal{T}_x(\delta\boldsymbol{p})$ 线性部分。随着阶数的增加，它们逐渐逼近真解曲线。可以看出，随着变量 T 偏离标称值越多，高阶解的误差就越大。当 $T>6$ 时，阶数的增加反而会使高阶解误差增大。这反映了泰勒展开多项式存在一个收敛域，多项式随着阶数的增加会越来越

逼近原函数，但是在收敛域外，阶数增加会导致多项式发散。

图 8.5(b)～图 8.5(d)为采用 8.2.3 节微分代数 Householder 方法的结果，其图例为迭代次数。可以看出，Householder 方法具有比部分求逆法更快的收敛速度。如前所述，牛顿迭代具有二阶收敛性，每次迭代都会使高阶解的截断阶数提高两倍。因此，进行 k 次迭代后的截断阶数为 $\mathcal{O}(2^k)$，所得高阶解的有效阶数为 2^k-1。这可以通过对比图 8.5(a)和图 8.5(b)证实。类似地，Halley 迭代和 Householder 迭代具有更快的收敛速度，它们分别具有三阶和四阶收敛性。因此，进行 k 次迭代获得的有效阶数分别为 3^k-1 和 4^k-1。各种方法迭代次数与高阶解有效阶数的关系如表 8.1 所示。

表 8.1　迭代得到的有效展开阶数

迭代次数	有效展开阶数			
	部分求逆法	Newton 迭代	Halley 迭代	Householder 迭代
1	1	1	2	3
2	2	3	8	15
3	3	7	26	63
4	4	15	80	255

图 8.6 展示了微分代数 Householder 方法与部分求逆法的计算效率对比，其横坐标为高阶解有效阶数，纵坐标为 Householder 方法与部分求逆法的计算耗时的比值。总的来说，Householder 方法比部分求逆法的计算效率普遍更高。当阶数较高时，Householder 方法的优势更加明显，这是因为该方法可节省的迭代次数更多。如表 8.1 所示，相同迭代次数为 4 时，Householder 能收敛到 255 阶，但是部分求逆法只收敛到四阶。此外，Householder 方法相比部分求逆法需要额外计算导数，

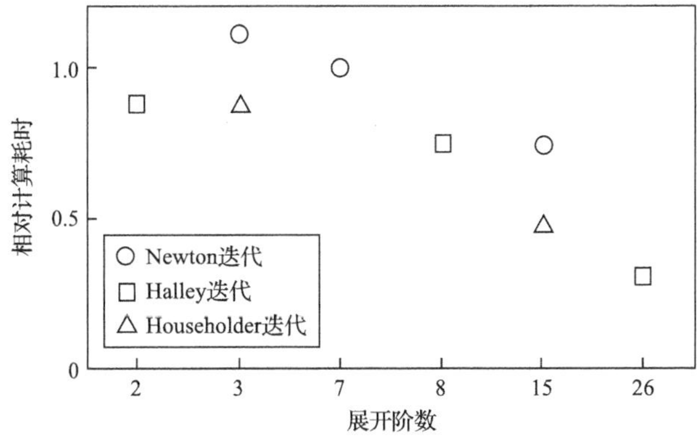

图 8.6　不同迭代方法的相对计算耗时

如果减少迭代次数节省的时间小于导数计算额外消耗的时间，那么 Householder 方法不一定比部分求逆法效率高。例如，当展开阶数小于 7 时，牛顿迭代的效率可能比部分求逆法要低，因为这种情况下牛顿迭代减少的迭代次数很少，不能抵消导数计算的额外负担。在大多数情况下，Householder 方法相比部分求逆法可节省 16%～70%的计算时间。

2. 兰伯特解高阶映射的精度

求解转移时间方程高阶根后，就可以通过 8.2.1 节的方法得到兰伯特问题的高阶解。在兰伯特问题的输入引入偏差 $\delta\boldsymbol{u}$ 后，其对应的输出可通过高阶泰勒多项式直接得到，无需重新求解兰伯特问题。将高阶近似得到的解与真解比较，可以评估高阶映射的相对误差，即

$$\epsilon(\boldsymbol{v})=\frac{\left\|\boldsymbol{v}_{\mathrm{ho}}-\boldsymbol{v}_{\mathrm{true}}\right\|}{\left\|\boldsymbol{v}_{\mathrm{true}}\right\|} \tag{8.62}$$

其中，$\boldsymbol{v}_{\mathrm{ho}}$ 为通过式(8.22)得到的高阶近似解；$\boldsymbol{v}_{\mathrm{true}}$ 为重新求解兰伯特问题得到的真解。

不同迭代方法的相对误差如图 8.7 所示。其中，$\delta r_1/r_1$ 和 $\delta t/t$ 分别为起点位置和转移时间相对标称值的偏差，$\boldsymbol{v}_1$ 和 $\boldsymbol{v}_2$ 为相应的高阶解输出量。通过牛顿迭代、Halley 迭代和 Householder 迭代得到的结果与部分求逆法的结果完全相同。当输入量的相对偏差小于 5%时，一阶解的相对误差小于 1%，这与 McMahon 和 Scheeres 的线性解[5]结果相同。应用提出的高阶兰伯特算法后，相对误差会显著减小，因

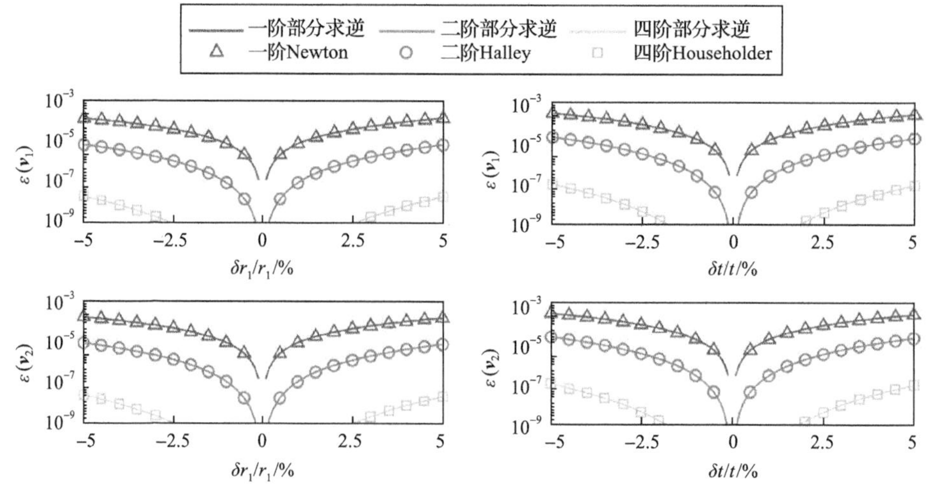

图 8.7　不同迭代方法的相对误差

为高阶泰勒展开可以获得比线性近似的更高的精度。四阶兰伯特解的相对误差比 McMahon 和 Scheeres 的线性解低四个量级。

8.4.2　摄动兰伯特问题高阶映射算例

假设近地轨道上有两航天器，摄动兰伯特问题高阶映射算例初始轨道参数如表 8.2 所示。

表 8.2　摄动兰伯特问题高阶映射算例初始轨道参数

航天器	a/km	e	i/(°)	Ω/(°)	ω/(°)	f/(°)
目标航天器	6792.772	7.637×10^{-4}	51.575	0.182	353.271	313.930
追踪航天器	6994.699	2.609×10^{-2}	49.983	0.167	180.617	138.538

令追踪航天器的转移起点为 $\boldsymbol{r}_1$，目标航天器在时刻 t 所在的位置为 $\boldsymbol{r}_2$，使用 8.3 节的方法求解从 $\boldsymbol{r}_1$ 到 $\boldsymbol{r}_2$ 的摄动兰伯特问题后，可获得摄动情况下的高阶兰伯特解。对于一个新的位置 $\boldsymbol{r}_{2,\text{new}}=\boldsymbol{r}_2+\Delta\boldsymbol{r}_2$，可以用式(8.60)直接从高阶解求出所需的起点速度 $\boldsymbol{v}_{1,\text{true}}^{\text{ho}}$。重新求解一个目标位置为 $\boldsymbol{r}_{2,\text{new}}$ 的兰伯特问题可以得到真解 $\boldsymbol{v}_{1,\text{new}}$，那么通过高阶解得到的起点速度误差为

$$\epsilon_v=\left\|\boldsymbol{v}_{1,\text{true}}^{\text{ho}}-\boldsymbol{v}_{1,\text{new}}\right\| \tag{8.63}$$

以 $\boldsymbol{v}_{1,\text{true}}^{\text{ho}}$ 作为起点速度进行轨道递推，可以得到终点位置为 $\boldsymbol{r}_2^F$，那么高阶解导致的终点位置误差为

$$\epsilon_r=\left\|\boldsymbol{r}_2^F-\boldsymbol{r}_{2,\text{new}}\right\| \tag{8.64}$$

1. 摄动兰伯特解

图 8.8(a)展示了转移时间为 36h，转移方向为短弧的兰伯特解，其中圆点表示所有的二体解，方框为所有的摄动解。图 8.8(b)为摄动解与二体解的差异，其中 $\Delta\boldsymbol{v}$ 表示起点的速度增量，下标 p 表示摄动解，下标 k 表示二体解，$|\tilde{N}|$ 为兰伯特解的转移圈数，当转移圈数大于 0 时，$\tilde{N}>0$ 表示长周期解，$\tilde{N}<0$ 表示短周期解。

可以看出，尽管在二体情况下有 55 个兰伯特解，但是由于地球半径和大气阻力的限制，在摄动情况下仅有 6 个可行解。二体解和摄动解之间的差异可达到几百米每秒的量级。考虑 $\Delta\boldsymbol{v}$ 的大小，这种差异是很显著的。例如，当 $\tilde{N}=2$ 时，相对差异可以达到 50%。

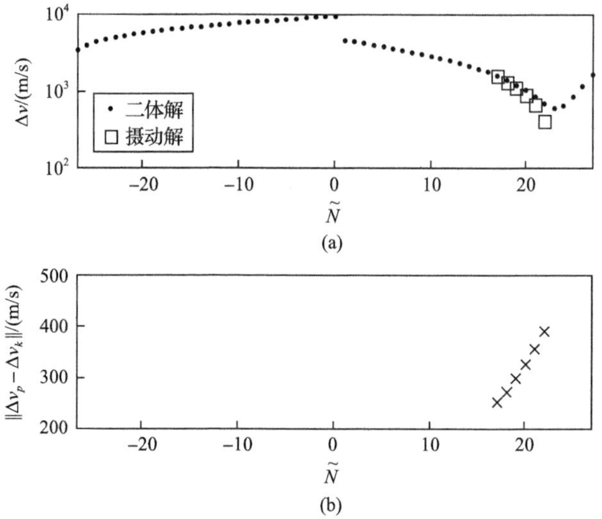

图 8.8　二体与摄动兰伯特解比较

2. 阶数的选取

本章的摄动兰伯特高阶求解方法是基于微分代数实现的，其展开阶数理论上可以设为任意值。但是，选取不同的阶数对求解算法的性能有很大的影响。

如图 8.4 所示，摄动兰伯特问题的求解可以分为两个阶段。第一阶段，在摄动兰伯特求解算法中使用解析预报器，修正二体解到 Vinti 解的残差，得到考虑 $J_2 \sim J_4$ 摄动的兰伯特解。第二阶段，在求解算法中使用数值预报器，修正 Vinti 解到全摄动解的残差，得到考虑 $J_2 \sim J_4$ 摄动，以及大气阻力的全摄动解。

摄动兰伯特算法收敛所需的迭代次数如图 8.9 所示。可以看出，采用二阶或三阶方法所需的迭代次数在这两个阶段都比一阶方法要少。然而，当展开阶数达到四阶时，所需的迭代次数反而增加了。

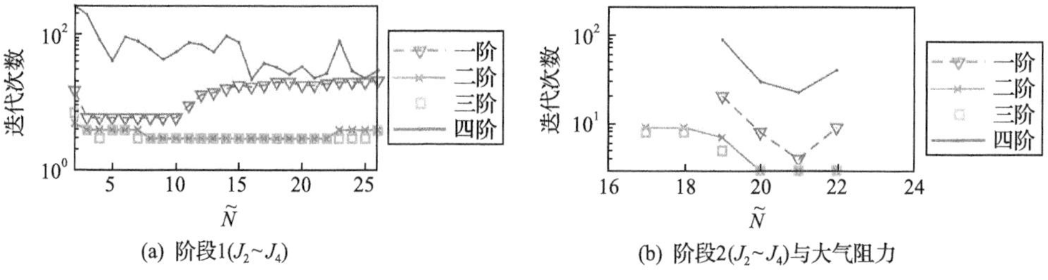

图 8.9　摄动兰伯特算法收敛所需的迭代次数

这一现象在图 8.10 中被清晰展露出来。该图为 $\tilde{N}=22$ 时，每一步迭代后的终端位置残差。第一阶段，残差的初始值约为 500km，即二体解在 Vinti 模型下会导致终点偏离目标位置约 500km。采用二阶或三阶方法进行同伦迭代，可使残差快速减小到容许的范围内，这展示了高阶映射比一阶映射具有更快的收敛速度。然而，当展开阶数达到四阶，残差下降速度反而不如一阶方法，因为阶数越高，收敛半径越小(图 8.11)，迭代过程的修正步长自适应变小了。在第二阶段，残差的初始值约为 700km，即 Vinti 解在全摄动模型下会导致终点偏离目标位置约 700km。第二阶段的收敛趋势与第一阶段相似，二阶与三阶方法的收敛速度更快，而四阶方法反而比一阶更慢。下面通过其中一个解的迭代过程对产生这种现象的原因进行分析。

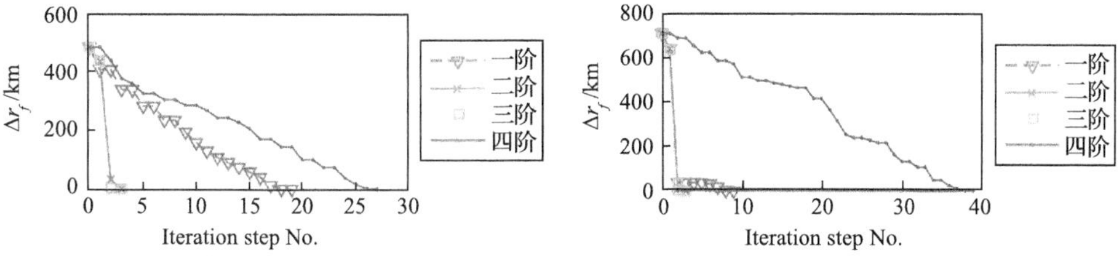

(a) 阶段1(J_2~J_4)　　(b) 阶段2(J_2~J_4)与大气阻力

图 8.10　摄动兰伯特算法迭代中的残差

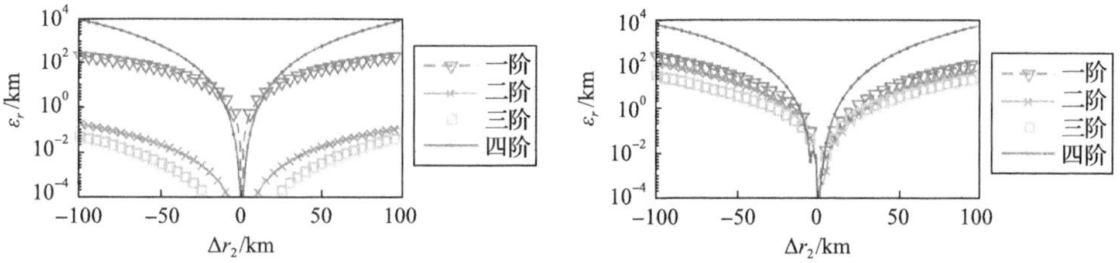

(a) 阶段1(J_2~J_4)　　(b) 阶段2(J_2~J_4)与大气阻力

图 8.11　高阶映射导致的终点位置误差

在算法 8.1 中，同伦迭代的每一步都使用高阶映射式(8.51)修正起点速度来减小残差。因此，迭代算法的收敛速度取决于高阶映射的精度。图 8.11 展示了高阶兰伯特解导致的终点位置误差。仅考虑 $J_2 \sim J_4$ 摄动，三阶映射具有最高的精度，若目标位置偏移在 100km 以内，高阶解导致的终点位置误差小于 50m。加上大气摄动后，在目标偏移 100km 内，高阶解的终点位置误差小于 25km。在这两个阶段，二阶方法的误差比三阶方法略大，但是量级基本一致。一阶方法的误差普遍比二阶、三阶方法的误差要大得多，这展现了高阶泰勒展开相对线性近似的优势。

然而，当展开阶数达到四阶时，终点位置误差随目标位置偏移急剧增大。在目标偏移 20km 以内，四阶映射的误差小于一阶情况，但是当偏移继续增大时，四阶映射的误差远远超过一阶映射达两个数量级。这是因为系统的泰勒级数在指定的范围内并不一定收敛，所以当自变量偏移过大时，更高阶展开反而会导致更大的误差。

在自适应同伦迭代方法中，往往需要利用高阶映射修正几百公里的终点残差。这时三阶映射的精度更高，可以显著减少迭代次数。

3. 高阶映射的精度

图 8.12 展示了不同时间跨度下高阶兰伯特解得到的速度误差。各曲线对应的转移方向与圈数配置如表 8.3 所示。

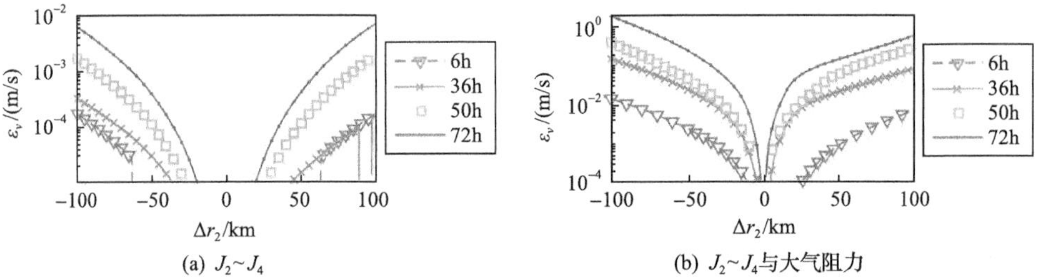

图 8.12　高阶映射得到的起点速度误差

表 8.3　转移方向与圈数配置

间隔/h	转移方向	$\tilde{N}$
6	长弧	2
36	短弧	21
50	短弧	30
72	长弧	44

由图 8.12 可知，随着转移时间的增长，高阶兰伯特解的误差会变大。当仅包含 $J_2 \sim J_4$ 摄动时，速度误差非常小，在 72h 内，若目标位置偏移小于 100km，高阶解的速度误差小于 0.01m/s。当加入大气阻力，速度误差在转移时间小于 72h，目标位置偏移小于 100km 的情况下，高阶解的速度误差小于 2m/s。对于近地轨道航天器，其速度一般在 7km/s 左右。与之相比可知，高阶方法可获得精度很高的兰伯特解。

8.4.3　边值问题高阶偏差映射在行星际转移中的应用

对于行星际转移任务，以出发时刻和到达时刻作为横坐标和纵坐标，可以绘制出不同出发/到达时间所需的速度增量等高线图，因其形状与猪排类似，也被称为猪排图(pork-chop plot)。创建猪排图被认为是构想行星际航行任务的首要任务，可为出发时刻与到达时刻的选择提供宝贵的见解[10]。然而，猪排图的创建需要对大量出发时刻和到达时刻穷举和组合，并对每一种组合求解一个兰伯特问题，而这样的组合数量可达十万量级。McMahon 等以地火转移任务为例，展示了利用线性兰伯特算法可以在保持适当精度的情况下，大幅节省绘制猪排图的计算耗时[5]。下面在一个相同的算例中，展示边值问题高阶映射的作用。

算例设定为，地球出发时刻为 2015 年 3 月 19 日～2015 年 9 月 5 日，火星到达时刻为 2017 年 4 月 25 日～2018 年 3 月 31 日，转移轨道选择顺行方向。地球和火星在给定时刻的位置使用 JPL 的 DE440 模型计算得到。以一天为步长，在给定时间区间内有 171 个出发时刻和 341 个到达时刻，共有 58311 个组合。对于每一个组合，求解对应的兰伯特问题，得到变轨所需的速度增量。如图 8.13 所示，该图是通过穷举法求解每个兰伯特问题得到的，可视为猪排图的真值。

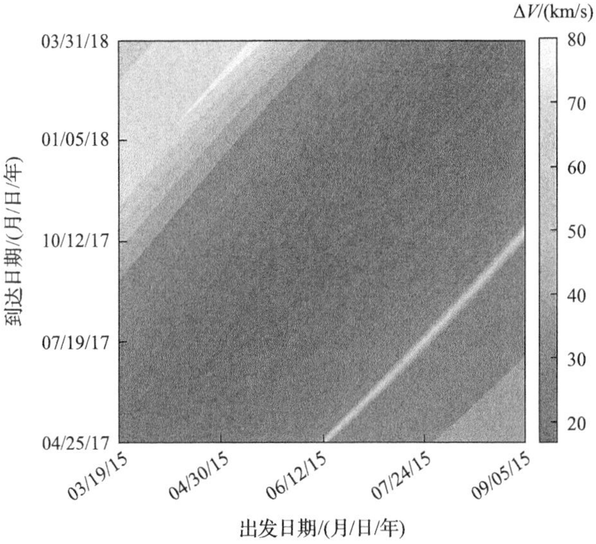

图 8.13　地火转移轨道速度增量真值

图 8.14 展示了不同出发/到达日期对应兰伯特转移的 λ 值。在图片的右下角，有一条 $\lambda=0$ 的直线，这意味着转移角度为 180°。在图的左上角，有一条直线两侧的 λ 值发生大幅跳跃，从 0.8 左右突然跳到–0.8。这是因为转移角很接近 0°，地球、火星、太阳处于同一条直线上。

图 8.15 展示了利用一阶、二阶、四阶兰伯特解计算得到的速度增量猪排图。为节省绘图空间，图中的横纵坐标为相对 2015 年 3 月 19 日的天数。其中，白色圆点为选取的标称点，间隔为 17 天。在标称点处，求解高阶兰伯特问题得到对应的高阶解。在非标称点，将其与最近标称点之间的偏差代入标称点的高阶兰伯特解，通过多项式求值直接得到该点的速度增量。换句话说，生成该图需要求解 231 个高阶兰伯特问题，剩下的 58080 个点的解由标称点的高阶解近似求解。可以看出，高阶近似得到的猪排图与真值图基本相似。一阶近似得到的等高线存在形状

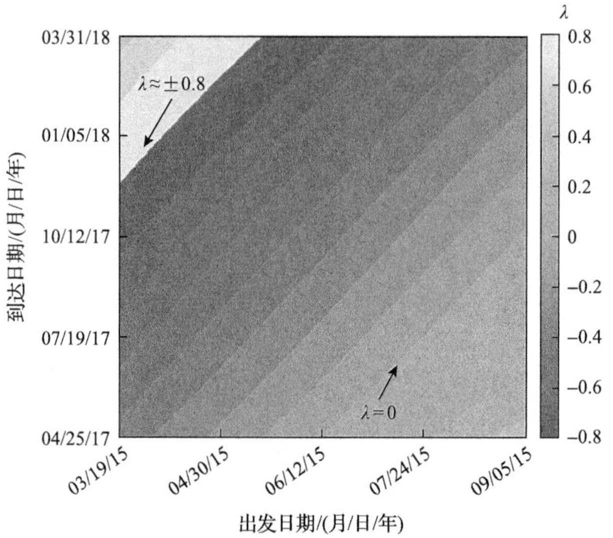

图 8.14　不同出发与到达日期对应的 λ 值

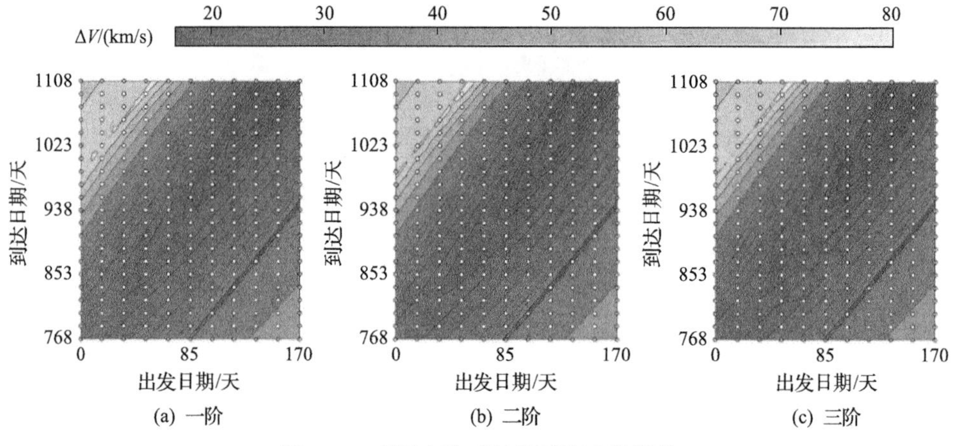

图 8.15　利用高阶映射得到的速度增量

畸变现象，当展开结束达到二阶或更高，等高线形状与真值图一致。

图 8.16 展示了利用高阶兰伯特解得到的速度增量相对误差。其中，第一行为起点处的速度增量 $\Delta \boldsymbol{v}_1$，第二行为终点处的速度增量 $\Delta \boldsymbol{v}_2$。三列图分别对应一阶、二阶、四阶解的误差。每幅图的标题括号内的数字表示有 95%的点的相对误差小于这个数字。显然，二阶及更高阶解要比线性解的精度高得多。对于大部分情况，线性解的误差在 1%以内。当展开阶数达到四阶，大部分误差在 0.00004%以内。

最大误差发生在左上角的一个倾斜条带内。这个条带对应图 8.14 中 λ 值发生

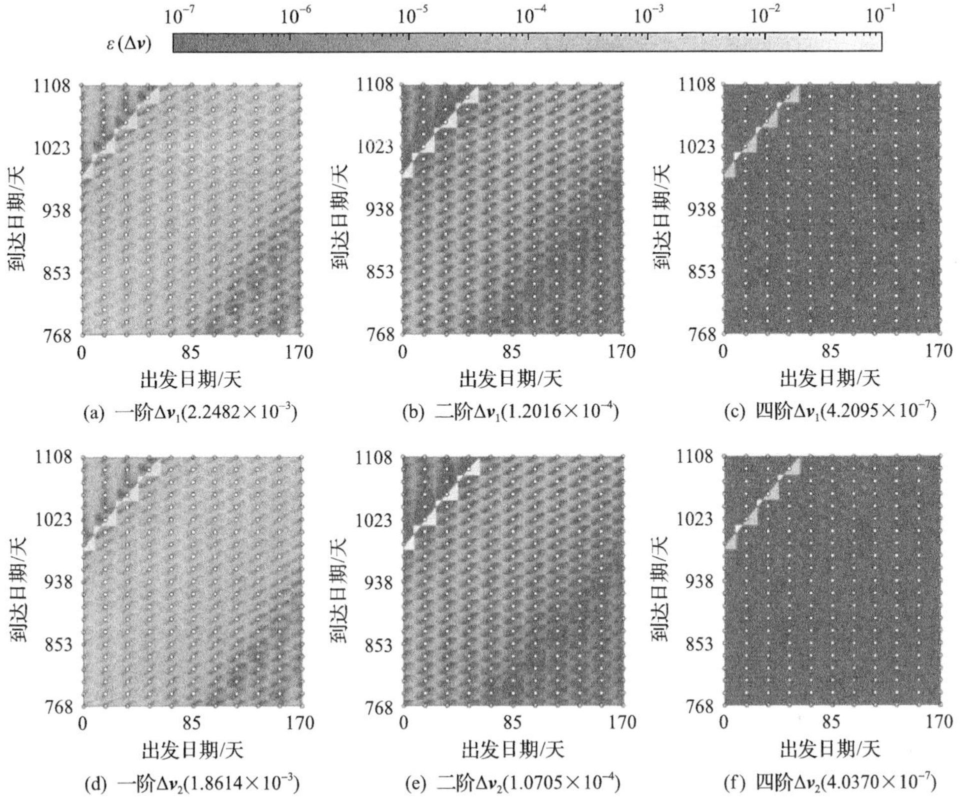

(a) 一阶$\Delta \boldsymbol{v}_1(2.2482\times10^{-3})$　(b) 二阶$\Delta \boldsymbol{v}_1(1.2016\times10^{-4})$　(c) 四阶$\Delta \boldsymbol{v}_1(4.2095\times10^{-7})$

(d) 一阶$\Delta \boldsymbol{v}_2(1.8614\times10^{-3})$　(e) 二阶$\Delta \boldsymbol{v}_2(1.0705\times10^{-4})$　(f) 四阶$\Delta \boldsymbol{v}_2(4.0370\times10^{-7})$

图 8.16　利用高阶映射得到的速度增量相对误差

跳变的区域，这是因为转移角接近 0°。这导致以标称点高阶解近似得到的解可能与真实解的方向正好相反。这种误差不是高阶近似本身带来的，而是由于猪排图对应的兰伯特转移方向在这些区域发生了跳变。值得指出的是，McMahon 等的线性解在右下角区域还存在一个大误差带，位于 $\lambda=0$ 附近，但是在本书的结果中不存在这个大误差带。这是因为本书的方法对于转移角为 180°的情况也不发生奇异，而 McMahon 等的方法在这种情况下存在奇异，会导致较大误差。

图 8.17 展示了采用高阶兰伯特方法生成猪排图的相对效率。其中，t_{pw} 为逐点求解 58311 个兰伯特问题所需的计算时间，t_{ho} 为采用高阶方法的结果，包含在 231 个标称点求解高阶兰伯特问题(浅色部分)，以及余下 58080 个点进行高阶近似(深色部分)所需的计算时间。总的来说，采用高阶方法可以大幅提升计算猪排图的效率。随着阶数的增加，计算耗时也在增加，这是因为高阶解需要计算更多的泰勒多项式系数。尽管如此，即便采用四阶展开，只需要花费 16%的计算时间就可以创建精度很高的猪排图。

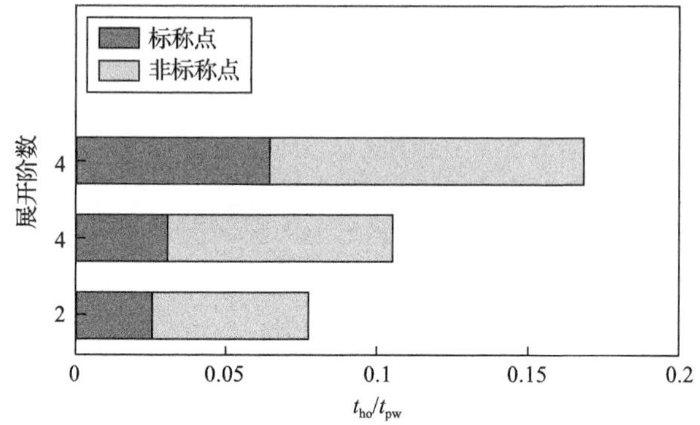

图 8.17 高阶方法相对计算耗时

参 考 文 献

[1] 理查德 · H.巴廷. 航天动力学的数学方法. 修订版. 倪彦硕, 蒋方华, 李俊峰, 译. 北京: 中国宇航出版社, 2018.

[2] Lancaster E, Blanchard R. A Unified Form of Lambert's Theorem. Washington: National Aeronautics and Space Administration, 1969: 52-215.

[3] Izzo D. Revisiting Lambert's problem. Celestial Mechanics and Dynamic Astronomy, 2015, 121: 1-15.

[4] Gooding R H. A Procedure for the solution of Lambert's orbital boundary-value problem. Celestial Mechanics and Dynamic Astronomy, 1990, 48(2): 145-165.

[5] McMahon J W, Scheeres D J. Linearized Lambert's problem solution. Journal of Guidance, Control, and Dynamics, 2016, 39(10): 2205-2218.

[6] Berz M. Modern Map Methods in Particle Beam Physics. London: Academic Press, 1999.

[7] Di Lizia P, Armellin R, Lavagna M. Application of high order expansions of two-point boundary value problems to astrodynamics. Celestial Mechanics and Dynamical Astronomy, 2008, 102(4): 355-375.

[8] Vinti J P. Orbital and celestial mechanics. Progress in Astronautics and Aeronautics, 1998, 177: 353-396.

[9] Yang Z, Luo Y Z, Zhang J, et al. Homotopic perturbed Lambert algorithm for long-duration rendezvous optimization. Journal of Guidance, Control, and Dynamics, 2015, 38(11): 2215-2222.

[10] Cianciolo A D, Powell R, Lockwood M K. Mars science laboratory launch-arrival space study: a pork chop plot analysis//2006 IEEE Aerospace Conference, Big Sky, 2006: 1-17.

第 9 章　太空目标编目短弧数据关联

对空间目标的编目管理可以追溯到 1957 年第一颗人造地球卫星的发射。随着航天器技术的日益发展，太空目标编目管理的应用范围已经从起初的军事领域拓展到民用领域，并贯穿卫星发射、在轨运行到陨落返回的整个卫星生命周期[1]。随着太空目标日益增多，空间碎片、巨型星座等目标对航天活动的威胁逐渐增大，为了有效减小空间碎片等目标与在轨航天器的碰撞风险，对太空目标编目管理的需求愈加迫切。太空目标编目是空间监视系统必须完成的基本任务，空间目标监视与轨道动力学相关的工作包括目标观测、轨道确定、轨道预报、误差分析等方面[2]。太空目标动态编目数据库及一套完整的预报方法是上述工作的基础，是一套完整的硬件系统和软件系统的总和。太空目标编目包括已编目目标轨道参数的更新、及时发现新目标、及时发现已有目标的轨道变化(变轨、陨落、解体等)。

在空间目标的编目管理中，首先需要面对的问题就是一段观测数据对应哪一个空间目标。该问题的出现是由于空间目标中的大多数是非合作目标。对合作目标，由于观测设备可以根据载荷发出的信号特征来识别目标，因此可忽略该问题。目前，空间目标监视系统观测的大部分目标为碰撞解体产生的碎片、废弃卫星、火箭残骸，以及从卫星和火箭分离或抛射出的物体。另外，还有一些不同国家的军事卫星，这些空间目标均为非合作目标。在对非合作目标的编目管理中，必须解决数据关联问题，即将观测数据与编目库中的空间目标对应起来。

9.1　太空目标编目问题描述

9.1.1　数据关联

数据关联问题最初被提出和研究是在导弹防御领域[3]。所谓的数据关联是将已编目的目标与观测数据关联起来。随着目标和观测设备数量的增加，问题的复杂程度会迅速增加。由于必须将每个目标轨迹与观测数据进行比较关联，并完成观测设备之间的信息交互，因此解决此问题的计算量会迅速增加。目前，最常用、最直接的数据关联方法就是根据目标运动状态的初始信息计算目标在未来一段时间内的轨迹，将其与观测数据进行比较，确定能否关联成功。美国太空目标监视网使用该方法可以使 90%以上的数据自动关联成功。能够有如此高的自动关联成功率与太空目标编目管理中的如下特点密切相关[1]。

(1)太空目标编目管理是一个连续的过程，每一个稳定编目的太空目标总会定期更新轨道，根据该轨道进行预报的结果在一定时期内可以保持一个不错的精度。

(2)大部分空间目标遵循一般的轨道运动模型，因为只有很少部分的空间目标是具有机动能力的卫星。

(3)对观测设备而言，空间目标的背景干扰较少，可以有效降低虚警概率。

(4)目前可编目目标的空间密度较低，数据关联的时候不会经常受到临近目标的干扰，导致关联错误。

在自动关联失败的数据中，绝大部分是由编目库中对应的空间目标轨道历元距离观测数据时间较长、预报精度较低导致的。此外，在出现多个目标轨道相近的情况下，也可能关联错误。因为此时有多个目标的预报轨迹与实际观测相近，考虑轨道预报误差和观测误差的因素，很难判定这段实测数据属于哪个目标。为了解决这个问题，需要进行“二次关联”，即将这段观测数据分别与每个目标以往观测数据结合，并进行定轨。如果定轨残差的均方根误差小于两倍测量误差，则认为关联成功。该方法被用在欧空局望远镜的数据处理中，能够有效实现对相近轨道卫星的数据关联[4]。

太空监视系统观测数据的关联成功率在一般情况下都可以稳定在比较高的水平，但是在某些特殊的情况会出现下降。例如，当出现碰撞解体事件时，会产生大量的新碎片，进而产生大量无法关联的观测数据。除此之外，一些异常的空间环境变化也可能导致数据关联成功率下降，如太阳暴、磁暴等。太阳暴导致高层大气密度出现异常，而描述空间目标运动的预报模型没有考虑此因素对轨道运动的影响，这会严重降低预报的精度，导致数据关联失败。相比已关联数据处理的流程，对未关联数据的处理要复杂得多。其中可能包含多个人工干预的过程，难以由计算机自动实现。

9.1.2 未关联数据处理

未关联数据又称 UCT(uncorrelated track)数据。通常情况下，太空目标监视网得到的观测数据中绝大部分能够与编目库中的太空目标成功关联。因此，从数据量上来讲，UCT 数据占观测数据总量的比重是很小的。但是，对于太空目标编目管理工作来说，对 UCT 数据的处理又非常关键，因为在没有外来引导数据的情况下，编目目标数量的增加主要取决于对 UCT 数据的处理。因为对关联数据的处理只能实现对已编目目标的轨道更新和预报，而对新目标(未编目目标)的编目只能通过 UCT 数据处理来实现。下面简单介绍 UCT 数据处理的主要流程和方法。

首先，再次确认这段数据是否完全没有可能与编目库中的任何一个目标关联。之所以需要再次确认，是因为关联失败可能是编目轨道的误差过大引起的。当轨道误差过大时，将相应预报结果与观测数据进行比对就会超出正常阈值，而这个阈值的选择通常是经验性的。此时，需要将这个关联阈值依据轨道和观测数据的误差进行适当放宽，然后根据新的阈值进行数据关联，若关联成功则通过微分修正方法进行轨道确定，实现编目库的更新。

当通过放宽阈值仍然无法实现关联或在关联之后无法完成精密定轨时，下一步需要做的就是对新目标的识别和编目。这部分的关键在于，从大量未关联观测数据中找出属于同一个目标的观测弧段，然后利用这些数据进行精密定轨。通常认为，当发现三段或者三段以上数据属于同一个目标并实现精密定轨后，可认定已经完成了对这个新目标的识别和编目。通常情况下，属于同一个目标的未关联数据在时间上是不重叠的，因此要实现这些数据之间的关联，必须借助空间目标的运动模型建立相应的动力学联系。

对于每段数据具有一定时间长度的情况，建立这种动力学联系主要通过初轨确定，进而得到每一段数据对应的初始轨道。利用空间目标轨道运动的规律，找出可能属于同一目标的初始轨道，这一步也称为轨道关联。在轨道关联成功后，则可以进一步尝试利用这些初始轨道聚类多段观测数据，进而进行精密定轨，实现对新目标的编目。由于初轨确定的精度通常情况不是很高，因此这里会产生三个问题，即在轨道关联中如何采用适当的方法和选取合理的阈值；当观测弧段甚短且初轨确定精度低(甚至不可信)时，如何实现多个观测弧段的聚类；在精密定轨中如何保证微分修正过程的收敛性。

当每段观测数据的时间跨度非常短时(如电子篱色、天基光学的观测数据)，要建立数据之间的动力学联系则需要采用完全不同的方法。这是因为对过短的观测弧段进行初轨计算很可能得到完全偏离真实轨道的结果，甚至定轨失败，从而无法进行轨道关联。对于此类数据，需要将任意两段数据进行组合，并进行初轨计算，从而得到备选轨道。然后，通过这些备选轨道，尝试建立数据间的动力学联系，实现短弧关联与多短弧聚类。当找出三段或三段以上数据属于同一目标时，则进一步尝试精密定轨，进而完成新目标的识别编目。其中，备选轨道的生成通常采用多圈定轨方法，并考虑由摄动力产生的长期效应的影响。可以看出，由于需要生成任意两条数据对应的备选轨道，因此这种方法的计算量会随着数据量的增加迅速增长。为了保证运算效率，建议引入并行算法。

为太空目标编目管理提供观测数据的监测设备主要分为雷达和光学望远镜两种。如图 9.1 所示，太空目标监视任务首先需要监视编目太空目标，其次基于编目库与最新观测数据对轨道机动、卫星释放等太空异常事件进行感知与告警，最后对轨道异常事件进行风险评估和溯源查证。美国借助其强大的经济军事实力及地缘政治优势，建有遍布全球、天地一体的空间监视网络，太空目标编目与态势感知能力强。相对而言，我国地基监视网络布站受限，而天基监视具有不受地理位置限制、可全天候运行等特点，发展前景广阔。其中，天基光学监视由于功耗低、重量小、作用距离远，更是主流趋势。

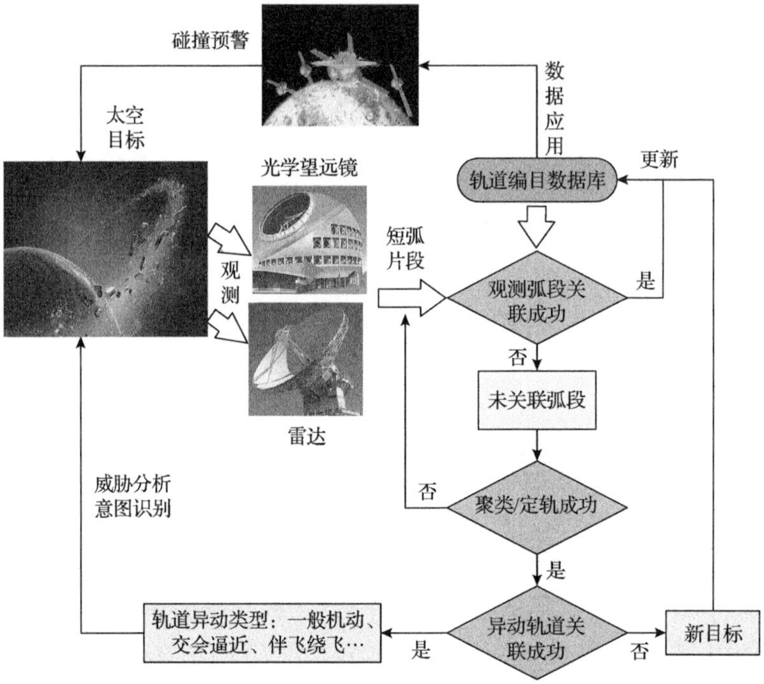

图 9.1　太空态势感知功能任务流程示意图

然而，由于观测设备相比太空目标的数量要小得多，且太空目标间相对速度大，天基光学观测获得的观测资料多为短弧片段，甚至是十几秒的甚短弧，不能直接进行轨道确定或定轨精度低，因此需要解决短弧光学片段间的关联匹配问题，以及多短弧聚类问题，并进一步进行精密定轨，从而实现编目更新。

9.2　基于容许域与偏差演化的短弧关联

在短弧条件下的观测数据关联首先需要解决任意两段短弧片段间的关联问题，其次需要进行多短弧聚类问题，从而为目标的精密轨道确定提供充分的观测数据。下面介绍一种基于容许域与偏差演化的两两短弧关联方法，包括观测数据预处理、容许域定义与计算、观测误差预报、判别指标优化及阈值确定等内容。

9.2.1　观测数据预处理

在天基光学观测中，每个短弧观测片段通常包括若干个观测数据点，而每个观测数据点包含被观测太空目标相对于光学观测卫星的赤经、赤纬信息。为了方便后续处理，通常可以用一个向量 $\boldsymbol{A}$ 来概括一个短弧观测片段所包含的有效信息[5]，即

$$\boldsymbol{A}=[\alpha,\delta,\dot{\alpha},\dot{\delta}] \tag{9.1}$$

其中，α、δ 分别为赤经、赤纬在弧段中间时刻 $\bar{t}$ 的拟合值；$\dot{\alpha}$、$\dot{\delta}$ 分别为赤经、赤纬拟合值在弧段中间时刻 $\bar{t}$ 的变化率；$\boldsymbol{A}$ 可以通过数据预处理得到，预处理的目的在于，尽可能地避免原始观测数据中可能存在的偶然误差对短弧片段关联结果造成的不利影响，同时得到更多的可用信息。

数据预处理分别对每个观测弧段中的赤经、赤纬关于时间的函数关系式进行多项式拟合，剔除个别存在明显异常的观测数据点，并得到赤经、赤纬随时间的变化率信息。一般而言，采用二次多项式拟合即可，最多不宜超过三次，否则将产生过拟合现象而造成不利影响。下面采用二次多项式分别对每个观测弧段中赤经、赤纬关于时间的函数式进行拟合，设赤经 α、赤纬 δ 对时间的函数 $\alpha(t)$、$\delta(t)$ 分别为

$$\begin{aligned}\alpha(t) &= a_0 + a_1 t + a_2 t^2 \\ \delta(t) &= b_0 + b_1 t + b_2 t^2\end{aligned} \tag{9.2}$$

其中，a_0、a_1、a_2、b_0、b_1、b_2 为多项式待定系数，即

$$\begin{aligned}& a_0 = \alpha_1, \quad a_1 = \frac{\alpha_{n_{i,j}} - \alpha_1}{t_{n_{i,j}} - t_1}, \quad a_2 = 0 \\ & b_0 = \delta_1, \quad b_1 = \frac{\delta_{n_{i,j}} - \delta_1}{t_{n_{i,j}} - t_1}, \quad b_2 = 0\end{aligned} \tag{9.3}$$

其中，$n_{i,j}$ 为观测数据点个数。

$\alpha(t)$ 对 a_0、a_1、a_2 的偏导数，以及 $\delta(t)$ 对 b_0、b_1、b_2 的偏导数分别为

$$\begin{aligned}& \frac{\partial \alpha(t)}{\partial a_0} = 1, \quad \frac{\partial \alpha(t)}{\partial a_1} = t, \quad \frac{\partial \alpha(t)}{\partial a_2} = t^2 \\ & \frac{\partial \delta(t)}{\partial b_0} = 1, \quad \frac{\partial \delta(t)}{\partial b_1} = t, \quad \frac{\partial \delta(t)}{\partial b_2} = t^2\end{aligned} \tag{9.4}$$

因此，可以使用最小二乘法得到对 a_0、a_1、a_2 初值的改进量 Δa_0、Δa_1、Δa_2，以及对 b_0、b_1、b_2 初值的改进量 Δb_0、Δb_1、Δb_2，即

$$\begin{aligned}& \begin{bmatrix}\Delta a_0 \\ \Delta a_1 \\ \Delta a_2\end{bmatrix} = (\boldsymbol{B}^{\mathrm{T}}\boldsymbol{B})^{-1}\boldsymbol{B}^{\mathrm{T}}\Delta\boldsymbol{\alpha} \\ & \begin{bmatrix}\Delta b_0 \\ \Delta b_1 \\ \Delta b_2\end{bmatrix} = (\boldsymbol{B}^{\mathrm{T}}\boldsymbol{B})^{-1}\boldsymbol{B}^{\mathrm{T}}\Delta\boldsymbol{\delta}\end{aligned} \tag{9.5}$$

$$\boldsymbol{B}=\begin{bmatrix}1 & t_1 & t_1^2\\ \vdots & \vdots & \vdots\\ 1 & t_{n_{i,j}} & t_{n_{i,j}}^2\end{bmatrix},\quad \Delta\boldsymbol{\alpha}=\begin{bmatrix}\alpha_1-\tilde{\alpha}_1\\ \vdots\\ \alpha_{n_{i,j}}-\tilde{\alpha}_{n_{i,j}}\end{bmatrix},\quad \Delta\boldsymbol{\delta}=\begin{bmatrix}\delta_1-\tilde{\delta}_1\\ \vdots\\ \delta_{n_{i,j}}-\tilde{\delta}_{n_{i,j}}\end{bmatrix} \tag{9.6}$$

其中，$\boldsymbol{B}$ 为 $n_{i,j}\times 3$ 的矩阵；$\Delta\boldsymbol{\alpha}$ 为 $n_{i,j}$ 维的向量；$\tilde{\alpha}_k=a_0+a_1t_k+a_2t_k^2,k=1,2,\cdots,n_{i,j}$ 为赤经的多项式预测值；$\Delta\boldsymbol{\delta}$ 为 $n_{i,j}$ 维的向量；$\tilde{\delta}_k=b_0+b_1t_k+b_2t_k^2$ 为赤纬的多项式预测值。

可将 a_0、a_1、a_2，以及 b_0、b_1、b_2 更新为

$$\begin{aligned}\begin{bmatrix}a_0\\a_1\\a_2\end{bmatrix}&=\begin{bmatrix}a_0\\a_1\\a_2\end{bmatrix}+\begin{bmatrix}\Delta a_0\\\Delta a_1\\\Delta a_2\end{bmatrix}\\ \begin{bmatrix}b_0\\b_1\\b_2\end{bmatrix}&=\begin{bmatrix}b_0\\b_1\\b_2\end{bmatrix}+\begin{bmatrix}\Delta b_0\\\Delta b_1\\\Delta b_2\end{bmatrix}\end{aligned} \tag{9.7}$$

重复最小二乘法计算，a_0、a_1、a_2，b_0、b_1、b_2 的更新过程，直至 $[\Delta a_0\quad \Delta a_1\quad \Delta a_2]^{\mathrm{T}}$、$[\Delta b_0\quad \Delta b_1\quad \Delta b_2]^{\mathrm{T}}$ 小于设定的阈值(例如，阈值可取为 10^{-6})，最终可以得到拟合出的参数 a_0、a_1、a_2，b_0、b_1、b_2。

定义一个观测弧段的中间时刻为 $\overline{t}_{n_{i,j}}=t_{(\mathrm{int})((1+n_{i,j})/2)}$，其中 $(\mathrm{int})((1+n_{i,j})/2)$ 表示对应观测弧段的中间行序号，由此对每一个观测弧段 $M_{i,j}=\{[t_k,\alpha_k,\delta_k,\boldsymbol{r}_k^s,\boldsymbol{v}_k^s],k=1,2,\cdots,n_{i,j}\}$ 都有一个对应的中间时刻数据点 $N_{i,j}$，即

$$N_{i,j}=[\overline{t},\alpha,\delta,\dot{\alpha},\dot{\delta},\boldsymbol{r}^s,\boldsymbol{v}^s] \tag{9.8}$$

其中，α 为中间时刻赤经；δ 为中间时刻赤纬；$\dot{\alpha}$ 为中间时刻赤经变化率；$\dot{\delta}$ 为中间时刻赤纬变化率；$\boldsymbol{r}^s$、$\boldsymbol{v}^s$ 分别为中间时刻对应光学观测卫星的位置矢量与速度矢量。

$$\begin{aligned}&\alpha=a_0+a_1\overline{t}+a_2\overline{t}^2\\&\dot{\alpha}=a_1+2a_2\overline{t}\\&\delta=b_0+b_1\overline{t}+b_2\overline{t}^2\\&\dot{\delta}=b_1+2b_2\overline{t}\\&\boldsymbol{r}^s=\boldsymbol{r}^s\ (\overline{t})\\&\boldsymbol{v}^s=\boldsymbol{v}^s\ (\overline{t})\end{aligned} \tag{9.9}$$

对于每个观测数据点，可用式(9.2)得到对应时刻的赤经、赤纬拟合值，将对应时刻的赤经、赤纬拟合值与实际观测值作差，可以得到赤经、赤纬的残差。根据总体标准差计算公式，可得一个弧段的拟合值与实际观测值残差的标准差σ，即

$$\sigma = \sqrt{\frac{\sum_{k=1}^{n_{i,j}} (x_k - \overline{\mu})^2}{n_{i,j} - 1}} \tag{9.10}$$

其中，x_k为第k个观测数据点的残差；$\overline{\mu}$为残差均值；$n_{i.j}$为观测数据点个数。

若某观测数据点的残差大于3σ，则认定该点为坏点，并将该观测数据点从对应观测弧段中剔除，从而减小不良数据对后续轨道关联与聚类效果的影响。

此外，观测历元时刻及观测卫星在地心惯性系中的位置矢量$\boldsymbol{r}^s(\overline{t})$与速度矢量$\boldsymbol{v}^s(\overline{t})$也是编目关联时必不可少的关键信息。进一步，可以定义拓展矢量$\boldsymbol{\chi}$，即

$$\boldsymbol{\chi} = [\boldsymbol{A}, \overline{t}, \boldsymbol{r}^s(\overline{t}), \boldsymbol{v}^s(\overline{t})] \tag{9.11}$$

一般而言，观测卫星的位置速度矢量$[\boldsymbol{r}^s(\overline{t}), \boldsymbol{v}^s(\overline{t})]$被认为是精确已知的，因为观测卫星通常是被精心维护的合作目标。

9.2.2　容许域定义与计算

容许域相关概念最早由 Milani 等[6]提出，它是根据被观弧段的测角和测角变化率信息，以及其他先验信息在距离ρ-距离变化率$\dot{\rho}$平面上划定的一个限制性区域。该区域用于表示被观弧段所有备选轨道的集合。下面对如何计算容许域及其原理进行简要介绍。

众所周知，任意空间目标在地心惯性系下的轨道状态$(\boldsymbol{r}^t, \boldsymbol{v}^t)$可以由六个分量进行完备的描述。最典型的例子是经典轨道六根数$(a, e, i, \Omega, \omega, f)$。同样，使用赤经$\alpha$、赤纬$\delta$、斜距$\rho$及其变化率$\dot{\alpha}$、$\dot{\delta}$、$\dot{\rho}$这六个分量也可以对空间目标的轨道状态$(\boldsymbol{r}^t, \boldsymbol{v}^t)$进行完备的描述，且满足

$$\begin{aligned} \boldsymbol{r}^t &= \boldsymbol{r}^s + \rho \cdot \boldsymbol{u}_\rho \\ \boldsymbol{v}^t &= \boldsymbol{v}^s + \dot{\rho} \cdot \boldsymbol{u}_\rho + \rho \cdot \dot{\alpha} \cdot \boldsymbol{u}_\alpha + \rho \cdot \dot{\delta} \cdot \boldsymbol{u}_\delta \end{aligned} \tag{9.12}$$

其中，$\boldsymbol{r}^s$、$\boldsymbol{v}^s$代表天基观测平台的位置、速度矢量，由于天基观测平台为合作目标，其轨道状态$(\boldsymbol{r}^s, \boldsymbol{v}^s)$可以认为是已知的；中间参数$\boldsymbol{u}_\rho$、$\boldsymbol{u}_\alpha$、$\boldsymbol{u}_\delta$的定义为

$$\boldsymbol{u}_\rho=\begin{bmatrix}\cos\alpha\cdot\cos\delta\\ \sin\alpha\cdot\cos\delta\\ \sin\delta\end{bmatrix},\quad \boldsymbol{u}_\alpha=\begin{bmatrix}-\sin\alpha\cdot\cos\delta\\ \cos\alpha\cdot\cos\delta\\ 0\end{bmatrix},\quad \boldsymbol{u}_\delta=\begin{bmatrix}-\cos\alpha\cdot\sin\delta\\ -\sin\alpha\cdot\sin\delta\\ \cos\delta\end{bmatrix} \tag{9.13}$$

空间目标轨道能量ε可表示为

$$\varepsilon=\frac{\|\boldsymbol{v}^t\|^2}{2}-\frac{\mu}{\|\boldsymbol{r}^t\|} \tag{9.14}$$

其中，μ为地心引力常数。

由此可得

$$2\varepsilon=\dot{\rho}^2+w_1\dot{\rho}+F(\rho) \tag{9.15}$$

其中

$$F(\rho)=w_2\rho^2+w_3\rho+w_4-\frac{2\mu}{\sqrt{\rho^2+w_5\rho+w_0}} \tag{9.16}$$

其中

$$\begin{aligned}&w_0=\|\boldsymbol{r}^t\|^2,\quad w_1=2(\boldsymbol{v}^t\cdot\boldsymbol{u}_\rho),\quad w_2=\dot{\alpha}^2\cos^2\delta+\dot{\delta}^2\\&w_3=2\dot{\alpha}(\boldsymbol{v}^t\cdot\boldsymbol{u}_\alpha)+2\dot{\delta}(\boldsymbol{v}^t\cdot\boldsymbol{u}_\delta),\quad w_4=\|\boldsymbol{v}^t\|^2,\quad w_5=2(\boldsymbol{r}^t\cdot\boldsymbol{u}_\rho)\end{aligned} \tag{9.17}$$

由此可得

$$\dot{\rho}=-\frac{w_1}{2}\pm\sqrt{\left(\frac{w_1}{2}\right)^2-F(\rho)+2\varepsilon} \tag{9.18}$$

对于任意绕地卫星而言，需满足$\varepsilon<0$约束，由此所有绕地卫星可能的$(\rho,\dot{\rho})$组合必定位于$\dot{\rho}=-\frac{w_1}{2}\pm\sqrt{\left(\frac{w_1}{2}\right)^2-F(\rho)}$在距离-距离变化率（$\rho$-$\dot{\rho}$）平面划定的满足$\varepsilon<0$的区域。

此外，若知道被测目标的某些先验信息，其容许域范围还能够进一步缩小。由二体问题中的能量积分公式可知

$$\varepsilon=-\frac{\mu}{2a} \tag{9.19}$$

由式(9.18)可得

$$\dot{\rho} = -\frac{w_1}{2} \pm \sqrt{\left(\frac{w_1}{2}\right)^2 - F(\rho) - \frac{\mu}{a}} \tag{9.20}$$

因此，若已知被测目标半长轴的大致取值范围$[a_{\min}, a_{\max}]$，当半长轴 a 分别取区间$[a_{\min}, a_{\max}]$的上界和下界时，会在 $\rho - \rho$ 平面上分别得到两条曲线，设 $\rho - \dot{\rho}$ 平面上这两条曲线之间圈定的区域为 C_1，则容许域可进一步缩小为 C_1，即被测目标可能的 $(\rho, \dot{\rho})$ 组合仅能在区域 C_1 内选取。

类似地，若已知被测目标偏心率的大致取值范围$[e_{\min}, e_{\max}]$，容许域范围也能够相应缩小。由二体问题中的角动量积分公式可知

$$p = \frac{\|\boldsymbol{h}\|^2}{\mu} \tag{9.21}$$

其中，p 为半通径；$\boldsymbol{h}$ 为角动量矢量。

同时，根据半通径 p 的定义有

$$p = a(1 - e^2) \tag{9.22}$$

由此可得

$$2\varepsilon \|\boldsymbol{h}\|^2 = -\mu^2 (1 - e^2) \tag{9.23}$$

根据角动量矢量 $\boldsymbol{h}$ 的定义可知

$$\boldsymbol{h} = \boldsymbol{r} \times \boldsymbol{v} \tag{9.24}$$

由此可得

$$\boldsymbol{h} = \boldsymbol{h}_1 \dot{\rho} + \boldsymbol{h}_2 \rho^2 + \boldsymbol{h}_3 \rho + \boldsymbol{h}_4 \tag{9.25}$$

其中，辅助矢量 $\boldsymbol{h}_1 \sim \boldsymbol{h}_4$ 定义为

$$\begin{gathered} \boldsymbol{h}_1 = \boldsymbol{r}^s \times \boldsymbol{u}_\rho \\ \boldsymbol{h}_2 = \boldsymbol{u}_\rho \times (\dot{\alpha} \boldsymbol{u}_\alpha + \dot{\delta} \boldsymbol{u}_\delta) \\ \boldsymbol{h}_3 = \boldsymbol{u}_\rho \times \boldsymbol{v}^s + \boldsymbol{r}^s \times (\dot{\alpha} \boldsymbol{u}_\alpha + \dot{\delta} \boldsymbol{u}_\delta) \\ \boldsymbol{h}_4 = \boldsymbol{r}^s \times \boldsymbol{v}^s \end{gathered} \tag{9.26}$$

由式(9.25)进一步推导可得

$$\|\boldsymbol{h}\|^2 = c_0 \dot{\rho}^2 + P(\rho) \dot{\rho} + U(\rho) \tag{9.27}$$

其中

$$P(\rho) = c_1\rho^2 + c_2\rho + c_3$$
$$U(\rho) = c_4\rho^4 + c_5\rho^3 + c_6\rho^2 + c_7\rho + c_8 \tag{9.28}$$

辅助标量 $c_0 \sim c_8$ 定义为

$$\begin{aligned} &c_0 = \|\boldsymbol{h}_1\|^2,\quad c_1 = 2\boldsymbol{h}_1 \cdot \boldsymbol{h}_2,\quad c_2 = 2\boldsymbol{h}_1 \cdot \boldsymbol{h}_3 \\ &c_3 = 2\boldsymbol{h}_1 \cdot \boldsymbol{h}_4,\quad c_4 = \|\boldsymbol{h}_2\|^2,\quad c_5 = 2\boldsymbol{h}_2 \cdot \boldsymbol{h}_3 \\ &c_6 = 2\boldsymbol{h}_2 \cdot \boldsymbol{h}_4 + \|\boldsymbol{h}_3\|^2,\quad c_7 = 2\boldsymbol{h}_3 \cdot \boldsymbol{h}_4,\quad c_8 = \|\boldsymbol{h}_4\|^2 \end{aligned} \tag{9.29}$$

将式(9.27)代入式(9.23)，在偏心率范围约束下，被观测目标的斜距 ρ 与斜距变化率 $\dot{\rho}$ 应当满足

$$(\dot{\rho}^2 + w_1\dot{\rho} + F(\rho))(c_0\dot{\rho}^2 + P(\rho)\dot{\rho} + U(\rho)) = -\mu^2(1-e^2) \tag{9.30}$$

当偏心率 e 分别取 $[e_{\min}, e_{\max}]$ 的上界和下界时，会在 ρ-$\dot{\rho}$ 平面得到两条曲线，设在 ρ-$\dot{\rho}$ 平面上这两条曲线圈定的区域为 C_2，被测目标的 ρ 与 $\dot{\rho}$ 只能在区域 C_2 内选取。

在某些情况下，斜距 ρ 的取值区间 $[\rho_{\min}, \rho_{\max}]$，以及斜距变化率 $\dot{\rho}$ 的取值区间 $[\dot{\rho}_{\min}, \dot{\rho}_{\max}]$ 也可以通过估算得出。斜距与斜距变化率的取值区间 $[\rho_{\min}, \rho_{\max}]$ 与 $[\dot{\rho}_{\min}, \dot{\rho}_{\max}]$ 可按下式估算，即

$$\begin{aligned} &\rho_{\max} = r_{\text{apo}}^s + r_{\text{apo}}^t \\ &\rho_{\min} = \begin{cases} \max(r_{\text{peri}}^s, r_{\text{peri}}^t) - \min(r_{\text{apo}}^s, r_{\text{apo}}^t), & \max(r_{\text{peri}}^s, r_{\text{peri}}^t) > \min(r_{\text{apo}}^s, r_{\text{apo}}^t) \\ 0, \quad \max(r_{\text{peri}}^s, r_{\text{peri}}^t) < \min(r_{\text{apo}}^s, r_{\text{apo}}^t) \end{cases} \\ &\dot{\rho}_{\max} = v_{\text{apo}}^s + v_{\text{apo}}^t \\ &\dot{\rho}_{\min} = \begin{cases} \max(v_{\text{peri}}^s, v_{\text{peri}}^t) - \min(v_{\text{apo}}^s, v_{\text{apo}}^t), & \max(v_{\text{peri}}^s, v_{\text{peri}}^t) > \min(v_{\text{apo}}^s, v_{\text{apo}}^t) \\ 0, \quad \max(v_{\text{peri}}^s, v_{\text{peri}}^t) < \min(v_{\text{apo}}^s, v_{\text{apo}}^t) \end{cases} \end{aligned} \tag{9.31}$$

其中，r、v 为位置、速度的大小；上标 s、t 为天基观测卫星、被观测目标；下标 peri、apo 为近地点、远地点，例如 v_{apo}^s 表示天基观测卫星在远地点处速度的大小。

由于被观测目标在近地点与远地点处的准确位置速度无从得知，此处采用大致的估计值即可。

设根据斜距 ρ 的取值区间 $[\rho_{\min}, \rho_{\max}]$，以及斜距变化率 $\dot{\rho}$ 的取值区间 $[\dot{\rho}_{\min}, \dot{\rho}_{\max}]$ 圈定的区域分别为 C_3 与 C_4，则各观测弧段对应目标轨道在斜距与斜距变化率平面上的容许域范围为区域 C_1、区域 C_2、区域 C_3 与区域 C_4 的交集，即

$$R = C_1 \cap C_2 \cap C_3 \cap C_4 \tag{9.32}$$

其中，R 为观测弧段对应目标轨道在斜距与斜距变化率平面上的最终容许域范围。

容许域常见约束及容许域示意图如图 9.2 所示。

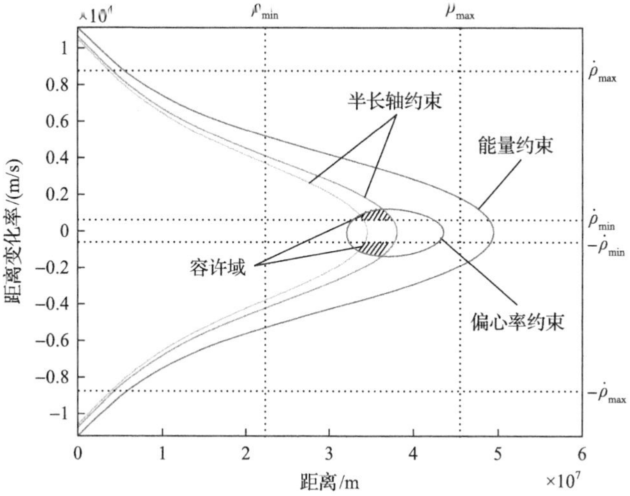

图 9.2　容许域常见约束及容许域示意图

需要注意的是，若被观测目标无任何可用先验信息，则按绕地卫星应满足的基本能量约束条件 $\varepsilon < 0$ 对容许域进行估算即可。

9.2.3　基于偏差演化的弧段关联

容许域 R 表征的是符合当前观测弧段的观测信息和已知先验信息的所有可能轨道状态的集合。若要判别两观测弧段 E 和 F 是否可能存在关联关系，属于同一个空间目标，则可通过优化的方式在弧段 E 的容许域 R_E 内寻找是否存在这样一条可能的轨道状态 $(\boldsymbol{r}',\boldsymbol{v}')$，使 $(\boldsymbol{r}',\boldsymbol{v}')$ 预报至弧段 F 的观测时刻时，通过 $(\boldsymbol{r}',\boldsymbol{v}')$ 预报计算的赤经赤纬理论观测值与弧段 F 赤经赤纬实际观测值间的关联判别指标小于设定的阈值。若这样的轨道状态 $(\boldsymbol{r}',\boldsymbol{v}')$ 存在，则认为观测弧段 E 和 F 之间存在关联关系，属于同一目标；否则，不存在关联关系。

关联判别指标可以采用马氏距离 M。马氏距离 M 是工程中广泛用于评定数据之间相似度的指标，且马氏距离 M 是无量纲量，不受单位不同的影响。但是，计算马氏距离需要利用到偏差信息，因此涉及偏差在不同坐标系统间的转换及非线性预报问题。

显然，弧段 E 容许域 R_E 中任意一点 $(\rho,\dot{\rho})$ 表征弧段 E 中间时刻 $\overline{t}_E$ 可能对应的一组潜在轨道状态 $\boldsymbol{x}_{\overline{t}_E} = (\boldsymbol{r},\boldsymbol{v})$，$R_E$ 计算时需要利用弧段中间时刻 $\overline{t}_E$ 对应的赤经 α、赤纬 δ 及其变化率 $\dot{\alpha}$、$\dot{\delta}$。这些信息包含在弧段 E 的拓展归因矢量 $\boldsymbol{\chi}_E$ 中。给

定容许域 R_E 中的任意一点 $(\rho,\dot{\rho})$ ，其对应的潜在轨道状态 $\boldsymbol{x}_{\bar{t}_E}=(\boldsymbol{r},\boldsymbol{v})$ 可通过下式进行计算，即

$$\boldsymbol{r}=\begin{bmatrix} r_x \\ r_y \\ r_z \end{bmatrix}=\rho\cdot\begin{bmatrix} \cos\alpha\cdot\cos\delta \\ \sin\alpha\cdot\cos\delta \\ \sin\delta \end{bmatrix}+\boldsymbol{r}^s$$

$$\boldsymbol{v}=\begin{bmatrix} v_x \\ v_y \\ v_z \end{bmatrix}=\dot{\rho}\cdot\begin{bmatrix} \cos\alpha\cdot\cos\delta \\ \sin\alpha\cdot\cos\delta \\ \sin\delta \end{bmatrix}+\rho\cdot\dot{\alpha}\cdot\begin{bmatrix} -\sin\alpha\cdot\cos\delta \\ \cos\alpha\cdot\cos\delta \\ 0 \end{bmatrix}+\rho\cdot\dot{\delta}\cdot\begin{bmatrix} -\cos\alpha\cdot\sin\delta \\ -\sin\alpha\cdot\sin\delta \\ \cos\delta \end{bmatrix}+\boldsymbol{v}^s \tag{9.33}$$

若要对观测偏差信息进行预报，还需要构建观测弧段 E 在 $\bar{t}_E$ 时刻对应轨道状态 $\boldsymbol{x}_{\bar{t}_E}$ 在当地轨道坐标系下的初始状态协方差矩阵 $\boldsymbol{P}_{\bar{t}_E}^{\mathrm{RTN}}$ 。$\boldsymbol{P}_{\bar{t}_E}^{\mathrm{RTN}}$ 可通过 $\boldsymbol{x}_{\bar{t}_E}$ 在观测空间内的协方差矩阵 $\boldsymbol{P}_{\bar{t}_E}^{\mathrm{OPT}}$ 进行坐标系变换得到，而构建 $\boldsymbol{P}_{\bar{t}_E}^{\mathrm{OPT}}$ 需要已知对整个观测弧段的数据点进行多项式拟合得到的中间时刻赤经 α 、中间时刻赤纬 δ 及其变化率 $\dot{\alpha}$ 、$\dot{\delta}$ 的标准差，拟合后的标准差可根据原始数据单点标准差进行估算，估算公式为[5]

$$\begin{aligned}&\sigma_{\alpha}=\frac{1}{\sqrt{n_{i,j}}}\sigma_{\alpha_{\mathrm{raw}}},\quad \sigma_{\dot{\alpha}}=\frac{2\sqrt{3}}{\Delta T\sqrt{n_{i,j}}}\sigma_{\alpha_{\mathrm{raw}}}\\ &\sigma_{\theta}=\frac{1}{\sqrt{n_{i,j}}}\sigma_{\theta_{\mathrm{raw}}},\quad \sigma_{\dot{\theta}}=\frac{2\sqrt{3}}{\Delta T\sqrt{n_{i,j}}}\sigma_{\theta_{\mathrm{raw}}}\end{aligned} \tag{9.34}$$

其中，$\sigma_{\alpha_{\mathrm{raw}}}$ 、$\sigma_{\theta_{\mathrm{raw}}}$ 为原始数据赤经、赤纬单点观测标准差； $n_{i,j}$ 为观测弧段的数据点数量；ΔT 为观测弧段首尾数据点横跨的时间长度。

观测弧段 E 对应轨道状态在观测空间内的协方差矩阵 $\boldsymbol{P}_{\bar{t}_E}^{\mathrm{OPT}}$ 可表示为

$$\boldsymbol{P}_{\bar{t}_E}^{\mathrm{OPT}}=\begin{bmatrix} {\sigma_{\alpha}}^2 & 0 & 0 & 0 \\ 0 & {\sigma_{\theta}}^2 & 0 & 0 \\ 0 & 0 & {\sigma_{\dot{\alpha}}}^2 & 0 \\ 0 & 0 & 0 & {\sigma_{\dot{\theta}}}^2 \end{bmatrix} \tag{9.35}$$

根据坐标系统变换关系， $\boldsymbol{P}_{\bar{t}_E}^{\mathrm{RTN}}$ 可通过 $\boldsymbol{P}_{\bar{t}_E}^{\mathrm{OPT}}$ 由下式计算得到，即

$$\boldsymbol{P}_{\bar{t}_E}^{\mathrm{RTN}}=\boldsymbol{M}_{\mathrm{ECI}\to\mathrm{RTN}}\cdot\boldsymbol{M}_{\mathrm{OPT}\to\mathrm{ECI}}\cdot\boldsymbol{P}_{\bar{t}_E}^{\mathrm{OPT}}\cdot\boldsymbol{M}_{\mathrm{OPT}\to\mathrm{ECI}}^{\mathrm{T}}\cdot\boldsymbol{M}_{\mathrm{ECI}\to\mathrm{RTN}}^{\mathrm{T}} \tag{9.36}$$

其中，$\boldsymbol{M}_{\mathrm{OPT}\to\mathrm{ECI}}$、$\boldsymbol{M}_{\mathrm{ECI}\to\mathrm{RTN}}$分别为观测空间到地心惯性系、地心惯性系到当地轨道坐标系的转换矩阵。

$$\boldsymbol{M}_{\mathrm{OPT}\to\mathrm{ECI}}=\begin{bmatrix} -\rho\sin(\alpha)\cos(\delta) & -\rho\cos(\alpha)\sin(\delta) & 0 & 0 \\ \rho\cos(\alpha)\cos(\delta) & -\rho\sin(\alpha)\sin(\delta) & 0 & 0 \\ 0 & \rho\cos(\delta) & 0 & 0 \\ A_1 & A_2 & -\rho\sin(\alpha)\cos(\delta) & -\rho\cos(\alpha)\sin(\delta) \\ A_3 & A_4 & \rho\cos(\alpha)\cos(\delta) & -\rho\sin(\alpha)\sin(\delta) \\ 0 & \dot{\rho}\cos(\delta)-\rho\dot{\delta}\sin(\delta) & 0 & \rho\cos(\delta) \end{bmatrix} \tag{9.37}$$

其中

$$\begin{aligned} A_1 &= \rho\dot{\delta}\sin(\alpha)\sin(\delta)-\dot{\rho}\sin(\alpha)\cos(\delta)-\rho\dot{\alpha}\cos(\alpha)\cos(\delta) \\ A_2 &= \rho\dot{\alpha}\cos(\alpha)\cos(\delta)-\rho\dot{\delta}\cos(\alpha)\cos(\delta)-\dot{\rho}\cos(\alpha)\sin(\delta) \\ A_3 &= \dot{\rho}\cos(\alpha)\cos(\delta)-\rho\dot{\alpha}\sin(\alpha)\cos(\delta)-\rho\dot{\delta}\cos(\alpha)\sin(\delta) \\ A_4 &= -\rho\dot{\alpha}\cos(\alpha)\sin(\delta)-\rho\dot{\delta}\sin(\alpha)\cos(\delta)-\dot{\rho}\sin(\alpha)\sin(\delta) \end{aligned} \tag{9.38}$$

$\boldsymbol{M}_{\mathrm{ECI}\to\mathrm{RTN}}$的计算式为

$$\begin{bmatrix} \dfrac{r_x}{B_1} & \dfrac{r_y}{B_1} & \dfrac{r_z}{B_1} & 0 & 0 & 0 \\ -\dfrac{B_6}{B_3} & \dfrac{B_5}{B_3} & \dfrac{B_4}{B_3} & 0 & 0 & 0 \\ \dfrac{B_8}{B_7} & -\dfrac{B_9}{B_7} & \dfrac{B_{10}}{B_7} & 0 & 0 & 0 \\ -\dfrac{r_yB_{10}+r_zB_9}{B_1B_2} & \dfrac{r_xB_{10}-r_zB_8}{B_1B_2} & \dfrac{r_xB_9+r_yB_8}{B_1B_2} & \dfrac{r_x}{B_1} & \dfrac{r_y}{B_1} & \dfrac{r_z}{B_1} \\ -\dfrac{B_5B_{10}+B_4B_9}{B_2B_3} & -\dfrac{B_6B_{10}+B_4B_8}{B_2B_3} & \dfrac{B_5B_8-B_6B_9}{B_2B_3} & -\dfrac{B_6}{B_3} & \dfrac{B_5}{B_3} & \dfrac{B_4}{B_3} \\ 0 & 0 & 0 & \dfrac{b_8}{b_7} & -\dfrac{b_9}{b_7} & \dfrac{b_{10}}{b_7} \end{bmatrix} \tag{9.39}$$

其中

$$\begin{aligned} &B_1=\sqrt{r_x^2+r_y^2+r_z^2},\quad B_2=B_1^2,\quad B_3=\sqrt{(r_yB_{10}+r_zB_9)^2+(r_xB_{10}-r_zB_8)^2+(r_xB_9+r_yB_8)^2} \\ &B_4=r_xB_9+r_yB_8,\quad B_5=r_xB_{10}-r_zB_8,\quad B_6=r_yB_{10}+r_zB_9,\quad B_7=\sqrt{B_8^2+B_9^2+B_{10}^2} \\ &B_8=v_zr_y-v_yr_z,\quad B_9=v_zr_x-v_xr_z,\quad B_{10}=v_yr_x-v_xr_z \end{aligned} \tag{9.40}$$

利用航天器轨道预报与偏差演化算法，将观测弧段 E 在 $\overline{t}_E$ 时刻对应轨道状态 $\boldsymbol{x}_{\overline{t}_E}$ 与轨道状态协方差矩阵 $\boldsymbol{P}_{\overline{t}_E}^{\mathrm{RTN}}$，预报至观测弧段 F 对应弧段中间时刻 $\overline{t}_F$，得到预报轨道状态 $\boldsymbol{x}_{\overline{t}_F}$ 与预报轨道状态协方差矩阵 $\boldsymbol{P}_{\overline{t}_F}^{\mathrm{RTN}}$。本章采用非线性轨道偏差演化算法[7]进行观测误差传播。

将预报后得到的 $\boldsymbol{x}_{\overline{t}_F}$ 与 $\boldsymbol{P}_{\overline{t}_F}^{\mathrm{RTN}}$ 重新转换至观测空间，得到 $\overline{t}_F$ 时刻赤经赤纬的预测值 $\hat{\alpha}_{\overline{t}_F}$、$\hat{\delta}_{\overline{t}_F}$，以及观测空间内的预报协方差矩阵 $\boldsymbol{P}_{\overline{t}_F}^{\mathrm{OPT}}$。赤经、赤纬预测值的计算式为

$$
\begin{aligned}
\hat{\alpha}_{\overline{t}_F} &= \arctan\left(\frac{r_y - r_y^s}{r_x - r_x^s}\right) \\
\hat{\delta}_{\overline{t}_F} &= \arctan\left(\frac{r_z - r_z^s}{\sqrt{(r_x - r_x^s)^2 + (r_y - r_y^s)^2}}\right)
\end{aligned}
\tag{9.41}
$$

预报协方差矩阵 $\boldsymbol{P}_{\overline{t}_F}^{\mathrm{OPT}}$ 可通过 $\boldsymbol{P}_{\overline{t}_F}^{\mathrm{RTN}}$ 由下式计算得到，即

$$
\boldsymbol{P}_{\overline{t}_F}^{\mathrm{OPT}} = \boldsymbol{M}_{\mathrm{ECI}\to\mathrm{OPT}} \cdot \boldsymbol{M}_{\mathrm{RTN}\to\mathrm{ECI}} \cdot \boldsymbol{P}_{\overline{t}_F}^{\mathrm{RTN}} \cdot \boldsymbol{M}_{\mathrm{RTN}\to\mathrm{ECI}}^{\mathrm{T}} \cdot \boldsymbol{M}_{\mathrm{ECI}\to\mathrm{OPT}}^{\mathrm{T}} \tag{9.42}
$$

其中，$\boldsymbol{M}_{\mathrm{RTN}\to\mathrm{ECI}}$、$\boldsymbol{M}_{\mathrm{ECI}\to\mathrm{OPT}}$ 为当地轨道坐标系到地心惯性系、地心惯性系到观测空间的转换矩阵。

$\boldsymbol{M}_{\mathrm{RTN}\to\mathrm{ECI}}$ 的计算式为

$$
\begin{bmatrix}
\dfrac{r_x}{\sqrt{C_1}} & -\dfrac{C_6}{C_2} & \dfrac{C_7}{C_3} & 0 & 0 & 0 \\
\dfrac{r_y}{\sqrt{C_1}} & \dfrac{C_5}{C_2} & -\dfrac{C_8}{C_3} & 0 & 0 & 0 \\
\dfrac{r_z}{\sqrt{C_1}} & \dfrac{C_4}{C_2} & \dfrac{C_9}{C_3} & 0 & 0 & 0 \\
-\dfrac{r_y C_9 + r_z C_8}{\sqrt{C_1^3}} & -\dfrac{C_5 C_9 + C_4 C_8}{C_1 C_2} & 0 & \dfrac{r_x}{\sqrt{C_1}} & -\dfrac{C_6}{C_2} & \dfrac{C_7}{C_3} \\
\dfrac{r_x C_9 - r_z C_7}{\sqrt{C_1^3}} & -\dfrac{C_6 C_9 + C_4 C_7}{C_1 C_2} & 0 & \dfrac{r_y}{\sqrt{C_1}} & \dfrac{C_5}{C_2} & -\dfrac{C_8}{C_3} \\
\dfrac{r_x C_8 + r_y C_7}{\sqrt{C_1^3}} & \dfrac{C_5 C_7 - C_6 C_8}{C_1 C_2} & 0 & \dfrac{r_z}{\sqrt{C_1}} & \dfrac{C_4}{C_2} & \dfrac{C_9}{C_3}
\end{bmatrix}
\tag{9.43}
$$

其中

$$
\begin{aligned}
&C_1 = r_x^2 + r_y^2 + r_z^2,\quad C_2 = \sqrt{C_4^2 + C_5^2 + C_6^2},\quad C_3 = \sqrt{C_7^2 + C_8^2 + C_9^2}\\
&C_4 = r_x C_8 + r_y C_7,\quad C_5 = r_x C_9 - r_z C_7,\quad C_6 = r_y C_9 + r_z C_8\\
&C_7 = r_y v_z - r_z v_y,\quad C_8 = r_x v_z - r_z v_x,\quad C_9 = r_x v_y - r_y v_x
\end{aligned}
\tag{9.44}
$$

$\boldsymbol{M}_{\mathrm{ECI}\to\mathrm{OPT}}$ 的计算式为

$$
\begin{bmatrix}
-\dfrac{r_y - r_y^s}{(r_x - r_x^s)^2 D_1} & \dfrac{1}{(r_x - r_x^s) D_1} & 0 & 0 & 0 & 0\\
-\dfrac{2(r_x - r_x^s)(r_z - r_z^s)}{D_2} & -\dfrac{2(r_y - r_y^s)(r_z - r_z^s)}{D_2} & \dfrac{\sqrt{D_3}}{(r_x - r_x^s)^2 + (r_y - r_y^s)^2 - 2r_z r_z^s + r_z^2 - r_z^{s2}} & 0 & 0 & 0
\end{bmatrix}
\tag{9.45}
$$

其中

$$
D_1 = \frac{(r_y - r_y^s)^2}{(r_x - r_x^s)^2} + 1,\quad D_2 = 2\sqrt{D_3^3}\left(\frac{(r_z - r_z^s)^2}{D_3} + 1\right),\quad D_3 = (r_x - r_x^s)^2 + (r_y - r_y^s)^2 \tag{9.46}
$$

由于计算马氏距离时仅用到赤经、赤纬，没有涉及赤经、赤纬变化率，出于简便运算的考虑，预报得到的协方差矩阵 $\boldsymbol{P}_{\bar{t}_F}^{\mathrm{OPT}}$ 为 2×2 矩阵。

最后计算由观测弧段 E 预报得到的 $\bar{t}_F$ 时刻赤经、赤纬预测值 $\hat{\alpha}_{\bar{t}_F}$ 、 $\hat{\delta}_{\bar{t}_F}$ ，与观测弧段 F 在 $\bar{t}_F$ 时刻赤经、赤纬拟合值 $\alpha'_{\bar{t}_F}$ 、 $\delta'_{\bar{t}_F}$ 的马氏距离 M ，即

$$
M = \begin{bmatrix} \alpha'_{\bar{t}_F} - \hat{\alpha}_{\bar{t}_F} & \delta'_{\bar{t}_F} - \hat{\delta}_{\bar{t}_F} \end{bmatrix} \cdot \boldsymbol{P}_{\bar{t}_F}^{\mathrm{OPT}} \cdot \begin{bmatrix} \alpha'_{\bar{t}_F} - \hat{\alpha}_{\bar{t}_F} & \delta'_{\bar{t}_F} - \hat{\delta}_{\bar{t}_F} \end{bmatrix}^{\mathrm{T}} \tag{9.47}
$$

马氏距离计算原理示意图如图 9.3 所示。所有待关联观测弧段两两之间均可

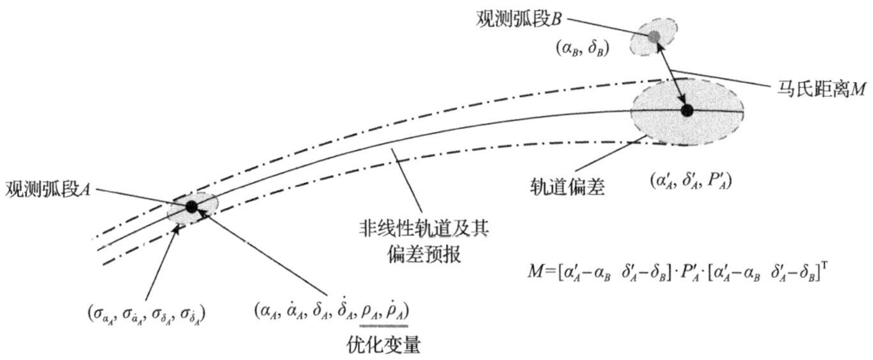

图 9.3　马氏距离计算原理示意图

以按以上步骤计算得到马氏距离 M，并通过优化方法到两待关联观测弧段间的最小马氏距离 $M_{\min}$，将每组观测弧段间的最小马氏距离 $M_{\min}$ 进行记录并保存。

以记录的两观测弧段间最小马氏距离 $M_{\min}$ 为关联判别依据，一一进行判别可以得到观测弧段两两关联匹配结果。采用工程上常用的马氏距离判别依据进行判别，即

$$M_{\min} \leqslant 3 \tag{9.48}$$

若最小马氏距离小于等于 3，则认为这两个观测弧段之间关联成功，可能为对同一空间目标进行观测产生的观测弧段，由此实现任意两观测短弧之间关联的判别。

9.3　短弧聚类方法

9.2 节通过容许域方法实现任意两观测短弧之间关联的判别。然而，由于单个短弧包含的观测信息过少，通常情况下哪怕是利用两条短弧进行联合定轨也难以获得精度足以编目入库的高精度轨道信息。因此，还需要根据短弧两两关联结果对短弧进行聚类，才能联合三个乃至更多的观测弧段进行联合定轨来获得高精度轨道编目信息。

此处跨学科运用 BEA(bond energy algorithm，边界能量算法)实现多短弧的关联问题。BEA 可以实现矩阵元素的聚类，是一种广泛应用在计算机科学与技术领域分布式数据库系统设计中大型表纵向划分的算法[8]，通过合适的方式运用 BEA 并进行合理分割，最终可以实现短弧聚类的效果，具体可通过以下步骤实现。

首先，构建观测弧段关联矩阵 $\boldsymbol{M}_{l\times l}$，其中 l 为待关联弧段数量，关联矩阵 $\boldsymbol{M}_{l\times l}$ 中第 i 行第 j 列元素 $\boldsymbol{M}_{l\times l}(i,j)$ 按照如下规则进行取值，即

$$\boldsymbol{M}_{l\times l}(i,j)=\begin{cases}0, & M_{\min}^{i,j}>3 \\ 1, & i=j \ \text{或}\ M_{\min}^{i,j}\leqslant 3\end{cases},\quad 1\leqslant i\leqslant l, 1\leqslant j\leqslant l \tag{9.49}$$

其中，$M_{\min}^{i,j}$ 为第 i 个待关联弧段与第 j 个待关联弧段间的最小马氏距离。

其次，运用 BEA 对观测弧段关联矩阵 $\boldsymbol{M}_{l\times l}$ 进行行列变换，将观测弧段关联矩阵 $\boldsymbol{M}_{l\times l}$ 变换成观测弧段聚类矩阵 $\boldsymbol{G}_{l\times l}$。

最后，为了实现对聚类矩阵 $\boldsymbol{G}_{l\times l}$ 的分割，构建聚类分割辅助序列 S_l^1 与 S_l^2。首先定义两个各具有 l 个元素的序列 S_l^1 与 S_l^2，序列 S_l^1 与 S_l^2 中元素的取值与聚类矩阵 $\boldsymbol{G}_{l\times l}$ 中的元素有关，即

$$\begin{aligned} S_l^1(i) &= \sum_{j=1}^{i} \boldsymbol{G}_{l\times l}(i,j) + \sum_{j=1}^{i} \boldsymbol{G}_{l\times l}(j,i) - 2\boldsymbol{G}_{l\times l}(i,i) \\ S_l^2(i) &= \sum_{j=i}^{l} \boldsymbol{G}_{l\times l}(i,j) + \sum_{j=i}^{l} \boldsymbol{G}_{l\times l}(j,i) - 2\boldsymbol{G}_{l\times l}(i,i) \end{aligned}, \quad 1 \leqslant i \leqslant l \tag{9.50}$$

其中，$\boldsymbol{G}_{l\times l}(i,j)$ 为聚类矩阵 $\boldsymbol{G}_{l\times l}$ 中的第 i 行第 j 列元素；$S_l^1(i)$ 为序列 S_l^1 中的第 i 个元素；$S_l^2(i)$ 为序列 S_l^2 中的第 i 个元素。

根据序列 S_l^1 与 S_l^2 中元素的变化规律，可以对聚类矩阵 $\boldsymbol{G}_{l\times l}$ 进行分割。当 S_l^1 与 S_l^2 中元素变化规律满足以下条件时，对聚类矩阵 $\boldsymbol{G}_{l\times l}$ 进行分割，即

$$S_l^1(i+1) - S_l^1(i) < 0 \text{ 且 } S_l^2(i+1) - S_l^2(i) > 0, \ 1 \leqslant i \leqslant l-1 \tag{9.51}$$

以满足上述条件的 i 值为分割点。若仅存在一个分割点 i，则聚类矩阵 $\boldsymbol{G}_{l\times l}$ 以第 i 行第 i 列元素为界，被分割为由第 $1\sim i$ 行第 $1\sim i$ 列元素构成的 $\boldsymbol{G}_{n\times n}(1:i,1:i)$ 与由第 $(i+1)\sim l$ 行第 $(i+1)\sim l$ 列元素构成的 $\boldsymbol{G}_{l\times l}(i+1:l,i+1:l)$ 两个聚类子矩阵。若存在多个分割点，分割方式依此类推。

对位于同一聚类子矩阵内的观测弧段，视为聚类成功，认定这些观测弧段是对同一空间目标进行观测所产生的观测弧段。由此最终得到观测弧段关联聚类结果，实现对属于同一空间目标观测弧段的关联聚类。短弧聚类实现示意图如图 9.4 所示。

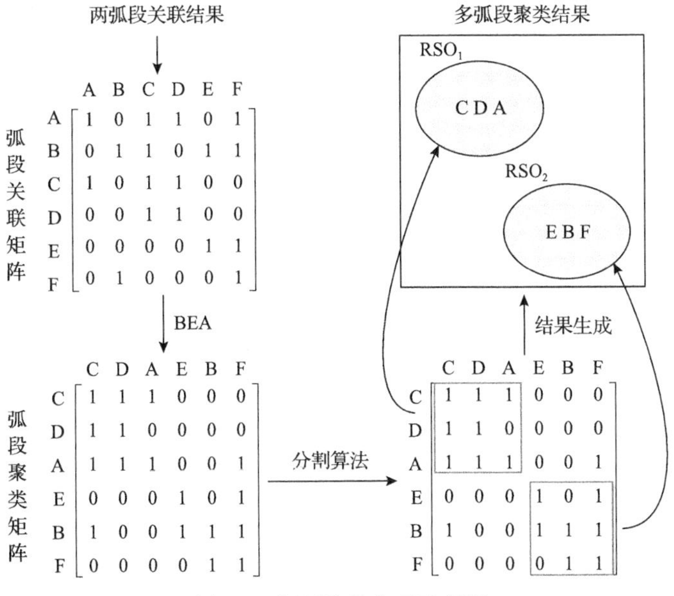

图 9.4　短弧聚类实现示意图

9.4 仿真分析

为了验证方法效果，构造基于天基光学观测的仿真观测环境，利用运行在轨道高度为 800km 太阳同步轨道上的某低轨光学观测卫星对 5 颗运行在近 GEO 轨道上的空间目标进行为期 5 天的光学观测，角度观测误差设置为 3 角秒，观测起止时间设置为 2023.01.01.00:00:00～2023.01.06.0:00:00(UTC)。

由于不同观测条件可能对观测结果产生影响，设置三组算例进行验证，被测目标位置速度随机选取。这三组算例中各目标轨道参数如表 9.1～表 9.3 所示。其中，MJD 为修正儒略日。

测试例 1 共得到 49 组观测短弧片段，测试例 2 共得到 48 组观测短弧片段，测试例 3 共得到 50 组观测短弧片段。在计算容许域范围时，由于已知被观测目标均为近 GEO 轨道目标，因此设定半长轴与偏心率的可能取值区间分别取为 $[a_{\min}, a_{\max}]$=[40000km, 45000km] 与 $[e_{\min}, e_{\max}]$=[0, 0.01]。根据式(9.31)估算得到的斜距 ρ 与斜距变化率 $\dot{\rho}$ 的大致取值区间分别为 $[\rho_{\min}, \rho_{\max}]$=[33000km, 52000km] 与 $[\dot{\rho}_{\min}, \dot{\rho}_{\max}]$=[3000m/s, 10000m/s]。

表 9.1　测试例 1 中各目标轨道参数

参数	1	2	3	4	5	观测卫星
MJD	59945	59945	59945	59945	59945	59945
R_x/m	32305714.31	39623482.55	−7319774.44	21066495.57	7320299.34	−6691660.52
R_y/m	27107706.62	14421757.28	41512503.55	36488213.83	41515480.46	−1312851.60
R_z/m	18556.99	17771.69	3345.25	44249.45	2495.90	0
V_x/(m/s)	−1976.11099	−1051.55905	−3028.36109	−2663.66395	−3028.22025	−224.75727
V_y/(m/s)	2355.26527	2889.18519	−533.89661	1538.11924	534.24912	1145.59738
V_z/(m/s)	1.61233	3.56030	−0.04302	1.86529	0.03212	7746.74913

表 9.2　测试例 2 中各目标轨道参数

参数	1	2	3	4	5	观测卫星
MJD	59945	59945	59945	59945	59945	59945
R_x/m	−17822859.50	10913426.73	24183894.38	34531793.25	−3673175.51	−6691660.52
R_y/m	38221237.12	40729462.85	34538134.66	24179413.83	41984586.57	−1312851.60
R_z/m	25379.03	3835.12	56302.60	19808.78	11884.22	0
V_x/(m/s)	−2786.35825	−2969.81767	−2518.58281	−1763.69208	−3063.66246	−224.75727
V_y/(m/s)	−1299.06818	795.78356	1763.76789	2518.98739	−267.93205	1145.59738
V_z/(m/s)	−0.86259	0.07493	2.87522	2.06366	−0.07584	7746.74913

表 9.3　测试例 3 中各目标轨道参数

参数	1	2	3	4	5	观测卫星
MJD	59945	59945	59945	59945	59945	59945
R_x/m	17814574.73	3675792.98	−10907653.93	−24176533.44	29814500.96	−6691660.52
R_y/m	38203474.87	42014452.93	40707917.36	34527650.37	29814467.92	−1312851.60
R_z/m	17327.55	66776.98	10340.36	34934.24	44388.41	0
V_x/(m/s)	−2786.93815	−3062.56123	−2970.61650	−2519.08528	−2174.10439	-224.75727
V_y/(m/s)	1299.69340	268.07168	−795.89314	−1763.61427	2174.14655	1145.59738
V_z/(m/s)	0.58949	0.42607	−0.20217	−1.78438	3.23692	7746.74913

两弧段关联的准确性可以从真正率(true positive rate, TP)与真负率(true false rate, TF)两方面进行描述。真正率的计算公式如下，即

$$\mathrm{TP}=\frac{\text{关联正确的弧段数量}}{\text{预测关联的弧段数量}} \tag{9.52}$$

真负率的计算公式如下，即

$$\mathrm{TF}=\frac{\text{实际不关联的弧段数量}}{\text{预测不关联的弧段数量}} \tag{9.53}$$

真正率实际上描述的是算法出现虚警的可能性，真正率越高，虚警率低。真负率描述的是算法出现漏警的可能性，真负率越高，漏警率低。三个测试例的真正率与真负率如图 9.5 和图 9.6 所示。

下面用测试例 2 所得的两弧段关联结果进行弧段聚类的仿真测试。按照 9.3

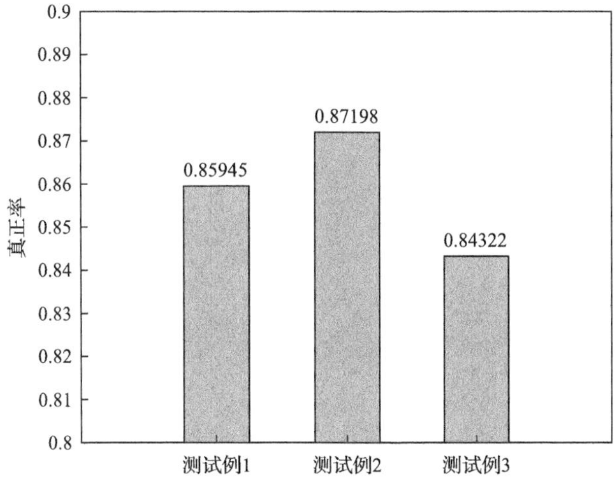

图 9.5　弧段关联结果真正率

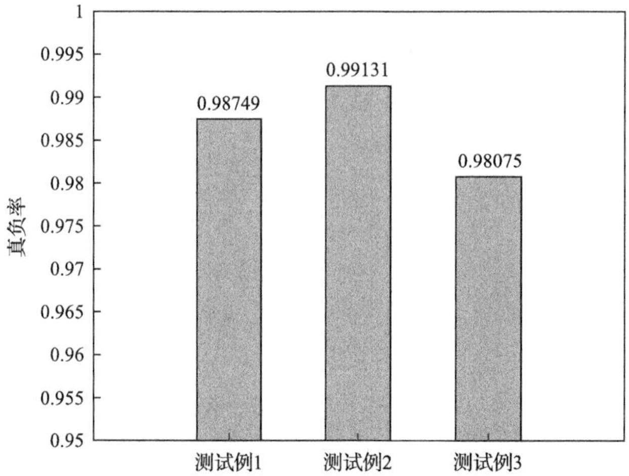

图 9.6　弧段关联结果真负率

节所述步骤，根据短弧两两关联结果构建观测弧段关联矩阵 $\boldsymbol{M}_{l\times l}$ ，将 $\boldsymbol{M}_{l\times l}$ 进行展示(图 9.7)。其中，浅色色块表示“1”，即存在关联关系；深色色块表示“0”，即不存在关联关系。

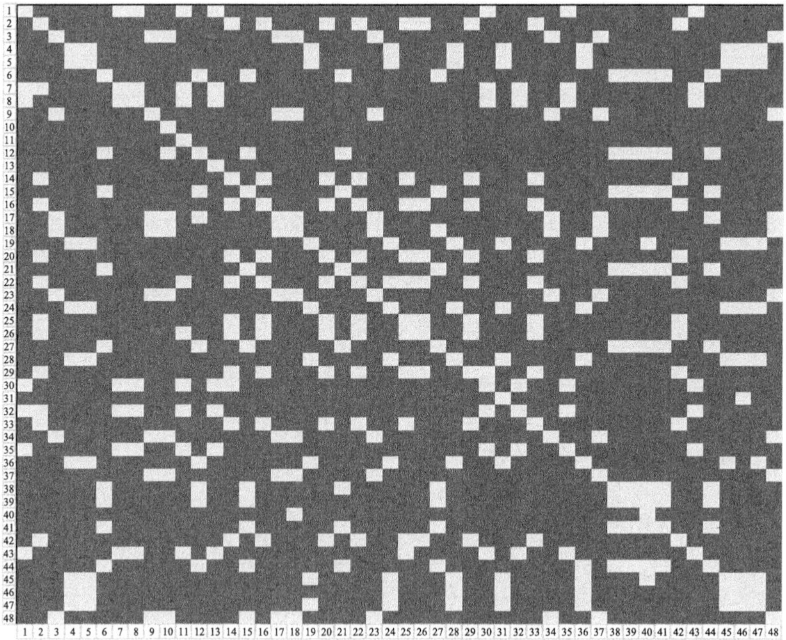

图 9.7　观测弧段关联矩阵示意图

经 BEA 聚类得到的观测弧段聚类矩阵 $\boldsymbol{G}_{l\times l}$ ，结果如图 9.8 所示。其中，浅色色块与深色色块含义与图 9.7 相同。最后，通过设计的分割算法对 $\boldsymbol{G}_{l\times l}$ 进行分割处理，结果如图 9.9 所示。

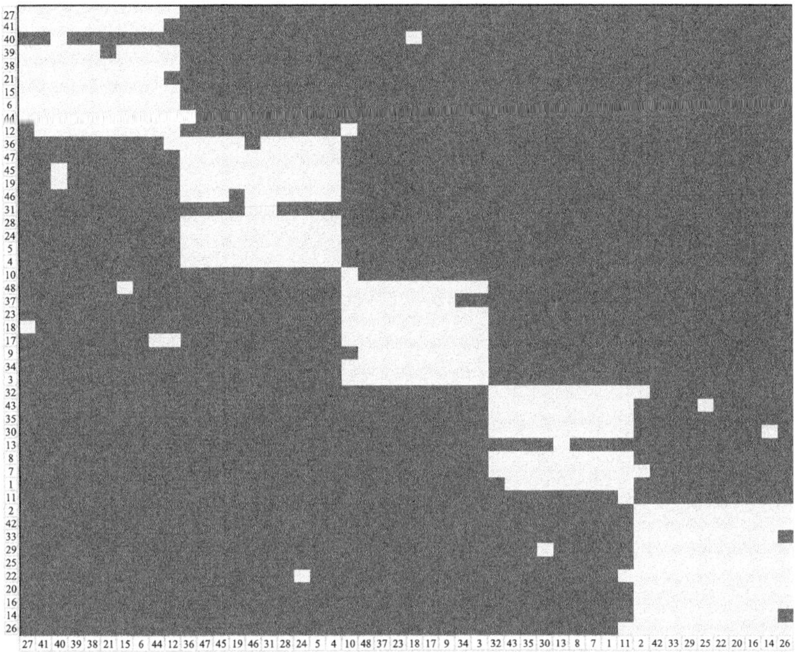

图 9.8　观测弧段聚类矩阵示意图

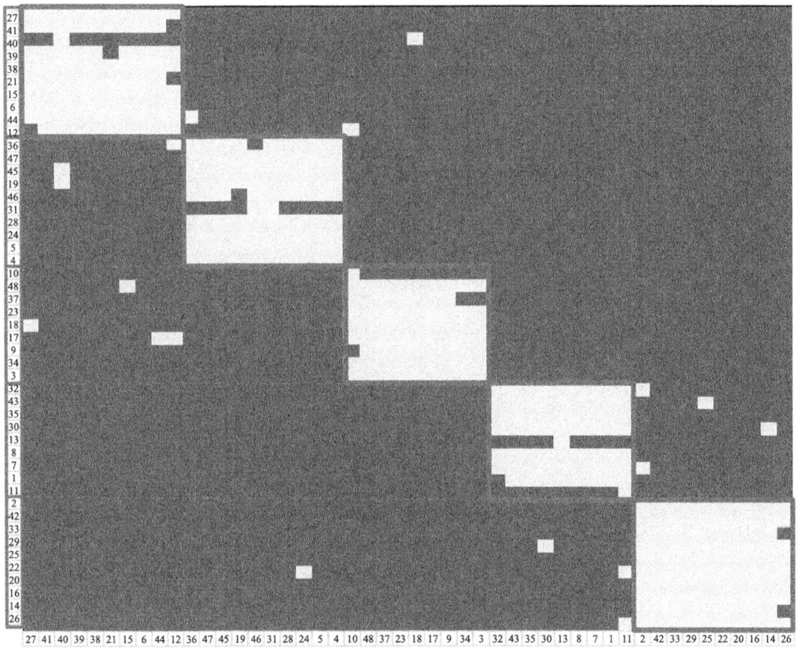

图 9.9　分割处理结果示意图

可以看出，该聚类算法在存在一定虚警与漏警结果的情况下，仍然能较好地实现观测短弧的聚类。经统计，共有 48 个观测弧段，其中关联聚类正确个数为 48，正确率为 $48/48\times100\%=100\%$，仿真结果表明，本章介绍的方法可较好地实现对属于同一空间目标观测弧段的关联与聚类。

参考文献

[1] 程昊文. 航天器轨道理论在空间目标编目管理中的应用. 南京: 南京大学, 2012.

[2] 陈磊, 白显宗, 梁彦刚. 空间目标轨道数据应用. 北京: 国防工业出版社, 2015.

[3] Uhlmann J K. Algorithm for multiple-target tracking. American Scientist, 1992, 80(2): 128-141.

[4] Flohrer T, Schildknecht R, Musci R, et al. Performance estimation for GEO space surveillance. Advances in Space Research, 2005, 35(7): 1226-1235.

[5] Maruskin J M, Scheeres D J, Alfriend K T. Correlation of optical observations of objects in earth orbit. Journal of Guidance, Control, and Dynamics, 2009, 32(1): 194-209.

[6] Milani A, Gronchi G F, De' Michieli V M, et al. Orbit determination with very short arcs. I admissible regions. Celestial Mechanics and Dynamical Astronomy, 2004, 90(1-2): 59-87.

[7] 杨震. 非线性轨道机动瞄准与偏差演化分析方法. 长沙: 国防科技大学, 2018.

[8] Ozsu M T, Valduriez P. Principles of Distributed Database Systems. New York: Prentice-Hall, 1999.

第 10 章　太空目标轨道机动检测

航天器机动、在轨碰撞/爆炸解体、空间环境突变等空间事件会在一定程度上引起太空目标的轨道异常。空间事件的原因主要有两种，一种是人为控制的，如航天器轨道机动；另一种是非人为控制的，如碰撞/爆炸解体和空间环境的变化等。在人为控制的空间事件中，对航天器，尤其是非己方航天器的机动进行检测，可以判断航天器是否正常工作，还可以对机动的意图进行识别，并分析机动后的轨道是否会对其他航天器造成碰撞等威胁。在正常情况下，卫星在轨运行时仅受中心天体引力、大气阻力、太阳光压等自然力的作用，其轨道运动状态可以借助轨道预报模型进行预测。当存在轨道机动时，轨道运动状态之间的这种可预测性则会被打破。换而言之，轨道机动会使卫星的轨道运动状态发生突变，在不考虑轨道控制力的情况下，无法借助轨道预报模型对机动后的运动状态进行准确预报。基于轨道机动和轨道运动状态变化之间的这种关系，在确定描述轨道运动状态的合适特征参数后，即可对轨道机动进行检测。本章研究面向不同数据源与不同机动情况下的机动检测方法。

10.1　轨道机动检测问题描述

轨道机动检测问题与太空目标编目问题息息相关。在太空目标编目库的更新维护中，第一步也是最为关键的一步，就是将每一条新来的观测数据弧段与库中已编目轨道进行比较关联，通过第一步大约 90%的观测数据实现直接关联，但是仍有部分观测弧段无法实现与编目轨道的直接关联。这部分观测弧段也被称为未关联弧段，简称 UCT。UCT 关联失败可能是由太空目标机动、新发射卫星、碰撞、解体、空间环境变化等多种原因形成的异动目标或新目标引起的。根据实际经验，大部分导致关联失败的原因在于受到太空目标轨道机动的影响。以 GEO 卫星为例，大部分卫星的机动频率为一至两周一次，对于低轨卫星而言，机动频率则更为频繁，某些卫星甚至能达到一两天一次，而目前每年解体事件通常少于 10 次[1]。

虽然第 9 章介绍了观测短弧间相互关联聚类的具体实现方法，但是该方法仅能实现无机动条件下观测短弧间的关联聚类。如图 10.1 所示，若太空目标因机动等导致其偏离原本轨道。该方法将难以实现机动前后观测数据的关联。若不进行额外的处理，太空目标机动前后的轨道无法实现关联，新产生的 UCT 会不断被编目为一个又一个新目标，对太空目标编目库的更新维护与太空态势感知造成影响。因此，轨道机动检测实际上需要解决的是太空目标机动前后观测数据/轨道之间的关联问题。在这种情况下，轨道机动检测问题更准确的描述应该是机动轨道关联。

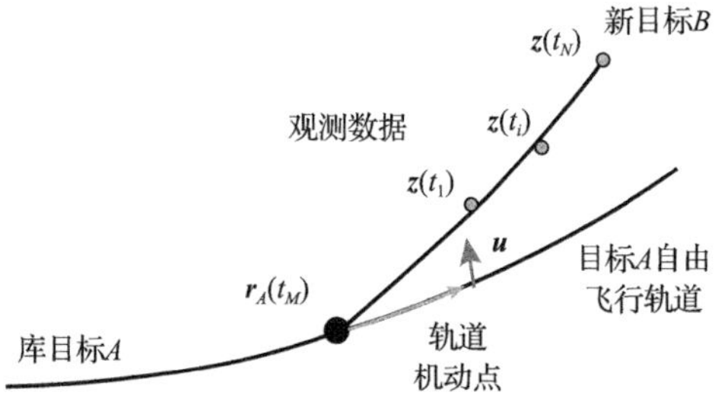

图 10.1　轨道机动检测问题示意

轨道机动检测问题，或者说机动轨道关联问题根据适用场景的不同还可以进一步细分为轨道到轨道(orbit to orbit, O2O)的机动检测、轨道到弧段(orbit to track, O2T)的机动检测与弧段到弧段(orbit to track, T2T)的机动检测。此处的弧段指的是由单个传感器(雷达、光学相机等)在短时间内采集的一组观测数据。这些观测数据来自同一个太空目标，但是由于时间过短，根据一组观测数据通常不足以可靠地确定轨道。此处轨道指的是编目库中的已编目轨道或者通过联合多个弧段进行轨道确定而获得的高精度轨道。由于一个弧段包含的信息量远少于一条轨道，因此在这三类机动检测问题中，难度最高的是 T2T 机动检测，难度最低的是 O2O 机动检测。针对 O2O 机动检测，目前已经存在较多研究与成熟的解决办法[1]。对于 T2T 机动检测，研究相对较少，现有可行解决思路之一是通过短弧间的关联聚类将 T2T 机动检测问题转化为 O2O 机动检测进行求解。这种解决思路的缺点在于计算量较大且由于需要累积一定数量的短弧而导致检测实时性较差。

除此之外，轨道机动检测在某些特殊背景下还有不同的应用，例如基于历史数据的轨道机动检测。通常情况下，获得的历史数据均已知其所属的太空目标，如两行轨道根数(two line elements, TLE)。这种情况下就无需进行机动前后的轨道关联，此时轨道机动检测的重点在于如何根据历史轨道数据的变化准确地识别太空目标的每一次轨道机动，包括机动时刻与机动量级。另外，部分太空目标可能由于其机动量级过小或者没有充足的时间使轨道偏离正常的范围，导致机动后观测数据在轨道编目的第一步实现直接关联。这可能导致部分太空目标的某些机动被忽略掩盖。这种情况下需要解决小机动或低信噪比情况下的机动检测问题。无论何种机动检测，求解结果将有助于识别卫星的机动规律与行为意图。

应当注意的是，尽管本章采用机动检测这一说法，但是此处的机动不应狭义地理解为航天器通过启动发动机施加额外推力而改变自身速度的行为，而应当理解为广义上的机动，即包括碰撞、爆炸、解体、空间环境的变化等一切能够产生额外力的作用使太空目标速度发生改变的行为均可以视为机动。

10.2　基于逆向移动滑窗的历史机动检测方法

对于卫星的历史机动检测，分析 TLE 包含的轨道信息是有效的策略。本节提出一种基于逆向移动滑窗与预报误差分布拟合的轨道机动检测方法。通过分析轨道参数编目值和基于轨道预报模型的预报值之间的预报误差是否正常实现机动检测，预报误差的异常检测阈值则从历史 TLE 数据中学习得到。目前，基于 TLE 进行卫星机动检测的方法主要包括移动窗口曲线拟合法和轨道预报误差拟合法。

移动窗口曲线拟合法方面，刘二江等[2]结合 SGP4/SDP4 轨道预报模型，采用马氏距离判别法对航天器是否发生轨道机动进行识别。张栩晨等[3]提出基于平经度及其漂移率的 GEO 东西机动周期提取和预报方法，实现对赤道带 GEO 非合作目标的机动检测。张炜等[4]使用 TLE 作为数据源，对 TLE 进行预处理，检测轨道机动事件。崔红正等[5]针对非合作目标，结合地基与天基观测数据，提出不同推力作用下轨道机动检测策略。Li 等[6]采用离散小波变换方法对 TLE 数据进行降噪处理，通过计算半长轴和轨道倾角的检测阈值进行机动检测。Patera[7]通过在一定长度的时间序列内移动窗口得到轨道误差，从统计意义上设定异常检测阈值进行机动检测。Lemmens 等[8]分析了同一太空目标任意 TLE 数据集之间的一致性，结合背景模型进行机动检测。Liu 等[9]构造了一种基于期望最大化算法的滤波器，通过滤波器实现对航天器机动的识别。移动窗口曲线拟合法通过对窗口内的编目数据进行多项式拟合，将窗口内最后一个数据点的拟合值与实际值的差作为预报误差。此类方法基本从数据处理入手，无法有效地对卫星轨道变化的物理规律进行分析，并且检测精度不够高。

轨道预报误差拟合法方面，张涛涛等[10]选择 LEO 轨道的半长轴或轨道倾角作为特征轨道参数，基于预报偏差进行机动检测。许晓丽等[11]对不同类型轨道预报误差的演化规律和特征进行分类讨论，对基于 TLE 的航天器机动检测有潜在实用价值。李涛等[12]对特征轨道参数的预报误差进行 GMM 拟合，从预报误差概率分布中学习得到轨道的异常检测阈值，实现机动检测。Kelecy 等[13]在历史 TLE 数据中选择一定长度的两相邻数据段分别进行多项式拟合，在数据段的外推时间中点计算预报值之差，通过数据段的移动构造偏差数据序列进行机动检测。Bai 等[14]通过对轨道预报误差进行聚类分析，实现量级不同的机动检测。这些方法将轨道预报和移动窗口曲线拟合的数学方法结合，可以有效利用轨道变化的物理规律，提高机动检测的精度。以上方法主要存在三点不足，一是没有对检测窗口大小的设置进行详细说明，依赖经验，而该参数对机动检测结果有显著的影响；二是机动时刻的估计模型不够精细；三是通过正向移动滑窗的方式无法识别末端数据段的机动。

针对这些问题，本书以 TLE 为数据来源，提出采用逆向移动滑窗的自适应轨道机动检测方法，建立检测窗口的自适应配置模型，采用交叉弧段预报思想更精确地估计机动时刻，通过逆向移动滑窗方法实现近实时机动检测。

10.2.1 基本理论

1. 两行轨道根数

基于历史数据的轨道异常检测方法，数据来源主要是太空目标监视系统生成的编目库。编目数据的基本信息包括目标编号、目标名称、目标类型、基本轨道信息等，其中基本轨道信息是进行轨道异常检测的主要数据源。北美防空司令部会定期发布不涉及美国机密卫星的太空目标 TLE 数据。TLE 由两行 69 字符的数据构成，包括太空目标的轨道特性和其他相关信息，第一行是太空目标的编号、国际编号、大气阻力项等信息，第二行是太空目标在历元时刻的轨道倾角、升交点赤经、偏心率等轨道根数信息。具体格式描述如图 10.2 所示。

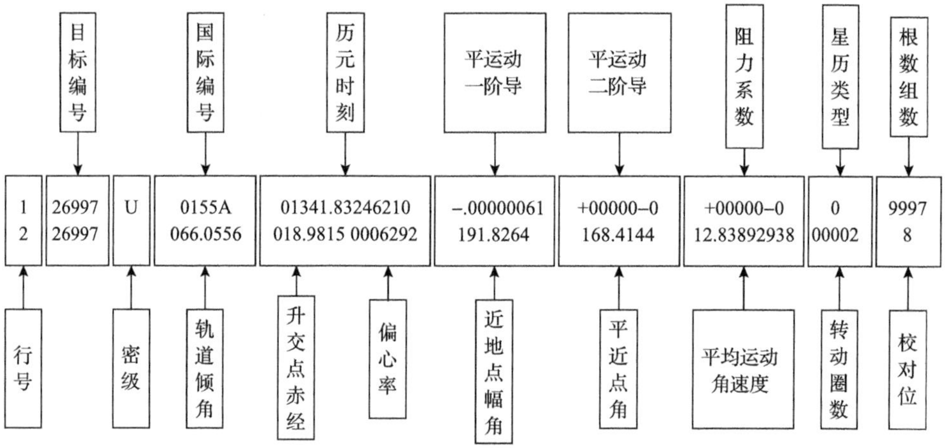

图 10.2　TLE 两行轨道根数格式说明

2. 轨道预报模型

TLE 是采用特定方法消除航天器轨道周期扰动项的平均轨道根数，包含大气阻力相关项 B^*。B^* 表征大气阻力对太空目标的影响程度。为了使预报结果达到一定的精度，利用 TLE 预报太空目标的状态时需要配套使用相应的预报模型。文献[15]提到用于 TLE 配套使用的 5 种预报模型，即 SGP、SGP4、SDP4、SGP8、

SDP8。SGP 和 SGP4 主要用于计算近地目标(轨道周期小于 225min)的轨道。二者区别在于平均轨道角速度和阻力的表述形式不同。SDP4 是 SGP4 的延伸，用于对深空目标(周期大于或等于 225min)轨道进行计算。SGP8 也可计算近地目标的轨道，采用不同的方法对轨道运动微分方程求积，弥补 SGP4 模型对特定目标进行轨道再入预报时的不足。SDP8 是在 SGP8 的基础上用于深空目标轨道计算的扩展模型。目前 TLE 数据更新针对的是 SGP4/SDP4 模型，其计算目标运动状态的过程如图 10.3 所示。

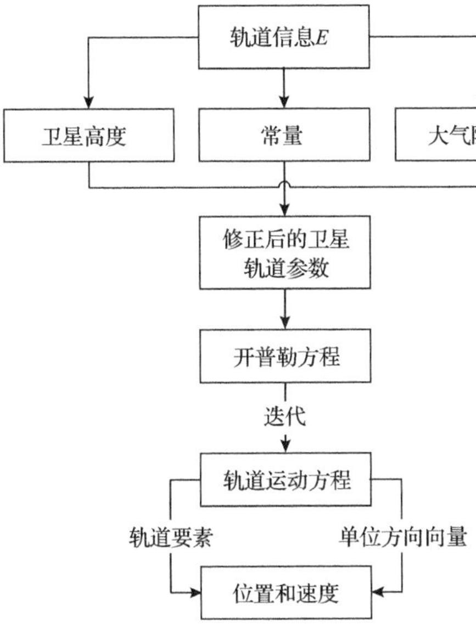

图 10.3　SGP4/SDP4 预报模型计算过程示意

SGP4/SDP4 模型输入的太空目标参数包括 TLE 编目数据中包含的基本轨道信息，即

$$E=[t_0,n_0,e_0,i_0,\Omega_0,\omega_0,M_0,B^*]^{\mathrm{T}} \tag{10.1}$$

其中，t_0 为历元时刻；n_0 为轨道平均角速度；e_0 为偏心率；i_0 为轨道倾角；Ω_0 为升交点赤经；ω_0 为近地点辐角；M_0 为平近点角，均为平根数。

SDP4 模型的计算方法与 SGP4 模型基本一致，只是在常量使用、大气阻力、引力模型修正时与 SGP4 有所不同。

3. 轨道特征参数的选择

在地心惯性系下，轨道运动状态可以用经典轨道六根数描述，包括轨道半长轴、偏心率、轨道倾角、升交点赤经、近地点辐角、真近点角。机动检测特征参数是指可以充分反映太空目标轨道异常的特征轨道根数。特征轨道根数可以是经典轨道根数中的一个或多个，选取合适的特征参数是计算轨道预报误差的前提。

机动引起的太空目标轨道异常一般可分为两类。一类是共面机动，共面机动通常引起轨道平面半长轴和偏心率等参数的变化，导致轨道的形状和大小发生突变。另一类是异面机动，异面机动引起轨道倾角和升交点赤经等参数的变化，进而导致太空目标位置发生突变。可用于机动检测的特征参数主要有轨道倾角、偏心率、轨道半长轴和轨道能量等，其中半长轴和轨道能量的变化规律一致。针对轨道面内和面外两类不同机动，本书选择轨道半长轴和轨道倾角作为机动检测特征参数。实际上，这两者是相互独立的，任意一个都能用于机动检测。对应的，选取半长轴作为特征参数仅对共面机动进行检测，而选取轨道倾角作为特征参数仅对异面机动进行检测，同时使用两种参数可得更详尽的机动信息。

10.2.2 自适应轨道机动检测模型

基于移动滑窗思想，常规的轨道预报误差拟合法进行航天器轨道机动检测时，存在窗口难以配置、机动时刻估计不准确，以及无法提取数据末端包含的机动信息等问题，对于最新历元时刻中的机动往往不能及时响应。本书在文献[12]的基础上提出自适应的轨道预报误差拟合法进行卫星的历史机动检测。首先，在进行机动检测前加入数据预处理，并使用新的平滑方法取代三次样条曲线平滑提高TLE数据的信噪比。其次，提出机动检测窗口大小的自适应方法，采用交叉弧段预报进行机动时刻估计。再次，通过逆向移动滑窗方式，避免数据末端无法识别机动的问题，从而实现最新TLE和前序历史TLE数据间的机动检测。

1. 正向移动滑窗轨道预报误差拟合

文献[12]是应用常规正向移动滑窗与轨道预报误差拟合法对卫星历史机动进行检测的典型文献。轨道预报误差拟合法机动检测流程如图10.4所示。该方法在获取目标轨道的编目值和预报值之前未进行数据预处理，采用三次样条曲线平滑数据，在降噪的同时没有很好地保留目标轨道的详细特征，目标TLE轨道数据的信噪比还有待提升。

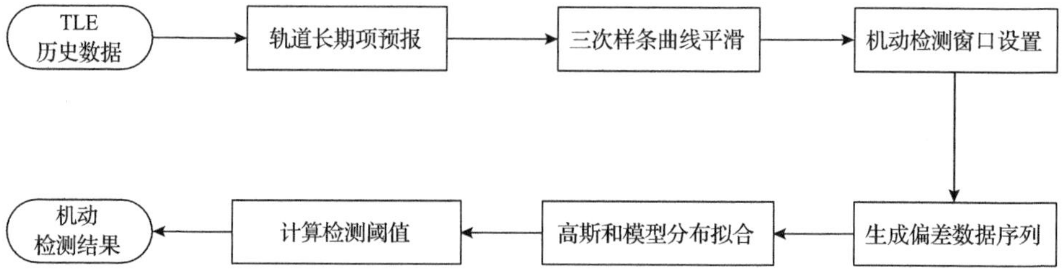

图10.4 轨道预报误差拟合法机动检测流程图

本书对文献[12]的方法进行以下改进。首先，文献[12]在生成偏差数据序列时借鉴了移动窗口的思想，设置检测窗口，窗口向后移动生成大量与预报时间相关联的偏差数据，但对不同的卫星进行机动检测时依赖经验配置检测窗口，难以先验获取最佳窗口，在对大量轨道特性不同的卫星进行机动检测时，固定的检测窗口往往达不到理想的检测效果。因此，需要引入自适应检测窗口配置方法，使对更多目标进行机动检测时能够自适应计算窗口宽度参数，从而达到较高的检测精度。其次，由于数据点窗口长度限制，文献[12]在进行轨道预报误差的获取和分布拟合时无法获得数据序列末端 TLE 数据点的误差分布。这导致文献[12]检测模式下的轨道预报误差拟合法进行机动检测时无法检测到最近历元时刻航天器的机动情况。本书提出的逆向预报滑窗方法能有效解决这一问题。再次，文献[12]对机动时刻的估计模型从数学统计的思想出发，以异常数据段中异常值最多的数据点作为太空目标机动的发生时刻，对机动时刻的估计不够精细，并且无法得到机动量信息。本书考虑采用动力学含义更完备的交叉弧段预报来估算机动时刻，对机动参数进行估计。

2. 逆向移动滑窗轨道预报误差拟合

由于数据窗口要求，文献[12]中的正向移动滑窗的模式无法对最新的 TLE 数据进行机动检测，而最新测定轨数据的机动检测对近实时的目标异动告警具有重要意义。针对该问题，本节提出基于逆向移动滑窗的轨道预报误差拟合法。逆向移动滑窗示意图如图 10.5 所示。

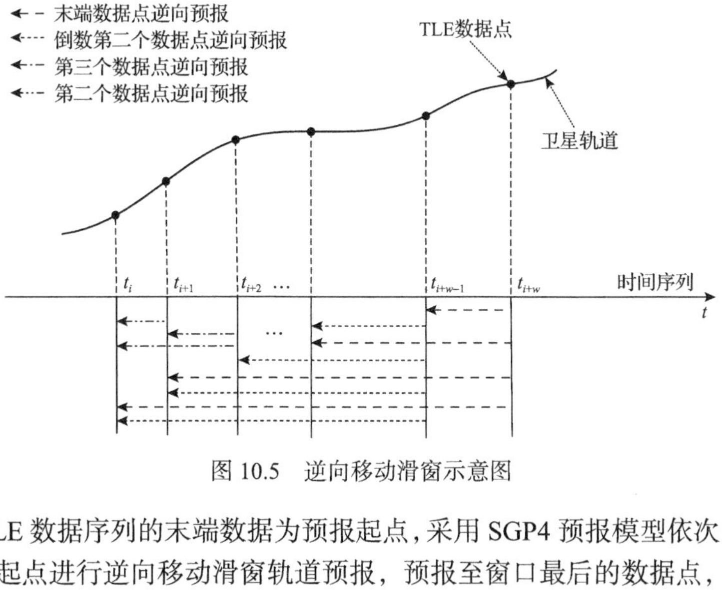

图 10.5　逆向移动滑窗示意图

以 TLE 数据序列的末端数据为预报起点，采用 SGP4 预报模型依次向 TLE 数据序列的起点进行逆向移动滑窗轨道预报，预报至窗口最后的数据点，而后预报起点变更为末端数据的前一个数据点。重复这一过程即可获得通过逆向移动滑窗的轨道预报误差。

3. 轨道数据的预处理及平滑方法

进行机动检测时，太空目标的轨道误差由同一时刻轨道根数的实际值与预报值作差得到。轨道根数的实际值直接从 TLE 编目数据中得到，其预报值则通过与 TLE 配套的 SGP4/SDP4 轨道预报模型计算。

由于测轨、定轨，以及模型误差(如大气模型、地球引力模型)等因素的影响，编目值和预报值会在其真值附近抖动。平滑处理前数据特性示意图如图 10.6 所示。

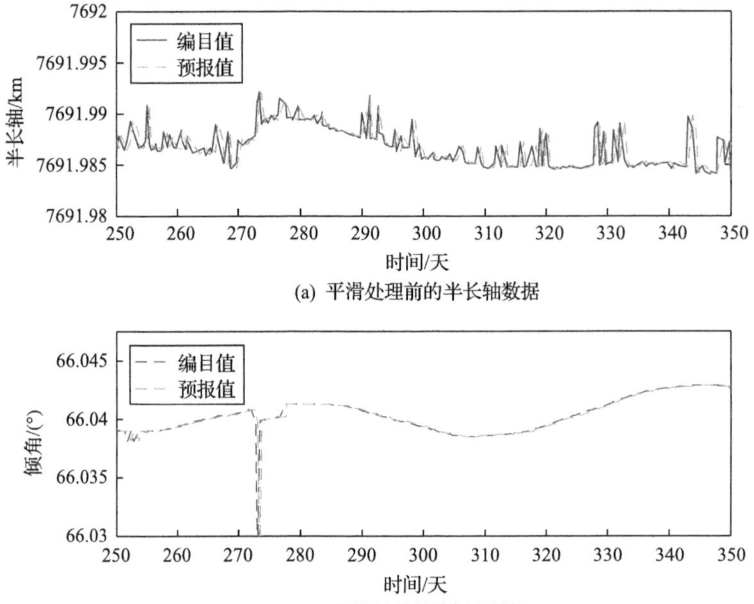

(a) 平滑处理前的半长轴数据

(b) 平滑处理前的倾角数据

图 10.6　平滑处理前数据特性示意图

抖动现象可能导致偏差数据即使在正常情况下也会变大，从而增加虚警的概率，因此有必要对原始数据进行平滑处理。本书对基于三次样条插值曲线拟合的平滑方法和基于局部加权回归原理的平滑(locally weighted scatterplot smoothing, LOWESS)方法进行比较后，取代原有的三次样条曲线平滑方法。

LOWESS 方法是一种利用局部加权多项式拟合来平滑数据的非参数方法，对有一定趋势或者季节性的数据有较好的拟合效果。使用该方法对特征参数序列平滑处理时，以待平滑的数据点为中心，对邻近一定长度的数据段做加权多项式回归，在时间序列上越靠近待平滑点的数据点在多项式拟合时权重越大。对于所有的数据点均可得这样的回归线，每条回归线中心值的连线构成该特征参数序列数据的平滑曲线。

选用经典权函数作为多项式拟合时候的权值函数，即

$$\omega_j = \left(1 - \left|\frac{t_i - t_j}{d(t_i)}\right|^3\right)^3 \tag{10.2}$$

其中，ω_j 为邻近数据点的权值；t_i 为待平滑数据点的历元时刻；t_j 为邻近数据点的历元时刻，$i-l \leqslant j \leqslant i+l$，$l$ 为邻近数据点与中心数据点之间的数据个数；$d(t_i)$ 为邻近数据段中与 t_i 间隔最长的时间。

10.2.3　机动检测窗口自适应改进

1. 检测窗口定义及影响

以 TLE 数据作为原始数据进行卫星历史机动检测时，检测窗口定义为目标 TLE 序列中连续的数据点集合，如图 10.7 所示。检测窗口的大小即该集合中数据点的数量。虚线框中给出大小为 4 的检测窗口，连续的检测窗口构成窗口数据序列。

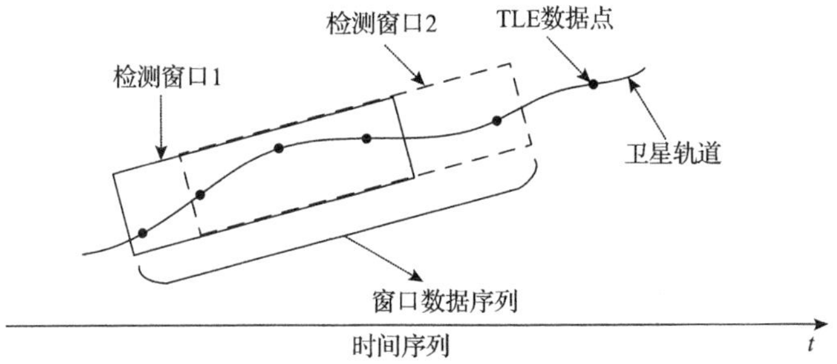

图 10.7　检测窗口示意图

设目标 TLE 的数据点总数为 n，检测窗口大小为 w，采用轨道预报误差拟合法进行机动检测时，窗口数据序列的大小 N 可表示为

$$N = n - w + 1 \tag{10.3}$$

将检测窗口内的 TLE 数据点依次向后预报得到预报值序列，每个预报值对应预报时间，将预报值与预报值所在历元时刻的编目值作差。窗口数据序列内所有窗口执行此过程生成误差数据序列，误差数据序列中误差数据的个数 S 可表示为

$$S = (n - w + 1)(w - 1), \quad 1 < w < n + 1 \tag{10.4}$$

其中，S 为关于检测窗口 w 的离散函数。

一般而言，用于历史机动检测的 TLE 数据点 n 足够大，可近似作连续处理。误差数据序列存在极值，对 w 求导，当 $w=(n+2)/2$ 时，可以得到 S 的极值。

当检测窗口选择极值点时，误差数据最多，从统计角度看拟合效果最好。实际应用时要综合考虑 SGP4 预报精度和检测效率。一颗轨道高度约为 655km 的卫星经过 SGP4 模型预报 7 天时，半长轴误差达到 0.42km，并且随着时间增长而继续增大，预报 30 天时达到 1.43km[16]。本书将检测窗口和检测对象的轨道特征及 TLE 数据特性相结合，提出自适应检测窗口设置方法。

2. 自适应检测窗口设计

对于任意太空目标，TLE 数据序列的时间跨度 TD 指其最后一个数据点所在历元时刻与第一个数据点所在历元时刻之差，则 TLE 频率 f 可定义为数据总数 N 与时间跨度的比值，即

$$f=\frac{N}{\mathrm{TD}} \tag{10.5}$$

本书对两个概念进行定义。首先是饱和检测，当检测窗口设置为某个值时，机动检测的成功率达到峰值，即使增大检测窗口能满足同样的检测成功率，但效率更低。然后是最佳检测窗口，即满足饱和检测条件的检测窗口。

对未失效的太空目标而言，其 TLE 频率与轨道高度之间存在某种联系，一般而言轨道高度越高，TLE 频率越低。LEO 太空目标的 TLE 频率在 1～5 之间，而 GEO 轨道太空目标的 TLE 频率在 1 附近。低轨道、中轨道、高轨道地球卫星三类太空目标的轨道高度与 TLE 频率关系如图 10.8 所示。

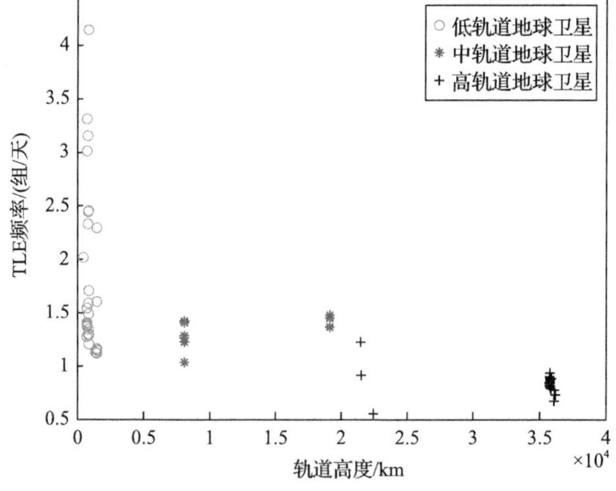

图 10.8 轨道高度与 TLE 频率的关系

同时，从大量仿真分析与真实机动的对比来看，基于轨道预报误差拟合法的机动检测的检测效果呈现以下特点。

(1) 对相同的太空目标，不同时间段的 TLE 频率也不一样，对应的最佳检测窗口也有区别。例如，表 10.1 中太空目标编号为 28376 的最佳检测窗口大小变化。

表 10.1　太空目标 28376 最佳检测窗口

序号	轨道高度/km	TLE 频率/(组/天)	最佳检测窗口大小
1	701	1.4129	13
2	701	1.1786	11
3	701	1.7584	10

(2) 对 TLE 频率接近的不同太空目标，即使轨道高度相差较大，对应的最佳检测窗口也不会有太大区别。例如，表 10.2 中轨道高度相差较大的三个太空目标的最佳检测窗口大小变化。

表 10.2　TLE 频率接近的不同轨道高度目标最佳检测窗口

目标编号	轨道高度/km	TLE 频率/(组/天)	最佳检测窗口大小
41240	1340	2.2281	9
36508	720	2.2276	8
43437	802	2.2088	9

从检测效果的规律来看，检测窗口作为机动检测效果的最大影响参数，其大小与太空目标的 TLE 频率间存在关系。通过对 10 个不同太空目标的仿真分析，检测窗口大小与 TLE 频率(f)之间的倍数关系近似呈现图 10.9 所示的关系。

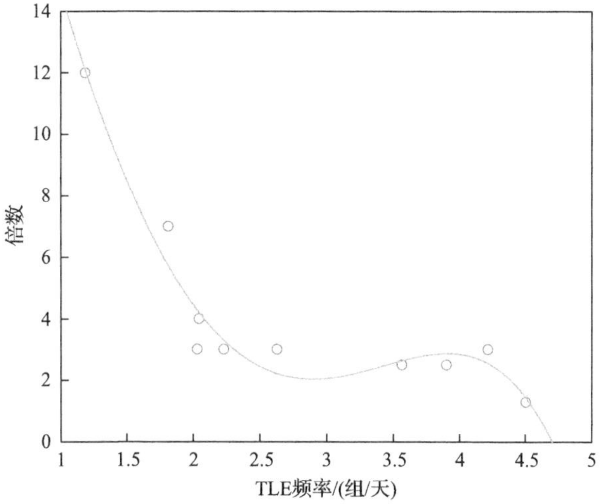

图 10.9　检测窗口大小与 TLE 频率之间的倍数关系

考虑检测窗口一般为整数，最佳检测窗口大小与 TLE 频率之间的关系以经验公式表达为

$$w = \left\langle -0.23f^5 + 1.6f^4 + 0.34f^3 - 19f^2 + 32f \right\rangle \tag{10.6}$$

其中，$\langle\cdot\rangle$表示对括号内的数值四舍五入取整；由于$1<w$，当$w\leqslant 1$时，需进行强制赋值处理，如令$w=2$。

经验公式以多项式的形式给出最佳检测窗口大小的设置方式，能适应绝大部分太空目标的机动检测要求。本书仅以 10 个目标数据拟合经验公式(10.6)的原因是可公开查询到的、已知机动数据的目标有限，在有更多标定数据的情况下，可基于本书建模思想获得更好的经验公式。

3. 基于交叉弧段的机动估计

文献[12]以异常数据段中异常值数量最多的数据点对应时刻为机动时刻估计值，估计的机动时刻与实际机动时刻误差较大。在脉冲假设下，本节建立基于交叉弧段的机动估计模型。

设异常数据段中异常值数量最多的数据点对应历元时刻为t_m，其相邻数据点历元时刻为t_0和t_f（$t_0<t_m<t_f$），交叉弧段预报时间步数为d，则预报时间步长$\Delta t=\dfrac{t_f-t_0}{d}$，通常可将时间步长选为 10s 以内。将$t_0$时刻的位置速度预报至$t_f$时刻，每一步对应的预报值位置速度大小为$S_i$，$t_f$时刻的位置速度预报至$t_0$时刻，每一步对应的预报值位置速度大小为$S_i'$。基于交叉弧段预报的机动估计示意图如图 10.10 所示。

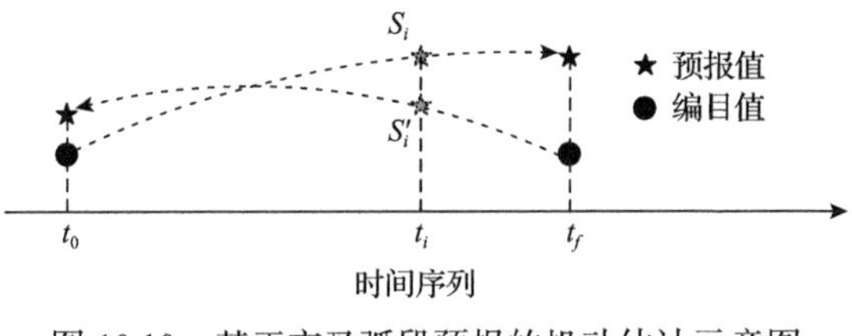

图 10.10　基于交叉弧段预报的机动估计示意图

预报值之间的距离通过位置矢量差的模表征，即

$$\mathrm{dis} = \left\| \boldsymbol{r}_i - \boldsymbol{r}_i' \right\| \tag{10.7}$$

假设距离集合 dis 中第j步对应的距离为最小值，则对应时刻可近似为机动发生的时刻，即

$$t_{\mathrm{maneuver}} = t_0 + j\Delta t \tag{10.8}$$

该时刻对应的速度矢量差即太空目标在该时刻的机动量，即

$$\Delta \boldsymbol{v} = \boldsymbol{v}_i' - \boldsymbol{v}_i \tag{10.9}$$

10.2.4　算例分析

1. 平滑方式改进效果

以 JASON2 卫星(编号 33105)为例，JASON2 卫星轨道信息如表 10.3 所示。

表 10.3　JASON2 卫星轨道信息

卫星名称	发射年份	周期/min	倾角/(°)	远地点/km	近地点/km
JASON2	2008	111.83	66.04	1317	1305

截取 2018 年 9 月 8 日～12 月 17 日的一段 TLE 数据，预报值通过对前一个 TLE 进行轨道预报得到，采用文献[12]的三次样条平滑处理得到的结果如图 10.11 所示。与之对比的是 Lowess 平滑处理后的数据结果，如图 10.12 所示。

从图 10.11 和图 10.12 经过平滑后的数据特性与图 10.6 未经处理的数据特性对比来看，Lowess 平滑方法在去除大量噪声的同时可以较好地保留特征参数的变化性质，而三次样条平滑处理之后的参数序列误差明显较大。考虑进行轨道机动检测时，过度拟合容易丢失机动引起的异常信息，增大漏警率。本书采用

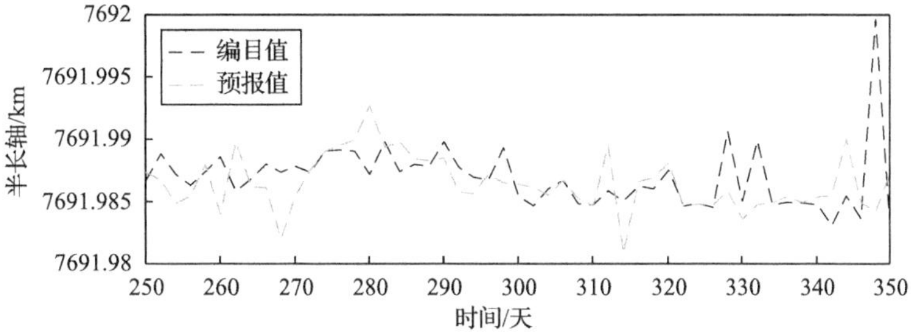

(a) 三次样条平滑处理后的半长轴数据

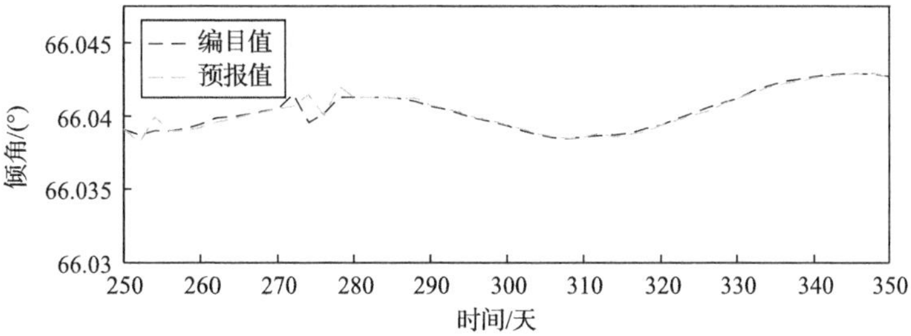

(b) 三次样条平滑处理后的倾角数据

图 10.11　三次样条平滑处理后的数据特性

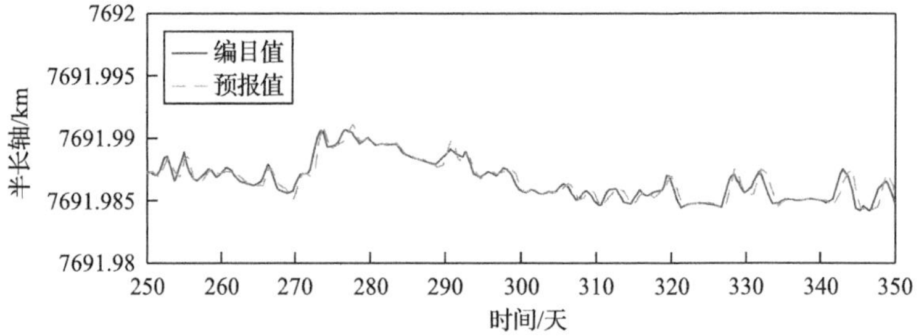

(a) Lowess平滑处理后的半长轴数据

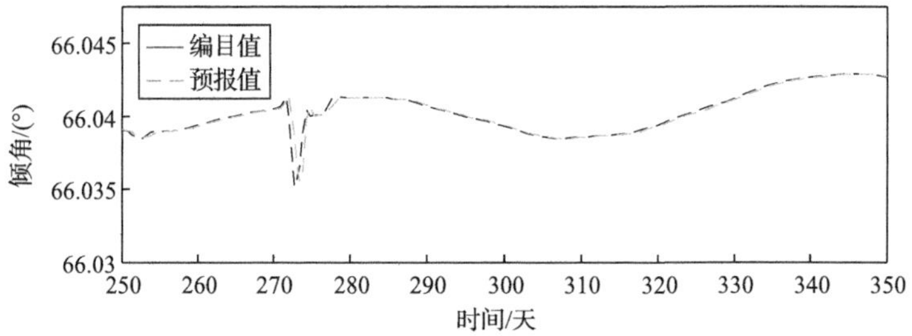

(b) Lowess平滑处理后的倾角数据

图 10.12 Lowesss 平滑处理后的数据特性

Lowess 方法进行数据的平滑处理，进一步减少野值的同时尽可能地保留含有轨道机动变化特征的信息。

2. 自适应机动检测仿真校验

选取表 10.4 中太空目标作为机动检测对象，选取的目标均有真实机动数据可进行对比，但是由于真实机动数据来源有限，大部分是处于 LEO 的太空目标，并且时间跨度有所区别。其中，卫星编号指卫星在美国太空态势感知网站[17]上的编目号。

表 10.4 机动检测对象轨道信息

卫星编号	TLE 数据跨度/天	周期/min	倾角/(°)	远地点/km	近地点/km
23710	364.78	100.64	98.56	790	788
27424	1064.44	98.83	98.23	704	701
41240	729.31	112.42	66.04	1344	1332
25994	728.65	98.82	98.16	703	701
28376	364.22	98.82	98.22	703	702
37384	89.70	1435.71	60.06	35870	35688

机动检测效果以检测成功个数、漏检个数、虚检个数作为检测效果的评判指标[18]。序列中真实存在的机动没有被检测出来，属于漏检。当序列中某处没有发生机动，检测结果却显示有机动，则属于虚检。表 10.4 中太空目标检测结果如

表 10.5 所示。其中，真实机动从部分公布的数据[19,20]中得到。

表 10.5　机动检测结果

卫星编号	真实机动个数	检测成功个数	检测成功率/%	漏检个数	虚检个数
23710	9	9	100	0	0
27424	37	32	86.49	5	0
41240	6	6	100	0	0
25994	7	6	85.71	1	0
28376	4	4	100	0	0
37384	1	1	100	0	0

从检测结果来看，6 个目标总体检测成功率达到 90.63%，漏检率为 9.37%，虚检率几乎可以忽略不计，检测效果验证了本书所提方法的有效性。

以太空目标 41240、23710，以及 37384 为例对检测效果进一步描述。41240 是美国于 2016 年 1 月 17 日发射的遥感卫星 JASON3。JASON3 机动检测结果如图 10.13 所示。根据 ILRS 发布的真实机动数据[19]，2017 年 1 月 1 日～2019 年 1 月 1 日，该卫星共执行 6 次轨道机动，检测结果与其能够较好吻合。

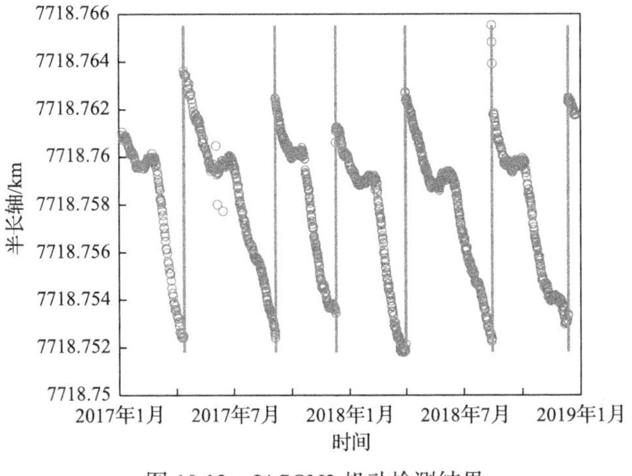

图 10.13　JASON3 机动检测结果

23710 是加拿大于 1995 年 11 月 4 日发射的一颗遥感卫星，名称是 RADARSAT-1。RADARSAT-1 机动检测结果如图 10.14 所示。

37384 是中国于 2011 年 4 月 9 日发射的一颗北斗组网卫星——BEIDOU C08。文献[20]显示，该卫星在 2015 年 1 月 9 日 13:52:00 进行了一次机动。检测结果显示其在 2015 年 1 月 9 日 21:42:58 进行了一次机动，如图 10.15 所示。

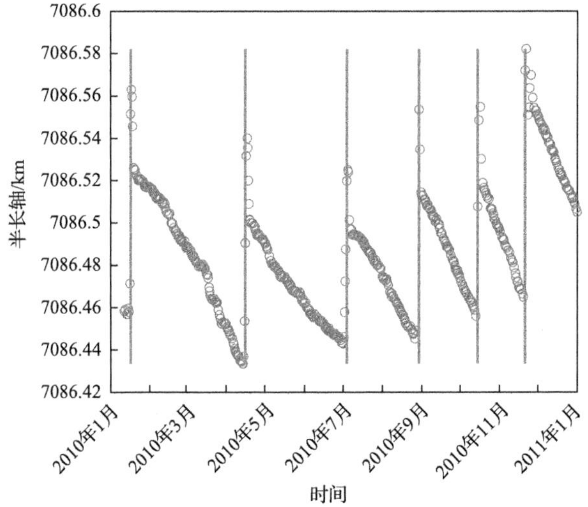

图 10.14　RADARSAT-1 机动检测结果

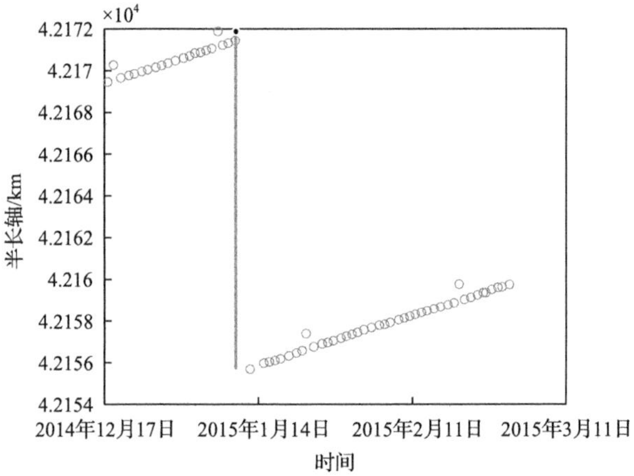

图 10.15　BEIDOU C08 机动检测结果

本书方法与文献[12]方法之间的机动参数估计结果如表 10.6 所示。

表 10.6　机动参数估计结果

卫星名称		BEIDOU C08
真实机动	时间	2015-01-09 13:52:00
	大小	–0.565
本书检测结果	时间	2015-01-09 21:42:58
	大小	–0.230
文献[12]检测结果	时间	2015-01-06 14:18:52
	大小	—

3. 近实时机动检测仿真校验

编号为 27424 的太空目标是美国于 2002 年 5 月 4 日发射的一颗遥感卫星，名为 AQUA。AUQA 卫星在 2019 年 9 月 11 日前后发生一次机动。选取该卫星 TLE 序列中 2019 年 9 月 12 日和 9 月 11 日的两相邻 TLE，将其加入已有历史数据中。本书方法对最近历元时刻中的机动检测结果如图 10.16 所示。

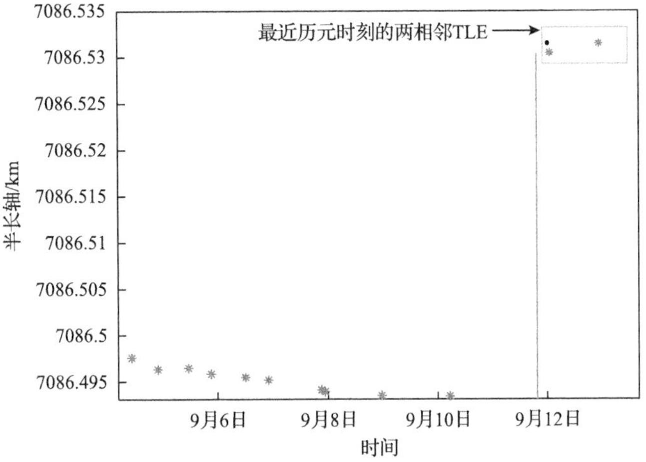

图 10.16　本书方法对最近历元时刻中的机动检测结果

从图 10.16 可见，本书方法在 2019 年 9 月 11 日 19:29:26 检测出一次机动，可以有效识别最近历元时刻的机动。文献[12]的检测方法无法对新产生的机动进行有效识别，仅能作为历史机动检测。原因是，本书提出的逆向移动滑窗方法解决了文献[12]方法无法获得最新历元时刻预报误差信息的问题，从而实现对最新历元时刻的机动检测。本书方法实现了近实时机动检测，可以大幅减少对最新历元时刻中的机动进行识别和检测的响应时间。

10.3　基于偏差演化的机动轨道关联方法

现有的轨道机动检测主要是基于历史轨道数据的事后机动检测方法，包括移动窗口曲线拟合法、轨道预报误差拟合法、聚类分析法。这些方法只能在事后识别某一目标以往执行的机动，虽然可以检测目标当前在轨状态，分析某类目标的在轨机动能力，但是无法解决机动前后目标匹配与实时机动异常告警的问题。

在太空目标编目管理中，比较难的是目标轨道机动前后的关联问题。10.2 节基于历史 TLE 数据的预报误差拟合机动检测方法，是在已经关联的测定轨或编目数据中进行机动检测，这样可以基于该目标的历史数据学习轨道异动判别阈值，从而检测出机动。这种方法对频繁机动的目标难以奏效。事实上，为了实现更好的编目管理，对非合作目标，由于不知道其轨道异动时刻及异动量，首先需要解决的是如何将该目标异动前后的轨道关联起来。

对非合作航天器，记其机动前的一次测定轨数据为 A 目标，机动后的一次测定轨数据为 B 目标。如果前后两次测定轨间执行了一次或多次轨道机动，则 A、B 两目标在常规编目管理中将无法正常关联匹配，B 目标将被暂时编目为新目标。这种情况下，如果能通过轨道机动检测识别 B 目标是否为 A 目标机动后的结果，即确定 A、B 为同一目标，则可以提高编目效果并及时给出非合作目标轨道机动信息，对进一步加密监视其状态，分析其机动意图并评估其威胁将有重要意义。

本书提出一种基于非线性偏差演化的航天器机动轨道关联与机动量检测方法。该方法采用 UT 技术对轨道状态及偏差进行非线性预报，通过正向、逆向交叉弧段预报实现机动目标匹配与机动时刻估计，进而检测轨道机动异常并告警。如图 10.17 所示，通过将前后两次定轨状态及其偏差非线性地进行交叉弧段预报，进而识别前后两次定轨目标是否为机动后的同一目标，能实现在轨航天器近实时的机动轨道关联与异常告警。

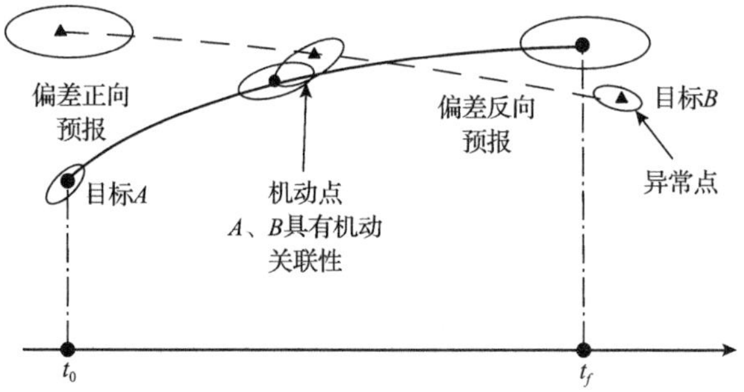

图 10.17　基于非线性偏差演化的轨道机动检测方法示意

10.3.1　偏差数据获取

如图 10.17 所示，根据地面测定轨，获得当前 t_f时刻目标 B 在地心惯性系下的定轨状态均值 $\boldsymbol{x}_B(t_f)=[x,y,z,v_x,v_y,v_z]^{\mathrm{T}}$ 与协方差矩阵 $\boldsymbol{P}_B(t_f)=\mathrm{diag}[\boldsymbol{\sigma}_B^2(t_f)]$，其中 $[x,y,z]^{\mathrm{T}}$ 为航天器位置矢量分量，$[v_x,v_y,v_z]^{\mathrm{T}}$ 为航天器速度矢量分量，$\mathrm{diag}[\boldsymbol{\sigma}_B^2(t_f)]$ 表示以 $\boldsymbol{\sigma}_B^2(t_f)$ 为对角线构造方阵。该方阵非对角线元素全为 0，$\boldsymbol{\sigma}_B^2(t_f)=[\sigma_x^2,\sigma_y^2,$

$\sigma_z^2,\sigma_{vx}^2,\sigma_{vy}^2,\sigma_{vz}^2]^{\mathrm{T}}$，$\sigma_i$ 为对应定轨状态分量 i $(i=x,y,z,v_x,v_y,v_z)$ 的标准差。同理，获得存储记录的前一 $t_0(t_0<t_f)$ 时刻目标 A 的定轨状态均值 $\boldsymbol{x}_A(t_0)$ 与协方差矩阵 $\boldsymbol{P}_A(t_0)=\mathrm{diag}[\boldsymbol{\sigma}_A^2(t_0)]$。设定轨道机动检测的马氏距离阈值为 K_m(例如，可参考取值为 K_m=4)，设定交叉弧段轨道预报时间步数为 n，则预报时间步长 $\mathrm{d}t=\dfrac{t_f-t_0}{n}$。为了提高机动时刻估计精度，建议 n 取使 $\mathrm{d}t<10$ 的值。

10.3.2　基于正向偏差预报的轨道异常判断

将目标 A 定轨状态均值 $\boldsymbol{x}_A(t_0)$ 及协方差矩阵 $\boldsymbol{P}_A(t_0)$ 预报到 t_f 时刻，获得 t_f 时刻目标 A 状态均值 $\boldsymbol{x}_A(t_f)$ 及协方差矩阵 $\boldsymbol{P}_A(t_f)$。本书采用基于 Sigma 点的 UT 方法预报定轨偏差。

步骤 1，在地心惯性系中，根据测定轨获得的 t_0 时刻目标 A 的定轨状态均值 $\boldsymbol{x}_A(t_0)$ 及协方差矩阵 $\boldsymbol{P}_A(t_0)$，产生 $2n+1$ 个含有一定权重的 Sigma 样本点 $\boldsymbol{\xi}_0$，即

$$\begin{aligned}
\xi_0^0 &= \boldsymbol{x}_A(t_0), \quad i=1,2,\cdots,6 \\
\xi_0^i &= \boldsymbol{x}_A(t_0)+\sqrt{(6+\lambda)}\boldsymbol{S}_{\xi,i} \\
\xi_0^{i+6} &= \boldsymbol{x}_A(t_0)-\sqrt{(6+\lambda)}\boldsymbol{S}_{\xi,i}
\end{aligned} \tag{10.10}$$

其中，$\boldsymbol{S}_{\xi,i}$ 为 $\boldsymbol{S}_\xi$ 的第 i 列，$\boldsymbol{S}_\xi$ 为协方差矩阵 $\boldsymbol{P}_A(t_0)$ 的平方根，即 $\boldsymbol{P}_A(t_0)=\boldsymbol{S}_\xi\boldsymbol{S}_\xi^{\mathrm{T}}$。

$$\begin{aligned}
\omega_0^m &= \frac{\lambda}{6+\lambda} \\
\omega_0^P &= \omega_0^m+(1-\alpha^2+\beta) \\
\omega_i^m &= \omega_i^P=\frac{1}{2(6+\lambda)}, \quad i=1,2,\cdots,12
\end{aligned} \tag{10.11}$$

其中，$\lambda=\alpha^2(6+\kappa)-6$，$\alpha\in(0,1]\subset\mathbf{R}$ 与 $\kappa\in[0,\infty)\subset\mathbf{R}$ 为自由参数，建议取值为 $\alpha=0.5$，$\kappa=0$；对高斯分布，$\beta=2$。

步骤 2，将所有初始 Sigma 点用给定的轨道预报算法预报到终端 t_f 时刻，该预报过程用非线性映射 $\boldsymbol{x}_A(t_f)=\boldsymbol{\phi}\left[t_f;\boldsymbol{x}_A(t_0),t_0\right]$ 表示，终端的 Sigma 样本点可表示为 $\boldsymbol{\xi}^i(t_f)=\phi[t_f;\xi_0^i,t_0]$，$i=0,1,\cdots,12$。显然，该预报步骤未对预报模型进行任何限制，可将预报系统当作黑箱，例如直接采用已有的高精度轨道预报模型。

步骤 3，用终端 Sigma 样本点计算 A 目标 t_f 时刻的状态均值 $\boldsymbol{x}_A(t_f)$ 及协方差

矩阵 $\boldsymbol{P}_A(t_f)$，即

$$\begin{aligned}\boldsymbol{x}_A(t_f) &= \sum_{i=0}^{12}\omega_i^m \boldsymbol{\xi}^i(t_f)\\ \boldsymbol{P}_A(t_f) &= \sum_{i=0}^{12}\omega_i^P (\boldsymbol{\xi}^i(t_f)-\boldsymbol{x}_A(t_f))(\boldsymbol{\xi}^i(t_f)-\boldsymbol{x}_A(t_f))^{\mathrm{T}}\end{aligned} \tag{10.12}$$

其中，$\boldsymbol{P}_A(t_f)$为 6×6 的对称正定矩阵。

在位置空间计算 t_f时刻目标 B 的定轨状态均值 $\boldsymbol{x}_B(t_f)$ 相对 A 状态分布的马氏距离，即

$$k=\sqrt{(\boldsymbol{x}_B^r(t_f)-\boldsymbol{x}_A^r(t_f))^{\mathrm{T}}(\boldsymbol{P}_A^{rr}(t_f))^{-1}(\boldsymbol{x}_B^r(t_f)-\boldsymbol{x}_A^r(t_f))} \tag{10.13}$$

其中，$\boldsymbol{x}_B^r(t_f)=[x_B(t_f),y_B(t_f),z_B(t_f)]^{\mathrm{T}}$ 为目标 B 在 t_f 时刻位置矢量；$\boldsymbol{x}_A^r(t_f)=[x_A(t_f),y_A(t_f),z_A(t_f)]^{\mathrm{T}}$ 为目标 A 在 t_f时刻位置矢量；$\boldsymbol{P}_A^{rr}(t_f)$ 为 $\boldsymbol{P}_A(t_f)$前 3 行前 3 列构成的 3×3 的对称正定矩阵。

若 $k<K_m$，则识别目标 A 与目标 B 为同一目标，目标 A 无轨道异常；否则，A 与 B 为不同目标或实施机动后的同一目标，需进一步交叉弧段预报判断。

10.3.3 基于逆向偏差预报的异常轨道关联

将目标 A 定轨状态均值 $\boldsymbol{x}_A(t_0)$ 及协方差矩阵 $\boldsymbol{P}_A(t_0)$ 按步长 dt 向前预报到 t_f 时刻，获得 $n+1$ 个时刻 $(t_0,t_1,\cdots,t_n=t_f)$ 目标 A 轨道状态均值 $[\boldsymbol{x}_A(t_0),\boldsymbol{x}_A(t_1),\cdots,\boldsymbol{x}_A(t_n)]$ 及协方差矩阵 $[\boldsymbol{P}_A(t_0),\boldsymbol{P}_A(t_1),\cdots,\boldsymbol{P}_A(t_n)]$ 的预报值。同理，将目标 B 定轨状态均值 $\boldsymbol{x}_B(t_f)$ 及协方差矩阵 $\boldsymbol{P}_B(t_f)$ 按步长 dt 向后预报到 t_0 时刻，获得 $n+1$ 个时刻目标 B 轨道状态均值 $[\boldsymbol{x}_B(t_n),\cdots,\boldsymbol{x}_B(t_1),\boldsymbol{x}_B(t_0)]$ 及协方差矩阵 $[\boldsymbol{P}_B(t_n),\cdots,\boldsymbol{P}_B(t_1),\boldsymbol{P}_B(t_0)]$ 的预报值。

将目标 A、B 在 $n+1$ 个时刻 $(t_0,t_1,\cdots,t_n=t_f)$ 的状态均值 $[\boldsymbol{x}_A(t_0),\boldsymbol{x}_A(t_1),\cdots,\boldsymbol{x}_A(t_n)]$、$[\boldsymbol{x}_B(t_n),\cdots,\boldsymbol{x}_B(t_1),\boldsymbol{x}_B(t_0)]$ 及协方差矩阵 $[\boldsymbol{P}_A(t_0),\boldsymbol{P}_A(t_1),\cdots,\boldsymbol{P}_A(t_n)]$、$[\boldsymbol{P}_B(t_n),\cdots,\boldsymbol{P}_B(t_1),\boldsymbol{P}_B(t_0)]$ 在同一历元时刻进行合并，获得以 A 为参考点、$n+1$ 个时刻的相对状态 $[\hat{\boldsymbol{x}}(t_0),\hat{\boldsymbol{x}}(t_1),\cdots,\hat{\boldsymbol{x}}(t_n)]$ 及总协方差矩阵 $\left[\hat{\boldsymbol{P}}(t_0),\hat{\boldsymbol{P}}(t_1),\cdots,\hat{\boldsymbol{P}}(t_n)\right]$，满足

$$\begin{aligned}\hat{\boldsymbol{x}}(t_i) &= \boldsymbol{x}_B(t_i)-\boldsymbol{x}_A(t_i)\\ \hat{\boldsymbol{P}}(t_i) &= \boldsymbol{P}_B(t_i)+\boldsymbol{P}_A(t_i)\end{aligned} \tag{10.14}$$

在位置空间计算 $n+1$ 个时刻目标 B 的定轨状态均值相对目标 A 定轨状态均值

在合并后总协方差矩阵中的马氏距离 $(k_0,k_1,\cdots,k_n)$，即

$$k_i=\sqrt{(\hat{\boldsymbol{x}}^r(t_i))^{\mathrm{T}}(\hat{\boldsymbol{P}}^{rr}(t_i))^{-1}(\hat{\boldsymbol{x}}^r(t_i))},\quad i=0,1,\cdots,n \tag{10.15}$$

在 $n+1$ 个马氏距离中搜索提取最小值 $k_{\min}=\min(k_0,k_1,\cdots,k_n)$，以及该最小值出现的时刻 $t_{\min}$；若 $k_{\min}<K_m$，则 A 与 B 为实施机动的同一目标，估计 A 在 $t_{\min}$ 时刻执行了一次机动；否则，A 与 B 为不同目标。

10.3.4 机动量估计

若 A、B 为实施机动的同一目标，则对其机动量大小 Δv 进行估算，可通过将 A、B 定轨状态预报到估计的变轨时刻，然后用速度分量直接做差估计。获得目标 A 机动时刻 $t_{\min}$ 后，则必然满足 $t_{\min}\in\{t_0,t_1,\cdots,t_n\}$，不妨设 $t_{\min}=t_i$，$i=0,1,\cdots,n$，则可得 t_i 时刻，目标 A 的速度增量 $\Delta\boldsymbol{v}$ 和机动量 Δv 大小为

$$\begin{aligned}&\Delta\boldsymbol{v}=[\Delta v_x,\Delta v_y,\Delta v_z]^{\mathrm{T}}=\boldsymbol{x}_B^v(t_i)-\boldsymbol{x}_A^v(t_i)\\&\Delta v=\sqrt{\Delta v_x^2+\Delta v_y^2+\Delta v_z^2}\end{aligned} \tag{10.16}$$

其中，$\boldsymbol{x}_B^v(t_i)$ 为 $\boldsymbol{x}_B(t_i)$ 的第 4～6 个分量；$\boldsymbol{x}_A^v(t_i)$ 为 $\boldsymbol{x}_A(t_i)$ 的第 4～6 个分量，即轨道状态的速度部分。

由于定轨误差、预报误差等影响，以及航天器的实际控制一般瞄准平均轨道根数，因此采用瞬时位置速度直接做差的方式估计机动量可能不够准确，还可采用将 A、B 最接近时刻的位置速度 $\boldsymbol{x}_A(t_{\min})$、$\boldsymbol{x}_B(t_{\min})$ 转换为瞬时轨道根数 $\boldsymbol{E}_A(t_{\min})$、$\boldsymbol{E}_B(t_{\min})$，进一步转换为平均轨道根数 $\bar{\boldsymbol{E}}_A(t_{\min})$、$\bar{\boldsymbol{E}}_B(t_{\min})$，最后对平均轨道根数做差，采用高斯摄动方程估计轨道机动量。

综上，本书方法在获得某一目标当前定轨数据后，结合前一时刻测定轨给出的特定目标数据库，可及时判断当前定轨目标是否为特定目标数据库中某一目标机动造成的结果，可实现机动目标的数据关联并近实时地给出机动异常告警信息，是对基于历史数据的轨道机动检测方法的改进和有益拓展。

其次，本书方法采用无极变换理论进行前向与后向轨道偏差传播，仅需 26 个 Sigma 样本点就可实现定轨状态及其协方差矩阵的前向与后向高精度非线性预报，计算效率高，并且无极变换理论的预报过程将动力系统作为黑箱处理，可以适应任意高精度轨道动力学模型。

10.3.5 算例分析

设在轨航天器初始 t_0 时刻的轨道根数如表 10.7 所示。设当前定轨时刻为 $t_f=$

86400s，航天器在 $t_i = 43200$s 进行轨道机动，在 LVLH 坐标系(原点 o 在航天器质心，ox 沿航天器地心矢径方向，oz 沿轨道面法向，oy 构成右手系)下的机动冲量为 $\Delta \boldsymbol{v}_i = [0,\ 5,\ 0]^{\mathrm{T}}$ m/s，机动量大小为 $\Delta v = 5$m/s，设定轨道机动检测的马氏距离阈值 $K_m = 4$，设定交叉弧段轨道预报时间步数为 n=8640，则预报时间步长 dt=10 s 。本算例中轨道预报采用二体模型。

表 10.7　在轨航天器初始轨道根数

半长轴/m	偏心率	轨道倾角/(°)	升交点赤经/(°)	近地点角距/(°)	真近点角/(°)
7181727.864	0.0005	45	50	60	30

根据表 10.7 数据，可算出 t_0(t_0<t_f)时刻目标 A 在地心惯性系下的定轨位置速度均值，以及航天器机动后，t_f时刻目标 B 在地心惯性系下的定轨位置速度均值(表 10.8)。设两次定轨的位置速度误差标准差均为 $\sigma_x = 30$ 、$\sigma_y = 50$ 、$\sigma_z = 20$ ，$\sigma_{vx} = 0.1$ 、$\sigma_{vy} = 0.2$ 、$\sigma_{vz} = 0.08$ ，基于该定轨精度，在表 10.7 中的定轨均值上加入高斯分布随机数，作为目标 A 与目标 B 的真实轨道状态。

表 10.8　两次定轨时刻目标的位置速度

位置速度	目标 A，t_0	目标 B，t_f
X/m	−3888461.401	−4605027.926
Y/m	3262843.257	−5516680.726
Z/m	5076039.449	−18434.211
V_x/(m/s)	−4791.751	4046.459
V_y/(m/s)	−5708.642	−3373.247
V_z/(m/s)	1.328	−5268.016

在上述参数配置情况下，采用本书方法进行轨道机动检测与关联，基于当前时刻与前一时刻定轨数据，成功检测出航天器的轨道机动。交叉弧段预报计算马氏距离最小值、最小值出现的时刻分别为 $k_{\min} = 0.56$ 、$t_{\min} = 43070$ ，进而计算 LVLH 坐标系下的机动冲量 $\Delta \boldsymbol{v}_i = [-0.96,\ 4.85,\ 0.05]^{\mathrm{T}}$ m/s，机动量大小为 $\Delta v = 4.94$ m/s。对机动时间及机动量大小估计的相对误差分别为

$$\varepsilon_t = \frac{43200 - 43070}{43200} \times 100\% = 0.3\%$$

$$\varepsilon_{dv} = \frac{5 - 4.94}{5} \times 100\% = 1.2\%$$

将前后两次定轨偏差分布预报到轨道机动时刻，分布结果如图 10.18 所示。显

然，两组定轨数据在机动时刻的分布出现明显交叠，说明航天器此时执行了机动。

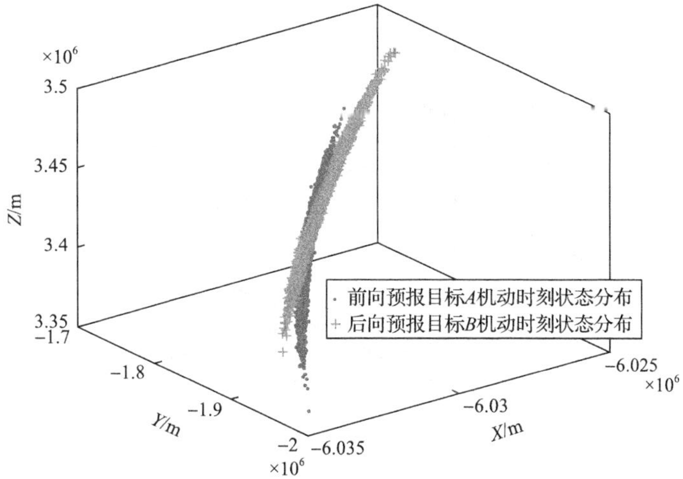

图 10.18　前后两次定轨数据在估计机动时刻的状态分布结果图

10.4　基于神经网络的机动检测方法

对于部分机动太空目标而言，由于其机动量级过小或者没有充足的时间使机动后轨道与无机动预报轨道产生超出阈值的偏离，可能导致其机动后观测数据在轨道编目的第一步就实现直接关联。这种情况会导致精密定轨时同时采用机动前后的短弧观测数据，这将使定轨精度下降且小机动被忽略掩盖，甚至导致定轨迭代失败，对太空目标的编目管理造成不利影响。因此，有必要引入一种在已知短弧所属的目标背景下，对短弧观测的 T2T 机动检测方法。由于单个短弧包含的信息不足以进行准确定轨，无法再用上述物理模型定义度量指标并借助轨道运动规律进行判别，考虑定轨编目流程本质为回归运算、机动检测本质是分类运算，适合用机器学习方法求解。因此，拟引入处理这类复杂黑箱问题有优势的深度神经网络模型，学习观测弧段到轨道机动之间的规律，实现对轨道机动的检测，并对异动参数进行反演计算。下面提供一种能够将神经网络应用到轨道机动检测的思路。

10.4.1　机动特征参数构建

为了建立轨道机动检测的神经网络模型，需要构建对轨道机动敏感的机动特征参数。下面以光学仪测角数据资料为例，对机动特征参数的构建流程进行描述。

(1) 观测数据预处理。采用二次多项式对每个观测弧段中赤经、赤纬关于时间的函数式进行拟合，从而得到赤经、赤纬随时间的变化率信息，并对存在明显异常的观测数据点进行剔除。

(2)初轨改进。如图 10.19 所示，将属于同一太空目标的观测弧段根据其首个数据点观测时刻 t_k 的先后进行排序，设经排序后得到的天基测角数据弧段为 $\{O_i\}$，$i=1,2,\cdots,n$，其中 n 为该太空目标对应观测弧段的数量。对经时间排序后每相邻的两个观测弧段确定一条初始轨道，若因相邻两弧段之间时间相差过大而难以联合两观测弧段确定其初始轨道的情形，可采用对其中一个观测弧段进行初始轨道确定获得的结果作为相应的初轨。对于仅测角类型的观测数据，初始轨道确定算法已相对成熟[21]。然后，将按时间排序后相邻的观测弧段两两之间进行最小二乘迭代轨道改进，迭代初值为初始轨道确定结果，最小二乘迭代轨道改进算法可参考文献[21]，这里不再赘述。将得到的所有轨道改进结果进行存储，设得到的初始轨道改进结果为 $\{x_{ij}^0\}$，$i=1,2,\cdots,n-1$，$j=i+1$，其中下标 i 与 j 表示该初轨结果由第 i 个短弧与第 j 个短弧的观测数据迭代得出，上标 0 表示初始轨道。具体地，$x_{ij}^0=\{t_{ij},\boldsymbol{r}_{ij},\boldsymbol{v}_{ij}\}$，$t_{ij}$ 为定轨历元时刻，一般选为初轨确定结果对应的历元时刻，$\boldsymbol{r}_{ij}$ 与 $\boldsymbol{v}_{ij}$ 分别为定轨历元时刻对应的太空目标的位置与速度矢量。需要注意的是，由于是对相邻观测弧段两两之间进行初轨确定与轨道改进，因此对存在 m 个观测弧段的太空目标，只存在 $m-1$ 条初轨确定与轨道改进的结果。

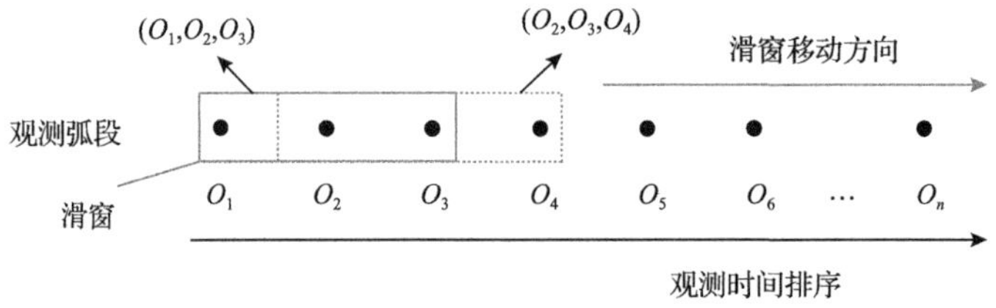

图 10.19 移动滑窗式选取观测弧段示意图

(3)轨道根数转换。将得到的初始轨道改进结果转换为轨道根数，设得到的轨道根数结果为 $\{E_{ij}\}$，$i=1,2,\cdots,n-1$，$j=i+1$，$E_{ij}=\{t_{ij},a_{ij},e_{ij},i_{ij},\Omega_{ij},\omega_{ij},f_{ij}\}$，$a_{ij}$、$e_{ij}$、$i_{ij}$、$\Omega_{ij}$、$\omega_{ij}$、$f_{ij}$ 分别对应经典轨道六根数中的半长轴、偏心率、轨道倾角、升交点赤经、近地点辐角、真近点角。太空目标的位置速度矢量与经典轨道六根数的转换可参考文献[22]。

(4)机动特征参数构建。每条机动特征参数通过从按时间排序的轨道根数中以移动滑窗的方式依次选取其中三组轨道根数计算得出，如图 10.19 所示。例如，若存在 n 组已按时间排好序的轨道根数，则第一次选取第 1、2、3 组轨道根数进行计算，第二次选取第 2、3、4 组进行计算，依此类推，最后一次(即第 $n-2$ 次)选取第 $n-2$、$n-1$、n 组轨道根数进行计算。

机动特征参数具体计算规则如下。将选取的三组轨道根数中的第一组与第二组，第二组与第三组的半长轴、偏心率与轨道倾角分别作差得到两组半长轴、偏心率与轨道倾角的变化量，将这两组半长轴、偏心率与轨道倾角变化量的绝对值记为一条机动特征参数并储存下来，设得到的机动特征参数结果为 $\{D_{ij}\}$，$i=1,2,\cdots,n-3$，$j=i+3$，其中 n 为该太空目标对应观测弧段的数量，i 和 j 分别表示计算该机动特征参数时用到的首个观测弧段序号与末尾观测弧段序号。根据定义，每个机动特征参数由六个分量组成，即

$$
\begin{aligned}
&D_{ij}=D_{i(i+3)}=\{|\Delta a_{i(i+2)}|,|\Delta a_{(i+1)(i+3)}|,|\Delta e_{i(i+2)}|,|\Delta e_{(i+1)(i+3)}|,|\Delta i_{i(i+2)}|,|\Delta i_{(i+1)(i+3)}|\}\\
&\Delta a_{i(i+2)}=a_{i(i+1)}-a_{(i+1)(i+2)},\quad \Delta a_{(i+1)(i+3)}=a_{(i+1)(i+2)}-a_{(i+2)(i+3)}\\
&\Delta e_{i(i+2)}=e_{i(i+1)}-e_{(i+1)(i+2)},\quad \Delta e_{(i+1)(i+3)}=e_{(i+1)(i+2)}-e_{(i+2)(i+3)}\\
&\Delta i_{i(i+2)}=i_{i(i+1)}-a_{(i+1)(i+2)},\quad \Delta i_{(i+1)(i+3)}=i_{(i+1)(i+2)}-i_{(i+2)(i+3)}
\end{aligned}
\tag{10.17}
$$

机动特征参数计算流程(以 $n=6$ 为例)如图 10.20 所示，对应上述步骤(2)～(4)。由此可得，对于存在 n 个观测弧段的太空目标，经步骤(2)、(3)可以得到 $n-1$ 条轨道根数。由于每相邻的三组轨道根数才能计算得到一条机动特征参数，因此经步骤(4)计算后只存在 $n-3$ 条机动特征参数。

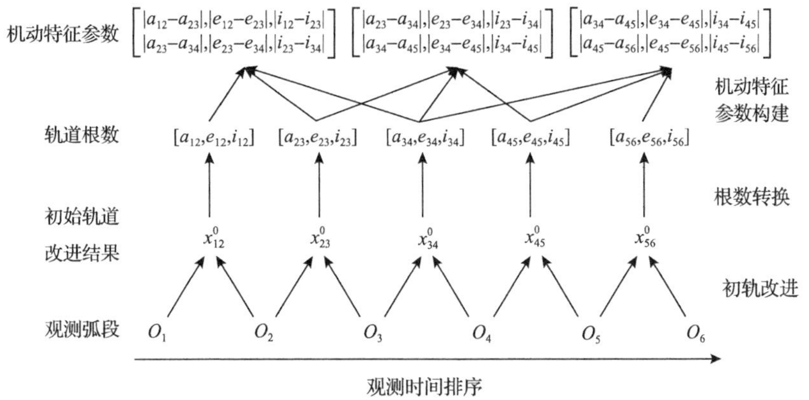

图 10.20　机动特征参数计算流程示意图

10.4.2　神经网络训练样本构建

为了保证神经网络的训练效果，还需对训练样本集与测试集进行合理构建。给定一定数量太空目标的光学观测数据，一般不少于 1000 个观测弧段，其中还必须包含机动太空目标的观测数据。

根据 10.4.1 节所述流程，将这些观测数据处理得到多条机动特征参数，根据对应太空目标的实际机动情况为每条机动特征参数打上机动标签。若轨道机动发

生在计算机动特征参数时用到的三组轨道根数中，第二组轨道根数所对应的两观测弧段之间的时间区间内，则认为该条机动特征参数为有机动的特征参数，机动标签设为 1；否则，认为该条机动特征参数为无机动的特征参数，机动标签设为 0。以图 10.21 为例，假设机动发生在观测弧段 O_3 与 O_4 之间，则输出的每条机动特征参数机动标签分别为 0、1、0。

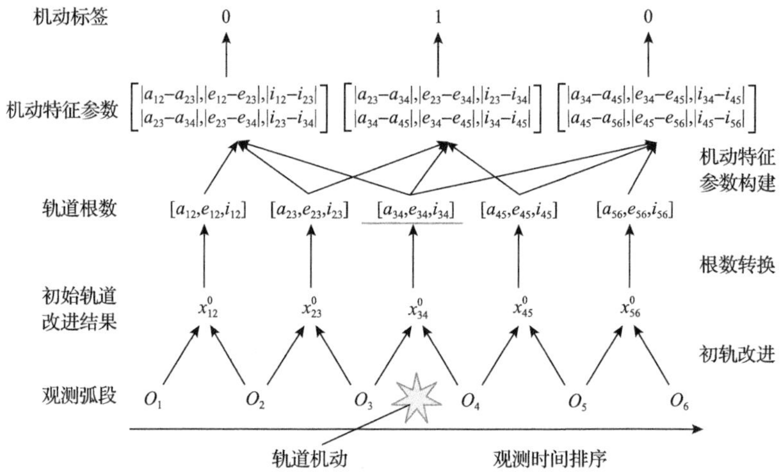

图 10.21　机动标签输出示例

需要注意的是，生成训练样本时，应当避免生成脉冲机动的施加时刻位于该太空目标的第一与第二观测弧段之间的时间区间或倒数第一与第二观测弧段之间时间区间的训练样本，因为训练样本机动特征参数对应的机动标签均为 0。此外，观测弧段数不足 6 个时，将导致生成的机动特征参数个数不足 3 个。以上两种情况中训练样本生成的机动特征参数难以为神经网络的训练提供有效的学习样本，因此若存在这种训练样本则应当舍弃。

对得到的大量机动特征参数按比例进行随机划分，得到神经网络训练所需的训练集 T 和测试集 D，可以采用留出法或者交叉验证法等进行划分。进行神经网络训练时，可以选取不同的神经网络(neural network，NN)模型，利用生成的训练集 T 和测试集 D 进行有监督式训练。经实验，推荐采用级联前馈神经网络(cascade forward neural network，CFNN)模型，可以取得更好的训练效果。神经网络的训练目标是能够根据输入的机动特征参数，输出每条机动特征参数对应的机动标签(0 或 1)。有关级联前馈神经网络模型的详细信息，可参见文献[23]。

由此，利用训练好的神经网络模型实现对属于同一太空目标的短弧观测片段进行机动检测的功能。将多个属于同一太空目标的观测短弧经过 10.4.1 节所述步骤进行处理后，输入经训练好的神经网络模型就能得到每条机动特征参数对应的机动标签。若机动标签全部为 0，则可以认为该目标在整个观测时间区间内没有进行脉冲轨道机动；若存在为 1 的机动标签，则可以该条机动特征参数计算时所对应第二组轨道根数的两观测弧段为分界点，将该太空目标所属的观测弧段划分为机动前观测弧段与机动后观测弧段，并将这两个观测弧段之间的时间区间定义为预估脉冲机动施加时间区间。

例如，若某太空目标 A 在观测时间区间内存在 8 个观测弧段，经计算后得到 5 条特征参数，检测到其中第 3 条特征参数对应的机动标签为 1，而第 3 条特征参数计算时对应的第二组轨道根数是由第 4 和第 5 观测弧段轨道改进得到的，因此以第 4 和第 5 观测弧段为分界点，将第 1～第 4 观测弧段划分为机动前观测弧段，将第 5～第 8 观测弧段划分为机动后观测弧段，第 4 和第 5 观测弧段之间的时间区间则为预估脉冲机动施加时间区间。基于神经网络的机动检测方法整体流程如图 10.22 所示。

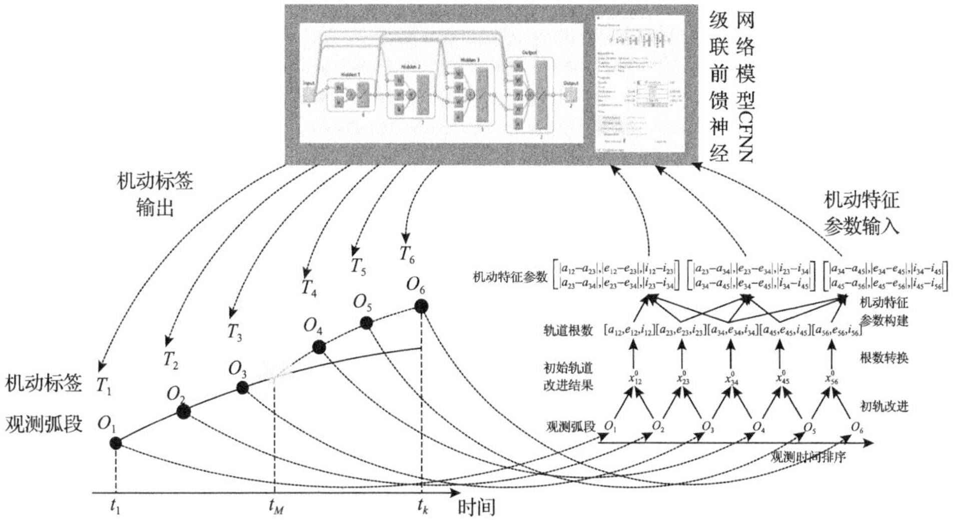

图 10.22　基于神经网络的机动检测方法整体流程

考虑实际观测数据中，无机动观测数据远远多于有机动观测数据，因此在利用实测数据构建监督式学习的神经网络时，需考虑小样本的影响，适当剔除无机动观测数据，以提高有机动观测数据在样本集中的比例。此外，还可以考虑采用非监督式学习训练，发展面向小样本的非监督式学习训练方法，例如可建立基于生成式对抗网络的深度学习模型。

10.4.3　算例分析

仿真场景设置为运行在轨道高度为800km太阳同步轨道上的光学观测卫星对 50 颗运行在近 GEO 轨道上的太空目标进行为期 7 天的光学观测，角度观测误差为 3 角秒，观测起止时间分别为 2019.12.21.12:00:00～2019.12.28.12:00:00，其中 25 颗卫星在观测期间均发生脉冲轨道机动，观测得到的 712 组分别属于不同太空目标的仿真观测短弧。该光学观测卫星在初始时刻$t_0 = 2019.12.21.12:00:00$的轨道根数为$\{a_0^s, e_0^s, i_0^s, \Omega_0^s, \omega_0^s, f_0^s\} = \{7178.1363\,\text{km}, 0.05, 98.57^\circ, 191.1^\circ, 0^\circ, 0^\circ\}$。每个观测弧段数据包括若干观测数据点，每个观测数据点由被观测目标相对于低轨光学观测卫星的赤经、赤纬、观测时刻，以及观测平台的位置速度信息组成。

由于实际太空目标的观测数据难以获取，因此采用仿真模拟方式生成得到神经网络训练所需的训练集 T 和测试集 D。在 GEO 轨道上随机生成 1000 个目标，假设利用同样运行在轨道高度为 800km 太阳同步轨道的光学观测卫星对这 1000 个 GEO 目标进行为期 7 天的光学观测。观测起止时间及光学观测卫星的轨道根数同上。选取 50%的仿真目标在仿真观测时段内随机添加一次脉冲轨道机动，脉冲轨道机动的冲量大小在 2m/s～5m/s 之间随机选取。为了尽可能多地得到有效的学习样本，脉冲轨道机动的施加时刻在 2019.12.23.00:00:00～2019.12.27.00:00:00 内随机生成，然后进行仿真观测并最终计算得到约 6547 条机动特征参数。为每条机动特征参数打上标签，根据 10.4.2 节的方法处理后最终剩下的 6382 条有效样本。

对得到的大量机动特征参数进行随机划分，采用留出法将 80%的样本数据作为神经网络训练所需的训练集 T，将 20%的样本数据作为神经网络训练所需的测试集 D，采用前馈神经网络模型进行有监督式训练。设置神经网络隐含层数量为 2，节点数分别为 7 和 8。

将 712 组观测短弧输入训练好的神经网络中，发现在 562 条机动特征参数中有 29 条被神经网络打上 1 的机动标签，根据机动标签将该太空目标所属的观测弧段划分为机动前观测弧段与机动后观测弧段。为了提高轨道机动的检测正确率，还需要根据脉冲机动冲量估计值的大小对检测结果进一步筛选。筛选阈值可根据实际情况进行调整。例如，对本算例，当脉冲机动幅值$|I_i| < 0.02\text{m/s}$时，则认为结果是噪声引起的检测虚警而将其排除。基于该规则排除 4 个误检目标。基于神经网络的机动检测测试结果如表 10.9 所示。算例结果表明，该方法对机动检测的正确率大于 90%。

表 10.9　基于神经网络的机动检测测试结果

数据描述	取值
测试总目标数量/个	50
机动目标数量/个	25
神经网络异常检测数量/个	29
更正数量/个	4
最终误检数量/个	2
正确异常检测数量/个	23
检测正确率/%	92

参考文献

[1] Alejandro P, Guillermo E, Manuel S R, et al. Satellite maneuver detection and estimation with optical survey observations. The Journal of the Astronautical Sciences, 2022,69: 879-917.

[2] 刘二江, 闫野, 杨跃能. 基于 TLE 数据的航天器轨道异常检测// 第一届中国空天安全会议, 烟台, 2015: 1-11.

[3] 张栩晨, 杜兰, 刘泽军, 等. 基于 TLE 时序的 GEO 目标东西机动预报. 测绘科学技术学报, 2021, 38(4): 337-342.

[4] 张炜, 崔文, 田鑫, 等. 利用 TLE 数据判别天宫一号目标飞行器姿态. 载人航天, 2018, 24(6): 827-831.

[5] 崔红正, 刘文玲, 唐歌实, 等. 不同推力下的非合作空间目标轨道机动检测. 宇航学报, 2016, 37(3): 253-261.

[6] Li T, Li K B, Chen L. New manoeuvre detection method based on historical orbital data for low Earth orbit satellites. Advances in Space Research,2018,62(3): 554-567.

[7] Patera R P. Space event detection method. Journal of Spacecraft and Rockets, 2008,45(3): 554-559.

[8] Lemmens S, Krag H. Two-line-elements-based maneuver detection methods for satellites in low earth orbit. Journal of Guidance, Control, and Dynamics, 2014,37(3): 860-868.

[9] Liu J, Liu L, Du J, et al. TLE outlier detection based on expectation maximization algorithm. Advances in Space Research, 2021,68(7): 2695-2712.

[10] 张涛涛, 白显宗, 郝嘉, 等. 基于预报偏差的 LEO 航天器轨道异常检测.中国空间科学技术, 2012, 32(5): 40-46.

[11] 许晓丽, 熊永清. 基于历史 TLE 的空间目标轨道预报误差演化规律研究. 天文学报, 2019, 60(4): 28-40.

[12] 李涛, 黄昊, 陈磊. 利用预报误差分布拟合实现卫星历史轨道机动检测的方法. 国防科技大学学报, 2020, 42(2): 114-120.

[13] Kelecy T, Doyle H, Kris H. Satellite maneuver detection using two-line-element(TLE) Data// proceedings of the Advanced Mawi Optical and Space Surveillance Technologies Conference, Maui, 2007: 1-27.

[14] Bai X, Liao C, Pan X, et al. Mining two-line element data to detect orbital maneuver for satellite. IEEE Access, 2019,7: 537-550.

[15] Hoots F R, Roehrich R L. Space track report No.3: models for propagation of NOARD elements sets. Peterson: Aerospace Defense Command, United States Air Force, 1980: 1-79.

[16] Martin S, Montserrats. Hybrid SGP4 orbit propagator. Acta Astronautica, 2017, 137: 254-260.

[17] Space-track. SATCAT catalog. https://www.space-track.org/#catalog[2021-10-15].

[18] 陈磊, 白显宗, 梁彦刚. 空间目标轨道数据应用——碰撞预警与态势分析. 北京: 国防工业出版社, 2015.

[19] NASA. Maneuver histories of Selected satellites. https://ilrs.cddis.eosdis.nasa.gov[2022-6-7].

[20] Qiao J, Chen W. Beidou satellite maneuver thrust force estimation for precise orbit determination. GPS Solutions, 2018, 22(2): 1-13.

[21] 刘林, 胡松杰, 曹建峰, 等. 航天器定轨理论与应用. 北京: 电子工业出版社, 2015.

[22] 张洪波. 航天器轨道力学理论与方法. 北京: 国防工业出版社, 2015.

[23] De Jesus O, Hagan M T. Backpropagation algorithms for a broad class of dynamic networks. IEEE Transactions on Neural Networks, 2007, 18(1): 14-27.

第 11 章　太空目标碰撞预警与规避

近年来，人类航天活动更加频繁，巨型星座迅猛发展，新入轨航天器、箭体、碎片等太空目标数量急剧增加，太空碰撞事件时有发生，给在轨航天器造成巨大的碰撞威胁。太空目标碰撞预警与规避对保护在轨航天器飞行安全十分重要。太空目标碰撞预警与机动规避工作流程如图 11.1 所示。首先，通过太空监视系统获取太空目标轨道信息，建立编目数据库。其次，根据航天器轨道参数和太空目标数据库信息，将航天器与编目库中的所有目标进行接近分析，筛选并排除掉不可能与航天器交会的大部分太空目标。再次，对有碰撞风险的目标进行详细计算，确定该目标与航天器的接近距离、接近时刻(最接近时刻)、碰撞概率，并根据碰撞概率或直接基于距离指标做出碰撞规避策略。

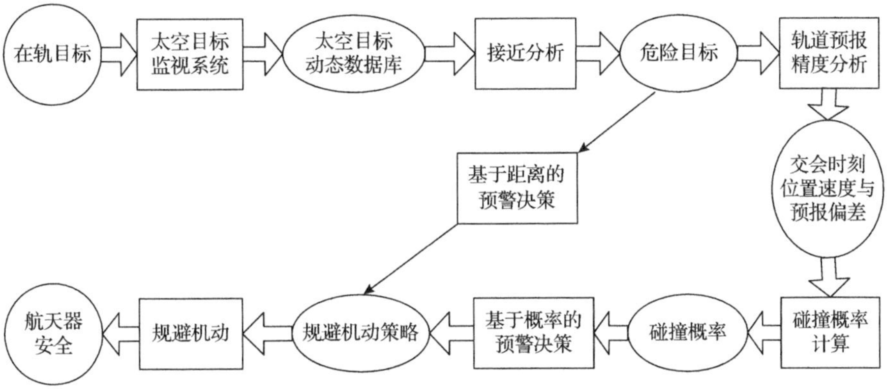

图 11.1　太空目标碰撞预警与机动规避工作流程

可见，太空目标碰撞预警包括接近分析与碰撞概率计算两方面内容。接近分析是根据两太空目标的标称轨道状态，以容易理解的欧氏距离为指标筛选有潜在接近关系(一般是相对距离小于给定的阈值)的目标，并计算最接近时刻相对距离、相对速度、接近角等信息。通过接近分析获得两个潜在碰撞目标的接近信息，考虑跟踪得到的太空目标的轨道状态总是存在偏差，将该偏差预报到最接近时刻，并根据最接近时刻两目标的轨道偏差分布信息(概率密度函数)与联合包络体积计算两目标在最接近时刻的碰撞概率。用该碰撞概率量化两目标的碰撞可能性，进一步根据设定的碰撞概率黄警阈值、红警阈值，进行碰撞预警。接近距离(相对位置矢量及其分量)和碰撞概率是碰撞预警中两类重要的风险评估指标，在碰撞预警中一般会同时给出这两类风险评估参数。这两类指标也是航天器进行空间碎片碰撞预警和规避机动策略制定的基础。经过多年的研究，接近分析与碰撞概率计算方法已经比较成熟。文献[1]-[3]对该领域的研究进行了较为全面地论述。本章对太空目标碰撞预警涉及的接近分析、不同条件下的碰撞概率计算及碰撞规避策略设计问题进行论述。

11.1 接近分析方法

11.1.1 问题描述

接近分析问题是指已知两目标的轨道数据(轨道根数或位置速度)，给定接近阈值(距离阈值或危险区域)和分析起止时间，计算两目标距离小于距离阈值或进出危险区域的时间，以及最接近时刻，并给出此时的相对距离及其分量、相对速度、接近角等信息。接近分析不仅可用于碰撞预警，还可用于多种空间任务分析，如天基目标成像时机确定等。在接近分析之前首先需要进行筛选，从大量目标中快速排除与所关心航天器轨道不可能接近的目标，再进一步进行接近分析。常用的筛选方法有轨道历元时刻筛选、近地点-远地点筛选、轨道面交线高度差筛选等[4-6]。根据所用轨道数据和分析方法的不同，接近分析可以分为解析方法和数值方法[1]。

解析方法以目标的轨道根数为基础，通过轨道根数的几何关系分析，利用求导等解析方法获取接近事件信息。Hoots 等[6]于 1984 年提出一种几何筛选方法。该方法通过一系列高度筛选、轨道几何筛选和相位筛选来确定太空目标的最接近点。这种解析方法是接近分析中研究较早、较成熟的算法，目前其他解析方法大多是 Hoots 方法的改进与发展[4]。但是，Hoots 方法的迭代寻根算法对计算时间需求较大，同时摄动因素造成的漏报风险也不可忽视。

数值方法以太空目标一段时间内一定步长的轨道星历为基础，利用轨道模型求取指定时刻的目标位置速度信息，通过求差、插值、多项式求根等数据处理方法分析各时刻的位置速度信息得到目标的相对位置关系和接近信息。Alfano 等[7]引入相对距离函数和椭球函数，用低次多项式对相对距离函数和椭球函数进行分段插值，提出一种太空目标接近分析数值算法(记为 A-N 算法)。A-N 方法可以确定两条任意轨道上的接近事件，并且适用于任意轨道预报模型，与传统几何方法和数值方法相比具有优势。李鉴等[8]对 A-N 算法进行改进，根据多项式插值误差理论提出一种自适应的插值时间步长选取方法。Rodriguez 等[9]提出一种运动学筛选算法，包括初始高度筛选、一步粗略距离筛选(基于最大可能相对速度)和三步细致距离筛选(实际距离、最大相对加速度、实际相对速度)，然后进行距离变化率求根确定最接近时刻。Lidtke[10]进一步对其进行了改进和仿真步长影响分析。

由于其简便性和鲁棒性，这种方法与传统解析方法相比计算效率较高，对接近事件的检测能力也较强。

解析法的优点是计算速度快，缺点是对于轨道类型和轨道数据类型敏感，且摄动造成的漏报风险较大。数值法的优点是程序实现简便，对轨道类型、轨道数据类型和轨道预报模型的鲁棒性强，漏报风险较小，然而存在计算时间长、计算结果受接近分析步长设置影响的缺点。在计算机技术得到巨大发展的情况下，数值方法将是今后研究和应用的重点。本书仅对数值法原理进行介绍，其他方法可参见文献[1]。

11.1.2　接近分析数值法

数值法以太空目标未来一段时间内一定步长的轨道星历为基础，或利用轨道模型求取指定时刻的目标位置速度信息，通过求差、插值、拟合、多项式求根等方法分析各时刻的位置速度信息，获得相应的交会接近信息[1]。

作为碰撞风险评估的一部分，首先应当确定编目目标间的近距离接近事件。假设卫星历元时刻 t_0 的轨道状态可以通过轨道确定得到(TLE 或精密轨道)，轨道文件包括某一时间段内的预报状态。接近分析的目的是根据轨道文件数据，将潜在的交会目标从编目数据中筛选出来。为便于描述，后文将运行的航天器表示为主目标(用下标 c 表示)，将接近目标表示为从目标(以下标 d 表示)。

已知分析的起始时刻 t_0 和终止时刻 t_f，主目标初始状态 $\boldsymbol{x}_c(t_0)=[\boldsymbol{r}_c(t_0),\boldsymbol{v}_c(t_0)]^{\mathrm{T}}$，从目标初始状态 $\boldsymbol{x}_d(t_0)=[\boldsymbol{r}_d(t_0),\boldsymbol{v}_d(t_0)]^{\mathrm{T}}$，则两目标的星历可根据初始状态进行轨道预报获得，按时间步长 Δt 给出，时刻 $t_i, i=0,1,\cdots,n-1$ 满足 $t_{i+1}=t_i+\Delta t$，$t_n=t_f$。一般而言，己方航天器星历可通过高精度轨道预报得到，接近目标星历可根据空间目标编目数据库中每个空间目标的两行轨道根数 TLE，采用 SGP4 模型预报获得。

首先，筛选轨道历元日期。历元日期筛选是去除轨道历元距离分析起始时刻太远的目标，由于轨道预报误差的存在，太长时间的轨道预报结果置信度低，从而使接近分析结果可信度低。提取空间目标 TLE 数据中的历元时刻信息，轨道历元日期的筛选条件为

$$t_0-t_{\mathrm{tol}}\times 86400\leqslant 0 \tag{11.1}$$

其中，t_0 为分析起始时刻；t_{tol} 为设置的时间阈值，如 30 天。

其次，轨道远地点-近地点高度筛选。远地点-近地点筛选是去除一个目标远地点高度低于另一个目标近地点高度一定安全距离的情况，因为运行在这种轨道上的两个目标在自然情况下不可能发生碰撞。考虑目标之间的相对几何关系，分

别计算开始时刻 t_0 对应航天器和空间目标的远地点及近地点高度，将不可能存在碰撞的太空目标排除掉，筛选的标准为

$$q - Q > D_{\text{tol}} \tag{11.2}$$

其中，Q 为航天器和太空目标远地点高度中的小者；q 为航天器和太空目标近地点高度中的大者；D_{tol} 为设定的距离阈值。

对于通过以上两项筛选的太空目标，接下来在接近分析关注的时间区间(比如 $t \in [t_0, t_0 + 7\text{days}]$)内以一定步长对主目标位置 $\boldsymbol{r}_c(t)$ 和从目标位置 $\boldsymbol{r}_d(t)$ 之间的相对位置矢量随时间的变化 $\boldsymbol{\rho}(t)$ 进行分析，进而识别最接近时刻与接近距离等信息。

如图 11.2 所示，在每个采样步长 $[t_i, t_{i+1}], i = 0,1,\cdots,n-1$，如果两目标间的相对距离 $\rho(t_i) = \|\boldsymbol{\rho}(t_i)\|$ 大于给定的阈值 R_{th}，则认为两目标在该时间步长内不可能发生碰撞。当然，阈值必须保证两目标持续到下一个时间步长均不发生碰撞，因此该阈值需随着时间步长的增加而增大。

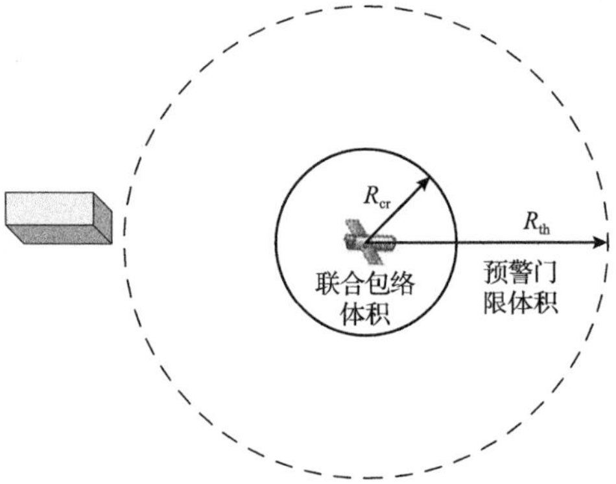

图 11.2　预警区域及阈值示意

在每个采样步长起点，对于不满足 $\rho(t_i) > R_{\text{th}}$ 的目标，如图 11.3 所示，需计算它与航天器的脱靶距离 $R_{\text{miss}}(t_i)$，并与航天器的联合包络体(或定义为禁飞区)半径比较，若 $R_{\text{miss}}(t_i) > R_{\text{cr}}$，则两目标当前采样步长不会发生碰撞。不考虑两目标轨道加速度造成的飞行轨迹弯曲影响，Healy[11]给出一种脱靶距离 $R_{\text{miss}}(t_i)$ 计算方法，即

$$R_{\text{miss}}(t_i) = \sqrt{\rho(t_i)^2 - \left(\boldsymbol{\rho}(t_i)\frac{\dot{\boldsymbol{\rho}}(t_i)}{\|\dot{\boldsymbol{\rho}}(t_i)\|}\right)^2} \tag{11.3}$$

其中，$\boldsymbol{\rho}(t_i)$ 为两目标间的相对距离；$\dot{\boldsymbol{\rho}}(t_i)$ 为相对速度。

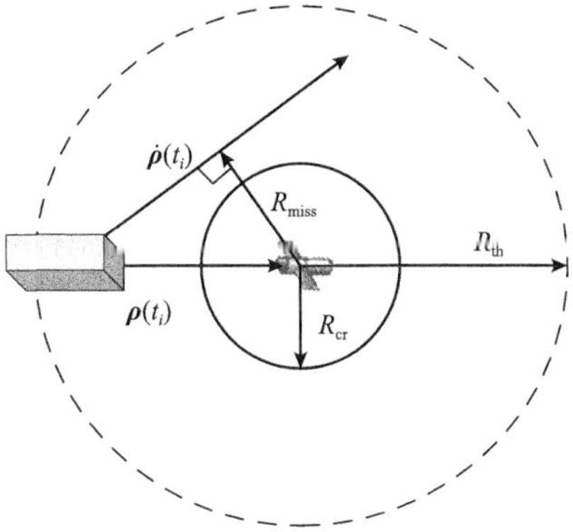

图 11.3　忽略加速度的脱靶距离示意

该方法没有考虑轨道加速度的影响，只适合时间采样步长很小的情况。根据 Lidtke[10]的研究，本书采用 Rodriguez 的数值方法进行多步相对距离筛选[9]。

Rodriguez 等[9]基于简单飞行动力学规律构造相对距离筛选器。首先，环绕地球飞行物体的飞行速度不会超过逃逸中心天体的速度(即第二宇宙速度) v_{esc}，因此两个目标间的相对速度不会超过两倍的逃逸速度，使用该规则即可定义一个保守的距离阈值 R_{th}。如图 11.4 所示，在时间步长 $\Delta t = t_{i+1} - t_i$ 内，若 t_i 时刻的相对距离 $\boldsymbol{\rho}(t_i)$ 大于 $2v_{esc}\Delta t$，则两目标在该步长内不会发生碰撞。因此，该距离阈值可定义为

$$R_{th} = R_{cr} + 2v_{esc}\Delta t \tag{11.4}$$

其中，$v_{esc} = \sqrt{2\mu_c / R_c}$，$\mu_c$ 为中心天体引力常数，R_c 为中心天体半径。

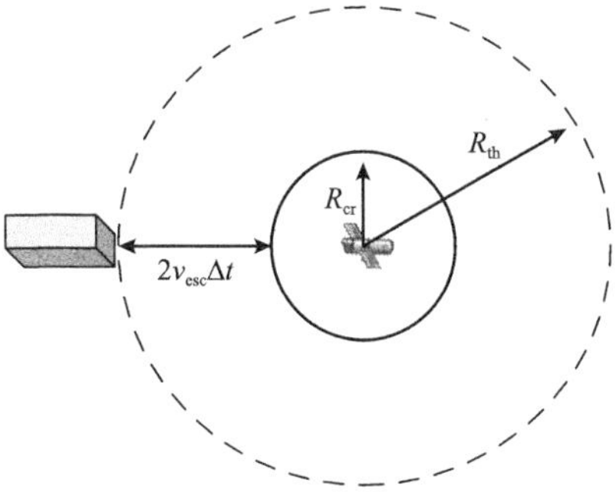

图 11.4　考虑逃逸速度的距离阈值示意

若 $\rho_x > R_{th}$ 或 $\rho_y > R_{th}$ 或 $\rho_z > R_{th}$ 或 $\|\boldsymbol{\rho}(t_i)\| > R_{th}$，在此时间区间内不可能发生接近事件。

当然，如果 t_i 时刻两目标间的相对距离 $\boldsymbol{\rho}(t_i)$ 远大于 R_{th}，则可通过跳过后续

N_{skip} 步的方式提升计算效率，跳过的步数可以表示为

$$N_{\mathrm{skip}}=\mathrm{floor}\left(\frac{\|\boldsymbol{\rho}(t_i)\|-R_{\mathrm{th}}}{2v_{\mathrm{esc}}\Delta t}\right) \tag{11.5}$$

其次，用类似方式考虑轨道加速度的影响，对环绕地球的物体，其轨道加速度应小于海平面的重力加速度 g_0。根据运动方程，最大相对加速度（$2g_0$）在时间步长 Δt 引起的最大轨迹弯曲效应可表示为 $d_{\mathrm{acc}}=0.5\cdot(2g_0)\cdot\Delta t^2$。如图 11.5 所示，考虑加速度影响的安全距离阈值可表示为

$$R_{\mathrm{acc}}=R_{\mathrm{cr}}+d_{\mathrm{acc}}=R_{\mathrm{cr}}+g_0\Delta t^2 \tag{11.6}$$

由图 11.5 可知，如果脱靶距离 $R_{\mathrm{miss}}(t_i)>R_{\mathrm{acc}}$，则两目标在该步长内不可能发生碰撞。

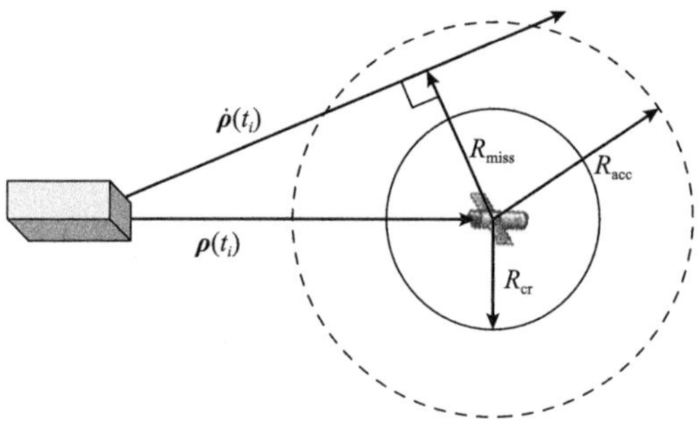

图 11.5　考虑引力加速度的距离阈值示意

再次，考虑两目标真实的相对速度 $\dot{\boldsymbol{\rho}}(t_i)$，定义相对速度在相对位置矢量 $\boldsymbol{\rho}(t_i)$ 方向的投影为 v_{app}，则可在前序筛选器基础上进一步精炼前序距离阈值 R_{th} 为 $R_{\mathrm{th,fine}}$。如图 11.6 所示，如果 $\boldsymbol{\rho}(t_i)>R_{\mathrm{th,fine}}$，则两目标不会发生碰撞，$R_{\mathrm{th,fine}}$ 可表示为

$$R_{\mathrm{th,fine}}=R_{\mathrm{acc}}+v_{\mathrm{app}}\Delta t=R_{\mathrm{acc}}+\left|\dot{\boldsymbol{\rho}}(t_i)\cdot\frac{\boldsymbol{\rho}(t_i)}{\rho(t_i)}\right|\Delta t \tag{11.7}$$

最后，对于通过前面距离筛选的目标，计算航天器与接近目标的最接近时刻 t_{tca} 与最接近距离 ρ_{tca}。显然，相对距离的极小值点，可通过计算相对距离变化率的零点获得。因为对任意时间步长 $[t_i,t_{i+1}]$，时刻 t_i、t_{i+1} 的位置速度均已知，因此可对每个时间步长采用三次多项式插值函数计算 $[t_i,t_{i+1}]$ 内任意时刻的位置速度。

在地心惯性系中，设航天器与接近目标的绝对位置与相对位置为

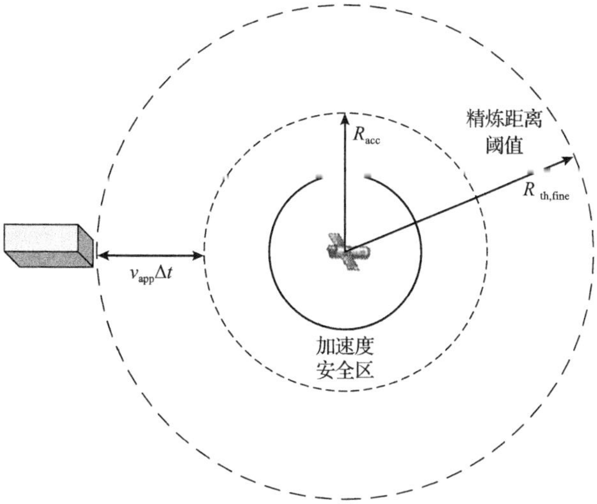

图 11.6　考虑真实相对速度的距离阈值示意

$$\begin{aligned}
&\boldsymbol{r}_c(t)=[r_{cx}(t),r_{cy}(t),r_{cz}(t)]^{\mathrm{T}}\\
&\boldsymbol{r}_d(t)=[r_{dx}(t),r_{dy}(t),r_{dz}(t)]^{\mathrm{T}}\\
&\boldsymbol{\rho}(t)=[r_{dx}(t)-r_{cx}(t),r_{dy}(t)-r_{cy}(t),r_{dz}(t)-r_{cz}(t)]^{\mathrm{T}}
\end{aligned}\tag{11.8}$$

在每个步长$[t_i,t_{i+1}]$，对$\boldsymbol{r}_c(t)$与$\boldsymbol{r}_d(t)$的每一维度分量采用三次多项式插值，可得

$$\begin{aligned}
&r_{ck}(t)=\alpha_{ck3}t^3+\alpha_{ck2}t^2+\alpha_{ck1}t+\alpha_{ck0}\\
&r_{dk}(t)=\alpha_{dk3}t^3+\alpha_{dk2}t^2+\alpha_{dk1}t+\alpha_{dk0}\\
&\rho_k(t)=r_{dk}(t)-r_{ck}(t)\equiv\alpha_{k3}t^3+\alpha_{k2}t^2+\alpha_{k1}t+\alpha_{k0}
\end{aligned}\tag{11.9}$$

其中，$k=x,y,z$；带下标的α均为不同变量的三阶多项式插值系数。

进一步，相对距离分量及其多项式插值函数系数满足

$$\begin{aligned}
&\rho_k^2(t)=(r_{dk}(t)-r_{ck}(t))^2\\
&\qquad\quad=\beta_{k6}t^6+\beta_{k5}t^5+\beta_{k4}t^4+\beta_{k3}t^3+\beta_{k2}t^2+\beta_{k1}t+\beta_{k0}\\
&\beta_{k6}=\alpha_{k3}^2,\beta_{k5}=2\alpha_{k3}\alpha_{k2},\quad \beta_{k4}=\alpha_{k2}^2+2\alpha_{k3}\alpha_{k1}\\
&\beta_{k3}=2\alpha_{k3}\alpha_{k0}+2\alpha_{k2}\alpha_{k2},\quad \beta_{k2}=\alpha_{k1}^2+2\alpha_{k2}\alpha_{k0}\\
&\beta_{k1}=2\alpha_{k1}\alpha_{k0},\quad \beta_{k0}=\alpha_{k0}^2
\end{aligned}\tag{11.10}$$

因此，相对距离的平方可表示为

$$\begin{aligned} \rho^2(t) &= \rho_x^2(t) + \rho_y^2(t) + \rho_z^2(t) \\ &= \beta_6 t^6 + \beta_5 t^5 + \beta_4 t^4 + \beta_3 t^3 + \beta_2 t^2 + \beta_1 t + \beta_0 \\ \beta_j &= \sum_{j=0}^{6} (\beta_{xj} + \beta_{yj} + \beta_{zj}) \end{aligned} \tag{11.11}$$

计算航天器与接近目标的最接近距离 ρ_{tca} 与对应时刻 t_{tca}，等价于计算相对距离平方的最小值 ρ_{tca}^2 及其对应时刻 t_{tca}。$\gamma(t) \equiv \rho^2(t)$ 取极小值的必要条件是 $\mathrm{d}\gamma(t)/\mathrm{d}t = 0$，该方程的根可用牛顿迭代法求解，因此需要计算 $\gamma(t)$ 的二阶导数，表示为

$$\begin{aligned} \gamma(t) &\equiv \rho^2(t) = \beta_6 t^6 + \beta_5 t^5 + \beta_4 t^4 + \beta_3 t^3 + \beta_2 t^2 + \beta_1 t + \beta_0 \\ \frac{\mathrm{d}\gamma(t)}{\mathrm{d}t} &= 6\beta_6 t^5 + 5\beta_5 t^4 + 4\beta_4 t^3 + 3\beta_3 t^2 + 2\beta_2 t + \beta_1 \\ \frac{\mathrm{d}^2\gamma(t)}{\mathrm{d}t^2} &= 30\beta_6 t^4 + 20\beta_5 t^3 + 12\beta_4 t^2 + 6\beta_3 t + 2\beta_2 \end{aligned} \tag{11.12}$$

采用牛顿迭代法，最接近时刻 t_{tca} 与最接近距离 ρ_{tca} 可表示为

$$\begin{aligned} & t_{\text{tca}} : t_{l+1} = t_l - \frac{\left.\mathrm{d}\gamma(t)/\mathrm{d}t\right|_{t=t_l}}{\left.\mathrm{d}^2\gamma(t)/\mathrm{d}t^2\right|_{t=t_l}}, \quad t_0 = \frac{t_l + t_{l+1}}{2} \\ & \rho_{\text{tca}} = \sqrt{\gamma(t_{\text{tca}})} \end{aligned} \tag{11.13}$$

用上述类似方法，还可求解接近目标进出联合包络球或航天器椭球/长方体形状禁飞区的时刻。例如，设联合包络球半径为 R_{cr}，则进出时刻可以通过求解方程 $\gamma(t) = R_{\text{cr}}^2$ 的零点获得。令该方程的解为 $\hat{t}$，如果 $\mathrm{d}\gamma(\hat{t})/\mathrm{d}t < 0$，则为进入联合包络球时间；$\mathrm{d}\gamma(\hat{t})/\mathrm{d}t > 0$ 为出联合包络球时间。为了利于数值计算，上述方程可在归一化的时间 $0.0 < \tau < 1.0$ 尺度上求解，则 $t_{\text{tca}}(\tau_{\text{root}}) = t_i + \tau_{\text{root}}\Delta t$，$\tau_{\text{root}}$ 为在归一化时间尺度求解上述方程的根。

对接近分析的数值法，如果分析的时间步长过小，会频繁地调用筛选算法，接近事件筛选的计算机运行时间会增加。如果分析的时间步长过大，只有极少轨道会被初始筛选步筛选掉，计算时间会增大，还可能产生漏警情况。在这两种极端情况之间，可以找到较为合适的时间步长，根据 Lidtke 的分析[10]，时间步长 Δt 可取轨道周期的 0.1 倍。例如，对近地轨道，可取 $\Delta t = 600\text{s}$。

11.1.3　基于接近分析的碰撞预警

根据接近分析结果，可采用 box 方法(box 为人为设定的禁飞区)进行碰撞预

警。考虑轨道预报误差在横向较大，径向较小的轨道偏差演化特点，可基于工程经验建立碰撞风险评估指标模型。该经验模型将加权后的接近距离和径向距离中的最大值等效为航天器与空间目标之间的最近距离，作为碰撞风险评估的等效距离指标 s_l^j ，即

$$s_l^j = \max\left(\frac{d_l^j(t_{\text{tca}})}{10}, \left|\rho_{xl}^j(t_{\text{tca}})\right|\right), \quad l = 1,2,\cdots,N; j = 1,2,\cdots,p_l \tag{11.14}$$

其中，N 为碰撞预警时间区间 $[t_0,t_f]$ 内，与航天器接近距离小于设定值 R_{cr} 的空间目标数目； p_l 为第 l 个空间目标与航天器在时间区间 $[t_0,t_f]$ 内的总接近次数；$d_l^j(t_{\text{tca}})$ 为航天器与第 l 个空间目标的第 j 次最接近距离； $\rho_{xl}^j(t_{\text{tca}})$ 为航天器与第 l 个空间目标在第 j 次最接近时刻相对位置矢量的径向分量。

等效距离指标 s_l^j 同时考虑最接近距离和径向距离，能安全高效地进行航天器与空间目标间的风险评估。s_l^j 越小时，碰撞风险越大； s_l^j 越大，碰撞风险越小。定义碰撞预警的黄色阈值为 S_{yellow}（工程经验值一般取为 200 m）、红色阈值为 S_{red}（工程经验值一般取为 50 m），若 $s_l^j \leqslant S_{\text{yellow}}$ ，则为黄色警报，若 $s_l^j \leqslant S_{\text{red}}$ ，则为红色警报。对于红色警报的处置，一般需要通过执行轨道机动来规避碰撞风险。

11.1.4　仿真分析

仿真场景设定为某在轨航天器(Satellite)和接近目标(Target)的异面多圈接近情形，航天器与空间目标接近分析轨道数据如表 11.1 所示。

表 11.1　航天器与空间目标接近分析轨道数据

名称	轨道历元起始时刻	轨道历元终止时刻	数据类型
航天器	2022/08/02 23:00:00	2022/08/08 12:00:00	精密星历
接近目标	2022/07/31 14:26:01	2022/08/08 14:26:01	精密星历
空间目标库	2022/08/05 更新数据		TLE 数据

我们对标美国 STK(system tool kit)航天工业软件开发了自主航天任务设计软件 ATK(aerospace tool kit)，利用 ATK 的接近分析工具，仿真分析目标间的接近情况，设定接近分析结果记录阈值为 20 km，分别取 $S_{\text{yellow}} = 200\,\text{m}$ 、$S_{\text{red}} = 50\,\text{m}$ 。本书接近分析方法得到的距离较小的前三个接近事件依次排序如表 11.2 所示。经对比，本书方法接近分析结果与我国相关部门预警结果，以及可公开查询的美国 SpaceTrack、Celestrack 网站预警结果一致。

表 11.2　航天器与空间目标接近事件列表

序号	国际编号	接近时刻	接近距离/m	径向距离/m	等效距离/m
1	Target	2022/08/05 17:25:54	412.342	−52.875	52.875
2	53316	2022/08/03 20:28:34	1067.212	116.435	116.435
3	47253	2022/08/05 17:25:54	514.638	−231.202	231.202

由表 11.2 可知，Target 与空间目标国际编号 53316 的等效距离都小于 200m，均与航天器存在碰撞风险。其中，接近时刻 t_{tca} 为北京时间 8 月 5 日 17:25:54 的等效距离最近，此距离下的航天器(Satellite)与接近目标(Target)的接近过程用 ATK 三维可视化如图 11.7 所示。

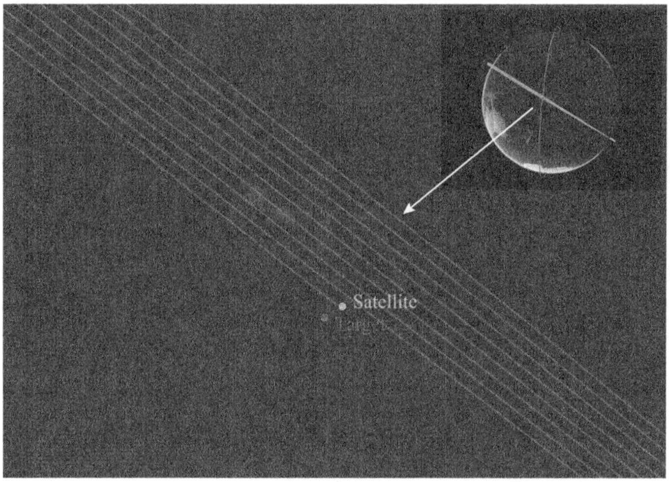

图 11.7　ATK 接近分析三维可视化

11.2　高斯分布偏差碰撞概率计算

由于对太空目标的测定轨总是存在误差，接近分析结果仅反映标称情况的接近关系，无法考虑轨道偏差影响。因此，有必要根据接近分析和轨道误差分析得到最接近时刻两目标位置速度信息和误差协方差信息，进而计算两目标的碰撞概率。

碰撞概率是太空目标轨道偏差概率密度函数在两目标联合包络体积内的积分。针对两种不同的接近几何关系，碰撞概率的计算可分为短期相遇和长期相遇两种模型[12]。短期相遇模型认为，在相遇期间两目标做匀速直线运动且没有速度不确定性，适用于两目标接近时相对速度较大的情况[13,14]。针对短期相遇模型的碰撞概率计算方法主要有 Foster 方法[15]、Patera 方法[16]、Alfano 方法[17]和 Chan

方法[18]。Foster 方法是在相遇平面内将笛卡儿坐标系下的二重积分化为极坐标系下的二重积分求解。Patera 方法通过极坐标变换将二维面积分转化为一维曲线积分求解。Alfano 方法是一种用误差函数和指数函数表示的级数求解方法。Chan 方法将二维高斯分布概率密度函数转化为一维 Rician 概率密度函数，得到二重积分的近似解析解。白显宗等[19]提出一种基于空间压缩与坐标变换的解析碰撞概率计算方法。Serra 等[20]、霍俞蓉等[21]基于 Laplace 变换推导了一种解析的碰撞概率计算方法。García[22]基于相遇平面上二维高斯概率分布的解析表达式发展了一种解析的碰撞概率计算方法。Shelton 等[23]研究了考虑模型不确定性的碰撞概率计算问题。长期相遇模型针对接近时相对速度较小的情况，此时目标间是非线性相对运动[24]。Chan[25]、Patera[26]、Alfano[27]分别研究了非线性相对运动情况下的碰撞概率计算问题。荣吉利等[28]研究了摄动对碰撞预警的影响，Vittaldev 等[29]研究了基于 GMM 的碰撞概率计算，Jones 等[30]研究了基于 PCE 的碰撞概率计算，Zhang 等[31]基于 GMM 研究了非高斯分布下瞬时碰撞概率的解析计算方法，曾安里等[32]研究了空间碎片碰撞预警分析与显示技术，Li 等[3]对太空目标碰撞概率计算方法进行了对比分析与总结。

11.2.1　问题描述

已知两目标相遇期间某时刻在惯性系中的位置速度矢量，两太空目标均等效为半径已知的球体；在相遇期间两目标的运动都是匀速直线运动，并且没有速度不确定性，这样位置误差椭球在相遇期间就保持不变；两目标的位置误差都服从三维正态分布，可以由分布中心和位置误差协方差矩阵描述。当两目标间的距离小于它们等效半径之和时发生碰撞，所以碰撞概率定义为两目标间最小距离小于它们等效半径之和的概率。

航天器位置误差椭球与接近目标控制区域相交时，发生航天器碰撞危险的概率已不可忽略，此时轨道误差椭球和联合包络球的距离等于 0，不能有效地定量表征航天器的安全性，因此需要改用瞬时碰撞概率定量表征相对运动轨迹的安全性。如图 11.8 所示，瞬时碰撞概率表示某一时刻追踪航天器与目标航天器发生碰撞危险的概率。

两个太空目标间的碰撞概率主要由两目标的联合包络体积与轨道偏差的概率密度函数 $\boldsymbol{p}(\boldsymbol{x}_t)$ 确定。根据瞬时碰撞概率的定义可知，其计算方法就是相对位置误差分布概率密度函数在目标航天器控制区域内的积分。给定两太空目标，其相对位置服从三维高斯分布，相应概率密度函数为

$$p(\boldsymbol{\rho},t)=\frac{1}{(2\pi)^{3/2}\left|\boldsymbol{C}_{\rho}\right|^{1/2}}\exp\left(-\frac{1}{2}\boldsymbol{\rho}^{\mathrm{T}}\boldsymbol{C}_{\rho}^{-1}\boldsymbol{\rho}\right) \tag{11.15}$$

其中，$\boldsymbol{\rho}$ 为两太空目标的相对位置矢量；$\boldsymbol{C}_\rho$ 为相对位置分布的协方差矩阵，即相对状态协方差矩阵 $\boldsymbol{C}_{\rho\dot{\rho}}$ 的左上角 3×3 矩阵。

瞬时碰撞概率的计算公式为

$$P_{\rm c}=\frac{1}{(2\pi)^{3/2}\left|\boldsymbol{C}_\rho\right|^{1/2}}\iiint\limits_{\Omega}\exp\left(-\frac{1}{2}\boldsymbol{\rho}^{\rm T}\boldsymbol{C}_\rho^{-1}\boldsymbol{\rho}\right){\rm d}x{\rm d}y{\rm d}z \tag{11.16}$$

其中，积分域 Ω 为两太空目标的联合包络球体积。

当相对位置误差散布远大于航天器联合包络球的半径时，可以近似认为概率密度函数在目标控制区域内是均匀的，那么可以用目标控制区域中心的概率密度代替整个控制区域内的概率密度。设目标控制区域的体积为 $U_{\rm vol}$，则简化的瞬时碰撞概率计算公式为

$$P_c=\frac{U_{\rm vol}}{(2\pi)^{3/2}\left|\boldsymbol{C}_\rho\right|^{1/2}}\exp\left(-\frac{1}{2}\boldsymbol{\rho}_c^{\rm T}\boldsymbol{C}_\rho^{-1}\boldsymbol{\rho}_c\right) \tag{11.17}$$

其中，$\boldsymbol{\rho}_c$ 为目标控制区域中心的位置矢量。

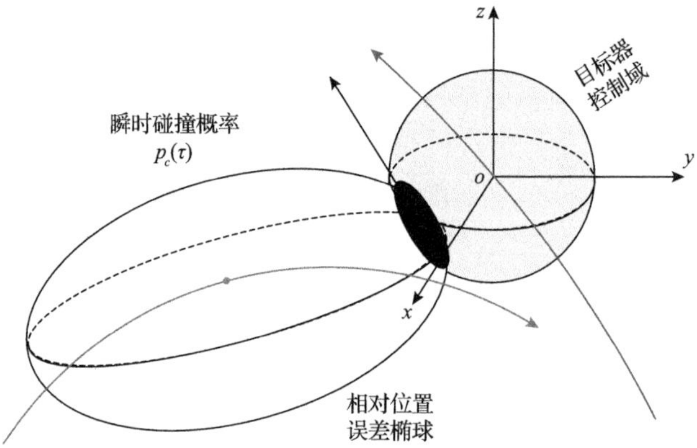

图 11.8　瞬时碰撞概率示意图

11.2.2　短期相遇碰撞概率

短期相遇模型适用于两目标相对速度较大，交会时间较短的情况，是太空目标间碰撞的最常见情形。在此模型中，假设两目标在相互接近期间的运动都是匀速直线运动；两目标位置速度已知，并且位置偏差服从三维高斯分布，可用均值和误差协方差矩阵进行描述，而速度不存在不确定性；两目标均可等效为半径已知的球体，当两目标间的距离小于其等效半径之和时认为两者发生碰撞。

由上述假设条件可知，太空目标在距离最接近时的相对位置矢量与相对速度矢量垂直，两太空目标处于垂直于相对速度的平面上，定义这个平面为相遇平面。由于两目标的协方差矩阵互不相关，可将两目标的位置误差联合起来形成联合误差椭球，将等效半径联合起来形成联合球体，投影到相遇平面上就分别为联合误差椭圆和联合圆域。以相遇平面为基准平面，以相对速度矢量为基准方向定义相遇坐标系，通过误差投影可以把计算碰撞概率的问题转化为计算二维概率密度函数在圆域内的积分问题。

1. 相遇坐标系

相遇坐标系(encounter frame, EF)是在碰撞概率求解中，尤其是在短期相遇假设下的碰撞概率求解中常用的坐标系。如图 11.9 所示，设主目标 C 和接近目标 D 的位置矢量估计值分别为 $\bar{\boldsymbol{x}}_C$ 和 $\bar{\boldsymbol{x}}_D$，速度矢量估计值为 $\bar{\boldsymbol{v}}_C$ 和 $\bar{\boldsymbol{v}}_D$。相遇坐标系的原点通常取目标之一的标称位置中心，以原点取在目标 C 的中心点 $\bar{\boldsymbol{x}}_C$ 为例，相遇坐标系 z 轴指向相对速度矢量方向 $\dot{\boldsymbol{\rho}}=\bar{\boldsymbol{v}}_D-\bar{\boldsymbol{v}}_C$，$x$ 轴和 y 轴均位于相遇平面内，x 轴指向目标 D 标称位置中心点在相遇平面内的投影，y 轴方向依据右手法则确定。三个坐标轴的单位方向矢量表示为

$$
\begin{aligned}
\boldsymbol{e}_z &= \frac{\bar{\boldsymbol{v}}_D-\bar{\boldsymbol{v}}_C}{\left\|\bar{\boldsymbol{v}}_D-\bar{\boldsymbol{v}}_C\right\|}=\frac{\dot{\boldsymbol{\rho}}}{\left\|\dot{\boldsymbol{\rho}}\right\|} \\
\boldsymbol{e}_x &= \frac{\boldsymbol{\rho}-\boldsymbol{\rho}\cdot\boldsymbol{e}_z\cdot\cos\theta}{\left\|\boldsymbol{\rho}-\boldsymbol{\rho}\cdot\boldsymbol{e}_z\cdot\cos\theta\right\|} \\
\boldsymbol{e}_y &= \boldsymbol{e}_z\times\boldsymbol{e}_x
\end{aligned}
\tag{11.18}
$$

其中，$\boldsymbol{\rho}$ 为两目标中心点相对位置矢量 $\boldsymbol{\rho}=\bar{\boldsymbol{r}}_D-\bar{\boldsymbol{r}}_C$；$\theta$ 为相对位置矢量 $\boldsymbol{\rho}$ 与相对速度矢量 $\dot{\boldsymbol{\rho}}$ 之间的夹角，即

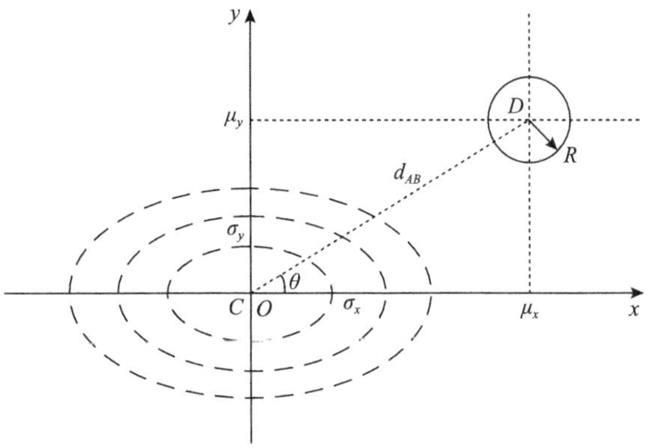

图 11.9　短期相遇坐标系定义

$$\theta = \arccos\left(\frac{(\bar{\boldsymbol{v}}_D - \bar{\boldsymbol{v}}_C)\cdot(\bar{\boldsymbol{r}}_D - \bar{\boldsymbol{r}}_C)}{\left|(\bar{\boldsymbol{v}}_D - \bar{\boldsymbol{v}}_C)\cdot(\bar{\boldsymbol{r}}_D - \bar{\boldsymbol{r}}_C)\right|}\right) = \arccos\left(\frac{\dot{\boldsymbol{\rho}}\cdot\boldsymbol{\rho}}{\|\dot{\boldsymbol{\rho}}\cdot\boldsymbol{\rho}\|}\right) \tag{11.19}$$

地心惯性系到相遇坐标系的转移矩阵为

$$M_{\text{ECI}\to\text{EF}} = \left[\boldsymbol{e}_x,\quad \boldsymbol{e}_y,\quad \boldsymbol{e}_z\right]^{\text{T}} \tag{11.20}$$

相遇平面指过原点且与 z 轴相垂直的平面。

2. 碰撞概率计算

通过相遇坐标系的定义、误差协方差的投影、坐标系的旋转等，可以将碰撞概率的计算问题转化为二维概率密度函数在圆域内的积分问题，即

$$P_c = \iint\limits_{(x-\mu_x)^2+(y-\mu_y)^2\leqslant R^2} \frac{1}{2\pi\sigma_x\sigma_y}\exp\left[-\frac{1}{2}\left(\frac{x^2}{\sigma_x^2}+\frac{y^2}{\sigma_y^2}\right)\right]\mathrm{d}x\mathrm{d}y \tag{11.21}$$

其中，R 为联合包络球半径；参数组 $\{\mu_x,\mu_y,\sigma_x,\sigma_y,R\}$ 为相遇平面内的碰撞概率计算参数，μ_x、μ_y 为相对位置误差均值，σ_x、σ_y 为相对位置误差协方差矩阵经旋转后的主轴分量。

参数组还可以表示为 $\{d_{CD},\theta,\sigma_x,\sigma_y,R\}$，$d_{CD}$ 为两目标间的标称相对距离，其关系为

$$\mu_x = d_{CD}\cos\theta,\quad \mu_y = d_{CD}\sin\theta \tag{11.22}$$

对于积分式(11.21)，Chan 基于具有代表性的碰撞概率计算参数，利用等效面积的概念，将二维 Gaussian 分布概率密度函数转化为一维 Rician 概率密度函数，推导二重积分的近似解析表达式。在相遇平面内，通过尺度变换将二维不等方差概率密度函数转化为等方差概率密度函数，将积分圆域转化为积分椭圆域，将转化后的积分椭圆域用面积相等的圆域近似，转化为二维等方差概率密度函数在圆域内的积分。该积分可以用一维 Rician 分布的积分来代替，表示为一个收敛的无穷级数。对于大多数实际的碰撞概率计算参数，只保留无穷级数的第一项或前两项碰撞概率的相对误差不超过 0.4%。在碰撞概率计算的四种方法中，Chan 的方法由于是解析表达式计算速度最快，同时对参数的限制也最严格，适合碰撞概率的分析与快速计算。

对二维不等方差概率密度函数在圆域内的积分，先通过空间压缩将不等方差概率密度函数在圆域内的积分化为等方差概率密度函数在椭圆区域内的积分，然后将椭圆区域用与其面积相等的圆区域近似，转化为等方差概率密度函数在圆域

内的积分。该积分通过分部积分转化为无穷级数的形式，可以取级数前任意项作为概率积分的近似。与 Chan 直接给出无穷级数的无限项求和表达式不同，白显宗等[19]给出无穷级数首项和各项间的如下递推公式，可以方便编程计算。

定义无量纲变量 v 和 u 分别为

$$v=\frac{1}{2}\left(\frac{\mu_x^2}{\sigma_x^2}+\frac{\mu_y^2}{\sigma_y^2}\right),\quad u=\frac{R^2}{2\sigma_x\sigma_y} \tag{11.23}$$

无穷级数的第 0 项为

$$P_0=\mathrm{e}^{-v}(1-\mathrm{e}^{-u}) \tag{11.24}$$

第 k 项与第 $k-1$ 项之间的递推关系为

$$P_k=\frac{v}{k}P_{k-1}-\frac{u^k v^k}{k!k!}\mathrm{e}^{-(v+u)},\quad k\geqslant 1 \tag{11.25}$$

令

$$a_k=\frac{v}{k},\quad b_k=\frac{u^k v^k}{k!k!}\mathrm{e}^{-(v+u)},\quad k\geqslant 1 \tag{11.26}$$

则递推关系式可写为

$$P_k=a_k P_{k-1}-b_k,\quad k\geqslant 1 \tag{11.27}$$

概率积分的无穷级数表达式的第 0 项为 $P_0=\mathrm{e}^{-v}(1-\mathrm{e}^{-u})$，并且第 k 项与第 $k-1$ 项间的递推关系为 $P_k=a_k P_{k-1}-b_k$，则可求出无穷级数的任意项 $P_k(k\geqslant 1)$。在碰撞概率计算过程中，只需取前若干项作为近似，如果取前 $n+1$ 项求和作为无穷级数的近似，即

$$P_c\approx P_0+P_1+\cdots+P_n=\sum_{k=0}^{n}P_k \tag{11.28}$$

则截断误差 S_n 满足

$$S_n<\frac{1}{n!(n+1)!}u^{n+1}v^n\mathrm{e}^{-v}\mathrm{e}^{uv} \tag{11.29}$$

取无穷级数第 0 项 P_0 作为概率积分的近似时，相对截断误差 S_1/P 量级为 10^{-5} 或更小；当取无穷级数前两项 $P=P_0+P_1$ 作为概率积分的近似时，相对截断误差

S_2 / P 的量级小到 10^{-9}。因此，即使只取第 0 项，截断误差也将小到可以忽略不计。可以看出，这种近似方法精度高、计算量小、实现简单、容易在计算机中编程计算。如果太空目标的等效半径和接近距离与误差标准差接近或更大时，就需要在无穷级数中保留更多的项。

在工程实际近似分析时，可以取无穷级数第 0 项作为概率积分的近似，此时有

$$P_c = \exp\left[-\frac{1}{2}\left(\frac{\mu_x^2}{\sigma_x^2}+\frac{\mu_y^2}{\sigma_y^2}\right)\right]\left[1-\exp\left(-\frac{R^2}{2\sigma_x\sigma_y}\right)\right] \tag{11.30}$$

11.2.3　仿真分析

在所有接近事件中，由于大部分太空目标处于高速相对运动状态，其中绝大部分接近事件适合短期相遇模型假设，但是由于不同的短期相遇碰撞概率计算方法在推导过程中采用不同的简化假设，导致在不同情形下，各种方法的适用性存在一定的差别。为了对比不同方法的性能及适用性，本书选取 8 种具有代表性的短期相遇模型碰撞概率计算方法进行对比分析，以探究不同碰撞概率计算方法各自的适用情形。这 8 种方法分别是 Foster 方法[15]、Patera 方法[16]、Alfano 方法[17]、Chan 方法[18]、Bai 方法[19]、Serra 方法[20]、García-Pelayo 方法[22]、蒙特卡罗方法。

这 8 种方法分别在 12 组精心设计的测试用例中进行对比分析。这 12 组测试用例基于控制变量法原理进行设计，每个测试用例分别由 100 个子用例($i=1,2,\cdots,100$)组成，每个子用例的结果将用于绘制曲线趋势图，以便分析对比。这 12 组测试用例分别考虑太空目标位置不确定性概率密度函数的各向同性与各向异性、碰撞物体联合半径 r_c 的大小，联合协方差矩阵(σ_x、σ_y)的大小与两目标最接近距离在相遇平面投影 $d_{\text{tca}}=\sqrt{x_m^2+y_m^2}$ 的大小的影响。测试用例参数设置如表 11.3 所示。

表 11.3　测试用例参数设置

测试用例	r_c/m	σ_x/m	σ_y/m	(x_m, y_m)/m	d_{tca}/m
1	$5i$	100	100	(0,0)	0
2	$10i$	200	200	(0,0)	0
3	$5i$	80	120	(0,0)	0
4	$10i$	160	240	(0,0)	0
5	50	100	100	$(5\sqrt{2}i, 5\sqrt{2}i)$	$10i$
6	50	200	200	$(5\sqrt{2}i, 5\sqrt{2}i)$	$10i$

续表

测试用例	r_c/m	σ_x/m	σ_y/m	(x_m, y_m)/m	d_{tca}/m
7	50	80	120	$(5\sqrt{2}i, 5\sqrt{2}i)$	$10\,i$
8	50	160	240	$(5\sqrt{2}i, 5\sqrt{2}i)$	$10\,i$
9	50	$2\,i$	$2\,i$	$(50\sqrt{2}, 50\sqrt{2})$	100
10	50	$1.6\,i$	$2.4\,i$	$(50\sqrt{2}, 50\sqrt{2})$	100
11	50	$2\,i$	$2\,i$	$(15\sqrt{2}, 15\sqrt{2})$	30
12	50	$1.6\,i$	$2.4\,i$	$(15\sqrt{2}, 15\sqrt{2})$	30

这 12 组测试用例根据其测试目的，可以进一步划分为三组。

A 组：包括测试用例 1～4，主要探究不同碰撞物体联合半径 r_c 情形下，各方法的适用性情况。

B 组：包括测试用例 5～8，主要探究不同最接近距离 d_{tca} 情形下，各方法的适用性情况。

C 组：包括测试用例 9～12，主要探究不同联合协方差矩阵大小情形下，各方法的适用性情况。

各方法碰撞概率的计算结果 result_A 都将以数值积分算法的结果 result_{ni} 为真值计算得到相对误差 ε 。相对误差 ε 为

$$\varepsilon_A = \frac{\left|\text{result}_A - \text{result}_{ni}\right|}{\text{result}_{ni}} \tag{11.31}$$

1. A 组测试用例结果及分析

A 组测试用例结果如图 11.10～图 11.13 所示。A 组由测试用例主要探究不同碰撞物体联合半径 r_c 情形下，各方法的适用性情况。其中，测试用例 1 和 2 中的概率密度函数是各向同性的，测试用例 3 和 4 中的概率密度函数是各向异性的。

仿真结果表明，当联合半径 r_c 较小时，所有方法的性能都较好（$\varepsilon < 5\%$）。但是，随着 r_c 的增加，Serra 方法与 García 方法会产生不可忽略的相对误差。同时，这两种方法的相对误差也与概率密度函数的大小有关。这两种方法仅适合 r_c 与标准差之比（即 $r_c \big/ \sqrt{\sigma_x^2 + \sigma_y^2}$ ）较小的情况。

此外，当将各向同性测试结果与各向异性测试结果进行比较时，可以看到 Chan 方法和 Bai 方法在各向异性情况下会产生更多的相对误差。因为这两者使用概率密度函数各向同性假设来近似各向异性分布或积分区域。因此，Chan 和 Bai

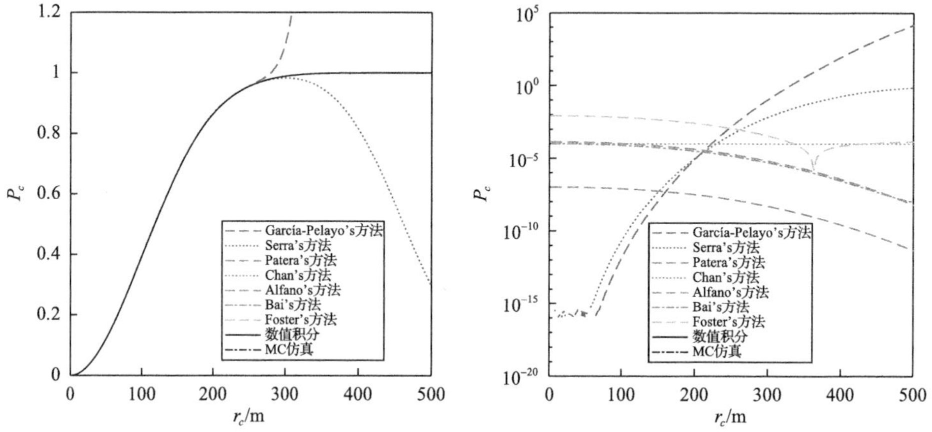

图 11.10　测试用例 1 结果展示图

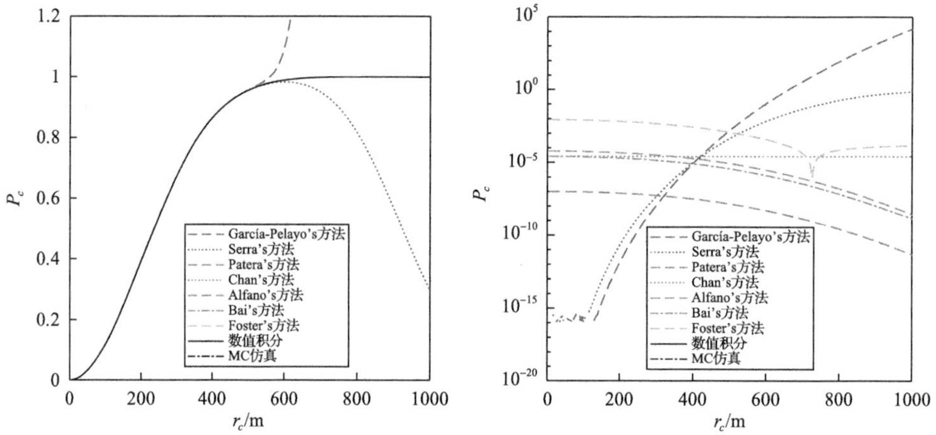

图 11.11　测试用例 2 结果展示图

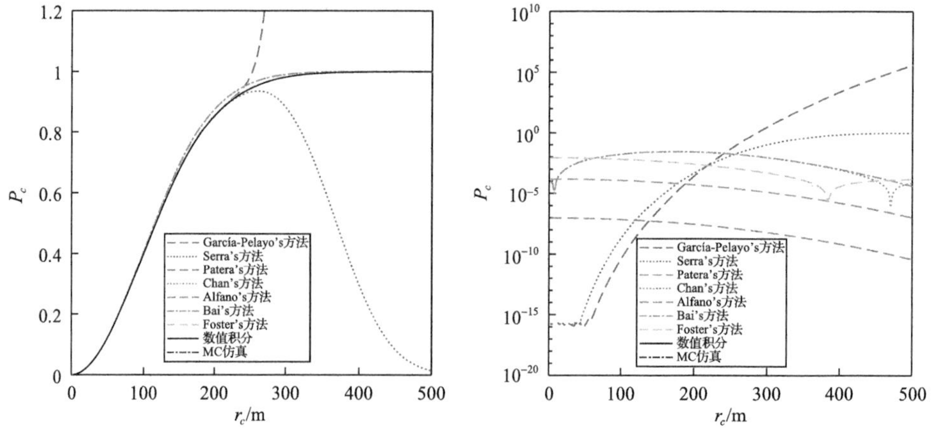

图 11.12　测试用例 3 结果展示图

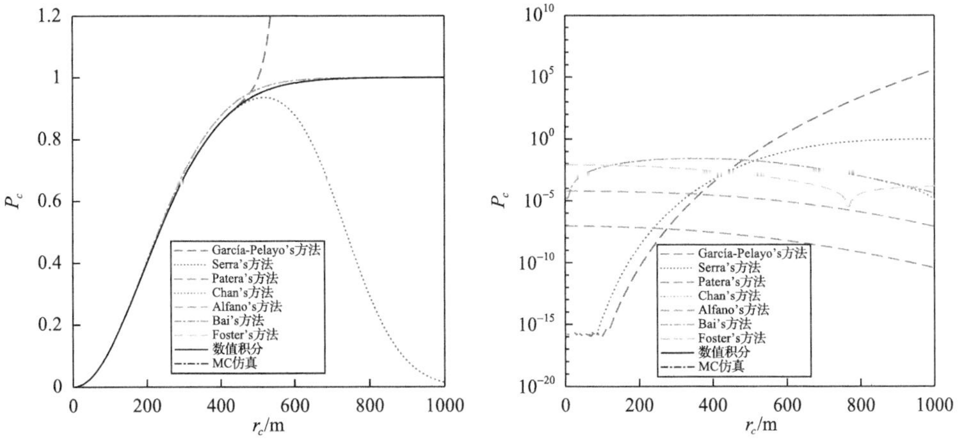

图 11.13　测试用例 4 结果展示图

的方法对于弱各向异性情况下的碰撞概率计算更为精确。

2. *B* 组测试用例结果及分析

B 组测试用例结果如图 11.14～图 11.17 所示。*B* 组主要探究不同最接近距离 d_{tca} 情形下，各方法的适用性情况。其中，测试用例 5 和 6 中的概率密度函数是各向同性的，而测试用例 7 和 8 中的概率密度函数是各向异性的。

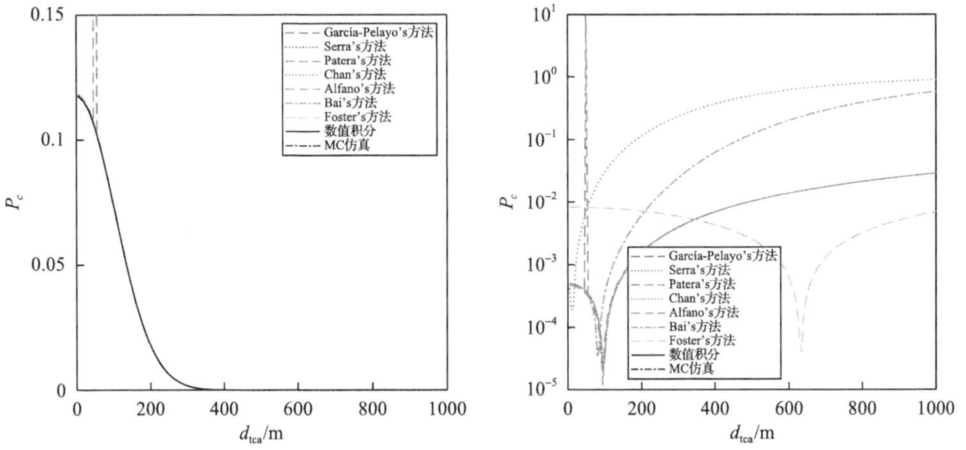

图 11.14　测试用例 5 结果展示图

可以看出，Patera 方法在 d_{tca} =50m 附近产生较大的相对误差。这是由于 Patera 方法通过环积分计算碰撞概率，当 d_{tca} 大于 r_c 时的表达式与 d_{tca} 小于 r_c 时的表达式不同。因此，对于 d_{tca} 近似等于 r_c 的情况，Patera 方法不适用。

Chan 方法和 Bai 方法的相对误差 ε 随着 d_{tca} 的增加而迅速增加。可以发现，

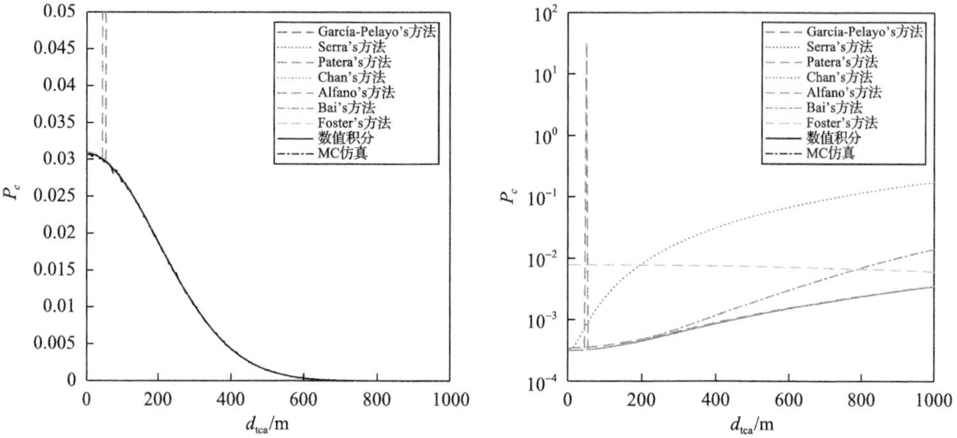

图 11.15　测试用例 6 结果展示图

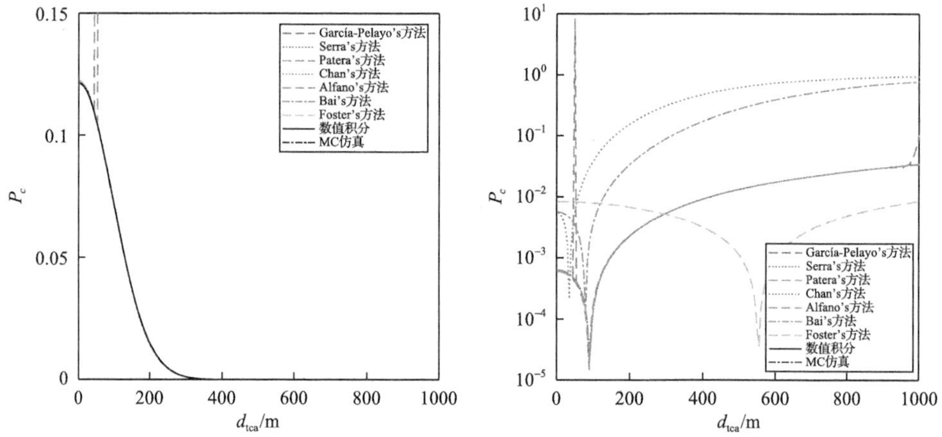

图 11.16　测试用例 7 结果展示图

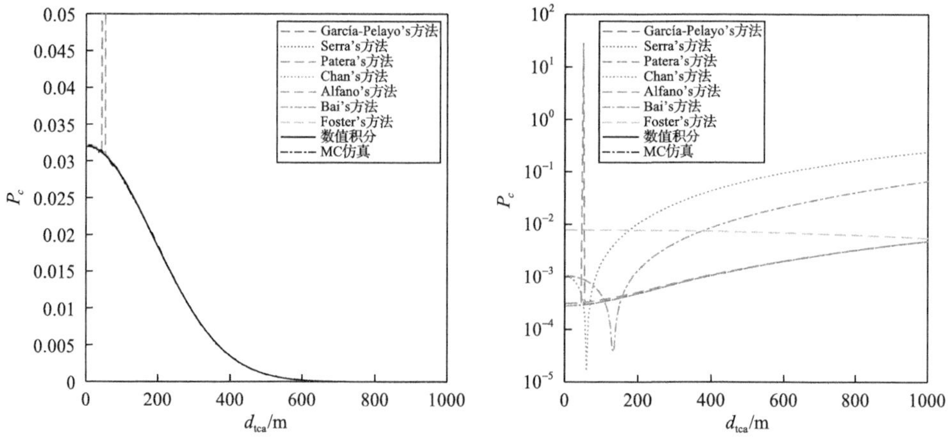

图 11.17　测试用例 8 结果展示图

Chan 方法和 Bai 方法的相对误差 ε 与 d_{tca} 和标准差的比值有关。Chan 方法和 Bai 方法仅适用于 d_{tca} 与标准差之比 $d_{\text{tca}}\Big/\sqrt{\sigma_x^2+\sigma_y^2}$ 较小时。

3. C 组测试用例结果及分析

C 组测试用例结果如图 11.18～图 11.21 所示。C 组主要探究不同联合协方差矩阵大小情形下，各方法的适用性情况。其中，测试用例 9 和 11 中的概率密度函数是各向同性的，测试用例 10 和 12 中的概率密度函数是各向异性的。

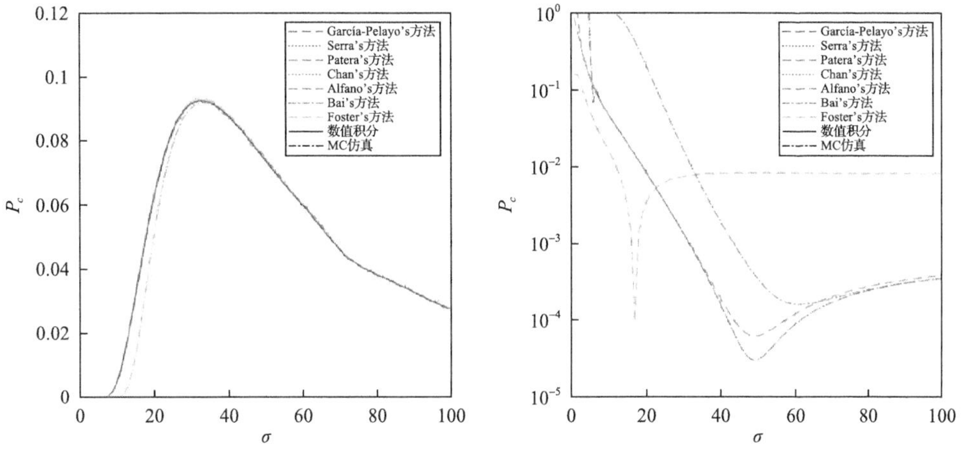

图 11.18　测试用例 9 结果展示图

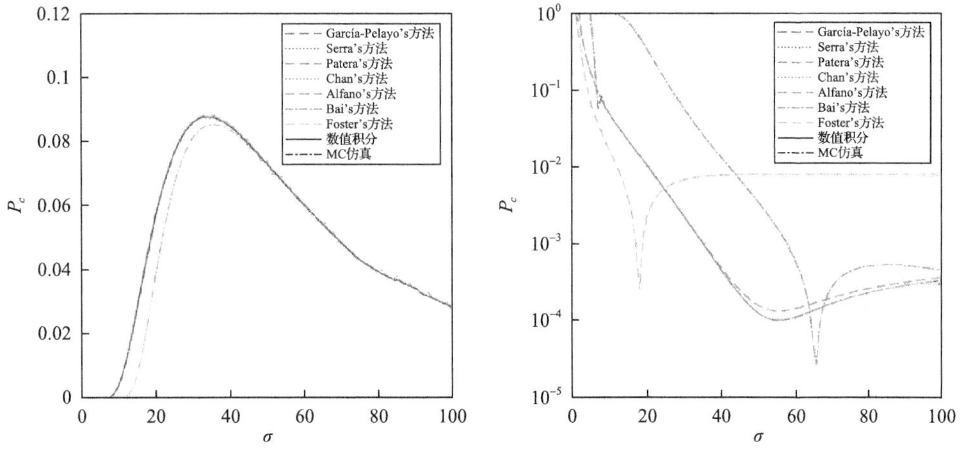

图 11.19　测试用例 10 结果展示图

可以看出，当概率密度函数的标准差足够大时，所有方法均表现良好($\varepsilon<0.01$)，当概率密度函数的标准差极小时，大多数方法的表现都不尽人意，尤其是解析方法。其中，Chan 方法、Bai 方法、García-Pelayo 方法和 Serra 方法在概率密

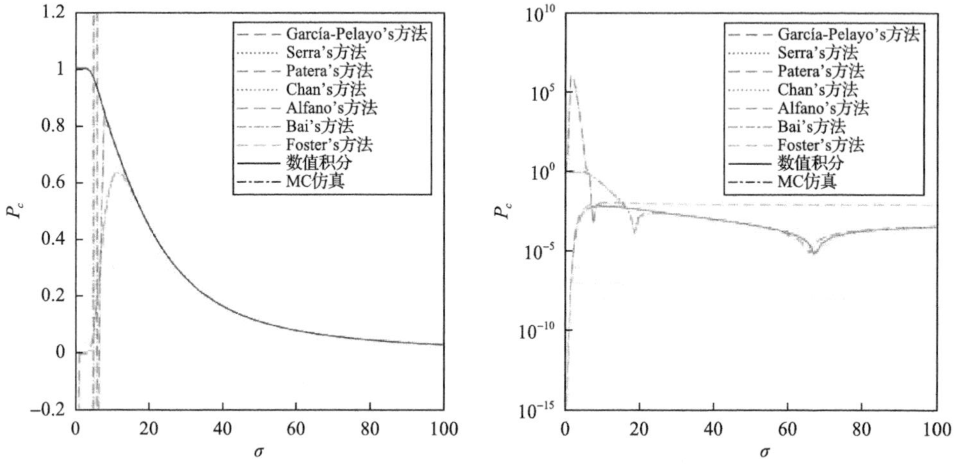

图 11.20　测试用例 11 结果展示图

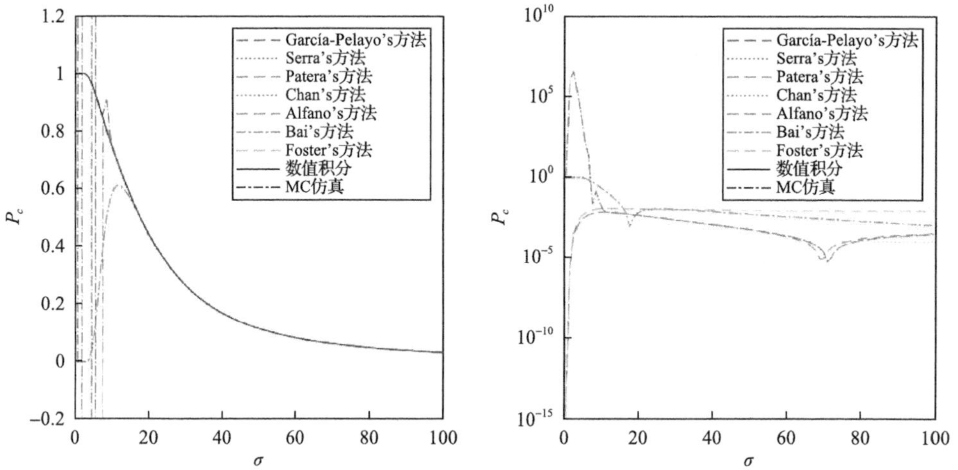

图 11.21　测试用例 12 结果展示图

度函数标准差极小时失效，结果几乎不可用。因此，这四种解析方法在标准差较小情况下的应用时需要特别注意，特别是当 d_{tca} 小于 r_c 时。

综上，由仿真算例可知，Chan 与 Bai 的方法精度相当，García-Pelayo 与 Serra 的方法精度相当。对短期相遇碰撞预警问题，本书推荐 Serra 与 Bai 的方法，因为这两种方法计算效率更高。总体而言，Serra 方法相对 Bai 方法更为精确，但计算效率更低；Serra 方法适用于绝大部分场景，且具有较好的精度与效率。对不同短期相遇模型场景，用 3、2、1 三个数字来表征场景涉及参数的相对大小程度，3 表示参数大、2 表示中、1 表示小。不同短期相遇场景下推荐的碰撞概率计算方法如表 11.4 所示。

表 11.4　不同短期相遇场景下推荐的碰撞概率计算方法

各向异性程度	r_c / σ	σ	d_{tca}	推荐方法
Low	1, 2, 3	2, 3	1, 2	Bai
Low	1, 2, 3	1	1, 2	Alfano
Low	1, 2, 3	1, 2, 3	3	Foster
High	1, 2	2, 3	1, 2	Serra
High	1, 2	1, 2, 3	3	Foster
High	1, 2	1	1, 2	Alfano
High	3	1, 2, 3	1, 2	Alfano
High	3	1, 2, 3	3	Foster

11.3　非高斯分布偏差碰撞概率计算

11.3.1　问题描述

对于基于碰撞概率计算的碰撞预警问题，11.2 节方法是基于轨道偏差高斯分布假设计算空间目标碰撞概率。在实际任务中，轨道动力系统本质上是非线性的，服从高斯分布的初始轨道偏差经非线性演化后呈非高斯分布，基于高斯分布假设的碰撞概率计算方法得到的结论可能会偏离实际情况。因此，有必要探讨非高斯分布偏差情况下的碰撞概率计算方法。

设两太空目标 C 和 D 的几何尺寸半径分别为 r_C 和 r_D，则其联合包络球半径为 $R = r_C + r_D$，目标 C 和 D 在最接近时刻 t_{tca} 的位置分布概率密度函数分别为 $p_C(\boldsymbol{r},t)$ 和 $p_D(\boldsymbol{r},t)$，则碰撞概率 P_c 可以通过计算两目标相对位置分布的概率密度函数 $p(\boldsymbol{\rho},t)$ 在联合包络球体积 V 的积分得到(图 11.22)，即

$$P_c = \oint_V p(\boldsymbol{\rho},t)\mathrm{d}V \tag{11.32}$$

其中，相对位置分布的概率密度函数 $p(\boldsymbol{\rho},t)$ 的中心和联合包络球的球心分别位于两太空目标的标称位置。

由于目标 C 和 D 在最接近时刻 t_{tca} 的偏差分布 $p_C(\boldsymbol{r},t)$ 和 $p_D(\boldsymbol{r},t)$ 通常不是高斯分布，为相对位置分布的概率密度函数 $p(\boldsymbol{\rho},t)$ 计算带来困难，从而难以式(11.32)计算两目标间的碰撞概率 P_c。因此，需要发展一种基于非高斯轨道偏差的碰撞概率计算方法。

GMM 与 UT 轨道偏差演化方法不但可以实现对太空目标轨道偏差的高精度非线性演化，而且能将太空目标终端轨道偏差的非高斯分布特性用有限个子高斯分布来表征。这为解决非高斯分布轨道偏差的碰撞概率计算问题提供了思路。

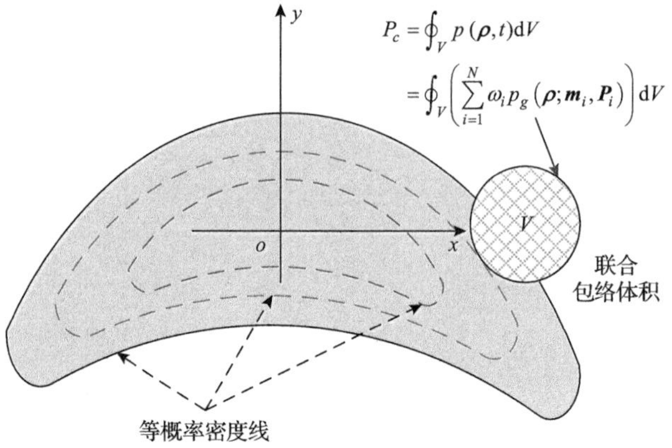

图 11.22　非高斯偏差碰撞概率计算问题示意

采用 GMM 可以将两目标在最接近时刻 t_{tca} 的偏差分布概率密度函数 $p_C(\boldsymbol{r},t)$ 和 $p_D(\boldsymbol{r},t)$ 表示为

$$\begin{aligned}p_C(\boldsymbol{r},t)&=\sum_{i=1}^{N_C}\omega_i p_g(\boldsymbol{r}_C;\boldsymbol{m}_{Ci},\boldsymbol{P}_{Ci})\\ p_D(\boldsymbol{r},t)&=\sum_{j=1}^{N_D}\omega_j p_g(\boldsymbol{r}_D;\boldsymbol{m}_{Dj},\boldsymbol{P}_{Dj})\end{aligned}\tag{11.33}$$

本节介绍两种面向非高斯分布偏差的碰撞概率计算方法，第一种是精度较高的数值算法，第二种是快速的解析算法。这两种基于 GMM 的碰撞概率计算思路一致。首先，在对太空目标初始偏差进行 GMM 分割并运用 UT 方法将初始时刻各子高斯分布预报至终端后，不将这些子高斯分布进行合并，而是将每一个子高斯分布视为独立的目标，对隶属于两太空目标的子高斯分布两两之间分别求解瞬时碰撞概率或短期相遇模型下的碰撞概率。然后，这些碰撞概率分别乘以相应的子高斯分布对应的权重系数，再将这些碰撞概率相加以得到最终的碰撞概率计算结果。

以来自目标 C 的第 i 个子高斯分布 $p_g(\boldsymbol{r}_C;\boldsymbol{m}_{Ci},\boldsymbol{P}_{Ci})$ 和来自目标 D 的第 j 个子高斯分布 $p_g(\boldsymbol{r}_D;\boldsymbol{m}_{Dj},\boldsymbol{P}_{Dj})$ 为例，设其所对应的权重系数分别为 ω_i 和 ω_j。若计算得到的两者间的碰撞概率为 $P_{\mathrm{coll},ij}$，则最终目标 C 和目标 D 之间的碰撞概率 P_{coll} 为

$$P_{\mathrm{coll}}=\sum_{i=1}^{N_C}\sum_{j=1}^{N_D}\omega_i\times\omega_j\times P_{\mathrm{coll},ij}\tag{11.34}$$

其中，N_C 和 N_D 为目标 C 和目标 D 分割子高斯分布的数量。

数值方法与解析方法的不同之处主要体现在对各子高斯分布之间求碰撞概率

时采用的模型的不同。下面对子高斯分布间的碰撞概率 $P_{\mathrm{coll},ij}$ 计算问题进行详细阐述。

11.3.2　数值方法

基于 GMM 的碰撞概率数值算法通过求解位置分布概率密度函数的三重积分方式计算 $P_{\mathrm{coll},ij}$。对每一个子高斯分布，根据其状态均值 $\boldsymbol{m}$ 及其协方差矩阵 $\boldsymbol{P}$，分别得到一个独立的位置分布概率密度函数 $p_C(\boldsymbol{r},t)$、$p_D(\boldsymbol{r},t)$，只需对这些位置分布概率密度函数在一定区域内两两数值积分就可以得到各子高斯分布两两之间的碰撞概率。

下面以来自目标 C 的第 i 个子高斯分布和目标 D 的第 j 个子高斯分布为例介绍计算过程。设这两个子高斯分布的权重系数分别为 ω_i 和 ω_j，概率密度函数 $p_g(\boldsymbol{r}_C;\boldsymbol{m}_{Ci},\boldsymbol{P}_{Ci})$ 和 $p_g(\boldsymbol{r}_D;\boldsymbol{m}_{Dj},\boldsymbol{P}_{Dj})$ 为

$$
\begin{aligned}
p_g(\boldsymbol{r}_C;\boldsymbol{m}_{Ci},\boldsymbol{P}_{Ci}) &= \frac{1}{2\pi^{\frac{3}{2}}\cdot\sqrt{\left|\boldsymbol{P}_{Ci}\right|}}\cdot\exp\left(-\frac{1}{2}(\boldsymbol{r}_C-\boldsymbol{m}_{Ci})^{\mathrm{T}}\boldsymbol{P}_{Ci}^{-1}(\boldsymbol{r}_C-\boldsymbol{m}_{Ci})\right)\\
p_g(\boldsymbol{r}_D;\boldsymbol{m}_{Dj},\boldsymbol{P}_{Dj}) &= \frac{1}{2\pi^{\frac{3}{2}}\cdot\sqrt{\left|\boldsymbol{P}_{Dj}\right|}}\cdot\exp\left(-\frac{1}{2}(\boldsymbol{r}_D-\boldsymbol{m}_{Dj})^{\mathrm{T}}\boldsymbol{P}_{Dj}^{-1}(\boldsymbol{r}_D-\boldsymbol{m}_{Dj})\right)
\end{aligned}
\tag{11.35}
$$

计算目标 C 和目标 D 之间的碰撞概率，实质上就是要计算两目标出现位置的距离小于联合包络球半径 R 的概率。注意到，目标 C 和目标 D 出现的位置可视作两个相互独立的随机变量，因此可以将两子高斯分布的位置概率密度函数 $p_g(\boldsymbol{r}_C;\boldsymbol{m}_{Ci},\boldsymbol{P}_{Ci})$ 和 $p_g(\boldsymbol{r}_D;\boldsymbol{m}_{Dj},\boldsymbol{P}_{Dj})$ 联合起来形成联合位置分布概率密度函数 $p_g(\boldsymbol{\rho};\boldsymbol{m}_{ij},\boldsymbol{P}_{ij})$，即

$$
p_g(\boldsymbol{\rho};\boldsymbol{m}_{ij},\boldsymbol{P}_{ij}) = \frac{1}{2\pi^{\frac{3}{2}}\cdot\sqrt{\left|\boldsymbol{P}_{ij}\right|}}\cdot\exp\left(-\frac{1}{2}(\boldsymbol{\rho}-\boldsymbol{m}_{ij})^{\mathrm{T}}\boldsymbol{P}_{ij}^{-1}(\boldsymbol{\rho}-\boldsymbol{m}_{ij})\right) \tag{11.36}
$$

其中，$\boldsymbol{\rho}=\boldsymbol{r}_o-\boldsymbol{r}_c$；$\boldsymbol{m}_{ij}=\boldsymbol{m}_{Bj}-\boldsymbol{m}_{Ci}$；$\boldsymbol{P}_{ij}=\boldsymbol{P}_{Ci}+\boldsymbol{P}_{Dj}$。

不难发现，联合位置分布概率密度函数 $p_g(\boldsymbol{\rho};\boldsymbol{m}_{ij},\boldsymbol{P}_{ij})$ 实质上是以其中一个目标的位置为原点，将两目标的位置不确定性都叠加到另一个目标上面，其所代表的物理意义是以其中一个目标为观察基准点，另一个目标在相对空间内出现的概率。所以，两目标出现位置的距离小于 R 的概率值 $P_{\mathrm{coll},ij}$ 就等于联合位置分布概率密度函数 $p_g(\boldsymbol{\rho};\boldsymbol{m}_{ij},\boldsymbol{P}_{ij})$ 在以原点为球心，半径为 R 的球域内的积分值，即

$$P_{\mathrm{coll},ij} = \oint_{\|\boldsymbol{\rho}\| \leqslant R} p_g(\boldsymbol{\rho}; \boldsymbol{m}_{ij}, \boldsymbol{P}_{ij}) \mathrm{d}\boldsymbol{r} \tag{11.37}$$

由此可知，要得到 $P_{\mathrm{coll},ij}$，需要在 $\|\boldsymbol{\rho}\| \leqslant R$ 的球形区域内对 $p_g(\boldsymbol{\rho}; \boldsymbol{m}_{ij}, \boldsymbol{P}_{ij})$ 进行三重空间积分，可通过成熟的高斯积分等数值积分方法进行计算。

11.3.3 解析方法

与数值方法计算三维位置空间的瞬时碰撞概率不同，解析方法采用短期相遇模型在二维相遇平面对两太空目标子高斯分布之间的碰撞概率进行求解。首先，将子高斯分布在相遇坐标系中进行表示，然后将子高斯分布投影在相遇平面上。因此，问题简化为求两个二维概率密度函数在平面区域上的积分，由于两子高斯分布相互独立，可以将两者合并为联合位置分布概率密度函数 $p_g(\delta\tilde{\boldsymbol{r}}; \tilde{\boldsymbol{m}}_{ij}, \tilde{\boldsymbol{P}}_{ij})$。在相遇平面的位置均值 $\tilde{\boldsymbol{m}}_{ij}$ 为二维列向量，位置误差协方差矩阵 $\tilde{\boldsymbol{P}}_{ij}$ 为 2×2 矩阵，设

$$\begin{aligned} \tilde{\boldsymbol{m}}_{ij} &= [x_m,\ y_m]^{\mathrm{T}} \\ \tilde{\boldsymbol{P}}_{ij} &= \begin{bmatrix} \sigma_x & \eta\sigma_x\sigma_y \\ \eta\sigma_x\sigma_y & \sigma_y \end{bmatrix} \end{aligned} \tag{11.38}$$

由于此时的坐标轴一般不沿着联合误差椭圆方向，$\eta\sigma_x\sigma_y \neq 0$，误差协方差矩阵 $\tilde{\boldsymbol{P}}_{ij}$ 不是对角矩阵，为了方便计算，需将 $\tilde{\boldsymbol{P}}_{ij}$ 变为对角矩阵，消除交叉项。因此，将坐标系绕 z 轴旋转一定角度 φ，使新的 x 轴沿联合误差椭圆长轴方向，新的 y 轴沿联合误差椭圆短轴方向。旋转角度 φ 的计算公式为

$$\varphi = \arctan\left(\frac{\sigma_y^2 - \sigma_x^2}{2\eta\sigma_x\sigma_y} + \mathrm{sgn}(\eta) \cdot \sqrt{1 + \left(\frac{\sigma_y^2 - \sigma_x^2}{2\eta\sigma_x\sigma_y}\right)^2}\right) \tag{11.39}$$

原坐标系到旋转 φ 后的坐标系的转移矩阵为

$$M_\varphi = \begin{bmatrix} \cos\varphi & -\sin\varphi \\ \sin\varphi & -\cos\varphi \end{bmatrix} \tag{11.40}$$

旋转 φ 后，位置联合概率密度函数变为 $\tilde{p}_g(\delta\tilde{\boldsymbol{r}}; \tilde{\boldsymbol{m}}'_{ij}, \tilde{\boldsymbol{P}}'_{ij})$，即

$$\tilde{p}_g(\delta\tilde{\boldsymbol{r}}; \tilde{\boldsymbol{m}}'_{ij}, \tilde{\boldsymbol{P}}'_{ij}) = \frac{1}{2\pi \cdot \sqrt{\left|\tilde{\boldsymbol{P}}'_{ij}\right|}} \cdot \exp\left(-\frac{1}{2}(\delta\tilde{\boldsymbol{r}} - \tilde{\boldsymbol{m}}'_{ij})^{\mathrm{T}} \tilde{\boldsymbol{P}}'^{-1}_{ij} (\delta\tilde{\boldsymbol{r}} - \tilde{\boldsymbol{m}}'_{ij})\right) \tag{11.41}$$

其中

$$\tilde{\boldsymbol{m}}'_{ij}=M_{\varphi}\tilde{\boldsymbol{m}}_{ij}=[x'_m,\ y'_m]^{\mathrm{T}}$$
$$\tilde{\boldsymbol{P}}'_{ij}=M_{\varphi}\tilde{\boldsymbol{P}}_{ij}M_{\varphi}^{T}=\begin{bmatrix}\sigma_x'^2 & 0\\ 0 & \sigma_y'^2\end{bmatrix} \tag{11.42}$$

针对短期相遇模型，Romain 等[33]提出一种快速解析算法，只需输入相遇平面位置联合概率密度函数的坐标$[x_m,\ y_m]^{\mathrm{T}}$、位置误差标准差$(\sigma_x,\ \sigma_y)$，以及联合包络球半径 R，再合理选择级数项数 N 就可以得到碰撞概率的计算结果。计算过程为

$$p=\frac{1}{2\sigma_y^2};\quad \phi=1-\frac{\sigma_y^2}{\sigma_x^2}$$
$$\omega_x=\frac{x_m^2}{4\sigma_x^4};\quad \omega_y=\frac{y_m^2}{4\sigma_y^4}$$
$$\alpha_0=\frac{1}{2\sigma_x\sigma_y}\mathrm{e}^{-\frac{1}{2}\left(\frac{x_m^2}{\sigma_x^2}+\frac{y_m^2}{\sigma_y^2}\right)} \tag{11.43}$$
$$c_0=\alpha_0R^2$$

其中，c_1、c_2、c_3、c_{k+4} 的表达式比较复杂，在此不进行详细展示，具体可以参照文献[33]。

令 $s=0$，当 $k=0, 1, \cdots, N-1$ 时，则

$$s=s+c_k \tag{11.44}$$

最后得到的碰撞概率 P_c 为

$$P_c=s\cdot\mathrm{e}^{-pR^2} \tag{11.45}$$

本书采用上述算法求解两子高斯分布之间的碰撞概率 $P_{\mathrm{coll},ij}$，最后计算短期相遇模型下太空目标 C 和 D 在相遇平面的碰撞概率 P_c。

11.3.4 仿真分析

1. 算例背景

格林尼治世界时 2009 年 2 月 10 日 16 时 55 分，美俄卫星在西伯利亚上空 790km 处发生碰撞。美方卫星是来自美国铱星公司的 Iridium-33 卫星，俄方卫星为失效的通信卫星 Cosmos-2251，SSN 编号分别为 24946 和 22675。这是人类历史上首次完整卫星在轨相撞，不仅造成航天器的严重损毁，还额外产生大量空间

碎片。由于碰撞点轨道高度较高，产生的空间碎片将长期滞留在太空之中，对空间环境造成长期性的破坏。这次碰撞事件给人类敲响了太空安全的警钟。

本节以此次碰撞事件为背景，构造仿真算例验证非高斯分布偏差下碰撞概率计算方法的正确有效性。Space-Track.org 网站会定期更新可编目的不涉密太空目标两行轨道根数。在该网站查询，美俄卫星在发生碰撞之前的最后一次两行轨道根数如表 11.5 和表 11.6 所示。

表 11.5　美俄卫星 TLE 第一行数据

列	描述内容	Iridium-33	Cosmos-2251
01	行号	1	1
03-07	卫星编号	24946	22675
08	卫星类别	U	U
10-11	卫星发射年份后两位	97	93
12-14	当年发射顺序	051	036
15-17	发射卫星个数	C	A
19-20	TLE 历时(年份后两位)	09	09
21-32	TLE 历时(日)	040.78448243	040.49834364
34-43	平均运动的一阶时间导数	0.00000153	−0.00000001
45-52	平均运动的一阶时间导数	00000-0	00000-0
54-61	B^*系数	47668-4	95251-5
63	是否公开(公开为 0，否则 1)	0	0
65-68	星历编号	999	999
69	校验和(用于纠错)	4	6

表 11.6　美俄卫星 TLE 第二行数据

列	描述内容	Iridium-33	Cosmos-2251
01	行号	2	2
03-07	卫星编号	24946	22675
09-16	轨道倾角	86.3994	74.0355
18-25	升交点赤经	121.7028	19.4646
27-33	轨道偏心率	0002288	0016027
35-42	近地点辐角	85.1644	98.7014
44-51	平近点角	274.9812	261.5952
53-63	每天环绕地球的圈数	14.3421986	14.3113564
64-68	发射以来飞行的圈数	35973	35973
69	校验和(用于纠错)	3	3

由两目标的两行轨道根数，可分别得到 Iridium-33 在 2009 年 2 月 9 日 18 时 49 分 39.28 秒(格林尼治时间)时 J2000.0 地心惯性系的位置速度状态 $\boldsymbol{x}_{Ci}$，以及 Cosmos-2251 在 2009 年 2 月 9 日 11 时 57 分 36.89 秒(格林尼治时间)时 J2000.0 地心惯性系的位置速度状态 $\boldsymbol{x}_{Dj}$。由于 $\boldsymbol{x}_{Ci}$ 和 $\boldsymbol{x}_{Dj}$ 并不是在同一历元时刻下的轨道状态矢量，并且直接将 TLE 转换得来的轨道状态矢量用于二体假设下的轨道动力学模型对碰撞事件进行预报会产生较大的偏差，因此还需对 $\boldsymbol{x}_{Ci}$ 和 $\boldsymbol{x}_{Dj}$ 进行适当修改(使碰撞条件满足)，作为仿真分析算例。

将 $\boldsymbol{x}_{Ci}$ 和 $\boldsymbol{x}_{Dj}$ 用二体轨道运动学方程预报至最接近时刻 t_{tca}，取两目标连线方向上位置坐标与连线中点位置坐标均相差 100 m 的两点，分别作为新的目标 C 和目标 D 在最接近时刻的位置，两目标速度不改变。然后，从这两点各自反推一天(86400s)到 2009 年 2 月 9 日 16:56:03.840，得到新的目标 C 和 D 作为算例输入条件，并将此时刻记为 t_0。太空目标 C 和 D 在 t_0 时刻的轨道状态矢量 $\boldsymbol{x}_{Ci}$ 和 $\boldsymbol{x}_{Dj}$ 如表 11.7 所示。

表 11.7　两个目标的初始轨道状态

轨道状态分量	太空目标 C	太空目标 D
x/m	-1.4321394404×10^6	6.3868260034×10^6
y/m	3.1155815019×10^6	1.0705843814×10^6
z/m	-6.2725271139×10^6	-3.0540772328×10^6
v_x/(m/s)	-3.6050793160×10^3	2.6082975252×10^3
v_y/(m/s)	5.4931512603×10^3	2.7361888372×10^3
v_z/(m/s)	3.5443650344×10^3	6.4299740567×10^3

太空目标 C 和 D 初始时刻在 LVLH 坐标系下初始轨道偏差标准差均取为 $\sigma_x = 30\text{ m}$、$\sigma_y = 50\text{ m}$、$\sigma_z = 20\text{ m}$、$\sigma_{vx} = 0.08\text{ m/s}$、$\sigma_{vy} = 0.1\text{ m/s}$、$\sigma_{vz} = 0.05\text{ m/s}$。设置两目标联合包络球半径为 500 m，两目标之间的相对距离小于 500 m 时则认为发生碰撞。

2. 蒙特卡罗仿真结果

为了从仿真角度对本书方法进行对比验证，选取蒙特卡罗仿真的实验次数最大为 $n=10^8$。瞬时碰撞概率蒙特卡罗仿真结果随实验次数变化情况如图 11.23 所示。

可以看出，碰撞概率 $\hat{P}_c$ 仿真结果在实验次数较小时的震荡非常明显，波动幅度很大。随着实验次数的不断增加，碰撞概率的震荡幅度越来越小，当 $n > 2\times10^6$ 时，$\hat{P}_c$ 基本趋于稳定；当 $n = 1\times10^8$ 时，仿真结果为 $\hat{P}_c = 1.1429\times10^{-4}$。

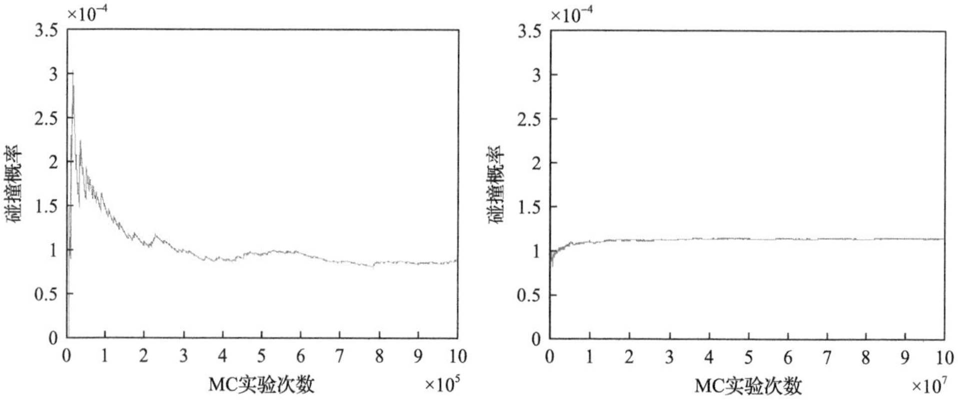

图 11.23　瞬时碰撞概率蒙特卡罗仿真结果随实验次数变化情况

通常，工程上常用的碰撞概率黄色阈值为 $P_{c,\text{yellow}}=10^{-5}$ 、红色阈值为 $P_{c,\text{red}}=10^{-4}$ 。蒙特卡罗仿真的碰撞概率结果表明，两目标之间的碰撞风险较高，应当实施避撞机动。当蒙特卡罗仿真实验次数足够多时，其结果可以认为是真值。

当打靶仿真 $n=1\times10^{8}$ 次时，蒙特卡罗仿真结果收敛并趋于一特定值，因此完全可以认为实验次数已经足够多，可将该计算结果认为是碰撞概率的真值。

3. 瞬时碰撞概率计算结果

下面采用基于 GMM 的碰撞概率计算方法对算例进行仿真计算。首先选取初始轨道偏差的 GMM 分割数目为 N=21，采用 GMM 与 UT 方法将初始轨道偏差预报至终端时刻 $t_f=86400\,\text{s}$ ，得到终端时刻各子高斯分布的偏差均值 $\boldsymbol{m}_i$ 和协方差矩阵 $\boldsymbol{P}_i$ 信息。然后，采用 11.3.2 节的数值方法计算瞬时碰撞概率，解析方法计算短期相遇模型下的碰撞概率。

为了对比验证，本书还采用另外三种轨道偏差预报方法的偏差预报结果对碰撞概率进行计算，总共四种方法，即先进行 GMM 分割再用 UT 进行偏差预报的方法(简称 GMM-UT)；先进行 GMM 分割再进行线性预报的方法(简称 GMM-Linear)；对初始轨道偏差直接进行线性预报的方法(简称 Linear)；不进行 GMM 分割直接采用 UT 方法进行预报的方法(简称 UT)。各方法瞬时碰撞概率仿真结果及与真值的相对误差对比如表 11.8 所示。

表 11.8　各方法瞬时碰撞概率仿真结果及与真值的相对误差对比

偏差预报方法	P_c 仿真结果	相对误差/%	计算时间/s
蒙特卡罗	0.00011429	0	285.63
GMM-UT	0.00011523	0.8224692	153.69

续表

偏差预报方法	P_c 仿真结果	相对误差/%	计算时间/s
GMM-Linear	0.00011734	2.6686499	134.47
Linear	0.00011747	2.7823957	68.48
UT	0.00010671	6.6322513	85.26

可以看出，在各种方法中，基于 GMM 的碰撞概率数值算法与真值(蒙特卡罗仿真结果)最为接近，并且采用 GMM-UT 方法的运算时间要明显少于蒙特卡罗方法。轨道偏差均值及协方差矩阵预报精度仅次于 GMM-UT 方法的直接 UT 方法，在进行碰撞概率计算时精度反而不如另外两种方法，精度最低。这是因为直接利用 UT 方法进行轨道偏差预报时，仅保留偏差分布的一阶矩和二阶矩信息，高阶矩信息损失导致其碰撞概率计算结果精度低。

4. 短期相遇模型碰撞概率计算结果

下面采用提出的解析算法对短期相遇模型下的碰撞概率进行求解。首先选取初始轨道偏差 GMM 分割数目为 N=21，运用 UT 方法将这 21 个子高斯分布预报至 t_f 时刻，然后对目标 C 和目标 D 的子高斯分布之间两两计算一次相遇平面，并利用短期相遇模型分别计算碰撞概率，最后将这些碰撞概率根据子高斯分布的权重系数进行加权求和，得到碰撞概率仿真计算结果 $\hat{P}_c = 3.7284\times10^{-4}$ 。

因为 Romain 等[33]提出的针对短期相遇模型的快速解析算法计算的是两个太空目标在整个相遇过程中的总碰撞概率，不便于采用蒙特卡罗仿真进行验证。因为蒙特卡罗仿真计算的是两太空目标在最接近时刻的瞬时碰撞概率，不具有可比性，所以这里不将此方法与瞬时碰撞概率计算做对比分析。根据计算得到的碰撞概率值仍然大于 10^{-4} 量级，属于红色警报，与最接近时刻的瞬时碰撞概率计算的预警等级一致。

11.4　碰撞规避方法

避撞机动是规避潜在碰撞风险的具体实施措施。相比实施轨道转移等机动操作，航天器实施一次避撞机动所需的速度冲量较小，燃料消耗较少。随着太空目标数量的急剧增加，潜在碰撞风险越来越多，航天器实施避撞机动的预期频率也在不断增加，因此有必要对每次碰撞规避机动进行优化，以提高碰撞规避的成功率，降低避撞机动频率。

11.4.1 问题描述

假设存在两个具有碰撞风险的太空目标，即航天器 C 和空间碎片 D。已知航天器 C 和空间碎片 D 在初始 t_0 时刻的初始轨道状态矢量分别为

$$\boldsymbol{x}_C(t_0)=\begin{bmatrix}\boldsymbol{r}_C(t_0)\\ \boldsymbol{v}_C(t_0)\end{bmatrix},\quad \boldsymbol{x}_D(t_0)=\begin{bmatrix}\boldsymbol{r}_D(t_0)\\ \boldsymbol{v}_D(t_0)\end{bmatrix} \tag{11.46}$$

航天器 C 和空间碎片 D 的初始轨道偏差标准差分别为 $\boldsymbol{\sigma}_C(t_0)$ 和 $\boldsymbol{\sigma}_D(t_0)$。设二者在最接近时刻 t_{tca} 的最接近距离或碰撞概率值高于碰撞预警阈值，航天器 C 需要进行避撞机动来避免与碎片 D 发生碰撞，需要为航天器 C 设计一种既能符合在轨航天器实际情况，又能尽可能保证航天器 C 安全的避撞机动策略。避撞机动过程如图 11.24 所示。

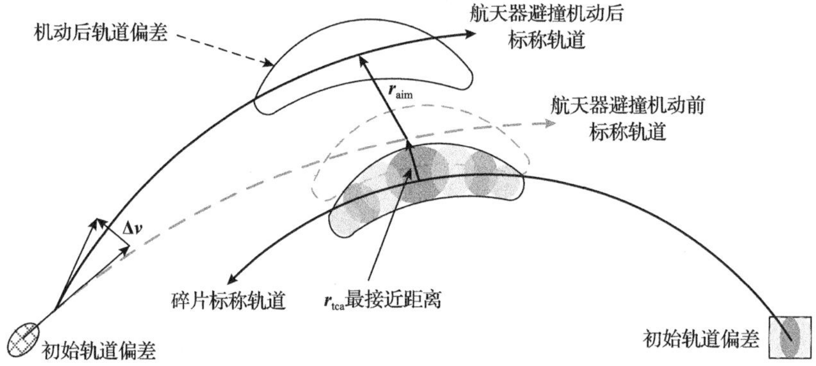

图 11.24 基于非高斯非线性偏差演化的避撞机动示意

可以看出，要对航天器避撞机动策略进行设计，实际上就是对施加避撞速度脉冲 $\Delta\boldsymbol{v}$ 的大小和方向，以及避撞机动实施时刻 t_{dv} 进行设计，使改变原有运行轨道，在满足航天器在轨运行的实际情况(燃料、使用寿命、任务类型等)下，通过机动增加两目标间的最接近距离 $\|\boldsymbol{r}_{\text{tca}}\|$ ($\|\cdot\|$ 表示向量的欧氏距离)或降低碰撞概率来规避碰撞。

11.4.2 避撞机动优化一般模型

1. 设计变量

航天器避撞机动优化是对施加避撞速度脉冲 $\Delta\boldsymbol{v}$ 的大小和方向，以及避撞机动实施时刻 t_m 进行优化，优化变量为

$$\boldsymbol{x}=[t_m,\ \Delta v_x,\ \Delta v_y,\ \Delta v_z]^{\mathrm{T}} \tag{11.47}$$

其中，Δv_x、Δv_y、Δv_z 为避撞速度冲量 $\Delta\boldsymbol{v}$ 沿坐标轴的三个分量。

2. 目标函数

航天器进行避撞机动，主要目的是尽可能地减小碰撞概率或增大最接近时刻两航天器接近距离，确保在轨航天器的安全，因此优化目标为

$$\begin{aligned}&\min f(\boldsymbol{x})=P_c\\&\text{或者}\\&\max f(\boldsymbol{x})=\|\boldsymbol{r}_{\mathrm{tca}}\|\end{aligned} \tag{11.48}$$

目标函数 $f(\boldsymbol{x})$ 需要实现的功能有两个，一个是需要考虑在 t_m 时刻施加的避撞速度冲量 $\Delta\boldsymbol{v}$ 和避撞速度冲量偏差 $\delta\Delta\boldsymbol{v}$，并将两太空目标的轨道状态偏差均值及协方差矩阵预报至最危险时刻；另一个是需要根据两太空目标终端位置分布概率密度函数，计算碰撞概率或根据标称位置计算最接近距离。

对于考虑脉冲机动及其偏差的轨道偏差传播问题，第 3～7 章已经进行了研究，并提供了多种可选方法。

3. 约束条件

避撞机动优化除了要避免控后轨迹在一定时间内不与其他太空目标(例如 TLE 数据库中所有目标)碰撞，还要尽可能地减小航天器燃料的消耗。因此，有必要对避撞速度冲量的大小进行约束，即

$$\|\Delta\boldsymbol{v}\|=\sqrt{(\Delta v_x^2+\Delta v_y^2+\Delta v_z^2)}\leqslant\|\Delta\boldsymbol{v}_{\max}\| \tag{11.49}$$

其中，$\Delta\boldsymbol{v}_{\max}$ 为所允许的避撞速度冲量的最大值，由航天器设计使用寿命等指标来决定。

此外，考虑实际情况，航天器在接收到碰撞风险指令后，一般需要一定时间对航天器执行机构进行调整，设为 $t_{\min}$。同时，避撞机动必须在航天器达到最危险时刻 t_{tca} 前实施，否则就失去了意义，因此避撞机动实施时间 t_m 应满足

$$t_{\min}<t_m<t_{\mathrm{tca}} \tag{11.50}$$

11.4.3　考虑工程约束的避撞机动优化模型

考虑实际工程任务中，对航天器主要是进行横向机动控制调整半长轴。因此，本节考虑测控时间量、半长轴控制量等实际工程约束，以变轨时刻及变轨半长轴

控制量为优化变量，以总速度增量最小为目标函数，以控后飞行轨迹与其他目标的接近距离大于给定阈值为约束条件，建立碰撞规避机动优化模型。

为了保证控后飞行轨迹不与其他所有太空目标碰撞，需要构建航天器控后飞行轨迹，并采用 11.1 节方法将控后飞行轨迹与太空目标编目库进行接近分析，从而评估控后轨迹风险，由于控后轨迹构建在优化流程中迭代，需要一种高效的构建方式。考虑任务轨道需要，避撞机动量级一般相对较小，因此控后轨迹与控前标称轨迹偏离不大。本书采用第 7 章提出的考虑 J_2 摄动的解析非线性相对运动方程，以控前标称飞行轨迹为基准来快速建立控后飞行轨迹。基于解析非线性相对运动方程的控后轨迹构建示意图如图 11.25 所示。

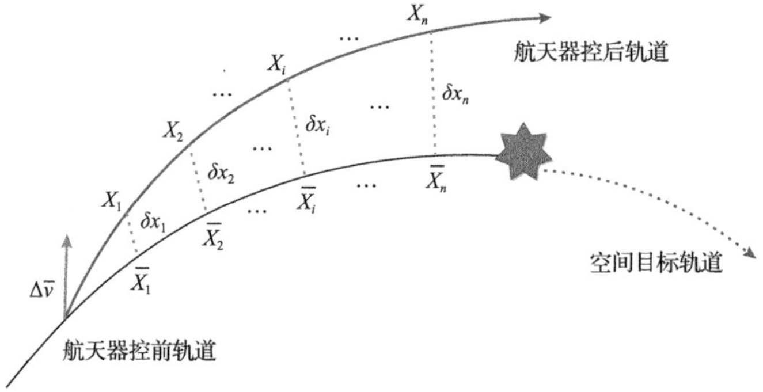

图 11.25　基于解析非线性相对运动方程的控后轨迹构建示意图

设碰撞规避机动执行时刻为 t_m，半长轴控制量为 Δa_m，碰撞规避机动后的控后飞行轨迹与空间目标间的最近距离阈值 S_{tol}，记需要执行碰撞规避的变量值为 $\boldsymbol{y}=[t_m,\Delta a_m]$。

首先，根据高斯摄动方程，由半长轴控制量 Δa_m 计算航天器当地轨道坐标系下的横向脉冲机动控制量 Δv_t，即

$$\Delta v_t = \frac{1}{2}\frac{n_c(t_m)\sqrt{1-e_c^2(t_m)}}{1+e_c(t_m)\cos[f_c(t_m)]}\Delta a_m \tag{11.51}$$

其中，$n_c=\sqrt{\dfrac{\mu}{a_c^3(t_m)}}$ 为 t_m 时刻航天器控前平均轨道角速度，$a_c(t_m)$ 为 t_m 时刻航天器半长轴；$e_c(t_m)$ 为 t_m 时刻航天器轨道偏心率；$f_c(t_m)$ 为 t_m 时刻航天器真近点角；轨道根数可根据航天器 t_m 时刻的轨道状态 $\boldsymbol{X}_c(t_m)$ 计算。

其次，定义 t_m 时刻后任意 t（$t>t_m$）时刻航天器的控后轨道相对于控前轨道的相对运动状态为

$$\delta\boldsymbol{x}_n=[\delta x_n,\delta y_n,\delta z_n,\delta\dot{x}_n,\delta\dot{y}_n,\delta\dot{z}_n]^{\mathrm{T}} \tag{11.52}$$

其中，δx_n、δy_n、δz_n 为相对位置分量，$\delta \dot{x}_n$、$\delta \dot{y}_n$、$\delta \dot{z}_n$ 为相对速度分量；初始控制时刻相对于控前轨道的相对运动状态 $\delta \boldsymbol{x}(t_m)=[0,0,0,0,\Delta v_t,0]^{\mathrm{T}}$，$\Delta v_t$ 为控制施加的脉冲量。

以时间 t 为自变量，利用第 7 章的解析非线性相对运动方程，将 $\delta \boldsymbol{x}(t_m)$ 预报到 t_m 时刻后的任意 t 时刻（$t>t_m$），可以获得预报控后轨道的相对运动状态 $\delta \boldsymbol{x}(t)$，即

$$\delta \boldsymbol{x}(t)=\boldsymbol{\Phi}(t,t_m)\delta \boldsymbol{x}(t_m)+\frac{1}{2}\boldsymbol{\Psi}(t,t_m)\otimes \delta \boldsymbol{x}(t_m)\otimes \delta \boldsymbol{x}(t_m) \tag{11.53}$$

其中，$\otimes$ 表示张量积，即将两个不同矢量相乘；状态转移矩阵 $\boldsymbol{\Phi}(t,t_m)$ 与状态转移张量 $\boldsymbol{\Psi}(t,t_m)$ 由航天器预报时间 $\Delta t=t-t_m$ 和精密星历 $\boldsymbol{X}_c$ 计算。

最后，基于非线性映射计算的控后相对运动轨迹 $\delta \boldsymbol{x}(t)$，以及航天器控前轨道精密星历 $\boldsymbol{X}_c(t_i)$，得到控后任意时刻航天器的绝对轨道状态 $\tilde{\boldsymbol{X}}_c(t_i)$，即

$$\tilde{\boldsymbol{X}}_c(t_i)=\begin{cases}\boldsymbol{X}_c(t_i), & t_i<t_m\\ \boldsymbol{X}_c(t_i)+\boldsymbol{Q}_{\mathrm{lvlh}}^{\mathrm{eci}}\cdot \delta \boldsymbol{x}(t_i), & t_i\geqslant t_m\end{cases} \tag{11.54}$$

其中，$i=0,1,\cdots,n$，对应航天器精密星历的历元时刻；$\boldsymbol{Q}_{\mathrm{lvlh}}^{\mathrm{eci}}$ 为航天器当地轨道坐标系到地心惯性系的转换矩阵。

基于上述控后轨道构建方法，考虑测控跟踪计划，根据最早可控制时刻 t_{low} 和最迟控制时刻 t_{up}，确定规避机动控制时间窗口。同时，基于航天器平台机动能力限制和轨道维持约束，确定控制量阈值。兼顾工程实际操作，设定半长轴控制量上下限分别为 Δa_{up} 和 Δa_{low}。依据航天器性能和工程上的控制实施特点，碰撞规避的优化模型如下。

（1）设计变量为

$$\boldsymbol{y}=[t_m,\Delta a_m] \tag{11.55}$$

（2）目标函数为

$$\min_{\boldsymbol{y}} J=|\Delta v_t|=\left|\frac{1}{2}\frac{n_c(t_m)\sqrt{1-e_c^2(t_m)}}{1+e_c(t_m)\cos[f_c(t_m)]}\Delta a_m\right| \tag{11.56}$$

（3）约束条件为

$$s_{\min}>S_{\mathrm{tol}},\quad s_{\min}=\min(s_l^j) \tag{11.57}$$

其中，s_l^j 为航天器与第 l 个空间目标的第 j 个等效距离；$s_{\min}$ 为 t_{TCA} 时刻的最小等效距离。

采用序列二次规划算法等优化算法求解上述优化模型，即可得满足条件的碰撞规避控制方案 $\boldsymbol{y}=[t_m,\Delta a_m]$。

11.4.4 仿真分析

下面对 11.1.4 节仿真算例中识别的碰撞风险事件，采用 11.4.3 节的碰撞规避机动优化模型求解规避控制策略。

首先，根据航天器跟踪测控计划，确定规避机动控制时间窗口。由于卫星与空间目标、53316 同时存在碰撞风险，为规避所有目标的碰撞风险，时间区间的选择要早于两者中最早的碰撞风险时刻，即 2022/08/03 20:28:34。由此设置最早可控制时刻 t_m 为 8 月 3 日 15:37:14，最迟控制时刻 t_f 为 8 月 3 日 19:15:24，采用横向控制方式，抬高或降低轨道半长轴，控制量下限为 $\Delta a_{\text{low}}=-100\ \text{m}$，上限为 $\Delta a_{\text{up}}=100\ \text{m}$。用序列二次优化算法，可以获得最优规避机动策略为最优控制时刻 t_m 为 2022 年 8 月 3 日 17:25:09，最优半长轴控制量为 $\Delta a=-37.114\text{m}$。

基于该控制方案生成控后飞行轨迹，采用 11.1 节接近分析方法评估其与其他空间目标的碰撞风险。如表 11.9 所示，控后飞行轨迹与其他目标的最接近等效距离大于黄警阈值 200 m，控制策略有效。

表 11.9　规避策略的控后轨迹碰撞风险验证

序号	国际编号	接近时刻	接近距离/m	径向距离/m	等效距离/m
1	50349	2022/08/06 10:27:03	2000.091	200.009	200.009
2	53316	2022/08/03 18:59:29	2205.515	–245.584	245.584
3	53316	2022/08/03 16:38:18	2587.947	–165.265	258.795

利用 ATK 软件仿真航天器与空间目标的最优机动下的规避结果。如图 11.26

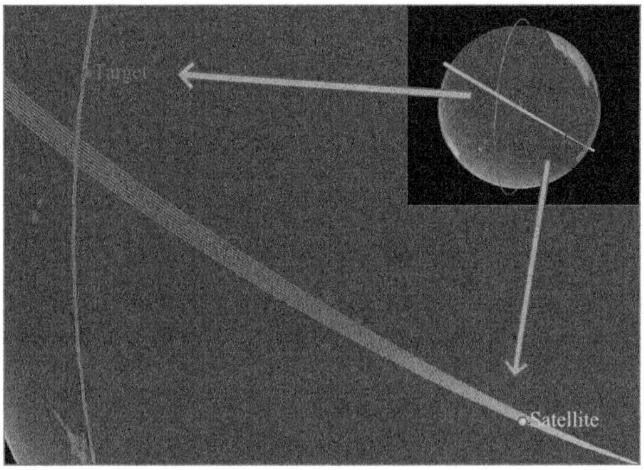

图 11.26　ATK 仿真控后接近时刻

所示，本书计算的控制策略能够避免控制后短期内再次出现碰撞风险的问题，有效提升机动规避效果。

参 考 文 献

[1] 陈磊, 白显宗, 梁彦刚. 空间目标轨道数据应用. 北京: 国防工业出版社, 2015.

[2] Chan F K. Spacecraft Collision Probability. El Segundo: The Aerospace Press, 2008.

[3] Li J S, Yang Z, Luo Y Z. A review of space-object collision probability computation methods. Astrodynamics, 2022, 6(2): 95-120.

[4] 郑勤余, 吴连大. 卫星与空间碎片碰撞预警的快速算法. 天文学报, 2004, 45(4): 422-427.

[5] 刘静, 王荣兰, 张宏博. 空间碎片碰撞预警研究. 空间科学学报, 2004, 24(6): 462-469.

[6] Hoots F R, Crawford L L, Roehrich R L. An analytic method to determine future close approaches between satellites. Celestial Mechanics, 1984, 33(2): 143-158.

[7] Alfano S, Negron D. Determining satellite close approach. Journal of the Astronautical Sciences, 1993, 41(2): 217-225.

[8] 李鉴, 肖业伦. 一种改进的空间目标接近分析快速算法. 航空学报, 2007, 28(增刊): 42-48.

[9] Rodriguez J A, Fadrique F M, Klinkrad H. Collision risk assessment with a smart sieve method//Proceedings of Joint ESA-NASA Space-Flight Safety Conference, Noordwijk, 2002: 486.

[10] Lidtke A A. High collision probability conjunctions and space debris remediation. Southampton: University of Southampton, 2016.

[11] Healy L M. Close conjunction detection on parallel computer. Journal of Guidance, Control and Dynamics, 1995, 18(4): 20-27.

[12] 白显宗, 陈磊, 张翼, 等. 空间目标碰撞预警技术研究综述. 宇航学报, 2013, 34(8): 1027-1039.

[13] 汪颋, 董云峰. 航天器与短期空间碎片云碰撞概率算法. 中国空间科学技术, 2006, (2): 17-23.

[14] 齐征, 殷建丰, 韩潮. 航天器碰撞概率计算对比分析. 计算机仿真, 2012, 29(12): 57-89.

[15] Foster J L, Estes H S. A parametric analysis of orbital debris collision probability and maneuver rate for space vehi-cles. NASA/JSC-25898, 1992.

[16] Patera R P. General method for calculating satellite collision probability. Journal of Guidance, Control, and Dynamics, 2001, 24(4): 716-722.

[17] Alfano S. Satellite collision probability enhancements. Journal of Guidance, Control and Dynamics, 2006, 29(3): 588-512.

[18] Chan K F. Short-term vs. long-term spacecraft encounters//Proceedings of the AIAA/AAS Astrodynamics Specialist Conference and Exhibit, Providence, Rhode Island, 2004: 54-60.

[19] 白显宗, 陈磊. 空间目标碰撞概率计算方法研究. 宇航学报, 2008, 29(4): 1435-1442.

[20] Serra R, Arzelier D, Joldes M, et al. Fast and accurate computation of orbital collision probability for short-term encounters. Journal of Guidance Control and Dynamics, 2016, 39(5): 1009-1021.

[21] 霍俞蓉, 李智, 韩蕾. 基于拉普拉斯变换的空间目标碰撞概率计算方法. 北京航空航天大学学报, 2018, 44(4): 810-819.

[22] García P R. Series for collision probability in short-encounter model. Journal of Guidance, Control, and Dynamics, 2016, 39(5): 1908-1916.

[23] Shelton C T, Junkins J L. Probability of collision between space objects including model uncertainty. Acta Astronautica, 2019, 155: 462-471.

[24] 许晓丽, 熊永清. 非线性相对运动下空间碎片碰撞概率计算的研究. 天文学报, 2011, 52(1): 73-85.

[25] Chan F K. Spacecraft collision probability for long-term encounters// AAS/AIAA Astrodynamics Specialist Conference, Montana, 2003: 3-7.

[26] Patera R P. Satellite collision probability for non-linear relative motion. Journal of Guidance, Control, and Dynamics, 2003, 26(5): 728-733.

[27] Alfano S. Addressing nonlinear relative motion for spacecraft collision probability// AIAA/AAS Astrodynamics Specialist Conference, Keystone, Colorado, 2006: 1-6.

[28] 荣吉利, 谌相宇, 齐跃. 空间目标碰撞预警摄动因素研究. 北京理工大学学报, 2016, 36(2): 128-132.

[29] Vittaldev V, Russell R P. Space object collision probability using multidirectional Gaussian mixture models. Journal of Guidance, Control, and Dynamics, 2016, 39(9): 2163-2169.

[30] Jones B A, Doostan A. Satellite collision probability estimation using polynomial chaos expansions. Advances in Space Research, 2013, 52: 1860-1875.

[31] Zhang S, Fu T, Chen D, et al. Satellite instantaneous collision probability computation using equivalent volume cuboids. Journal of Guidance, Control, and Dynamics, 2020, 43(9): 1757-1763.

[32] 曾安里, 金勇, 马志昊, 等. 空间碎片碰撞预警分析与显示技术研究. 空间碎片研究, 2019, 19(4): 21-27.

[33] Romain S, Denis A, Mioara J, et al. Fast and accurate computation of orbit collision probability for short-term encounter. Journal of Guidance, Control, and Dynamics, 2016, 39(5): 1009-1020.

第 12 章　解体碎片云撞击风险分析

空间目标解体产生的碎片，会对在轨运行的航天器造成撞击风险。对所有碎片粒子的运动进行预报，再根据航天器与碎片粒子的距离关系可以计算碰撞概率。这类方法虽然实现简单，但是计算效率很低，并且结果一致性差，需要大量重复实验才能得到可靠的结果。但是，也有一些基于不确定性传播的方法将初始分布整体向后演化，可以根据密度分布与航天器的包络关系计算碰撞概率。这类方法是分析两目标碰撞概率的主流方法，但是碎片云整体分布的不确定性远超单个航天器。一方面对不确定性传播造成困难，另一方面导致这种方法在计算碎片云撞击风险时效费比不高，因为只有很小一部分碎片云会与航天器相遇。

本章将碎片云对航天器的碰撞视为轨道边值问题，利用碎片云位置速度联合分布函数，建立解体碎片云对航天器撞击风险的评估方法。

12.1　问 题 概 述

空间目标解体会产生大量尺寸不一的碎片，形成的碎片云可看作满足一定分布规律的碎片粒子，因此可用某种分布函数来描述碎片云整体。该解体碎片云不断演化，分布到广泛的空间范围。正常运行的航天器会遭受到碎片的高速撞击，即便碎片很小也可能造成严重的后果。

如图 12.1 所示，假设一空间物体在 $\boldsymbol{r}_1$ 处发生解体，在 t 时刻后，位于 $\boldsymbol{r}_2$ 处的航天器可能遭到碎片的撞击。要评估这种碰撞风险，可以通过两种方式来实现。

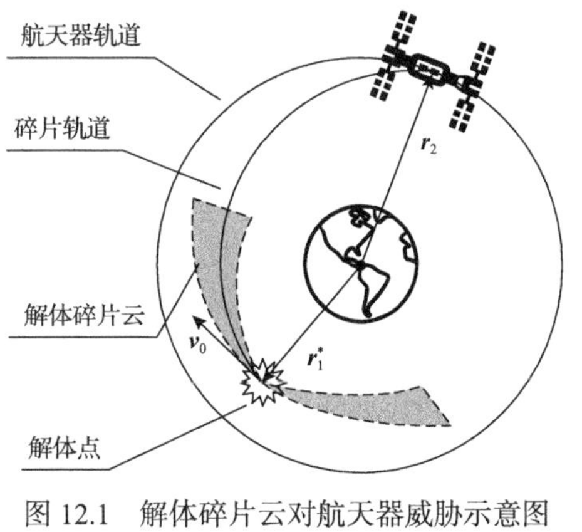

图 12.1　解体碎片云对航天器威胁示意图

方式一：从碎片的起点入手，将其初始分布整体向后预报到 t 时刻，再在位置 $\boldsymbol{r}_2$ 处计算航天器遭受的碰撞概率。这种方法将碎片云对航天器的碰撞视为一种正问题，核心是求解轨道初值问题中的偏差演化问题，其实现步骤可称为正向思路。

方式二：从碎片的终点入手，将碎片终点设为 $\boldsymbol{r}_2$，求解能使碎片以时间 t 从解体点到达终点位置应具有的初始速度 $\boldsymbol{v}_1$，然后仅需将该初始速度对应的密度变换到终点位置，最后再计算碰撞概率值。这种方法将碎片云对航天器的碰撞视为一种反问题，核心是求解轨道边值问题，其实现步骤可称为反向思路。

相比碎片云扩散到的广阔空间，单个航天器经过的区域是十分有限的。因此，如果仅需评估航天器遭受的碰撞概率，对碎片云整体分布进行预报是不必要的，也是低效的。本章采用反向思路，通过求解轨道边值问题识别能撞击航天器的解体碎片速度，再进行密度变换计算碰撞概率。这种方法无需对碎片云整体分布进行预报，仅关注能与航天器撞击的小部分碎片云。利用反向思路分析解体碎片云撞击风险的步骤如下。

步骤 1，将航天器位置预报到 t 时刻，得到其位置 $\boldsymbol{r}_2$。

步骤 2，令兰伯特问题的起点为解体点 $\boldsymbol{r}_1$，终点为 $\boldsymbol{r}_2$，转移时间为 t，求解得到所有可行的兰伯特解 $\boldsymbol{v}_1$。

步骤 3，将兰伯特解代入碎片云初始分布，利用密度演化方法得到碎片云在位置 $\boldsymbol{r}_2$ 处的分布。

步骤 4，在 $\boldsymbol{r}_2$ 处，在航天器包络体内通过对碎片云分布积分评估撞击风险。

12.2　解体碎片云密度分布计算

12.2.1　碎片云的密度描述

在描述碎片或碎片云的分布时，经常涉及概率密度和数量密度。考虑一个 d 维随机变量 $\boldsymbol{x} \in \mathbf{R}^d$，其概率密度函数 $p_{\boldsymbol{x}}$ 应为一个非负函数且满足

$$\int_{\mathbf{R}^d} p_{\boldsymbol{x}}(\boldsymbol{x})\mathrm{d}\boldsymbol{x} = 1 \tag{12.1}$$

如果 $\boldsymbol{x}$ 为一个碎片的状态，那么在相空间中区域 V 内找到一个碎片的概率为

$$P(\boldsymbol{x} \in V) = \int_V p_{\boldsymbol{x}}(\boldsymbol{x})\mathrm{d}\boldsymbol{x} \tag{12.2}$$

若要描述该区域内的碎片数量，应使用

$$N(\boldsymbol{x} \in V) = \int_V n_{\boldsymbol{x}}(\boldsymbol{x})\mathrm{d}\boldsymbol{x} \tag{12.3}$$

其中，$n_{\boldsymbol{x}}$ 为数量密度，满足

$$\int_{\mathbf{R}^d} n_{\boldsymbol{x}}(\boldsymbol{x})\mathrm{d}\boldsymbol{x} = N_f \tag{12.4}$$

其中，N_f 为碎片的总数量。

概率密度和数量密度可以互相转化，二者仅相差一个归一化常数，即

$$n_{\boldsymbol{x}} = p_{\boldsymbol{x}} N_f \tag{12.5}$$

因此，碎片的数量密度可以采用与概率密度相同的方式进行处理[1-3]。

12.2.2　基于换元法的密度变换

如图 12.1 所示，假设空间目标在位置 $\boldsymbol{r}_1$ 处解体。其在解体前的速度为 $\boldsymbol{v}_0$，那么解体碎片的初始速度可写为

$$\boldsymbol{v}_1 = \boldsymbol{v}_0 + \Delta\boldsymbol{v}_1 \tag{12.6}$$

其中，$\Delta\boldsymbol{v}_1$ 为碎片的分离速度，其概率密度分布函数 $p_{\Delta v1}$ 一般可由解体模型确定。

因此，碎片的初始速度分布为

$$p_{v1}(\boldsymbol{v}_1) = p_{\Delta v1}(\boldsymbol{v}_1 - \boldsymbol{v}_0) \tag{12.7}$$

对于空间中任意位置 $\boldsymbol{r}_2$，t 时刻的碎片密度分布可通过换元法得到，即

$$p_{r2}(\boldsymbol{r}_2) = \sum_{\boldsymbol{v}_1 \in F^{-1}(t;\boldsymbol{r}_1,\boldsymbol{r}_2)} \frac{p_{v1}(\boldsymbol{v}_1)}{|\det \boldsymbol{J}_F(\boldsymbol{v}_1)|} \tag{12.8}$$

其中，$\boldsymbol{v}_1 \in F^{-1}(t;\boldsymbol{r}_1,\boldsymbol{r}_2)$ 为碎片以飞行时长 t 从 $\boldsymbol{r}_1$ 转移到 $\boldsymbol{r}_2$ 所需的初始速度，此为经典的两点边值问题，可通过兰伯特算法求解[2,3]；$\boldsymbol{J}_F = \partial\boldsymbol{r}_2 / \partial\boldsymbol{v}_1$ 为初始速度空间到终点位置空间的 Jacobi 矩阵。

换元法仅适用于转换相同维度空间的密度分布。在碎片云演化中，该方法只能计算碎片云的位置分布。

12.2.3　基于狄拉克函数的密度变换

解体碎片云在解体瞬间的速度具有不确定性，若要计算碎片云在解体后的位置与速度联合分布，需将初始速度分布从三维相空间变换到包含位置速度的六维相空间。本节引入狄拉克 δ 函数处理低维空间到高维空间的密度变换问题。

1. 狄拉克函数

δ 函数是由物理学家保罗·狄拉克在量子力学中引入作为状态向量归一化的一种工具[4]。狄拉克 δ 函数定义为

$$\begin{aligned}&\int_{-\infty}^{+\infty}\delta(x)\mathrm{d}x=1\\&\delta(x)=0,\quad x\neq 0\end{aligned}\tag{12.9}$$

其中，$\delta(x)$ 不是传统意义上的函数，严格来说它是一个广义函数或分布。

狄拉克 δ 函数具有如下性质[5]。

(1) 对于非零实数 α，有

$$\delta(\alpha x)=\frac{\delta(x)}{|\alpha|}\tag{12.10}$$

(2) 如果 $f(x)$ 在 x_0 的邻域内连续，那么

$$\int_{-\infty}^{+\infty}f(x)\delta(x-x_0)\mathrm{d}x=f(x_0)\tag{12.11}$$

这称为狄拉克函数的筛选性质。

如果 $f(x)$ 的零点为 $x_1,x_2,\cdots,x_m$，$f(x)$ 在这些点可微且有 $f'(x_i)\neq 0$，那么

$$\delta[f(x)]=\sum_{i=1}^{m}\frac{\delta(x-x_i)}{|f'(x_i)|}\tag{12.12}$$

狄拉克 δ 函数也可以由 Heaviside 阶跃函数的导数得到。Heaviside 阶跃函数定义为

$$H(x)=\begin{cases}1, & x>0\\0, & x\leqslant 0\end{cases}\tag{12.13}$$

Heaviside 阶跃函数的微分可写为

$$\frac{\mathrm{d}}{\mathrm{d}x}H(x)=\delta(x)\tag{12.14}$$

将 Heaviside 阶跃函数积分可得斜坡函数，即

$$R(x)=\int_{-\infty}^{x}H(x)\mathrm{d}x=\begin{cases}x, & x>0\\0, & x\leqslant 0\end{cases}\tag{12.15}$$

2. 初始位置速度联合分布

由于所有解体碎片都来自同一点源，可认为初始位置分布在解体点趋于无穷大，因此引入狄拉克 δ 函数表示其中一个碎片的初始位置分布，即

$$p_{r1}(\boldsymbol{r}_1)=\delta(\boldsymbol{r}_1-\boldsymbol{r}_1^*) \tag{12.16}$$

其中，$\boldsymbol{r}_1^*$ 为解体点位置。

初始位置分布满足

$$\int_{\mathbf{R}^d} p_{r1}(\boldsymbol{r}_1)\mathrm{d}\boldsymbol{r}_1=1 \tag{12.17}$$

那么，初始时刻的位置速度联合分布可表示为

$$p_{\boldsymbol{rv}1}(\boldsymbol{r}_1,\boldsymbol{v}_1)=\delta(\boldsymbol{r}_1-\boldsymbol{r}_1^*)p_{\boldsymbol{v}1}(\boldsymbol{v}_1) \tag{12.18}$$

满足

$$\int_{\mathbf{R}^d} p_{\boldsymbol{rv}1}(\boldsymbol{r}_1,\boldsymbol{v}_1)\mathrm{d}\boldsymbol{r}_1=p_{\boldsymbol{v}1}(\boldsymbol{v}_1) \tag{12.19}$$

这正好与边缘分布函数的定义一致。

3. 位置速度联合分布变换

碎片在解体后的位置速度可以通过对初始状态预报得到，即

$$\begin{aligned}\boldsymbol{r}_2&=\varphi_r(t_2;\boldsymbol{r}_1,\boldsymbol{v}_1,t_1)\\ \boldsymbol{v}_2&=\varphi_v(t_2;\boldsymbol{r}_1,\boldsymbol{v}_1,t_1)\end{aligned} \tag{12.20}$$

令解体时刻 $t_1=0$，碎片在 t_2 时刻的位置速度记为

$$\begin{aligned}\boldsymbol{r}_2&=\varphi_r(\boldsymbol{r}_1,\boldsymbol{v}_1)\\ \boldsymbol{v}_2&=\varphi_v(\boldsymbol{r}_1,\boldsymbol{v}_1)\end{aligned} \tag{12.21}$$

那么，解体后碎片的位置速度联合分布为

$$\begin{aligned}p_{\boldsymbol{rv}2}(\boldsymbol{r}_2,\boldsymbol{v}_2)&=p_{\boldsymbol{rv}1}(\varphi_r^{-1}(\boldsymbol{r}_2,\boldsymbol{v}_2),\varphi_v^{-1}(\boldsymbol{r}_2,\boldsymbol{v}_2))\left|\det\left(\frac{\partial(\boldsymbol{r}_2,\boldsymbol{v}_2)}{\partial(\boldsymbol{r}_1,\boldsymbol{v}_1)}\right)\right|^{-1}\\ &=\delta(\varphi_r^{-1}(\boldsymbol{r}_2,\boldsymbol{v}_2)-\boldsymbol{r}_1^*)p_{\boldsymbol{v}1}(\varphi_v^{-1}(\boldsymbol{r}_2,\boldsymbol{v}_2))\left|\det\left(\frac{\partial(\boldsymbol{r}_2,\boldsymbol{v}_2)}{\partial(\boldsymbol{r}_1,\boldsymbol{v}_1)}\right)\right|^{-1}\end{aligned} \tag{12.22}$$

因此

$$\begin{aligned}\delta(\varphi_r^{-1}(\boldsymbol{r}_2,\boldsymbol{v}_2)-\boldsymbol{r}_1^*) &= \sum_{i=1}^{m}\delta(\boldsymbol{v}_2-\boldsymbol{v}_{2i}^*)\left|\det\left(\frac{\partial\varphi_r^{-1}}{\partial\boldsymbol{v}_2}\right)\right|^{-1} \\ &= \sum_{i=1}^{m}\delta(\boldsymbol{v}_2-\boldsymbol{v}_{2i}^*)\left|\det\left(\frac{\partial\boldsymbol{r}_1}{\partial\boldsymbol{v}_2}\right)\right|^{-1}\end{aligned} \tag{12.23}$$

其中，m 为所有解的数量；轨道两点边值问题的解为

$$\boldsymbol{v}_{2i}^* \in \{\boldsymbol{v}_2 |\ \varphi_r^{-1}(\boldsymbol{r}_2,\boldsymbol{v}_2)-\boldsymbol{r}_1^*=0\} \tag{12.24}$$

因此，碎片的位置速度联合分布函数可写为

$$p_{\boldsymbol{rv}2}(\boldsymbol{r}_2,\boldsymbol{v}_2)=\sum_{i=1}^{m}\delta(\boldsymbol{v}_2-\boldsymbol{v}_{2i}^*)p_{\boldsymbol{v}1}(\varphi_v^{-1}(\boldsymbol{r}_2,\boldsymbol{v}_2))\left|\det\left(\frac{\partial(\boldsymbol{r}_2,\boldsymbol{v}_2)}{\partial(\boldsymbol{r}_1,\boldsymbol{v}_1)}\right)\right|^{-1}\left|\det\left(\frac{\partial\boldsymbol{r}_1}{\partial\boldsymbol{v}_2}\right)\right|^{-1} \tag{12.25}$$

4. 位置速度联合分布函数的约简

式(12.25)需要计算一个六维和一个三维矩阵，通过分析 Jacobi 矩阵的性质，可以将其进一步简化。

碎片位置速度的状态转移矩阵可写为

$$\boldsymbol{\Phi}=\frac{\partial(\boldsymbol{r}_2,\boldsymbol{v}_2)}{\partial(\boldsymbol{r}_1,\boldsymbol{v}_1)}=\begin{bmatrix}\dfrac{\partial\boldsymbol{r}_2}{\partial\boldsymbol{r}_1} & \dfrac{\partial\boldsymbol{r}_2}{\partial\boldsymbol{v}_1}\\ \dfrac{\partial\boldsymbol{v}_2}{\partial\boldsymbol{r}_1} & \dfrac{\partial\boldsymbol{v}_2}{\partial\boldsymbol{v}_1}\end{bmatrix} \tag{12.26}$$

其逆矩阵为

$$\boldsymbol{\Phi}^{-1}=\frac{\partial(\boldsymbol{r}_1,\boldsymbol{v}_1)}{\partial(\boldsymbol{r}_2,\boldsymbol{v}_2)}=\begin{bmatrix}\dfrac{\partial\boldsymbol{r}_1}{\partial\boldsymbol{r}_2} & \dfrac{\partial\boldsymbol{r}_1}{\partial\boldsymbol{v}_2}\\ \dfrac{\partial\boldsymbol{v}_1}{\partial\boldsymbol{r}_2} & \dfrac{\partial\boldsymbol{v}_1}{\partial\boldsymbol{v}_2}\end{bmatrix} \tag{12.27}$$

将这两个矩阵写为分块矩阵的形式并记为

$$\boldsymbol{\Phi}=\begin{bmatrix}\boldsymbol{\Phi}_{rr} & \boldsymbol{\Phi}_{rv}\\ \boldsymbol{\Phi}_{vr} & \boldsymbol{\Phi}_{vv}\end{bmatrix},\quad \boldsymbol{\Phi}^{-1}=\begin{bmatrix}\boldsymbol{A} & \boldsymbol{B}\\ \boldsymbol{C} & \boldsymbol{D}\end{bmatrix} \tag{12.28}$$

1) 哈密顿系统的状态转移矩阵约简

哈密顿系统的状态转移矩阵为辛矩阵，而辛矩阵行列式的绝对值为 1，即

$$|\det(\boldsymbol{\Phi})|=1 \tag{12.29}$$

这意味着，相空间的概率密度函数沿动力系统轨迹是一个常数，即刘维尔定理。该定理也可表述为，在共轭相空间里，一个哈密顿系统的相体积不可压缩。另外，辛矩阵的逆可以由其分块矩阵的逆组合得到，即

$$\boldsymbol{\Phi}^{-1}=\begin{bmatrix} \boldsymbol{\Phi}_{vv}^{\mathrm{T}} & -\boldsymbol{\Phi}_{rv}^{\mathrm{T}} \\ -\boldsymbol{\Phi}_{vr}^{\mathrm{T}} & \boldsymbol{\Phi}_{rr}^{\mathrm{T}} \end{bmatrix} \tag{12.30}$$

那么

$$\boldsymbol{B}=-\boldsymbol{\Phi}_{rv}^{\mathrm{T}} \tag{12.31}$$

因此，有

$$\left|\det(\boldsymbol{\Phi})\right|\left|\det(\boldsymbol{B})\right|=\left|\det(\boldsymbol{\Phi}_{rv}^{\mathrm{T}})\right|=\left|\det(\boldsymbol{\Phi}_{rv})\right| \tag{12.32}$$

最后得到

$$\left|\det\left(\frac{\partial(\boldsymbol{r}_2,\boldsymbol{v}_2)}{\partial(\boldsymbol{r}_1,\boldsymbol{v}_1)}\right)\right|\left|\det\left(\frac{\partial \boldsymbol{r}_1}{\partial \boldsymbol{v}_2}\right)\right|=\left|\det\left(\frac{\partial \boldsymbol{r}_2}{\partial \boldsymbol{v}_1}\right)\right| \tag{12.33}$$

2) 非哈密顿系统的状态转移矩阵约简

当包含大气阻力或太阳光压时，碎片轨道动力学系统是一个发散系统，其状态转移矩阵不再是辛矩阵。注意

$$\boldsymbol{\Phi}\boldsymbol{\Phi}^{-1}=\boldsymbol{I} \tag{12.34}$$

因此

$$\begin{aligned} \boldsymbol{\Phi}_{rr}\boldsymbol{A}+\boldsymbol{\Phi}_{rv}\boldsymbol{C}&=\boldsymbol{I} \\ \boldsymbol{\Phi}_{rr}\boldsymbol{B}+\boldsymbol{\Phi}_{rv}\boldsymbol{D}&=\boldsymbol{0} \\ \boldsymbol{\Phi}_{vr}\boldsymbol{A}+\boldsymbol{\Phi}_{vv}\boldsymbol{C}&=\boldsymbol{0} \\ \boldsymbol{\Phi}_{vr}\boldsymbol{B}+\boldsymbol{\Phi}_{vv}\boldsymbol{D}&=\boldsymbol{I} \end{aligned} \tag{12.35}$$

其中，$\boldsymbol{I}$ 为单位矩阵；$\boldsymbol{0}$ 为零矩阵。

$$\begin{aligned}\det(\boldsymbol{B})\det(\varPhi) &= \det(\boldsymbol{B})\det(\varPhi_{rr})\det(\varPhi_{vv}-\varPhi_{vr}\varPhi_{rr}^{-1}\varPhi_{rv}) \\ &= -\det(\varPhi_{rv})\det(\boldsymbol{D})\det(\varPhi_{vv}-\varPhi_{vr}\varPhi_{rr}^{-1}\varPhi_{rv}) \\ &= -\det(\varPhi_{rv})\det(\varPhi_{vv}\boldsymbol{D}-\varPhi_{vr}\varPhi_{rr}^{-1}\varPhi_{rv}\boldsymbol{D}) \\ &= -\det(\varPhi_{rv})\det(\varPhi_{vv}\boldsymbol{D}+\varPhi_{vr}\varPhi_{rr}^{-1}\varPhi_{rr}\boldsymbol{B}) \\ &= -\det(\varPhi_{rv})\det(\varPhi_{vv}\boldsymbol{D}+\varPhi_{vr}\boldsymbol{B}) \\ &= -\det(\varPhi_{rv})\end{aligned} \tag{12.36}$$

最后可得

$$\left|\det\left(\frac{\partial(\boldsymbol{r}_2,\boldsymbol{v}_2)}{\partial(\boldsymbol{r}_1,\boldsymbol{v}_1)}\right)\right|\left|\det\left(\frac{\partial\boldsymbol{r}_1}{\partial\boldsymbol{v}_2}\right)\right| = \left|\det\left(\frac{\partial\boldsymbol{r}_2}{\partial\boldsymbol{v}_1}\right)\right| \tag{12.37}$$

3) 约简的位置速度联合分布函数

哈密顿系统和非哈密顿系统的碎片联合分布函数式(12.25)可以写为仅包含一个三维状态转移矩阵的形式，即

$$p_{\boldsymbol{rv}2}(\boldsymbol{r}_2,\boldsymbol{v}_2)=\sum_{i=1}^{m}\delta(\boldsymbol{v}_2-\boldsymbol{v}_{2i}^{*})p_{\boldsymbol{v}1}(\varphi_v^{-1}(\boldsymbol{r}_2,\boldsymbol{v}_2))\left|\det\left(\frac{\partial\boldsymbol{r}_2}{\partial\boldsymbol{v}_1}\right)\right|^{-1} \tag{12.38}$$

该联合分布函数需要求解式(12.24)得到 $\boldsymbol{v}_{2i}^{*}$，以及计算从初始速度空间到目标位置空间的状态转移矩阵 $\partial\boldsymbol{r}_2/\partial\boldsymbol{v}_1$。在轨道动力学中，前一个问题为两点边值问题，可通过兰伯特算法求解；后一个问题为初值问题，状态转移矩阵可通过 12.2.4 节的方法得到。

本节推导的碎片云位置速度联合分布变换方法不依赖对初始分布、动力学模型的简化，可适用于任意初始速度分布、任意轨道动力学模型和任意演化时长，但前提是正确求解式(12.38)中的轨道边值问题与初值问题。

5. 位置分布函数

碎片云的位置分布可以根据位置速度的联合分布计算其边缘概率密度得到，即[6]

$$\begin{aligned}p_{\boldsymbol{r}2}(\boldsymbol{r}_2) &= \int_{\mathbf{R}^d} p_{\boldsymbol{rv}2}(\boldsymbol{r}_2,\boldsymbol{v}_2)\mathrm{d}\boldsymbol{v}_2 \\ &= \sum_{i=1}^{m}\int_{\mathbf{R}^d}\delta(\boldsymbol{v}_2-\boldsymbol{v}_{2i}^{*})p_{\boldsymbol{v}1}(\varphi_v^{-1}(\boldsymbol{r}_2,\boldsymbol{v}_2))\left|\det\left(\frac{\partial\boldsymbol{r}_2}{\partial\boldsymbol{v}_1}\right)\right|^{-1}\mathrm{d}\boldsymbol{v}_2 \\ &= \sum_{i=1}^{m}p_{\boldsymbol{v}1}(\varphi_v^{-1}(\boldsymbol{r}_2,\boldsymbol{v}_{2i}^{*}))\left|\det\left(\frac{\partial\boldsymbol{r}_2}{\partial\boldsymbol{v}_1}\right)\right|^{-1}\end{aligned} \tag{12.39}$$

由于 $\boldsymbol{v}_{2i}^*$ 是能使碎片从 $\boldsymbol{r}_1^*$ 飞到 $\boldsymbol{r}_2$ 的轨道终点速度，对任意 $\boldsymbol{v}_{2i}^*$ 有一个对应的起点速度，应该满足

$$\boldsymbol{v}_{1i}^* = \varphi_v^{-1}(\boldsymbol{r}_2, \boldsymbol{v}_{2i}^*) \tag{12.40}$$

那么

$$\boldsymbol{v}_{1i}^* \in \{\boldsymbol{v}_1 | \ \varphi_r(\boldsymbol{r}_1^*, \boldsymbol{v}_1) - \boldsymbol{r}_2 = 0\} \tag{12.41}$$

即 $\boldsymbol{v}_{1i}^*$ 是使碎片从 $\boldsymbol{r}_1^*$ 飞到 $\boldsymbol{r}_2$ 的轨道起点速度。

因此，式(12.39)可以写为

$$p_{\boldsymbol{r}2}(\boldsymbol{r}_2) = \sum_{i=1}^{m} p_{\boldsymbol{v}1}(\boldsymbol{v}_{1i}^*) \left| \det\left(\frac{\partial \boldsymbol{r}_2}{\partial \boldsymbol{v}_1}\right) \right|^{-1} \tag{12.42}$$

这与通过换元法得到的位置分布函数式(12.8)是等价的，但此处是通过位置速度的联合分布推导得到。

如果将位置分布函数写为

$$p_{\boldsymbol{r}2}(\boldsymbol{r}_2) = \sum_{i=1}^{m} p_{\boldsymbol{r}2,i}(\boldsymbol{r}_2) \tag{12.43}$$

那么

$$p_{\boldsymbol{r}2,i}(\boldsymbol{r}_2) = p_{\boldsymbol{v}1}(\varphi_v^{-1}(\boldsymbol{r}_2, \boldsymbol{v}_{2i}^*)) \left| \det\left(\frac{\partial \boldsymbol{r}_2}{\partial \boldsymbol{v}_1}\right) \right|^{-1} \tag{12.44}$$

代表 $\boldsymbol{r}_2$ 处由速度为 $\boldsymbol{v}_{2i}^*$ 的碎片贡献的密度。

6. 速度分布函数

基于碎片云的位置速度联合分布，通过条件概率公式可以得到位置 $\boldsymbol{r}_2$ 处的速度分布，即

$$\begin{aligned} p_{\boldsymbol{v}2|\boldsymbol{r}2}(\boldsymbol{v}_2 \mid \boldsymbol{r}_2) &= \frac{p_{\boldsymbol{rv}2}(\boldsymbol{r}_2, \boldsymbol{v}_2)}{p_{\boldsymbol{r}2}(\boldsymbol{r}_2)} \\ &= \frac{1}{p_{\boldsymbol{r}2}(\boldsymbol{r}_2)} \sum_{i=1}^{m} \delta(\boldsymbol{v}_2 - \boldsymbol{v}_{2i}^*) p_{\boldsymbol{v}1}(\varphi_v^{-1}(\boldsymbol{r}_2, \boldsymbol{v}_2)) \left| \det\left(\frac{\partial \boldsymbol{r}_2}{\partial \boldsymbol{v}_1}\right) \right|^{-1} \end{aligned} \tag{12.45}$$

那么，位置 $\boldsymbol{r}_2$ 处的碎片平均速度为

$$
\begin{aligned}
\overline{\boldsymbol{v}_2}(\boldsymbol{r}_2) &= \int_{\mathbf{R}^d} p_{v2|r2}(\boldsymbol{v}_2 \mid \boldsymbol{r}_2)\, \boldsymbol{v}_2 \,\mathrm{d}\boldsymbol{v}_2 \\
&= \int_{\mathbf{R}^d} \frac{1}{p_{r2}(\boldsymbol{r}_2)} \sum_{i=1}^{m} \delta(\boldsymbol{v}_2 - \boldsymbol{v}_{2i}^{*}) p_{v1}(\varphi_v^{-1}(\boldsymbol{r}_2, \boldsymbol{v}_2)) \left|\det\left(\frac{\partial \boldsymbol{r}_2}{\partial \boldsymbol{v}_1}\right)\right|^{-1} \boldsymbol{v}_2 \,\mathrm{d}\boldsymbol{v}_2 \\
&= \frac{1}{p_{r2}(\boldsymbol{r}_2)} \sum_{i=1}^{m} p_{v1}(\varphi_v^{-1}(\boldsymbol{r}_2, \boldsymbol{v}_{2i}^{*})) \left|\det\left(\frac{\partial \boldsymbol{r}_2}{\partial \boldsymbol{v}_1}\right)\right|^{-1} \boldsymbol{v}_{2i}^{*} \\
&= \frac{1}{p_{r2}(\boldsymbol{r}_2)} \sum_{i=1}^{m} p_{r2,i}(\boldsymbol{r}_2) \boldsymbol{v}_{2i}^{*}
\end{aligned} \tag{12.46}
$$

12.2.4　状态转移矩阵

碎片云的分布变换需要获取碎片运动的状态转移矩阵。对于二体运动，状态转移矩阵有解析表达式，考虑摄动的情况可以利用微分代数方法获取。

1. 二体轨道状态转移矩阵

Battin[2]基于一组普适方程得到二体轨道初始位置速度到终点位置速度的状态转移矩阵。Arora 等[3]对这些表达式进行了整理，以便对椭圆轨道、抛物线轨道和双曲线轨道采用统一的表达式进行计算。本章采用 Battin 和 Arora 的状态转移矩阵，在计算拉格朗日系数时采用与之不同的处理方法。在计算过程中，首先计算拉格朗日系数，然后计算普适函数，最后得到状态转移矩阵。

拉格朗日系数一般用在轨道初值问题中，当轨道边值问题被求解后，可直接利用两个端点的位置速度计算拉格朗日系数。由于兰伯特算法已给出两个端点速度的分量形式，此处给出一组新的计算公式，可以将拉格朗日系数直接写为

$$
\begin{aligned}
g &= \boldsymbol{r}_2 \cdot \boldsymbol{i}_{\theta 1} / v_{\theta 1} \\
f &= (\boldsymbol{r}_2 \cdot \boldsymbol{i}_{r1} - g v_{r1}) / r_1 \\
\dot{g} &= \boldsymbol{v}_2 \cdot \boldsymbol{i}_{\theta 1} / v_{\theta 1} \\
\dot{f} &= (\boldsymbol{v}_2 \cdot \boldsymbol{i}_{r1} - \dot{g} v_{r1}) / r_1
\end{aligned} \tag{12.47}
$$

然后，可以计算普适函数，即

$$
\begin{aligned}
U_1 &= -\frac{r_2 r_1 \dot{f}}{\sqrt{\mu}} \\
U_2 &= r_1(1-f) \\
U_3 &= \sqrt{\mu}(t-g) \\
U_4 &= U_1 U_3 - \frac{1}{2}(U_2^2 - \alpha U_3^2) \\
U_5 &= \frac{\chi^3 / 6 - U_3}{\alpha}
\end{aligned}
\tag{12.48}
$$

其中

$$
\begin{aligned}
\sigma_1 &= \boldsymbol{r}_1^{\mathrm{T}} \boldsymbol{v}_1 / \sqrt{\mu} \\
\sigma_2 &= \boldsymbol{r}_2^{\mathrm{T}} \boldsymbol{v}_2 / \sqrt{\mu}
\end{aligned}
\tag{12.49}
$$

最终，从初始速度空间到目标位置空间的状态转移矩阵为

$$
\frac{\partial \boldsymbol{r}_2}{\partial \boldsymbol{v}_1} = \frac{r_1}{\mu}(1-f)[(\boldsymbol{r}_2 - \boldsymbol{r}_1)\boldsymbol{v}_1^{\mathrm{T}} - (\boldsymbol{v}_2 - \boldsymbol{v}_1)\boldsymbol{r}_1^{\mathrm{T}}] + \frac{\bar{C}}{\mu}\boldsymbol{v}_2\boldsymbol{v}_1^{\mathrm{T}} + g\boldsymbol{I} \tag{12.50}
$$

其中

$$
\bar{C} = \frac{1}{\mu}(3U_5 - \chi U_4 - \sqrt{\mu} t U_2) \tag{12.51}
$$

2. 摄动轨道状态转移矩阵

第 8 章利用微分代数方法求解摄动兰伯特问题，可以获得终端位置关于初始速度的高阶展开，写为

$$
[\boldsymbol{r}_2] = \mathcal{T}_{r2}(\delta \boldsymbol{v}_1) = \sum_{j_1+j_2+j_3 \leqslant k} \boldsymbol{c}_{j_1,j_2,j_3} \delta v_{1,1}^{j_1} \delta v_{1,2}^{j_2} \delta v_{1,3}^{j_3} \tag{12.52}
$$

其中，$v_{1,1}$、$v_{1,2}$、$v_{1,3}$ 为 $\boldsymbol{v}_1$ 在 x、y、z 方向的分量。

根据 Jacobi 矩阵的定义，可以得到摄动轨道初始速度到终端位置的 Jacobi 矩阵，即

$$
[\boldsymbol{J}_i] = \frac{\partial [\boldsymbol{r}_2]}{\partial v_{1,i}} = \sum_{j_1+j_2+j_3 \leqslant k} \boldsymbol{c}_{j_1,j_2,j_3} \cdot j_i \cdot \delta v_{1,i}^{(j_i-1)} \cdot \prod_{m \neq i} \delta v_{1,m}^{j_m} \tag{12.53}
$$

其中，$i \in \{1,2,3\}$ 表示三个分量。

12.3 解体碎片云撞击态势模型

12.3.1 碎片入射通量

在碎片环境中运行时，航天器的外表面会遭受碎片流的撞击。由于碎片分布完全可以用密度函数来描述，这种物理的碎片流也可视为虚拟的密度流来处理。

如图 12.2 所示，假设航天器的外表面为曲面 S，我们称由外向内穿越曲面 S 的流为入射流。

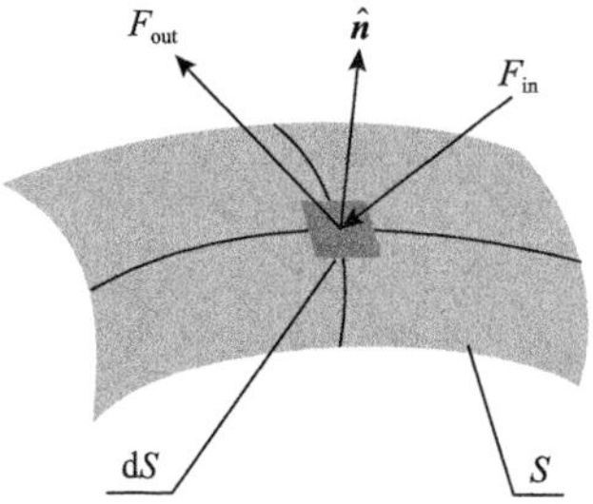

图 12.2 曲面微元遭受的碎片流

对于曲面上的一个微元 dS，其入射通量为

$$F_{\text{in}} = \int_{\mathbf{R}^d} n_{\boldsymbol{rv}2}(\boldsymbol{r}_s, \boldsymbol{v}_2) R(-(\boldsymbol{v}_2 - \boldsymbol{v}_s) \cdot \hat{\boldsymbol{n}}) \mathrm{d}\boldsymbol{v}_2 \tag{12.54}$$

其中，$\hat{\boldsymbol{n}}$ 为微元的单位法向量；$\boldsymbol{r}_s$ 和 $\boldsymbol{v}_s$ 为微元的位置和速度；$\boldsymbol{v}_2$ 为碎片的速度；$n_{\boldsymbol{rv}2}$ 为碎片云在位置速度相空间的数量密度；$R(\cdot)$ 为斜坡函数。入射通量描述单位时间内逆法线方向穿越单位面积曲面的碎片数量。

将碎片云的位置速度联合分布（式(12.38)）代入式(12.54)，可以得到由碎片初始分布决定的入射通量，即

$$\begin{aligned} F_{\text{in}} &= N_f \int_{\mathbf{R}^d} \sum_{i=1}^{m} \delta(\boldsymbol{v}_2 - \boldsymbol{v}_{2i}^*) p_{\boldsymbol{v}1}(\varphi_v^{-1}(\boldsymbol{r}_s, \boldsymbol{v}_2)) \left| \det\left(\frac{\partial \boldsymbol{r}_2}{\partial \boldsymbol{v}_1}\right) \right|^{-1} R(-(\boldsymbol{v}_2 - \boldsymbol{v}_s) \cdot \hat{\boldsymbol{n}}) \mathrm{d}\boldsymbol{v}_2 \\ &= N_f \sum_{i=1}^{m} p_{\boldsymbol{v}1}(\varphi_v^{-1}(\boldsymbol{r}_s, \boldsymbol{v}_{2i}^*)) \left| \det\left(\frac{\partial \boldsymbol{r}_2}{\partial \boldsymbol{v}_1}\right) \right|^{-1} R(-(\boldsymbol{v}_{2i}^* - \boldsymbol{v}_s) \cdot \hat{\boldsymbol{n}}) \end{aligned} \tag{12.55}$$

其中，N_f 为碎片云中的碎片总数量。

引入位置密度函数，即

$$\begin{aligned} F_{\text{in}} &= N_f \sum_{i=1}^{m} p_{\boldsymbol{r}2,i}(\boldsymbol{r}_s) R(-(\boldsymbol{v}_{2i}^* - \boldsymbol{v}_s) \cdot \hat{\boldsymbol{n}}) \\ &= N_f \sum_{i=1}^{m} p_{\boldsymbol{r}2,i}(\boldsymbol{r}_s) R(-\Delta \boldsymbol{v}_{s,i}^* \cdot \hat{\boldsymbol{n}}) \end{aligned} \tag{12.56}$$

其中，$\Delta \boldsymbol{v}_s = \boldsymbol{v}_2 - \boldsymbol{v}_s$ 为碎片相对微元的速度。

入射部分的碎片(即逆法线方向穿越微元的碎片)在微元处的密度可以通过对通量求导得到，即

$$n_{\text{in}} = \frac{\partial F_{\text{in}}}{\partial \Delta \boldsymbol{v}_s} = N_f \sum_{i=1}^{m} p_{\boldsymbol{r}2,i}(\boldsymbol{r}_s) H(-\Delta \boldsymbol{v}_{s,i}^* \cdot \hat{\boldsymbol{n}}) \tag{12.57}$$

其中，$H(\cdot)$ 为 Heaviside 阶跃函数；n_{in} 为入射流的密度值，反应速度与微元外法线夹角大于 180°的碎片密度。

入射碎片流穿越微元的平均速度为

$$\Delta \overline{v}_{\text{in}} = \frac{F_{\text{in}}}{n_{\text{in}}} = \frac{\sum_{i=1}^{m} p_{\boldsymbol{r}2,i}(\boldsymbol{r}_s) R(-\Delta \boldsymbol{v}_{s,i}^* \cdot \hat{\boldsymbol{n}})}{\sum_{i=1}^{m} p_{\boldsymbol{r}2,i}(\boldsymbol{r}_s) H(-\Delta \boldsymbol{v}_{s,i}^* \cdot \hat{\boldsymbol{n}})} \tag{12.58}$$

这反映了入射流对微元的平均撞击速度。

12.3.2 碎片云对航天器的撞击率

任何航天器的外表面都可以表示为一个曲面 S，那么碎片云对该航天器外表面的撞击率为

$$\dot{\eta}(t) = \int_S F_{\text{in}} \, \mathrm{d}S \tag{12.59}$$

撞击率描述了航天器在单位时间内遭受到的撞击次数，可写为

$$\dot{\eta}(t) = N_f \int_S \sum_{i=1}^{m} p_{\boldsymbol{r}2,i}(\boldsymbol{r}_s) R(-\Delta \boldsymbol{v}_{s,i}^* \cdot \hat{\boldsymbol{n}}) \mathrm{d}S \tag{12.60}$$

可以直接从定义推导得到的，未对航天器轨道、形状和指向做任何假设，适用于任意轨道类型、航天器外形和姿态指向情况。

如果认为航天器的姿态固定，即忽略航天器的姿态角速度，那么每个曲面微元的速度 $\boldsymbol{v}_s$ 都相同。进一步，如果忽略曲面的密度差异，即认为碎片云密度在横

截面上相等，那么

$$\dot{\eta}(t) = N_f \sum_{i=1}^{m} p_{\boldsymbol{r}2,i}(\boldsymbol{r}_s)\Delta v_{s,i}^{*} A_{ci} \tag{12.61}$$

其中，A_{ci} 为与 $\Delta v_{s,i}^{*}$ 垂直的航天器截面积。

如果认为航天器在各方向的横截面积都相等，那么

$$\dot{\eta}(t) = N_f p_{\boldsymbol{r}2} \Delta \overline{v}_s A_c \tag{12.62}$$

其中，碎片相对航天器的平均速度为

$$\Delta \overline{v}_s = \frac{1}{p_{\boldsymbol{r}2}(\boldsymbol{r}_s)} \sum_{i=1}^{m} p_{\boldsymbol{r}2,i}(\boldsymbol{r}_s)\Delta v_{s,i}^{*} \tag{12.63}$$

12.3.3 碎片云对航天器累积撞击次数

航天器运行在碎片环境中会遭受持续的撞击，在一段时间内累积的撞击次数为

$$\eta = \int_0^t \dot{\eta}(t)\mathrm{d}t \tag{12.64}$$

同样，对于无旋转运动的球面包络体，若取足够小的一段时间 Δt 使密度变化可以忽略，那么这段时间的累积撞击次数可以写为

$$\eta = N_f \ p_{\boldsymbol{r}2} \ \Delta \overline{v}_s A_c \Delta t \tag{12.65}$$

对于航天器表面的微元，单位面积遭受的撞击率就是流量，那么可以定义单位面积遭受的累积撞击次数为

$$\Gamma = \int_0^t F_{\text{in}}(t)\mathrm{d}t \tag{12.66}$$

由于 Γ 是流量对时间的积分，也可以将其称为累积流量。累积流量描述了单位面积遭遇的累积撞击次数，消除了微元面积大小的影响，可以反映航天器表面各部位遭遇撞击的相对风险。

12.3.4 碎片云对航天器的碰撞概率

对于碎片云中的单个碎片，位置速度相空间的概率密度函数为 $p_{\boldsymbol{r}v2}$，航天器在一段时间内遭受该碎片碰撞的概率可用累积碰撞概率描述为

$$P_{cs}(t)=\int_0^t p_c(t)\,\mathrm{d}t \tag{12.67}$$

其中，$p_c(t)$ 反映 t 时刻碰撞概率的增量，即碰撞概率变化率[7]，即

$$p_c(t)=\int_S\int_{\Delta v_n\leqslant 0}|\Delta v_n|\,p_{\boldsymbol{r}\boldsymbol{v}2}(\boldsymbol{r}_s,\boldsymbol{v}_2)\,\mathrm{d}\boldsymbol{v}_2\mathrm{d}S \tag{12.68}$$

其中，$\Delta v_n=(\boldsymbol{v}_2-\boldsymbol{v}_s)\cdot\hat{\boldsymbol{n}}$ 为碎片与微元 $\mathrm{d}S$ 相对速度的法向分量。

引入斜坡函数后，式(12.68)相当于

$$p_c(t)=\int_S\int_{\mathbf{R}^d} p_{\boldsymbol{r}\boldsymbol{v}2}(\boldsymbol{r}_s,\boldsymbol{v}_2)R(-(\boldsymbol{v}_2-\boldsymbol{v}_s)\cdot\hat{\boldsymbol{n}})\mathrm{d}\boldsymbol{v}_2\mathrm{d}S \tag{12.69}$$

碎片云中包含大量碎片，每个碎片服从概率分布函数 $p_{\boldsymbol{r}\boldsymbol{v}2}$，那么碎片云中有 k 个碎片与航天器发生碰撞的概率可由二项分布得到，即

$$\binom{N_f}{k}P_{cs}^k(1-P_{cs})^{N_f-k}\approx\frac{\lambda^k\mathrm{e}^{-\lambda}}{k!} \tag{12.70}$$

其中

$$\lambda=N_fP_{cs} \tag{12.71}$$

λ 相当于泊松流的强度。

因此，有 k 个碎片与航天器发生碰撞的概率可以近似写为

$$P_c(X=k)\approx\frac{\lambda^k\mathrm{e}^{-\lambda}}{k!} \tag{12.72}$$

那么，至少有一个碎片与航天器发生碰撞的概率可以写为

$$P_c(X\geqslant 1)\approx 1-\mathrm{e}^{-\lambda} \tag{12.73}$$

由式(12.69)可以发现

$$\begin{aligned}N_fP_{cs}&=\int_0^t N_f\ p_c(t)\,\mathrm{d}t\\&=\int_0^t\int_S F_{\mathrm{in}}\,\mathrm{d}S\,\mathrm{d}t\\&=\int_0^t\dot{\eta}(t)\,\mathrm{d}t\\&=\eta\end{aligned} \tag{12.74}$$

也就是说，当碎片数量 N_f 足够大时，碎片云与航天器的碰撞概率也可以写为

$$P_c(X \geqslant 1) \approx 1 - \mathrm{e}^{-\eta} \tag{12.75}$$

12.4 算 例 分 析

12.4.1 密度与通量验证

在撞击态势模型中，撞击率、撞击次数、碰撞概率都依赖碎片入射通量的计算，而通量的计算与碎片的概率密度分布密切相关。本节通过蒙特卡罗仿真方法对碎片概率密度和通量进行验证。

如图 12.3 所示，选定空间中一固定的平面微元 dS，取其面积为 1 m^2。表 12.1 为解体目标的位置速度与平面微元的状态，$\boldsymbol{r}_s$ 和 $\boldsymbol{v}_s$ 为微元的位置和速度，$\hat{\boldsymbol{n}}$ 为微元的单位法向量，$\boldsymbol{r}_1^*$ 和 $\boldsymbol{v}_0$ 为目标在解体前的位置和速度。

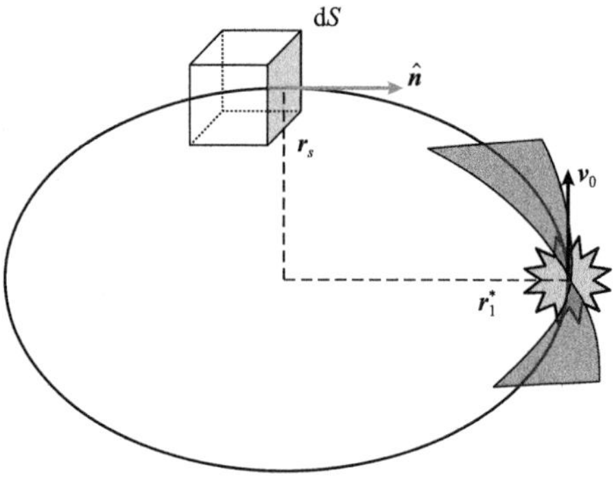

图 12.3 微元通量验证场景示意图

表 12.1 解体点与平面微元的状态

矢量	分量		
	x	y	z
$\boldsymbol{r}_1^*$ /m	7×10^6	0	0
$\boldsymbol{v}_0$/(m/s)	0	7546.05	0
$\boldsymbol{r}_s$/m	0	7×10^6	0
$\boldsymbol{v}_s$/(m/s)	0	0	0
$\hat{\boldsymbol{n}}$	1	0	0

本章的撞击风险分析方法不依赖解体碎片云初始分布的选取，此处假设解体碎片的分离速度满足如下分布，即

$$\Delta \boldsymbol{v}_1 = \begin{cases} \Delta v_x \sim \mathcal{N}(-484.9578, 0.0001) \\ \Delta v_y \sim \mathcal{N}(246.3779, 0.0016) \\ \Delta v_z = 0 \end{cases} \tag{12.76}$$

其中，$\mathcal{N}(\mu,\sigma^2)$ 为正态分布，分离速度的单位为 m/s。

在蒙特卡罗仿真中，首先按照分离速度分布式采样生成 N_s 个碎片样本，然后将每个样本预报到 t 时刻，通过统计得到平面微元处的碎片概率密度和流量。

平面微元概率密度验证如图 12.4 所示。其中，虚线为采用式(12.39)计算的结果，实线为蒙特卡罗仿真结果。对于不同量级的密度值，蒙特卡罗仿真结果会随着样本数量的增加趋近于密度变换方法的结果。当样本数量达到 1×10^7 以上时，密度变换的结果与蒙特卡罗仿真结果几乎相同。

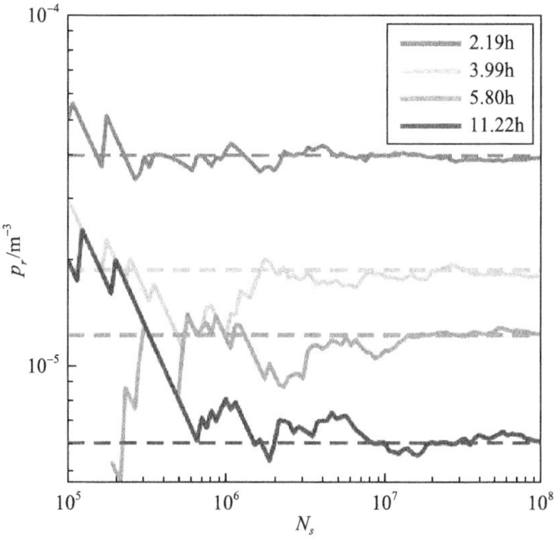

图 12.4　平面微元概率密度验证

平面微元通量验证如图 12.5 所示。其中，虚线为通过式(12.56)得到的结果，实线为蒙特卡罗仿真得到的结果。随着碎片样本数量的增加，流量随之线性增长，当样本数量足够大时，流量公式得到的结果与蒙特卡罗仿真结果几乎相同。一方面该结果验证了本章方法的正确性，另一方面也表明利用采样方法捕获小概率事件时，需要极大的样本量才能得到可靠的结果。

12.4.2　国际空间站受撞击态势算例分析

假设一颗卫星在轨道上解体，其碎片云对国际空间站的运行会造成威胁。在解体瞬间，解体目标与国际空间站的初始轨道如表 12.2 所示。其中，国际空间站标记为 ISS，解体目标标记为 Brksat。图 12.6(a)展示了国际空间站与解体目标的三维轨道，三角形和圆圈标记为各自在解体时刻的位置。图 12.6(b)为二者距离随时间的变化。初始时刻，两者的距离约为 1000 km。1h 后距离最近达到 10 km，其后距离不断增大，在 2h 后又超过 1000 km。

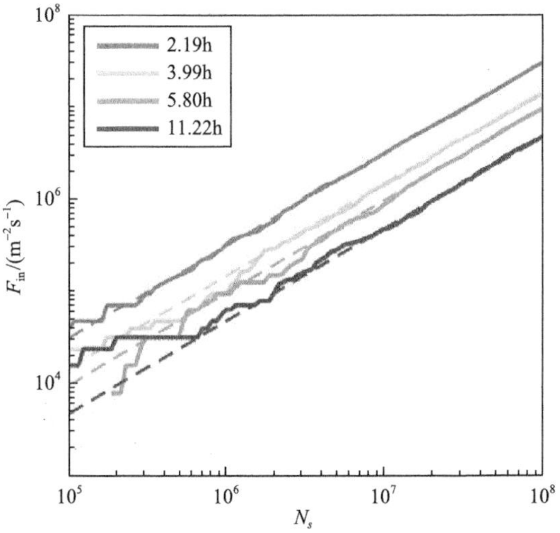

图 12.5　平面微元通量验证

表 12.2　解体目标与国际空间站的初始轨道

目标	a/km	e	i/(°)	Ω/(°)	Ω/(°)	f/(°)
ISS	6800	1.8×10^{-4}	51.6	0	359.9973	307.7498
Brksat	7000	2.697×10^{-2}	50	0	180	139.6759

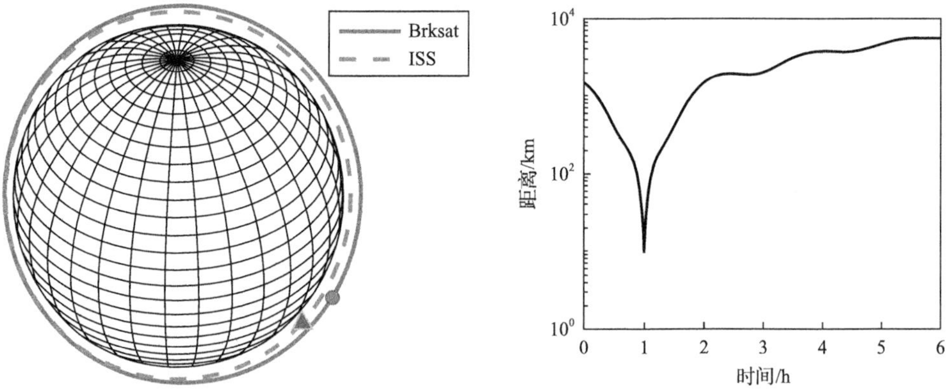

(a)　　(b)

图 12.6　解体目标与国际空间站的轨道

在本例中，解体碎片云的初始分布按美国航空航天局(National Aeronautics

and Space Administration，NASA)标准解体模型确定。参照文献[1]，设解体卫星的质量为 900kg，解体产生的 1 mm 以上碎片数量为 2.2×10^6 个。

本章的撞击态势模型建立在曲面微元的基础上，而航天器的外包络一般可以通过有限元方法建模为多个微元的集合。本节将国际空间站的外包络建模为一个直径 100m 的球面有限元网格，这主要是基于两方面的考虑，一方面球面网格可方便地展示出来自各方向的碎片威胁；另一方面球面有限元网格包含了空间中所有朝向的微元，其拓扑结构具有代表性，可推广至其他任意曲面。

1. 入射通量

图 12.7 展示了在解体后 30～360min 国际空间站包络球表面的碎片入射通量。其中，r_r、r_t 和 r_n 分别为微元相对航天器质心的径向、切向、法向位置，相当于 LVLH 坐标系中的 x、y、z 轴。

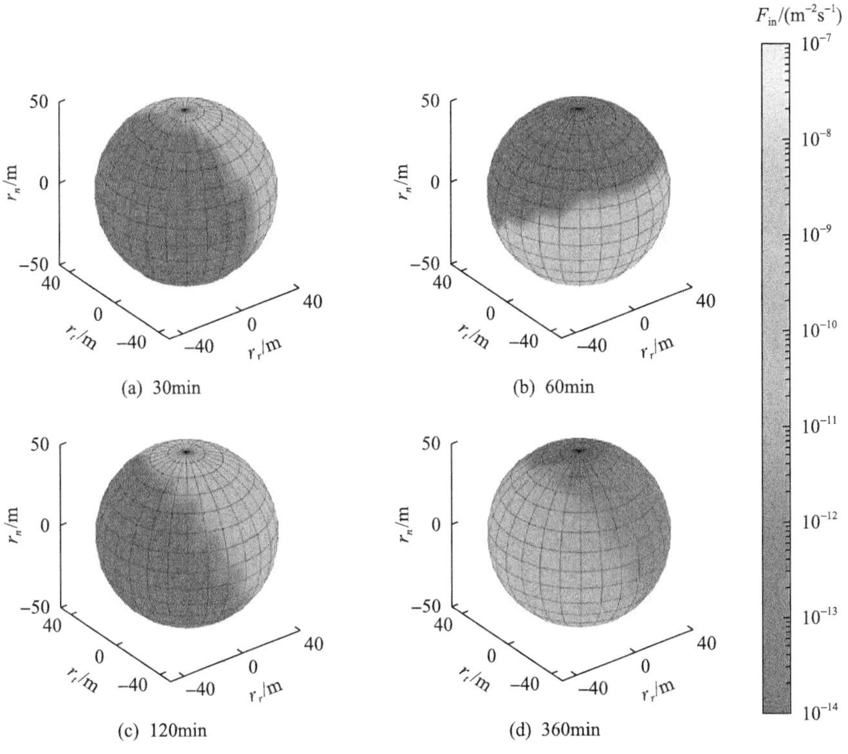

图 12.7　航天器包络球的碎片入射通量

在解体后 1h，国际空间站遭遇的碎片通量最大。这也可以通过图 12.6 得到印证，如果不发生解体，二者在 1h 后距离最近。这意味着，从解体点到达此时的国际空间站位置所需的速度增量最小，碎片很容易到达该位置。在解体后 30min 和

2h，航天器遭遇的碎片通量都主要集中在远离地心一侧，其表面不同位置的碎片流量相差超过 4 个量级。在解体后 6h，航天器表面的碎片通量较小，且集中在靠近地心一侧。

为更加全面地展示各个微元遭遇的碎片通量情况，将三维包络球面各微元从笛卡儿坐标变换到球坐标，并利用其中的方位角和高度角生成碎片流量分布图，如图 12.8 所示。由此可知，在 30min～2h，航天器表面的碎片入射通量主要分为两种量级，且各占一半面积。当时间达到 6h，可能有多个方向的来流撞击航天器表面。

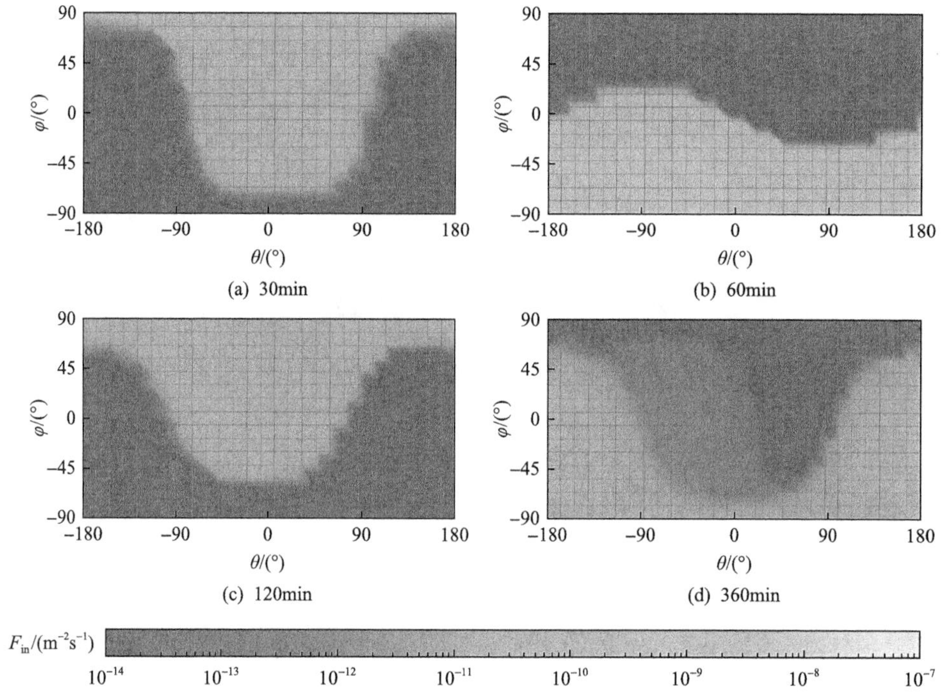

图 12.8　航天器包络球的碎片入射通量平面图

由于本节的流量分布计算是基于曲面微元的，对于非球形的包络体，其表面通量的计算过程与图 12.7 的球形包络体并无区别。另外，由于三维空间中的任意方位都可以通过方位角和俯仰角来表示，图 12.8 可用于揭示任意外形航天器在各个方位遭遇的来流情况。

2. 平均撞击速度

航天器在轨道上运行会遭遇不同速度的碎片撞击。不同的撞击速度产生的动能差异很大，因此造成的后果也不尽相同。根据航天器的位置速度和包络面微元，由式(12.58)可以得到每个微元处的平均撞击速度。

图 12.9 和图 12.10 展示了解体后 30min～6h 国际空间站包络球表面的碎片平均撞击速度。在解体后 30min，最大撞击速度小于 1km/s 的量级。在解体后 1～6h，最大撞击速度都达到 10km/s 量级，并且都集中 $r_t > 0$ 的半球。这是因为有部分碎片的轨道运行方向与航天器相反，在这些时刻对航天器逆轨撞击，形成很大的相对速度。

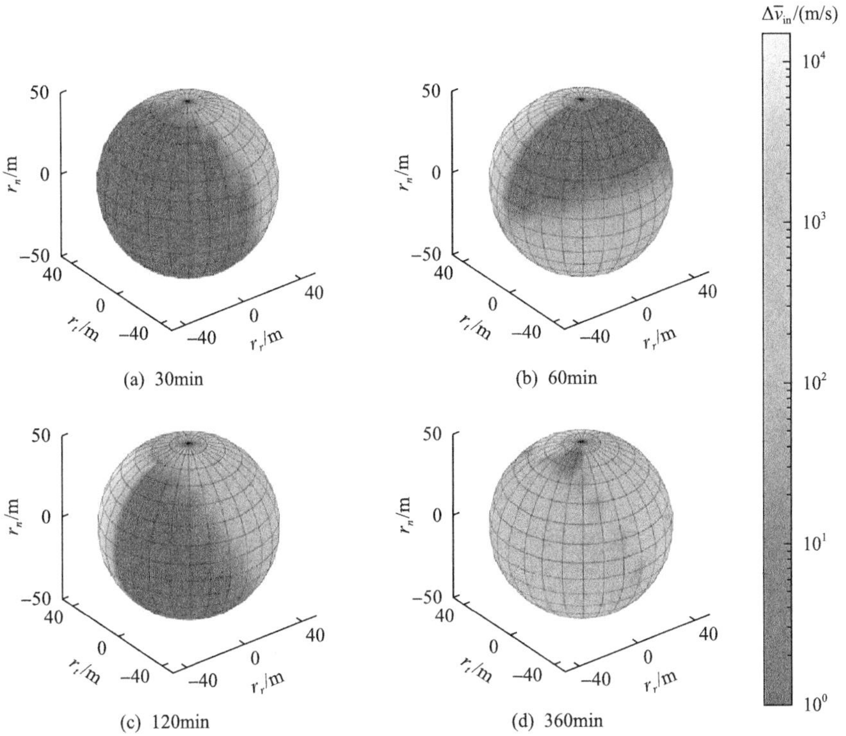

图 12.9　航天器包络球的碎片平均撞击速度

对比图 12.10 与图 12.8 可知，航天器表面入射通量最大的部分并不一定遭受最大的撞击速度。在解体后 1h，碎片入射通量主要集中在平面分布图的下半部分，即 $\varphi < 90°$ 的区域，而该区域的撞击速度都小于 1 km/s。但是，在平面分布图的右上角区域，尽管入射通量很小，但这部分流量的撞击速度却非常大。在解体后 2h，平面分布图的右下角部分入射通量极低，但是遭遇的撞击速度非常大。同样，在解体后 6h，撞击速度最大的部位入射通量却最小。

这说明，通量分布并不能完全反映航天器遭遇的撞击态势。航天器一些部位遭受的入射通量可能很小，但这一小部分碎片流的平均撞击速度却可能很大，因此会导致更加严重的撞击后果。

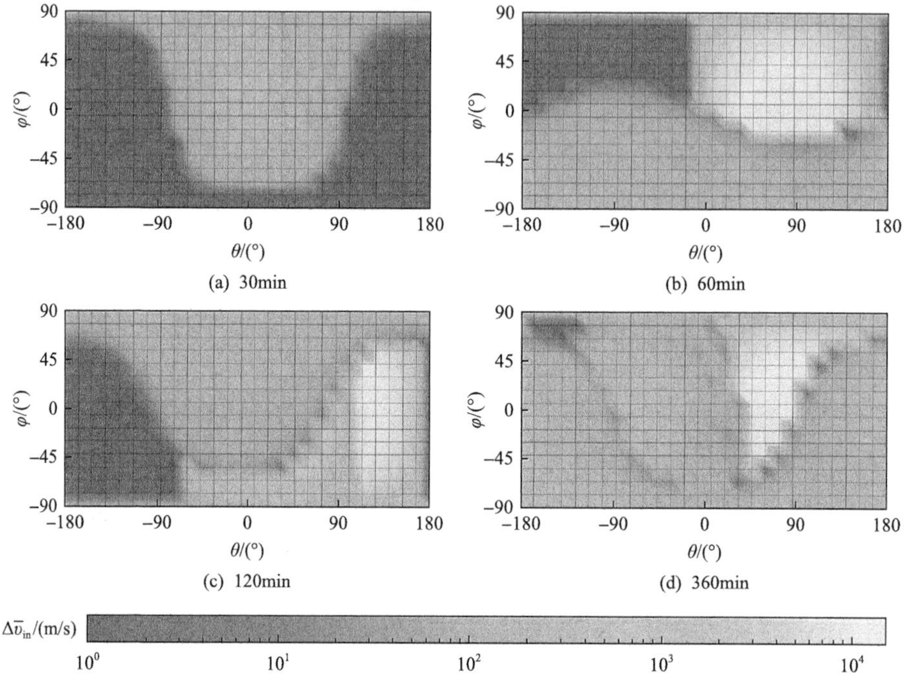

图 12.10　航天器包络球的碎片平均撞击速度平面图

3. 累积撞击次数

航天器在运行过程中会受到碎片云的持续撞击，可以计算包络体表面单位面积遭受的累积撞击次数。图 12.11 和图 12.12 展示了解体后 30min～6h 国际空间站包络球表面的单位面积遭受的累积撞击次数。

在解体 30min 后，包络球上的累积撞击情况分为两个显著不同的区域，累计撞击次数相差 5 个数量级以上。累积撞击次数最多的区域与图 12.7 中流量高的区域分布大致相同。在解体 1h 后，累计撞击次数明显增加，只有一小部分区域还未遭受太多撞击。在解体后 2～6h，包络球大部分区域的单位面积撞击次数都超过 $1\times10^{-6}\ m^{-2}$，最少的区域也达到 $1\times10^{-8}\ m^{-2}$。随着时间的增长，这些遭遇较少撞击次数的区域逐渐缩小，意味着航天器在运行过程中各个方位遭遇的累积撞击差异在减小。

对比图 12.12 与图 12.8 可知，在特定时刻航天器表面的入射通量与累积撞击次数的差异较大，因为入射流量反映的是航天器遭遇的瞬时撞击情况，而累积撞击次数则可以反映一段时间内碎片云对航天器的累积撞击效应。

4. 累积碰撞概率

碎片云的位置和速度分布具有随机性，选定任意时刻，可以得到碎片云对航

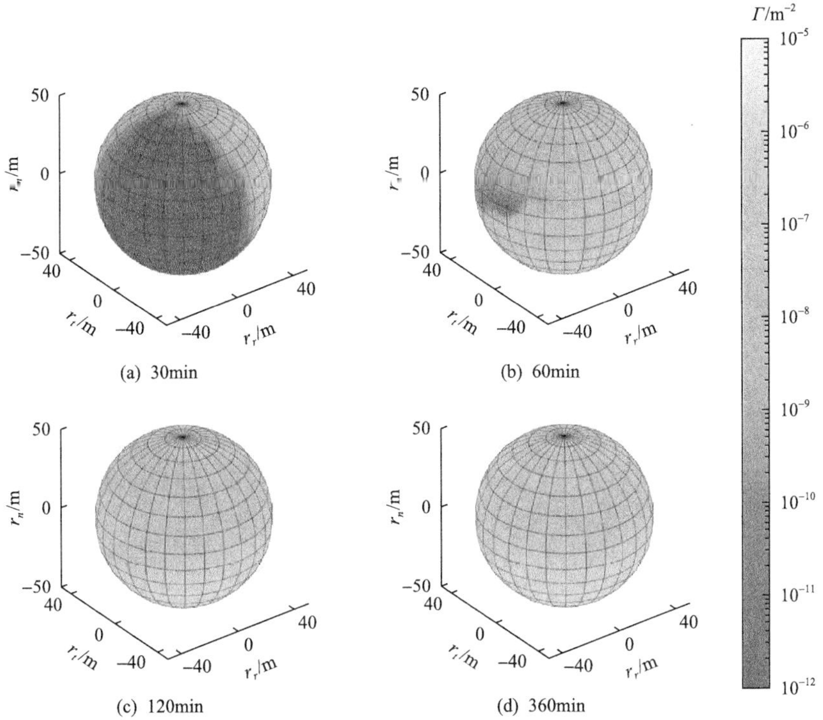

图 12.11　航天器包络球的碎片累积撞击次数

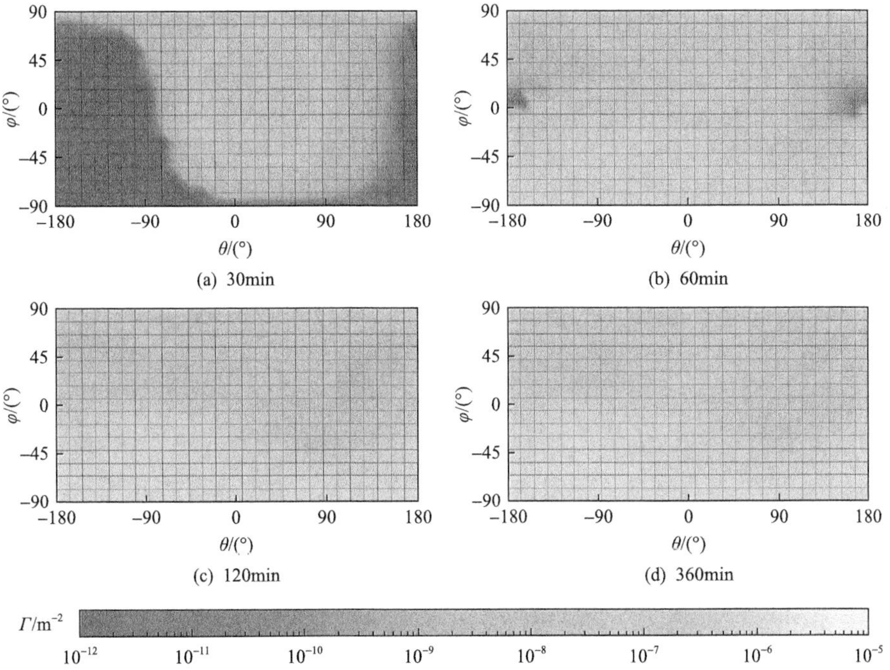

图 12.12　航天器包络球的碎片累积撞击次数平面图

天器整个包络面的撞击率。对不同时间的撞击率进行积分，由式(12.75)可得航天器遭受的累积碰撞概率。

碎片云对航天器的撞击率和累积碰撞概率如图 12.13 所示。其中，浅色圆点为各时刻碎片云对航天器整个包络面的撞击率。撞击率在解体后 60min 达到最高值，接近 $1\times10^{-4}\ s^{-1}$。在后续的运行过程中，撞击率存在较大波动，量级跨越 5 个数量级，但是大部分时间都没超过 $1\times10^{-6}\ s^{-1}$。

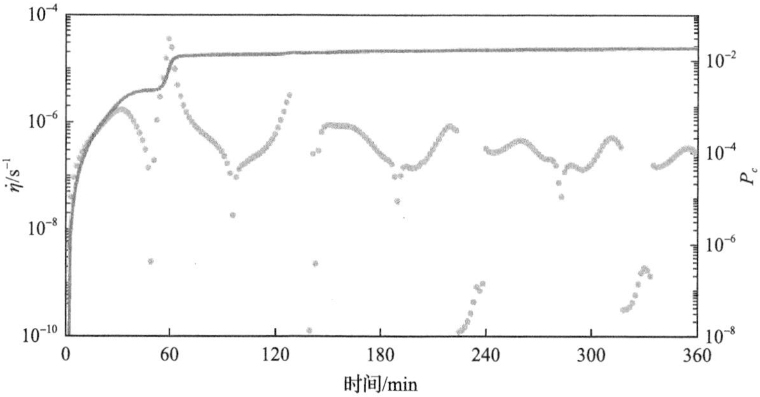

图 12.13　碎片云对航天器的撞击率和累积碰撞概率

深色曲线为碎片云对航天器的累积碰撞概率。在解体后 30min 内，累积碰撞概率快速增加，从低于 1×10^{-10} 量级升到 1×10^{-3} 量级。这是因为解体后碎片云快速扩散，航天器遭遇的碰撞概率从 0 快速上升。到了 55min 后，累积碰撞概率陡然升高，并在 60min 左右达到 1.1%。这意味着，碎片云中两百多万颗碎片至少有一颗与航天器撞击的概率超过了百分之一。由此可知，撞击率这段时间也达到最大值，使累积碰撞概率快速上升。在 65min 后，累积碰撞概率几乎没有大的变化，这是因为累积碰撞概率值已经很高，而撞击率却一直处于很低的量级。

图 12.14 中的浅色圆点反映 6h 内由解体点到国际空间站所需的初始速度增量 Δv_1 随时间的变化，可以通过求解轨道边值问题得到，反映从解体点到空间站位置的所有可行兰伯特解。在 90min 以内都只有单圈可行解，直到 100min，开始存在多圈可行兰伯特解。随着时间的增长，可行兰伯特解的圈数越来越多。

图 12.14 中深色曲线描述速度增量与碎片云初始分布的关系。顶部横轴的 $p_{\Delta v}$ 表示碎片分离速度对应的概率密度函数。其值越大，说明相应速度增量的概率密度越大。

图 12.14 可以揭示图 12.13 中撞击率变化的原因。在解体后 60min，兰伯特解对应的速度增量最接近初始分布函数 $p_{\Delta v}$ 的峰值，意味着在该时刻能抵达空间站的碎片最多。在 125min、161min、216min 和 258min 等时刻，图 12.14 中的兰伯

特解处于极小值，也是比较接近初始分布函数峰值的时刻。相应地，由图 12.13 可知，在这些时刻撞击率都达到峰值。在兰伯特解远离初始分布函数峰值的时刻，撞击率都处于很低的值。这反映了碎片云对航天器的撞击风险与轨道边值问题是密切相关的，因为轨道边值问题决定了什么样的碎片能击中航天器。

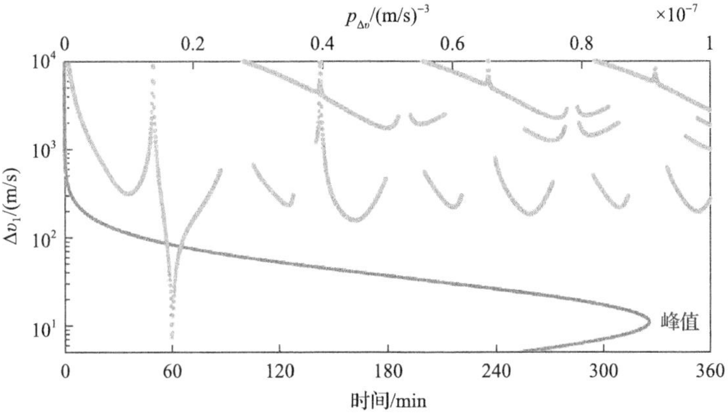

图 12.14　解体点到航天器位置的可行兰伯特解

参 考 文 献

[1] Frey S, Colombo C. Transformation of satellite breakup distribution for probabilistic orbital collision hazard analysis. Journal of Guidance, Control, and Dynamics, 2021, 44(1): 88-105.

[2] Battin R H. An Introduction to the Mathematics and Methods of Astrodynamics. Reston: American Institute of Aeronautics and Astronautics, 1999.

[3] Arora N, Russell R P, Strange N, et al. Partial derivatives of the solution to the lambert boundary value problem. Journal of Guidance, Control, and Dynamics, 2015, 38(9): 1563-1572.

[4] Dirac P A M. The principles of quantum mechanics. 4th ed. London: Oxford University Press, 1958.

[5] Khuri A I. Applications of Dirac's delta function in statistics. International Journal of Mathematical Education in Science and Technology, 2004, 35(2): 185-195.

[6] 舒鹏. 基于边值问题的解体碎片云密度演化与碰撞分析. 长沙: 国防科技大学, 2022.

[7] Demars K J, Cheng Y, Jah M K. Collision probability with gaussian mixture orbit uncertainty. Journal of Guidance, Control, and Dynamics, 2014, 37(3): 979-985.

第 13 章　小行星轨道偏差演化与撞击预警

历史上小行星撞击地球事件频发，多次导致地球环境灾变和生物灭绝，是可能导致人类毁灭的重大潜在威胁之一。1908 年 6 月 30 日，一颗直径大约在 30～50m 的小行星以 30～40km/s 的速度撞击地球，在俄罗斯西伯利亚埃文基自治区通古斯河上空发生爆炸，爆炸当量相当于 2×10^{10}kg TNT。2013 年 2 月 15 日，俄罗斯车里雅宾斯克发生陨石雨事件，据俄罗斯媒体报道，该次事件有 1500 人受伤，1000 多房屋受损。小行星撞击地球的预警防御问题是国际宇航界面临的重大技术挑战之一，与国家安全密切相关。《2021 中国的航天》白皮书在空间环境治理章节强调“未来五年，……论证建设近地小天体防御系统，提升监测、编目、预警和应对处置能力。”开展近地小天体监测预警与防御研究，在攸关全球安危的重大事件面前掌握自主决策权，履行大国义务、体现大国担当，是构建人类命运共同体的重要体现[1]。

近地小行星撞击预警首先需要确定小行星的轨道状态及该状态的定轨偏差，其次需要预报轨道状态及定轨偏差确定小行星与目标天体的最接近时刻与碰撞风险。小行星运动轨道周期长，预警时间跨度往往是十几年甚至几十年，需要对小行星的轨道状态及偏差进行长时间的预报。由于控制小行星运动的多体轨道动力系统本质是非线性的，初始符合高斯分布的偏差在进行长时间的传播后将会呈现非高斯特性，因此需要解决非线性轨道偏差传播及非高斯分布偏差下的碰撞概率计算等问题。本章介绍小行星轨道偏差演化与撞击预警方法。

13.1　小行星撞击风险分析研究现状

1994 年，Muinonen 等提出潜在威胁小行星（potential hazardous asteroid，PHA）的概念，把与地球的最小轨道交会距离（minimum orbital intersection distance，MOID）小于 0.05AU，绝对星等小于 22 mag 的小行星定义为 PHA，明确了近地小行星撞击分析领域内的重点研究对象[2]。

13.1.1　撞击概率计算研究

早在 20 世纪 50 年代，Opik[3]就开展了天体平均碰撞概率和长期碰撞概率的研究。1993 年，Muinonen 等用地球与小行星轨道根数误差椭球间的距离评估碰撞概率，发展了小行星撞击概率计算的线性方法。1994 年，Yeomans 等[2]用线性方法预报小行星、彗星与地球的密近交会，并计算了轨道的不确定度和碰撞概率。欧洲航天局(European Space Agency, ESA)以近地小行星“阿波菲斯”(编号 99942)为例研究其与地球的密近交会情况[4]，排除了此小行星 2029 年与地球撞击的风险。Muinonen 等[5]与 Virtanen 等[6]使用包括蒙特卡罗和统计测距的方法对定轨偏差置信区间进行随机抽样，通过虚拟小行星群来计算撞击概率。近些年，随着偏差传播方法的发展，Armellin 等[7]与 Vigna 等[8]提出基于微分代数的非线性偏差传播方法，并计算近地小行星的撞击概率。Roa 等[9]使用非线性的方法结合目标平面的概念，计算不同的小行星与地球的撞击概率，提出基于一维采样的直线变分(line of variations, LOV)方法，并应用于 NASA 的第二代撞击预警系统 Sentry-Ⅱ。

13.1.2　撞击风险预警系统建设

1999 年，第一个基于 LOV 方法和目标平面两个工具的自动预警监测系统 CLOMON 在 Pisa 大学投入使用。该系统能计算近地小行星对地撞击概率，以及最小距离等风险指标。利用 LOV 方法可以进行轨道确定，并计算定轨偏差，同时采用 LOV 方法避免在计算较小碰撞概率时，蒙特卡罗仿真方法大量采样使计算效率下降的问题[10]。2002 年，第二代预警监测系统 CLOMON2 和 Sentry 投入使用[11]。目前欧洲航天局研制了第三个系统，即由 SpaceDyS 开发的 AstOD 系统，算法和 CLOMON2 类似，但是使用了不同的计算引擎。以上系统的观测数据都来自 Minor Planet Center(MPC)，计算的撞击风险指标均公布在各自的官方网站上。

13.2　小行星撞击预警基础理论

本节主要介绍近地小行星撞击预警研究过程中涉及的坐标系、轨道动力学、撞击概率计算等基本理论。

13.2.1　小行星轨道运动方程

近地小行星主要运行在环绕日心的轨道上，距离地球较远时在日心黄道坐标系描述其运动更方便。当小行星飞越接近地球时，在地心赤道惯性系描述小行星运动更方便。

日心黄道坐标系常用于描述太阳系内行星的运动，坐标系原点位于太阳中心，黄道面为基本平面，X 轴指向历元平春分点，Y 轴垂直于黄道面，Z 轴由右手法则确定。日心黄道惯性坐标系示意图如图 13.1 所示。

小行星在太阳系内的运动可视为限制性 $N+1$ 体问题，即一个质量可以忽略的小天体在另外 N 个运动状态确定的大天体引力作用下的运动。在日心黄道惯性坐标系下，考虑相对论效应、后牛顿效应(对牛顿引力公式的修正)、Yarkovski 效应

等摄动力影响，控制小行星运动的微分方程为[4]

$$\begin{aligned}\ddot{\boldsymbol{r}} &= G\sum_i \frac{m_i(\boldsymbol{r}_i-\boldsymbol{r})}{r_i^3}\left\{1-\frac{2(\beta+\gamma)}{c^2}G\sum_j \frac{m_j}{r_j}-\frac{2\beta-1}{c^2}G\sum_{j\neq i}\frac{m_j}{r_{ij}}+\frac{\gamma|\dot{\boldsymbol{r}}|^2}{c^2}\right.\\&\left.+\frac{(1+\gamma)|\dot{\boldsymbol{r}}_i|^2}{c^2}-\frac{2(\gamma+1)}{c^2}\dot{\boldsymbol{r}}\cdot\dot{\boldsymbol{r}}_i-\frac{3}{2c^2}\left[\frac{(\boldsymbol{r}-\boldsymbol{r}_i)\cdot\dot{\boldsymbol{r}}_i}{r_i}\right]^2+\frac{1}{2c^2}(\vec{\boldsymbol{r}}-\boldsymbol{r}_i)\cdot\ddot{\boldsymbol{r}}_i\right\}\\&+G\sum_i\frac{m_i}{c^2 r_i}\left\{\frac{3+4\gamma}{2}\ddot{\boldsymbol{r}}+\frac{\{(\boldsymbol{r}-\boldsymbol{r}_i)\cdot[(2+2\gamma)\dot{\boldsymbol{r}}-(1+2\gamma)\dot{\boldsymbol{r}}_i]\}(\boldsymbol{r}-\dot{\boldsymbol{r}}_i)}{r_i^2}\right\}+\boldsymbol{a}_{Yd}\end{aligned} \tag{13.1}$$

其中，$G=6.67529\times10^{-11}\mathrm{m}^2/(\mathrm{s}^2\cdot\mathrm{kg})$；$c=299792458\ \mathrm{km/s}$；$\boldsymbol{r}$ 为小行星相对于中心天体太阳的位置矢量；m_i 与 $\boldsymbol{r}_i$ 为各大天体的质量和相对于中心天体太阳的位置矢量；β 和 γ 为后牛顿效应参数，用于测量单位静质量产生的重力和空间曲率叠加的非线性度[12]；$\boldsymbol{a}_{Yd}$ 为 Yarkovski 效应摄动加速度

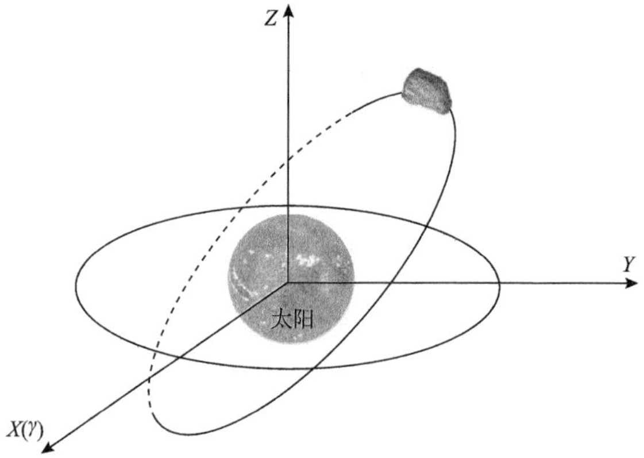

图 13.1　日心黄道惯性坐标系示意图

考虑小行星轨道在日星黄道坐标系的坐标尺度，为了确保数值积分精度，利用天文单位和时间单位天对距离与时间进行归一化处理，其他的物理量根据此量纲进行导出处理。

13.2.2　小行星飞行轨道摄动项分析

在小行星飞行过程中，除主要的日心二体引力，还会受到各种摄动力作用。下面以编号为 2004MN4 的近地小行星为例，比较不同摄动加速度的量级与相对大小。设置初始时刻修正儒略日 MJD=59600.0，终端时刻 MJD=62239.9，其初始轨道根数如表 13.1 所示。2004MN4 运动状态积分过程的加速度数量级对比如

图 13.2 所示。

表 13.1　2004MN4 小行星初始轨道根数

日心黄道系位置速度分量	标称值
X/AU	−1.037042379952403
Y/AU	0.347764849476290
Z/AU	−0.043112191963429
V_x/(AU/d)	−0.004107026552696
V_y/(AU/d)	−0.014235272278093
V_z/(AU/d)	0.000661625392021

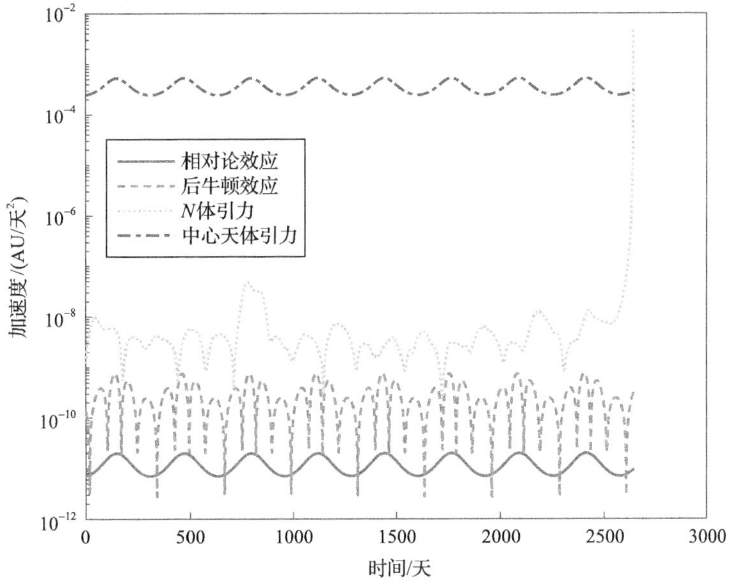

图 13.2　2004MN4 积分过程加速度数量级对比

由于该小行星后半段时刻在逐渐接近地球，图 13.2 中 N 体加速度的大小不断增大，主要加速度是地球引力加速度。近地小行星 2004MN4 加速度数量级比较如表 13.2 所示。

表 13.2　近地小行星 2004MN4 加速度数量级比较

加速度类型	初始时刻 MJD=59600.0	终端时刻 MJD=62239.9
中心天体引力加速度	2.46952×10^{-4}	2.94157×10^{-4}
N 体引力加速度	1.18758×10^{-9}	1.25490×10^{-2}

续表

加速度类型	初始时刻 MJD=59600.0	终端时刻 MJD=62239.9
相对论效应	7.11692×10^{-12}	9.58562×10^{-12}
后牛顿效应	1.35879×10^{-10}	3.41236×10^{-10}

从图 13.2 和表 13.2 可以得到，积分初始时刻主导项为中心天体引力加速度，随着近地小行星不断接近某一天体时，N 体引力加速度会不断增大成为主导项，而相对论效应和后牛顿效应加速度与上述二者相比数量级差距较大。因此，为简化计算，仿真分析忽略这两种摄动力的影响，只考虑中心天体太阳和 N 体引力加速度，其中 N 体包括八大行星、冥王星和月球。此时，小行星运动的轨道动力学方程可以表示为

$$\frac{\mathrm{d}^2\boldsymbol{r}}{\mathrm{d}t^2}=-\frac{\mu}{r^3}\boldsymbol{r}-\sum_{j=1}^{N}Gm_j\left(\frac{\boldsymbol{r}-\boldsymbol{r}_j}{\left\|\boldsymbol{r}-\boldsymbol{r}_j\right\|^3}+\frac{\boldsymbol{r}_j}{\left\|\boldsymbol{r}_j\right\|^3}\right) \tag{13.2}$$

13.2.3 小行星撞击概率计算基本理论

1. 最接近时刻的计算

与近地空间目标碰撞预警类似，小行星对地球的撞击预警问题亦包含接近分析与碰撞概率计算等内容。一般情况下，两目标间碰撞概率最大的时刻为二者相对距离最近的时刻，即最接近时刻。潜在威胁小行星对地球的最接近时刻 t_{tca} 与最接近距离可通过以下步骤计算。

步骤 1，获取小行星在某一跟踪定轨时刻下的标称状态矢量，利用日心黄道系下小行星的动力学方程，以及合适的时间步长进行高精度轨道预报，获取小行星与中心天体的位置信息 $\boldsymbol{R}_1$。

步骤 2，根据 JPL 提供的天体星历信息获取与小行星积分时刻相对应时间 t_i 下，地球与中心天体的位置信息 $\boldsymbol{R}_i$。

步骤 3，计算小行星和地球之间的距离 $d_i=\left\|\boldsymbol{R}_1-\boldsymbol{R}_i\right\|,i=1,2,3,\cdots$，达到预报时间上限后，通过插值和求极值找到最小距离 $(d_i)_{\min}$ 出现的时刻即最接近时刻 t_{tca}。

由于动力学模型的不确定性和小行星轨道根数测量的不确定性，预报时间上限不宜过长，时间过长会导致预报误差放大，结果不够准确。为了更加精确地求出最小距离出现的时刻，可以在 t_{tca} 时刻前后取一个时间区间，以更小的步长对小行星运动微分方程进行积分。

2. 计算撞击概率的相遇平面

在小行星防御与深空探测问题研究中，B 平面是分析小行星撞击接近过程或航天器飞越天体的常用基本平面[13]。B 平面定义为垂直于进入段轨迹渐近线的平面，它通过目标天体的质心。由于进入段轨迹渐近线平行于无穷远处速度为 $\boldsymbol{v}_\infty$，因此 B 平面垂直于 $\boldsymbol{v}_\infty$。根据能量守恒关系，无穷远处速度大小 v_∞ 的计算式为

$$E=\frac{v^2}{2}-\frac{\mu}{r}=\frac{v_\infty^2}{2}=-\frac{\mu}{2a}\Rightarrow v_\infty=\sqrt{\frac{\mu}{-a}} \tag{13.3}$$

如图 13.3 所示，定义单位矢量 $\hat{\boldsymbol{S}}$，$\hat{\boldsymbol{S}}$ 起始于目标天体质心，方向与轨迹渐近线入射方向平行，$\hat{\boldsymbol{S}}$ 满足[13]

$$\begin{aligned}\hat{\boldsymbol{S}}&=\frac{1}{e}\hat{\boldsymbol{P}}+\frac{\sqrt{e^2-1}}{e}\hat{\boldsymbol{Q}}\\ \hat{\boldsymbol{P}}&=\frac{\boldsymbol{e}}{e}\\ \hat{\boldsymbol{Q}}&=\frac{\boldsymbol{h}\times\hat{\boldsymbol{P}}}{h}\end{aligned} \tag{13.4}$$

其中，角动量矢量 $\boldsymbol{h}=\boldsymbol{r}\times\boldsymbol{v}$；偏心率矢量为

$$\boldsymbol{e}=\frac{\boldsymbol{v}\times\boldsymbol{h}}{\mu}-\frac{\boldsymbol{r}}{r} \tag{13.5}$$

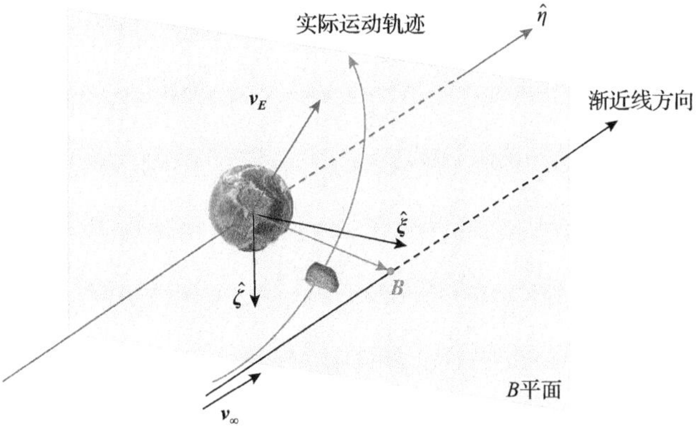

图 13.3　B 平面示意图

$\boldsymbol{B}$ 矢量是 B 平面内定义的一个重要矢量，是目标天体质心指向渐近线与 B 平面交点。撞击参数 $B=\|\boldsymbol{B}\|$。因此，$\boldsymbol{B}$ 垂直于 $\hat{\boldsymbol{S}}$ 并且位于小行星轨道平面内，根据

角动量守恒有

$$\boldsymbol{B}=\frac{\hat{\boldsymbol{S}}\times\boldsymbol{h}}{\boldsymbol{v}_{\infty}} \tag{13.6}$$

在 B 平面内，根据 Opik 的理论，定义坐标系统 $(\hat{\xi},\hat{\boldsymbol{\eta}},\hat{\zeta})$，其中 $\hat{\boldsymbol{\eta}}$ 方向和 $\boldsymbol{v}_{\infty}$ 方向平行，与 $\hat{\boldsymbol{S}}$ 相同；$\hat{\zeta}$ 的方向定义为目标天体在日心系下的速度 $\boldsymbol{v}_{pl}$ 在 B 平面内投影的反方向；$\hat{\xi}$ 根据右手法则进行确定。坐标系转换关系为

$$\boldsymbol{X}_{B\text{-plane}}=[\hat{\xi}\ \ \hat{\boldsymbol{\eta}}\ \ \hat{\zeta}]^{\mathrm{T}}\boldsymbol{X}_{\text{Cartesian}} \tag{13.7}$$

其中

$$\hat{\boldsymbol{\eta}}=\hat{\boldsymbol{S}},\quad \hat{\xi}=\frac{\boldsymbol{v}_{pl}\times\hat{\boldsymbol{\eta}}}{\left|\boldsymbol{v}_{pl}\times\hat{\boldsymbol{\eta}}\right|},\quad \hat{\zeta}=-\hat{\boldsymbol{\eta}}\times\hat{\xi} \tag{13.8}$$

$$\xi=\boldsymbol{B}\cdot\hat{\xi}=\frac{\hat{\zeta}\cdot\hat{\boldsymbol{h}}}{\boldsymbol{v}_{\infty}},\quad \zeta=\boldsymbol{B}\cdot\hat{\zeta}=-\frac{\hat{\xi}\cdot\hat{\boldsymbol{h}}}{\boldsymbol{v}_{\infty}} \tag{13.9}$$

根据 B 平面定义，可以使用 B 平面来判断小行星和地球是否会发生撞击，根据角动量守恒和能量守恒有

$$h=r_p v_p=B v_{\infty},\quad \frac{v_p^2}{2}-\frac{\mu}{r_p}=\frac{v_{\infty}^2}{2} \tag{13.10}$$

其中，r_p 和 v_p 为近拱点距离和速度大小；B 和 r_p 的关系为

$$B=r_p\sqrt{1+\frac{2\mu}{r_p v_{\infty}^2}}\Leftrightarrow r_p=-\frac{\mu}{v_{\infty}^2}+\sqrt{\frac{\mu^2}{v_{\infty}^4}+B^2} \tag{13.11}$$

设地球半径为 R_{pl}，若发生撞击则有 $r_p\leqslant R_{pl}$，因此小行星和地球不发生碰撞的条件为[13]

$$B\leqslant R_{pl}\sqrt{1+\frac{2\mu}{R_{pl}v_{\infty}^2}} \tag{13.12}$$

当小行星在接近地球过程中轨迹不为双曲线时，不存在进入段轨迹的渐近线，针对这种情况可以利用最接近时刻的速度大小作为 v_{∞}。此时的 B 平面被称为

MTP (modified target plane，修正目标平面)，撞击平面与环绕地球轨道太空目标碰撞问题中的相遇平面定义类似。

13.3　小行星轨道偏差演化方法

通过观测设备对近地小行星跟踪定轨后，可以对小行星的标称轨道状态进行高精度预报，计算其与地球的相对距离，通过最接近时刻的最小相对距离来初步判断小行星是否会撞击地球。然而，对小行星的轨道确定不可避免地存在误差，因此有必要对其轨道偏差进行预报，并计算考虑偏差影响下最接近时刻的碰撞概率，从而更好地判断小行星对地球的撞击风险。

获取并预报近地小行星轨道状态及其偏差分布信息是进行碰撞概率计算的前提。考虑近地小行星初始定轨偏差，本节综合状态转移张量法、UT 方法、GMM，构建可有效表征非高斯分布概率密度函数的非线性轨道偏差演化方法。

13.3.1　轨道偏差演化问题

与近地航天器存在对其进行机动控制会产生控制偏差不同，近地小行星在空间运动过程中的偏差因素主要来源于对其进行的动力学建模和测量建模。小行星在太空中飞行的过程中会受到太阳和其他大天体的引力作用，以及其他非引力效应作用(如热辐射压力、太阳光压等)。一般而言，小行星的受力情况很难用数学模型来精确描述，因此会在运动模型上产生偏差。其次，在通过地面或者星载设备对小行星进行运动状态估计时，估计的运动状态和小行星真实运动状态之间存在偏差，因此会因测量、估计算法等产生定轨偏差。

近地小行星轨道偏差演化问题可以描述为给定目标小行星初始标称状态 $\boldsymbol{x}(t_0)$ 及初始轨道状态偏差分布信息 $\delta\boldsymbol{x}(t_0)$ (一般以偏差的均值 $\boldsymbol{M}_{\boldsymbol{x}}(t_0)$ 和协方差矩阵 $\boldsymbol{P}_x(t_0)$ 的形式描述)，求解目标时刻 t_f 小行星的标称轨道状态 $\boldsymbol{x}(t_f)$ 及偏差分布信息 $\delta\boldsymbol{x}(t_f)$ 。对于任意时刻 t ，只根据动力学方程即可求解标称状态 $\boldsymbol{x}(t)$ ，因此针对近地小行星的轨道偏差演化的主要任务是求解任意时刻轨道状态偏差 $\delta\boldsymbol{x}(t)$ 的分布情况。下面对小行星轨道偏差演化方法进行叙述。

13.3.2　基于状态转移张量的偏差演化方法

基于 Taylor 级数展开的思想，将近地小行星实际运动轨迹沿参考轨迹展开到高阶，可以获得小行星轨道偏差量的高阶非线性传播方程。

将轨道动力学方程式(13.2)改写成一阶常微分方程组的形式，可得

$$\begin{cases}\dot{x}=v_x, \quad \dot{y}=v_y, \quad \dot{z}=v_z \\ \dot{v}_x=-\dfrac{\mu}{r^3}x-\sum\limits_{j=1}^{N}Gm_j\left(\dfrac{x-x_j}{\left\|\boldsymbol{r}-\boldsymbol{r}_j\right\|^3}+\dfrac{x_j}{\left\|\boldsymbol{r}_j\right\|^3}\right) \\ \dot{v}_y=-\dfrac{\mu}{r^3}y-\sum\limits_{j=1}^{N}Gm_j\left(\dfrac{y-y_j}{\left\|\boldsymbol{r}-\boldsymbol{r}_j\right\|^3}+\dfrac{y_j}{\left\|\boldsymbol{r}_j\right\|^3}\right) \\ \dot{v}_z=-\dfrac{\mu}{r^3}z-\sum\limits_{j=1}^{N}Gm_j\left(\dfrac{z-z_j}{\left\|\boldsymbol{r}-\boldsymbol{r}_j\right\|^3}+\dfrac{z_j}{\left\|\boldsymbol{r}_j\right\|^3}\right)\end{cases} \tag{13.13}$$

其中，N 为考虑的其他天体质点引力个数；j 为天体编号。

将式(13.13)记为

$$\dot{\boldsymbol{x}}^i(t)=\boldsymbol{f}^i(\boldsymbol{x}(t),t) \tag{13.14}$$

其中，矢量 $\boldsymbol{x}=\{x^i \mid i=1,2,\cdots,n\}$ 为近地小行星的位置速度状态，$n=6$，在给定初值条件 $\boldsymbol{x}_0=\boldsymbol{x}(t_0)$ 下，利用状态转移张量，可得

$$\boldsymbol{x}(t)=\boldsymbol{\phi}[t;t_0,\boldsymbol{x}(t_0)] \tag{13.15}$$

如果获得小行星运动状态的非线性映射关系 $\boldsymbol{\phi}[t;t_0,\boldsymbol{x}(t_0)]$，则小行星的初始状态 $\boldsymbol{x}_0$ 到任意目标时刻状态 $\boldsymbol{x}(t)$ 的传播关系就可以解析计算。给定小行星初始参考状态 $\bar{\boldsymbol{x}}_0$，以及相对该参考状态的偏差 $\delta\boldsymbol{x}_0$，小行星任意时刻的运动轨迹相对于参考轨迹的偏差 $\delta\boldsymbol{x}(t)$ 可以表示为

$$\delta\boldsymbol{x}(t)=\boldsymbol{\phi}[t;t_0,\bar{\boldsymbol{x}}_0+\delta\boldsymbol{x}_0]-\boldsymbol{\phi}[t;t_0,\bar{\boldsymbol{x}}_0] \tag{13.16}$$

式(13.16)两边求导可得

$$\delta\dot{\boldsymbol{x}}(t)=\dot{\boldsymbol{\phi}}[t;t_0,\bar{\boldsymbol{x}}_0+\delta\boldsymbol{x}_0]-\dot{\boldsymbol{\phi}}[t;t_0,\bar{\boldsymbol{x}}_0] \tag{13.17}$$

利用 M 阶泰勒级数展开可得

$$\begin{cases}\delta x^i(t)=\sum\limits_{p=1}^{M}\dfrac{1}{p!}\boldsymbol{\Phi}_{(t,t_0)}^{i,k_1\cdots k_p}\delta x_0^{k_1}\cdots\delta x_0^{k_p} \\ \boldsymbol{\Phi}_{(t,t_0)}^{i,k_1\cdots k_p}=\dfrac{\partial^p\phi^i(t;\varsigma_0,t_0)}{\partial\boldsymbol{\varsigma}^{k_1}\cdots\partial\boldsymbol{\varsigma}^{k_p}}\end{cases} \tag{13.18}$$

同理，对式(13.17)利用 M 阶泰勒级数展开可得

$$\begin{cases} \delta \dot{x}(t) = \sum_{p=1}^{M} \frac{1}{p!} A^{i,k_1\cdots k_p} \delta x^{k_1} \cdots \delta x^{k_p} \\ A^{i,k_1\cdots k_p}(t, \boldsymbol{x}) = \frac{\partial^p f^i(t, \varsigma(t))}{\partial \varsigma^{k_1} \cdots \partial \varsigma^{k_p}} \Big|_{\varsigma^i = \phi^i(t;\bar{x}_0, t_0)} \end{cases} \tag{13.19}$$

其中，i 为矢量函数的分量；M 为 Taylor 级数展开的阶次；$A^{i,k_1\cdots k_p}(t, \boldsymbol{x})$ 为动力学方程的高阶导数，沿参考状态轨迹 $\bar{\boldsymbol{x}}(t)$ 计算；$\boldsymbol{\Phi}_{(t,t_0)}^{i,k_1\cdots k_p}$ 为状态转移张量。

式(13.18)和式(13.19)采用爱因斯坦求和约定，即相同字母标号出现两次表示对该字母整个取值情况求和。

对式(13.18)和式(13.19)第一个式子求导可得

$$\delta \dot{\boldsymbol{x}}^i(t) = \sum_{p=1}^{M} \frac{1}{p!} \dot{\boldsymbol{\Phi}}_{(t,t_0)}^{i,k_1\cdots k_p} \delta \boldsymbol{x}_0^{k_1} \cdots \delta \boldsymbol{x}_0^{k_p} \tag{13.20}$$

根据状态转移张量法的相关论述，为了兼顾计算复杂度和精度，本书对小行星轨道偏差演化的求解仅截断到一阶、二阶状态转移张量，不再解算高阶状态转移张量。由相同因式前的系数相同，即可以得到状态转移张量需满足的微分方程，前两阶状态转移张量的求解方程可表示为

$$\begin{aligned} \dot{\boldsymbol{\Phi}}^{i,\alpha} &= A^{i,a} \boldsymbol{\Phi}^{a,\alpha} \\ \dot{\boldsymbol{\Phi}}^{i,\alpha\beta} &= A^{i,a} \boldsymbol{\Phi}^{a,\alpha} + A^{i,ab} \boldsymbol{\Phi}^{a,\alpha} \boldsymbol{\Phi}^{b,\beta} \end{aligned} \tag{13.21}$$

其中，a, b, i 等上标取值为 $\{1, 2, \cdots, n\}$，采用数值积分方法沿参考轨迹积分式(13.21)，可求出各阶状态转移张量。

在偏差演化问题中，只需要数值积分一次求出各阶状态转移张量，再通过解析的方法就可以求出最终的偏差结果。

由此可知，基于状态转移张量的偏差演化方法主要是对式(13.13)的动力学方程进行高阶偏导数计算，然后结合数值积分求解状态转移张量。求解式(13.13)高阶偏导可通过符号运算工具软件获得，或微分代数等自主微分方法计算，因此本书不再列出式(13.13)各项的高阶偏导表达式。针对小行星轨道偏差演化问题，除采用对动力学方程进行高阶 Taylor 级数展开的状态转移张量法，还可以把小行星轨道动力学方程当作黑箱，通过 UT 方法、PCE 法、混合 GMM 方法进行计算。本章不再赘述，仅通过仿真算例对状态转移张量法、UT 方法、GMM 方法进行对比分析。

13.3.3 算例分析

1. 初始配置

设置历元 MJD=59600.0 时刻，近地小行星 2004MN4 的轨道状态及偏差信息如表 13.3 所示[4]，其中位置及其标准差单位统一为 AU，速度及其标准差单位统一为(AU/d)，其他物理量以此为标准进行导出处理。

表 13.3 初始时刻小行星 2004MN4 初始轨道及偏差信息

状态分量	标称值	标准差	偏差值
r_x /AU	−1.037042379952403	σ_x /AU	1×10^{-7}
r_y /AU	0.347764849476290	σ_y /AU	1×10^{-7}
r_z /AU	−0.043112191963429	σ_z /AU	1×10^{-7}
v_x /(AU/d)	−0.004107026552696	σ_{vx} /(AU/d)	6×10^{-9}
v_y /(AU/d)	−0.014235272278093	σ_{vy} /(AU/d)	6×10^{-9}
v_z /(AU/d)	0.000661625392021	σ_{vz} /(AU/d)	6×10^{-9}

根据表 13.3 给定的标称状态与轨道偏差标准差，随机生成 $n=1\times10^5$ 个样本点，利用变步长 Runge-Kutta 对 2004MN4 小行星轨道及偏差进行预报，轨道积分的绝对误差与相对误差限取为 10^{-12}，与文献[4]相同。通过蒙特卡罗方法预报获得轨道终端偏差后，进行统计分析得到偏差均值及协方差矩阵(表 13.4)。其中，偏差均值为相对终端标称状态的结果。蒙特卡罗方法得到的仿真结果将作为后续其他偏差演化方法的对比真值。

表 13.4 终端轨道偏差蒙特卡罗打靶仿真结果

终端均值		终端标准差	
m_x /AU	2.43359×10^{-7}	σ_x /AU	2.36007×10^{-5}
m_y /AU	1.82874×10^{-7}	σ_y /AU	2.42239×10^{-5}
m_z /AU	-8.13636×10^{-8}	σ_z /AU	2.11002×10^{-6}
m_{vx} /(AU/d)	1.51541×10^{-5}	σ_{vx} /(AU/d)	1.38672×10^{-4}
m_{vy} /(AU/d)	-4.27393×10^{-6}	σ_{vy} /(AU/d)	2.55428×10^{-5}
m_{vz} /(AU/d)	-4.26964×10^{-6}	σ_{vz} /(AU/d)	1.49958×10^{-5}

2. 对比分析

终端轨道偏差蒙特卡罗打靶仿真结果如表 13.4 所示。其他方法计算得到的均值与标准差与蒙特卡罗方法的相对误差对比如表 13.5 和表 13.6 所示。

表 13.5　不同方法均值计算相对误差对比

偏差均值	STT	UT	GMM-UT
m_x /AU	0.031599107	0.042355765	0.008701609
m_y /AU	0.005376327	0.081016073	0.01618391
m_z /AU	0.062688488	0.059573732	0.009881182
m_{vx} /(AU/d)	0.037293647	0.019399079	0.003366518
m_{vy} /(AU/d)	0.077226568	0.049248048	0.006794325
m_{vz} /(AU/d)	0.099352146	0.066050963	0.009095961

表 13.6　不同方法标准差计算相对误差对比

偏差标准差	STT	UT	GMM-UT
σ_x /AU	0.002671094	0.001806896	0.000767919
σ_y /AU	0.001280044	0.000836395	0.00027945
σ_z /AU	0.018599926	0.012881011	0.001067154
σ_{vx} /(AU/d)	0.040439422	0.022592723	0.004506607
σ_{vy} /(AU/d)	0.097556633	0.058580787	0.009836721
σ_{vz} /(AU/d)	0.212912113	0.120871577	0.022214195

由表 13.5 和表 13.6 可知，对均值和协方差矩阵的预报，STT 方法的精度高于 UT 方法，GMM-UT 方法高于 STT 方法。因为 STT 方法直接推导动力学方程的状态转移张量，当动力学方程已知且其高阶偏导容易导出的情况下，STT 方法在计算精度上更具优势。二阶 STT 方法推导得到 258 维向量，并且只需要将 258 维的向量积分一次，再通过解析的方法就可以求出最终的偏差结果；使用 UT 方法时需要对 13 个 Sigma 点进行数值计算。因此，STT 方法计算效率高，在短期快速预警下可以采用 STT 方法传播偏差。进一步，将 STT 方法预报得到的小行星终端位置偏差在日心黄道坐标系的 XZ 与 XZ 平面进行投影，蒙特卡罗仿真的样本点及 MC、STT 两种方法的 3σ 误差椭球如图 13.4 和图 13.5 所示。可见，采用二阶状态转移张量进行偏差演化得到的 3σ 椭球和蒙特卡罗方法获得的结果吻合较好，表明 STT 方法能够有效传播偏差。

在使用状态转移张量过程中，若将绝对误差限与相对误差限取得太小(例如低于 10^{-12})，在积分状态转移张量的过程中可能出现积分无法收敛的情况。分析原因发现，在积分求解 258 维状态转移张量的一阶常微分方程组(13.21)时，使用天

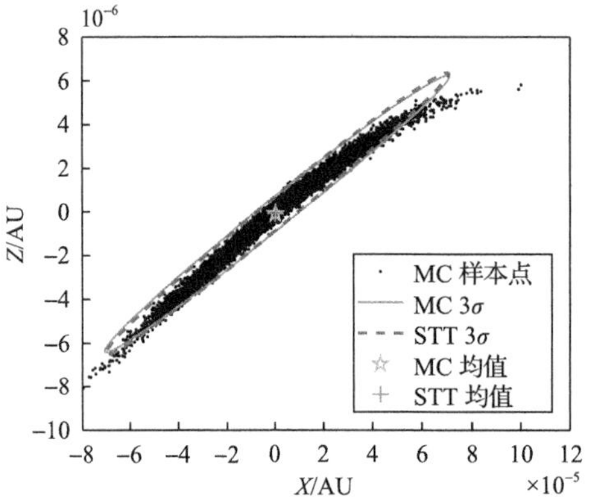

图 13.4　STT 终端偏差 XZ 平面投影

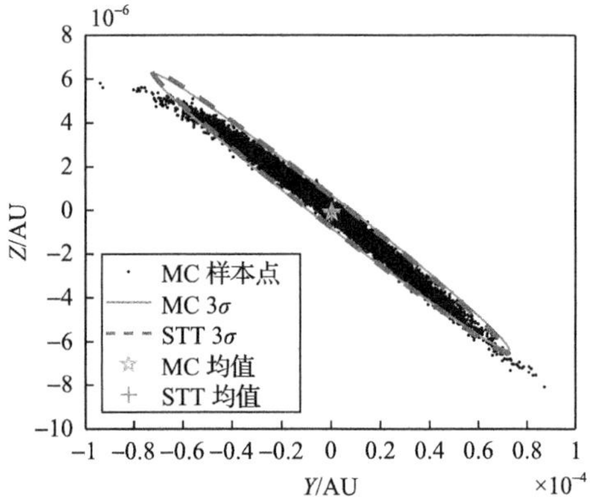

图 13.5　STT 终端偏差 YZ 平面投影

文单位与时间单位进行归一化处理，积分到接近终端时刻时，小行星与地球相距较近，258 维的向量中某些项数值很大，有一些项的值相对较小，二者数据数量级相差很大(例如，本书中的向量在积分过程中某一时刻第 179 维量级为 10^{11}，第三维量级 10^{-5}，二者相差 10^{16})，方程变为刚性方程，积分过程中需要非常小的时间步长才可能满足误差限的要求，因此导致积分失败。

UT 方法计算速度快、精度高，对于非线性不强的近地小行星偏差演化问题可以很好地描述终端均值与标准差的信息；当问题的非线性增强，单独使用 UT 方法得到的 3σ 椭球无法很好地包络所有蒙特卡罗样本点时，采用 GMM-UT 联合方法较为合适。此方法可以很好地将样本点包络并且终端时刻 t_f 的均值与标准差计算精度很高，但是积分 $N(2n+1)$ 个 Sigma 点将使计算量增加，其中 N 为 GMM 中子高斯分布的个数。

选取 GMM 分割数目 N=21，分割方向选择为小行星速度的 Z 方向，偏差维数为 $n=6$。采用 UT 方法时，每一个子高斯分布产生 13 个初始 Sigma 样本点，总共有 $21\times13=273$ 个 Sigma 样本点。子高斯分布偏差的 3σ 误差椭球如图 13.6 和图 13.7 所示。偏差在 XZ、YZ 平面呈现一定的非线性，单独使用 UT 方法得到的误差椭球无法将蒙特卡罗方法得到的终端偏差样本点很好地包络，而采用 GMM-UT 联合方法时，蒙特卡罗样本点可以很好地被 21 个子高斯分布的误差椭球很好地包络住。这表明，GMM-UT 联合方法可以很好地表征近地小行星在终端时刻的非高斯偏差信息。

在 CPU 主频为 2.10GHz 的计算机上运行不同方法程序，统计得到的仿真运行时间如表 13.7 所示。可见，GMM-UT 方法虽然计算精度较高，但是由于需要对每个子高斯分布的均值及协方差矩阵进行 UT 方法预报，也需要更多的计算时间。

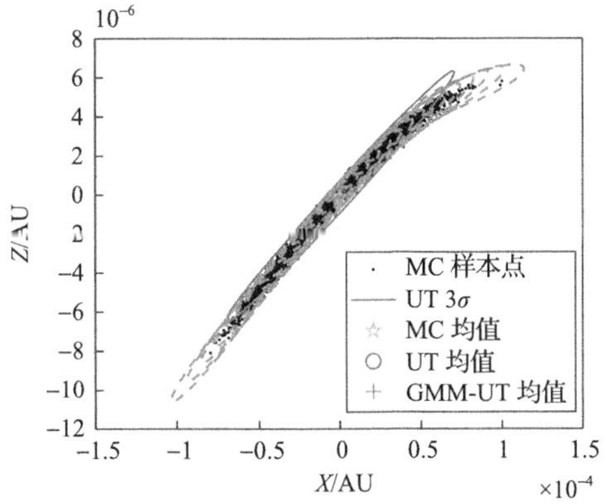

图 13.6　GMM-UT 在 XZ 平面投影

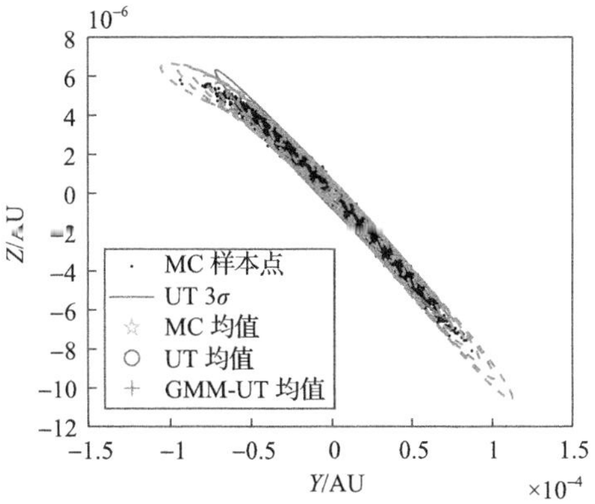

图 13.7　GMM-UT 在 YZ 平面投影

表 13.7　不同方法计算时间对比

方法	计算耗时/s
STT	136.65
UT	354.63
GMM-UT	13332.82

13.4　小行星撞击概率计算方法

小行星撞击预警分析主要包括明确近地小行星与地球交会情况和交会发生的具体时间；计算近地小行星在交会时刻与地球的碰撞概率。近地小行星轨道动力系统本质上是非线性的，服从高斯分布的初始偏差在经过非线性演化后呈现非高斯性，若采用线性方法计算碰撞概率将会与实际情况存在差异。13.3 节研究的 GMM-UT 联合方法可以有效表征终端轨道偏差的非高斯分布特性。本章基于该偏差演化结果，采用 GMM 对非高斯分布轨道偏差的碰撞概率计算方法进行研究。进一步，以 2008JL3 为例计算撞击概率，并将撞击概率的计算结果与蒙特卡罗方法、NASA、ESA 得到的结果进行对比，验证 GMM 计算碰撞概率的有效性。

13.4.1　撞击概率计算问题描述

设地球和近地小行星两空间目标分别为 A 和 B，几何尺寸半径分别 r_A 和 r_B。在最接近时刻 t_{tca}，假设地球位置偏差服从分布 $p_A(\boldsymbol{r}_A,t)$，小行星位置偏差服从分布 $p_B(\boldsymbol{r}_B,t)$。首先，在日心黄道坐标系下通过 13.3 节偏差演化方法计算地球与小行星位置偏差分布。然后，将此时两目标在日心黄道坐标系下的偏差分布进行合并，投影在 B 平面内，得到 B 平面内的偏差分布信息 $p_f(\xi,\zeta,t)$。

根据碰撞条件，计算近地小行星的 B 参数。当 B 参数小于给定的阈值 R_{pl}

$\sqrt{1+\frac{2\mu}{R_{pl}v_\infty^2}}$ 时，则认为发生碰撞。撞击概率基于两目标在 B 平面的相对位置分布的概率密度函数 $p_f(\xi,\zeta,t)$，在两目标联合包络区域 S 中积分得到。非高斯分布偏差撞击概率积分区域示意图如图 13.8 所示。

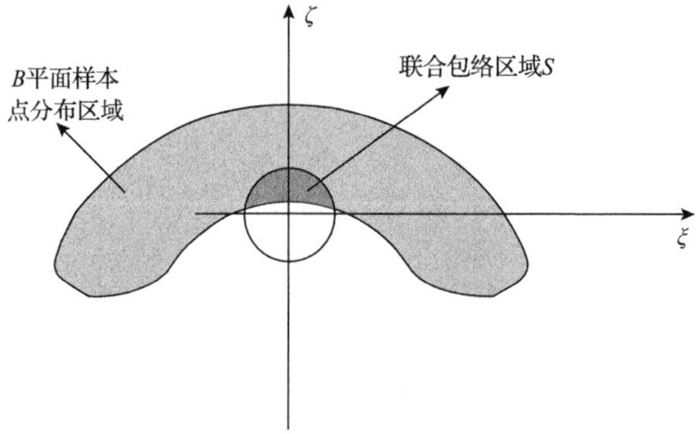

图 13.8　非高斯分布偏差撞击概率积分区域示意图

由于 $P_f(\xi,\zeta,t)$ 通常不为高斯分布，GMM-UT 联合方法可以用有限个子高斯分布表达终端非高斯分布轨道偏差的概率密度函数，表征近地小行星在终端时刻的非高斯偏差信息。因此，可以通过计算每一个子高斯分布的局部撞击概率，通过权值还原整个区域的撞击概率得到最终的结果。

13.4.2　基于蒙特卡罗方法的撞击概率计算

本节用蒙特卡罗方法在 B 平面内计算碰撞概率，结合 ESA/NASA 公布的结果，将二者结果作为对比真值验证基于 GMM-UT 偏差演化的撞击概率计算方法。给定近地小行星在日心黄道坐标系下的轨道状态均值 $\boldsymbol{M}_B(t_{B0})$ 及协方差矩阵 $\boldsymbol{P}_B(t_{B0})$，按照 13.2.3 节步骤计算小行星和地球的最接近时刻 t_{tca}，根据小行星的标称状态估计值 $\boldsymbol{M}_B(t_{B0})$ 和协方差矩阵 $\boldsymbol{P}_B(t_{B0})$ 生成大量初始样本点。设置样本点总数为 N，将生成的样本点预报到 t_{tca} 时刻后投影到 B 平面，计算每一个样本点的 B 参数和阈值的相对大小关系。如果 B 参数小于给定的阈值，认为发生一次碰撞，否则认为没有发生碰撞。记总样本数为 N，碰撞发生次数为 n，则基于蒙特卡罗方法的撞击概率计算式为

$$P_c=\frac{n}{N} \tag{13.22}$$

基于蒙特卡罗方法的撞击概率计算方法简单，易于操作，当样本点数目 N 足够大时，计算结果的精度和可信度很高。但是，针对某些小概率撞击事件，为了

得到可靠的结果，需要的样本点数目非常大，对于计算资源的消耗非常大。

13.4.3　基于高斯混合模型的撞击概率计算

GMM 通过有限个子高斯分布概率密度函数的加权和来表征任意非高斯分布概率密度函数。采用GMM-UT将小行星轨道偏差预报到最接近时刻后，对用GMM表征的概率密度函数在地球、小行星联合包络体积内积分，便可获得小行星对地球的撞击概率。因此，可通过对 GMM 的子高斯分布两两之间求解局部碰撞概率，将求得的这些局部碰撞概率分别乘以相应子高斯分布权重并求和进行计算。以来自目标 A 的第 i 个子高斯分布 $p_{g,Ai}(\boldsymbol{x};\boldsymbol{m}_i,\boldsymbol{P}_i)$ 和目标 B 的第 j 个子高斯分布 $p_{g,Bj}(\boldsymbol{x};\boldsymbol{m}_j,\boldsymbol{P}_j)$ 为例，设二者的权重分别为 ω_{Ai} 和 ω_{Bj}，二者之间局部碰撞概率为 $P_{\text{collision},ij}$，则最终碰撞概率计算结果为

$$P_{\text{colliion},t}=\sum_{i=1}^{N_A}\sum_{j=1}^{N_B}\omega_{Ai}\omega_{Bj}P_{\text{collision},ij} \tag{13.23}$$

其中，N_A 和 N_B 为目标 A 和 B 轨道偏差 GMM 表征方法的子高斯分布数目。

根据每一个子高斯分布的位置速度均值 $\boldsymbol{m}_i$ 与协方差矩阵 $\boldsymbol{P}_i$，可以得到一个独立的位置分布概率密度函数 $p_{g,Ai}(\boldsymbol{r})$、$p_{g,Bi}(\boldsymbol{r})$，将其合并后在联合包络区域内两两数值积分即可得局部碰撞概率。

根据高斯分布概率密度函数表达式，可得 $p_{g,Ai}(\boldsymbol{r};\boldsymbol{m}_i,\boldsymbol{P}_i)$ 和 $p_{g,Bj}(\boldsymbol{r};\boldsymbol{m}_j,\boldsymbol{P}_j)$ 对应的概率密度函数，即

$$\begin{aligned}
p_{g,Ai}(\boldsymbol{r})&=\frac{1}{(2\pi)^{\frac{3}{2}}\cdot\sqrt{|\boldsymbol{P}_{ri}|}}\cdot\exp\left[-\frac{1}{2}(\boldsymbol{r}-\overline{\boldsymbol{r}}_{Ai})^{\mathrm{T}}\boldsymbol{P}_{Ai}^{-1}(\boldsymbol{r}-\overline{\boldsymbol{r}}_{Ai})\right]\\
p_{g,Bj}(\boldsymbol{r})&=\frac{1}{(2\pi)^{\frac{3}{2}}\cdot\sqrt{|\boldsymbol{P}_{rj}|}}\cdot\exp\left[-\frac{1}{2}(\boldsymbol{r}-\overline{\boldsymbol{r}}_{Bj})^{\mathrm{T}}\boldsymbol{P}_{Bj}^{-1}(\boldsymbol{r}-\overline{\boldsymbol{r}}_{Bj})\right]
\end{aligned} \tag{13.24}$$

考虑目标 A、B 的位置偏差是两个相互独立的随机变量，将二者写成联合位置分布概率密度函数形式 $p_{Ai,Bj}(\boldsymbol{r})$，即

$$p_{Ai,Bj}(\boldsymbol{r})=\frac{1}{2\pi^{\frac{3}{2}}\cdot\sqrt{|\boldsymbol{P}_{Ai,Bj}|}}\cdot\exp\left(-\frac{1}{2}(\boldsymbol{r}-\overline{\boldsymbol{r}}_{Ai,Bj})^{\mathrm{T}}\boldsymbol{P}_{Ai,Bj}^{-1}(\boldsymbol{r}-\overline{\boldsymbol{r}}_{Ai,Bj})\right) \tag{13.25}$$

其中，$\overline{\boldsymbol{r}}_{Ai,Bj}=\overline{\boldsymbol{r}}_{Bj}-\overline{\boldsymbol{r}}_{Ai}$；$\boldsymbol{P}_{Ai,Bj}=\boldsymbol{P}_{Ai}+\boldsymbol{P}_{Bj}$；联合概率密度函数 $p_{Ai,Bj}(\boldsymbol{r})$ 实际上是以

其中某个目标的位置为原点，将两目标的位置不确定性叠加到此目标上，代表的含义为以其中一个目标作为基准点，另一个目标在相对该基准点空间内出现的概率。

当将问题转化到 B 平面内求解撞击概率时，由于只考虑 B 平面内的两个分量，三维概率密度函数 $p_{Ai,Bj}(\boldsymbol{r})$ 进一步降为二维 $p_{Ai,Bj}(\xi,\zeta)$。不失一般性，令 A 目标作为目标天体，位于坐标系原点且位置无偏差，联合概率密度函数维数变为二维，两目标局部碰撞概率 $P_{c,ij}$ 就等于 $p_{Ai,Bj}(\xi,\zeta)$ 以原点为圆心，半径为临界半径 $R=R_{pl}\sqrt{1+\dfrac{2\mu}{R_{pl}v_\infty^2}}$ 的圆域内的积分值，即

$$P_{c,ij}=\int_{|B|<R}p_{Ai,Bj}(\xi,\zeta)\mathrm{d}\xi\mathrm{d}\zeta \tag{13.26}$$

13.4.4 算例分析

1. 问题配置

以两近地小行星 2004MN4 与 2008JL3 为例，MJD=59600.0 时刻小行星轨道根数如表 13.8 所示。

表 13.8 MJD=59600.0 时刻小行星轨道根数

轨道根数	小行星编号 2004MN4	小行星编号 2008JL3
半长轴 a /AU	0.92269589	2.158237
偏心率 e	0.19138398	0.544360
轨道倾角 i /rad	0.05827570	0.015653
纬度辐角 w /rad	2.20951582	2.715006
升交点赤经 Ω /rad	3.55979846	0.703266
平近点角 M /rad	3.41481378	2.195402

2. 最接近距离计算结果对比分析

根据初始轨道根数，利用 N 体轨道动力学方程对两小行星进行轨道预报计算其最接近距离，以及最接近时刻。采用变步长积分函数进行动力学积分，相对误差与绝对误差误差限保持为 10^{-12}。

1) 2004MN4 小行星接近地球情况

采用不同积分步长，计算得到的小行星 2004MN4 最接近时刻与接近距离如表 13.9 所示。国际主要航天机构 ESA 与 NASA 公布的该小行星接近地球的数据

如表 13.10 所示。可见，当积分步长小于 0.001d 时，本书计算的最接近时刻与接近距离与主要航天机构公布的结果基本一致。

表 13.9　不同积分步长下 2004MN4 计算得到最接近距离与时刻

步长/d	最接近时刻(UTC)	归一化距离/AU	接近天体
0.001	2029-4-13 21:46:04	0.0002651	地球
0.005	2029-4-13 21:50:24	0.0002662	地球

表 13.10　主要航天机构公布的 2004MN4 最接近时刻

项目	最接近时刻(UTC)	归一化距离/AU
ESA	2029-4-13 21:46	0.0002521
NASA	2029-4-13 21:46	0.00025

进一步，根据小行星在飞越时刻附近的距离信息，小行星 2004MN4 与地球质心距离如图 13.9 所示。小行星 2004MN4 轨道平面图如图 13.10 所示。

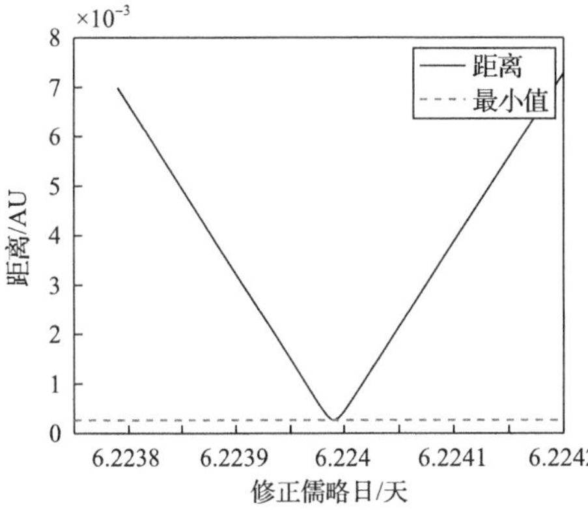

图 13.9　小行星 2004MN4 与地球质心距离

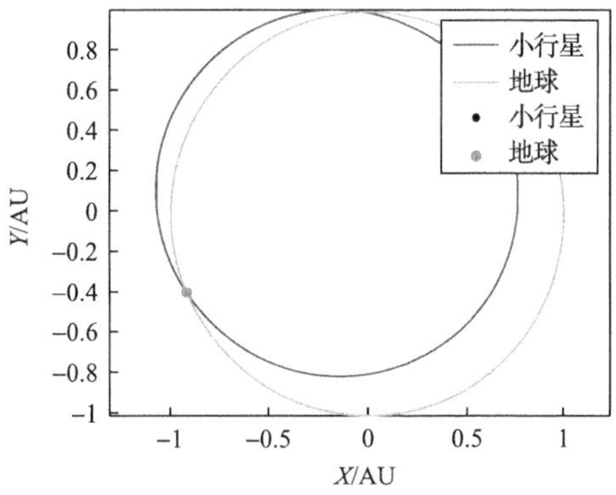

图 13.10　小行星 2004MN4 轨道平面图

2）2008JL3 小行星接近地球情况

采用不同积分步长，小行星 2008JL3 最接近时刻与接近距离如表 13.11 所示。ESA 公布的该小行星接近地球的数据如表 13.12 所示。小行星 2008JL3 接近地球前后的距离图像如图 13.11 所示。小行星和地球的轨道在黄道平面投影如图 13.12 所示。

表 13.11　不同积分步长下 2008JL3 计算得到最接近距离与时刻

步长/d	最接近时刻(UTC)	归一化距离/AU	接近天体
0.001	2027-5-2 4:7:40	0.00203195	地球
0.005	2027-5-2 4:11:59	0.00203196	地球

表 13.12　ESA 公布的 2008JL3 最接近时刻

项目	最接近时刻(UTC)	归一化距离/AU
ESA	2027-5-02 4:00	0.0020198

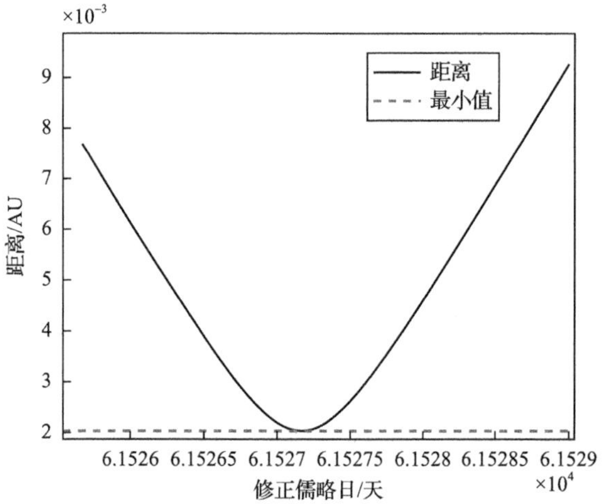

图 13.11　小行星 2008JL3 质心与地球距离

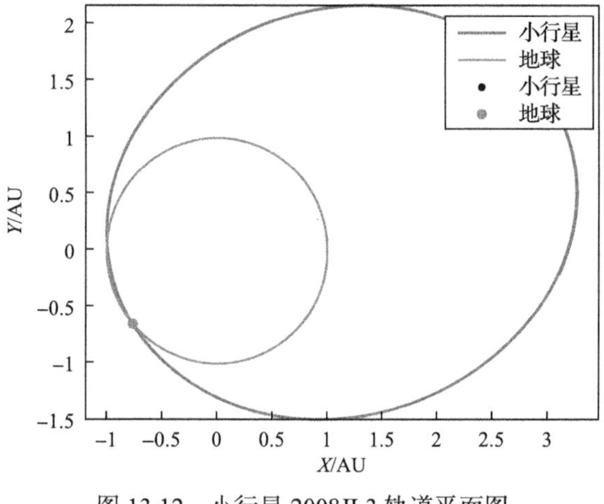

图 13.12　小行星 2008JL3 轨道平面图

从图 13.10 和图 13.12 看出，最接近距离和时刻往往出现在平面内两轨道相交的位置。从最接近距离和最接近时刻来看，本书所得的结果和 NASA、ESA 公布的数据基本吻合，验证了本书模型方法的有效性。但是，距离计算数据普遍偏大，数据仍存在一定的误差，主要原因是时间步长的选择，以及对动力学方程的简化。在一定的范围内，时间步长越小积分得到的结果会更加精确。本书使用的动力学模型忽略了相对论效应和后牛顿效应的影响，只考虑八大行星、冥王星和月球的引力影响。若要进行更精确的分析，还应该考虑更多行星的影响和相对论效应。虽然这些项量级不大，但是由于近地小行星预警问题时间跨度长，即使数量级较小，但是随着时间的积累，也会对这一类长时间预报问题的结果产生影响。

3. 撞击概率计算结果对比分析

由于近些年的精密观测，排除了早些年预测的小行星 2004MN4 在 2029 年对地球的撞击风险[4]，因此本节主要以近地小行星 2008JL3 为例。MJD=59600.0 时刻 2008JL3 初始轨道及偏差如表 13.13 所示。

表 13.13　MJD=59600.0 时刻 2008JL3 初始轨道及偏差

轨道根数	标称值	标准差	偏差值
半长轴 a /AU	2.158237	σ_x	0.002629
偏心率 e	0.544360	σ_y	0.000515
轨道倾角 i /rad	0.015653	σ_z	1.221730×10^{-5}
纬度辐角 w /rad	2.715006	σ_{vx}	5.410520×10^{-5}
升交点赤经 Ω /rad	0.703266	σ_{vy}	1.396263×10^{-5}
平近点角 M /rad	2.195402	σ_{vz}	0.04594649

为了验证撞击概率的计算结果，便于和 NASA 和 ESA 的结果进行比较，将小行星的终端时刻与 NASA 与 ESA 计算撞击概率时公布的时间对齐，即终端时刻 t_f 为 2027 年 5 月 1.379 天(UTC)。

先将轨道标称值预报到终端时刻 t_f，求出此时刻小行星的位置 $\boldsymbol{r}_f$ 和速度 $\boldsymbol{v}_f$ 信息，根据 B 平面定义式(13.12)，可以求出由日心黄道系转换到 B 平面坐标系的转换矩阵，同时求出标称状态的 $\boldsymbol{B}$ 矢量和临界撞击半径为

$$r_{p_1} = R_{pl}\sqrt{1+\frac{2\mu}{R_{pl}v_\infty^2}} = 7.004634\times10^{-5} \tag{13.27}$$

根据蒙特卡罗方法，选取初始样本点数为 $N=150000$，将样本点预报到终端并投影在 B 平面上，得到样本点在 B 平面内的分布如图 13.13 和图 13.14 所示。可见，相对日心黄道系表示轨道偏差，在 B 平面表征的轨道偏差非高斯分布特性更明显。为了更好地在 B 平面计算撞击概率，需要考虑偏差非高斯特性影响。

图 13.14 中圆圈标注的点满足 $B\leqslant r_{p_1}=R_{pl}\sqrt{1+\frac{2\mu}{R_{pl}v_\infty^2}}$，具有潜在撞击风险，经过蒙特卡罗方法计算得到的撞击概率结果为

$$P_{c,MC} = 1.3\times 10^{-4} \tag{13.28}$$

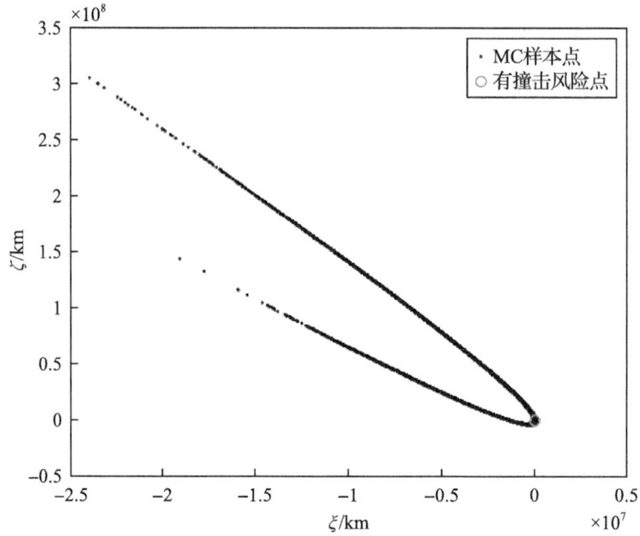

图 13.13　蒙特卡罗样本点在 B 平面分布

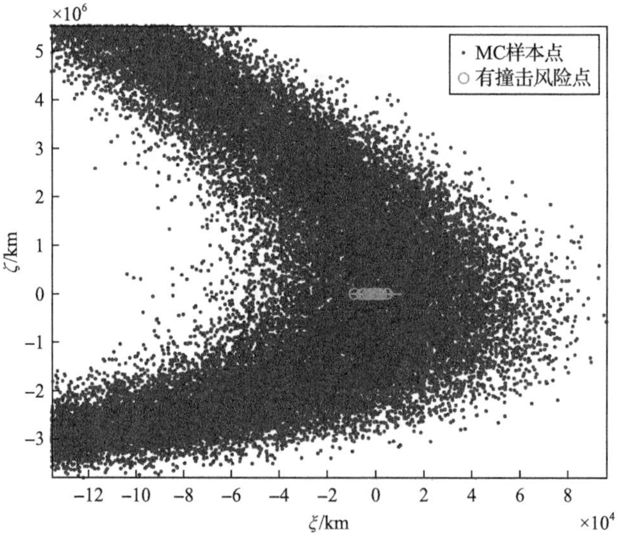

图 13.14　撞击风险点集合分布放大图

下面采用基于 GMM 的撞击概率计算方法。首先，选取初始偏差 GMM 分割数为 $N=17$，分割方向选择为平近点角 M 方向，按照 13.3 节 GMM-UT 偏差演化方法将近地小行星初始偏差预报到终端时刻 t_f。然后，将终端时刻位置速度偏差投影到 B 平面，得到终端时刻 B 平面内的偏差均值与协方差矩阵。终端时刻 B

平面样本点(蒙特卡罗方法)与子高斯分布误差椭球(GMM-UT 方法)如图 13.15 所示。可见图中紫色椭球很好地将 B 平面内的样本点包络，表明 GMM-UT 方法在针对非高斯特性明显的结果有很好的拟合能力，能较好地描述终端偏差分布信息。根据 13.4.3 节提出的方法，在 B 平面内计算得到的撞击概率为

$$P_{c,\mathrm{GMM}} = 1.40409 \times 10^{-4} \tag{13.29}$$

将本书 GMM-UT 方法、单一 UT 方法计算结果与 NASA、ESA 公开的撞击概率计算数据对比，以 ESA 公布的数据作为参考值。撞击概率计算结果与相对误差如表 13.14 所示。

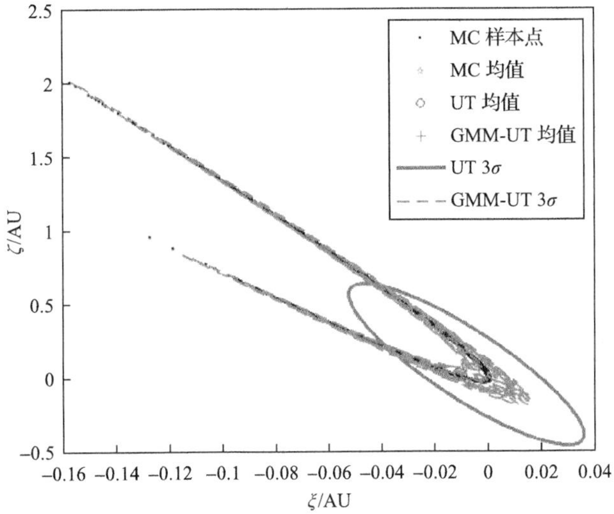

图 13.15　终端时刻 *B* 平面样本点与子高斯分布误差椭球

表 13.14　撞击概率计算结果与相对误差

数据来源	撞击概率 P_c 计算结果	相对误差/%
ESA 计算结果	1.49×10^{-4}	—
NASA 计算结果	1.5×10^{-4}	0.67
本书蒙特卡罗仿真	1.3×10^{-4}	12.7
GMM-UT	1.40409×10^{-4}	5.7
UT	1.55265×10^{-6}	98

可以看出,本书采用的蒙特卡罗方法和 GMM-UT 方法得到的结果相比 NASA 与 ESA 的结果量级保持一致，数据上存在一定的误差。总体而言，基于 GMM 的

撞击概率方法能够较好地计算撞击概率信息。由于只对$17\times13=221$个 Sigma 点进行了积分计算，相比蒙特卡罗方法可以大大降低计算量。蒙特卡罗样本数量$N=150000$不是很大，可能导致其计算结果还未完全收敛。

从结果来看，本书计算得到的撞击概率计算结果均偏小，分析原因主要是最近距离的计算存在误差。表 13.9 和表 13.12 计算得到的最接近距离普遍都比公布的结果大，会导致后续距离小于阈值r_{p1}的点较少，因此不论是采用蒙特卡罗方法还是 GMM，计算的撞击概率均偏小。采取 UT 方法得到的结果误差非常大，因为在终端B平面上样本点的分布呈现出较强的非高斯性，采用 UT 方法得到的误差椭球做了高斯分布近似，无法很好地将所有样本点包络。如图 13.15 所示，在描述B平面终端偏差的非高斯分布上存在较大的误差，因此得到的撞击概率结果误差较大。

特别强调，本章在小行星撞击风险仿真分析中虽然仅考虑N体引力摄动，忽略后牛顿效应、相对论效应等摄动力影响，但是基于 GMM-UT 的偏差演化与撞击概率计算方法，在用 GMM 逼近非高斯分布时与动力学模型无关，在用 UT 预报子高斯分布均值与协方差矩阵时，对 Sigma 点的轨道预报可以把动力学模型当作黑箱。因此，本书方法同样适用于未对小行星运动方程作任何简化的高精度动力学模型。

参 考 文 献

[1] 龚自正, 李明, 陈川, 等. 小行星监测预警、安全防御和资源利用的前沿科学问题及关键技术. 科学通报, 2020, 65(5): 346-372.

[2] Yeomans D K, Chodas P W. Predicting close approaches of asteroids and comets to earth. Hazards Due to Comets and Asteroids, 1994, 8: 241-258.

[3] Opik E J. Interplanetary Encounters: Close Range Gravitational Interactions. New York: Elsevier, 1976.

[4] Armellin R, Lizia P D, Zazzera F B, et al. Apophis encounter 2029: differential algebra and Taylor model approaches// IAA Planetary Defense Conference, Granada, 2009: 1-24.

[5] Muinonen K, Virtanen J, Bowell E. Collision probability for earth-crossing asteroids using orbital ranging. Celestial Mechanics and Dynamical Astronomy, 2001, 81: 93-101.

[6] Virtanen J, Muinonen K, Bowell E. Statistical ranging of asteroid orbits. Icarus 2001, 154: 412-431.

[7] Armellin R, Lizia P D, Bernelli-Zazzera F, et al. Asteroid close encounters characterization using differential algebra: The case of Apophis. Celestial Mechanics & Dynamical Astronomy, 2010, 107(4): 451-470.

[8] Vigna A D, Milani A, Spoto F, et al. Completeness of impact monitoring. Icarus, 2018, 321:

647-660.

[9] Roa J, Farnocchia D, Chesley S R. A novel approach to asteroid impact monitoring and hazard assessment. The Astronomical Journal, 2021, 162(6): 277-290.

[10] Milani A, Sansaturio M E, Tommei G, et al. Multiple solutions for asteroid orbits: computational procedure and applications. Astron Astrophys, 2005, 431: 729-746.

[11] Milani A, Chesley S R, Sansaturio M E, et al. Nonlinear impact monitoring: line of variation searches for impactors. Icarus, 2005, 173(2): 362-384.

[12] Sean E U, Seidelmann P K. Explanatory Supplement to the Astronomical Almanac. 3rd Ed. Herndon: University Science Books, 2012.

[13] Farnocchia D, Eggl S, Chodas P W, et al. Planetary encounter analysis on the B-plane: a comprehensive formulation. Celestial Mechanics and Dynamical Astronomy, 2019, 131(8): 36-47.

第 14 章　考虑偏差影响的鲁棒交会轨道规划

RVD 指两个航天器(一个称为目标航天器，另一个称为追踪航天器)于同一时间在轨道同一位置以相同速度会合，并在结构上连成一个整体的技术[1,2]。RVD 包括空间交会和对接两个步骤，若只是以几乎相同的速度在轨道同一位置会合，叫做空间交会。RVD 是载人航天，以及空间站等大型空间平台建造的基本技术，其飞行过程可划分为远距离导引段(调相段)、寻的段、接近段、平移靠拢段和对接段。远距离导引段从追踪航天器入轨点起到其星上传感器捕获目标航天器为止，将两航天器从相距上千公里导引到几十公里范围内，飞行时间一般为 2～3 天(但也存在只有几小时的快速交会方案和长达数周的长时间交会方案)。远距离导引段两航天器相距远、飞行时间长、受摄动偏差影响大，是交会轨道机动规划的研究重点。关于交会轨道设计优化的研究大多针对标称运动情况，没有考虑实际飞行中可能的偏差因素。在实际任务中，航天器的飞行轨道在各种偏差扰动下会偏离设计的标称轨道，因此需要进行额外的轨道修正。本章在最优交会轨道设计中引入各种偏差，结合前述偏差演化分析方法，建立考虑偏差影响的交会轨道鲁棒性评价指标体系和鲁棒交会轨道优化模型，设计兼具燃料最优和轨道鲁棒性的交会变轨方案。

14.1　鲁棒交会轨道规划问题

标称交会轨道规划的目的是设计总速度增量最小的变轨方案。在实际飞行控制中，由于动力学模型误差、导航误差、控制误差等偏差因素的影响，航天器实际飞行轨道会偏离设计的标称轨道。现有对交会轨道控制策略的设计多以燃料消耗最小为目标，很少将偏差因素纳入设计。考虑偏差影响后，交会轨道规划问题比标称的交会轨道规划更难。下面介绍考虑偏差因素的鲁棒交会轨道优化问题。

考虑导航误差后，航天器的实际状态可表示为

$$\boldsymbol{x}(t_0) = \bar{\boldsymbol{x}}(t_0) + \delta \boldsymbol{x}_0 \tag{14.1}$$

其中，$\bar{\boldsymbol{x}}(t_0)$ 为标称状态；$\delta \boldsymbol{x}_0$ 为导航误差。

同理，考虑控制误差后，航天器实际机动冲量可表示为

$$\Delta \boldsymbol{v}_i = \Delta \bar{\boldsymbol{v}}_i + \delta \boldsymbol{v}_i, \quad i = 1, 2, \cdots, m \tag{14.2}$$

其中，机动误差标准差大小与脉冲大小成正比[3]，可表示为

$$P(\delta v_i) = \mathrm{diag}\left\{[(\alpha\left|\Delta\overline{v}_{ix}\right| + \beta), (\alpha\left|\Delta\overline{v}_{iy}\right| + \beta), (\alpha\left|\Delta\overline{v}_{iz}\right| + \beta)]\right\} \tag{14.3}$$

其中，$i=1,2,\cdots,m$；$|\cdot|$为变量绝对值；$\mathrm{diag}\{\cdot\}$为以给定向量为对角线元素的对角矩阵；α、β为比例系数。

在实际调相交会任务中，为了减小各种误差因素对终端交会条件的影响、避免实际飞行轨道偏离设计轨道，航天器后续变轨序列需基于更新的轨道数据重新进行规划计算，通过对后续变轨参数的调整来修正前序飞行累积的误差，以提高终端控制精度、保证交会任务顺利完成。如图 14.1 所示，航天器飞行轨道实时控制过程一般由轨道测定、轨道规划、轨道机动[4,5]组成。

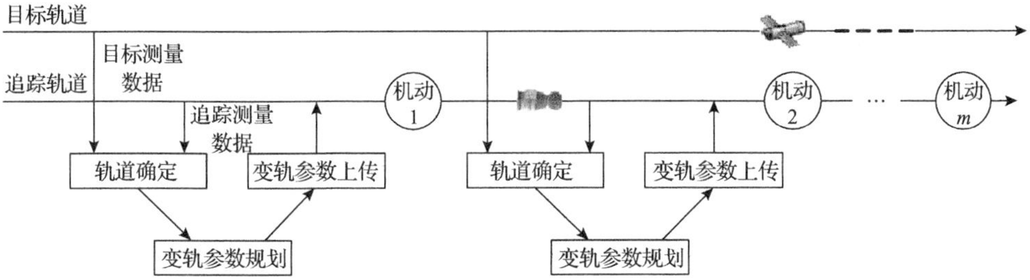

图 14.1　实时轨道规划控制过程

(1) 轨道测定。地面站、中继卫星等设备对目标器和追踪器的轨道状态进行测量、定轨，最终确定含有导航误差的轨道参数。

(2) 轨道规划。地面控制中心根据前一步对目标航天器及追踪航天器的定轨结果，规划追踪器为了实现交会所需的后续变轨参数（包括变轨时刻、机动冲量等），并将规划结果上传给星载计算机。

(3) 轨道机动。星载计算机指挥执行机构（主发动机、推力器等）按上传的机动参数执行变轨。本次机动执行完毕后，进入下一个由轨道测定-轨道规划-轨道机动组成的实时飞行控制循环，直到完成交会。

对航天器调相交会任务，根据 Fehse[1]、Murtazin 等[4]的总结，大部分实施近地 RVD 任务的航天器，如航天器飞机、自主转移飞行器、联盟进步飞船等[6,7]，在调相交会段均会进行 4～5 次变轨机动。其中，前两次机动用于将追踪航天器转移到与目标轨道具有一定高度差的调相轨道，通过在调相轨道上一段时间的自由飞行来减小与目标器间的相位角差。随后，地面站对两航天器的轨道进行测定，以确定前两次机动是否正确执行、是否需要对追踪器轨道进行一次中途修正来减小前序飞行累积的轨道误差。最后，根据新的定轨数据重新规划并执行后两次机动，以确保追踪器能成功达到瞄准点。因此，本章对考虑偏差的调相交会轨道规

划问题也采用 4～5 次机动，并将中途修正的变轨合并到后两次重新规划的变轨中。因为两次脉冲变轨恰好可以满足由 6 个等式约束组成的终端交会条件，所以仅通过重新规划后两次变轨便可以修正前序飞行的累积误差，并满足终端交会条件。

现有基于标称条件的交会轨道设计在规划过程中没有考虑偏差和轨道重规划过程，因此实际飞行中需要在每次机动前都执行一次轨道测定-轨道规划-轨道机动过程。这不仅需要大量的地面资源，还可能需要额外燃料来修正轨道。本书在标称轨道设计过程中考虑轨道误差影响，并考虑实际任务中的轨道重规划过程，以获得兼具燃料最优和轨道鲁棒性的标称交会方案。鲁棒交会轨道规划示意图如图 14.2 所示。特别指出，若在任务设计过程中考虑两次以上的重规划过程，会将规划模型变得难以理解和求解，因为需要进行重规划的参数是层层嵌套的。事实上，也没必要在任务设计时考虑多次重规划，因为前两次机动靠近任务初始时刻，第一次定轨误差还未传播太大，不会对前两次机动造成太大影响。修正前序飞行的累积误差并满足交会条件，仅需要重规划后两次变轨即可。因此，追踪器入轨后仅需执行两次轨道测定和轨道规划(第一次变轨前和倒数第二次变轨前)便可完成交会。

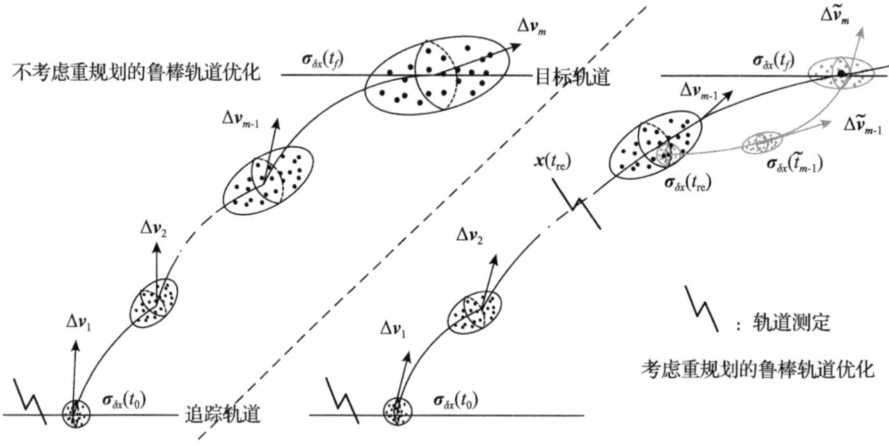

图 14.2　鲁棒交会轨道规划示意图

考虑误差影响，本书设计两种鲁棒交会轨道规划模型，即考虑重规划的鲁棒交会规划模型(robust design with considering orbital re-planning, RDwithOR)和不考虑重规划的鲁棒交会规划模型(robust design without considering orbital re-planning, RDwithoutOR)。对 RDwithoutOR 模型，所有变轨参数均基于追踪器入轨后的第一次轨道测定数据计算，然后不再更新。该模型的目标是最小化总速度增量 Δv 及交会终端误差的标准差 $\boldsymbol{\sigma}_{\delta x}(t_f)$。对 RDwithOR 模型，根据第一次轨道测定数据

计算所有 m 次变轨参数，但是实际飞行中仅执行前 m–2 次机动，然后再次进行轨道测定，并根据定轨结束时刻 t_{re} 更新的轨道数据重新规划后两次变轨参数，使前序飞行的累积轨道误差得到修正。虽然第二次定轨依然存在导航误差 $\boldsymbol{\sigma}_{\delta\boldsymbol{x}}(t_{\mathrm{re}})$，但是相对于第一次的导航误差 $\boldsymbol{\sigma}_{\delta\boldsymbol{x}}(t_0)$，$\boldsymbol{\sigma}_{\delta\boldsymbol{x}}(t_{\mathrm{re}})$ 距离交会终端很近，误差传播时间短，因此不会对终端交会误差 $\boldsymbol{\sigma}_{\delta\boldsymbol{x}}(t_f)$ 造成太大影响。特别指出，由于后两次实际执行的机动量 $\Delta\tilde{\boldsymbol{v}}_{m-1}$ 与 $\Delta\tilde{\boldsymbol{v}}_m$ 是根据具体的重定轨参数 $\boldsymbol{x}(t_{\mathrm{re}})$ 计算，因此它们也是不确定的。所以，RDwithOR 模型的目标是最小化总速度增量 Δv 及交会终端误差的标准差 $\boldsymbol{\sigma}_{\delta\boldsymbol{x}}(t_f)$。此处，$\boldsymbol{\sigma}_{\delta\boldsymbol{x}}(t_f)$ 是重定轨的导航误差 $\boldsymbol{\sigma}_{\delta\boldsymbol{x}}(t_{\mathrm{re}})$ 及后两次机动控制误差传播 $\Delta t=(t_f-t_{\mathrm{re}})$ 时间造成的。

综上，RDwithoutOR 模型是用于在没有重定轨及轨道重规划情况下，设计一条变轨总速度增量最省且鲁棒性较好的标称交会轨道。RDwithOR 是用于设计一条在考虑重定轨及轨道重规划的情况下，实际执行的变轨总速度增量最省且鲁棒性较好的交会轨道。本书将导航误差及轨道机动误差均假设为零均值的高斯分布，虽然所用算例动力学模型仅考虑地球非球形引力 J_2、J_3、J_4 项摄动，但是所述方法同样适用于高精度轨道动力学模型。

14.2　鲁棒性评价指标设计

鲁棒性是指系统参数在误差或摄动因素作用下，维持某些性能的特性。鲁棒优化设计的目的是权衡最优性与系统的抗干扰性，使系统在各种误差及扰动因素影响下，被关心的性能指标不会大幅度波动。在不考虑误差因素的标称轨道优化中，可以认为航天器在实际任务中总能到达瞄准状态，因此燃料消耗常被当作唯一的优化指标。事实上，由于各种误差影响，航天器终端状态会偏离瞄准状态。考虑偏差影响的鲁棒轨道优化问题，其燃料消耗及终端脱靶量均受输入偏差影响，需要在设计优化中作为性能指标考虑。

14.2.1　鲁棒性评价指标定义

1. 基于终端脱靶量的鲁棒指标

在统计意义上，误差标准差用来衡量误差的分散程度。因此，我们用终端交会误差的标准差 σ_l 来定义第一个鲁棒性指标 R_1，衡量终端交会条件的满足情况，即

$$R_1=\sum_{l=x,y,z,v_x,v_y,v_z}\frac{\sigma_l}{\bar{\sigma}_l} \tag{14.4}$$

其中，$l = x, y, z, v_x, v_y, v_z$； σ_l 为终端交会误差标准差； $\bar{\sigma}_l$ 为用户选择的无量纲化参数，用于归一化终端状态误差标准差。

$\bar{\sigma}_l$ 最好选取能使各维标准差 $\sigma_l/\bar{\sigma}_l$ 量级相当的数值，避免大数吃小数，方便各维坐标分量在优化过程中能被平等地最小化。如果给定各维坐标分量的容许误差， $\bar{\sigma}_l$ 可取为对应坐标分量的容许误差值。

令 $E[\cdot]$ 为随机变量的期望算子，$\boldsymbol{m}$ 为其均值，$\boldsymbol{P}$ 为其协方差矩阵， $\delta\boldsymbol{x}(t_f)$ 为终端交会误差的一个随机样本，则终端交会误差的均值及标准差 $\boldsymbol{\sigma}(t_f)$ 可表示为

$$
\begin{aligned}
&\boldsymbol{m}(t_f) = E[\delta\boldsymbol{x}(t_f)] \\
&\boldsymbol{\sigma}^2(t_f) = \mathrm{diag}\{\boldsymbol{P}(t_f)\} \\
&\boldsymbol{P}(t_f) = E[(\delta\boldsymbol{x}(t_f) - \boldsymbol{m}(t_f))(\delta\boldsymbol{x}(t_f) - \boldsymbol{m}(t_f))^{\mathrm{T}}]
\end{aligned}
\tag{14.5}
$$

图 14.3 以二维问题为例，给出误差标准差 σ_l $(l = x, y)$、误差椭球、容许误差限之间的几何关系。其中，σ_l 为协方差矩阵对角线元素的平方根，区间数 $[X_l^c, X_l^w]$ 用来表示容许误差限[8]。误差椭球是由协方差矩阵确定的椭球，其对称主轴与原物理坐标轴可以不一致。由图 14.3 可知，从几何意义上， $2\sigma_l$ 表示误差椭球外切多面体的边长。显然，通过最小化误差椭球外切多面体的边长，可以间接地最小化误差椭球。虽然最小化误差椭球外切多面体比直接最小化误差椭球更为保守，但是在实际任务中，某一坐标量的容许误差一般以区间数的形式给出，即给出坐标的上下限。由图 14.3 可知，该区间数与误差椭球外切多面体边长直接对应，进而与协方差矩阵的对角线元素直接对应。因此，若直接最小化误差椭球多面体的边长，就不需要对协方差矩阵进行额外的操作和计算(直接使用对角线元素)。相反，若最小化误差椭球，需要对协方差矩阵 $\boldsymbol{P}$ 进行特征值分解。

事实上，也可以将鲁棒指标 R_1 定义为终端位置误差椭球体积与速度误差椭球体积之和 V_{ellip} 或它们的外切多面体体积之和 V_{box} ，即

$$
\begin{aligned}
R_1 &= V_{\mathrm{ellip}} = \frac{\lambda_1\lambda_2\lambda_3}{\bar{\lambda}_1\bar{\lambda}_2\bar{\lambda}_3} + \frac{\lambda_4\lambda_5\lambda_6}{\bar{\lambda}_4\bar{\lambda}_5\bar{\lambda}_6} \\
R_1 &= V_{\mathrm{box}} = \frac{\sigma_x\sigma_y\sigma_z}{\bar{\sigma}_x\bar{\sigma}_y\bar{\sigma}_z} + \frac{\sigma_{vx}\sigma_{vy}\sigma_{vz}}{\bar{\sigma}_{vx}\bar{\sigma}_{vy}\bar{\sigma}_{vz}}
\end{aligned}
\tag{14.6}
$$

其中，λ_i $(i = 1, 2, 3)$ 为终端位置误差协方差矩阵 $\boldsymbol{P}(1:3,1:3)$ (即 $\boldsymbol{P}$ 的左上角子矩阵)的特征值， $\bar{\lambda}_i$ 为其归一化系数； λ_j $(j = 4, 5, 6)$ 为终端速度误差协方差矩阵 $\boldsymbol{P}(4:6,4:6)$ 的特征值。

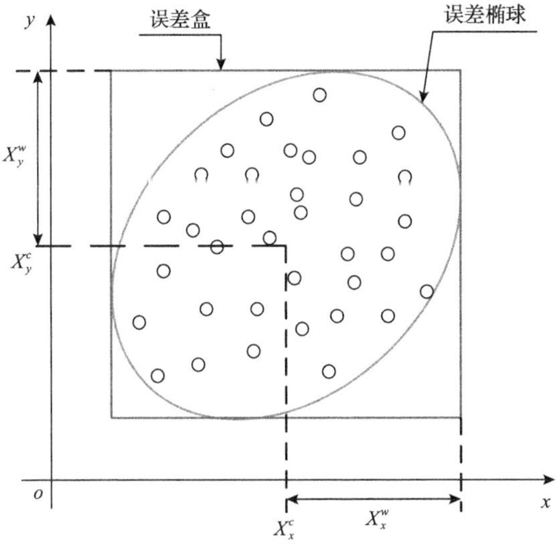

图 14.3　误差椭球及误差盒示意

航天器轨道偏差在横向散播最快，且远大于径向和法向。若采用式(14.6)定义的鲁棒性指标，横向位置误差一个较小的变化将引起误差椭球体积 V_{ellip} 或其外切多面体体积 V_{box} 的剧烈变化，使横向在优化过程中能被最大限度地最小化，而径向与法向却得不到优化，甚至变差。虽然可以对横向加一个比例系数(权重)来避免该问题，但是该比例系数的值难以选取。相反，若采用鲁棒性指标，因为 $\sigma_l/\bar{\sigma}_l$ $(l = x, y, z, v_x, v_y, v_z)$ 的值均在 0～1，它们的和对目标函数的贡献是平等的，因此可以保证优化过程中，终端位置速度偏差的每一维分量均可以平等地被最小化。

从鲁棒设计的角度，一个理想的设计结果是鲁棒指标越小越好。这意味着，在导航及控制等误差影响下，追踪器终端所有可能的状态都距离瞄准状态很近，即在统计意义上，终端偏差的散布很小。

2. 基于总速度增量的鲁棒指标

如图 14.2 所示，考虑轨道重规划后，航天器的后两次变轨 $\Delta\tilde{\boldsymbol{v}}_{m-1}$ 与 $\Delta\tilde{\boldsymbol{v}}_m$ 需要根据重定轨获得的具体数据 $\boldsymbol{x}(t_{\text{re}})$ 计算，而 $\boldsymbol{x}(t_{\text{re}})$ 受初始导航误差及前序机动控制误差影响是一个随机变量。因此，$\Delta\tilde{\boldsymbol{v}}_{m-1}$ 与 $\Delta\tilde{\boldsymbol{v}}_m$ 也是不确定的，在轨道设计中需要分析其统计参数。为了使交会的总速度增量最小，我们将第 2 个鲁棒性指标 R_2 定义为总速度增量的均值，即

$$R_2 = E[\Delta v] = \sum_{j=1}^{m-2} \left\| \Delta\bar{\boldsymbol{v}}_j \right\| + E[\Delta\tilde{v}_{m-1}] + E[\Delta\tilde{v}_m] \tag{14.7}$$

其中，$\Delta\tilde{v}_{m-1}=\|\Delta\tilde{\boldsymbol{v}}_{m-1}\|$，$\Delta\tilde{v}_m=\|\Delta\tilde{\boldsymbol{v}}_m\|$，$\Delta\tilde{\boldsymbol{v}}_{m-1}$ 与 $\Delta\tilde{\boldsymbol{v}}_m$ 为根据轨道重规划计算的后两次变轨冲量。

鲁棒指标 R_2 表示实际交会中需要的总速度增量 Δv，包括修正轨道偏差需要的机动冲量。理想的鲁棒设计结果是使 R_2 越小越好。

14.2.2 鲁棒性评价指标计算

鲁棒指标 R_1、R_2 与终端交会偏差、总速度增量的统计参数有关。因此，我们需要用偏差传播分析方法计算这些统计参数。根据图 14.2，对 RDwithoutOR 鲁棒规划模型，仅需要计算鲁棒指标 R_1，而对 RDwithOR 鲁棒规划模型，需要同时计算指标 R_1 和 R_2。计算指标 R_1 是通过每个具体的重定轨状态 $\boldsymbol{x}(t_{\mathrm{re}})$ 嵌套在指标 R_2 的计算中，即对每一个用于计算 R_2 的具体随机样本，均需要计算一次 R_1。因此，对 RDwithOR 模型，需要用一个高效且精度较高的偏差传播分析方法来评估偏差的影响。

对于偏差传播分析方法，如 LinCov 方法、UT 方法、PCE、STT 等，均可用于计算鲁棒指标 R_1。对鲁棒指标 R_2 的计算，由图 14.2 可知，仅有基于样本点的偏差传播分析方法才适用。因为后两次变轨冲量 $(\Delta\tilde{\boldsymbol{v}}_{n-1},\Delta\tilde{\boldsymbol{v}}_n)$ 需要根据具体的重定轨状态 $\boldsymbol{x}(t_{\mathrm{re}})$ 计算。由于偏差影响，$\boldsymbol{x}(t_{\mathrm{re}})$ 是服从一定分布的随机变量。在实际飞行任务中，航天器状态只能取该分布中的一个随机样本，而任务设计阶段并不知道具体会出现哪一个样本，因此需要考虑所有可能的情况。重定轨状态 $\boldsymbol{x}(t_{\mathrm{re}})$ 在实际任务中的每一种可能取值，对应于仿真分析中的一个具体随机样本 $\boldsymbol{x}^i(t_{\mathrm{re}})$ $(i=1,2,\cdots,N)$。对每一个随机样本 $\boldsymbol{x}^i(t_{\mathrm{re}})$，都包含一个重定轨产生的导航误差 $\boldsymbol{\sigma}_{\delta x}(t_{\mathrm{re}})$，因此需要将该误差加入后续轨道仿真中预报到终端 t_f 时刻，计算一个对应的指标 R_1^i。

在偏差传播方法中，UT 方法、PCE 是基于样本点的方法，即通过传播一组样本点(Sigma 点或伪普配点)来评估偏差影响。与蒙特卡罗仿真类似，它们可以把动力系统当作一个黑箱，因此可以避免对动力系统本身进行任何简化。UT 方法虽然对高斯分布均值及协方差矩阵具有二阶逼近精度，但是不能提供高阶矩信息，也不适用于传播非高斯分布。虽然 PCE 方法能提供偏差的高阶矩和概率密度函数信息，也适用于非高斯分布偏差的传播，但是它需要更多的样本点，计算成本比 UT 方法大(UT 最多仅需要 $2n+1$ 个 Sigma 点)。因为交会任务对终端交会误差的容许值不能过大，所以要求终端交会误差也不能太大，这样终端误差的非高斯特性就不显著。因此，尽管终端交会误差可能是非高斯的，我们仅需要最小化其前两阶矩(均值、协方差矩阵)即可。对均值及协方差矩阵的传播分析，UT 方法具备二阶精度，考虑在交会轨道设计优化的每一步迭代中均需要评估偏差影响，所以本书选取计算量小且精度也比较高的 UT 方法来传播轨道导航及控制误差，进而计算鲁棒性评价指标 R_1 与 R_2。

14.3　鲁棒最优交会规划模型

优化问题一般由优化变量、目标函数、约束条件组成。本节建立两种鲁棒交会轨道设计方法 RDwithoutOR 与 RDwithOR 的优化模型。因为这两种优化模型仅在目标函数上差别较大，14.3.2 节详细论述了两种模型的目标函数设计方法。它们的优化变量与约束条件部分在 14.3.1 节与 14.3.3 节介绍。最后，14.3.4 节对两种鲁棒交会轨道优化方法进行总结，给出它们的具体数学模型。

14.3.1　优化变量

参照多脉冲标称轨道优化方法[2]，将每次变轨的机动时间与前 m–2 次的变轨参数作为鲁棒交会轨道优化的设计变量，即

$$\boldsymbol{X}=[t_l,\Delta\bar{\boldsymbol{v}}_j]^{\mathrm{T}},\quad l=1,2,\cdots,m\,;\,j=1,2,\cdots,m-2 \tag{14.8}$$

其中，m 为变轨次数；$\Delta\bar{\boldsymbol{v}}_j=[\Delta\bar{v}_{jx},\Delta\bar{v}_{jy},\Delta\bar{v}_{jz}]^{\mathrm{T}}$ 为 t_j 时刻第 j 次变轨的标称机动冲量。

对 RDwithoutOR 模型，本章采用可行解迭代优化方法[2]求解所有 m 次变轨的标称变轨参数 t_l、$\Delta\bar{\boldsymbol{v}}_l$ (l = 1, 2, ⋯, m)，即由优化算法给出的 m 个机动时刻 t_l 及前 m–2 个机动冲量 $\Delta\bar{\boldsymbol{v}}_j$ (j = 1, 2, ⋯, m–2)，根据摄动轨道动力学模型，将追踪航天器的状态由初始 t_0 时刻预报到 t_{m-1} 时刻，得到追踪器此时的标称状态 $\bar{\boldsymbol{x}}(t_{m-1})$。然后，采用摄动多圈 Lambert 算法求解后两次变轨冲量，使交会边界条件自动满足，即

$$(\Delta\bar{\boldsymbol{v}}_{m-1},\Delta\bar{\boldsymbol{v}}_m)=\text{Lambert}-p(\bar{\boldsymbol{x}}(t_{m-1}),\bar{\boldsymbol{x}}(t_m),t_m-t_{m-1}) \tag{14.9}$$

其中，追踪器 t_m 时刻的标称状态 $\bar{\boldsymbol{x}}(t_m)$ 通过逆向预报其终端时刻的标称状态 $\bar{\boldsymbol{x}}(t_f)$ 获得，$\bar{\boldsymbol{x}}(t_f)=\boldsymbol{x}_{\mathrm{ta}}(t_f)+{}^{I}\boldsymbol{T}_L\delta\boldsymbol{x}_{\mathrm{aim}}$，$\boldsymbol{x}_{\mathrm{ta}}(t_f)$ 为目标器终端状态，$\delta\boldsymbol{x}_{\mathrm{aim}}$ 为在目标器 LVLH 坐标系中描述的终端瞄准相对运动状态。

本章摄动模型仅考虑 J_2、J_3、J_4 项，可由解析的 Vinti 算法[9]预报航天器状态。

对 RDwithOR 模型，如图 14.2 所示，需要首先计算 m 个标称变轨参数 t_l、$\Delta\bar{\boldsymbol{v}}_l$ (l = 1, 2,⋯,m)；然后将初始导航误差 $\boldsymbol{\sigma}_{\delta x}(t_0)$、轨道控制误差 $\boldsymbol{\sigma}_{\delta v}(t_j)$、前 m–2 个标称变轨参数 t_j、$\Delta\bar{\boldsymbol{v}}_j$ (j = 1, 2,⋯,m–2) 代入轨道动力学模型，将追踪器状态预报到 t_{re} 时刻（$t_{m-2}<t_{\mathrm{re}}<t_{m-1}$），并将该状态 $\boldsymbol{x}(t_{\mathrm{re}})$ 作为利用 t_{m-2} 到 t_{re} 观测弧段重定轨确定的追踪器的实际状态；最后根据重定轨状态 $\boldsymbol{x}(t_{\mathrm{re}})$ 和 t_m 时刻瞄准的状态 $\bar{\boldsymbol{x}}(t_m)$，

采用摄动多圈 Lambert 算法求解后两次变轨冲量$(\Delta\tilde{\boldsymbol{v}}_{m-1},\Delta\tilde{\boldsymbol{v}}_m)$，即

$$(\Delta\tilde{\boldsymbol{v}}_{m-1},\Delta\tilde{\boldsymbol{v}}_m)=\text{Lambert}-p(\boldsymbol{x}(\tilde{t}_{m-1}),\bar{\boldsymbol{x}}(t_m),t_m-\tilde{t}_{m-1}) \tag{14.10}$$

其中，$\tilde{t}_{m-1}$为重新规划获得的第 m–1 次机动的变轨时刻，$t_{\text{re}}<\tilde{t}_{m-1}<t_m$，实际任务中，重定轨结束时刻$t_{\text{re}}$可根据测控系统的约束给出。

在本章仿真中，$t_{\text{re}}=t_{m-1}-T_{\text{tar}}/2$，$t_{m-1}$为第 m–1 次标称变轨时刻，T_{tar}为目标轨道周期。式(14.10)中，第 m–1 次变轨的实际执行时间$\tilde{t}_{m-1}$需要通过优化确定，使后两次变轨所需的总速度增量$\Delta v_L=\Delta\tilde{v}_{m-1}+\Delta\tilde{v}_m$尽可能小。因为对$\tilde{t}_{m-1}$的优化问题是嵌套在式(14.8)优化问题中的下层优化，因此如果使用的优化方法计算效率不高，将使整个 RDwithOR 优化问题的计算成本很大。图 14.4 给出Δv_L随轨道转移时间$\tilde{t}_{m-1}=t_{\text{re}}+t\cdot T_{\text{tar}}$的变化关系。由此可知，摄动 Lambert 轨道转移的总速度增量Δv随变轨时间$\tilde{t}_{m-1}$近似呈周期变化。因此，我们可以采用在一个轨道周期[t_{re}，$t_{\text{re}}+T_{\text{tar}}$]内，以一定步长枚举$\tilde{t}_{m-1}$的方法来找到其最优值。现将该枚举方法的实施步骤总结如下。

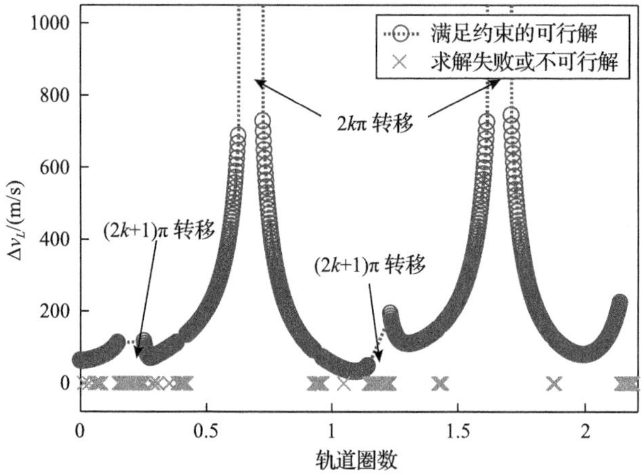

图 14.4　摄动轨道转移速度增量变化规律

算法 1　基于枚举法的变轨冲量重规划

步骤 1，计算以目标航天器轨道为参考的轨道周期T_{tar}，获得重定轨结束时间$t_{\text{re}}=t_{m-1}-T_{\text{tar}}/2$，其中$t_{m-1}$由式(14.8)通过上层优化算法提供，设置枚举步长为δt = 60 s，初值$\tilde{t}_{m-1}=t_{\text{re}}$，$\Delta v_L^{\text{opt}}=10000$ m/s。

步骤 2，将追踪器状态由$\boldsymbol{x}(t_{\text{re}})$预报到$\boldsymbol{x}(\tilde{t}_{m-1})$，采用式(14.10)求解后两次变轨冲量$(\Delta\tilde{\boldsymbol{v}}_{m-1},\Delta\tilde{\boldsymbol{v}}_m)$，计算$\Delta v_L=\Delta\tilde{v}_{m-1}+\Delta\tilde{v}_m$；若$\Delta v_L\leqslant\Delta v_L^{\text{opt}}$，令$\Delta v_L^{\text{opt}}=\Delta v_L$，$\tilde{t}_{m-1}^{\text{opt}}=\tilde{t}_{m-1}$，$\Delta\tilde{\boldsymbol{v}}_{m-1}^{\text{opt}}=\Delta\tilde{\boldsymbol{v}}_{m-1}$，$\Delta\tilde{\boldsymbol{v}}_m^{\text{opt}}=\Delta\tilde{\boldsymbol{v}}_m$。

步骤 3，若$\tilde{t}_{m-1}\geqslant t_{\text{re}}+T_{\text{tar}}$，停止枚举，获得最优值；否则，令$\tilde{t}_{m-1}=\tilde{t}_{m-1}+\delta t$，

转到步骤 2。

对变量 $\Delta v_L^{\mathrm{opt}}$，需要选取一个尽可能大的初值，如 10000 m/s。如果 $\Delta v_L^{\mathrm{opt}}$ 太小，会使枚举迭代步骤 2 中求解获得的新值 Δv_L 总是被拒绝，从而导致枚举算法失败。对枚举步长 δt，其取值虽然是越小越好，但是太小的步长会导致计算成本增加。为了权衡结果的最优性和计算成本，本书根据经验将其取为 1min。由图 14.4 可知，对给定的寻优区间 $\tilde{t}_{m-1} \in [t_{\mathrm{re}}, t_{\mathrm{re}} + T_{\mathrm{tar}}]$，存在多个局部极小值。如果采用基于梯度的牛顿迭代法(对初值敏感)或简单的二分法，则不能保证每次优化都能找到全局最优解。然而，以 60 s 的迭代步长，本书采用的枚举法通过遍历所有可能的情况，可以在 100 步内确保获得全局最优解。

14.3.2　目标函数

为了通过本书的鲁棒交会轨道规划方法找到权衡总速度增量 Δv 与轨道鲁棒性的变轨方案。本节将 14.2 节设计的鲁棒性评价指标作为目标函数，将不确定性优化问题转换为确定性优化问题进行求解。

1. 不考虑重规划的鲁棒交会指标

如图 14.2 所示，不考虑重规划的鲁棒交会规划模型(RDwithoutOR)涉及最小化标称的总速度增量 Δv 与终端交会误差。因此，将标称的总速度增量 Δv 作为优化的第一个目标函数，即

$$\min f_1(\boldsymbol{X}) = \Delta v = \sum_{j=1}^{m} \left\| \Delta \overline{\boldsymbol{v}}_j \right\| \tag{14.11}$$

与终端交会误差相关的鲁棒指标 R_1 作为优化的第二个目标函数，即

$$\min f_2(\boldsymbol{X}) = R_1 = \sum_{l=x,y,z,v_x,v_y,v_z} \frac{\sigma_l}{\overline{\sigma}_l} \tag{14.12}$$

其中，鲁棒指标 R_1 采用算法 2 计算。

算法 2　RDwithoutOR 模型的目标函数计算方法

步骤 1，获得优化算法提供的设计变量值 $\boldsymbol{X}$，采用两次变轨冲量，获得标称的变轨方案 $t_j, \Delta\overline{\boldsymbol{v}}_j$，$j = 1, 2, \cdots, m$，以及第一个目标函数 $f_1(\boldsymbol{X})$。

步骤 2，将初始导航误差 $\delta \boldsymbol{x}_0$ 与 m 个轨道控制误差 $\delta \boldsymbol{v}_j$ 合成为一个拓展的 $3m$+6 维的输入状态向量 $\boldsymbol{\xi} = [\delta \boldsymbol{x}_0, \delta \boldsymbol{v}_1, \cdots, \delta \boldsymbol{v}_m]$。因为初始导航过程与轨道机动过程是独立的随机事件，所以导航误差与各次控制误差是相互独立的随机变量。假设导航误差及控制误差均为零均值的高斯分布，则输入误差 $\boldsymbol{\xi}$ 的均值及协方差矩

阵可表示为

$$
\begin{aligned}
& \boldsymbol{m}_{\xi}=[E[\delta \boldsymbol{v}_0], E[\delta \boldsymbol{v}_1], \cdots, E[\delta \boldsymbol{v}_n]]^{\mathrm{T}} \\
& \boldsymbol{P}_{\xi}=\begin{bmatrix} \boldsymbol{P}(\delta \boldsymbol{v}_0) & \boldsymbol{0}_{6\times 3} & \cdots & \boldsymbol{0}_{6\times 3} \\ \boldsymbol{0}_{3\times 6} & \boldsymbol{P}(\delta \boldsymbol{v}_1) & \cdots & \boldsymbol{0}_{3\times 6} \\ \vdots & \vdots & & \vdots \\ \boldsymbol{0}_{3\times 6} & \boldsymbol{0}_{3\times 6} & \cdots & \boldsymbol{P}(\delta \boldsymbol{v}_n) \end{bmatrix}
\end{aligned} \tag{14.13}
$$

步骤 3，根据 UT 方法，因为输入误差$\boldsymbol{\xi}$的维数为$d=3m+6$，根据$\boldsymbol{\xi}$的均值$\boldsymbol{m}_{\xi}$及协方差矩阵$\boldsymbol{P}_{\xi}$，需要生成 $N=(6m+13)$个 Sigma 点$\boldsymbol{\xi}_i$ $(i=0, 1,\cdots, N-1)$；用$\boldsymbol{\xi}_i(a:b)$表示$\boldsymbol{\xi}_i$向量第 a 维到第 b 维的元素。

步骤 4，将与导航误差对应的 Sigma 点$\boldsymbol{\xi}_i(1:6)$加入追踪器的初始标称状态$\boldsymbol{x}^i(t_0)=\overline{\boldsymbol{x}}(t_0)+\boldsymbol{\xi}_i(1:6)$，将$\boldsymbol{x}^i(t_0)$预报到终端时刻$t_f$，其间分别在每次机动时刻$t_j$将标称机动冲量$\Delta\overline{\boldsymbol{v}}_j$及与控制误差对应的 Sigma 点$\boldsymbol{\xi}_i(3j+4:3j+6)$添加到航天器状态量$\boldsymbol{x}^i(t_j)$的速度部分。特别指出，对每个状态$\boldsymbol{x}^i(t_0)$的预报可以在具有多核处理器的现代计算机中并行地执行，以减少计算时间。

步骤 5，获得追踪器终端状态误差的 Sigma 点$\delta\boldsymbol{x}^i(t_f)=\boldsymbol{x}^i(t_f)-\overline{\boldsymbol{x}}(t_f)$，基于这些 Sigma 点计算终端偏差的均值$\boldsymbol{m}(t_f)$及协方差矩阵$\boldsymbol{P}(t_f)$，再计算第二个目标函数$f_2(\boldsymbol{X})$。

2. 考虑重规划的鲁棒交会指标

如图 14.2 所示，考虑重规划的 RDwithOR 涉及最小化偏差影响下总速度增量Δv的均值与终端交会误差。因此，将鲁棒指标R_2作为优化的第一个目标函数，即

$$
\min\ F_1(\boldsymbol{X})=R_2=\sum_{j=1}^{m-2}\left\|\Delta\overline{\boldsymbol{v}}_j\right\|+E[\Delta\tilde{v}_{m-1}]+E[\Delta\tilde{v}_m] \tag{14.14}
$$

其中，$\Delta\tilde{v}_{m-1}=\left\|\Delta\tilde{\boldsymbol{v}}_{m-1}\right\|$；$\Delta\tilde{v}_m=\left\|\Delta\tilde{\boldsymbol{v}}_m\right\|$；$R_2$用 UT 方法计算。

为了计算均值$E[\Delta\tilde{v}_{m-1}]$、$E[\Delta\tilde{v}_m]$，对每个可能的重定轨状态$\boldsymbol{x}^i(t_{\mathrm{re}})$，$i=0, 1,\cdots, N-1$，均需要求解一次式(14.10)。此处，$\boldsymbol{x}^i(t_{\mathrm{re}})$是在初始导航误差及前序轨道控制误差影响下，追踪器在t_{re}时刻所有可能状态的一个具体样本点。这些样本$\boldsymbol{x}^i(t_{\mathrm{re}})$中的任何一个都可能在实际任务中发生。因此，对 N 个仿真分析中的采样点$\boldsymbol{x}^i(t_{\mathrm{re}})$，也将有 N 个$(\Delta\tilde{\boldsymbol{v}}_{m-1},\Delta\tilde{\boldsymbol{v}}_m)$和 N 个终端状态偏差$\boldsymbol{\sigma}_{\delta\boldsymbol{x}}^i(t_f)$。$\boldsymbol{\sigma}_{\delta\boldsymbol{x}}^i(t_f)$对应 N 个R_1^i鲁棒指标，所以要计算并对比所有 N 个R_1^i鲁棒指标，使最大的R_1指标最

小化，从而保证最坏情况下的终端交会误差在容许值以内。因此，第二个目标函数设计为

$$\min\ F_2(\boldsymbol{X}) = \max_{i=0,1,\cdots,N-1}(R_1^i) = \max_{i=0,1,\cdots,N-1}\left(\sum_{l=x,y,z,v_x,v_y,v_z}\frac{\sigma_l^i}{\overline{\sigma}_l}\right) \tag{14.15}$$

其中，鲁棒指标 R_1^i 同样用 UT 方法计算。

现将计算目标函数 $F_1(\boldsymbol{X})$ 与 $F_2(\boldsymbol{X})$ 的流程总结如下。

算法 3　RDwithOR 模型的目标函数计算方法

步骤 1，获得优化算法提供的设计变量值 $\boldsymbol{X}$，计算后两次变轨冲量，从而获得标称的变轨方案 $t_j, \Delta\bar{\boldsymbol{v}}_j$，$j=1, 2,\cdots,m$。

步骤 2，将初始导航误差 $\delta\boldsymbol{x}_0$ 与前 m–2 个轨道控制误差 $\delta\boldsymbol{v}_l$ ($l=1, 2,\cdots, m-2$) 合成一个拓展的 3m 维的输入状态向量 $\boldsymbol{\xi}^{(1)}=[\delta\boldsymbol{x}_0,\delta\boldsymbol{v}_1,\cdots,\delta\boldsymbol{v}_{m-2}]$，假设导航误差和控制误差均为零均值的高斯分布，因为导航误差与各次控制误差是相互独立的，可以计算输入误差 $\boldsymbol{\xi}^{(1)}$ 的均值 $\boldsymbol{m}_{\boldsymbol{\xi}^{(1)}}$ 和协方差矩阵 $\boldsymbol{P}_{\boldsymbol{\xi}^{(1)}}$。

步骤 3，根据 UT 方法，因为输入误差 $\boldsymbol{\xi}^{(1)}$ 的维数为 $d=[3(m-2)+6]$，根据 $\boldsymbol{\xi}^{(1)}$ 的均值 $\boldsymbol{m}_{\boldsymbol{\xi}^{(1)}}$ 和协方差矩阵 $\boldsymbol{P}_{\boldsymbol{\xi}^{(1)}}$，需要生成 $N=6m+1$ 个 Sigma 点 $\boldsymbol{\xi}_i^{(1)}$ ($i=0, 1,\cdots, N-1$)；用 $\boldsymbol{\xi}_i^{(1)}(a:b)$ 表示 $\boldsymbol{\xi}_i^{(1)}$ 向量第 a 维到第 b 维间的元素。

步骤 4，将与导航误差对应的 Sigma 点 $\boldsymbol{\xi}_i^{(1)}(1:6)$ 加入追踪器的初始标称状态 $\boldsymbol{x}^i(t_0)=\bar{\boldsymbol{x}}(t_0)+\boldsymbol{\xi}_i^{(1)}(1:6)$；将 $\boldsymbol{x}^i(t_0)$ 预报到第二次重定轨时刻 $t_{\rm re}=t_{m-1}-T_{\rm tar}/2$，获得对应的重定轨状态 $\boldsymbol{x}^i(t_{\rm re})$；其间分别在每次机动时刻 t_l 将标称机动冲量 $\Delta\bar{\boldsymbol{v}}_l$ 与控制误差对应的 Sigma 点 $\boldsymbol{\xi}_i^{(1)}(3l+4:3l+6)$ ($l=1, 2,\cdots, m-2$) 添加到航天器状态量 $\boldsymbol{x}^i(t_l)$ 的速度部分。

步骤 5，对每个重定轨状态样本点 $\boldsymbol{x}^i(t_{\rm re})$，采用算法 1 求解式(14.10)，获得重规划的后两次变轨参数 $(\tilde{t}_{m-1}^i,\Delta\tilde{\boldsymbol{v}}_{m-1}^i)$，$(t_m,\Delta\tilde{\boldsymbol{v}}_m^i)$。

步骤 6，将新的导航误差 $\delta\boldsymbol{x}(t_{re})$ 与最后两次轨道控制误差合成为一个拓展的 12 维的输入状态向量 $\boldsymbol{\xi}^{(2)}=[\delta\boldsymbol{x}(t_{\rm re}),\delta\tilde{\boldsymbol{v}}_{m-1},\delta\tilde{\boldsymbol{v}}_m]$，假设新的导航误差及控制误差均为零均值的高斯分布，同样可计算输入误差 $\boldsymbol{\xi}^{(2)}$ 的均值 $\boldsymbol{m}_{\boldsymbol{\xi}^{(2)}}$ 及协方差矩阵 $\boldsymbol{P}_{\boldsymbol{\xi}^{(2)}}$。

步骤 7，根据 2.3.2 节 UT 方法，因为输入误差 $\boldsymbol{\xi}^{(2)}$ 的维数为 $d=(3\times2+6)$，根据 $\boldsymbol{\xi}^{(2)}$ 的均值 $\boldsymbol{m}_{\boldsymbol{\xi}^{(2)}}$ 及协方差矩阵 $\boldsymbol{P}_{\boldsymbol{\xi}^{(2)}}$，需要生成 $M=25$ 个 Sigma 点 $\boldsymbol{\xi}_k^{(2)}$ ($k=0, 1,\cdots, M-1$)。

步骤 8，将与导航误差对应的 Sigma 点 $\boldsymbol{\xi}_k^{(2)}(1:6)$ 加入追踪器的重定轨状态

$\boldsymbol{x}_k^i(t_{\mathrm{re}})=\boldsymbol{x}^i(t_{\mathrm{re}})+\boldsymbol{\xi}_k^{(2)}(1:6)$；将 $\boldsymbol{x}_k^i(t_{\mathrm{re}})$ 预报到终端时刻 t_f，获得追踪器终端状态 $\boldsymbol{x}_k^i(t_f)$；在机动时刻 $\tilde{t}_{m-1}^i$、t_m 将重规划机动冲量 $\Delta\tilde{\boldsymbol{v}}_{m-1}^i$、$\Delta\tilde{\boldsymbol{v}}_m^i$ 及其控制误差对应的 Sigma 点 $\boldsymbol{\xi}_k^{(2)}(7:9)$、$\boldsymbol{\xi}_k^{(2)}(10:12)$ 添加到航天器状态量 $\boldsymbol{x}^i(t_{m-1})$ 和 $\boldsymbol{x}^i(t_{m-})$ 的速度部分。

步骤 9，对所有样本点 $i=0,1,\cdots,N-1$，获得终端状态误差的 Sigma 样本点 $\delta\boldsymbol{x}_k^i(t_f)=\boldsymbol{x}_k^i(t_f)-\overline{\boldsymbol{x}}(t_f)$，基于这些 Sigma 点计算终端偏差的均值及协方差矩阵，再计算所有鲁棒指标 R_1^i，其最大值 $\max(R_1^i)$ 作为第二个目标函数 $F_2(\boldsymbol{X})$。

步骤 10，对所有样本点 $i=0,1,\cdots,N-1$，获得后两次变轨冲量的 Sigma 样本点 $[\Delta\tilde{v}_{m-1}^i,\Delta\tilde{v}_m^i]^{\mathrm{T}}$ 后，计算第一个目标函数值 $F_1(\boldsymbol{X})$。

特别指出，算法 3 中步骤 4～9 同样可以在具有多核处理器的计算机中并行地执行，以减小计算时间。另外，算法 2 中的目标函数 $f_1(\boldsymbol{X})$、$f_2(\boldsymbol{X})$，以及算法 3 中的目标函数 $F_1(\boldsymbol{X})$、$F_2(\boldsymbol{X})$，既可以分别作为单目标进行优化，获得对应的 Δv 最优解或鲁棒最优解，也可以作为多目标同时进行优化，获得 Δv 与鲁棒性的多目标 Pareto 解集。

14.3.3　约束条件

基于可行解迭代优化，通过摄动多圈 Lambert 算法求解最后两次变轨冲量，终端交会约束条件可以自动满足，因此不存在等式约束。在实际任务中，每次变轨前航天器需要测轨、调姿等，因此相邻两次变轨间需要间隔一定的时间 ΔT_k，将其表示为不等式约束，即

$$\begin{aligned}&t_0<t_1<t_2<\cdots<t_m\leqslant t_f\\&t_{k+1}-t_k\geqslant\Delta T_k,\quad k=0,1,\cdots,m-1\end{aligned}\tag{14.16}$$

对 RDwithOR 优化模型，$\Delta\boldsymbol{v}_{m-2}$ 与 $\Delta\boldsymbol{v}_{m-1}$ 之间需要较长的时间间隔 ΔT_{m-2}，以保证有足够的观测弧段进行定轨。

14.3.4　规划模型总结

本章考虑交会过程中的各种偏差因素，通过将偏差的统计量设计为目标函数，把不确定性轨道优化问题转换为确定的多目标鲁棒优化问题，因此可以采用已有的优化算法进行求解。由 14.3.2 节的讨论可知，本章的鲁棒交会轨道优化问题既可构建为单目标优化问题，也可以构建为多目标优化问题。对分别优化 $f_1(\boldsymbol{X})$、$f_2(\boldsymbol{X})$、$F_1(\boldsymbol{X})$、$F_2(\boldsymbol{X})$ 的单目标优化问题，可用并行模拟退火单纯形法(parallel simulated annealing and simplex method, PSASM)等单目标智能优化算法求解[2]。对

同时优化 $[f_1(\boldsymbol{X}), f_2(\boldsymbol{X})]$、$[F_1(\boldsymbol{X}), F_2(\boldsymbol{X})]$ 的多目标优化问题，可采用经典的第二代非优超排序遗传算法(non-dominated sorting genetic algorithm II, NSGA-II)等多目标非支配排序遗传算法 II 优化算法求解[2]。

根据 14.3 节的论述，可将 RDwithoutOR 的数学模型总结为

$$\begin{aligned}
&\min_{\boldsymbol{X}} \begin{cases} f_1(\boldsymbol{X}) = \Delta v \\ f_2(\boldsymbol{X}) = R_1, \text{ 算法2} \end{cases} \\
&\text{s.t.} \begin{cases} \bar{\boldsymbol{x}}(t_f) = \bar{\boldsymbol{x}}_T(t_f) + {}^I\boldsymbol{T}_L \delta \boldsymbol{x}_{\text{aim}} \\ t_m \leqslant t_f, t_k + \Delta T_k \leqslant t_{k+1}, \quad k = 0,1,\cdots,m-1 \end{cases}
\end{aligned} \tag{14.17}$$

其中

$$\begin{cases} \boldsymbol{X} = [t_l, \Delta\bar{\boldsymbol{v}}_j]^{\mathrm{T}}, \quad l = 1,2,\cdots,m; j = 1,2,\cdots,m-2 \\ (\Delta\bar{\boldsymbol{v}}_{m-1}, \Delta\bar{\boldsymbol{v}}_m) = \text{Lambert\_}p(\bar{\boldsymbol{x}}(t_{m-1}), \bar{\boldsymbol{x}}(t_m), t_m - t_{m-1}) \end{cases}$$

同理，可将考虑 RDwithOR 的数学模型总结为

$$\begin{aligned}
&\min_{\boldsymbol{X}} \begin{cases} F_1(\boldsymbol{X}) = R_2, \text{ 算法3} \\ F_2(\boldsymbol{X}) = \max\limits_{i=0,1,\cdots,N-1} (R_1^i), \text{ 算法3} \end{cases} \\
&\text{s.t.} \begin{cases} \bar{\boldsymbol{x}}(t_f) = \bar{\boldsymbol{x}}_T(t_f) + {}^I\boldsymbol{T}_L \delta \boldsymbol{x}_{\text{aim}} \\ t_m \leqslant t_f, t_k + \Delta T_k \leqslant t_{k+1}, \quad k = 0,1,\cdots,m-1 \end{cases} \\
&\begin{cases} \boldsymbol{X} = [t_l, \Delta\bar{\boldsymbol{v}}_j]^{\mathrm{T}}, \quad l = 1,2,\cdots,m; j = 1,2,\cdots,m-2 \\ \min\limits_{\tilde{t}_{m-1}} \Delta\tilde{v}_L^i = \Delta\tilde{v}_{m-1}^i + \Delta\tilde{v}_m^i, \quad i = 0,1,\cdots,N-1, \text{ 算法1} \\ (\Delta\tilde{\boldsymbol{v}}_{m-1}^i, \Delta\tilde{\boldsymbol{v}}_m^i) = \text{Lambert_}p(\boldsymbol{x}^i(\tilde{t}_{m-1}), \bar{\boldsymbol{x}}(t_m), t_m - \tilde{t}_{m-1}) \end{cases}
\end{aligned} \tag{14.18}$$

其中，优化变量 $\boldsymbol{X}$ 的维数是 $(4m-6)$；上标“–”为该变量的标称值。

14.4 算例分析

本书使用一个近地调相交会问题验证 14.3 节提出的两种鲁棒轨道优化方法。初始时刻目标器位于 42°倾角、340 km 高的近圆轨道上，追踪器入轨远/近地点高度分别为 330/200 (km)。

14.4.1 问题配置

目标器与追踪器的初始经典轨道根数 $\boldsymbol{E} = [a, e, i, \Omega, \omega, f]$ 分别为 $\boldsymbol{E}_{\mathrm{T0}} = [6716.3$

km, 0.0006, 42.8545°, 55.7517°, 185.488°, 0°]与 $\boldsymbol{E}_0$ =[6636.004km, 0.0098, 42.8376°, 55.9165°, 125.488°, 0°]，初始时刻 t_0 = 0s、终端时刻 t_f = 76000s。在调相过程中，追踪航天器执行 4～5 次机动，即 m = 4, 5。瞄准相对运动状态为 $\delta\boldsymbol{x}_{\text{aim}}$ = [−13.5 km, −50.0 km, 0 km, 0 m/s, 23.23 m/s, 0 m/s]^{T}。式(14.16)中相邻两次机动间隔时间设置为 ΔT_k = 90 min，k = 0, 1,⋯, m−1；ΔT_{m-2} = 180 min。

追踪航天器导航误差在 LVLH 坐标系中描述，初始定轨误差标准差 $\boldsymbol{\sigma}_{\delta x}(t_0)$ 及重定轨误差标准差 $\boldsymbol{\sigma}_{\delta x}(t_{\text{re}})$ 均设置为 $\boldsymbol{\sigma}_{\delta r}$ =[20, 20, 20]^{T}(m)，$\boldsymbol{\sigma}_{\delta v}$ =[0.05, 0.05, 0.05]^{T}(m/s)。归一化参数($\bar{\sigma}_x$，$\bar{\sigma}_y$，$\bar{\sigma}_z$，$\bar{\sigma}_{vx}$，$\bar{\sigma}_{vy}$，$\bar{\sigma}_{vz}$)根据标称燃料最优解获得的终端状态误差标准差设置，对 RDwithoutOR 模型，设置为(120 m, 16000 m, 30 m, 0.06 m/s, 0.26 m/s, 0.06 m/s)；对 RdwithOR 模型，设置为(500 m, 5000 m, 50 m, 2 m/s, 2 m/s, 0.2 m/s)。机动控制误差标准差系数设置为 α = 0.001、β = 0.01。

本章使用的单目标优化算法 PSASM 与 NSGA-II 优化算法参数[2]如表 14.1 所示，其中 p =(4m−6)为优化变量个数，m 为变轨脉冲个数；ln(·)为自然对数函数；$J_{\min}$ 与 $J_{\max}$ 分别为 10×p 次随机试算中，目标函数的最大值与最小值。考虑 NSGA-II 的随机性，每个多目标优化问题均采用 NSGA-II 独立求解 5 次，并将 5 次运行的所有 Pareto 前沿解合并在一起，删掉非优超解和重复解以获得问题最终的 Pareto 前沿解集。

表 14.1　优化算法参数

PSASM		NSGA-II	
进化代数	400	种群规模	150
Metropolis 抽样	200	进化代数	800
冷却系数	0.93	交叉概率	0.92
单纯形顶点数	p+1	变异概率	0.12
初始温度/K	$(J_{\min}-J_{\max})/\ln(0.1)$	选择策略	锦标赛

为了采用 UT 方法计算鲁棒指标 R_1、R_2，需要 2d+1 个 Sigma 点，其中 d 为输入偏差的维数，对 RDwithoutOR 优化模型；d = 3m+6，对 RDwithOR 优化模型。计算 R_2 指标时，输入偏差的维数为 d = 3(m−2)+6，计算 R_1^i 指标时，输入偏差的维数为 d = 3×2+6。在求解(14.17)或式(14.18)的优化过程中，采用考虑 J_2、J_3、J_4 摄动的解析 Vinti 算法[9]预报 Sigma 点进行偏差评估。获得最优解后，采用蒙特卡罗仿真传播偏差验证优化结果的正确性，且蒙特卡罗仿真样本点采用 8 阶 Runge-Kutta 积分摄动轨道动力学方程，积分步长 30 s，样本点总数 10000。

14.4.2　多目标 Pareto 前沿解对比

图 14.5 和图 14.6 分别给出 RDwithoutOR 模型和 RDwithOR 模型的 Pareto 前

沿解。其中，$m=4$ 表示四脉冲机动方案，$m=5$ 表示五脉冲机动方案，Δv-optimal 表示优化单目标 $f_1(\boldsymbol{X})$ 或 $F_1(\boldsymbol{X})$ 获得的总速度增量最优解，R-optimal 表示优化单目标 $f_2(\boldsymbol{X})$ 或 $F_2(\boldsymbol{X})$ 获得的鲁棒最优解。由此可知，四脉冲机动方案的 Pareto 前沿和五脉冲机动的 Pareto 前沿形状几乎相同，并且 Δv 越大，鲁棒性指标越小，反之亦然，即交会轨道的鲁棒性可通过增大总速度来改善。但是，RDwithoutOR 及 RDwithOR 模型的最大 Δv 都小于 70 m/s，即当 Δv 增加到一定程度后，继续增加 Δv 不会再改善交会轨道的鲁棒性。这是因为变轨冲量越大，对应的机动误差越大，从而导致终端状态误差越大。再者，$\Delta v\in[40,\ 50]$ m/s 时，图 14.6 中 Pareto 最优前沿的斜率比图 14.5 中 Pareto 最优前沿的斜率要大，说明采用 RDwithOR 模型，稍微增加 Δv 就可以显著地改变交会轨道的鲁棒性。但是，对 RDwithoutOR 模型，增加 Δv 对交会轨道鲁棒性的改善并不明显。

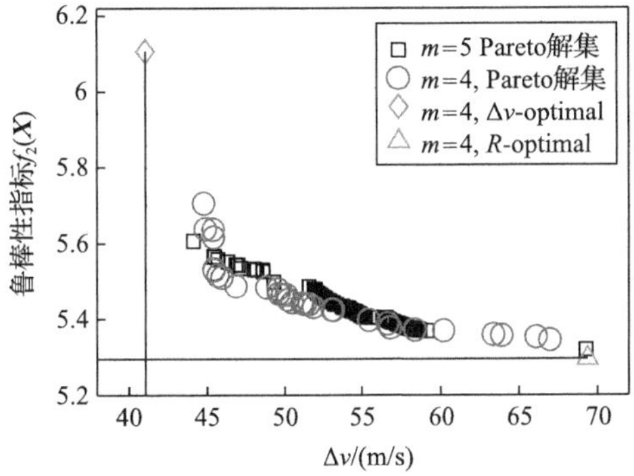

图 14.5　RDwithoutOR 模型的 Pareto 前沿解

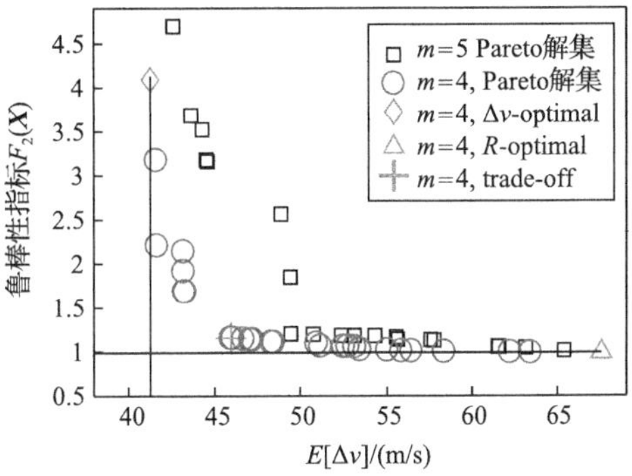

图 14.6　RDwithOR 模型的 Pareto 前沿解

基于与 RDwithoutOR 模型类似的鲁棒设计思想，文献[2]研究了线性、二体交会问题，并获得比图 14.5 更为光滑连续的 Pareto 最优解集。这说明，本书研究的非线性、摄动交会问题与线性、二体交会问题的特性不同，更难获得连续的多目标前沿解集。由图 14.6 可知，当总速度增量均值 $E[\Delta v]$ 大于 50 m/s 后，随着 $E[\Delta v]$ 增加，鲁棒性指标 $F_2(\boldsymbol{X})$ 改进非常缓慢。因此，$\Delta v\in[40,50]$ m/s 是能够兼顾燃料消耗与轨道鲁棒性的偏好区间，实际交会任务中的变轨方案应该在该偏好区间内选取。图 14.6 中标记的多目标折中解“trade-off”位于 Pareto 前沿的拐点，该折中解比鲁棒最优解“R-optimal”需要的 Δv 更小，比燃料最优解“Δv-optimal”的鲁棒性更好。由图 14.6 可以推断，该调相交会问题有很多可行的次优解，而采用 RDwithOR 模型可以在这些次优解中找到一个鲁棒性好的解。显然，相比 RDwithoutOR 模型，RDwithOR 模型更适合实际交会轨道的设计，因为它能通过稍微增加 Δv，获得鲁棒性很好的交会方案。

特别强调，对五脉冲变轨方案，优化变量数目比四脉冲方案多，一共 $4m-6=$

14 个。因此，在使用 NSGA-II 时，为了保证算法收敛，需要更大的种群规模与更多的优化计算时间。本书将五脉冲方案的种群数设置为 220(四脉冲方案为 150)。因为四脉冲方案与五脉冲方案有类似的 Pareto 解集，限于篇幅，下面仅对 4 脉冲方案进行详细对比讨论。

14.4.3　总速度增量指标对比

表 14.2 给出图 14.5 与图 14.6 中标记的单目标最优解的每次变轨冲量与总速度增量对比结果。其中，RDwithoutOR Δv-optimal 表示优化式(14.11)中单目标函数 $f_1(\boldsymbol{X})$ 的结果，RDwithoutOR R-optimal 表示优化式(14.12)中单目标函数 $f_2(\boldsymbol{X})$ 的结果，RDwithOR Δv-optimal 表示优化式(14.14)中单目标函数 $F_1(\boldsymbol{X})$ 的结果，RDwithOR R-optimal 表示优化式(14.15)中单目标函数 $F_2(\boldsymbol{X})$ 的结果，RDwithOR trade-off 是从 RDwithOR 模型多目标 Pareto 解中选取的多目标折中解。不同鲁棒轨道优化模型的终端标准差对比如表 14.3 所示。其中，RDwithOR 模型中的后两次变轨冲量 $(\Delta\tilde{v}_3,\Delta\tilde{v}_4)$ 需要根据每一个重定轨状态进行规划，因此它们是不确定的。本书分别采用 UT 方法和蒙特卡罗仿真计算它们的均值。对 RDwithoutOR 模型，后两次变轨 $(\Delta v_3,\Delta v_4)$ 不需要进行重规划，因此它们是确定的。

表 14.2　不同鲁棒轨道优化模型的总速度增量对比

优化模型	方法	$\Delta\bar{v}_1$ / (m/s)	$\Delta\bar{v}_2$ / (m/s)	$E[\Delta\tilde{v}_3]$ / (m/s)	$E[\Delta\tilde{v}_4]$ / (m/s)	$E[\Delta v]$ / (m/s)
RDwithoutOR Δv-optimal	—	4.54	4.75	30.35	1.39	41.03
RDwithoutOR R-optimal	—	22.66	19.79	21.51	5.43	69.39
RDwithOR Δv-optimal	UT	2.07	9.23	28.58	1.95	41.83
	蒙特卡罗	2.07	9.23	29.08	2.02	42.40
RDwithOR R-optimal	UT	11.65	46.72	6.47	2.63	67.47
	蒙特卡罗	11.65	46.72	6.46	2.67	67.50
RDwithOR trade-off	UT	1.79	26.58	14.89	2.88	46.14
	蒙特卡罗	1.79	26.58	15.07	2.96	46.40

表 14.3　不同鲁棒轨道优化模型的终端标准差对比

优化模型	方法	σ_x /m	σ_y /m	σ_z /m	σ_{vx} / (m/s)	σ_{vy} / (m/s)	σ_{vz} / (m/s)
RDwithoutOR Δv-optimal	UT	127.62	16129.85	30.77	0.061	0.259	0.060
	蒙特卡罗	124.75	16129.55	30.77	0.062	0.259	0.060
RDwithoutOR R-optimal	UT	111.61	15129.21	28.02	0.029	0.237	0.065
	蒙特卡罗	109.68	15121.77	28.02	0.067	0.237	0.065

续表

优化模型	方法	σ_x /m	σ_y /m	σ_z /m	σ_{vx} /(m/s)	σ_{vy} /(m/s)	σ_{vz} /(m/s)
RDwithOR Δ*v*-optimal	UT	115.67	4821.45	40.16	0.109	0.220	0.042
	蒙特卡罗	115.67	4821.46	40.16	0.109	0.220	0.042
RDwithOR *R*-optimal	UT	20.16	1131.97	20.35	0.053	0.053	0.053
	蒙特卡罗	20.16	1131.97	20.35	0.053	0.053	0.053
RDwithOR trade-off	UT	59.28	1131.98	24.23	0.060	0.123	0.053
	蒙特卡罗	59.28	1131.98	24.23	0.060	0.123	0.053

由表 14.2 和表 14.3 可知，基于 UT 方法计算的偏差统计量(均值及标准差)与蒙特卡罗仿真的计算结果吻合得很好。这说明，基于 UT 的偏差传播方法能正确有效地评估本书关注的轨道偏差。将 UT 方法作为蒙特卡罗仿真的近似代理模型，在鲁棒规划中评估偏差，可以大大降低计算成本。

由表 14.2 和表 14.3 中的数据进一步可发现，无论 RDwithoutOR 模型还是 RDwithOR 模型，Δ*v* 最优解的总速度增量 Δ*v* 虽然比鲁棒最优解小，但是它们的终端交会误差标准差 σ 却比后者大。这也表明，在任务设计优化阶段考虑偏差影响，通过适当增加燃料消耗，可以获得鲁棒性更好的交会方案。虽然 RDwithOR 模型 Δ*v*-optimal 解的总速度增量(42.40m/s)比 RDwithoutOR 模型 Δ*v*-optimal 解(41.03m/s)稍大，但其终端交会误差(σ_y = 4.82km)却远小于 RDwithoutOR 模型 Δ*v*-optimal 解的终端交会误差(σ_y = 16.13km)。这表明，通过考虑轨道重规划过程，可以在几乎不牺牲 Δ*v* 指标的情况下大大地减小终端交会误差。

由表 14.3 可知，RDwithoutOR 和 RDwithOR 模型鲁棒最优解的终端交会误差均远小于 Δ*v* 最优解，但是如表 14.2 所示，它们的总速度增量却相对较大，分别为 69.39m/s 和 67.50m/s，比最优 Δ*v* 多约 30%和 40%。如此大的交会特征速度在工程任务中很难被接受，因此这样的鲁棒最优交会方案也很难用于实际交会任务。相反，兼顾燃料消耗与轨道鲁棒性的多目标折中解“trade-off”却极为实用。对该多目标折中解，它的终端横向位置误差相对 Δ*v* 最优解降低 76.5%，而总速度增量(46.40 m/s)却仅增加了 9.4%。因此，RDwithOR 模型能通过适当增加 Δ*v*，获得显著改进轨道鲁棒性的交会变轨方案。

14.4.4　鲁棒性指标对比

表 14.2 中给出的不同解的具体轨道机动参数如表 14.4 所示。限于篇幅，RDwithOR 模型 *R*-optimal 解的变轨参数不再给出。由表 14.4 可知，RdwithoutOR 模型 *R*-optimal 解的径向机动分量远大于其 Δ*v*-optimal 解的径向机动分量，因此推

断其交会轨道的鲁棒性可以通过径向机动作用来改进。然而，对 RDwithOR 模型，其 trade-off 解的径向机动分量与其 Δv-optimal 解的径向机动分量相当。事实上，RDwithOR 模型主要借助重定轨与变轨方案重规划来缩短偏差传播的时间，进而改进交会轨道的鲁棒性。因此，为了在不大幅度增加 Δv 的同时提高交会瞄准精度，有必要通过重定轨数据来重新规划没有执行的机动参数。

表 14.4　追踪器 LVLH 系下的变轨参数

参数	t_i /s, $\Delta \boldsymbol{v}_i$ / (m/s)			
	RDwithoutOR Δv-optimal	RDwithoutOR R-optimal	RDwithOR Δv-optimal	RDwithOR trade-off
$i=1$	$t_1 = 8906.048$ $\Delta\bar{\boldsymbol{v}}_1 = [1.4, 3.2, -2.9]$	$t_1 = 5679.675$ $\Delta\bar{\boldsymbol{v}}_1 = [-19.7, -4.8, 10.2]$	$t_1 = 8943.464$ $\Delta\bar{\boldsymbol{v}}_1 = [1.0, 1.3, -1.3]$	$t_1 = 9567.672$ $\Delta\bar{\boldsymbol{v}}_1 = [-0.1, -1.7, -0.5]$
$i=2$	$t_2 = 35467.930$ $\Delta\bar{\boldsymbol{v}}_2 = [0.9, 4.4, -1.6]$	$t_2 = 24506.347$ $\Delta\bar{\boldsymbol{v}}_2 = [-1.2, 19.7, 1.5]$	$t_2 = 35423.931$ $\Delta\bar{\boldsymbol{v}}_2 = [1.0, 8.7, -2.8]$	$t_2 = 35132.860$ $\Delta\bar{\boldsymbol{v}}_2 = [-4.8, 3.7, -4.8]$
$i=3$	$t_3 = 56465.411$ $\Delta\bar{\boldsymbol{v}}_3 = [-2.8, 29.6, 6.1]$	$t_3 = 56566.110$ $\Delta\bar{\boldsymbol{v}}_3 = [3.4, 8.6, 19.4]$	$\tilde{t}_3 = 56250.193$ $\Delta\tilde{\boldsymbol{v}}_3 = [-13.9, 26.9, 5.3]$	$\tilde{t}_3 = 72586.209$ $\Delta\tilde{\boldsymbol{v}}_3 = [-6.8, 11.5, 7.3]$
$i=4$	$t_4 = 76000.000$ $\Delta\bar{\boldsymbol{v}}_4 = [-0.2, -1.3, 0.4]$	$t_4 = 76000.000$ $\Delta\bar{\boldsymbol{v}}_4 = [0.89, -5.23, -1.17]$	$\tilde{t}_4 = 76000.000$ $\Delta\tilde{\boldsymbol{v}}_4 = [1.1, -1.1, -0.9]$	$\tilde{t}_4 = 76000.000$ $\Delta\tilde{\boldsymbol{v}}_4 = [-4.9, 0.4, -0.5]$
Δv/ (m/s)	41.03	69.39	43.76	48.55
时间/s	49	180	2280	3046

本书仿真运行计算机为 Intel Core i7 八核并行处理器，CPU 主频 3.60GHz。优化求解过程中，对算法 2 的步骤 4 和算法 3 的步骤 4～9 采用并行计算。表 14.4 最后一行给出获得不同解所需的运行时间。由此可知，RDwithOR 模型的多目标折中解 trade-off 所需的计算时间最长，因为其最后两次机动冲量需要根据每一个重定轨状态样本点进行重规划。尽管如此，获得该解所需的时间也仅为 3046s，小于执行第一次机动的时间 t_1(=9567.672s)，因此追踪器入轨后有足够的时间(6522s，大于一个轨道周期)将此变轨方案上传给追踪航天器。

特别指出，表 14.4 中给出的 RDwithOR 模型解的后两次冲量 $(\Delta\tilde{\boldsymbol{v}}_3, \Delta\tilde{\boldsymbol{v}}_4)$ 是基于表 14.5 中的具体重定轨状态采用算法 1 计算的。其中，t_{re} 为追踪器重定轨状态更新时间。表 14.5 中给出的重定轨状态 $x(t_{\mathrm{re}})$ 和表 14.4 中给出的重定轨冲量 $(\Delta\tilde{\boldsymbol{v}}_3, \Delta\tilde{\boldsymbol{v}}_4)$ 是导致最大 R_1 鲁棒指标的变轨方案。

表 14.5　J2000 惯性系下追踪器的重定轨状态

RDwithOR	t_{re} /s	x /km	y /km	z/km	v_x / (km/s)	v_y / (km/s)	v_z / (km/s)
Δv-optimal	53430.193	−4458.671	2053.379	4422.175	−3.942	−6.660	−0.917
trade-off	70426.209	−5626.279	−2380.317	2646.950	0.694	−6.433	−4.266

基于表 14.4 中的变轨方案，将 RDwithoutOR 模型 Δv-optimal 解与 R-optimal 解的变轨参数及轨道误差代入轨道动力学方程，采用蒙特卡罗打靶仿真对其终端交会误差进行验证，结果如表 14.3、图 14.7～图 14.10 所示。由此可知，鲁棒最优解的终端偏差比 Δv 最优解稍小。尽管鲁棒最优解的总速度增量(69.39m/s)比 Δv 最优解(41.03m/s)大 70%，但是该解对轨道鲁棒性的改进却十分微小。因此，RDwithoutOR 模型不适用于鲁棒交会轨道的设计。

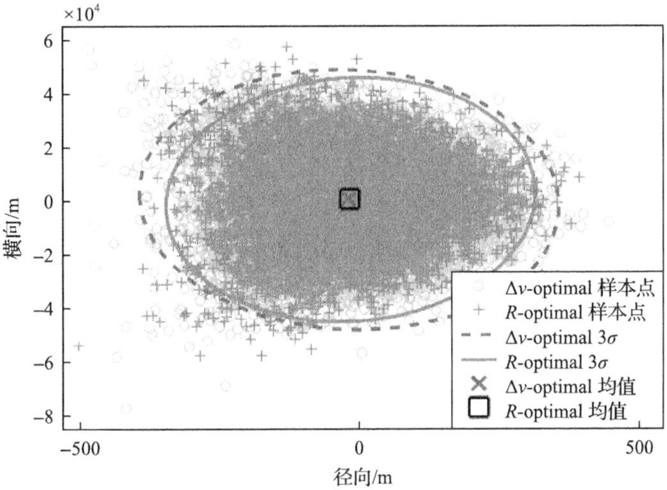

图 14.7　RDwithoutOR 终端偏差 xy 平面投影

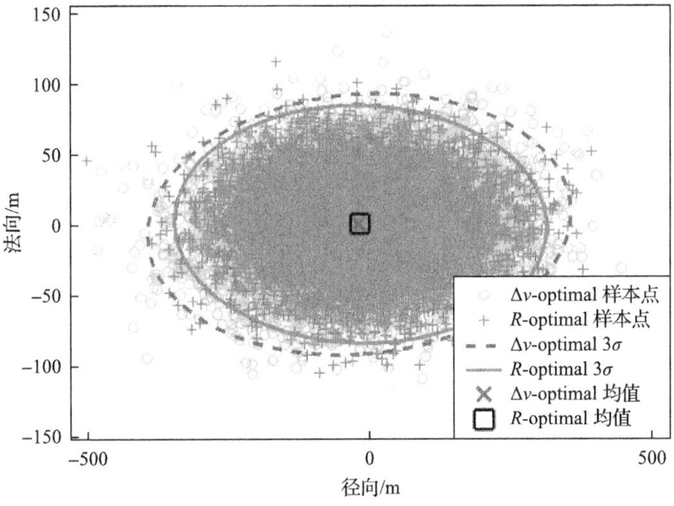

图 14.8　RDwithoutOR 终端偏差 xz 平面投影

类似地，基于表 14.4 中的变轨方案和表 14.5 中的重定轨状态，将 RDwithOR

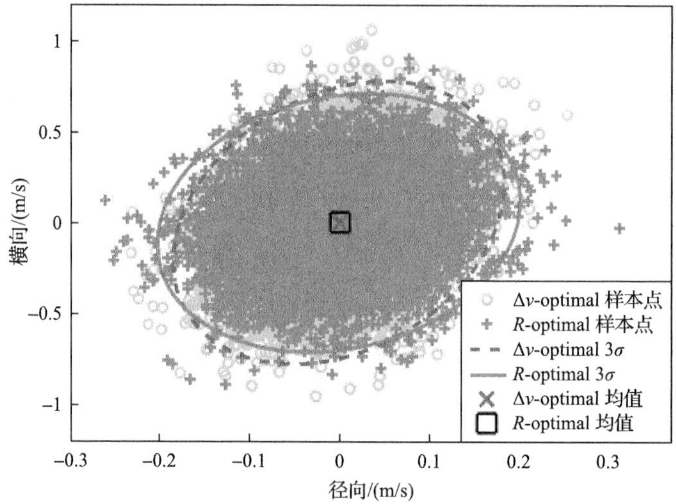

图 14.9　RDwithoutOR 终端偏差 $v_x v_y$ 平面投影

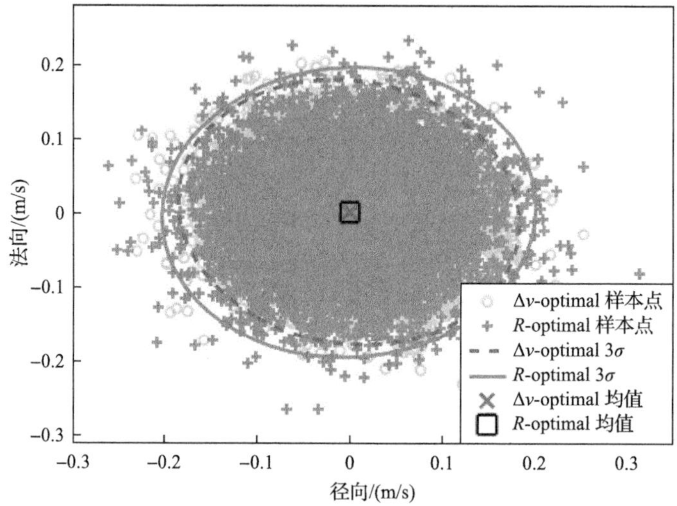

图 14.10　RDwithoutOR 终端偏差 $v_x v_z$ 平面投影

模型 Δv 最优解与多目标折中解的后两次变轨参数 $\Delta\tilde{\boldsymbol{v}}_3$、$\Delta\tilde{\boldsymbol{v}}_4$ 及轨道误差代入轨道动力学方程，采用蒙特卡罗打靶仿真对其终端交会误差进行验证，结果如表 14.3、图 14.11～图 14.14 所示。

由图 14.11～图 14.14 可知，多目标折中解不但终端偏差远小于 Δv 最优解，而且由表 14.4 可知，其总速度增量(48.55m/s)也仅比 Δv 最优解(43.76m/s)大不到 10%。因此，通过在 RDwithOR 模型中考虑重定轨及重规划过程，交会轨道的鲁棒性得到明显改进。

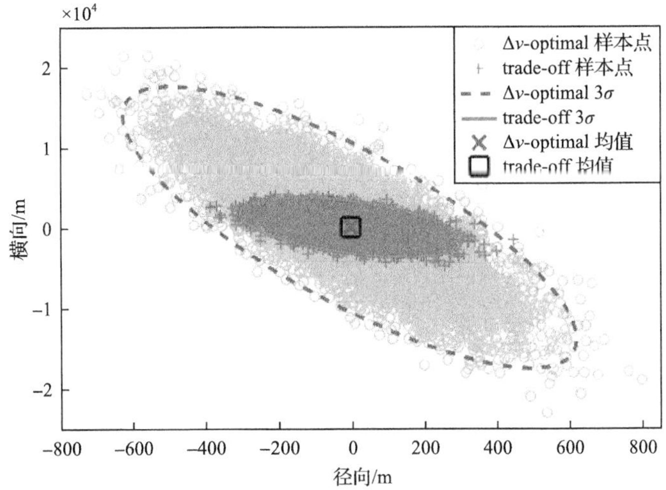

图 14.11　RDwithOR 终端偏差 xy 平面投影

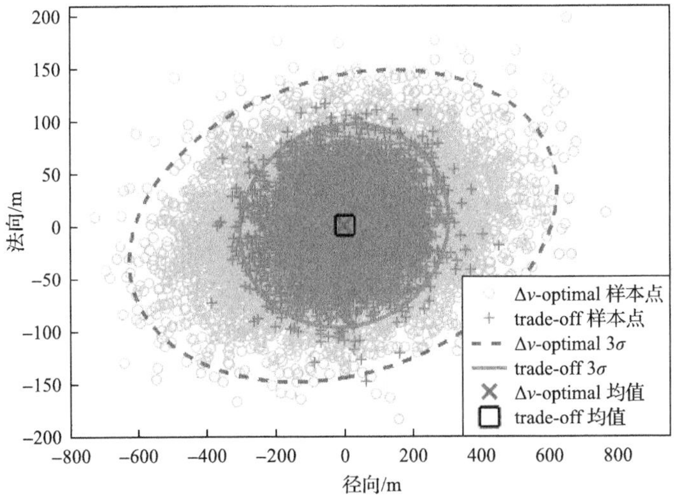

图 14.12　RDwithOR 终端偏差 xz 平面投影

根据 14.4.4 节仿真分析结果，航天器轨道状态横向位置误差的传播比径向及法向都快，且 RDwithoutOR 模型 Δv 最优解的终端交会误差比 RDwithOR 模型 Δv 最优解的终端交会误差大很多。因为 RDwithOR 模型考虑实际任务中重定轨及变轨参数重规划过程，使误差传播时间大大缩短，从而使终端交会误差更小。因此，为了能更好地权衡交会所需的总速度增量及终端交会误差，有必要在任务设计中考虑误差因素及变轨参数重规划过程。这也是使 RDwithOR 模型更适用于鲁棒交会轨道设计的主要原因。

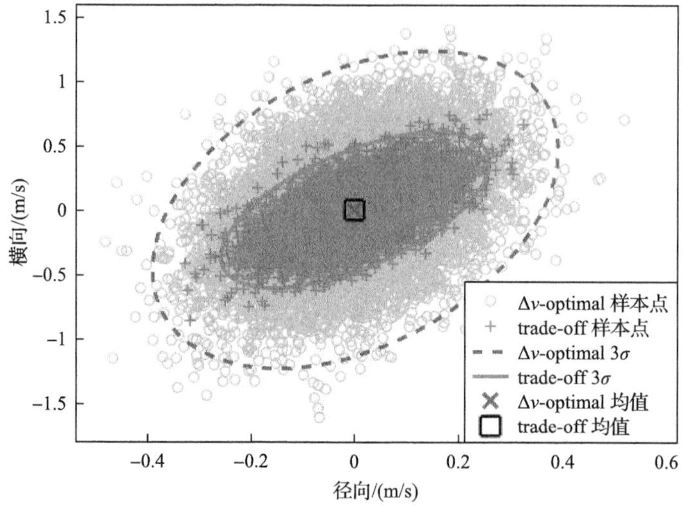

图 14.13　RDwithOR 终端偏差 v_xv_y 平面投影

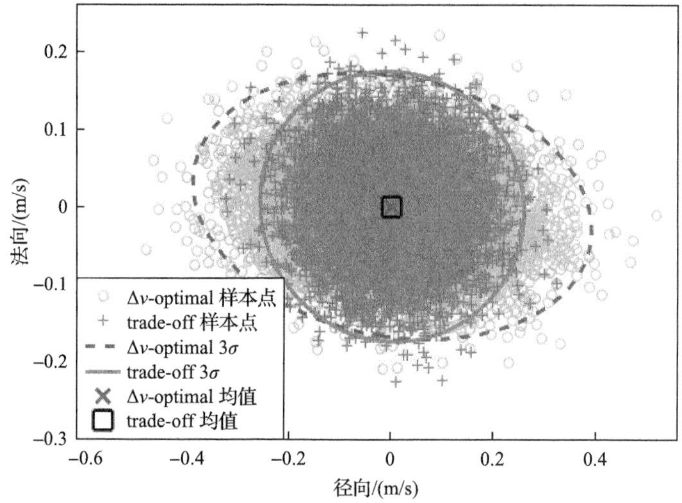

图 14.14　RDwithOR 终端偏差 v_xv_z 平面投影

14.4.5　鲁棒规划的偏差评估方法对比

在本书的鲁棒交会轨道设计方法(RDwithoutOR 模型、RDwithOR 模型)中，由于偏差评估嵌套在优化迭代的每一步，因此需要使用的偏差评估方法在满足精度需求的同时尽可能高效。由前面论述可知，LinCov 方法[10]最为高效，但对强非线性问题精度较低；UT 方法仅需要 $2n+1$(n 为自变量维数)个 Sigma 样本点就可以传播偏差，且对均值及协方差矩阵的预报具有二阶精度。因此，本书选取 UT 方法传播偏差。为了验证 UT 方法相对 LinCov 的有效性，本节以 RDwithoutOR

模型和 RDwithOR 模型的 Δv 最优解为例，基于表 14.4 中的变轨参数和表 14.5 中的重定轨状态，对这两种方法的偏差评估性能进行对比。首先，将追踪器状态误差分别采用蒙特卡罗打靶仿真、UT 方法、LinCov 方法由初始时刻或重定轨时刻预报到终端，然后计算不同方法相对蒙特卡罗仿真的预报误差。针对鲁棒轨道优化的偏差演化方法对比如表 14.6 所示。其中，蒙特卡罗仿真结果作为对比真值，LinCov-MC 与 UT-MC 分别表示 LinCov 方法与 UT 方法相对蒙特卡罗仿真的预报误差。另外，LinCov 方法的状态转移矩阵用解析方法计算，UT 方法的 Sigma 点用 Vinti 算法[9]解析预报，而蒙特卡罗仿真的样本点用 8 阶 Runge-Kutta 方法积分摄动轨道动力学方程，积分步长为 30s。

表 14.6　针对鲁棒轨道优化的偏差演化方法对比

优化模型	方法	σ_x /m	σ_y /m	σ_z /m	σ_{vx} /(m/s)	σ_{vy} /(m/s)	σ_{vz} /(m/s)	时间/s
RDwithoutOR Δv-optimal	蒙特卡罗	125.08	16129.83	30.77	0.061	0.259	0.060	570.263
	LinCov-MC	–3.74	–1.21	0.69	0.000	0.000	0.002	**0.098**
	UT-MC	2.87	0.36	0.00	0.000	0.000	0.000	**0.028**
RDwithOR Δv-optimal	蒙特卡罗	115.62	4821.46	40.16	0.109	0.220	0.042	115.65
	LinCov-MC	–0.07	–0.17	0.09	0.000	0.000	0.001	**0.063**
	UT-MC	–0.02	–0.00	-0.00	0.000	0.000	0.000	**0.024**

由表 14.6 可知，LinCov 方法的预报误差略大于 UT 方法。例如，对 RDwithoutOR 的 Δv 最优解，LinCov 方法的径向位置预报误差为 3.74m，而 UT 方法为 2.87m。另外，对本节算例的两种工况，LinCov 方法所需的计算时间(0.098s、0.063s)也稍微大于 UT 方法(0.028s、0.024s)。由于 UT 方法对本书算例在计算时间和精度上均优于 LinCov 方法，因此选择 UT 方法评估偏差。特别指出，若继续增加机动次数(从而增加输入偏差维数)或没有解析的算法预报 Sigma 点，UT 方法的计算时间将超过 LinCov 方法。因为 LinCov 方法通过状态转移矩阵传播偏差，其计算时间基本不随输入偏差维数增加而增大。

本章以远距离调相交会任务为背景，将实际飞行任务中的偏差因素纳入轨道设计优化过程，提出两种鲁棒交会轨道规划方法。相对于传统基于标称状态的轨道规划方法，本书方法能获得兼顾燃料最优及轨道鲁棒性的交会方案。

参考文献

[1] Fehse W. Automated Rendezvous and Docking of Spacecraft. London: Cambridge University Press, 2003.

[2] 唐国金, 罗亚中, 张进. 空间交会对接任务规划. 北京: 科学出版社, 2008.

[3] Gates C R. A simplified model of midcourse maneuver execution errors. Jet Propulsion Lab.

Technical Rept. 32-504, Pasadena, 1963.

[4] Murtazin R F, Budylov S G. Short rendezvous missions for advanced Russian human spacecraft. Acta Astronautica, 2010, 67: 900-909.

[5] Zhang J, Li H Y, Luo Y Z, et al. Error analysis for rendezvous phasing orbital control using design of experiments. Aerospace Science and Technology, 2012, 17: 74-82.

[6] Goodman J L. History of space shuttle rendezvous and proximity operations. Journal of Spacecraft and Rockets, 2007, 43(5): 9-10.

[7] 周建平. 空间交会对接技术. 北京: 国防工业出版社, 2013.

[8] Bargiela A. Interval and Ellipsoidal Uncertainty Models. Heidelberg: Springer, 2001.

[9] Vinti J P. Orbital and celestial mechanics. Progress in Astronautics and Aeronautics, 1998,177: 353-396.

[10] Christophe L, Denis A, Georgia D. Robust rendezvous planning under maneuver execution errors. Journal of Guidance, Control, and Dynamics, 2015, 38(1): 76-93.

附录 A　非奇异轨道根数下的相对状态转移张量

下面给出第 7 章介绍的二阶非线性相对运动方程用到的矩阵 $\boldsymbol{P}$、$\boldsymbol{G}$, 以及张量 $\boldsymbol{Q}$、$\boldsymbol{H}$ 的具体表达式。

A.1　吻切轨道根数的非线性变换张量

给定主航天器的拟非奇异轨道根数 $\boldsymbol{e}(t)=(a,\theta,i,q_1,q_2,\Omega)$ ，以及与中心天体相关的常数 μ 、R_E 、J_2 ，下面给出从吻切 ROE $\delta\boldsymbol{e}(t)$ 到吻切相对运动状态 $\delta\boldsymbol{x}(t)$ 的 6×6 的 Jacobian 矩阵 $\boldsymbol{P}(t)$ 和 6×6×6 的 Hessian 矩阵 $\boldsymbol{Q}(t)$ 。考虑二阶非线性项的变换关系为 $\delta\boldsymbol{x}(t)=\boldsymbol{P}(t)\delta\boldsymbol{e}(t)+0.5\boldsymbol{Q}(t)\otimes\delta\boldsymbol{e}(t)\otimes\delta\boldsymbol{e}(t)$ 。

A.1.1　常数与中间变量

$$A=3J_2R_E^2,\quad n=\sqrt{\mu/a^3},\quad \eta=\sqrt{1-q_1^2-q_2^2},\quad p=a\eta^2$$

$$\alpha=1+q_1\cos\theta+q_2\sin\theta,\quad \beta=q_1\sin\theta-q_2\cos\theta$$

$$R=\frac{a\eta^2}{\alpha},\ V_r=\sqrt{\frac{\mu}{p}}\beta,\ V_t=\sqrt{\frac{\mu}{p}}\alpha,\ \varpi_r=\frac{-An}{2a^2\eta^7}\alpha^3\sin 2i\sin\theta,\ \varpi_n=\sqrt{\frac{\mu}{p^3}}\alpha^2$$

$$T_{11}=\cos\theta\cos\Omega-\sin\theta\cos i\sin\Omega,\quad T_{12}=\cos\theta\sin\Omega+\sin\theta\cos i\cos\Omega$$

$$T_{13}=\sin\theta\sin i$$

$$T_{21}=-\sin\theta\cos\Omega-\cos\theta\cos i\sin\Omega,\quad T_{22}=-\sin\theta\sin\Omega+\cos\theta\cos i\cos\Omega$$

$$T_{23}=\cos\theta\sin i,\quad T_{31}=\sin i\sin\Omega,\quad T_{32}=-\sin i\cos\Omega,\quad T_{33}=\cos i$$

$$\delta R^a=\eta^2/\alpha,\quad \delta R^\theta=(R\beta)/\alpha$$

$$\delta R^{q_1}=-(2aq_1+R\cos\theta)/\alpha,\quad \delta R^{q_2}=-(2aq_2+R\sin\theta)/\alpha$$

$$\delta R^{a\theta}=\beta\eta^2/\alpha^2,\quad \delta R^{aq_1}=-(\cos\theta\eta^2+2\alpha q_1)/\alpha^2,\quad \delta R^{aq_2}=-(\sin\theta\eta^2+2\alpha q_2)/\alpha^2$$

$$\delta R^{\theta\theta}=R(q_1\cos\theta+q_2\sin\theta)/\alpha+(2R\beta^2)/\alpha^2$$

$$\delta R^{\theta q_1}=-(2a\beta q_1+2R\beta\cos\theta-R\alpha\sin\theta)/\alpha^2$$

$$\delta R^{\theta q_2}=-(2a\beta q_2+R\alpha\cos\theta+2R\beta\sin\theta)/\alpha^2$$

$$\delta R^{q_1q_1}=2(R\cos^2\theta-a\alpha+2aq_1\cos\theta)/\alpha^2,\quad \delta R^{q_2q_2}=2(R\sin^2\theta-a\alpha+2aq_2\sin\theta)/\alpha^2$$

$$\delta R^{q_1q_2}=2(aq_2\cos\theta+aq_1\sin\theta+R\cos\theta\sin\theta)/\alpha^2$$

$$\delta V_r^a = -V_r/(2a), \quad \delta V_r^\theta = \sqrt{\mu/p}(q_1\cos\theta + q_2\sin\theta)$$
$$\delta V_r^{q_1} = V_r a q_1/p + \sqrt{\mu/p}\sin\theta, \quad \delta V_r^{q_2} = V_r a q_2/p - \sqrt{\mu/p}$$
$$\delta V_r^{aa} = 3\beta\sqrt{\mu/p}/(4a^2), \quad \delta V_r^{\theta\theta} = -V_r, \quad \delta V_r^{a\theta} = -\sqrt{\mu/p}(q_1\cos\theta + q_2\sin\theta)/(2a)$$
$$\delta V_r^{aq_1} = -\sqrt{\mu/p}(p\sin\theta + a\beta q_1)/(2ap), \quad \delta V_r^{aq_2} = \sqrt{\mu/p}(p\cos\theta - a\beta q_2)/(2ap)$$
$$\delta V_r^{\theta q_1} = \sqrt{\mu/p}(\eta^2\cos\theta + q_1^2\cos\theta + q_1q_2\sin\theta)/\eta^2$$
$$\delta V_r^{\theta q_2} = \sqrt{\mu/p}(\eta^2\sin\theta + q_2^2\sin\theta + q_1q_2\cos\theta)/\eta^2$$
$$\delta V_r^{q_1q_1} = \sqrt{\mu/p}(\beta\eta^2 + 3\beta q_1^2 + 2\sin\theta\eta^2 q_1)/\eta^4$$
$$\delta V_r^{q_2q_2} = \sqrt{\mu/p}(\beta\eta^2 + 3\beta q_2^2 - 2\cos\theta\eta^2 q_2)/\eta^4$$
$$\delta V_r^{q_1q_2} = \sqrt{\mu/p}(\eta^2 q_2\sin\theta - \eta^2 q_1\cos\theta + 3\beta q_1q_2)/\eta^4$$

$$\delta V_t^a = -V_t/(2a), \quad \delta V_t^\theta = \sqrt{-\beta(\mu/p)}$$
$$\delta V_t^{q_1} = V_t a q_1/p + \sqrt{\mu/p}\cos\theta, \quad \delta V_t^{q_2} = V_t a q_2/p + \sqrt{\mu/p}\sin\theta$$
$$\delta V_t^{aa} = 3\alpha\sqrt{\mu/p}/(4a^2), \quad \delta V_t^{\theta\theta} = -\sqrt{\mu/p}(q_1\cos\theta + q_2\sin\theta)$$
$$\delta V_t^{a\theta} = \beta\sqrt{\mu/p}/(2a)$$
$$\delta V_t^{aq_1} = -\sqrt{\mu/p}(p\cos\theta + a\alpha q_1)/(2ap), \quad \delta V_t^{aq_2} = -\sqrt{\mu/p}(p\sin\theta + a\alpha q_2)/(2ap)$$
$$\delta V_t^{\theta q_1} = -\sqrt{\mu/p}(\beta q_1 + \eta^2\sin\theta)/\eta^2, \quad \delta V_t^{\theta q_2} = -\sqrt{\mu/p}(\beta q_2 - \eta^2\cos\theta)/\eta^2$$
$$\delta V_t^{q_1q_1} = \sqrt{\mu/p}(2\cos\theta\eta^2 q_1 + \alpha\eta^2 + 3\alpha q_1^2)/\eta^4$$
$$\delta V_t^{q_2q_2} = \sqrt{\mu/p}(2\sin\theta\eta^2 q_2 + \alpha\eta^2 + 3\alpha q_2^2)/\eta^4$$
$$\delta V_t^{q_1q_2} = \sqrt{\mu/p}(\eta^2 q_2\cos\theta + \eta^2 q_1\sin\theta + 3\alpha q_1q_2)/\eta^4$$

$$\delta T_{11}^\theta = T_{21}, \quad \delta T_{11}^i = T_{13}\sin\Omega, \quad \delta T_{11}^\Omega = -T_{12}$$
$$\delta T_{11}^{\theta\theta} = -T_{11}/2, \quad \delta T_{11}^{ii} = (\cos i\sin\theta\sin\Omega)/2, \quad \delta T_{11}^{\Omega\Omega} = -T_{11}/2$$
$$\delta T_{11}^{\theta i} = T_{31}\cos\theta, \quad \delta T_{11}^{\theta\Omega} = -T_{22}, \quad \delta T_{11}^{i\Omega} = T_{13}\cos\Omega$$
$$\delta T_{12}^\theta = T_{22}, \quad \delta T_{12}^i = -T_{13}\cos\Omega, \quad \delta T_{12}^\Omega = T_{11}$$
$$\delta T_{12}^{\theta\theta} = -T_{12}/2, \quad \delta T_{12}^{ii} = -(\cos i\cos\Omega\sin\theta)/2, \quad \delta T_{12}^{\Omega\Omega} = -T_{12}/2$$
$$\delta T_{12}^{\theta i} = T_{32}\cos\theta, \quad \delta T_{12}^{\theta\Omega} = T_{21}, \quad \delta T_{12}^{i\Omega} = T_{13}\sin\Omega$$
$$\delta T_{13}^\theta = T_{23}, \quad \delta T_{13}^i = \cos i\sin\theta, \quad \delta T_{13}^\Omega = 0$$
$$\delta T_{13}^{\theta\theta} = -T_{13}/2, \quad \delta T_{13}^{ii} = -T_{13}/2, \quad \delta T_{13}^{\Omega\Omega} = 0$$
$$\delta T_{13}^{\theta i} = \cos i\cos\theta, \quad \delta T_{13}^{\theta\Omega} = 0, \quad \delta T_{13}^{i\Omega} = 0$$
$$\delta T_{21}^\theta = -T_{11}, \quad \delta T_{21}^i = T_{31}\cos\theta, \quad \delta T_{21}^\Omega = -T_{22}$$

$$\delta T_{21}^{\theta\theta} = -T_{21}/2,\quad \delta T_{21}^{ii} = (\cos i \cos\theta \sin\Omega)/2,\quad \delta T_{21}^{\Omega\Omega} = -T_{21}/2$$
$$\delta T_{21}^{\theta i} = -T_{13}\sin\Omega,\quad \delta T_{21}^{\theta\Omega} = T_{12},\quad \delta T_{21}^{i\Omega} = -T_{32}\cos\theta$$
$$\delta T_{22}^{\theta} = -T_{12},\quad \delta T_{22}^{i} = T_{32}\cos\theta,\quad \delta T_{22}^{\Omega} = T_{21}$$
$$\delta T_{22}^{\theta\theta} = -T_{22}/2,\quad \delta T_{22}^{ii} = -(\cos i \cos\theta \cos\Omega)/2,\quad \delta T_{22}^{\Omega\Omega} = -T_{22}/2$$
$$\delta T_{22}^{\theta i} = T_{13}\cos\Omega,\quad \delta T_{22}^{\theta\Omega} = -T_{11},\quad \delta T_{22}^{i\Omega} = T_{31}\cos\theta$$
$$\delta T_{23}^{\theta} = -T_{13},\quad \delta T_{23}^{i} = \cos i\cos\theta,\quad \delta T_{23}^{\Omega} = 0$$
$$\delta T_{23}^{\theta\theta} = -T_{23}/2,\quad \delta T_{23}^{ii} = -T_{23}/2,\quad \delta T_{23}^{\Omega\Omega} = 0$$
$$\delta T_{23}^{\theta i} = -\cos i\sin\theta,\quad \delta T_{23}^{\theta\Omega} = 0,\quad \delta T_{23}^{i\Omega} = 0$$

A.1.2　*P* 矩阵的行向量

$$\boldsymbol{P}_{\delta R} = [\delta R^{a}, \delta R^{\theta}, 0, \delta R^{q_1}, \delta R^{q_2}, 0]$$
$$\boldsymbol{P}_{\delta V_r} = [\delta V_r^{a}, \delta V_r^{\theta}, 0, \delta V_r^{q_1}, \delta V_r^{q_2}, 0],\quad \boldsymbol{P}_{\delta V_t} = [\delta V_t^{a}, \delta V_t^{\theta}, 0, \delta V_t^{q_1}, \delta V_t^{q_2}, 0]$$
$$\boldsymbol{P}_{\delta T_{11}} = [0, \delta T_{11}^{\theta}, \delta T_{11}^{i}, 0, 0, \delta T_{11}^{\Omega}],\quad \boldsymbol{P}_{\delta T_{12}} = [0, \delta T_{12}^{\theta}, \delta T_{12}^{i}, 0, 0, \delta T_{12}^{\Omega}]$$
$$\boldsymbol{P}_{\delta T_{13}} = [0, \delta T_{13}^{\theta}, \delta T_{13}^{i}, 0, 0, \delta T_{13}^{\Omega}]$$
$$\boldsymbol{P}_{\delta T_{21}} = [0, \delta T_{21}^{\theta}, \delta T_{21}^{i}, 0, 0, \delta T_{21}^{\Omega}],\quad \boldsymbol{P}_{\delta T_{22}} = [0, \delta T_{22}^{\theta}, \delta T_{22}^{i}, 0, 0, \delta T_{22}^{\Omega}]$$
$$\boldsymbol{P}_{\delta T_{23}} = [0, \delta T_{23}^{\theta}, \delta T_{23}^{i}, 0, 0, \delta T_{23}^{\Omega}]$$

A.1.3　张量 *Q* 的子矩阵的非零元素

$$Q_{\delta R}(2,2) = \delta R^{\theta\theta},\quad Q_{\delta R}(4,4) = \delta R^{q_1q_1},\quad Q_{\delta R}(5,5) = \delta R^{q_2q_2}$$
$$Q_{\delta R}(1,2) = Q_{\delta R}(2,1) = \delta R^{a\theta},\quad Q_{\delta R}(1,4) = Q_{\delta R}(4,1) = \delta R^{aq_1}$$
$$Q_{\delta R}(1,5) = Q_{\delta R}(5,1) = \delta R^{aq_2}$$
$$Q_{\delta R}(2,4) = Q_{\delta R}(4,2) = \delta R^{\theta q_1},\quad Q_{\delta R}(2,5) = Q_{\delta R}(5,2) = \delta R^{\theta q_2}$$
$$Q_{\delta R}(4,5) = Q_{\delta R}(5,4) = \delta R^{q_1q_2}$$
$$Q_{\delta V_r}(1,1) = \delta V_r^{aa},\quad Q_{\delta V_r}(2,2) = \delta V_r^{\theta\theta},\quad Q_{\delta V_r}(4,4) = \delta V_r^{q_1q_1},\quad Q_{\delta V_r}(5,5) = \delta V_r^{q_2q_2}$$
$$Q_{\delta V_r}(1,2) = Q_{\delta V_r}(2,1) = \delta V_r^{a\theta},\quad Q_{\delta V_r}(1,4) = Q_{\delta V_r}(4,1) = \delta V_r^{aq_1}$$
$$Q_{\delta V_r}(1,5) = Q_{\delta V_r}(5,1) = \delta V_r^{aq_2}$$
$$Q_{\delta V_r}(2,4) = Q_{\delta V_r}(4,2) = \delta V_r^{\theta q_1},\quad Q_{\delta V_r}(2,5) = Q_{\delta V_r}(5,2) = \delta V_r^{\theta q_2}$$
$$Q_{\delta V_r}(4,5) = Q_{\delta V_r}(5,4) = \delta V_r^{q_1q_2}$$
$$Q_{\delta V_t}(1,1) = \delta V_t^{aa},\quad Q_{\delta V_t}(2,2) = \delta V_t^{\theta\theta},\quad Q_{\delta V_t}(4,4) = \delta V_t^{q_1q_1},\quad Q_{\delta V_t}(5,5) = \delta V_t^{q_2q_2}$$
$$Q_{\delta V_t}(1,2) = Q_{\delta V_t}(2,1) = \delta V_t^{a\theta},\quad Q_{\delta V_t}(1,4) = Q_{\delta V_t}(4,1) = \delta V_t^{aq_1}$$

$Q_{\delta V_t}(1,5)=Q_{\delta V_t}(5,1)=\delta V_t^{aq_2}$

$Q_{\delta V_t}(2,4)=Q_{\delta V_t}(4,2)=\delta V_t^{\theta q_1}$， $Q_{\delta V_t}(2,5)=Q_{\delta V_t}(5,2)=\delta V_t^{\theta q_2}$

$Q_{\delta V_t}(4,5)=Q_{\delta V_t}(5,4)=\delta V_t^{q_1 q_2}$

$Q_{\delta T_{11}}(2,2)=2\delta T_{11}^{\theta\theta}$， $Q_{\delta T_{11}}(3,3)=2\delta T_{11}^{ii}$， $Q_{\delta T_{11}}(6,6)=2\delta T_{11}^{\Omega\Omega}$

$Q_{\delta T_{11}}(2,3)=Q_{\delta T_{11}}(3,2)=\delta T_{11}^{\theta i}$， $Q_{\delta T_{11}}(2,6)=Q_{\delta T_{11}}(6,2)=\delta T_{11}^{\theta\Omega}$

$Q_{\delta T_{11}}(3,6)=Q_{\delta T_{11}}(6,3)=\delta T_{11}^{i\Omega}$

$Q_{\delta T_{12}}(2,2)=2\delta T_{12}^{\theta\theta}$， $Q_{\delta T_{12}}(3,3)=2\delta T_{12}^{ii}$， $Q_{\delta T_{12}}(6,6)=2\delta T_{12}^{\Omega\Omega}$

$Q_{\delta T_{12}}(2,3)=Q_{\delta T_{12}}(3,2)=\delta T_{12}^{\theta i}$， $Q_{\delta T_{12}}(2,6)=Q_{\delta T_{12}}(6,2)=\delta T_{12}^{\theta\Omega}$

$Q_{\delta T_{12}}(3,6)=Q_{\delta T_{12}}(6,3)=\delta T_{12}^{i\Omega}$

$Q_{\delta T_{13}}(2,2)=2\delta T_{13}^{\theta\theta}$， $Q_{\delta T_{13}}(3,3)=2\delta T_{13}^{ii}$， $Q_{\delta T_{13}}(6,6)=2\delta T_{13}^{\Omega\Omega}$

$Q_{\delta T_{13}}(2,3)=Q_{\delta T_{13}}(3,2)=\delta T_{13}^{\theta i}$， $Q_{\delta T_{13}}(2,6)=Q_{\delta T_{13}}(6,2)=\delta T_{13}^{\theta\Omega}$

$Q_{\delta T_{13}}(3,6)=Q_{\delta T_{13}}(6,3)=\delta T_{13}^{i\Omega}$

$Q_{\delta T_{21}}(2,2)=2\delta T_{21}^{\theta\theta}$， $Q_{\delta T_{21}}(3,3)=2\delta T_{21}^{ii}$， $Q_{\delta T_{21}}(6,6)=2\delta T_{21}^{\Omega\Omega}$

$Q_{\delta T_{21}}(2,3)=Q_{\delta T_{21}}(3,2)=\delta T_{21}^{\theta i}$， $Q_{\delta T_{21}}(2,6)=Q_{\delta T_{21}}(6,2)=\delta T_{21}^{\theta\Omega}$

$Q_{\delta T_{21}}(3,6)=Q_{\delta T_{21}}(6,3)=\delta T_{21}^{i\Omega}$

$Q_{\delta T_{22}}(2,2)=2\delta T_{22}^{\theta\theta}$， $Q_{\delta T_{22}}(3,3)=2\delta T_{22}^{ii}$， $Q_{\delta T_{22}}(6,6)=2\delta T_{22}^{\Omega\Omega}$

$Q_{\delta T_{22}}(2,3)=Q_{\delta T_{22}}(3,2)=\delta T_{22}^{\theta i}$， $Q_{\delta T_{22}}(2,6)=Q_{\delta T_{22}}(6,2)=\delta T_{22}^{\theta\Omega}$

$Q_{\delta T_{22}}(3,6)=Q_{\delta T_{22}}(6,3)=\delta T_{22}^{i\Omega}$

$Q_{\delta T_{23}}(2,2)=2\delta T_{23}^{\theta\theta}$， $Q_{\delta T_{23}}(3,3)=2\delta T_{23}^{ii}$， $Q_{\delta T_{23}}(6,6)=2\delta T_{23}^{\Omega\Omega}$

$Q_{\delta T_{23}}(2,3)=Q_{\delta T_{23}}(3,2)=\delta T_{23}^{\theta i}$， $Q_{\delta T_{23}}(2,6)=Q_{\delta T_{23}}(6,2)=\delta T_{23}^{\theta\Omega}$

$Q_{\delta T_{23}}(3,6)=Q_{\delta T_{23}}(6,3)=\delta T_{23}^{i\Omega}$

A.1.4 状态变换矩阵与张量

$\boldsymbol{P}(t)=\left[\boldsymbol{P}_{\delta x};\boldsymbol{P}_{\delta y};\boldsymbol{P}_{\delta z};\boldsymbol{P}_{\delta\dot{x}};\boldsymbol{P}_{\delta\dot{y}};\boldsymbol{P}_{\delta\dot{z}}\right]$， $\boldsymbol{Q}(t)=\left[\boldsymbol{Q}_{\delta x},\boldsymbol{Q}_{\delta y},\boldsymbol{Q}_{\delta z},\boldsymbol{Q}_{\delta\dot{x}},\boldsymbol{Q}_{\delta\dot{y}},\boldsymbol{Q}_{\delta\dot{z}}\right]$

$\boldsymbol{P}_{\delta x}=\boldsymbol{P}_{\delta R}+R\boldsymbol{P}_{T_{11}}$， $\boldsymbol{P}_{\delta y}=R\boldsymbol{P}_{T_{21}}$， $\boldsymbol{P}_{\delta z}=R\boldsymbol{P}_{T_{31}}$

$\boldsymbol{P}_{\delta\dot{x}}=\boldsymbol{P}_{\delta V_r}+V_r\boldsymbol{P}_{T_{11}}+V_t\boldsymbol{P}_{T_{12}}+\varpi_n\boldsymbol{P}_{\delta y}$

$$\boldsymbol{P}_{\delta\dot{y}}=\boldsymbol{P}_{\delta V_t}+V_r\boldsymbol{P}_{T_{21}}+V_t\boldsymbol{P}_{T_{22}}+\varpi_r\boldsymbol{P}_{\delta z}-\varpi_n\boldsymbol{P}_{\delta x}$$

$$\boldsymbol{P}_{\delta\dot{z}}=V_r\boldsymbol{P}_{T_{31}}+V_t\boldsymbol{P}_{T_{32}}-\varpi_r\boldsymbol{P}_{\delta y}$$

$$\boldsymbol{Q}_{\delta x}=\boldsymbol{Q}_{\delta R}+R\boldsymbol{Q}_{T_{11}}+(\boldsymbol{P}_{T_{11}}^{\mathrm{T}}\boldsymbol{P}_{\delta R}+\boldsymbol{P}_{\delta R}^{\mathrm{T}}\boldsymbol{P}_{T_{11}})$$

$$\boldsymbol{Q}_{\delta y}=R\boldsymbol{Q}_{T_{21}}+(\boldsymbol{P}_{T_{21}}^{\mathrm{T}}\boldsymbol{P}_{\delta R}+\boldsymbol{P}_{\delta R}^{\mathrm{T}}\boldsymbol{P}_{T_{21}})$$

$$\boldsymbol{Q}_{\delta z}=R\boldsymbol{Q}_{T_{31}}+(\boldsymbol{P}_{T_{31}}^{\mathrm{T}}\boldsymbol{P}_{\delta R}+\boldsymbol{P}_{\delta R}^{\mathrm{T}}\boldsymbol{P}_{T_{31}})$$

$$\boldsymbol{Q}_{\delta\dot{x}}=\boldsymbol{Q}_{\delta V_r}+V_r\boldsymbol{Q}_{T_{11}}+V_t\boldsymbol{Q}_{T_{12}}+\varpi_n\boldsymbol{Q}_{\delta y}+(\boldsymbol{P}_{T_{11}}^{\mathrm{T}}\boldsymbol{P}_{\delta V_r}+\boldsymbol{P}_{\delta V_r}^{\mathrm{T}}\boldsymbol{P}_{T_{11}})+(\boldsymbol{P}_{T_{12}}^{\mathrm{T}}\boldsymbol{P}_{\delta V_t}+\boldsymbol{P}_{\delta V_t}^{\mathrm{T}}\boldsymbol{P}_{T_{12}})$$

$$\begin{aligned}\boldsymbol{Q}_{\delta\dot{y}}=&\boldsymbol{Q}_{\delta V_t}+V_r\boldsymbol{Q}_{T_{21}}+V_t\boldsymbol{Q}_{T_{22}}+\varpi_r\boldsymbol{Q}_{\delta z}-\varpi_n\boldsymbol{Q}_{\delta x}+(\boldsymbol{P}_{T_{21}}^{\mathrm{T}}\boldsymbol{P}_{\delta V_r}+\boldsymbol{P}_{\delta V_r}^{\mathrm{T}}\boldsymbol{P}_{T_{21}})\\&+(\boldsymbol{P}_{T_{22}}^{\mathrm{T}}\boldsymbol{P}_{\delta V_t}+\boldsymbol{P}_{\delta V_t}^{\mathrm{T}}\boldsymbol{P}_{T_{22}})\end{aligned}$$

$$\boldsymbol{Q}_{\delta\dot{z}}=V_r\boldsymbol{Q}_{T_{31}}+V_t\boldsymbol{Q}_{T_{32}}-\varpi_r\boldsymbol{Q}_{\delta y}+(\boldsymbol{P}_{T_{31}}^{\mathrm{T}}\boldsymbol{P}_{\delta V_r}+\boldsymbol{P}_{\delta V_r}^{\mathrm{T}}\boldsymbol{P}_{T_{31}})+(\boldsymbol{P}_{T_{32}}^{\mathrm{T}}\boldsymbol{P}_{\delta V_t}+\boldsymbol{P}_{\delta V_t}^{\mathrm{T}}\boldsymbol{P}_{T_{32}})$$

$$\boldsymbol{P}_{T_{11}}=T_{11}\boldsymbol{P}_{\delta T_{11}}+T_{12}\boldsymbol{P}_{\delta T_{12}}+T_{13}\boldsymbol{P}_{\delta T_{13}},\quad \boldsymbol{P}_{T_{12}}=T_{11}\boldsymbol{P}_{\delta T_{21}}+T_{12}\boldsymbol{P}_{\delta T_{22}}+T_{13}\boldsymbol{P}_{\delta T_{23}}$$

$$\boldsymbol{P}_{T_{21}}=T_{21}\boldsymbol{P}_{\delta T_{11}}+T_{22}\boldsymbol{P}_{\delta T_{12}}+T_{23}\boldsymbol{P}_{\delta T_{13}},\quad \boldsymbol{P}_{T_{22}}=T_{21}\boldsymbol{P}_{\delta T_{21}}+T_{22}\boldsymbol{P}_{\delta T_{22}}+T_{23}\boldsymbol{P}_{\delta T_{23}}$$

$$\boldsymbol{P}_{T_{31}}=T_{31}\boldsymbol{P}_{\delta T_{11}}+T_{32}\boldsymbol{P}_{\delta T_{12}}+T_{33}\boldsymbol{P}_{\delta T_{13}},\quad \boldsymbol{P}_{T_{32}}=T_{31}\boldsymbol{P}_{\delta T_{21}}+T_{32}\boldsymbol{P}_{\delta T_{22}}+T_{33}\boldsymbol{P}_{\delta T_{23}}$$

$$\boldsymbol{Q}_{T_{11}}=T_{11}\boldsymbol{Q}_{\delta T_{11}}+T_{12}\boldsymbol{Q}_{\delta T_{12}}+T_{13}\boldsymbol{Q}_{\delta T_{13}},\quad \boldsymbol{Q}_{T_{12}}=T_{11}\boldsymbol{Q}_{\delta T_{21}}+T_{12}\boldsymbol{Q}_{\delta T_{22}}+T_{13}\boldsymbol{Q}_{\delta T_{23}}$$

$$\boldsymbol{Q}_{T_{21}}=T_{21}\boldsymbol{Q}_{\delta T_{11}}+T_{22}\boldsymbol{Q}_{\delta T_{12}}+T_{23}\boldsymbol{Q}_{\delta T_{13}},\quad \boldsymbol{Q}_{T_{22}}=T_{21}\boldsymbol{Q}_{\delta T_{21}}+T_{22}\boldsymbol{Q}_{\delta T_{22}}+T_{23}\boldsymbol{Q}_{\delta T_{23}}$$

$$\boldsymbol{Q}_{T_{31}}=T_{31}\boldsymbol{Q}_{\delta T_{11}}+T_{32}\boldsymbol{Q}_{\delta T_{12}}+T_{33}\boldsymbol{Q}_{\delta T_{13}},\quad \boldsymbol{Q}_{T_{32}}=T_{31}\boldsymbol{Q}_{\delta T_{21}}+T_{32}\boldsymbol{Q}_{\delta T_{22}}+T_{33}\boldsymbol{Q}_{\delta T_{23}}$$

A.2　平均轨道根数的非线性预报张量

给定主航天器的平均轨道根数$\bar{\boldsymbol{e}}(t_0)=(a_0,\theta_0,i_0,q_{10},q_{20},\Omega_0)$和中心天体相关常数$\mu$、$R_E$、$J_2$，下面给出平均 ROE $\delta\bar{\boldsymbol{e}}(t_0)$的 6×6 的状态转移矩阵$\boldsymbol{G}(t,t_0)$和 6×6×6 的状态转移张量$\boldsymbol{H}(t,t_0)$，用于预报平均 ROE $\delta\bar{\boldsymbol{e}}(t_0)$，即$\delta\bar{\boldsymbol{e}}(t)=\boldsymbol{G}(t,t_0)\delta\bar{\boldsymbol{e}}(t_0)+0.5\boldsymbol{H}(t,t_0)\otimes\delta\bar{\boldsymbol{e}}(t_0)\otimes\delta\bar{\boldsymbol{e}}(t_0)$。特别说明，附录中所有参数均用平均轨道根数表示。

A.2.1　常数与中间变量

$$A=3J_2R_E^2,\quad \Delta t=t-t_0,\quad n_0=\sqrt{\mu/a_0^3},\quad \eta_0=\sqrt{1-q_{10}^2-q_{20}^2},\quad p_0=a_0\eta_0^2$$

$$\dot{\omega}=\frac{A}{4}\frac{n_0}{a_0^2\eta_0^4}(5\cos^2 i_0-1),\quad \dot{\Omega}=-\frac{A}{2}\frac{n_0}{a_0^2\eta_0^4}\cos i_0$$

$$\dot{\lambda}=n_0+\frac{A}{4}\frac{n_0}{a_0^2\eta_0^4}[(5\cos^2 i_0-1)+\eta_0(3\cos^2 i_0-1)]$$

$$S_{wt}=\sin(\dot{\omega}\Delta t),\quad C_{wt}=\cos(\dot{\omega}\Delta t)$$

$$\alpha_0=1+q_{10}\cos\theta_0+q_{20}\sin\theta_0,\quad \beta_0=q_{10}\sin\theta_0-q_{20}\cos\theta_0$$

$$a=a_0,\quad i=i_0,\quad q_1=q_{10}C_{wt}-q_{20}S_{wt},\quad q_2=q_{10}S_{wt}+q_{20}C_{wt},\quad \Omega=\Omega_0+\dot{\Omega}\Delta t$$

$$\lambda=\tan^{-1}\left[\frac{(1+\eta_0-q_{10}^2)\sin\theta_0+q_{10}q_{20}\cos\theta_0+(1+\eta_0)q_{20}}{(1+\eta_0-q_{20}^2)\cos\theta_0+q_{10}q_{20}\sin\theta_0+(1+\eta_0)q_{10}}\right]-\frac{\eta_0\beta_0}{\alpha_0}+\dot{\lambda}\Delta t$$
$$=F-q_1\sin F+q_2\cos F$$

$$\theta=\tan^{-1}\left[\frac{(1+\eta-q_1^2)\sin F+q_1q_2\cos F-(1+\eta)q_2}{(1+\eta-q_2^2)\cos F+q_1q_2\sin F-(1+\eta)q_1}\right]$$

$$n=\sqrt{\mu/a^3},\quad \eta=\sqrt{1-q_1^2-q_2^2},\quad p=a\eta^2$$

$$\alpha=1+q_1\cos\theta+q_2\sin\theta,\quad \beta=q_1\sin\theta-q_2\cos\theta$$

$$R_0=\frac{a_0\eta_0^2}{\alpha_0},\quad V_{r0}=\sqrt{\frac{\mu}{p_0}}\beta_0,\quad V_{t0}=\sqrt{\frac{\mu}{p_0}}\alpha_0,\quad R=\frac{a\eta^2}{\alpha},\quad V_r=\sqrt{\frac{\mu}{p}}\beta,\quad V_t=\sqrt{\frac{\mu}{p}}\alpha$$

$$\kappa_{10}=3\cos^2 i_0-1,\quad \kappa_{20}=5\cos^2 i_0-1$$

$$\kappa_{30}=S_{wt}q_{10}+C_{wt}q_{20},\quad \kappa_{40}=C_{wt}q_{10}-S_{wt}q_{20}$$

$$\kappa_{50}=C_{wt}q_{10}+S_{wt}q_{20}$$

$$\lambda^{\theta}=nR/V_t$$

$$\lambda^{q_1}=q_2/(\eta+\eta^2)+q_1V_r/(\eta V_t)-\eta R(a+R)(q_2+\sin\theta)/p^2$$

$$\lambda^{q_2}=-q_1/(\eta+\eta^2)+q_2V_r/(\eta V_t)+\eta R(a+R)(q_1+\cos\theta)/p^2$$

$$\lambda^{\theta\theta}=2\beta\eta^3/\alpha^3,\quad \lambda^{\theta q_1}=-\eta(2\cos\theta\eta^2+3\alpha q_1)/\alpha^3$$

$$\lambda^{\theta q_2}=-\eta(2\sin\theta\eta^2+3\alpha q_2)/\alpha^3$$

$$\begin{aligned}\lambda^{q_1q_1}=&(\beta+q_1\sin\theta)/(\alpha\eta)+(\beta q_1^2)/(\alpha\eta^3)+q_1q_2(2\eta+1)/[\eta^3(\eta+1)^2]\\&+(2aq_1+2R\cos\theta+a\cos\theta)(q_2+\sin\theta)/(a\alpha^2\eta)-(\beta q_1\cos\theta)/(\alpha^2\eta)\\&-q_1(R+a)(q_2+\sin\theta)/(\alpha\eta p)\end{aligned}$$

$$\begin{aligned}\lambda^{q_1q_2}=&1/(\eta^2+\eta)-q_1(\alpha\cos\theta+\beta\sin\theta)/(\alpha^2\eta)+q_2^2(2\eta+1)/[\eta^3(\eta+1)^2]\\&-(R+a)/(a\alpha\eta)+(\beta q_1q_2)/(\alpha\eta^3)-q_2(R+a)(q_2+\sin\theta)/(\alpha\eta p)\\&+(2aq_2+2R\sin\theta+a\sin\theta)(q_2+\sin\theta)/(a\alpha^2\eta)\end{aligned}$$

$$\begin{aligned}\lambda^{q_2q_2}=&(\beta-q_2\cos\theta)/(\alpha\eta)+(\beta q_2^2)/(\alpha\eta^3)-q_1q_2(2\eta+1)/[\eta^3(\eta+1)^2]\\&-(2aq_2+2R\sin\theta+a\sin\theta)(q_1+\cos\theta)/(a\alpha^2\eta)-(\beta q_2\sin\theta)/(\alpha^2\eta)\\&+q_2(R+a)(q_1+\cos\theta)/(\alpha\eta p)\end{aligned}$$

$$\lambda_0^{\theta_0}=n_0R_0/V_{t0}$$

$$\lambda_0^{q_{10}}=q_{20}/(\eta_0+\eta_0^2)+q_{10}V_{r0}/(\eta_0V_{t0})-\eta_0R_0(a_0+R_0)(q_{20}+\sin\theta_0)/p_0^2$$

$$\lambda_0^{q_{20}} = -q_{10} / (\eta_0 + \eta_0^2) + q_{20} V_{r0} / (\eta_0 V_{t0}) + \eta_0 R_0 (a_0 + R_0)(q_{10} + \cos\theta_0) / p_0^2$$

$$\lambda_0^{\theta_0\theta_0} = 2\beta_0 \eta_0^3 / \alpha_0^3$$

$$\lambda_0^{\theta_0 q_{10}} = -\eta_0 (2\cos\theta_0 \eta_0^2 + 3\alpha_0 q_{10}) / \alpha_0^3,\quad \lambda_0^{\theta_0 q_{20}} = -\eta_0 (2\sin\theta_0 \eta_0^2 + 3\alpha_0 q_{20}) / \alpha_0^3$$

$$\begin{aligned}\lambda_0^{q_{10}q_{10}} = {} & (\beta_0 + q_{10}\sin\theta_0) / (\alpha_0\eta_0) + (\beta_0 q_{10}^2) / (\alpha_0\eta_0^3) + q_{10} q_{20} (2\eta_0 + 1) / [\eta_0^3 (\eta_0 + 1)^2] \\ & + (2a_0 q_{10} + 2R_0\cos\theta_0 + a_0\cos\theta_0)(q_{20} + \sin\theta_0) / (a_0\alpha_0^2\eta_0) \\ & - (\beta_0 q_{10}\cos\theta_0) / (\alpha_0^2\eta_0) \\ & - q_{10}(R_0 + a_0)(q_{20} + \sin\theta_0) / (\alpha_0\eta_0 p_0)\end{aligned}$$

$$\begin{aligned}\lambda_0^{q_{10}q_{20}} = {} & 1 / (\eta_0^2 + \eta_0) - q_{10}(\alpha_0\cos\theta_0 + \beta_0\sin\theta_0) / (\alpha_0^2\eta_0) + q_{20}^2 (2\eta_0 + 1) / \\ & [\eta_0^3 (\eta_0 + 1)^2] \\ & - (R_0 + a_0) / (a_0\alpha_0\eta_0) + (\beta_0 q_{10} q_{20}) / (\alpha_0\eta_0^3) - q_{20}(R_0 + a_0)(q_{20} + \sin\theta_0) / \\ & (\alpha_0\eta_0 p_0) \\ & + (2a_0 q_{20} + 2R_0\sin\theta_0 + a_0\sin\theta_0)(q_{20} + \sin\theta_0) / (a_0\alpha_0^2\eta_0)\end{aligned}$$

$$\begin{aligned}\lambda_0^{q_{20}q_{20}} = {} & (\beta_0 - q_{20}\cos\theta_0) / (\alpha_0\eta_0) + (\beta_0 q_{20}^2) / (\alpha_0\eta_0^3) - q_{10} q_{20} (2\eta_0 + 1) / [\eta_0^3 (\eta_0 + 1)^2] \\ & - (2a_0 q_{20} + 2R_0\sin\theta_0 + a_0\sin\theta_0)(q_{10} + \cos\theta_0) / (a_0\alpha_0^2\eta_0) \\ & - (\beta_0 q_{20}\sin\theta_0) / (\alpha_0^2\eta_0) \\ & + q_{20}(R_0 + a_0)(q_{10} + \cos\theta_0) / (\alpha_0\eta_0 p_0)\end{aligned}$$

$$\dot\lambda^{a_0} = -3n_0 / (2a_0) - 7An_0(\kappa_{20} + \eta_0\kappa_{10}) / (8a_0 p_0^2)$$

$$\dot\lambda^{i_0} = -An_0\sin(2i_0)(3\eta_0 + 5) / (4p_0^2)$$

$$\dot\lambda^{q_{10}} = -An_0 q_{10}[3\eta_0 - (20 + 9\eta_0)\cos^2 i_0 + 4] / (4\eta_0^2 p_0^2)$$

$$\dot\lambda^{q_{20}} = -An_0 q_{20}[3\eta_0 - (20 + 9\eta_0)\cos^2 i_0 + 4] / (4\eta_0^2 p_0^2)$$

$$\dot\lambda^{a_0 a_0} = 15n_0 / (4a_0^2) + 63An_0(\kappa_{20} + \eta_0\kappa_{10}) / (16a_0^2 p_0^2)$$

$$\dot\lambda^{a_0 i_0} = 7An_0\sin(2i_0)(3\eta_0 + 5) / (8a_0 p_0^2)$$

$$\dot\lambda^{a_0 q_{10}} = -7An_0 q_{10}(4\kappa_{20} + 3\eta_0\kappa_{10}) / (8p_0^3)$$

$$\dot\lambda^{a_0 q_{20}} = -7An_0 q_{20}(4\kappa_{20} + 3\eta_0\kappa_{10}) / (8p_0^3)$$

$$\dot\lambda^{i_0 i_0} = -An_0\cos(2i_0)(6\eta_0 + 10) / (4p_0^2)$$

$$\dot\lambda^{i_0 q_{10}} = -An_0 q_{10}\sin(2i_0)(9\eta_0 + 20) / (4\eta_0^2 p_0^2)$$

$$\dot\lambda^{i_0 q_{20}} = -An_0 q_{20}\sin(2i_0)(9\eta_0 + 20) / (4\eta_0^2 p_0^2)$$

$$\dot\lambda^{q_{10}q_{10}} = An_0[4(\eta_0^2 + 6q_{10}^2)\kappa_{20} + 3\eta_0(\eta_0^2 + 5q_{10}^2)\kappa_{10}] / (4\eta_0^4 p_0^2)$$

$$\dot\lambda^{q_{10}q_{20}} = 3An_0 q_{10} q_{20}(5\eta_0\kappa_{10} + 8\kappa_{20}) / (4\eta_0^4 p_0^2)$$

$$\dot\lambda^{q_{20}q_{20}} = An_0[4(\eta_0^2 + 6q_{20}^2)\kappa_{20} + 3\eta_0(\eta_0^2 + 5q_{20}^2)\kappa_{10}] / (4\eta_0^4 p_0^2)$$

$$q_1^{a_0} = 7A\Delta t n_0 \kappa_{30} \kappa_{20} / (8a_0 p_0^2), \quad q_1^{i_0} = 5A\Delta t n_0 \sin(2i_0) \kappa_{30} / (4p_0^2)$$

$$q_1^{q_{10}} = C_{wt} - A\Delta t n_0 q_{20} \kappa_{50} \kappa_{20} / (\eta_0^2 p_0^2), \quad q_1^{q_{20}} = -S_{wt} - A\Delta t n_0 q_{20} \kappa_{30} \kappa_{20} / (\eta_0^2 p_0^2)$$

$$q_1^{a_0 a_0} = -7A\Delta t n_0 \kappa_{20} (36 p_0^2 \kappa_{30} + 7A\Delta t n_0 \kappa_{40} \kappa_{20}) / (64 a_0^2 p_0^4)$$

$$q_1^{a_0 i_0} = -35A\Delta t n_0 \sin(2i_0) \{8 p_0^2 \kappa_{30} + A\Delta t n_0 \kappa_{40} [5\cos(2i_0) + 3]\} / (64 a_0 p_0^4)$$

$$q_1^{a_0 q_{10}} = 7A\Delta t n_0 \kappa_{20} (S_{wt} \eta_0^2 p_0^2 + 4a_0 \eta_0^2 p_0 q_{10} \kappa_{30} + A\Delta t n_0 q_{10} \kappa_{40} \kappa_{20}) / (8a_0 \eta_0^2 p_0^4)$$

$$q_1^{a_0 q_{20}} = 7A\Delta t n_0 \kappa_{20} (C_{wt} \eta_0^2 p_0^2 + 4a_0 \eta_0^2 p_0 q_{20} \kappa_{30} + A\Delta t n_0 q_{20} \kappa_{40} \kappa_{20}) / (8a_0 \eta_0^2 p_0^4)$$

$$q_1^{i_0 i_0} = 5A\Delta t n_0 \{8 p_0^2 \cos(2i_0) \kappa_{30} + 5A\Delta t n_0 \kappa_{40} [\cos^2(2i_0) - 1]\} / (16 p_0^4)$$

$$\begin{aligned} q_1^{i_0 q_{10}} = {} & 5A\Delta t \sin(2i_0) \{2S_{wt} a_0^2 \eta_0^2 n_0 p_0^3 + 8a_0^2 n_0 p_0^3 q_{10} \kappa_{30} \\ & + A\mu\Delta t \eta_0^2 q_{10} \kappa_{40} [5\cos(2i_0) + 3]\} / (8a_0^2 \eta_0^2 p_0^5) \end{aligned}$$

$$\begin{aligned} q_1^{i_0 q_{20}} = {} & 5A\Delta t \sin(2i_0) \{2C_{wt} a_0^2 \eta_0^2 n_0 p_0^3 + 8a_0^2 n_0 p_0^3 q_{20} \kappa_{30} \\ & + A\mu\Delta t \eta_0^2 q_{20} \kappa_{40} [5\cos(2i_0) + 3]\} / (8a_0^2 \eta_0^2 p_0^5) \end{aligned}$$

$$\begin{aligned} q_1^{q_{10} q_{10}} = {} & -A\Delta t \kappa_{20} (6a_0 n_0 p_0^4 q_{10}^2 \kappa_{30} + a_0 \eta_0^2 n_0 p_0^4 (C_{wt} q_{20} + 3S_{wt} q_{10}) \\ & + A\mu\Delta t \eta_0^4 q_{10}^2 \kappa_{40} \kappa_{20}] / (a_0 \eta_0^4 p_0^6) \end{aligned}$$

$$\begin{aligned} q_1^{q_{10} q_{20}} = {} & -A\Delta t \kappa_{20} (a_0 \eta_0^2 n_0 p_0^4 \kappa_{50} + 6a_0 n_0 p_0^4 q_{10} q_{20} \kappa_{30} + A\mu\Delta t \eta_0^4 q_{10} q_{20} \kappa_{40} \kappa_{20}) \\ & / (a_0 \eta_0^4 p_0^6) \end{aligned}$$

$$\begin{aligned} q_1^{q_{20} q_{20}} = {} & -A\Delta t \kappa_{20} [6a_0 n_0 p_0^4 q_{20}^2 \kappa_{30} + a_0 \eta_0^2 n_0 p_0^4 (3C_{wt} q_{20} + S_{wt} q_{10}) \\ & + A\mu\Delta t \eta_0^4 q_{20}^2 \kappa_{40} \kappa_{20}] / (a_0 \eta_0^4 p_0^6) \end{aligned}$$

$$q_2^{a_0} = -7A\Delta t n_0 \kappa_{40} \kappa_{20} / (8a_0 p_0^2), \quad q_2^{i_0} = -5A\Delta t n_0 \sin(2i_0) \kappa_{40} / (4p_0^2)$$

$$q_2^{q_{10}} = S_{wt} + A\Delta t n_0 q_{10} \kappa_{40} \kappa_{20} / (\eta_0^2 p_0^2), \quad q_2^{q_{20}} = C_{wt} + A\Delta t n_0 q_{20} \kappa_{40} \kappa_{20} / (\eta_0^2 p_0^2)$$

$$q_2^{a_0 a_0} = 7A\Delta t n_0 \kappa_{20} (36 p_0^2 \kappa_{40} - 7A\Delta t n_0 \kappa_{30} \kappa_{20}) / (64 a_0^2 p_0^4)$$

$$q_2^{a_0 i_0} = -35A\Delta t n_0 \sin(2i_0) \{A\Delta t n_0 \kappa_{30} [3 + 5\cos(2i_0)] - 8 p_0^2 \kappa_{40}\} / (64 a_0 p_0^4)$$

$$q_2^{a_0 q_{10}} = -7A\Delta t n_0 \kappa_{20} (C_{wt} \eta_0^2 p_0^2 + 4a_0 \eta_0^2 p_0 q_{10} \kappa_{40} - A\Delta t n_0 q_{10} \kappa_{30} \kappa_{20}) / (8a_0 \eta_0^2 p_0^4)$$

$$q_2^{a_0 q_{20}} = 7A\Delta t n_0 \kappa_{20} [S_{wt} \eta_0^2 p_0^2 - 4a_0 \eta_0^2 p_0 q_{20} \kappa_{40} + A\Delta t n_0 q_{20} \kappa_{30} \kappa_{20}] / (8a_0 \eta_0^2 p_0^4)$$

$$q_2^{i_0 i_0} = -5A\Delta t n_0 \{8 p_0^2 \cos(2i_0) \kappa_{40} + 5A\Delta t n_0 \kappa_{30} [1 - \cos^2(2i_0)]\} / (16 p_0^4)$$

$$\begin{aligned} q_2^{i_0 q_{10}} = {} & 5A\Delta t \sin(2i_0) \{A\mu\Delta t \eta_0^2 q_{10} \kappa_{30} [3 + 5\cos(2i_0)] \\ & - 8a_0^2 n_0 p_0^3 q_{10} \kappa_{40} - 2C_{wt} a_0^2 \eta_0^2 n_0 p_0^3\} / (8a_0^2 \eta_0^2 p_0^5) \end{aligned}$$

$$\begin{aligned} q_2^{i_0 q_{20}} = {} & 5A\Delta t \sin(2i_0) \{A\mu\Delta t \eta_0^2 q_{20} \kappa_{30} [3 + 5\cos(2i_0)] \\ & - 8a_0^2 n_0 p_0^3 q_{20} \kappa_{40} + 2S_{wt} a_0^2 \eta_0^2 n_0 p_0^3\} / (8a_0^2 \eta_0^2 p_0^5) \end{aligned}$$

$$q_2^{q_{10}q_{10}} = A\Delta t\kappa_{20}[a_0\eta_0^2 n_0 p_0^4(3C_{wt}q_{10} - S_{wt}q_{20}) + 6a_0 n_0 p_0^4 q_{10}^2\kappa_{40} - A\mu\Delta t\eta_0^4 q_{10}^2\kappa_{30}\kappa_{20}] / (a_0\eta_0^4 p_0^6)$$

$$q_2^{q_{10}q_{20}} = A\Delta t\kappa_{20}[a_0\eta_0^2 n_0 p_0^4(C_{wt}q_{20} - S_{wt}q_{10}) + 6a_0 n_0 p_0^4 q_{10}q_{20}\kappa_{40} - A\mu\Delta t\eta_0^4 q_{10}q_{20}\kappa_{30}\kappa_{20}] / (a_0\eta_0^4 p_0^6)$$

$$q_2^{q_{20}q_{20}} = -A\Delta t\kappa_{20}[a_0\eta_0^2 n_0 p_0^4(3S_{wt}q_{20} - C_{wt}q_{10}) - 6a_0 n_0 p_0^4 q_{20}^2\kappa_{40} + A\mu\Delta t\eta_0^4 q_{20}^2\kappa_{30}\kappa_{40}] / (a_0\eta_0^4 p_0^6)$$

$$\Omega^{a_0} = 7A\Delta t n_0\cos i_0 / (4a_0 p_0^2),\quad \Omega^{i_0} = (A\Delta t n_0\sin i_0) / (2p_0^2)$$

$$\Omega^{q_{10}} = -(2A\Delta t n_0 q_{10}\cos i_0) / (\eta_0^2 p_0^2),\quad \Omega^{q_{20}} = -(2A\Delta t n_0 q_{20}\cos i_0) / (\eta_0^2 p_0^2)$$

$$\Omega^{a_0 a_0} = -(63A\Delta t n_0\cos i_0) / (8a_0^2 p_0^2),\quad \Omega^{a_0 i_0} = -(7A\Delta t n_0\sin i_0) / (4a_0 p_0^2)$$

$$\Omega^{a_0 q_{10}} = 7A\Delta t n_0 q_{10}\cos i_0 / p_0^3,\quad \Omega^{a_0 q_{20}} = 7A\Delta t n_0 q_{20}\cos i_0 / p_0^3$$

$$\Omega^{i_0 i_0} = A\Delta t n_0\cos i_0 / (2p_0^2)$$

$$\Omega^{i_0 q_{10}} = 2A\Delta t n_0 q_{10}\sin i_0 / (\eta_0^2 p_0^2),\quad \Omega^{i_0 q_{20}} = 2A\Delta t n_0 q_{20}\sin i_0 / (\eta_0^2 p_0^2)$$

$$\Omega^{q_{10}q_{10}} = -2A\Delta t n_0\cos i_0(\eta_0^2 + 6q_{10}^2)/(\eta_0^4 p_0^2)$$

$$\Omega^{q_{10}q_{20}} = -12A\Delta t n_0 q_{10}q_{20}\cos i_0/(\eta_0^4 p_0^2)$$

$$\Omega^{q_{20}q_{20}} = -2A\Delta t n_0\cos i_0(\eta_0^2 + 6q_{20}^2) / (\eta_0^4 p_0^2)$$

A.2.2　*G*矩阵的行向量

$$\boldsymbol{G}_{\delta\lambda_0} = [0,\lambda_0^{\theta_0},0,\lambda_0^{q_{10}},\lambda_0^{q_{20}},0],\quad \boldsymbol{G}_{\delta\dot{\lambda}} = [\dot{\lambda}^{a_0},0,\dot{\lambda}^{i_0},\dot{\lambda}^{q_{10}},\dot{\lambda}^{q_{20}},0]$$

$$\boldsymbol{G}_{\delta\bar{a}} = [1,0,0,0,0,0],\quad \boldsymbol{G}_{\delta\bar{i}} = [0,0,1,0,0,0]$$

$$\boldsymbol{G}_{\delta\bar{q}_1} = [q_1^{a_0},0,q_1^{i_0},q_1^{q_{10}},q_1^{q_{20}},0],\quad \boldsymbol{G}_{\delta\bar{q}_2} = [q_2^{a_0},0,q_2^{i_0},q_2^{q_{10}},q_2^{q_{20}},0]$$

$$\boldsymbol{G}_{\delta\bar{\Omega}} = [\Omega^{a_0},0,\Omega^{i_0},\Omega^{q_{10}},\Omega^{q_{20}},0]$$

A.2.3　张量*H*的子矩阵的非零元素

$$\boldsymbol{H}_{\delta\bar{a}} = \boldsymbol{0}_{6\times 6},\quad \boldsymbol{H}_{\delta\bar{i}} = \boldsymbol{0}_{6\times 6}$$

$$H_{\delta\lambda_0}(2,2) = \lambda_0^{\theta_0\theta_0},\quad H_{\delta\lambda_0}(4,4) = \lambda_0^{q_{10}q_{10}},\quad H_{\delta\lambda_0}(5,5) = \lambda_0^{q_{20}q_{20}}$$

$$H_{\delta\lambda_0}(2,4) = H_{\delta\lambda_0}(4,2) = \lambda_0^{\theta_0 q_{10}},\quad H_{\delta\lambda_0}(2,5) = H_{\delta\lambda_0}(5,2) = \lambda_0^{\theta_0 q_{20}}$$

$$H_{\delta\lambda_0}(4,5) = H_{\delta\lambda_0}(5,4) = \lambda_0^{q_{10}q_{20}}$$

$$H_{\delta\dot{\lambda}}(1,1) = \dot{\lambda}^{a_0 a_0},\quad H_{\delta\dot{\lambda}}(3,3) = \dot{\lambda}^{i_0 i_0},\quad H_{\delta\dot{\lambda}}(4,4) = \dot{\lambda}^{q_{10}q_{10}},\quad H_{\delta\dot{\lambda}}(5,5) = \dot{\lambda}^{q_{20}q_{20}}$$

$$H_{\delta\dot{\lambda}}(1,3) = H_{\delta\dot{\lambda}}(3,1) = \dot{\lambda}^{a_0 i_0},\quad H_{\delta\dot{\lambda}}(1,4) = H_{\delta\dot{\lambda}}(4,1) = \dot{\lambda}^{a_0 q_{10}}$$

$$H_{\delta\dot{\lambda}}(1,5)=H_{\delta\dot{\lambda}}(5,1)=\dot{\lambda}^{a_0q_{20}}$$

$$H_{\delta\dot{\lambda}}(3,4)=H_{\delta\dot{\lambda}}(4,3)=\dot{\lambda}^{i_0q_{10}},\quad H_{\delta\dot{\lambda}}(3,5)=H_{\delta\dot{\lambda}}(5,3)=\dot{\lambda}^{i_0q_{20}}$$

$$H_{\delta\dot{\lambda}}(4,5)=H_{\delta\dot{\lambda}}(5,4)=\dot{\lambda}^{q_{10}q_{20}}$$

$$H_{\delta\bar{q}_1}(1,1)=q_1^{a_0a_0},\quad H_{\delta\bar{q}_1}(3,3)=q_1^{i_0i_0},\quad H_{\delta\bar{q}_1}(4,4)=q_1^{q_{10}q_{10}},\quad H_{\delta\bar{q}_1}(5,5)=q_1^{q_{20}q_{20}}$$

$$H_{\delta\bar{q}_1}(1,3)=H_{\delta\bar{q}_1}(3,1)=q_1^{a_0i_0},\quad H_{\delta\bar{q}_1}(1,4)=H_{\delta\bar{q}_1}(4,1)=q_1^{a_0q_{10}}$$

$$H_{\delta\bar{q}_1}(1,5)=H_{\delta\bar{q}_1}(5,1)=q_1^{a_0q_{20}}$$

$$H_{\delta\bar{q}_1}(3,4)=H_{\delta\bar{q}_1}(4,3)=q_1^{i_0q_{10}},\quad H_{\delta\bar{q}_1}(3,5)=H_{\delta\bar{q}_1}(5,3)=q_1^{i_0q_{20}}$$

$$H_{\delta\bar{q}_1}(4,5)=H_{\delta\bar{q}_1}(5,4)=q_1^{q_{10}q_{20}}$$

$$H_{\delta\bar{q}_2}(1,1)=q_2^{a_0a_0},\quad H_{\delta\bar{q}_2}(3,3)=q_2^{i_0i_0},\quad H_{\delta\bar{q}_2}(4,4)=q_2^{q_{10}q_{10}},\quad H_{\delta\bar{q}_2}(5,5)=q_2^{q_{20}q_{20}}$$

$$H_{\delta\bar{q}_2}(1,3)=H_{\delta\bar{q}_2}(3,1)=q_2^{a_0i_0},\quad H_{\delta\bar{q}_2}(1,4)=H_{\delta\bar{q}_2}(4,1)=q_2^{a_0q_{10}}$$

$$H_{\delta\bar{q}_2}(1,5)=H_{\delta\bar{q}_2}(5,1)=q_2^{a_0q_{20}}$$

$$H_{\delta\bar{q}_2}(3,4)=H_{\delta\bar{q}_2}(4,3)=q_2^{i_0q_{10}},\quad H_{\delta\bar{q}_2}(3,5)=H_{\delta\bar{q}_2}(5,3)=q_2^{i_0q_{20}}$$

$$H_{\delta\bar{q}_2}(4,5)=H_{\delta\bar{q}_2}(5,4)=q_2^{q_{10}q_{20}}$$

$$H_{\delta\bar{\Omega}}(1,1)=\Omega^{a_0a_0},\quad H_{\delta\bar{\Omega}}(3,3)=\Omega^{i_0i_0},\quad H_{\delta\bar{\Omega}}(4,4)=\Omega^{q_{10}q_{10}},\quad H_{\delta\bar{\Omega}}(5,5)=\Omega^{q_{20}q_{20}}$$

$$H_{\delta\bar{\Omega}}(1,3)=H_{\delta\bar{\Omega}}(3,1)=\Omega^{a_0i_0},\quad H_{\delta\bar{\Omega}}(1,4)=H_{\delta\bar{\Omega}}(4,1)=\Omega^{a_0q_{10}}$$

$$H_{\delta\bar{\Omega}}(1,5)=H_{\delta\bar{\Omega}}(5,1)=\Omega^{a_0q_{20}}$$

$$H_{\delta\bar{\Omega}}(3,4)=H_{\delta\bar{\Omega}}(4,3)=\Omega^{i_0q_{10}},\quad H_{\delta\bar{\Omega}}(3,5)=H_{\delta\bar{\Omega}}(5,3)=\Omega^{i_0q_{20}}$$

$$H_{\delta\bar{\Omega}}(4,5)=H_{\delta\bar{\Omega}}(5,4)=\Omega^{q_{10}q_{20}}$$

A.2.4 状态转移矩阵与张量

$$\boldsymbol{G}(t,t_0)=[\boldsymbol{G}_{\delta\bar{a}};\boldsymbol{G}_{\delta\bar{\theta}};\boldsymbol{G}_{\delta\bar{i}};\boldsymbol{G}_{\delta\bar{q}_1};\boldsymbol{G}_{\delta\bar{q}_2};\boldsymbol{G}_{\delta\bar{\Omega}}]$$

$$\boldsymbol{H}(t,t_0)=[\boldsymbol{H}_{\delta\bar{a}},\boldsymbol{H}_{\delta\bar{\theta}},\boldsymbol{H}_{\delta\bar{i}},\boldsymbol{H}_{\delta\bar{q}_1},\boldsymbol{H}_{\delta\bar{q}_2},\boldsymbol{H}_{\delta\bar{\Omega}}]$$

$$\boldsymbol{G}_{\delta\bar{\theta}}=\frac{1}{\lambda^{\theta}}(\boldsymbol{G}_{\delta\lambda_0}+\Delta t\boldsymbol{G}_{\delta\dot{\lambda}}-\lambda^{q_1}\boldsymbol{G}_{\delta\bar{q}_1}-\lambda^{q_2}\boldsymbol{G}_{\delta\bar{q}_2})$$

$$\boldsymbol{H}_{\bar{\theta}\bar{\theta}}=\boldsymbol{G}_{\delta\bar{\theta}}^{\mathrm{T}}\boldsymbol{G}_{\delta\bar{\theta}},\ \boldsymbol{H}_{\bar{q}_1\bar{q}_1}=\boldsymbol{G}_{\delta\bar{q}_1}^{\mathrm{T}}\boldsymbol{G}_{\delta\bar{q}_1},\ \boldsymbol{H}_{\bar{q}_2\bar{q}_2}=\boldsymbol{G}_{\delta\bar{q}_2}^{\mathrm{T}}\boldsymbol{G}_{\delta\bar{q}_2},\ \boldsymbol{H}_{\bar{\theta}\bar{q}_1}=\frac{1}{2}(\boldsymbol{G}_{\delta\bar{\theta}}^{\mathrm{T}}\boldsymbol{G}_{\delta\bar{q}_1}+\boldsymbol{G}_{\delta\bar{q}_1}^{\mathrm{T}}\boldsymbol{G}_{\delta\bar{\theta}})$$

$$\boldsymbol{H}_{\bar{\theta}\bar{q}_2}=\frac{1}{2}(\boldsymbol{G}_{\delta\bar{\theta}}^{\mathrm{T}}\boldsymbol{G}_{\delta\bar{q}_2}+\boldsymbol{G}_{\delta\bar{q}_2}^{\mathrm{T}}\boldsymbol{G}_{\delta\bar{\theta}}),\ \boldsymbol{H}_{\bar{q}_1\bar{q}_2}=\frac{1}{2}(\boldsymbol{G}_{\delta\bar{q}_1}^{\mathrm{T}}\boldsymbol{G}_{\delta\bar{q}_2}+\boldsymbol{G}_{\delta\bar{q}_2}^{\mathrm{T}}\boldsymbol{G}_{\delta\bar{q}_1})$$

$$\boldsymbol{H}_{\delta\bar{\theta}}=\frac{1}{\lambda^{\theta}}[(\boldsymbol{H}_{\delta\lambda_0}+\Delta t\boldsymbol{H}_{\delta\dot{\lambda}}-\lambda^{q_1}\boldsymbol{H}_{\delta\bar{q}_1}-\lambda^{q_2}\boldsymbol{H}_{\delta\bar{q}_2})$$
$$-(\lambda^{\theta\theta}\boldsymbol{H}_{\bar{\theta}\bar{\theta}}+\lambda^{q_1q_1}\boldsymbol{H}_{\bar{q}_1\bar{q}_1}+\lambda^{q_2q_2}\boldsymbol{H}_{\bar{q}_2\bar{q}_2}+2\lambda^{\theta q_1}\boldsymbol{H}_{\bar{\theta}\bar{q}_1}+2\lambda^{\theta q_2}\boldsymbol{H}_{\bar{\theta}\bar{q}_2}+2\lambda^{q_1q_2}\boldsymbol{H}_{\bar{q}_1\bar{q}_2})]$$

A.3 一阶 Jacobi 矩阵的逆

本附录给出附录 A.1 节中仅考虑一阶的状态变换矩阵 $\delta\boldsymbol{x}(t)=\boldsymbol{P}(t)\delta\boldsymbol{e}(t)$ 的逆矩阵 $\boldsymbol{S}(t)=\boldsymbol{P}^{-1}(t)$，定义 $\delta\boldsymbol{x}=[x,y,z,\dot{x},\dot{y},\dot{z}]^{\mathrm{T}}$ 、 $\delta\boldsymbol{e}(t)=\boldsymbol{S}(t)\delta\boldsymbol{x}(t)$。

$$A=3J_2R_E^2,\quad n=\sqrt{\mu/a^3},\quad S_I=\frac{1}{\sin i},\quad R=\frac{a\eta^2}{\alpha},\quad V_r=\sqrt{\frac{\mu}{p}}\beta,\quad V_t=\sqrt{\frac{\mu}{p}}\alpha$$

$$\eta=\sqrt{1-q_1^2-q_2^2},\quad p=a\eta^2,\quad \alpha=1+q_1\cos\theta+q_2\sin\theta,\quad \beta=q_1\sin\theta-q_2\cos\theta$$

$$S(1,1)=-2a[3aV_t^2(R-p)-2(apV_r^2+R^2V_t^2)]/(R^3V_t^2)$$

$$S(1,2)=2aV_r[2aV_t^2(R-p)-(apV_r^2+R^2V_t^2)]/(R^3V_t^3)$$

$$S(1,3)=-2Aa\sin i\cos i\sin\theta[2aV_t^2(R-p)-(apV_r^2+R^2V_t^2)]/(pR^4V_t^2)$$

$$S(1,4)=2a^2pV_r/(R^2V_t^2),\quad S(1,5)=-2a[2aV_t^2(R-p)-(apV_r^2+R^2V_t^2)]/(R^2V_t^3)$$

$$S(2,2)=1/R+A\cos^2 i\sin^2\theta/(pR^2),\quad S(2,3)=S_I\cos i(V_r\sin\theta+V_t\cos\theta)/(RV_t)$$

$$S(2,6)=-S_I\cos i\sin\theta/V_t,\quad S(3,2)=-A\sin(2i)\sin(2\theta)/(4pR^2)$$

$$S(3,3)=-(V_r\cos\theta-V_t\sin\theta)/(RV_t),\quad S(3,6)=-\cos\theta/V_t$$

$$S(4,1)=p(2V_r\sin\theta-3V_t\cos\theta)/(R^2V_t)$$

$$S(4,2)=-[pV_r(V_r\sin\theta+V_t\cos\theta)-(R-p)V_t^2\sin\theta]/(R^2V_t^2)$$
$$+A\cos^2 i\sin^2\theta[pV_r\cos\theta+(R-p)V_t\sin\theta]/(pR^3V_t)$$

$$S(4,3)=S_I\cos i(V_r\sin\theta+V_t\cos\theta)[pV_r\cos\theta+(R-p)V_t\sin\theta]/(R^2V_t^2)$$
$$+A\sin i\cos i\sin\theta(V_r\sin\theta+2V_t\cos\theta)/(V_tR^3)$$

$$S(4,4)=p\sin\theta/(RV_t),\quad S(4,5)=p(V_r\sin\theta+2V_t\cos\theta)/(RV_t^2)$$

$$S(4,6)=-S_I\cos i\sin\theta[pV_r\cos\theta+(R-p)V_t\sin\theta]/(RV_t^2)$$

$$S(5,1)=-p(2V_r\cos\theta-3V_t\sin\theta)/(R^2V_t)$$

$$S(5,2)=[pV_r(V_r\cos\theta-V_t\sin\theta)-(R-p)V_t^2\cos\theta]/(R^2V_t^2)$$
$$+A\cos^2 i\sin^2\theta[pV_r\sin\theta-(R-p)V_t\cos\theta]/(pR^3V_t)$$

$$S(5,3)=S_I\cos i(V_r\sin\theta+V_t\cos\theta)[pV_r\sin\theta-(R-p)V_t\cos\theta]/(R^2V_t^2)$$
$$-A\sin i\cos i\sin\theta(V_r\cos\theta-2V_t\sin\theta)/(V_tR^3)$$

$$S(5,4)=-p\cos\theta/(RV_t),\quad S(5,5)=-p(V_r\cos\theta-2V_t\sin\theta)/(RV_t^2)$$

$$S(5,6) = -S_I \cos i \sin\theta[pV_r \sin\theta - (R-p)V_t \cos\theta] / (RV_t^2)$$

$$S(6,2) = -A\cos i \sin^2\theta / (pR^2), \quad S(6,3) = -S_I(V_r \sin\theta + V_t \cos\theta) / (RV_t)$$

$$S(6,6) = S_I \sin\theta / V_t$$